中国国家标准汇编

2009年修订-30

中国标准出版社　编

中国标准出版社
北京

图书在版编目（CIP）数据

中国国家标准汇编：2009年修订．30/中国标准出版社编．—北京：中国标准出版社，2010

ISBN 978-7-5066-6045-7

Ⅰ.①中…　Ⅱ.①中…　Ⅲ.①国家标准-汇编-中国-2009　Ⅳ.①T-652.1

中国版本图书馆CIP数据核字(2010)第174285号

中国标准出版社出版发行
北京复兴门外三里河北街16号
邮政编码：100045
网址 www.spc.net.cn
电话：68523946　68517548
中国标准出版社秦皇岛印刷厂印刷
各地新华书店经销

*

开本 880×1230　1/16　印张 39.5　字数 1 171 千字
2010年10月第一版　2010年10月第一次印刷

*

定价 220.00 元

ISBN 978-7-5066-6045-7

出 版 说 明

1.《中国国家标准汇编》是一部大型综合性国家标准全集。自1983年起，按国家标准顺序号以精装本、平装本两种装帧形式陆续分册汇编出版。它在一定程度上反映了我国建国以来标准化事业发展的基本情况和主要成就，是各级标准化管理机构，工矿企事业单位，农林牧副渔系统，科研、设计、教学等部门必不可少的工具书。

2.《中国国家标准汇编》收入我国每年正式发布的全部国家标准，分为“制定”卷和“修订”卷两种编辑版本。

“制定”卷收入上一年度我国发布的、新制定的国家标准，顺延前年度标准编号分成若干分册，封面和书脊上注明“20××年制定”字样及分册号，分册号一直连续。各分册中的标准是按照标准编号顺序连续排列的，如有标准顺序号缺号的，除特殊情况注明外，暂为空号。

“修订”卷收入上一年度我国发布的、修订的国家标准，视篇幅分设若干分册，但与“制定”卷分册号无关联，仅在封面和书脊上注明“20××年修订-1，-2，-3，……”字样。“修订”卷各分册中的标准，仍按标准编号顺序排列（但不连续）；如有遗漏的，均在当年最后一分册中补齐。需提请读者注意的是，个别非顺延前年度标准编号的新制定的国家标准没有收入在“制定”卷中，而是收入在“修订”卷中。

读者配套购买《中国国家标准汇编》“制定”卷和“修订”卷则可收齐上一年度我国制定和修订的全部国家标准。

3. 由于读者需求的变化，自1996年起，《中国国家标准汇编》仅出版精装本。

4. 2009年我国制修订国家标准共3 158项。本分册为“2009年修订-30”，收入新制修订的国家标准33项。

中国标准出版社

2010年8月

目　录

ICS 01.040.35;07.040
A 75

GB

中华人民共和国国家标准

GB/T 17694—2009/ISO/TS 19104:2008
代替 GB/T 17694—1999

地理信息 术语

Geographic information—Terminology

(ISO/TS 19104:2008,IDT)

2009-05-06 发布 2009-10-01 实施

中华人民共和国国家质量监督检验检疫总局
中国国家标准化管理委员会 发布

前言

本标准等同采用 ISO/TS 19104:2008《地理信息　术语》(英文版)。根据我国国情,对该国际标准进行了以下编辑性修改:

a) 标准的编写方法执行 GB/T 1.1—2000《标准化工作导则　第 1 部分:标准的结构和编写规则》、GB/T 20000.2—2001《标准化工作指南　第 2 部分:采用国际标准的规则》的要求;
b) 删除了该国际标准的前言;
c) 本标准的引言采用了 ISO/TS 19104 的引言,但做了少量修改;
d) 对于 ISO/TS 19104:2008 引用的其他国际标准中有被采用为我国标准的,本标准用引用我国的这些国家标准代替对应的国际标准;
e) 增加了 API、UML、XML 和 XSLT 四条缩略语;
f) 在附录 B 中术语的定义、示例和注释中,用黑体字标识了引自本标准的其他首选术语,并将该首选术语的条目编号置于圆括号内;
g) 为保持参考文献的可追溯性,对词条的引用文献没有翻译;
h) 在术语定义的前面用尖括号括注该术语所属的专业领域;
i) 在 7.1 术语记录内容中,增加了所属标准号及标准所处阶段;
j) 该国际标准中 7.1a) 和 7.2a) 字段名不同,但所指内容相同,本标准将相应内容做了统一处理;
k) 删除了该国际标准的 7.3,该条内容是 ISO/TC 211 针对等义词向其成员国或联络团体提出的要求;
l) 在参考文献中补充了"GB/T 4894—1985　情报与文献工作词汇基本术语"、"GB/T 15237.1—2000　术语工作　词汇　第 1 部分:理论与应用"、"GB/T 19333.5—2003　地理信息　一致性与测试"、"GB/T 19710—2005　地理信息　元数据"、"GB/T 21336—2008　地理信息　质量评价过程"、"GB/T 21337—2008　地理信息　质量原则"、"GB 3101—1993　有关量、单位和符号的一般原则";
m) 在附录 A 中增加了 A.4,对地理信息术语库在我国的具体实施情况,作了编辑性说明;
n) 增加了汉语拼音索引和英文对应词索引。

本标准代替 GB/T 17694—1999《地理信息技术基本术语》。

本标准与 GB/T 17694—1999 相比,主要变化如下:

——修改了标准名称;
——词条数目由原 224 条增加到 529 条;
——对原术语的定义作了较大修改;
——增加了第 2 章"一致性"、第 4 章"术语和定义"、第 5 章"缩略语"、第 6 章"概念选取准则"和第 7 章"术语记录结构";
——删除了原标准的英文索引;
——增加了规范性附录 A、附录 B 和附录 C。

本标准的附录 A、附录 B 和附录 C 为规范性附录。

本标准由全国地理信息标准化技术委员会(SAC/TC 230)提出并归口。

本标准起草单位：国家基础地理信息中心、武汉大学、中国测绘科学研究院、中国科学院地理科学与资源研究所、高德软件公司、中国标准化研究院、国家信息中心。

本标准起草人：李莉、朱秀丽、杜道生、李青元、苏山舞、张林、李新通、何建邦、蒋景瞳、邱志诚、王强、李小林、江洲、郭建坤、陈现军、骆成凤。

本标准所代替标准的历次版本发布情况为：

——GB/T 17694—1999。

引　言

本标准及以术语库形式收集的GIS术语，将作为术语的编写者和使用者间的一个共享语言的重要依据。本标准定义了词汇表的概念准则，说明需要记录的术语数据，并且首次引入了对术语库持续维护的一系列概念。

本标准所列术语编自ISO/TC 211研制的国际标准、技术规范及其他来源，选词及其定义受限于所选标准规范的语境。

本标准说明了术语条目的结构和需要记录的术语数据类型，还包括符合GB/T 20001.1—2001和ISO 704要点的撰写术语定义原则。在第7章中给出术语记录结构。

地理信息　术语

1　范围

本标准适用于地理信息领域的信息交流。

本标准建立了地理信息标准中术语概念选取准则，规定了术语记录结构，说明了撰写术语定义原则，作为收集和维护地理信息领域术语的指南。

本标准也可作为术语库维护指南(见附录A)。

2　一致性

任何声明与本标准一致的产品应当满足规范性条款及附录的要求。

基于现有概念创造的新术语或没有被正确使用的已有术语，其文档应被视为不一致，直至备选术语的概念及其定义的一致性得到证明，该术语才可作为备选术语。

3　规范性引用文件

下列文件中的条款通过本标准的引用而成为本标准的条款。凡是注日期的引用文件，其随后所有的修改单(不包括勘误的内容)或修订版均不适用于本标准，然而，鼓励根据本标准达成协议的各方研究是否可使用这些文件的最新版本。凡是不注日期的引用文件，其最新版本适用于本标准。

GB/T 2659　世界各国和地区名称代码(GB/T 2659—2000,eqv ISO 3166-1:1997)

GB/T 4880.2—2000　语种名称代码　第2部分:3字母代码(eqv ISO 639-2:1998)

GB/T 15237.1—2000　术语工作　词汇　第1部分:理论与应用(eqv ISO 1087-1:2000)

GB/T 20001.1—2001　标准编写规则　第1部分:术语(ISO 10241:1992,NEQ)

GB/T 22022—2008　地理信息　时间模式(ISO 19108:2002,IDT)

ISO 704:2000　术语工作　原则与方法

4　术语和定义

本标准在附录B中列出源自地理信息标准与技术规范的核心术语及其定义。

下列术语和定义适用于本标准。

4.1

缩略语　abbreviation

省略较长词语中的部分词语或字母，但仍是对同一概念的指称。

[GB/T 15237.1—2000]

4.2

许用术语　admitted term

某一概念的诸术语中作为首选术语的同义词使用的术语。

[GB/T 15237.1—2000]

4.3

概念　concept

通过对特征的独特组合而形成的知识单元。

注：概念不受特定语种的限制。但受社会或文化背景的影响，常常导致不同的分类。

[GB/T 15237.1—2000]

4.4

概念协调　concept harmonization

在彼此密切相关的两个或多个概念之间,减少或消除细微差异的活动。

注:概念协调的目的在于促进交流。

[ISO 860:2007]

4.5

概念体系　concept system

根据概念之间的关系建立的结构化的概念集合。

[GB/T 15237.1—2000]

4.6

定义　definition

描述一个概念,并区别于其他相关概念的表述。

[GB/T 15237.1—2000]

4.7

拒用术语　deprecated term

不宜使用的术语。

[GB/T 15237.1—2000]

4.8

指称　designation;designator

概念的表达方式(通过一个代表它的符号表达)。

注:在术语工作中三种类型的指称是有区别的:符号、名称、术语。

[GB/T 15237.1—2000]

4.9

外延　extension

一个概念对应的客体总和。

[GB/T 15237.1—2000]

4.10

语言　language

用于交流的符号系统,通常由词汇和规则组成。

注:在本标准中,语言是指自然语言和种族语言,而不是编程语言或艺术语言,除非有特别的说明。

[GB/T 4894—1985]

4.11

语言标识符　language identifier

术语条目中标示语言名称的信息。

[GB/T 15237.1—2000]

4.12

陈旧术语　obsolete term

不再通用的术语。

[GB/T 15237.1—2000]

4.13

首选术语　preferred term

某一概念的诸术语中作为第一选择的术语。

[GB/T 15237.1—2000]

4.14

下位概念　subordinate concept

表示种概念或部分概念的概念。

[GB/T 15237.1—2000]

4.15

术语　term

在特定专业领域中一般概念的词语指称。

注：术语可包括符号，并可有差异，如不同的拼写形式。

[GB/T 15237.1—2000]

4.16

等义术语 term equivalent

不同语言中表达相同概念的术语。

注：等义术语应伴随一个在同一语言中，指称概念所表达定义相同的术语。

4.17

术语实例分类　term instance classification

标识术语状态的分类。

4.18

术语记录　terminological record

描述与某一概念相关术语的结构化数据集合。

4.19

术语记录标识符　terminological record identifier

赋予术语记录的唯一、明确、非特指语言的标识符。

4.20

术语库　terminology repository

存储或记录术语及其定义的数据库或文档。

5　缩略语

API	应用程序接口(Application Programming Interface)
CD	委员会草案(committee draft)
DIS	国际标准草案(draft International Standard)
FDIS	最终国际标准草案(final draft International Standard)
GIS	地理信息系统(Geographic Information System)
IT	信息技术(information technology)
IUT	被测实现(Implementation Under Test)
ODP	开放分布处理(Open Distributed Processing)
PT	项目组(project team)
TC	技术委员会(technical committee)
TMG	术语维护组(Terminology Maintenance Group)
UML	统一建模语言(Unified Modeling Language)
WD	工作草案(working draft)
WG	工作组(working group)
XML	可扩展标记语言(eXtensible Markup Language)
XSLT	可扩展样式表单语言转换(eXtensible Style sheet Language Transformation)

6 概念选取准则

为了有助于解读地理信息国家标准或技术规范，遵从下列条件，在附录B中对这些文件所涉及的概念作了定义。

a) 术语表示的那些概念，不应是商标名称、研究项目名称或俗语(指以当地非正式用语描述正式用语，如用“家伙”代替“男人”)；

b) 不选取与普通语言字典定义一致的地理信息领域中的概念；

c) 仅包含具有单一定义的概念；

d) 有助于理解标准中非显而易见的重要概念。

7 术语记录结构

7.1 记录内容

术语记录可包含按下列顺序排列的术语字段：

a) 记录号——术语记录标识符。

b) 条目语言标识符——表示术语记录所使用的自然语言代码，该代码基于GB/T 4880.2—2000。

c) 首选术语。

d) 缩略语——如为首选，缩略语应位于术语全称之前；否则，缩略语位于术语全称之后。

e) 许用术语——如果有国家变量，则遵循GB/T 2659所定义的国家代码，3位数字码用于IT接口(即，存储在数据库中)，该代码的含义表示用户使用的人类语言(即人际交流用语)。

f) 定义——如果来自其他规范性文件，应在定义之后的方括号中注明引用文件；如果涉及词汇表中的另一个概念，则该概念应由其首选术语命名，并用加粗字体表示。定义的撰写原则在ISO 704:2000(附录C)给出。

g) 拒用术语或陈旧术语(按字母顺序排序)。

h) 引用的相关条目。

i) 术语用法举例。

j) 注——可用于补充信息(如果采用某定义，可在备注中说明其来源)。

k) 术语实例状态(仅用于在线术语库)。

l) 实例的起始日期(仅用于在线术语库)(见GB/T 22022)。

m) 实例的截止日期(仅用于在线术语库)(见GB/T 22022)。

应规定所指定语言的标识符，如有必要，可规定在其他语言中的等义国家代码。

7.2 必选数据字段

对于一条术语记录，7.1中的下列数据字段为必选，其余字段为可选。

a) 记录号；

b) 首选术语；

c) 定义；

d) 实例的起始日期；

e) 术语实例状态(仅用于在线术语库)。

附 录 A
（规范性附录）
术语库的维护

A.1 引言

术语维护组（见 A.3.1）负责维护术语库。已形成的维护机制将：

——能增加和修改所推荐术语及相关定义；

——为术语进行评估和协调提供便利，其所属父类标准从标准草案晋升为最终阶段。

A.2 术语库

A.2.1 概述

术语库应与国际标准化组织地理信息标准同步维护。

术语库应采用在线计算机数据库的形式。

ISO/TC 211 全体成员可获得在线只读访问的权利。经术语维护组（TMG）授权，工作组（WG）召集人、项目组（PT）负责人和编辑获得写入和更新的权利。公众享有访问已出版的 ISO/TC 211 国际标准中出现的术语和定义的权利。所有已在 ISO 地理信息标准和草案中定义的术语（现有的和推荐的）应纳入术语库中。

A.2.2 术语入库和更新

工作组联络人或标准项目负责人有责任将处于不同状态的 ISO 地理信息标准中的术语及其定义以数字方式提交术语库，术语提交人有责任向术语库提交术语、术语的状态以及来自 ISO/TC 211 以外的有用的相关术语。

所有提交到术语库的概念、术语和定义应满足第 6 章所规定的概念选取准则。

所有术语记录的结构应符合第 7 章的规定。

新收录的术语都应作为备选类，而不考虑相同术语在库中所处的草案或已协调状态。

A.2.3 术语的属性和分类

术语库中的每条术语应有其所属父类文件标准号（如，ISO 19107）、文档类型（如 WD 和 CD）和入库日期。术语还应具有状态类型，以标识该术语处于被删除或需协调的状态。每条术语记录中，应包括记录这些信息的特定字段。

术语库中的每条记录被赋予以下六种状态之一：

——备选：新收录的术语，或与多个定义或（和）概念相关的术语；

——草案：仅出现在一个 ISO 地理信息标准草案中，并符合“一条术语、一个定义、一个概念”原则；

——已协调：出现在多个 ISO 地理信息标准草案中，经协商，符合“一条术语、一个定义、一个概念”原则的术语；

——规范：已经在国际标准或技术规范中出版，并且与地理信息标准的术语和定义不冲突的术语；

——规范/冲突：已经在一个以上的国际标准或技术规范中出版，但在不同标准中的定义不同的术语；

——废弃：已确认从术语库中删除的术语。

这些状态类型应赋予与“术语实例分类”相关的代码，如表 A.1 所示。

表 A.1 术语实例状态

实例状态代码	状态类型
001	备选
002	草案
003	已协调
004	规范
005	规范/冲突
006	废弃

术语的状态从“备选”到“草案”,再到“已协调”逐级晋升,依赖于

——术语维护组的评估,或者

——相关工作组间的协商。

“草案”或“已协调”状态表示该术语及其定义已相当稳定。当国际标准或技术规范出版后,该术语及定义才能进入“规范”状态。

A.2.4 术语库的权威性

术语库及其维护处理并不能替代正常标准制定的相关活动。术语库汇总了已存在的或推荐的术语,有助于协调。“备选”、“草案”和“已协调”状态类型并非是术语库的正式或权威的状态。

A.3 术语状态复审程序

A.3.1 术语维护组

对备选术语进行评估,是术语维护组的职责。

术语维护组应包括:

——召集人;

——ISO/TC 211 各工作组至少派两个成员(最好是代表不同的国家团体),如果这两人能使用一种以上的语言则更理想;

——必要时增加成员数以确保术语专家、国家团体和合作组织联系人中至少使用两种以上语言。

术语维护组成员资格为两年,中途任职也等同两年任期。每一任期始于偶数年的 1 月 1 日(如,2002 年、2004 年等)。合格的术语维护组成员可连任。

如果工作组被解散(例如,工作项目已完成),该工作组代表将保留术语维护组成员的资格,直至所有相关术语问题得到解决。

如果所有工作组被解散,ISO/TC 211 主席应在术语相关工作全部完成后,暂停术语维护组的工作,直至引入新的工作项目。

A.3.2 职责

ISO/TC 211 主席应负责确保术语维护组的存在和推荐召集人。

ISO/TC 211 各个工作组负责人应负责向术语维护组推荐代表,并就新的相关文件的有效性向召集人提出建议。

召集人负责术语维护组的运作。

召集人负责向术语维护组成员提供新的可用文档建议,确保术语处于更新状态。

A.3.3 术语维护组的评估

A.3.3.1 目标

术语维护组应在收到备选术语两个月内进行复审。复审的目的是确保备选术语遵循“一条术语、一个定义、一个概念”的准则(例如,术语和概念间一一对应的关系,定义和概念间一一对应的关系),并确

保与现有的术语不冲突。满足准则的备选术语应被推荐为草案术语，并等待该术语所处于的国际标准或技术规范的出版。不满足条件的备选术语将保留其备选状态，以备协调。术语维护组应尽可能采用在线工作方式，必要时，按照术语维护组规则召集会议。

注：当备选术语/定义与现有草案术语/定义冲突时，现有术语/定义保留其固有状态，等待协商。

A.3.3.2 备选术语

备选术语的复审应根据其具体情况，按以下步骤进行。

a) 执行概念、结构和循环测试

1) 确认是否满足第6章的概念选取准则；

2) 确认术语记录在其父类文件中的当前结构是否符合第7章的规定；

3) 确认定义能否被理解，并确保不被循环定义；

4) 不满足上述要求处于工作草案阶段的术语，将立即被退回到相应工作组进行修改。不满足上述要求且处于委员会草案或其后状态的术语，将连同意见退回修改。

b) 执行"一个概念、一个定义"的测试

1) 确认在术语库中是否还存在来自其他标准或较早（版本）标准草案中的相同概念术语记录。如果有，从术语库中将与该概念有关的定义记录提取出来。如果没有，可视该概念满足"一个概念、一个定义"准则，但需要对该术语执行"一条术语、一个概念"的测试。

2) 来自术语库中同一标准的较早（版本）草案中的相同概念术语记录，检查其定义是否相同。如果相同，从术语库中删除标记为较早（版本）的记录；如果不同，保留术语的备选状态，并且与采用该定义的较早（版本）草案的其他标准协调。

3) 来自术语库中其他标准草案中相同概念的术语记录，确认所提取记录的所有定义与备选术语的定义是否相同。如果相同，再次将备选术语作为草案类；如果不同，保留备选术语的状态，并确认该记录需要协调。

4) 来自术语库中已发布的国际标准或技术规范中相同概念的术语记录，确认所提取记录的所有定义与备选术语的定义是否相同。如果相同，则该术语是规范的，并确保交叉引用是正确的。如果不同，保留术语的备选状态，并确证该标准需要协调。

c) 执行"一条术语、一个概念"的测试

从未在其他标准中出现过或处于较早（版本）标准草案讨论阶段中的备选术语，应由术语维护组成员对其进行"一条术语、一个概念"的测试。术语维护组成员应检查术语库，以确认定义所描述的概念是否已被其他术语充分说明。需要向相关工作进行咨询，如果存在一个可替代的术语，保留该术语的备选状态，并置为需要协调状态；不要改变其作为可替代术语的状态；如果没有可替代的术语，则该术语可置为草案状态。

A.3.3.3 规范术语

处于工作组草案或委员会草案阶段的标准可以引入其他国际标准中的规范术语。术语维护组将复审这些术语，并确保它们与ISO地理信息标准系列的概念和术语一致，术语维护组应将有关问题提交给相关工作组或标准编辑委员会（后者需通过国家团体评议）。

A.3.3.4 术语的废弃

对于已输入到术语库内的早期标准草案中的术语，应对其进行是否被废弃的测试。

——应对较早（版本）标准草案中的各数据项进行核对，相同的备选术语是否出现在当前标准草案中；

——如果在当前标准草案中并未出现备选术语，应核对该术语是否出现在其他标准中；

——如果当前标准草案中并不存在备选术语，且在其他标准中也未出现，那么在术语库中将该术语及其定义置为废弃状态。

应在术语库中标明提议为废弃的术语，ISO/TC 211应正式建议删除该术语，删除工作应在

ISO/TC 211 全会讨论后实施。

A.3.4 协调

需协调的备选术语应直接交给相关工作组。此外，当备选术语所属标准处于委员会草案或国际标准草案阶段时，术语维护组召集人应提出术语需协调的事项，以正式将意见提交给 TC 秘书处。

可以预见的是，需要协调的大部分问题出现在委员会草案或国际标准草案阶段的标准中。术语维护组应负责各方的讨论(一般通过电子邮件)以便形成决议。如果某些问题和意见不能在允许的时间内形成决议，术语维护组召集人应在下次 ISO/TC 211 全会时召集会议求得的解决。

A.3.5 术语状态的修订

对协调术语达成一致意见时，该术语被视为已协调状态，并等待在标准中发布。

对提议为废弃术语已达成保留或删除一致意见时，该术语就相应在术语库中被保留或置为废弃状态。

在协商过程中，对任何不能达成一致意见的术语，保持其备选状态，并由 ISO/TC 211 相关工作组进一步考虑，术语维护组负责这一过程的实施。术语维护组不可决定概念所采用的定义，但可向工作组提出建议。

A.3.6 增加术语

有些术语不是源自 ISO/TC 211 的标准，但是有益的补充，这种情况，适用以下条款：

——只接受来自 ISO/TC 211 成员和联络员所提议增加的术语。

——包括由明确商业需求所驱动而推荐的术语、定义和概念；但不鼓励扩充不必要的术语。

——所有的提议应以中文向术语维护组提交，提议应包括术语、定义、相关概念的描述，以及与 ISO/TC 211 中术语或(和)概念的关系，还应包括商业驱动者的说明。

——术语维护组将发布含有建议细节的 ISO/TC 211 文件，秘书处将文件分发给其成员征求意见。提交意见的期限为一个月，决议将随之实施。

——在下次 ISO/TC 211 全体会议上，以决议的方式决定是否接受推荐术语。

A.4 补充说明

鉴于全国地理信息标准化技术委员会的机构设置及职责与以上条款中提及的指称及其职责不是一一对应，因此，对以上条款中涉及的指称无法逐一替换。但对术语的状态和维护机制基本与以上条款中的要求一致。根据等同采用国际标准作编辑性修改的要求，增加此款说明性内容，说明我国具体实施情况。

全国地理信息标准化技术委员会已在全国地理信息标准化网站(http://www.gistandard.org.cn)上建立了地理信息术语库，开展对地理信息术语的维护工作。全国地理信息标准化技术委员会各分技术委员会和工作组根据以上条款的要求和程序，负责相关专业方向术语的选取和对术语从备选—草案—已协调—规范—规范/冲突—废弃 6 种状态的评估；全国地理信息标准化技术委员会秘书处负责收集需协调的问题，提交全国地理信息标准化技术委员会全体会议或常委会讨论解决或形成决议；全国地理信息标准化技术委员会秘书处根据评估意见和决议，对数据库实施操作。

附 录 B
（规范性附录）
源自地理信息标准和技术规范的术语和定义

本附录所列术语编自ISO/TC 211组织研制的国际标准和技术规范及其他来源，目的是为促进地理信息术语在使用和解释中的一致性。

注：以下的注和示例，参考国际标准和技术规范的源文档。

B.1

缩略语 abbreviation

省略较长词语中的部分词语或字母，但仍指同一**概念**（B.60）的**指称**（B.132）。

[GB/T 15237.1—2000]

B.2

抽象测试用例 abstract test case

针对特定要求的一般性测试。

注：抽象测试用例是导出**可执行测试用例**（B.171）的形式化基础。在抽象测试用例里包含有一个或多个测试目的。一个抽象测试用例不取决于**执行**（B.244），也不取决于**数值**（B.515）。它应当是完整的，足以将测试判定被明确地分配到每个潜在的可观察的测试结果（即：**测试事件**（B.170）的**序列**（B.425））当中。

[GB/T 19333.5—2003]

B.3

抽象测试方法 abstract test method

用于**执行**（B.244）测试的**方法**（B.312），它与特定测试过程无关。

[GB/T 19333.5—2003]

B.4

抽象测试模块 abstract test module

相关**抽象测试用例**（B.2）的**集合**（B.433）。

注：抽象测试模块可以层次镶嵌。

[GB/T 19333.5—2003]

B.5

抽象测试套件 abstract test suite

ATS

规定实现**一致性**（B.67）所要满足的全部要求的**抽象测试模块**（B.4）。

注：抽象测试套件由**一致性条款**（B.69）进行描述。

[GB/T 19333.5—2003]

B.6

验收测试 acceptance testing

〈用户〉决定一个**执行**（B.244）是否满足验收准则以及**用户**（B.512）能否决定接受该实现的过程。

注1：这个过程包括几种类型测试（例如：功能、容量、性能测试）的设计和执行，用来表明该实现是否满足用户要求。

注2：验收测试不作为**一致性测试**（B.72）的组成部分。

[GB/T 19333.5—2003]

B.7

准确度　accuracy

测试结果与公认参考**值**(**B.515**)间的接近程度。

注：测试结果可以是观测结果或量测结果。

[ISO 3534-1:1993]

B.8

主动对象　active object

具有独立行为能力的**对象**(**B.326**)，不需要直接的外部刺激就能发起与其他对象间的交互活动。

参见：**被动对象**(**B.342**)。

注：主动对象可以表达**用户**(**B.512**)或主动**服务**(**B.427**)，用户或主动服务由内部触发(不可见的)而启动。对同一对象而言，主动和被动**状态**(**B.452**)能够在同一对象上并存，而且此服务可以依赖激活或解除激活**操作**(**B.332**)协议的调用在两种状态间转换。

[ISO 19132:2007]

B.9

参与者　actor

〈UML〉当用例交互时，参与用例交互的、与用户密切相关的角色**集合**(**B.433**)。

注：在各个用例交互中，参与者可扮演不同的角色。

[ISO/TS 19103:2005，来源于 ISO/IEC 19501]

B.10

许用术语　admitted term

某一概念的诸术语中作为**首选术语**(**B.369**)的同义词使用的**术语**(**B.475**)。

[GB/T 15237.1—2000]

B.11

仿射坐标系　affine coordinate system

在欧几里德空间中，坐标轴不一定互相垂直的**坐标系**(**B.90**)。

[ISO 19111:2007]

B.12

聚合　aggregation

〈UML〉**关联**(**B.16**)的特殊形式，用以说明聚集(整体)与一个**组件**(**B.50**)部分间的整体—部分**关系**(**B.395**)。

注：参见**组合**(**B.54**)。

[ISO/TS 19103:2005，来源于 ISO/IEC 19501]

B.13

注记　annotation

以说明为目的，在诠释材料上作的标记。

注：数字，字母，符号和标记是注记的例子。

[ISO 19117:2005]

B.14

应用　application

支持**用户**(**B.512**)需求的**数据**(**B.103**)操作和处理。

[ISO 19101:2002]

B.15

应用模式　application schema

一个或多个**应用**(**B.14**)所需**数据**(**B.103**)的概念模式。

[ISO 19101:2002]

B.16

关联　association

〈UML〉两个或两个以上**类元**(**B.41**)之间的语义**关系**(**B.395**),定义了类中**实例**(**B.254**)间的连接。

注:二元关联就是指两个类元之间的关联(包括一个类元与其本身的关联)。

[ISO/TS 19103:2005,来源于 ISO/IEC 19501]

B.17

姿态　attitude

一个物体的定向,用物体坐标系的轴和外部**坐标系**(**B.90**)的轴之间的夹角来描述。

注:在定位**服务**(**B.427**)中,这通常是指用户平台(如:飞行器、船只或汽车)的定向。

[ISO 19116:2004]

B.18

属性　attribute

〈UML〉**类元**(**B.41**)的特性,描述该类元的**实例**(**B.254**)可能取**值**(**B.515**)的**值域**(**B.381**)。

注1:一个属性语义上等同于一个**组合**(**B.54**)**关联**(**B.16**),但其目的和用途是不同的。

注2:该**定义**(**B.126**)使用的"特性(feature)"是 UML 的**术语**(**B.475**)含义,不是标准 ISO/TS 19103 第4.1章定义的含义。

[ISO/TS 19103:2005,来源于 ISO/IEC 19501]

B.19

属性　attribute

〈XML〉一个**元素**(**B.153**)中包含的名称-值对。

注:除非另有指明,否则在本文件中的一种属性就是一种 XML 属性。一种 XML 属性的语法是"Attribute::= Name = AttValue"。一种属性通常作为一个 XML 元素的修饰成分(如〈Road gml:id = "r1" /〉;这里的 gml:id 是一种属性)。

[ISO 19136:2007]

B.20

包　bag

可以重复的相关**项**(**B.269**)(**对象**(**B.326**)或**值**(**B.515**))的有限、无序集合。

注:逻辑上,包是〈项,数目〉对的**集合**(**B.433**)。

[ISO 19107:2003]

B.21

波段　band

电磁辐射波长的某一**值域**(**B.381**),传感器仅对其作出**响应**(**B.403**)。

[ISO/TS 19101-2:2008]

B.22

基本表达　base representation

〈运动要素〉在特定参照时间,对一个**几何对象**(**B.219**)用地方原点和坐标**矢量**(**B.517**)的表达。

注1:刚性几何对象进行平移或旋转,其基本表达保持不变。

注2:地方原点和坐标矢量建立了**工程坐标参照系**(**B.164**)(ISO 19111),也称为地方框架或地方欧几里德**坐标系**(**B.90**)。

[ISO 19141:2008]

B.23

基础标准　base standard

能够用于构建**专用标准**(**B.374**)的 ISO **地理信息**(**B.211**)标准或其他**信息**(**B.250**)技术标准。

[ISO 19106:2004]

B.24

基本服务　basic service

以函数(B.194)方式为其他服务(B.427)或应用(B.14)提供基本功能的服务。

参考:互操作(B.264)

注:基本服务缺乏持久性,也缺乏具体用户(B.512)间调用的状态(B.452)信息(B.250),这意味着用户可直接访问。因为这种服务可能以函数的方式运行,在执行过程中随时可能被其他使用相同接口(B.260)的服务所取代。

[ISO 19132:2007]

B.25

基本测试　basic test

初始能力测试(B.33),目的是确定那些明显不一致(B.324)的内容。

[GB/T 19333.5—2003]

B.26

行为　behaviour

〈UML〉由操作(B.333)或事件(B.170)产生的可观测的影响及其结果。

[ISO/TS 19103:2005,来源于 ISO/IEC 19501]

B.27

边界　boundary

表示一个实体界限的集合(B.433)。

注:边界通常用在几何结构中,这里的集合是点(B.352)的集合或代表这些点的对象(B.326)的集合。在其他场合,边界这个术语(B.475)通常隐喻地描述实体与论域(B.149)其余部分之间的一个跃迁。

[ISO 19107:2003]

B.28

缓冲区　buffer

包含距一个指定几何对象(B.219)的距离都小于或等于一个给定值的所有直接位置(B.138)的几何对象。

[ISO 19107:2003]

B.29

日历　calendar

不连续的时间参照系(B.473),为定义分辨率为一日(B.125)的时间位置(B.472)提供基础。

[GB/T 22022—2008]

B.30

日历时代　calendar era

从特定事件(B.170)起算,日历(B.29)使用的一种类型(B.503)时段(B.345)序列(B.425)。

[GB/T 22022—2008]

B.31

校准　calibration

量化定义一个系统对已知、受控的信号输入的响应(B.403)过程。

[ISO/TS 19101-2:2005]

B.32

备选路径　candidate route

除了最优成本函数(B.95)的路径(B.409)之外,还包含任何满足路径计算(B.412)请求(B.399)所有限制(**B. 95**)条件的路径。

注:**导航**(**B. 319**)就是在备选路径中寻找最优化成本函数的过程。

[ISO 19133:2005]

B. 33

能力测试　capability test

为确定被测实现(IUT)是否符合测试目的所描述的标准特性而设计的测试。

[GB/T 19333.5—2003]

B. 34

基数　cardinality

〈UML〉**集合**(**B. 433**)中**元素**(**B. 153**)的个数。

注:对比:**多重性**(**B. 317**)。

[ISO/TS 19103:2005,来源于 ISO/IEC 19501]

B. 35

笛卡尔坐标系　Cartesian coordinate system

给出相对于 n 个相互垂直坐标轴的**点**(**B. 352**)**位置**(**B. 365**)的**坐标系**(**B. 90**)。

注:国际标准 ISO 19111 中,n 为 1、2 或 3。

[ISO 19111:2007]

B. 36

字符　character

作为数据的表示、组织或控制的**元素**(**B. 153**)**集合**(**B. 433**)的成分。

[ISO/IEC 2382-1:1993]

B. 37

子元素　child element

〈XML〉一个元素直接派生的**元素**(**B. 153**)。

[ISO 19136:2007]

B. 38

循环序列　circular sequence

没有逻辑起始,因而等同于任何自身循环移位的**序列**(**B. 425**),因此可认为序列的最后一**项**(**B. 269**)位于该序列的第一项之前。

[ISO 19107:2003]

B. 39

澄清　clarification

对注册项进行的非实质性修改。

注:非实质性修改,不改变注册项的语义或技术含义。澄清不会导致**注册**(**B. 393**)项状态的改变。

[ISO 19135:2005]

B. 40

类　class

〈UML〉具有相同的**属性**(**B. 18**)(域)、**操作**(**B. 333**)、**方法**(**B. 312**)、**关系**(**B. 395**)与语义的**对象**(**B. 326**)集的描述。

注:类可以用一组**接口**(**B. 261**)定义它所提供环境的操作集。

见:**接口**。

[ISO/TS 19103:2005,来源于 ISO/IEC 19501]

B.41

类元　classifier

〈UML〉描述行为和结构**要素**(**B.179**)的机制。

注：类元包括接口(B.261)、类(B.40)、数据类型和组分。

[ISO/TS 19103:2005,来源于 ISO/IEC 19501]

B.42

客户端　client

能从**服务器**(**B.426**)端调用**操作**(**B.332**)的软件**组件**(**B.50**)。

[ISO 19128:2005]

B.43

闭包　closure

拓扑对象(**B.489**)或**几何对象**(**B.219**)的**内部**(**B.262**)与**边界**(**B.27**)的并集。

[ISO 19107:2003]

B.44

簇　cluster

地点(**B.291**)在一小**邻域**(**B.321**)内的不同类型的**目标**(**B.465**)(每个目标满足不同的查询条件)集合。

[ISO 19132:2007]

B.45

余边界　coboundary

与该**拓扑对象**(**B.489**)相关联(该拓扑对象在其**边界**(**B.27**)上),具有更高维数的**拓扑单形**(**B.490**)的**集合**(**B.433**)。

注：如果一个**结点**(**B.323**)在**边**(**B.151**)的**边界**(**B.27**)上,则该边就在该结点的余边界上。任何定向参数,只要与这些关系中的一个相关联也就与其他的关系相关联。所以,如果一个结点是一条边的**终结点**(**B.162**)(定义为**正有向边**(**B.139**)的终点),那么该结点的正定向(定义为**正有向结点**(**B.141**))将有边在它的余边界上。见 ISO 19107 图 35。

[ISO 19107:2003]

B.46

代码　code

基于特定模式的符号表示。

[ISO 19118:2005]

B.47

代码表　codelist

包括每一个允许**值**(**B.515**)**代码**(**B.46**)的**值域**(**B.516**)。

[ISO 19136:2007]

B.48

代码空间　codespace

代码(**B.46**)、名称、**术语**(**B.475**)或类别的规则或者典据。

示例：代码空间的例子包括字典、典据、代码表等。

[ISO 19136:2007]

B.49

复杂要素　complex feature

由其他要素组合而成的**要素**(**B.179**)。

[ISO 19109:2005]

B.50

组件 component

〈UML〉系统的模块化的、可配置的、可替代的部分，它封装了**执行**(**B.244**)，并提供**接口**(**B.261**)的**集合**(**B.433**)。

注：组件表示一个系统物理实现的组分，包括软件**代码**(**B.46**)(源、二进制或可执行的)、等效的脚本或命令文件。

[ISO/TS 19103:2005，来源于 ISO/IEC 19501]

B.51

组合曲线 composite curve

曲线(**B.99**)的**序列**(**B.425**)。在该序列中，每条曲线(第一条除外)均从前一条曲线的**终点**(**B.163**)开始。

注：一条组合曲线，作为**直接位置**(**B.138**)的集合，具有曲线的所有特性。

[ISO 19107:2003]

B.52

组合体 composite solid

沿着共有**边界**(**B.27**)曲面相邻且相连的体的**集合**(**B.433**)。

注：组合体作为**直接位置**(**B.138**)的集合，具有体的所有特性。

[ISO 19107:2003]

B.53

组合曲面 composite surface

沿着共有边界曲线相邻并相连的**曲面**(**B.460**)集合。

注：组合曲面作为**直接位置**(**B.138**)的集合，具有曲面的所有特性。

[ISO 19107:2003]

B.54

组合 composition

〈UML〉一种**聚合**(**B.12**)形式，要求其组成成分的**实例**(**B.254**)最多在聚合中出现一次。组合**对象**(**B.326**)负责其组成成分的构造和析构。

注：组合本身可以创建**多重性**(**B.317**)的组成成分，但是一旦创建后，其组成成分随其存在和消失(也就是，它们共享生存期)。这样的组成成分在该聚合消失前，还可以显式地移走。聚合可以是递归的。同义词：组合聚集。

[ISO/TS 19103:2005，来源于 ISO/IEC 19501]

B.55

复合坐标参照系 compound coordinate reference system

用至少两个相互独立的坐标参照系描述位置的**坐标参照系**(**B.88**)。

注：两个坐标参照系相互对立的，在一个坐标参照系中的**坐标**(**B.84**)**值**(**B.515**)不能转换或变换到另一个坐标参照系中的坐标值。

[ISO 19111:2007]

B.56

计算几何 computational geometry

几何表达式的处理与计算，用于几何**操作**(**B.332**)的**执行**(**B.244**)。

示例：计算几何操作包括**几何对象**(**B.219**)间的几何包含或相交测试、**凸包**(**B.82**)或**缓冲区**(**B.28**)计算和确定最**短路径**。

[ISO 19107:2003]

B.57

计算拓扑　computational topology

在计算几何(B.56)中通常用来辅助、增强或定义对拓扑对象(B.489)进行操作的拓扑概念(B.60)、拓扑结构和拓扑代数。

[ISO 19107:2003]

B.58

计算视角　computational viewpoint

基于系统及其环境能实现分布处理的视角(B.526),这个环境通过系统的功能分解到对象(B.326)上,对象能在接口(B.260)上交互。

[ISO 19119:2005]

B.59

级联操作　concatenated operation

多个坐标操作的顺序应用(B.14)组成的坐标操作(B.87)。

[ISO 19111:2007]

B.60

概念　concept

通过对特征的独特组合而形成的知识单元(B.507)。

注:概念不受特定语言(B.275)的限制。但受社会或文化背景的影响,常常导致不同的分类。

[GB/T 15237.1—2000]

B.61

概念协调　concept harmonization

在彼此密切相关的两个或多个概念(B.60)之间,减少或消除细微差异的活动。

注:概念协调的目的是促进交流。

[ISO 860:2007]

B.62

概念体系　concept system

根据概念之间的关系建立的结构化的概念(B.60)集合(B.433)。

[GB/T 15237.1—2000]

B.63

概念形式化　conceptual formalism

用于描述概念模型(B.64)的一组建模概念(B.60)。

示例:UML元模型,EXPRESS元模型。

注:一个概念形式可以用多种概念模式语言(B.66)表示。

[ISO 19101:2002]

B.64

概念模型　conceptual model

定义一个论域(B.511)概念(B.60)的模型(B.314)。

[ISO 19101:2002]

B.65

概念模式　conceptual schema

概念模型(B.64)的形式化描述。

[ISO 19101:2002]

B.66

概念模式语言 conceptual schema language

基于**概念形式化**(B.63),表达**概念模式**(B.65)的形式化语言。

示例:UML,EXPRESS,IDEF1X。

注:概念模式语言可以是文字或图形,多种概念模式语言可基于同一概念形式。

[ISO 19101:2002]

B.67

一致性 conformance

满足规定的要求。

[GB/T 19333.5—2003]

B.68

一致性评价过程 conformance assessment process

对某项标准**执行**(B.244)的**一致性**(B.67)评价过程。

[GB/T 19333.5—2003]

B.69

一致性条款 conformance clause

为满足标准要求而必须规定的条款。

[GB/T 19333.5—2003]

B.70

一致性质量级别 conformance quality level

数据质量结果(B.115)的一个或一**组**(B.433)**阈值**(B.515),用于确定**数据集**(B.122)符合**产品规范**(B.373)所规定或**用户**(B.512)要求的程度。

[GB/T 21336—2008]

B.71

一致性测试报告 conformance test report

与具体标准**一致性**(B.67)程度的概要以及支持给出这一总体概要的全部测试细节。

[GB/T 19333.5—2003]

B.72

一致性测试 conformance testing

对产品进行的测试,以便确定该产品一致性**执行**(B.244)的程度。

[GB/T 19333.5—2003]

B.73

一致性实现 conforming implementation/conformance implementation

满足要求的**执行**(B.244)。

[GB/T 19333.5—2003]

B.74

连通 connected

几何对象(B.219)的一种特性,指该**对象**(B.326)内的任何两个**直接位置**(B.138)能置于完全在该**对象**(B.326)内的一条**曲线**(B.99)上。

注:当且仅当一个**拓扑对象**(B.489)的所有**几何实现**(B.221)是连通的,该拓扑对象才是连通的。由于它源自拓扑定理,所以未写在**定义**(B.126)内。

[ISO 19107:2003]

B.75

相连结点　connected node

起始于或终止于一条或多条**边**(B.151)的**结点**(B.323)。

[ISO 19107:2003]

B.76

限制　constraint

对**车辆**(B.519)经过的**有向路段**(B.287)或**转向**(B.502)处的约束。例如**车辆分类**(B.520)约束,物理或时间的约束。

[ISO 19133:2005]

B.77

约束　constraint

〈UML〉语义条件或限制。

注:域被用于定义**域集**(B.433)和**属性**(B.18)的**值域**(B.381)集合,算子和**函数**(B.194)。

[ISO/TC 19103:2005,来源于 ISO/IEC 19501]

B.78

连续变化　continuous change

带有**距离度量**(B.147)**类型**(B.503)的**属性**(B.18)的变化,该**值**(B.515)可在两个已知**量测**(B.301)值间取值。

注:作连续变化的插值被视为时间函数值,通常是考虑了连接两个取值点(time1,value1)和(time2 ,value2)的"曲线"的**限制**(B.76)而实现的。例如,如果是**车辆**(B.519)**运动**(B.316)的连续变化,则必须考虑对客观环境和车辆相适应的路径限制。

[ISO 19132:2007]

B.79

连续覆盖　continuous coverage

在**覆盖域**(B.149)中,单独的**空间对象**(B.442)、**时间对象**(B.326)或**时空对象**(B.447)的**相同要素属性**(B.181)在任意的**直接位置**(B.138)返回不同**值**(B.515)的**覆盖**(B.97)。

注:虽然连续数据覆盖域通常受空间范围和/或时间范围的限制,但是它可以再分成无限个直接位置。

[ISO 19123:2005]

B.80

控制组　control body

对**注册簿**(B.390)内容作决定的技术专家组。

[ISO 19135:2005]

B.81

转换规则　conversion rule

将输入数据结构的实例转换成输出**数据**(B.103)结构**实例**(B.253)的规则。

[ISO 19118:2005]

B.82

凸包　convex hull

包含给定**几何对象**(B.219)的最小**凸集**(B.83)。

注:"最小"指集合理论上最小,并不是指尺度上最小。这个**定义**(B.126)也可以重写为"包含所给定的几何元素的所有凸集的交集"。

[ISO 19107:2003,来源于 Dictionary of Computing, Fourth Edition, Oxford University Press, 1996]

B. 83

凸集　convex set

一种几何集，在该几何集中连接任意两个直接位置的直线段(B. 419)上的任意直接位置(B. 138)都包含在该几何集(B. 222)中。

[ISO 19107:2003，来源于 Dictionary of Computing，Fourth Edition，Oxford University Press，1996]

B. 84

坐标　coordinate

表示 n 维空间中点(B. 352)位置(B. 365)的某一序列(B. 425)n 个数之一。

注：在一个坐标参照系(B. 88)中，坐标数值取决于所选单位(B. 507)。

[ISO 19111:2007]

B. 85

坐标转换　coordinate conversion

基于同一基准(B. 124)的，从一个坐标参照系(B. 88)到另一个坐标参照系一一对应的坐标操作(B. 87)。

示例：基于 WGS84 基准，大地坐标参照系到笛卡尔坐标系之间的转换，或度量单位(B. 507)的改变，如从弧度到度，或从英尺到米。

注：坐标转换使用具有明确值(B. 515)的参数，这些值不是凭经验决定的。

[ISO 19111:2007]

B. 86

坐标维数　coordinate dimension

在一个坐标系(B. 90)中，描述一个位置(B. 365)所需的量测(B. 301)或坐标轴的个数。

[ISO 19107:2003]

B. 87

坐标操作　coordinate operation

从一个坐标参照系(B. 88)到另一个参照坐标系一一对应的坐标(B. 84)转换。

注：坐标变换(B. 91)和坐标转换(B. 85)的父类型。

[ISO 19111:2007]

B. 88

坐标参照系　coordinate reference system

通过基准(B. 124)与对象(B. 326)相关联的坐标系(B. 90)。

注：对大地基准(B. 202)和垂向基准(B. 525)而言，对象是地球。

[ISO 19111:2007]

B. 89

坐标集　coordinate set

相对于同一坐标系的坐标元组(B. 92)的集合。

[ISO 19111:2007]

B. 90

坐标系　coordinate system

说明给点(B. 352)赋予坐标(B. 84)的数学规则集(B. 433)。

[ISO 19111:2007]

B. 91

坐标变换　coordinate transformation

基于不同基准(B. 124)的，从一个坐标参照系(B. 88)到另一个坐标参照系一一对应的坐标操作(**B. 87**)。

注:使用一组在两种坐标参照系中已知**坐标**(**B. 84**)的**点**(**B. 352**),通过经验公式推导出参数进行坐标操作。

[ISO 19111:2007]

B. 92

坐标元组　coordinate tuple

由有顺序的**坐标**(**B. 84**)所构成的坐标串。

注:在坐标元组中,坐标个数等同于**坐标系**(**B. 90**)的维数;坐标的顺序等同于坐标系轴的顺序。

[ISO 19111:2007]

B. 93

协调世界时　Coordinated Universal Time

UTC

由国际计量局与国际地球自转服务局(IERS)维护的时标,它构成协调发布标准频率和时间信号基础。

[ITU-R Rec. TF. 686-1 (1997)]

B. 94

正确性　correctness

与论域(**B. 511**)的符合程度。

[ISO/TS 19138:2006]

B. 95

成本函数　cost function

与**路径**(**B. 409**)关联的成本的**函数**(**B. 194**)。

注:通常的做法是给路径的每一部分赋一个成本值,把总路径成本值定义为各部分成本的总和。这一函数对于大多数常用**导航**(**B. 319**)算法的运算是很有必要的。成本函数的单位不仅局限于货币的成本和价值,而且还包括诸如时间、距离和其他可能的度量。唯一的要求为增函数,且至少为非负函数。非负这一要求可以弱化为与网络中任意环路相关的成本值非零或非负,以保证"最小成本"的路径存在。

[ISO 19133:2005]

B. 96

耦合　coupling

通过**信息**(**B. 250**)转换或消息通讯,实现两个或多个软件系统的连接。

注1:与**集成**(**B. 259**)比较而言,耦合所传输信息的**概念模式**(**B. 65**)应在某些层次上一致。只要语义内容正确,并且可映射到规范的概念模式表达,在信息数据表示中耦合的**应用**(**B. 14**)可以并且经常是灵活的。用于XML消息的最常见的映射技术是XSLT,转换样式表单可以由**服务代理**(**B. 428**)或服务提供者提供。对服务提供者来说,通过几个逻辑等价信息API提供它的功能,每一个功能由不同的URI连接到XSLT转换桥上,并通过同一内码实现,这种方法被认为是最佳做法。

注2:在文献中,目前,松耦合和紧耦合是没有明确定义的**术语**(**B. 475**)。一般来说,"紧"耦合在请求者和响应者间存在由于使用**接口**(**B. 260**)引发的各种依赖,而"松"耦合并没有这种依赖性。这种依赖的本质并没有在设计者间一致定义。在这种情况下,"紧"耦合或"紧"集成都不是好做法,这是自这两个术语提出后的共识。有些文献将集成当成"紧耦合",这是不准确的描述。

[ISO 19132:2007]

B. 97

覆盖　coverage

在空间域、时间域或**时空域**(**B. 446**)中,作为任意**直接位置**(**B. 138**)的**函数**(**B. 194**),从其**值域**(**B. 381**)中返回数**值**(**B. 515**)的**要素**(**B. 179**)。

示例:实例包括**栅格**(**B. 383**)影像、**多边形**(**B. 356**)叠置或数字高程矩阵。

注:换句话说,覆盖是一个要素,这个要素的每个**属性**(**B. 18**)类型有多个值,而在要素的几何表达的每个直接位置,每个属性类型有单独的一个值。

[ISO 19123:2005]

B.98

覆盖几何　coverage geometry

用**坐标**(**B.84**)描述的数据**覆盖**(**B.97**)的**域**(**B.149**)结构。

[ISO 19123:2005]

B.99

曲线　curve

1维**几何单形**(**B.220**),表达一条线的连续映像。

注:曲线的**边界**(**B.27**)是曲线两个端点的集合。如果曲线是一个**圈**(**B.101**),则这两个端点相同,并且该曲线(如果拓扑上是闭合的)被认为没有边界。这第一个点被称作**始点**(**B.451**),最后一个点被称作终点,曲线的连通性被"一条线的连续映像"条款所保证。拓扑定理认为一个相连集合的连续映像仍然是相连的。

[ISO 19107:2003]

B.100

曲线段　curve segment

具有相似的插值和**定义**(**B.126**)**方法**(**B.312**),用来表达一条**曲线**(**B.99**)的连续组分(B.50)的1维**几何对象**(**B.219**)。

注:用一个单独的曲线段表达的**几何集**(**B.222**)与一条曲线等价。

[ISO 19107:2003]

B.101

圈　cycle

〈几何学〉没有**边界**(**B.27**)的**空间对象**(**B.442**)。

注:圈用来描述边界组成部分(参见**壳**(**B.434**)、**环**(**B.407**))。圈没有边界,因为它自身闭合,但它是有界的(即它不具有无限的外延)。例如,圆环或球,没有边界,但却是有界的。

[ISO 19107:2003]

B.102

圆柱坐标系　cylindrical coordinate system

具有两个距离坐标和一个角度**坐标**(**B.84**)的3维**坐标系**(**B.90**)。

[ISO 19111:2007]

B.103

数据　data

为便于交流、解释或处理,对**信息**(**B.250**)的可再解释的形式化表示。

[ISO/IEC 2382-1:1993]

B.104

数据元素　data element

在特定的语境中,认为不能再分的**数据**(**B.103**)**单元**(**B.507**)。

[ISO 19118:2005]

B.105

数据交换　data interchange

数据(**B.103**)的传输、接收和解释。

[ISO 19118:2005]

B.106

数据层级　data level

含有描述特定**实例**(**B.253**)**数据**(**B.103**)的层次。

[ISO 19101:2002]

B.107

数据产品　data product

与数据产品规范(B.108)一致的数据集(B.122)或数据集系列(B.123)。

[ISO 19131:2007]

B.108

数据产品规范　data product specification

对数据集(B.122)或数据集系列(B.123)的详细描述,并带有附加说明,使数据集或数据集系列可被创建、提供和被他人所使用。

注:数据产品规范提供了对论域(B.511)的说明,以及将论域映射到数据集的详细描述。可用于生产、销售、最终应用或其他目的。

[ISO 19131:2007]

B.109

数据质量基本度量　data quality basic measure

一般的数据质量度量(B.113),用作建立特定数据质量度量的基础。

注:数据质量基本度量是抽象的数据类型(B.121),在报告数据质量(B.377)时不能直接使用。

[ISO/TS 19138: 2006]

B.110

数据质量日期　data quality date

数据质量度量(B.113)的日期或日期值域(B.381)。

[GB/T 21337—2008]

B.111

数据质量元素　data quality element

定量描述数据集(B.122)质量(B.377)的组成部分。

注:数据质量元素对数据集的适用性依赖于数据集的内容及其产品规范(B.373);究其原因不是所有的数据质量元素适用于所有的数据集。

[ISO 19101:2002]

B.112

数据质量评价过程　data quality evaluation procedure

应用和报告质量(B.377)评价(B.169)方法(B.312)及评价结果的操作(B.332)。

[GB/T 21337—2008]

B.113

数据质量度量　data quality measure

数据质量子元素(B.117)的取值(B.169)。

示例:属性(B.18)值(B.515)正确的百分率。

[GB/T 21337—2008]

B.114

数据质量概述元素　data quality overview element

说明数据集(B.122)质量(B.377)的非量化组成部分。

注:关于数据集的目的、应用和数据志的信息是非定量信息(B.250)。

[ISO 19101:2002]

B.115

数据质量结果　data quality result

数据质量度量(B.113)得到的一个值(B.515)或一组值,或者将获取一个值或一组值同规定的一致性质量级别(B.70)相比较得到的评价结果。

示例:数据质量元素(B.111)及其数据质量子元素(B.117)"完整性,多余错误"的数据质量评价结果为"90"、数据质量值类型(B.118)为"百分比"是对数据质量范围(B.116)指定数据进行数据质量度量而得到的示例。数据质量评价结果为"真"、数据质量值类型为"布尔型变量"是将值(90)同规定的一致性质量等级(85)相比较的示例,评价结果为良好、合格或不合格。

[GB/T 21337—2008]

B.116

数据质量范围 data quality scope

被报告质量(B.377)信息(B.250)的数据(B.103)的范围或特征。

注:一个数据集(B.122)的数据质量范围可以由该数据集所属的数据集系列(B.123)组成,也可以由该数据集本身,或是物理上位于数据集中、拥有共同特性的较小的数据组组成。共同特性可以是相同的要素(B.179)类型(B.503)、要素属性(B.181)或要素关系;可以是相同的数据采集标准;或是一个指定的地理或时间范围。

[GB/T 21337—2008]

B.117

数据质量子元素 data quality subelement

数据质量元素(B.111)的组成部分,描述数据质量元素的某一方面。

[GB/T 21337—2008]

B.118

数据质量值类型 data quality value type

记录数据质量结果(B.115)的值(B.515)的类型(B.503)。

示例:"布尔型变量"、"百分比"、"比率"。

注:每个数据质量评价结果都提供数据质量值类型。

[GB/T 21337—2008]

B.119

数据质量值单位 data quality value unit

记录数据质量结果(B.115)的值(B.515)的单位(B.507)。

示例:"米"。

注:仅当数据质量评价结果可应用时,才提供数据质量值单位。

[GB/T 21337—2008]

B.120

数据传输 data transfer

数据(B.103)通过媒介(B.304)从一点到另一点的传送。

注:信息(B.250)传输意味着数据传输。

[ISO 19118:2005]

B.121

数据类型 data type

允许在值域(B.516)内对值进行操作(B.332)的值域的说明。

示例:整型、实型、布尔型、字符串、日期型和SG点(将数据(B.103)转换成系列编码)。

注:数据类型包括基本预定义类型和用户定义类型。

[ISO/TS 19103:2005]

B.122

数据集 dataset

可识别的数据(B.103)集合。

注:通过诸如空间范围或要素类型的限制(B.76),数据集在物理上可以是更大数据集较小的部分。从理论上讲,数据集可以小到更大数据集内的单个要素或要素属性(B.181)。一张硬拷贝地图或图表均可以被认为是一个数据集。

[GB/T 19710—2005]

B.123

数据集系列　dataset series

符合相同**产品规范**(**B.373**)的**数据集**(**B.122**)集合。

[GB/T 19710—2005]

B.124

基准　datum

定义**坐标系**(**B.90**)原点**位置**(**B.365**)、比例尺和定向的参数或参数集合。

[ISO 19111:2007]

B.125

日　day

相当于地球自转周期的持续**时段时间**(**B.346**)的**时段**(**B.345**)。

[ISO 19108:2000]

B.126

定义　definition

描述一个**概念**(**B.60**),并区别于其他相关概念的表述。

[GB/T 15237.1—2000]

B.127

Delaunay 三角网　Delaunay triangulation

任意三角形的外接圆内不含其他三角形顶点的三角网。

[ISO 19123:2005]

B.128

依赖　dependency

〈UML〉两个建模元素之间的**关系**(**B.395**),一个建模**元素**(**B.153**)(独立元素)发生改变会影响另一个建模元素(依赖元素)。

[ISO/TC 19103:2005,来源于 ISO/IEC 19501]

B.129

拒用术语　deprecated term

不宜使用的**术语**(**B.475**)。

[GB/T 15237.1—2000]

B.130

深度　depth

某**点**(**B.352**)从选定的参照面沿垂线向下量测的距离。

注:高于参照面的深度为负**值**(**B.515**)。

[ISO 19111:2007]

B.131

设计坐标参照系　design coordinate reference system

描述一运动对象的**基本表达**(**B.22**)的**工程坐标参照系**(**B.164**)。

[ISO 19141:2008]

B.132

指称　designation;designator

概念(**B.60**)的表达方式(通过一个代表它的符号来表达)。

注:在术语工作中符号、名称、**术语**(**B.475**)三种类型的指称是有区别的。

[GB/T 15237.1—2000]

B. 133

数字高程模型　digital elevation model

通过算法赋予 2 维**坐标**(**B. 84**)**高程值**(**B. 515**)的**数据集**(**B. 122**)。

[ISO/TS 19101-2:2008]

B. 134

数字项　digital item

结构化数字**对象**(**B. 326**)[资产,工作,**服务**(**B. 427**),**数据**(**B. 103**)或**信息**(**B. 250**)],它具有标准表达、标识和**元数据**(**B. 306**)框架。

[ISO 21000-1]

B. 135

数字值　digital number

DN

表示的**传感器**(**B. 423**)**量测**(**B. 301**)的**整型值**(**B. 515**)。

[ISO/TS 19101-2:2008]

B. 136

Dijkstra 图　Dijkstra graph

Dijkstra 曲线图是通过适当配置、权值为正的**有向图**(**B. 230**),用于执行最短路径的搜索。

注:这一**术语**(**B. 475**)出自于 E. Dijkstra 论文[7]中最著名的算法,该算法用于在权值为正的有向图中寻找最短路径。尽管这一算法并非是现有算法中唯一的一个,但其对有向图的要求与多数其他算法一样。最宽松的条件就是"正权值",在 Bellman_Ford 算法中不需要该条件。

[ISO 19133:2005]

B. 137

直接评价法　direct evaluation method

以数据集内部检验单元检验为基础的**数据集**(**B. 122**)**质量**(**B. 377**)评价**方法**(**B. 312**)。

[GB/T 21336—2008]

B. 138

直接位置　direct position

用**坐标参照系**(**B. 88**)中的一组**坐标**(**B. 84**)描述的**位置**(**B. 365**)。

[ISO 19107:2003]

B. 139

有向边　directed edge

表达边和它的某一方向相**关联**(**B. 16**)的**有向拓扑对象**(**B. 143**)。

注:与边的方向一致的有向边为正定向(+),反之,它为反定向(−)。有向边用在拓扑中以区分同一条边的右侧(−)与左侧(+),同一条边的**始结点**(**B. 450**)(−)与**终结点**(**B. 162**)(+)。在计算拓扑中使用这些**概念**(**B. 60**)。

[ISO 19107:2003]

B. 140

有向面　directed face

表达**拓扑面**(**B. 176**)和它的某一方向相**关联**(**B. 16**)的**有向拓扑对象**(**B. 143**)。

注:基于有向面定向的矢量方向,组成该面的外边界的**有向边**(**B. 139**)的定向为正,约束一个拓扑体的有向面的方向指向离开该**拓扑体**(**B. 491**)。与相邻面和它们的共享边之间的关联相一致,相邻体将采用与它共享边界不同的方向。有向拓扑面用在**余边界**(**B. 45**)关系中,以维持拓扑面与边之间的空间关联。

[ISO 19107:2003]

B. 141

有向结点　directed node

表达结点和它的某一方向相**关联**(B. 16)的**有向拓扑对象**(B. 143)。

注：有向结点用在**余边界**(B. 45)中以维持边与结点间的空间关联。结点的定向是关于某条边的，**终结点**(B. 162)为"＋"，**始结点**(B. 450)为"－"，这与"结果＝结束－起始"的**矢量**(B. 517)概念相一致。

[ISO 19107:2003]

B. 142

有向拓扑体　directed solid

表达**拓扑体**(B. 491)和它的某一方向相**关联**(B. 16)的**有向拓扑对象**(B. 143)。

注：有向拓扑体用在**余边界**(B. 45)关系中以维持**拓扑面**(B. 176)与拓扑体之间的空间关联。拓扑体(B. 438)的定向是关于一个拓扑面的，如果边界面的外法向指向外，则拓扑体的定方为"＋"，如果拓扑面的外法向指向内的，则拓扑体的定方为"－"。这与约束一个拓扑体的曲面"向上＝向外"的概念一致。

[ISO 19107:2003]

B. 143

有向拓扑对象　directed topological object

表达**拓扑单形**(B. 490)和它的某一方向逻辑**关联**(B. 16)的**拓扑对象**(B. 489)。

[ISO 19107:2003]

B. 144

离散变化　discrete change

不在两个已知量测值之间取值的**属性**(B. 18)**值**(B. 515)的变化。

注：地块的合法变化是离散的，并在某一特定时间发生。

[ISO 19132:2007]

B. 145

离散覆盖　discrete coverage

任何一个**空间对象**(B. 442)、时间**对象**(B. 326)或**时空对象**(B. 447)在其**域**(B. 149)中的任何**直接位置**(B. 138)都返回相同**要素属性**(B. 181)**值**(B. 515)的数据**覆盖**(B. 97)。

注：离散数据覆盖域由空间对象、时间对象、时空对象的有限集组成。

[ISO 19123:2005]

B. 146

离散时空对象　discrete spatiotemporal object

表示对象的**时间序列**(B. 474)，在不同时间点上描述同一空间**要素**(B. 179)。

注：见 Theodoridis-1999。

[ISO 19132:2007]

B. 147

距离度量　distance measure；distance metric

取值为正、对称且满足三角不等式的一对**属性**(B. 18)**类**(B. 503)**值**(B. 515)的**度量**(B. 303)。

注：对任意的 x,y，当 $d(x,y)>0, x\neq y$ 且 $d(x,x)=0$，则度量"d"为正。对任意的 x,y，当 $d(x,y)=d(y,x)$，则度量"d"为对称。对任意的 a,x,y，当 $d(x,y)\leqslant d(x,a)+d(a,y)$，则度量"$d$"满足三角形不等式。所有数值或向量属性都有这样的度量，最常见的欧几里德度量基于在每个维度上数值平方和的平方根。非欧几里德度量计算"空间曲率"(如沿球体的表面)。

[ISO 19132:2007]

B. 148

分布透明度　distribution transparency

对特定**用户**(B. 512)屏蔽分布式系统的某些部分的潜在**行为**(B. 26)的特性。

[ISO/IEC 10746-2:1996]

B. 149

域 domain

定义明确的**集合**(B. 433)。

注:域用于定义域**集**(B. 433)以及**属性**(B. 18)、算子和**函数**(B. 194)的**值域**(B. 381)集。

[ISO/TS 19103:2005]

B. 150

东移 easting

E

在一个**坐标系**(B. 90)中,从一条南北向参照线向东偏移(正)或向西偏移(负)的距离。

[ISO 19111:2007]

B. 151

边 edge

1 维**拓扑单形**(B. 490)。

注:边的**几何实现**(B. 221)是**曲线**(B. 99)。边的**边界**是**拓扑复形**(B. 486)中关联到该边的一个或两个**结点**(B. 323)的集合。

[ISO 19107:2003]

B. 152

边-结点图 edge-node graph

镶嵌在**拓扑复形**(B. 486)中的**图**(B. 230),该拓扑复形由其内的所有边和**相连结点**(B. 75)构成。

注:边-结点图是镶嵌在复形中的**子复形**(B. 455)。

[ISO 19107:2003]

B. 153

元素 element

〈XML〉XML 文档中的基本**信息**(B. 250)项,其中包含**子元素**(B. 37),**属性**(B. 19)和字符**数据**(B. 103)。

注:源自 XML 的信息集合"每个 XML 文档包含一个或多个元素",边界通过起始标记和终止标记界定,若为空元素,则由空元素**标记**(B. 463)界定。每个元素都有类型,该类型由名称,有时也称为"通用标识符"(GI)来标识,并可能有一组属性**规范**(B. 448)。每一属性规范有名称和**值**(B. 515)。

[ISO 19136:2007]

B. 154

椭球体 ellipsoid

绕椭圆的一个主轴旋转所形成的**曲面**(B. 460)。

注:在 ISO 19111 标准中,椭球始终是扁的,即短轴总是旋转轴。

[ISO 19111:2007]

B. 155

椭球坐标系 ellipsoidal coordinate system

大地坐标系 geodetic coordinate system

由**大地纬度**(B. 204),**大地经度**(B. 205)和**椭球面高**(B. 156)(3 维情况)来确定某点**位置**(B. 365)的**坐标系**(B. 90)。

[ISO 19111:2007]

B. 156

椭球面高 ellipsoidal height

大地高 geodetic heigh

h

从椭球面到点的法线方向量测该点到椭球面的距离，向上或向外为正。

注：仅用作3维大地坐标系的一部分，不单独使用。

[ISO 19111:2007]

B.157

椭球纬度　ellipsoidal latitude

大地纬度　geodetic latitude

φ

从赤道平面与通过给定**点**(B.352)的**椭球体**(B.154)法线间的夹角，向北为正。

[ISO 19111:2007]

B.158

椭球经度　ellipsoidal longitude

大地经度　geodetic longitude

λ

首子午面与通过给定**点**(B.352)的**子午线**(B.305)平面间的夹角，向东为正。

[ISO 19111:2007]

B.159

编码　encoding

数据(B.103)到一系列**代码**(B.46)的转换。

[ISO 19118:2005]

B.160

编码规则　encoding rule

可识别的**转换规则**(B.81)的集合，用于定义特定**数据**(B.103)结构的**编码**(B.159)。

示例：XML，GB/T 2260—2007，GB/T 10114—2003。

注：编码规则既说明转换的数据类型，也用于说明结果数据结构的语法、结构和代码。

[ISO 19118:2005]

B.161

编码服务　encoding service

实现**编码规则**(B.160)的软件**组件**(B.50)。

[ISO 19118:2005]

B.162

终结点　end node

在**边**(B.151)的**边界**(B.27)中对应于边的**终点**(B.163)的**结点**(B.323)。在使用该边的**拓扑复形**(B.486)的任何有效**几何实现**(B.221)中，边为**曲线**(B.99)。

[ISO 19107:2003]

B.163

终点　end point

曲线(B.99)的最后一个**点**(B.352)。

[ISO 19107:2005]

B.164

工程坐标参照系　engineering coordinate reference system

基于**工程基准**(B.165)的**坐标参照系**(B.88)。

示例：地方工程和建筑**格网**(B.234)；相对于某地的船舶或轨道上的航天器的坐标参照系。

[ISO 19111:2007]

B.165

工程基准　engineering datum

局部基准　local datum

描述局部参照与**坐标系**(**B.90**)**关系**(**B.395**)的**基准**(**B.124**)。

示例：为确定距某参照点若干公里范围内的**相对位置**(**B.396**)系统。

注：工程基准不包括**大地基准**(**B.202**)和**垂向基准**(**B.525**)。

[ISO 19111:2007]

B.166

工程视角　engineering viewpoint

基于ODP系统及其环境的**视角**(**B.526**)，在系统中以机制和功能需求为重点，支持系统中**对象**(**B.326**)间的分布式交互。

[ISO 19119:2005]

B.167

企业视角　enterprise viewpoint

基于ODP系统及其环境的**视角**(**B.526**)，在系统中以目的、适用范围和政策为重点。

[ISO 19119:2005]

B.168

误差　error

与**论域**(**B.511**)的差异。

[ISO/TS 19138:2006]

B.169

取值　evaluation

评价

〈覆盖〉**覆盖域**(**B.149**)中**直接位置**(**B.138**)上**覆盖**(**B.97**)**值**(**B.515**)的确定。

[ISO 19123:2005]

B.170

事件　event

在**某时刻**(**B.256**)发生的活动。

[GB/T 22022—2008]

B.171

可执行测试用例　executable test case

为满足特定要求，对**执行**(**B.244**)所进行的专门测试。

注：带有**值**(**B.515**)的**抽象测试用例**(**B.2**)的实例化。

[GB/T 19333.5—2003]

B.172

可执行测试套件　executable test suite

ETS

可执行测试用例(**B.171**)的**集合**(**B.433**)。

[GB/T 19333.5—2003]

B.173

外延　extension

一个**概念**(**B.60**)对应的客体的总和。

[GB/T 15237.1—2000]

B. 174

外部　exterior

全域与闭包(B. 43)之间的差。

注："外部"这个概念(B. 60)对拓扑复形(B. 486)和几何复形(B. 217)都适用。

[ISO 19107:2003]

B. 175

外部函数　external function

不是应用模式(B. 15)组成部分的函数(B. 194)。

注：车载导航(B. 319)系统中的电子地图(B. 297)应这样显示，即地图的上方总是朝着汽车前进的方向。为了能说明地图的方向，必须利用外部函数从一个外部定位装置连续地搜索汽车的当前位置(B. 365)。

[ISO 19117:2005]

B. 176

拓扑面　face

2维拓扑单形(B. 490)。

注：拓扑面的几何实现(B. 221)是曲面(B. 460)。拓扑面的边界是在拓扑复形内通过边界(B. 27)关系关联到该拓扑面的有向边(B. 139)的集合。这些有向边的集合可以组织成若干环(B. 407)。

[ISO 19107:2003]

B. 177

失败判定　fail verdict

不一致(B. 324)的测试判定。

注：不一致可能是与测试目的不相符，也可能是与相应标准中的至少一项一致性(B. 67)要求不相符。

[GB/T 19333.5—2003]

B. 178

证伪测试　falsification test

在执行(B. 244)中寻找误差(B. 168)的测试。

注：一旦发现错误，即可得出实现不符合标准的结论；然而，没有发现错误并不意味着实现就符合标准。与验证测试(B. 521)相比，证伪测试仅能表明不一致(B. 324)。由于技术和经济原因，在许多情况下，证伪测试作为一致性测试(B. 72)中的一种测试方法而被采纳。

[GB/T 19333.5—2003]

B. 179

要素　feature

现实世界现象的抽象。

注：要素可以类型(B. 503)或实例(B. 253)的形式出现。当仅表达一种含义时，应使用要素类型或要素实例。

[ISO 19101:2002]

B. 180

要素关联　feature association

一个要素类型的实例(B. 253)与其他相同或不同要素(B. 179)类型(B. 503)的实例链接的关系(B. 395)。

[ISO 19110:2005]

B. 181

要素属性　feature attribute

要素(B. 179)的特征。

示例1：名为"颜色"的要素属性有一个属性(B. 18)值(B. 515)为"绿色"，其数据类型(B. 121)为"文本"。

示例2:名为“长度”的要素属性有一个属性值为“82.4”,其数据类型为“实型”。

注1:要素的属性包括名称、数据类型及与其相关的值域。某个要素**实例**(**B.253**)的要素属性也具有一个来自于其值域的属性值。

注2:在**要素目录**(**B.182**)中,要素属性可以包括一个值域,但并不指定要素实例的属性值。

[ISO 19101:2002]

B.182

要素目录　feature catalogue

包含对一组或多组**地理数据**(**B.206**)的**要素**(**B.179**)**类型**(**B.503**)、**要素属性**(**B.181**)、**要素关联**(**B.180**)以及可执行的**要素操作**(**B.185**)的**定义**(**B.126**)和描述的目录。

[ISO 19110:2005]

B.183

要素分割　feature division

一个先前存在的**要素**(**B.179**),被两个或多个相同要素**类型**(**B.503**)的不同要素**实例**(**B.253**)取代时的**要素更替**(**B.188**)。

示例:要素类型为“地块”的一个实例,在该地块被合法细分后,被更替为两个同类实例。

[GB/T 22022—2008]

B.184

要素融合　feature fusion

在两个或多个先前存在的属于同一要素类型的实例被另一个相同要素类型的**实例**(**B.253**)所取代的**要素更替**(**B.188**)。

示例:要素类型为“牧场”的两个实例,当牧场间的栅栏被移开时,被更替为一个同要素类型的实例。

[GB/T 22022—2008]

B.185

要素操作　feature operation

要素(**B.179**)**类型**(**B.503**)的每个**实例**(**B.253**)可执行的**操作**(**B.332**)。

示例:要素类型为“堤坝”的一个操作是升高堤坝。操作的结果是提高“堤坝”的高度和水库的水位。

注:有时,要素操作为要素类型**定义**(**B.126**)提供基础。

[ISO 19110:2005]

B.186

要素图示表达规则集　feature portrayal rule set

应用于**要素**(**B.179**)**实例**(**B.253**)的**图示表达规则**(**B.362**)集合。

[ISO 19117:2005]

B.187

要素置换　feature substitution

一个要素实例被另一个相同或不同要素类型的**要素**(**B.179**)**实例**(**B.253**)所取代的一种**要素更替**(**B.188**)。

示例:要素类型为“建筑物”的一个实例,在其被拆除后,被替换为要素类型为“停车场”的实例。

[GB/T 22022—2008]

B.188

要素更替　feature succession

一个或多个要素实例被其他要素实例取代,被取代的**要素**(**B.179**)**实例**(**B.253**)不再存在。

[GB/T 22022—2008]

B. 189

要素表　feature table

列表示**要素属性**(**B. 181**),行表示**要素**(**B. 179**)的表。

[ISO 19125-2:2004]

B. 190

文件　file

作为一个**单元**(**B. 507**)存储或处理已命名的**记录**(**B. 385**)**集合**(**B. 433**)。

[ISO/IEC 2382-1:1993]

B. 191

扁率　flattening

椭球体(**B. 154**)**长半轴**(**B. 421**)(a)与**短半轴**(**B. 422**)(b)之差和长半轴(a)之比即:$f=(a-b)/a$。

注:有时用扁率的倒数 $1/f=a/(a-b)$;$1/f$ 又称为倒数扁率(reciprocal flattening)。

[ISO 19111:2007]

B. 192

叶理　foliation

单参数几何集(**B. 329**),该集合的**棱柱**(**B. 372**)中的每个**点**(**B. 352**)都在一个且只在一个**轨迹**(**B. 494**)中,同时也在一个且只在一个叶中。

[ISO 19141:2008]

B. 193

全检　full inspection

检查**数据集**(**B. 122**)中的每一检验单元。

注:全检也称为 100%检查。

[GB/T 21336—2008]

B. 194

函数　function

从一个域(源或函数的定义域)中的每一个**元素**(**B. 153**)到另一个**域**(**B. 149**)(**目标**(**B. 465**)域、因变量域、值域)中唯一元素相关联的规则。

[ISO 19107:2003]

B. 195

函数语言　functional language

正式说明**要素操作**(**B. 185**)的**语言**(**B. 275**)。

注:用函数语言,可以将**要素**(**B. 179**)**类型**(**B. 503**)表示为抽象的**数据类型**(**B. 121**)。

[ISO 19110:2005]

B. 196

实用标准　functional standard

数据生产者和**数据**(**B. 103**)用户团体正在使用的现存**地理信息**(**B. 211**)标准。

注:GDF、S-57 和 DIGEST 是现行实用标准的实例。

[ISO 19101:2002]

B. 197

地名录　gazetteer

包含与**位置**(**B. 365**)相关**信息**(**B. 250**)的一类或几类**要素**(**B. 179**)**实例**(**B. 253**)的目录。

注:位置信息不一定是**坐标**(**B. 84**),可以是描述性的。

[ISO 19112:2003]

B.198

泛化 generalization

〈UML〉一般元素和特殊元素之间的分类**关系**(B.395),该特殊元素与一般**元素**(B.153)完全一致,且包含更多的**信息**(B.250)。

注:特殊元素与一般元素保持完全的一致性,并且包含其他的信息。如果一般元素允许,可以使用特殊元素的**实例**(B.254)。

参见:**继承**(B.252)。

[ISO/TS 19103:2005,来源于 ISO/IEC 19501]

B.199

地理编码 geocoding

一种位置形式到另一种位置形式的转换。

注:地理编码通常指的是将“地址”或者“交叉路口”转换为“**直接位置**(B.138)”,很多**服务**(B.427)提供商还在他们的地理编码器中添加了“反向地理编码”**接口**(B.260),这样就把地理编码服务的定义拓展为通用的位置转换器。因为**路径计算**(B.412)服务程序使用内部位置编码,通常不向他人提供,所以地理编码器就成为这种服务内在的不可或缺的一部分。

[ISO 19133:2005]

B.200

大地坐标参照系 geodetic coordinate reference system

基于**大地基准**(B.202)的**坐标参照系**(B.88)。

[ISO 19111:2007]

B.201

大地坐标系 geodetic coordinate system

椭球坐标系 ellipsoidal coordinate system

某点**位置**(B.365)由**大地纬度**(B.204),**大地经度**(B.205)和(3维情况)**椭球高**(B.156)来确定的**坐标系**(B.90)。

[ISO 19111:2007]

B.202

大地基准 geodetic datum

描述地球2维或3维**坐标系**(B.90)**关系**(B.395)的**基准**(B.124)。

[ISO 19111:2007]

B.203

大地高 geodetic height

椭球面高 ellipsoidal height

h

沿椭球面到**点**(B.352)的法线方向,量测该点到椭球面的距离,向上或向外为正。

注:仅用作3维大地坐标系的一部分,从不单独使用。

[ISO 19111:2007]

B.204

大地纬度 geodetic latitude

椭球纬度 ellipsoidal latitude

φ

从赤道平面与通过给定**点**的椭球法线间的夹角,向北为正。

[ISO 19111:2007]

B.205

大地经度　geodetic longitude

椭球经度　ellipsoidal longitude

λ

首子午线(B.370)与通过给定点(B.352)子午线(B.305)平面间的夹角,向东为正。

[ISO 19111:2007]

B.206

地理数据　geographic data

与地球某个地点(B.291)直接或间接相关的数据(B.103)。

注:地理信息(B.211)也被用作具有与地球相关的直接的或间接位置参照的现象的信息(B.250)的一个术语(B.475)。

[ISO 19109:2005]

B.207

地理要素　geographic feature

与地球上地点(B.291)相关的现实世界现象的表达。

[ISO 19125-2:2004]

B.208

地理标识符　geographic identifier

以标记或代码(B.46)形式标识地点(B.291)的空间参照(B.444)。

示例:"密云"是一个县名称的例子,"100044"是邮政编码的例子。

[ISO 19112:2003]

B.209

地理影像　geographic imagery

与地球位置(B.43)相关联的影像。

[ISO/TS 19101-2:2008]

B.210

地理影像景观　geographic imagery scene

在特定时间,对自然形成的某一特定优势点(B.352)进行测量(B.301)或模拟测量获得的数据(B.103)所构成地理影像(B.243)。

[Derived from ISO 22028-1]

B.211

地理信息　geographic information

与地球上的地点(B.291)直接或间接相关的现象的信息(B.250)。

[ISO 19101:2002]

B.212

地理信息服务　geographic information service

向用户(B.103)提供转换、管理或表示地理信息(B.211)的服务(B.427)。

[ISO 19101:2002]

B.213

地理信息系统　geographic information system

处理与地球位置相关现象信息(B.211)的信息系统。

[ISO 19101:2002]

B.214

大地水准面　geoid

地球重力场的等势面(equipotential surface),它在任何地方都与重力方向垂直,并与局部或全球平均海平面(**B.299**)最佳拟合的水准面。

[ISO 19111:2007]

B.215

几何聚集形　geometric aggregate

没有内部结构的**几何对象**(**B.219**)的集合。

注:不对这些**元素**(**B.153**)间的空间**关系**(**B.395**)作任何假设。

[ISO 19107:2003]

B.216

几何边界　geometric boundary

由约束**几何对象**(**B.219**)范围的较低**几何维数**(**B.218**)的**几何单形**(**B.220**)的集合所表达的**边界**(**B.27**)。

[ISO 19107:2003]

B.217

几何复形　geometric complex

分离的**几何单形**(**B.220**)的集合,其每一个几何单形的**边界**(**B.27**)都可以表达为该集合内维数更低的几何单形的并集。

注:集合中的几何单形是分离的,意味着没有一个**直接位置**(**B.138**)能同时在两个或两个以上的几何单形的**内部**(**B.262**)。集合在边界**操作**(**B.332**)中闭合,意味着几何复形中的每一个**元素**(**B.153**),存在一个代表该元素边界的几何单形的组合(即一个几何复形)。**点**(**B.352**)(几何中唯一的0维单形**对象**(**B.326**))的边界是空。这样,如果最高维的几何单形是**体**(**B.438**)(3维),按照这个**定义**(**B.126**),边界算子的运算最多三步结束。这就是任何对象的边界是一个**圈**(**B.101**)的情形。

[ISO 19107:2003]

B.218

几何维数　geometric dimension

在**几何集**(**B.222**)内每一个**直接位置**(**B.138**)都可以与其**内部**(**B.262**)具有该直接位置的子集相关联,且相似(同构)于n维欧几里德空间R^n的最大数目n。

注:**曲线**(**B.99**)的几何维数为1,因为它们是实线段的连续映像。虽然**曲面**(**B.460**)不能将它的整体映射到2维空间R^2中,但围绕每个**点**(**B.352**)的**位置**(**B.365**),(在连续**函数**(**B.194**)的情况下)可以找到一个类似于R^2单位圆的小邻域,因此曲面是2维的。在ISO 19107中,大多数**曲面片**(**B.461**)(几何曲面片GM_SurfacePatch的**实例**(**B.253**))是通过它们所定义的插值机制映射为R^2中的一部分。

[ISO 19107:2003]

B.219

几何对象　geometric object

表达一个几何集的**空间对象**(**B.442**)。

注:几何对象由**几何单形**(**B.220**)、几何单形的组合或处理为一个单独实体的**几何复形**(**B.217**)构成。几何对象可以是作为**要素**(**B.179**)或要素的一个有意义部分的**对象**(**B.326**)的空间表达。

[ISO 19107:2003]

B.220

几何单形　geometric primitive

表达空间中单一、**连通**(**B.74**)和同质**元素**(**B.153**)的**几何对象**(**B.219**)。

注:几何单形是表达几何结构信息的不可再分的对象。几何单形包括**点**(**B.352**)、**曲线**(**B.99**)、**曲面**(**B.460**)和**体**(**B.438**)。

[ISO 19107:2003]

B.221

几何实现　geometric realization

几何复形(**B.217**)中的**几何单形**(**B.220**)与**拓扑复形**(**B.486**)中的**拓扑单形**(**B.490**)一一对应，且这两个复形的**边界**(**B.27**)关系一致。

注：在该实现中，拓扑单形表达相应的几何单形的**内部**(**B.262**)。组合几何对象是闭合的。

[ISO 19107:2003]

B.222

几何集　geometric set

直接位置(**B.138**)的**集合**(**B.433**)。

注：在大多数情况下，这个集合是无限的。

[ISO 19107:2003]

B.223

几何特性　geometry property

〈GML〉GML **要素**(**B.179**)的**特性**(**B.376**)，描述了要素的某些几何特征。

注：几何特性的名称是与要素相连的几何角色。

[ISO 19136:2007]

B.224

几何值对象　geometry value object

由**几何数值对**(**B.225**)**集**(**B.433**)组成的**对象**(**B.326**)。

[ISO 19123:2005]

B.225

几何数值对　geometry value pair

由**空间对象**(**B.442**)、**时间对象**(**B.326**)或**时空对象**(**B.447**)和**要素属性**(**B.181**)**值**(**B.515**)**记录**(**B.385**)组成的有序数值对。

[ISO 19123:2005]

B.226

GML 应用模式　GML application schema

根据 ISO 19136 标准规则，以 XML 模式编写的**应用模式**(**B.15**)。

[ISO 19136:2007]

B.227

GML 文档　GML document

包含一个根**元素**(**B.153**)的 XML 文档，该根元素是 GML **模式**(**B.229**)中规定的抽象要素、数据字典或拓扑复形元素中的一种元素，或者是任意这些元素的替换组中的一种元素。

[ISO 19136:2007]

B.228

GML 专用标准　GML profile

GML **模式**(**B.229**)子集。

[ISO 19136:2007]

B.229

GML 模式　GML schema

在 ISO 19136 标准中指定的 XML **命名空间**(**B.318**)http://www.opengis.net/gml/3.2 中的模式**组件**(**B.50**)。

[ISO 19136:2007]

B.230

图　graph

结点(**B.323**)集,有些结点与**边**(**B.151**)相连。

注:在**地理信息系统**(**B.213**)中,一个图可以有多于一条边连在两个结点上,也可以一条边的首尾结点相同。

[ISO 19107:2003]

B.231

图形语言　graphical language

用图形符号表达语法的**语言**(**B.275**)。

[ISO 19101:2002]

B.232

重力高　gravity-related height

H

基于地球重力场的**高度**(**B.236**)。

注:特别地,正高或正常高都是一个**点**(**B.352**)与海平面距离的近似值。

[ISO 19111:2007]

B.233

公历　Gregorian calendar

1582年引入的通用**日历**(**B.29**),所定义的年比儒略历更接近回归年。

注:公历的引入消除了儒略年的累积误差。在公历中,历年或为平年,或为闰年,均分为12个顺序**月**(**B.315**)。

[GB/T 22022—2008,来源于ISO 8601:2000]

B.234

格网　grid

由两组或多组曲线集所组成的**网络**(**B.322**),**曲线**(**B.99**)**集合**(**B.433**)中的曲线按某种算法相交。

注:曲线集把空间分割成格网单元。

[ISO 19123:2005]

B.235

格网点　grid point

格网(**B.234**)中,两条或多条**曲线**(**B.99**)相交形成的**点**(**B.352**)。

[ISO 19123:2005]

B.236

高度　height

h,*H*

某**点**(**B.352**)向上沿一条垂直于参照测量面的垂线到该参照测量面的距离。

注:低于参照面的高度为负**值**(**B.515**)。

[ISO 19111:2007]

B.237

分级注册簿　hierarchical register

针对**注册项**(**B.269**)的**域**(**B.149**)建立的结构化的**注册簿**(**B.390**)**集合**(**B.433**),由一个**主注册簿**(**B.371**)和一系列**子注册簿**(**B.458**)组成。

示例:ISO 6532,数据交换_组织标识结构就与分级注册簿有关。主注册簿包含各种组织**标识符**(**B.239**)方案,而各个子注册簿则包含符合某一个组织标识符方案的一组组织标识符。

[ISO 19135:2005]

B.238

同态　homomorphism

两个**域**(**B.149**)(例如两个复形)之间存在一种**函数**(**B.194**)**关系**(**B.395**),能从一个域保持结构地映射到另一个域。

注:同态区别于**同构**(**B.268**)在于它没有反函数的要求。在同构中,两个同态互为反函数。连续函数是拓扑同态,因为它们保留了"拓扑特征"。**拓扑复形**(**B.486**)到其**几何实现**(**B.221**)的映射保持了**边界**(**B.27**)的**概念**(**B.60**),因此是同态。

[ISO 19107:2003]

B.239

标识符　identifier

能够永久地、唯一地标识与之关联(对象)的与具体语言无关的**字符**(**B.36**)**序列**(**B.425**)。

[ISO 19135:2005,来源于 ISO/IEC 11179-3:2003]

B.240

标识　identity

在一段时间内,能充分识别一个**对象**(**B.326**)的**数据**(**B.103**),而与对象**状态**(**B.452**)无关。

注:标识通常是持续的及持久不变的关键成员对象的**属性**(**B.18**)**值**(**B.515**)。因为标识不随时间变化,且具有唯一性,它在任何状态下都与该对象关联,不管该对象的**时间戳**(**B.484**)。一个运动物体的标识是独立于时间和**地点**(**B.291**)的。

[ISO 19132:2007]

B.241

影像坐标参照系　image coordinate reference system

基于**影像基准**(**B.242**)的**坐标参照系**(**B.88**)。

[ISO 19111:2007]

B.242

影像基准　image datum

定义了影像与**坐标系**(**B.90**)**关系**(**B.395**)的**工程基准**(**B.165**)。

[ISO 19111:2007]

B.243

影像　imagery

通过电子或光学技术将现象表示为影像。

注:在本技术规范中,假定现象已经被一种或多种设备(如雷达、照相机、光度计和红外及多光谱扫描仪)感知或探测到。

[ISO/TS 19101-2:2008]

B.244

执行　implementation

规范(**B.448**)的**实现**(**B.384**)。

注:在**地理信息**(**B.211**)系列标准的语境中,实现包括**地理信息服务**(**B.212**)和**数据集**(**B.122**)的规范。

[GB/T 19333.5—2003]

B.245

实现一致性声明　Implementation Conformance Statement

ICS

规范(**B.448**)可选项已得到实现的声明。

[GB/T 19333.5—2003]

B.246

实现的测试补充信息　Implementation eXtra Information for Testing

IXIT

陈述包括全部与被测实现(IUT)及其相应的被测系统(SUT)的有关信息,这些信息能使**测试实验室**(**B.482**)针对该IUT运行一个适当的测试套件。

注:IXIT通常提供关于SUT中概念的组织与存储、关于SUT的访问与修改手段等方面的细节。

[GB/T 19333.5—2003]

B.247

无结论判定　inconclusive verdict

既不能判为**合格判定**(**B.340**),也不能判为**失败判定**(**B.177**)的测试判定。

[GB/T 19333.5—2003]

B.248

间接评价法　indirect evaluation method

基于外部知识的**数据集**(**B.122**)**质量**(**B.377**)评价**方法**(**B.312**)。

注:外部知识的例子是数据集志,诸如数据生产方法或**数据**(**B.103**)源等。

[GB/T 21336—2008]

B.249

惯性定位系统　inertial positioning system

利用加速器、陀螺仪和计算机作为集成**组件**(**B.50**)的**定位系统**(**B.367**),用于确定**点**(**B.352**)或**对象**(**B.326**)与已知参照点的相对**坐标**(**B.84**)。

[ISO 19116:2004]

B.250

信息　information

关于**对象**(**B.326**)(如事实、**事件**(**B.170**)、事物、过程或思想,包括**概念**(**B.60**))的知识,在一定场合中具有特定的意义。

[ISO/IEC 2382-1:1993]

B.251

信息视角　information viewpoint

基于ODP系统及其环境的**视角**(**B.526**),在系统中以**信息**(**B.250**)的语义和信息处理为重点。

[ISO/IEC 10746-2]

B.252

继承　inheritance

〈UML〉特殊**元素**(**B.153**)从行为相关的一般元素中获得其结构和**行为**(**B.26**)的机制。

注:参见:泛化(B.198)。

[ISO/TS 19103:2005,来源于ISO/IEC 19501]

B.253

实例　instance

类(**B.40**)的实现**对象**(**B.326**)。

[ISO 19107:2003]

B.254

实例　instance

〈UML〉具有唯一**标识**(**B.240**)且可对其执行一组操作的实体,**操作**(**B.333**)结果存储在状态中。

注:参见:**对象**(**B.326**)。

[ISO/TS 19103:2005,来源于ISO/IEC 19501]

B. 255

实例模型　instance model

按照**应用模式**(B. 15)存储**数据**(B. 103)的表示**模型**(B. 314)。

[ISO 19118:2005]

B. 256

时刻　instant

表示时间**位置**(B. 365)的 0 维**几何单形**(B. 220)。

注：时间几何在 GB/T 22022—2008 5.2 中阐述。

[GB/T 22022—2008]

B. 257

例示　instantiate

通过创建具体的**实例**(B. 253)或者创建实例的能力来表示抽象的事物。

注：一个**类**(B. 40)或者**数据元素**(B. 104)**定义**(B. 126)例示了一个**类型**(B. 503)，如果它具有分别创建对象(B. 326)或数据元素的能力，该类型定义可表示**概念**(B. 60)(实例**数据**(B. 103)和/或**运算**(B. 332))。如果该类定义了对象的结构和**函数**(B. 194)，那么就用一个对象对该类作例示。如果数据**模式**(B. 414)定义了数据**元素**(B. 153)的结构，那么就用一个数据元素对该数据模式作例示。

[ISO 19133:2005]

B. 258

集成定位系统　integrated positioning system

包含两种或多种定位技术的**定位系统**(B. 367)。

注：集成定位系统中每个定位技术产生的量测结果可以是**位置**(B. 365)、**运动**(B. 316)或**姿态**(B. 17)中的任何一个。可以有冗余的量测结果。当把它们合并在一起时，就确定了一个统一的位置、运动或姿态。

[ISO 19116:2004]

B. 259

集成　integration

使用共同**数据**(B. 103)库和**方法**(B. 312)库的两个或多个软件系统的链接。

参见：**耦合**(B. 96)

注：集成与耦合是系统互操作的两种主要机制。

[ISO 19132:2007]

B. 260

接口　interface

描述实体行为(B. 26)特征的命名**操作**(B. 332)**集合**(B. 433)。

注：见 ISO 19119 中 7.2 对接口的讨论。

[ISO 19119:2005]

B. 261

接口　interface

〈UML〉将元素行为特征化的命名**操作**(B. 332)**集合**(B. 433)。

[ISO/TS 19103:2005，来源于 ISO/IEC 19501]

B. 262

内部　interior

几何对象(B. 219)除**边界**(B. 27)外的所有**直接位置**(B. 138)的**集合**(B. 433)。

注：**拓扑对象**(B. 489)的内部是与其相对应的**几何实现**(B. 221)的内部的同态映像。因为它遵从拓扑定理，所以不再**定义**(B. 126)。

[ISO 19107:2003]

B.263

互操作性　interoperability

要求**用户**(**B.512**)几乎不了解,或者完全不了解各功能**单元**(**B.507**)的独特特征的情况下,能在这些功能单元之间进行通讯、执行程序或传送**数据**(**B.103**)的能力。

[ISO/IEC 2382-1:1993]

B.264

互操作　interoperate

用户(**B.512**)不需要了解各功能**单元**(**B.507**)的独有特征就能够在各功能单元间通讯、执行程序或转换**数据**(**B.103**)。

参见:**互操作性**(**B.263**)

[ISO 19132:2007]

B.265

间隔标度　interval scale

具有任意原点的标度,它既用于描述**值**(**B.515**)的顺序又用于描述值之间的距离。

注:在间隔标度上度量值的比率没有意义。

[GB/T 22022—2008]

B.266

逆求值　inverse evaluation

〈覆盖〉基于与对象关联的**要素属性**(**B.181**)**值**(**B.515**)从**覆盖**(**B.97**)**域**(**B.149**)选择**对象**(**B.326**)**集合**(**B.433**)。

[ISO 19123:2005]

B.267

孤立结点　isolated node

不与任何**边**(**B.151**)相连的**结点**(**B.323**)。

[ISO 19107:2003]

B.268

同构　isomorphism

在两个**域**(**B.149**)(例如两个复形)之间的一种**关系**(**B.395**),它们具有从一个域到另一个域一一对应地保持结构的**函数**(**B.194**),同时,按两种顺序组合这两个函数得到相应的恒等函数。

注:如果**几何复形**(**B.217**)与**拓扑复形**(**B.486**)的元素个数、维数、边界都一一对应,则该几何复形与该拓扑复形同构。

[ISO 19107:2003]

B.269

项　item

可单独描述或考察的事物。

注:项可以是**数据集**(**B.122**)的任何一部分,如**要素**(**B.179**)、**要素关系**(**B.395**)、**要素属性**(**B.181**)或它们的组合。

[ISO 2859-1:1999]

B.270

项类　item class

具有共同特性的**项**(**B.269**)**集合**(**B.433**)。

注:此处使用的**类**(**B.40**)指**实例**(**B.253**)集合,而不是这些实例集合所抽象的**概念**(**B.60**)。

[ISO 19135:2005]

B.271

儒略日期　Julian date

儒略日数(B.272)加上从前一个平正午起已经消逝的该日(B.125)的十进制小数。

[GB/T 22022—2008]

B.272

儒略日数　Julian day number

约定儒略历从公元前 4713 年 1 月 1 日格林尼治平正午起算的时间消逝的日(B.125)数。

[GB/T 22022—2008]

B.273

连接点　junction

网络(B.322)中的单一拓扑结点(B.323),有与之相关联的转向(B.502)、入口路段和出口路段的连接集合。

注:连接点是结点的别名。

[ISO 19133:2005]

B.274

知识库　knowledge base

特定主题的知识数据库(B.103)。

注:该数据库包含事实、推理和解决问题所需要的程序[Webster Computer]。

[ISO /TS 19101-2:2008]

B.275

语言　language

用于交流的符号系统,通常由词汇和规则组成。

注:在 GB/T 4894—1985 标准中,语言是指自然语言和种族语言,而不是编程语言或艺术语言,除非有特别的说明。

[GB/T 4894—1985]

B.276

语言标识符　language identifier

术语条目中标示语言(B.275)名称的信息(B.250)。

[GB/T 15237.1—2000]

B.277

图层　layer

地理信息(B.211)的基本单元(B.507),可作为地图(B.297)从服务器(B.426)端请求。

[ISO 19128:2005]

B.278

叶　leaf

〈单参数几何集〉参数为某一特定值(B.515)的几何。

[ISO 19141:2008]

B.279

文字语言　lexical language

用定义为字符(B.36)串的符号表达语法的语言(B.275)。

[ISO 19101:2002]

B. 280

许可证 license

由主管机关授权的系统参与者行使权限的许可或证明，不在授权范围内的**权限**(B. 405)是不允许的或违法的。

[ISO 19132:2007]

B. 281

生存期 life span

某事物存在的**时段**(B. 345)。

注：有效时间生存期是在现实模型中**对象**(B. 326)存在的时段。事务处理时间生存期是数据库对象在数据库中处在当前状态的时段。

[GB/T 22022—2008]

B. 282

线串 line string

由**直线段**(B. 419)组成的**曲线**(B. 99)。

[ISO 19136:2007]

B. 283

线性坐标系 linear coordinate system

以**线性要素**(B. 179)构成坐标轴的1维**坐标系**(B. 90)。

示例：沿管线的距离；偏离石油井钻的**深度**(B. 130)(向下)。

[ISO 19111:2007]

B. 284

线性定位系统 linear positioning system

从**参照点**(B. 352)开始沿**路径**(B. 409)测量距离的**定位系统**(B. 367)。

示例：用事先确定的英里或千米为起点的汽车里程表，汽车沿着一条**路径**(B. 409)前进就可以为一个**位置**(B. 365)提供一个线性参照。

[ISO 19116:2004]

B. 285

线性参照系(静态) linear reference system

通过参照线性**地理要素**(B. 207)的路段及沿该路段到给定**点**(B. 352)距离进行定位的参照系。

注：线性参照系广泛用于交通领域，例如高速公路名称和英里或千米的里程碑。

[ISO 19116:2004]

B. 286

线性参照系(动态) linear referencing system

从**参照点**(B. 352)开始沿**路径**(B. 409)(要素)量测距离的**定位系统**(B. 367)。

注：线性参照系包括确认和保存沿线性要素指定点的**记录**(B. 385)的过程的完整**集合**(B. 433)，例如，有存储、维护和检索高速路上点和路段的位置**信息**(B. 250)过程的位置参照**方法**(B. 312)[NCHRP Synthesis 21,1974]。

[ISO 19133:2005]

B. 287

有向路段 link

两个**结点**(B. 323)(**连接点**(B. 273))之间有向的拓扑连接，由一条**边**(B. 151)和一个方向组成。

注：有向路段是**有向边**(B. 139)的别名。

[ISO 19133:2005]

B.288

有向路段位置　link position

在网络(B.322)中,与有向路段(B.287)相关的某种严格单调的度量(B.303)方法定义的该有向路段上的位置(B.365)。

注:有向路段位置通常与不属于网络的目标(B.465)要素(B.179)相关。有向路段位置最常见的度量就是从始结点(B.450)或地址到该位置的距离。有向路段位置最常见于确定一个"地址"的地理位置。

[ISO 19133:2005]

B.289

局部基准　local datum

工程基准　engineering datum

描述局部参照与坐标系(B.90)关系(B.395)的基准(B.124)。

示例:确定在参照点若干千米范围内的相对位置的系统。

注:工程基准(B.165)不包括大地基准(B.202)和垂向基准(B.525)。

[ISO 19111:2007]

B.290

(语)区　locale

用于解释字符(B.36)串的文化和语言的环境。

[ISO 19135:2005]

B.291

地点　location

地理上可识别的地方。

示例:"天安门"、"北京"、"新疆"。

[ISO 19112:2003]

B.292

基于位置服务　location-based service

LBS

基于请求服务的客户端(B.42)位置或者其他事物、对象(B.326)或个人的位置,给予的服务(B.427)或其他属性。

注:如"寻找最近的餐厅"的提问取决于提问者的位置,属于LBS范畴。

[ISO 19133:2005]

B.293

依赖位置服务　location-dependent service

LDS

服务(B.427)的有效性依赖于客户端(B.42)位置的服务。

[ISO 19133:2005]

B.294

松耦合接口　loosely coupled interface

基于消息的服务接口(B.431),该接口以公用的分类定义(B.126)作为基础,且不受消息格式的细节或表示以及该服务(B.427)的内部执行(B.244)的影响。

参见:耦合(B.96)。

[ISO 19132:2007]

B.295

主路规则　main-road rule

在转向(B.502)处采用的路径(B.409)指令准则;在结点(B.323)处采用的缺省指令。

注:假设已经确定入口路段,这一规则描述了在结点(交叉口)处"最自然"的做法。最常见的规则是"尽可能直行",或者选择进入最明显延伸方向的街道入口,通常情况下进出路口的两条街道名称相同,但也并非总是这样。在路径上的每一个结点的导航要么采用节点的相关指令,要么采用主路规则。

[ISO 19133:2005]

B.296

行进策略　maneuver;manoeuvre

在组合路径(B.409)中所使用的与有向路段(B.287)和转向(B.502)相关的集合。

注:行进策略用于将多个转向分解为方便的合法组合。它们可以简单为只是一个单一转向或是快速转向组合(在美国中西部"jogs"由一个转向紧跟一个反方向转向组成),也可能是由入口、出口和连接车道构成的非常复杂的组合(在英国称为"magic roundabouts")。

[ISO 19133:2005]

B.297

地图(适用于Web地图服务)　map

适合在计算机屏幕上显示的数字图像文件(B.190)的地理信息(B.211)的图示表达(B.360)。

[ISO 19128:2005]

B.298

地图投影　map projection

从大地坐标系(B.155)到平面坐标系的坐标转换(B.85)。

[ISO 19111:2007]

B.299

平均海平面　mean sea level

遍历潮汐和季节变化的所有阶段海面的平均值。

注:局部环境的平均海平面通常是指,在给定的时间周期内,在该地区一个或多个点(B.352)观测的海平面平均值。全球范围平均海平面与全球大地水准面(B.214)相差不超过2 m。

[ISO 19111:2007]

B.300

可量测数量　measureable quantity

可被质量区别和数量确定的现象、实体、物质的属性。

[来源于 International Vocabulary of Basic and General Terms in Metrology (VIM)]

B.301

量测　measurement

以确定对象(B.326)数量值(B.515)为目的的操作(B.332)集(B.433)。

[来源于 International Vocabulary of Basic and General Terms in Metrology (VIM)]

B.302

被测变量　measurand

遵循量测方法的特定量。

[来源于 International Vocabulary of Basic and General Terms in Metrology (VIM)]

B.303

度量　measure

〈GML〉用标(度)量或标量坐标参照系描述的值(B.515)。

注:当作为名词时,度量是一个物理量(B.347)的代名词。

[ISO 19136:2007]

B. 304

媒介　medium

存储或传输**数据**(**B. 103**)的材料或媒体。

示例:光盘(CD),因特网,无线电波等。

[ISO 19118:2005]

B. 305

子午线　meridian

包含椭球短半轴的平面与**椭球体**(**B. 154**)的交线。

注:该**术语**(**B. 475**)经常用于南极点到北极点的弧段,而不是完全封闭的圆。

[ISO 19111:2007]

B. 306

元数据　metadata

关于数据的**数据**(**B. 103**)。

[GB/T 19710—2005]

B. 307

元数据元素　metadata element

元数据(**B. 306**)的基本**单元**(**B. 507**)。

注1:元数据元素在元数据实体中是唯一的。

注2:与UML术语中的**属性**(**B. 18**)同义。

[GB/T 19710—2005]

B. 308

元数据实体　metadata entity

一组说明**数据**(**B. 103**)相同特性的**元数据元素**(**B. 307**)。

注1:可以包括一个或一个以上的**元数据**(**B. 306**)实体。

注2:与UML术语中的类同义。

[GB/T 19710—2005]

B. 309

元数据模式　metadata schema

描述**元数据**(**B. 306**)的**概念模式**(**B. 65**)。

注:ISO 19115是描述**元数据模式**(**B. 306**)的标准。

[ISO 19101:2002]

B. 310

元数据子集　metadata section

元数据(**B. 306**)的子集合,由相关的**元数据实体**(**B. 308**)和**元数据元素**(**B. 307**)组成。

注:与UML术语的包同义。

[GB/T 19710—2005]

B. 311

元模型　metamodel

〈UML〉定义模型表达**语言**(**B. 275**)的**模型**(**B. 314**)。

[ISO/TS 19103:2005,来源于ISO/IEC 19501]

B. 312

方法　method

〈UML〉**操作**(**B. 333**)的**执行**(**B. 244**)。

注:它说明与操作有关的算法或程序。

[ISO/TS 19103:2005,来源于ISO/IEC 19501]

B.313

度量可追溯性 metric traceability

通过一个具有一定不确定性的完整对比链，使**量测**(**B.301**)结果或一个标准值能与国家或国际标准等规定文献相关联的特性。

[来源于 International Vocabulary of Basic and General Terms in Metrology (VIM)]

B.314

模型 model

对客观现实某些方面的抽象。

[ISO 19109:2005]

B.315

月 month

约等于月亮朔望周期时间所持续的**时段**(**B.345**)。

注：一个月持续时间是整日数。一个月中的**日**(**B.125**)数由特定的**日历**(**B.29**)规则确定。

[GB/T 22022—2008]

B.316

运动 motion

用相对于特定参照框架的**坐标**(**B.84**)**值**(**B.515**)的变化表示经过一段时间的**对象**(**B.326**)的**位置**(**B.365**)变化。

示例：这可以是装在**车辆**(**B.519**)或其他平台上的位置传感器的运动，或**定位系统**(**B.367**)正在跟踪的目标的运动。

[ISO 19116:2004]

B.317

多重性 multiplicity

〈UML〉一个**集合**(**B.433**)可以采用的、允许的基数**值域**(**B.381**)规定。

注：多重性规定在**关联**(**B.16**)中可以赋予角色，组成中赋予部分、副本和其他目的。本质上，多重性是非负整数的一个(可能是无限的)子集。对比：**基数**(**B.34**)。

[ISO/TS 19103:2005，来源于 ISO/IEC 19501]

B.318

命名空间 namespace

经 URI(统一资源标识符)引用标识的名称集合，这些名称在 XML 文档中作为**元素**(**B.153**)名称和**属性**(**B.19**)名称。

[W3C XML]

B.319

导航 navigation

路径计算(**B.412**)、**路径遍历**(**B.411**)和**跟踪**(**B.492**)的组合。

注：最基本的导航通用**术语**(**B.475**)，但本**定义**(**B.126**)**按照** ISO 19133 **包**(**B.339**)的说明将其他分解。

[ISO 19133:2005]

B.320

导航限制 navigation constraint

对**车辆**(**B.519**)经过的**有向路段**(**B.287**)或**转向**(**B.502**)处所做的限制，例如**车辆分类**(**B.520**)**限制**(**B.76**)，物理上的或时间上的限制。

[ISO 19133:2005]

B. 321

邻域　neighbourhood

在其内部(B. 262)包含指定的直接位置(B. 138),并且包含至所指定直接位置都在一个给定的距离之内的所有直接位置的几何集(B. 222)。

[ISO 19107:2003]

B. 322

网络　network

由一系列被称为连接点(B. 273)的0维对象(B. 326)和一系列连接这些连接点的有向路段(B. 287)的1维对象所组成的抽象结构,每个有向路段(B. 287)与起始(原点,发起)连接点和终点(目的地,接收站)连接点相关。

注:网络是导航(B. 319)问题的基本论域(B. 511)。网络是一种1维拓扑复形(B. 486)。鉴于此,连接点和拓扑结点(B. 323)是同义词,就像有向路段和有向边(B. 139)一样。

[ISO 19133:2005]

B. 323

结点　node

0维拓扑单形(B. 490)。

注:结点的边界(B. 27)是空集。

[ISO 19107:2003]

B. 324

不一致　non-conformance

未能满足一项或多项规定的要求。

[GB/T 19333.5—2003]

B. 325

北移　northing

N

在坐标系(B. 90)中,从一条东西向参照线向北偏移(正)或向南偏移(负)的距离。

[ISO 19111:2007]

B. 326

对象　object

〈UML〉具有明确定义的边界(B. 27)与标识(B. 240),封装了状态(B. 452)与行为(B. 26)的实体。

注:状态由属性(B. 18)和关系(B. 395)表示。行为由操作(B. 333)、方法(B. 312)和状态机表示。对象是类(B. 40)的实例(B. 254)。参见:类、实例。

[ISO/TS 19103:2005,来源于ISO/IEC 19501]

B. 327

可观察类型　observable type

标示观察结果物理量(B. 347)的数据类型(B. 121)。

[ISO 19136:2007]

B. 328

陈旧术语　obsolete term

不再通用的术语(B. 475)。

[GB/T 15237.1—2000]

B. 329

单参数几何集　one-parameter set of geometries

时间间隔 $t\in[a,b]$ 中的函数(B. 194) f,使 $f(t)$ 为几何体,且对于每个点(B. 352) $P\in(a)$,都存在点

的单参数**集**(B.433)(称之为点的**轨迹**(B.494))$P(t):[a,b]\rightarrow P(t)$使 $P(t)\in f(t)$。

示例:曲线 c 与参数 t 构成单参数几何集 $c(t)$。

[ISO 19141:2008]

B.330

开放系统环境　open systems environment

OSE

为实现**应用**(B.14)、**数据**(B.103)或人的**互操作性**(B.263)和/或可移植性,由**信息**(B.250)技术标准或**专用标准**(B.374)规定的**接口**(B.260)、**服务**(B.427)、支持格式以及用户方面的综合集合。

[ISO/IEC TR 10000-1:1998]

B.331

操作条件　operating conditions

定位系统(B.367)中影响确定**坐标**(B.84)**值**(B.515)的参数。

注:野外获得的量测结果受到使用仪器和环境等许多因素的影响,包括气象条件、计算**方法**(B.312)和**限制**(B.76)、不完善的仪器结构、不完全的仪器校正或多种因素共同造成的影响,还包括在光学量测系统的情况下观察者个人的习惯。**位置**(B.365)的测定方案受观测**数据**(B.103)的几何**关系**(B.395)的影响,和/或受用于处理软件中的**数学模型**(B.314)的影响。

[ISO 19116:2004]

B.332

操作　operation

对象(B.326)可以被调用执行的转换和查询的**规范**(B.448)。

注1:一个操作包括名称和一系列参数。

注2:见 ISO 19119 的 7.2 关于操作的讨论。

[ISO 19119:2005]

B.333

操作　operation

〈UML〉**对象**(B.326)请求的、影响**行为**(B.26)的**服务**(B.427)。

注1:操作有一个特征标记,它可以限定采用的参数。

注2:UML 参考手册的定义:对象可以调用执行的变换或查询**规范**(B.448)。

注3:操作包括一个名称和参数列表。**方法**(B.312)是实现操作的过程,它包括算法或过程描述。

[ISO/TS 19103:2005,来源于 ISO/IEC 19501]

B.334

光学定位系统　optical positioning system

借助光学特性确定**对象**(B.326)**位置**(B.365)的**定位系统**(B.367)。

示例:全站仪:常用的**术语**(B.475),指集成光学定位系统,它集电子经纬仪和电子测距仪于一个部件中,并带有一个用于自动计算的内部微处理器。

[ISO 19116:2004]

B.335

顺序时代　ordinal era

按时间排序命名的**时段**(B.345)**集合**(B.433)中的一个**时段**(B.345)。

[GB/T 22022—2008]

B.336

顺序标度　ordinal scale

仅为度量**对象**(B.326)的**相对位置**(B.396)提供的基础标度。

[GB/T 22022—2008]

B.337

顺序时间参照系　ordinal temporal reference system

由**顺序时代**(**B.335**)构成的**时间参照系**(**B.473**)。

[GB/T 22022—2008]

B.338

正摄影像　orthoimage

通过正摄投影到参照**曲面**(**B.460**),消除由于**传感器**(**B.423**)定向和地形起伏造成的**像点**(**B.352**)位移。

注:位移的数量取决于影像**分辨率**(**B.400**)和高程**信息**(**B.250**)的详细程度以及软件的**执行**(**B.244**)。

[ISO/TS 19101-2:2008]

B.339

包　package

〈UML〉把多个**元素**(**B.153**)组织为组的通用机制。

注:包可以镶嵌在其他包内。**模型**(**B.314**)元素和图可以都出现在一个包中。

[ISO/TS 19103:2005,来源于 ISO/IEC 19501]

B.340

合格判定　pass verdict

具有**一致性**(**B.67**)的测试结论。

[GB/T 19333.5—2003]

B.341

被动跟踪　passive tracking

依赖外部固定传感器对**车辆**(**B.519**)和**出行者**(**B.498**)进行的**跟踪**(**B.492**),当车辆和出行者的跟踪**装置**(**B.493**)通过已知**位置**(**B.365**)的外部传感器区域时,其**位置**(**B.291**)可被量测。

[ISO 19132:2007]

B.342

被动对象　passive object

只能响应外界刺激,不能主动发起动作的**对象**(**B.326**)。

注:被动对象通常通过外部接口被访问,通过外部**接口**(**B.260**)接收请求、处理**请求**(**B.399**)并返回数据作为对请求的**响应**(**B.403**)。由于对象可以实现多个**类型**(**B.503**),因此,单个对象可能经历主动和被动**状态**(**B.452**)。比如,除非跟踪请求处于激活期,否则**跟踪**(**B.492**)**服务**(**B.427**)就处于不活动状态。这里,激活期是指根据内部触发器指定的请求,对象的内部将进入跟踪活动的时段。当跟踪请求取消时,该对象可返回到被动状态。

[ISO 19132:2007]

B.343

性能指标　performance indicator

表示达到的性能水平的**定位系统**(**B.367**)内部参数。

注:性能指标能被用作定位系统和/或定位方案的**质量**(**B.377**)控制的证据。内部质量控制可包括这些因素,如接收的无线电信号的强度(信噪比(SNR))、由于电波探测器探测系统中的几何**限制**(**B.76**)引起的**精度**(**B.368**)衰减因子(DOP)等数据,以及系统的最优值(FOM)。

[ISO 19116:2004]

B.344

性能测试　performance testing

对 IUT 性能特性的测量,例如,不同情况下的吞吐量、响应能力等。

注:性能测试不作为**一致性测试**(**B.72**)的一个部分。

[GB/T 19333.5—2003]

B.345

时段　period

表示时间范围的1维**几何单形**(**B.220**)。

注：时段以两个不同的**时间位置**(**B.472**)为边界。

[GB/T 22022—2008]

B.346

时段时间　periodic time

一个周期的持续时间。

[GB/T 22022—2008,来源于ISO 31-2:1992]

B.347

物理量　physical quantity

用于定量描述物理现象的量。

注：在GML中，物理量总是使用带有量纲的数或使用标量参考系来描述的**值**(**B.515**)。当**度量**(**B.303**)作为名词使用时,物理量是其同义词。

[ISO 31-0:1992]

B.348

原始图像　picture original

以颜色空间**坐标**(**B.84**)(或者与之相似的)方式表示的二维硬拷贝或软拷贝输入影像。

注：原始图像可能来源于印刷**地图**(**B.297**)、印刷的**地理影像场景**(**B.210**),或**地理信息**(**B.211**)图件等。

[ISO/TS 19101-2:2008]

B.349

图像描绘　picture portrayal

以颜色空间**坐标**(**B.84**)方式表示的影像数据,这种显示与适合特定的实或虚输出设备及观察的特征紧密相关。

注：图像描绘适用于硬拷贝或软拷贝的可视化显示。

[ISO/TS 19101-2:2008]

B.350

像素　pixel

数字影像的最小**元素**(**B.153**),可对其赋予属性值。

注1：本术语源于"图像元素"的缩写形式。

注2：与**格网**(**B.234**)单元的**概念**(**B.60**)相关。

[ISO/TS 19101-2:2008]

B.351

平面拓扑复形　planar topological complex

具有一个可以嵌到欧几里德2维空间中的**几何实现**(**B.221**)的**拓扑复形**(**B.486**)。

[ISO 19107:2003]

B.352

点　point

0维**几何单形**(**B.220**),表示一个**位置**(**B.365**)。

注：点的**边界**(**B.27**)是**空集**(**B.433**)。

[ISO 19107:2003]

B.353

点覆盖　point coverage

域(**B.149**)是由**点**(**B.352**)组成的**覆盖**(**B.97**)。

[ISO 19123:2005]

B.354

极坐标系　polar coordinate system

用从原点起算的距离和方向表示**位置**(**B.365**)的2维**坐标系**(**B.90**)。

注：在3维中也称为**球面坐标系**(**B.449**)。

[ISO 19111:2007]

B.355

策略　policy

与一个特定目的有关的**规则集**(**B.433**)。

[ISO/IEC 10746-2]

B.356

多边形　polygon

由一个**外部**(**B.174**)**边界**(**B.27**)和0个或多个**内部**(**B.262**)**边界**(**B.27**)所定义的**平坦曲面**(**B.460**)。

[ISO 19136:2007]

B.357

多边形覆盖　polygon coverage

域(**B.149**)是由**多边形**(**B.356**)组成的**覆盖**(**B.97**)。

[ISO 19123:2005]

B.358

多态性　polymorphism

在不同上下文语境中可以对同一事物赋予不同含义或用途的特性，确切地说，某一实体如变量、**函数**(**B.194**)或**对象**(**B.326**)可以具有1个以上的形态的特性。

注：有多种不同类型的多态性。

[http://searchsmallbizit.techtarget.com]

B.359

总体　population

被考虑的**数据项**(**B.269**)的全体。

示例1：**数据集**(**B.122**)中的所有的**点**(**B.352**)。

示例2：在一个确定地理范围内所有道路的名称。

[ISO 3534-2:2006]

B.360

图示表达　portrayal

人类对**信息**(**B.250**)的表示。

[ISO 19117:2005]

B.361

图示表达目录　portrayal catalogue

所有定义的**图示表达**(**B.360**)的集合。

[ISO 19117:2005]

B.362

图示表达规则　portrayal rule

确定使用**要素**(**B.179**)**图示表达规范**(**B.253**)的规则。

[ISO 19117:2005]

B.363

图示表达服务　portrayal service

用于图示表达**要素**(**B.179**)的通用**接口**(**B.260**)。

[ISO 19117:2005]

B.364

图示表达规范　portrayal specification

适用于**要素**(**B.179**)**实例**(**B.253**)图示表达的**操作**(**B.332**)集合。

[ISO 19117:2005]

B.365

位置　position

描述一个**点**(**B.352**),或者一个**对象**(**B.326**)或人可能占据的几何空间的**数据类型**(**B.121**)。

注:**直接位置**(**B.138**)是位置的一种语义子类型。直接位置只能描述一个确定点,因此并不是所有的位置都可以由直接位置来表示。这与"**类型**"(**B.503**)的关系相符合。ISO 19107 中的几何也是位置,但不是直接位置。

[ISO 19133:2005]

B.366

定位准确度　positional accuracy

在一个特定的参照系中,**坐标**(**B.84**)**值**(**B.515**)与真值或可接受值之间的接近程度。

注:短语"绝对准确度"有时用于这个**概念**(**B.60**),以便区别于**相对定位准确度**(**B.397**)。在那些坐标真值不完全知道的地方,通常通过与最能被接受为真值的那些有用的值比较来测试**准确度**(**B.7**)。

[ISO 19116:2004]

B.367

定位系统　positioning system

用于确定**位置**(**B.365**)的由仪器和计算组件构成的系统。

注:例子包括惯性的、集成的、线性的、光学的和**卫星定位系统**(**B.413**)。

[ISO 19116:2004]

B.368

精度　precision

观测值**集合**(**B.433**)再现性的**度量**(**B.303**)。

注:精度通常表示为基于一套重复测量的**统计值**,如样本均值的标准偏差。

[ISO 19116:2004]

B.369

首选术语　preferred term

某一**概念**(**B.60**)的诸术语中作为第一选择的**术语**(**B.475**)。

[GB/T 15237.1—2000]

B.370

首子午线　prime meridian

零子午线　zero meridian

由此起算,确定其他子午线经度的**子午线**(**B.305**)。

[ISO 19111:2007]

B. 371

主注册簿　principal register

分级注册簿(B. 237)中包含各**子注册簿**(B. 458)说明信息的**注册簿**(B. 390)。

[ISO 19135:2005]

B. 372

棱柱　prism

〈单参数几何集〉**单参数几何集**(B. 329)的几何体的并集(或轨迹的并集)的**点**(B. 352)的**集合**(B. 433)。

注:棱柱几何**概念**(B. 60)的**泛化**(B. 198)是三维空间两个**多边形**(B. 356)形成的**凸包**(B. 82)。这样的多面体可视作为全等多边形的**叶理**(B. 192)。

[ISO 19141:2008]

B. 373

产品规范　product specification

论域和将**论域**(B. 511)映射到**数据集**(B. 122)的**规范**(B. 448)的描述。

[GB/T 21337—2008]

B. 374

专用标准　profile

为完成某个特定的**功能**(B. 187)要求,由一个或多个**基础标准**(B. 23)、基础标准的子集以及在必要时从基础标准中选取的条款、**类**(B. 40)、选项和参数所构成的**集合**(B. 433)。

注:专用标准是从基础标准派生的,因此,从**定义**(B. 126)上讲,与专用标准**一致性**(B. 67)是指与派生该专用标准的基础标准的一致。

[ISO 19106:2004,来源于 ISO/IEC TR 10000-1:1998]

B. 375

投影坐标参照系　projected coordinate reference system

通过**地图投影**(B. 298)从 2 维**大地坐标参照系**(B. 200)得到的**坐标参照系**(B. 88)。

[ISO 19111:2007]

B. 376

特性　property

〈GML〉GML **对象**(B. 326)的**子元素**(B. 37)。

注:在 ISO 19109 中,GML 特性与**要素属性**(B. 181)和**要素关联**(B. 180)角色相对应。如果一个**要素**(B. 179)的GML 特性有一个 xlink:href **属性**(B. 19),该属性参照一个要素,则特性表示要素关联角色。

[ISO 19136:2007]

B. 377

质量　quality

产品满足规定和隐含需求的能力特征总和。

[ISO 19101:2002]

B. 378

质量模式　quality schema

定义**地理数据**(B. 206)**质量**(B. 377)内容的**概念模式**(B. 65)。

[ISO 19101:2002]

B. 379

辐射率　radiance

表面一点外的面元在给定方向上的辐射强度除以该面元在垂直于给定方向的平面上的正投影面积。

[ISO 31-6]

B.380

辐射能　radiant energy

以辐射的形式发射、传播或接受的能量。

[ISO 31-6]

B.381

值域（适用于函数）　range

在其定义域(**B.149**)内函数(**B.194**) f 随着自变量变化得到的全部值(**B.515**)的集合(**B.433**)。

[ISO 19136:2007]

B.382

值域　range

〈覆盖〉通过函数(**B.194**)，与数据覆盖(**B.97**)域(**B.149**)内的元素(**B.153**)关联的要素属性(**B.181**)值(**B.515**)的集合(**B.433**)。

[ISO 19123:2005]

B.383

栅格　raster

通常由平行扫描线形成的或者与阴极射线管显示相对应的矩形图案。

注：栅格是格网(**B.234**)的一种类型(**B.503**)。

[ISO 19123:2005]

B.384

实现　realization

类元(**B.41**)之间的语义关系(**B.395**)，其中一个类元表明约定，另一个类元保证实施。

[Booch 1999]

B.385

记录　record

有限的、有名称的相关项(**B.269**)(对象(**B.326**)或值(**B.515**))的集合。

注：逻辑上，记录是〈名称，项〉对的集合(**B.433**)。

[ISO 19107:2003]

B.386

校正格网　rectified grid

格网坐标和外部坐标参照系(**B.88**)坐标(**B.84**)之间存在仿射变换的格网(**B.234**)。

注：如果某个坐标参照系通过基准(**B.124**)与地球相关，该格网就是地理校正格网。

[ISO 19123:2005]

B.387

参照数据　reference data

认可的代表论域(**B.511**)的数据(**B.103**)，用于作为直接外部质量(**B.377**)评价(**B.169**)方法(**B.312**)的参照。

[GB/T 21336—2008]

B.388

参照格网　referenceable grid

与一个变换相关联的格网(**B.234**)，该变换常用来将格网坐标(**B.84**)值(**B.515**)转换成参照外部坐标参照系(**B.88**)的坐标值。

注：如果坐标参照系以地球为基准(**B.124**)，该格网就是地理参照格网。

[ISO 19123:2005]

B. 389

细化　refinement

〈UML〉表示对已被描述到一定详细程度的事物做进一步说明的**关系**(**B. 395**)。

注：例如，设计类(**B. 40**)是分析类的细化。

[ISO/TS 19103:2005，来源于 ISO/IEC 19501]

B. 390

注册簿　register

包含**注册项**(**B. 269**)**标识符**(**B. 239**)和相关项说明的**文件**(**B. 190**)**集合**(**B. 433**)。

[ISO 19135:2005，来源于 Annex E of the ISO/IEC JTC 1，Procedures]

B. 391

注册簿管理员　register manager

受**注册簿所有者**(**B. 392**)委托管理**注册簿**(**B. 390**)的组织。

注：对于 ISO 注册簿，注册簿管理员行使 ISO/IEC 导则中规定的**注册**(**B. 393**)机构的职责。

[ISO 19135:2005]

B. 392

注册簿所有者　register owner

建立**注册簿**(**B. 390**)的组织。

[ISO 19135:2005]

B. 393

注册　registration

为某一**项**(**B. 269**)分配一个永久、唯一和无二义的**标识符**(**B. 239**)的过程。

[ISO 19135:2005，来源于 Annex E of the ISO/IEC JTC 1，Procedures]

B. 394

注册系统　registry

维护**注册簿**(**B. 390**)的**信息**(**B. 250**)系统。

[ISO 19135:2005，来源于 ISO/IEC 11179-3:2003]

B. 395

关系　relationship

〈UML〉**模型**(**B. 314**)**元素**(**B. 153**)间的语义连接。

注：关系的种类包括**关联**(**B. 16**)、**泛化**(**B. 198**)、元关系、流程以及几种**依赖**(**B. 128**)。

[ISO/TS 19103:2005，来源于 ISO/IEC 19501]

B. 396

相对位置　relative position

一个**点**(**B. 352**)相对于其他点的**位置**(**B. 365**)。

注：一个点与其他点的空间**关系**(**B. 395**)可以是 1 维、2 维和 3 维。

[ISO 19116:2004]

B. 397

相对定位准确度　relative positional accuracy

在一个特定的参照系中，表示与真值或可接受值之间的接近程度的**坐标**(**B. 84**)偏差**值**(**B. 515**)。

注：在许多国家、单位和应用团体使用紧密相关的**术语**(**B. 475**)，如逻辑**准确度**(**B. 7**)。那些使用这些术语的地方应提供这些术语的描述。

[ISO 19116:2004]

B.398

遥感　remote sensing

在不直接接触物体的情况下，收集、解译目标**信息**(B.250)的**技术**(B.484)。

[ISO/TS 19101-2:2008]

B.399

请求　request

由**客户端**(B.42)发出的**操作**(B.332)的要求。

[ISO 19128:2005]

B.400

分辨率(传感器)　resolution (of a sensor)

标示**传感器**(B.423)能辨别的最小差异。

[ISO 19128:2005]

注：对影像而言，分辨率涉及辐射、光谱、空间和时间分辨率。

B.401

资源　resource

能满足某种需求的资产或手段。

示例：**数据集**(B.122)、**服务**(B.427)、文档、人力或机构。

[GB/T 19710—2005]

B.402

资源　resource

〈ICT〉被系统参与者控制的**数据项**(B.134)。

[ISO 19132:2007]

B.403

响应　response

由**服务器**(B.426)端返回给**客户端**(B.42)的**操作**(B.332)结果。

[ISO 19128:2005]

B.404

停用　retirement

某一**注册簿**(B.390)**项**(B.269)不再适用于新**数据**(B.103)生产的声明。

注：停用项目的状态从有效变为停用。停用项目保留在注册簿中，以支持对在其停用前生产数据的解释。

[ISO 19135:2005]

B.405

权限　right

系统参与者可以执行或使用相关**资源**(B.402)的行为、活动或**类**(B.40)行动。

[ISO 19132:2007]

B.406

权限管理　rights management

对系统参与者的**权限**(B.405)进行控制、管理、分配和**跟踪**(B.492)。

[ISO 19132:2007]

B.407

环　ring

简单(B.435)**曲线**(B.99)，它是**圈**(B.101)。

注：环是用来描述在2维和3维**坐标系**(B.90)中的**曲面**(B.460)的**边界**(B.27)组分。

[ISO 19107:2003]

B.408

鲁棒性测试　robustness testing

确认IUT在处理含误差(**B.168**)数据(**B.103**)时正常工作能力的过程。

注:鲁棒性测试不作为**一致性测试**(**B.72**)的一个部分。

[GB/T 19333.5—2003]

B.409

路径　route

有向路段和/或部分**有向路段**(**B.287**)的**序列**(**B.425**),描述了在**网络**(**B.322**)中通常介于两个**位置**(**B.365**)之间的一条路线。

[ISO 19133:2005]

B.410

路径指令　route instruction

在允许**路径**(**B.409**)遍历的**网络**(**B.322**)中,沿路径的点继续行进所需要的**信息**(**B.250**)。

注:为了尽量减少完成**路径遍历**(**B.411**)所需要的指令数量,把缺省的指令认定为是一组没有特殊关联指令的连接点。这个缺省指令被称为**主路规则**(**B.295**)。

[ISO 19133:2005]

B.411

路径遍历　route traversal

沿着**路径**(**B.409**)行进的过程。

[ISO 19133:2005]

B.412

路径计算　routing

搜索**网络**(**B.322**)中的位置之间的最优(最小**成本函数**(**B.95**))**路径**(**B.409**)。

[ISO 19133:2005]

B.413

卫星定位系统　satellite positioning system

基于接收卫星播发信号的**定位系统**(**B.367**)。

注:在该标准中,卫星定位意味着使用从地球轨道上"主动的"目标发射和在或接近地表上的仪器"被动地"接收的无线电信号来确定一个目标的**位置**(**B.365**)、速度和/或**姿态**(**B.17**)。例如GPS和GLONASS。

[ISO 19116:2004]

B.414

模式　schema

模型(**B.314**)的形式化描述。

[ISO 19101:2002]

B.415

模式　schema

〈XML模式〉在同一个目标**命名空间**(**B.318**)内模式组成部分的集合。

示例:W3C XML模式组成部分是**类型**(**B.503**)、**元素**(**B.153**)、**属性**(**B.19**)和组等。

[ISO 19136:2007]

B.416

模式文件　schema document

〈XML模式〉包含**模式**(**B.415**)**组件**(**B.50**)的**定义**(**B.126**)和声明的XML文件。

注:W3C XML模式提供了模式**信息**(**B.250**)的XML交换格式。单个模式文档提供与单个XML**命名空间**(**B.318**)有关的组成部分的描述,但是,几个文档可以描述同一模式(即同一目标命名空间)的组成部分。

[ISO 19136:2007]

B.417

模式模型 schema model

存储模式(B.414)的表示模型(B.314)。

示例:模式仓库的表示模型。

[ISO 19118:2005]

B.418

场景 scene

在特定时间,对自然界特定具有优势点(B.352)进行观测的光谱辐射率(B.379)。

注:场景可与自然世界遥感的景观或计算机生成的虚拟景观的仿真场景一致。

[derived from ISO 22028-1]

B.419

段 segment

集合(B.433)中的点(B.352)或多边形(B.356)。

[ISO 19132:2007]

B.420

语义类型 semantic type

在某一论域(B.149)内,共享某些共同特性并因此具有一个给定标识类型(B.503)名称的对象(B.326)种类。

[ISO 19136:2007]

B.421

长半轴 semi-major axis

椭球体(B.154)的最长轴的半径。

注:它等于在赤道平面上量测的椭球的半径。

[ISO 19111:2007]

B.422

短半轴 semi-minor axis

椭球体(B.154)的最短轴的半径。

注:最短轴与椭球的旋转轴一致,因此最短轴包括两个极点。

[ISO 19111:2007]

B.423

传感器 sensor

一种量测装置或系列量测装置的元素(B.153),直接受被测变量(B.302)影响。

[International Vocabulary of Basic and General Terms in Metrology (VIM)]

B.424

传感器模型 sensor model

对于传感器辐射和几何特征的描述。

[International Vocabulary of Basic and General Terms in Metrology (VIM)]

B.425

序列 sequence

可以重复的相关项(B.269)(对象(B.326)或值(B.515))的有限和有序的集合。

注:逻辑上,序列是〈项,偏移量〉对的集。它原是 LISP 语言中一种用括号括起来,有次序限定,元素(B.153)间用逗号隔开的结构,现用于 ISO 19107 中。

[ISO 19107:2003]

B.426

服务器 server

服务(**B.427**)的特定**实例**(**B.253**)。

[ISO 19128:2005]

B.427

服务 service

实体通过**接口**(**B.260**)提供的功能的可区分部分。

注：见 ISO 19119 的 7.2 对服务的讨论。

[ISO 19119:2005,来源于 ISO/IEC TR 14252]

B.428

服务代理 service broker

为特定用户的需求提供或组合基本**服务**(**B.427**)的**应用**(**B.14**)。

[ISO 19132:2007]

B.429

服务链 service chain

服务(**B.427**)**序列**(**B.425**),在每个邻接的服务对中,第一个行为是产生第二个行为的必要条件。

[ISO 19119:2005]

B.430

面向服务的架构 service-oriented architecture

SOA

耦合**服务**(**B.427**)组成的软件架构。

注：当今最常用的 SOA 是网络服务(使用 SOAP,UDDI 和 WSDL)、CORBA 和 DCOM。

[ISO 19132:2007]

B.431

服务接口 service interface

人机间、系统间的公共**边界**(**B.27**)。

[ISO 19101:2002]

B.432

服务元数据 service metadata

描述在**服务器**(**B.426**)上可用的**操作**(**B.332**)和**地理信息**(**B.211**)的**元数据**(**B.306**)。

[ISO 19128:2005]

B.433

集[合] set

不重复的、无顺序的相关**项**(**B.269**)(**对象**(**B.326**)或**值**(**B.515**))的汇集。

[ISO 19107:2003]

B.434

壳 shell

圈(**B.101**)的**简单**(**B.435**)**曲面**(**B.460**)。

注：圈用来描述 3 维**坐标系**(**B.90**)中**体**(**B.438**)的**边界**(**B.27**)组分。

[ISO 19107:2003]

B.435

简单 simple

几何对象(**B.219**)的特性,其**内部**(**B.262**)是等向的(所有点具有同构的**邻域**(**B.321**)),因而该几何对象处处都局部同构于相应维的欧几里德坐标空间的开子集。

注：这暗示几何对象内部的**直接位置**(**B. 138**)不会出现任何形式的自相交。

[ISO 19107:2003]

B. 436

简单要素　simple feature

限制于可在顶点间进行线性插值的 2 维几何**要素**(**B. 179**)，同时具有空间和非**空间属性**(**B. 441**)。

[ISO 19125-1:2004]

B. 437

坡度　slope

相对于**曲线**(**B. 99**)长度的高度变化率。

[ISO 19133:2005]

B. 438

体　solid

3 维**几何单形**(**B. 220**)，表达欧几里德 3 维空间中一个区域的连续映像。

注：体可局部地实现为**直接位置**(**B. 138**)的三个参数的**集合**(**B. 433**)。体的**边界**(**B. 27**)是构成体的界限的有向闭合**曲面**(**B. 460**)的集合。

[ISO 19107:2003]

B. 439

出处引用　source reference

从**注册簿**(**B. 390**)外部接受的**注册项**(**B. 269**)来源的引用。

[ISO 19135:2005]

B. 440

空间戳　spacestamp

某一**对象**(**B. 326**)在特定时刻的**空间属性**(**B. 441**)**值**(**B. 515**)，此时量测和记录了对象**状态**(**B. 452**)。

注：参见**时间戳**(**B. 484**)。

[ISO 19132:2007]

B. 441

空间属性　spatial attribute

通过**坐标**(**B. 84**)、**数学函数**(**B. 194**)和/或**边界**(**B. 27**)**拓扑关系**(**B. 395**)描述**要素**(**B. 179**)空间表示的**要素属性**(**B. 181**)。

[ISO 19117:2005]

B. 442

空间对象　spatial object

用于表达**要素**(**B. 179**)空间特征的**对象**(**B. 326**)。

[ISO 19107:2003]

B. 443

空间算子　spatial operator

在它的**域**(**B. 149**)或**值域**(**B. 381**)内至少有一个空间参数的**函数**(**B. 194**)或程序。

注：对**空间对象**(**B. 442**)的任何 UML **操作**(**B. 333**)都可以归为空间算子，例如 IS 19107 中第 8 章的查询算子。

[ISO 19107:2003]

B. 444

空间参照　spatial reference

现实世界**位置**(B. 365)的描述。

注：可能采用标记、**代码**(B. 46)或**坐标元组**(B. 92)等形式。

[ISO 19111:2007]

B. 445

空间参照系　spatial reference system

标识现实世界**位置**(B. 365)的系统。

[ISO 19112:2003]

B. 446

时空域　spatiotemporal domain

〈覆盖〉由**时空对象**(B. 447)所组成的**域**(B. 149)。

注：**连续覆盖**(B. 79)的时空域包括一组**直接位置**(B. 138)，它们与几何对象集合相关联。

[ISO 19123:2005]

B. 447

时空对象　spatiotemporal object

按照空间和时间表达一组**直接位置**(B. 138)的**对象**(B. 326)。

[ISO 19123:2005]

B. 448

规范　specification

〈UML〉是什么或者做什么的声明性描述。

注：对比：**执行**(B. 244)。

[ISO/TS 19103:2005，来源于 ISO/IEC 19501]

B. 449

球面坐标系　spherical coordinate system

由相对于原点的距离和两个角度**坐标**(B. 84)构成的 3 维**坐标系**(B. 90)，一般该坐标系与**大地坐标参照系**(B. 200)相关。

注：不要将基于**椭球体**(B. 154)退化为球的坐标系统与**椭球坐标系**(B. 155)相混淆。

[ISO 19111:2007]

B. 450

始结点　start node

在**边**(B. 151)的**边界**(B. 27)中对应于边的**始点**(B. 451)的**结点**(B. 323)。在使用该边的**拓扑复形**(B. 486)的有效**几何实现**(B. 221)中，边为**曲线**(B. 99)。

[ISO 19107:2003]

B. 451

始点　start point

曲线(B. 99)的第一个**点**(B. 352)。

[ISO 19107:2003]

B. 452

状态　state

〈of an object〉持续**数据**(B. 103)**对象**(B. 326)，反映某一对象在给定时间的所有成员**属性**(B. 18)的内部**值**(B. 515)或可量测的描述。

注：状态通常与对象的**标识**(B. 240)和对象的**时间戳**(B. 484)相关。

[ISO 19132:2007]

B. 453

构造型　stereotype

〈UML〉扩展**元模型**(B. 311)语义的新的建模**元素**(B. 153)**类型**(B. 503)。

注：构造型必须基于元模型中某些已有的类型或**类**(B. 40)。构造型可以扩展语义，但不可以扩展已有的类型和类的结构。某些构造型在UML中预先定义，而在其他情况下可以是用户定义。构造型是UML三种扩展机制之一。另外两个是**约束**(B. 77)和**标记值**(B. 464)。

[ISO/TS 19103:2005，来源于ISO/IEC 19501]

B. 454

强可替换性　strong substitutability

继承(B. 252)或**实现**(B. 384)另一个类、**类型**(B. 503)或**接口**(B. 260)的派生**类**(B. 40)的任何**实例**(B. 253)在任何语境中用于替代其父类实例的能力。

注：弱替换类型使得替换中对环境有多种多样的限制。

[ISO 19107:2003]

B. 455

子复形　subcomplex

所有**元素**(B. 153)都在一个更大复形里的复形。

注：因为**几何复形**(B. 217)与**拓扑复形**(B. 486)的**定义**(B. 126)只要求它们在**边界**(B. 27)**操作**(B. 332)中闭合，所以特定维数以及更低维数的任何单形的**集合**(B. 433)总是原来更大复形的子复形。这样，任何完全的**平面拓扑复形**(B. 351)包含一个作为子复形的**边-结点图**(B. 152)。

[ISO 19107:2003]

B. 456

提交组织　submitting organization

经**注册簿所有者**(B. 392)授权的提请修改**注册簿**(B. 390)内容的机构。

[ISO 19135:2005]

B. 457

下位概念　subordinate concept

狭义概念

表示种概念或部分概念的**概念**(B. 60)。

[GB/T 15237.1—2000]

B. 458

子注册簿　subregister

分级注册簿(B. 237)的一部分，包含某一部分**信息**(B. 250)**域**(B. 149)的注册项。

[ISO 19135:2005]

B. 459

取代　supersession

用一个或多个新注册项置换某一**注册项**(B. 269)。

注：被置换项目的状态由“有效”变为“被取代”。

[ISO 19135:2005]

B. 460

曲面　surface

2维**几何单形**(B. 220)，对一个平面区域的连续映像的局部表达。

注：曲面的**边界**(B. 27)是定义曲面界限的有向、闭合**曲线**(B. 99)的**集合**(B. 433)。与一个球面或n圆环面(具有n个贯穿孔洞的拓扑球面)同构的曲面没有边界，这样的曲面被称之为**圈**(B. 101)。

[ISO 19107:2003]

B.461

曲面片　surface patch

2维且连通的**几何对象**(**B.219**),用于表达使用相同插值与**定义**(**B.126**)**方法**(**B.312**)的**曲面**(**B.460**)的连续部分。

[ISO 19107:2003]

B.462

被测系统　System Under Test

SUT

支持IUT所需要的计算机硬件、软件及通讯**网络**(**B.322**)。

[GB/T 19333.5—2003]

B.463

标记　tag

〈XML〉在XML文档中界定**元素**(**B.153**)内容的置标。

示例:〈Road〉

注:一个不用正斜线的标记(例如,〈Road〉)称为起始标记(开标记),一个使用正斜线的标记(例如,〈/Road〉)称为终止标记(或关标记)。

[ISO 19136:2007]

B.464

标记值　tagged value

〈UML〉用一组"名称-值"对特性的显式**定义**(**B.126**)。

注:在一个标记值中,名称指的是**标记**(**B.463**)。某些标记在UML中预先定义,其他情况下可以**用户**(**B.512**)定义。标记值是UML的三个扩展机制之一。另外两个是**约束**(**B.77**)和**构造型**(**B.453**)。

[ISO/TS 19103:2005,来源于ISO/IEC 19501]

B.465

目标　target

被定位的**对象**(**B.326**)或人。

注:从逻辑上看,出行者和目标间没有很大的差别,只有当**出行者**(**B.498**)作为一个移动对象被跟踪,而目标作为一个静止的对象或需要一次性定位的对象时,才有细微差别。出行者是**跟踪**(**B.492**)**服务**(**B.427**)的主题,目标是定位服务的主题。由于ISO 19132标准对这些逻辑上的类似服务的协议没有区分,但确实需要对跟踪服务和定位服务这两个**概念**(**B.60**)区分,而且需要对它们适用的语义场景进行区分。因为所有这些术语是指系统中对象所表示的实体,它们可以和定义对象的形容词组合。所以,主动目标(**主动对象**(**B.8**)所表示的目标)可被用来表示一个移动物体,因为运动的动作改变了对象的内部**状态**(**B.452**),并因此诱发动作。

[ISO 19132:2007]

B.466

技术标准　technical standard

包含需要**注册**(**B.393**)的**项**(**B.270**)的**定义**(**B.126**)的标准。

[ISO 19135:2005,来源于Annex E of the ISO/IEC JTC 1,Procedures]

B.467

技术视角　technology viewpoint

基于ODP系统及其环境的**视角**(**B.526**),在系统中以技术选择为重点。

[ISO/IEC 10746-2]

B.468

时间坐标　temporal coordinate

到作为**时间坐标系**(**B.469**)基础的**间隔标度**(**B.265**)原点的距离。

[GB/T 22022—2008]

B.469

时间坐标系　temporal coordinate system

基于间隔标度的**时间参照系**(B.473),在**间隔标度**(B.265)上的距离是以1个时间**单位**(B.507)的倍数度量的。

[GB/T 22022—2008]

B.470

时间要素关联　temporal feature association

与时间或时间约束(B.76)有关的**要素关联**(B.180)。

[GB/T 22022—2008]

B.471

时间要素操作　temporal feature operation

以时间函数(B.194)定义的**要素操作**(B.185)。

[GB/T 22022—2008]

B.472

时间位置　temporal position

相对于**时间参照系**(B.473)的位置。

[GB/T 22022—2008]

B.473

时间参照系　temporal reference system

度量时间的参照系。

[GB/T 22022—2008]

B.474

时间序列　temporal sequence

按**时间戳**(B.484)排序的序列,这些时间戳与同一**对象**(B.326)所表示的**序列**(B.425)关联。

注:设假定时间序列为均匀的时间或空间间隔。对**离散变化**(B.144)而言,如果可能,默认逻辑操作是对时间**点**(B.352)的变化采样,因此该时间戳成为第一时间**实例**(B.253),其中所列出的**属性**(B.18)取的**值**(B.515)是多个值的组合。为节省空间,序列中的一些样本只列出瞬间先于时间样本的变化值。为此,只应在包含序列的环境中才考虑样本。对于刚体**运动**(B.316)(如**车辆**(B.519)**跟踪**(B.492))而言,时间序列只需要中心点(点值)和定向(旅行方向)来描述**地点**(B.291)和空间范围。对在运动过程中发生变化的对象,时间序列将需要更多的**信息**(B.250)。

[ISO 19132:2007]

B.475

术语　term

在特定专业领域中一般**概念**(B.60)的词语**指称**(B.132)。

注:术语可包括符号,并可有差异,如不同的拼写形式。

[GB/T 15237.1—2000]

B.476

等义术语　term equivalent

不同**语言**(B.275)中表达相同**概念**(B.60)的**术语**(B.475)。

注:术语等义伴随着在同一语言中术语等义所指称的概念**定义**(B.126)。

[ISO/TS 19104]

B.477

术语实例分类　term instance classification

标识**术语**(B.475)状态的分类。

[ISO/TS 19104]

B.478

术语记录　terminological record

与一个概念(B.60)相关的术语数据(B.103)的结构化集合。

[ISO/TS 19104]

B.479

术语记录标识符　terminological record identifier

赋给术语记录(B.478)的唯一、明确和语言上中性的标识符(B.239)。

[ISO/TS 19104]

B.480

术语库　terminology repository

存储或记录术语(B.475)及其定义(B.126)的数据(B.103)或文档。

[ISO/TS 19104]

B.481

镶嵌式分割　tessellation

将空间分割成相同维数并相接的一组子空间集(B.433)。

示例:在标准ISO 19123图11,图13,图20,图22可看到镶嵌的图解实例。

注:由全等正多边形或正多面体组成的镶嵌称为规则镶嵌,由不全等的正多边形(B.356)或正多面体组成的镶嵌称为半规则镶嵌,否则称为不规则镶嵌。

[ISO 19123:2005]

B.482

测试实验室　testing laboratory

完成一致性评价过程(B.68)的组织。

[GB/T 19333.5—2003]

B.483

泰森多边形　Thiessen polygon

包围平面上点(B.352)集(B.433)中的一个点的多边形(B.356),它包括了距离这个点比距离点集中其他点都近的所有直接位置(B.138)。

[ISO 19123:2005]

B.484

时间戳　timestamp

量测和记录某一对象(B.326)状态(B.452)时的时间值(B.515)。

[ISO 19132:2007]

B.485

拓扑边界　topological boundary

由约束拓扑对象(B.489)范围的更低拓扑维(B.487)的有向拓扑单形(B.490)的集合(B.433)所表达的边界(B.27)。

注:拓扑复形的边界对应于该拓扑复形(B.486)的几何实现的边界。

[ISO 19107:2003]

B.486

拓扑复形　topological complex

在边界(B.27)操作(B.332)中闭合的拓扑单形(B.490)的集合。

注:在边界操作中闭合,意味着如果一个拓扑单形在该拓扑复形中,则它的边界对象(B.326)也在该拓扑复形中。

[ISO 19107:2003]

B.487

拓扑维　topological dimension

在几何对象(B.219)内区分邻近但不同的直接位置(B.138)所需要的自由变量的最小个数。

注：上面提到的自由变量通常可以认为是一个局部坐标系(B.90)。在3维坐标(B.84)空间中，平面可以写为 $P(u,v)=A+uX+vY$，这里 u 和 v 是实数，并且 A 是平面上的任意点(B.352)，X 和 Y 是两个矢量(B.517)对于平面的正切。平面的地点(B.291)可以用 u,v(这里是普通的)来区分，平面是2维，并且(u,v)是平面上一个坐标系内的点。在一般曲面(B.460)上，通常不是总能被满足。但是，如果我们取该曲面的切平面，并且将曲面上的点投影到该切平面上，我们通常可以在切平面上得到曲面在该切点的一个小的邻域内的局部同构。对于与切平面上小邻域(B.321)所对应的局部同构(B.268)的曲面部分，这个"局部坐标"系足以作为2维拓扑对象(B.489)建立该曲面。由于ISO 19107标准仅涉及空间坐标，任何3维对象(B.326)可以依靠坐标建立它的拓扑维。在一个4维模型(B.314)(空间-时间)中，切空间由对象在3维上建立拓扑维的过程中也发挥重要的作用。

[ISO 19107:2003]

B.488

拓扑表达式　topological expression

有向拓扑单形(B.490)的集合，这些有向拓扑单形可以像多变量多项式一样进行操作。

注：拓扑表达式用在很多计算拓扑(B.57)的计算中。

[ISO 19107:2003]

B.489

拓扑对象　topological object

表达在连续变换下不变的空间特性的空间对象(B.442)。

注：拓扑对象可以是拓扑单形(B.490)、若干拓扑单形的一个集合或拓扑复形(B.486)。

[ISO 19107:2003]

B.490

拓扑单形　topological primitive

表示单一的、不可再分元素(B.153)的拓扑对象(B.489)。

注：拓扑单形对应于几何实现(B.221)中同维几何单形(B.220)的内部(B.262)。

[ISO 19107:2003]

B.491

拓扑体　topological solid

3维拓扑单形(B.490)。

注：拓扑体的边界(B.27)由有向面(B.140)的集合(B.433)组成。

[ISO 19107:2003]

B.492

跟踪　tracking

对车辆(B.519)位置的监控或报告。

[ISO 19133:2005]

B.493

跟踪装置　tracking device

车辆(B.519)所携带的能通过它来判断其地点(B.291)或感知定位外部对象(B.326)的装置(标记)。

注1：最常见的跟踪装置是手机，GNSS(全球导航卫星系统)芯片，RFID(无线频率ID)标记，或通过光学传感器扫描感应的印刷标记，如"条码"。

注2："车辆"通常是指一种"运输工具的形式"，或更简单地说是"运送(装载)物品的工具"。据此，带有跟踪装置的跟踪对象(以使它能被跟踪)就是一种运输工具或车辆。所以，带有GNSS(全球导航卫星系统)的手机，就是

一种跟踪装置,同时携带了手机的**出行者**(**B.** 498),如果允许被跟踪的话,那么相对于手机和手机内的所有内部电子而言,出行者亦可视为“车辆”。

[ISO 19132:2007]

B. 494

轨迹　trajectory

用单参数**点集**(**B.** 433)描述运动**点**(**B.** 352)的路径。

[ISO 19141:2008]

B. 495

事务处理时间　transaction time

对数据库中检索现存事实所用的时间。

[Jensen et al. (1994)]

B. 496

传输协议　transfer protocol

定义分布式系统间交互的通用规则的**集合**(**B.** 433)。

[ISO 19118:2005]

B. 497

交通运输模式　transportation mode

出行者(**B.** 498)选择的交通方式。

[ISO 19134:2007]

B. 498

出行者　traveler

被导航或被跟踪的人。

参见:**车辆**(**B.** 519)

注:包括行人。参见 ISO 14825。在该标准中,出行者可被车辆代替而不改变含义。

[ISO 19133:2005]

B. 499

可通过　traversable

与更为详细的**导航限制**(**B.** 320)不同,可通过是允许或限制所有交通通行的一个**有向路段**(**B.** 287)或**转向**(**B.** 502)处的状态。

注:可通过通常是物理、文化或法定条件的**函数**(**B.** 194)。若可通过为假,则**目标**(**B.** 326)不能导航。这就从可使用的**网络**(**B.** 322)中有效地“除去”这个有向路段。如果是**结点**(**B.** 323),则从使用的网络中有效地“除去”该结点和所有与之相连的有向路段。如果是转向,仅从任一可行的**路径**(**B.** 409)中简单“除去”转向点即可。不可通过的实体不应包含在**行进策略**(**B.** 296)或路径中。

[ISO 19133:2005]

B. 500

不规则三角网　triangulated irregular network

由三角形组成的**镶嵌式分割**(**B.** 481)。

[ISO 19123:2005]

B. 501

元组　tuple

值(**B.** 515)的有序排列。

注:元组中的值数目是不变的。

[ISO 19136:2007]

B.502

转向　turn

路径(B.409)或网络(B.322)的组成部分,由**连接点**(B.273)**地点**(B.291)及连接点进出的**有向路段**(B.287)组成。

[ISO 19133:2005]

B.503

类型　type

〈UML〉类(B.40)的一种构造型,用于规定**对象**(B.326)的**域**(B.149),以及可应用于这些对象的**操作**(B.333),但不定义这些对象的物理**执行**(B.244)。

注:类型可有**属性**(B.18)和**关联**(B.16)。

[ISO/TS 19103:2005,来源于 ISO/IEC 19501]

B.504

UML 应用模式　UML application schema

根据 ISO 19109 标准用 UML 编写的**应用模式**(B.15)。

[ISO 19136:2007]

B.505

不确定性　uncertainty

与测量结果相关的一个参数,表现合理被测变量(B.302)**值**(B.515)的离差特性。

注:当定量地表示量测值的**准确度**(B.7)或精度**质量**(B.377)时,如**坐标**(B.84)具有量化特性,质量参数是对量测结果不确定性的一个评估。由于准确度是一个定性的**概念**(B.60),因此不应定量地使用这个概念,也不应将此概念与具体的数字相关联;数字应与不确定性的**度量**(B.303)相关。

[Guide to the Expression of Uncertainty in Measurement (GUM),1995]

B.506

统一资源标识符　Uniform Resource Identifier

URI

资源(B.401)的唯一**标识符**(B.239),其结构与 IETF RFC 2396 规范一致。

注:一般句法是〈scheme〉::〈scheme-specific-part〉。带有**命名空间**(B.318)的分级句法是〈scheme〉://〈authority〉〈path〉?〈query〉——参见[RFC 2396]。

[ISO 19136:2007]

B.507

单位　unit

用于表达量纲化参数的规定的量。

注:在国际标准 ISO 19111 修订版中,单位的子类型包括长度单位、角度单位、时间单位、比例单位和像素间隔单位。

[ISO 19111:2007]

B.508

量测单位　unit of measure

选自一个**单位**(B.507)等价组的参照量。

注:在定位**服务**(B.427)中,通常的量测单位是角度单位和长度单位。定位服务的**执行**(B.244)必须清楚地区分国际单位制(SI)和非国际单位制的单位。当使用非国际单位制时,必须说明它与国际单位制的关系。

[ISO 19116:2004,来源于 ISO 31-0,2.1]

B.509

全域拓扑面　universal face

在 2 维复形中无界的**拓扑面**(B.176)。

注:全域拓扑面通常不是任何**要素**(B.179)的组成部分,它的**内部**(B.262)**边界**(B.27)(它没有外部边界)通常被认

为是由**数据**(**B.** 103)**集合**(**B.** 433)表达**地图**(**B.** 297)的**外部**(**B.** 174)边界。国际标准 ISO 19107 中并没有专门定义全域拓扑面的情形,但在**应用模式**(**B.** 15)中感到引入全域拓扑面方便使用。

[ISO 19107:2003]

B. 510

全域体 universal solid

在 3 维复形中无界的**拓扑体**(**B.** 491)。

注:3 维中全域体与全域拓扑**面**(**B.** 509)相似,通常也不是任何**要素**(**B.** 179)的组成部分。

[ISO 19107:2003]

B. 511

论域 universe of discourse

包括任何感兴趣事物的现实或假想世界的视图。

[ISO 19101:2002]

B. 512

用户 user

向系统提出服务**请求**(**B.** 399)的**主动对象**(**B.** 8)。

注:用户通常充当为人们获取系统功能代理人的对象。

[ISO 19132:2007]

B. 513

有效时间 valid time

在抽象世界中,事实为"真"的时间。

[Jensen et al. (1994)]

B. 514

有效性 validation

用独立的方式,评估出自系统输出的数据产品质量过程。

[**CEOS WGCV**]

B. 515

值 value

〈UML〉**类型**(**B.** 503)**域**(**B.** 149)的**元素**(**B.** 153)。

注 1:值可以认为是**类**(**B.** 40)或类型(域)中**对象**(**B.** 326)的可能**状态**(**B.** 452)。

注 2:**数据**(**B.** 103)值是**数据类型**(**B.** 121)的**实例**(**B.** 254),是没有**标识**(**B.** 240)的值。

[ISO/TS 19103:2005,来源于 ISO/IEC 19501]

B. 516

值域 value domain

允许**值**(**B.** 515)的**集合**(**B.** 433)。

示例:**值域**(**B.** 381)3-28、所有整型数、任何 ASCII **字符**(**B.** 36),所有可接受值(绿,蓝,白)的枚举。

[ISO/TS 19103:2005]

B. 517

矢量 vector

有方向且有大小的量。

注:如果一条**线段**(**B.** 419)的长度和方向等价于一个矢量的大小和方向,则该有向线段可以表示该矢量。**术语**(**B.** 475) 矢量**数据**(**B.** 103)是指把表达**要素**(**B.** 179)空间结构的数据看作一个有向线段的**集合**(**B.** 433)。

[ISO 19123:2005]

B.518

矢量几何　vector geometry

用构造的**几何单形**(**B.220**)表达几何。

[ISO 19107:2003]

B.519

车辆　vehicle

被导航或跟踪的**对象**(**B.326**)。

参见:**出行者**(**B.498**)

注:包括行人。参见 ISO 14825。在该国际标准中,车辆可被出行者代替而不改变含义。

[ISO 19133:2005]

B.520

车辆分类　vehicle classification

基于构造性质或设计用途的**车辆**(**B.519**)**类型**(**B.503**)。

注:基于构造的分类包括汽车、卡车、公交车、自行车等。基于用途的分类包括出租车和救护车。车辆分类可**应用**(**B.14**)于决定**导航限制**(**B.320**)。

[ISO 19133:2005]

B.521

验证测试　verification test

对 IUT 是否正确开展严格证明的测试。

[GB/T 19333.5—2003]

B.522

版本(时间)　version(temporal)

对象(**B.326**)给定**实例**(**B.253**)的及时地完整表示。

注:时间版本与样本不同,主要在于时间版本要求一个完整的描述。从这个意义讲,一个版本是一个完整的样本,它原本属于时间序列域,但可以认为它在**时间序列**(**B.474**)**域**(**B.149**)外。

[ISO 19132:2007]

B.523

垂向坐标参照系　vertical coordinate reference system

基于**垂向基准**(**B.525**)的 1 维**坐标参照系**(**B.88**)。

[ISO 19111:2007]

B.524

垂向坐标系　vertical coordinate system

用于**重力高**(**B.232**)或**深度**(**B.130**)测量的 1 维**坐标系**(**B.90**)。

[ISO 19111:2007]

B.525

垂向基准　vertical datum

描述**重力高**(**B.232**)或**深度**(**B.130**)与地球关系的**基准**(**B.124**)。

注:在多数情况下,垂向基准与**平均海平面**(**B.299**)相关。**椭球面高**(**B.156**)与参照**大地基准**(**B.202**)的 3 维**椭球坐标系**(**B.155**)相关。垂向基准包括测深(sounding)基准(用于海道测量目的),在这种情况下,**高度**(**B.236**)可以为负高或深度。

[ISO 19111:2007]

B. 526

视角　viewpoint

为了聚焦系统内所关注的细节，通过选择框架**概念**（**B.** 60）的**集合**（**B.** 433）及结构规则形成抽象的形式。

［ISO/IEC 10746-2：1996］

B. 527

途径点　waypoint

用于选择满足**路径计算**（**B.** 412）**请求**（**B.** 399）的可行的**备选路径**（**B.** 32）**网络**（**B.** 322）上的某个**位置**（**B.** 365）。

［ISO 19133：2005］

B. 528

工作流　workflow

根据程序规则的**集合**（**B.** 433），使文档、**信息**（**B.** 250）或任务在参与者之间传递和操作，全部或部分自动化实现的业务过程。

［ISO 19119：2005］

B. 529

零子午线　zero meridian

首子午线　prime meridian

以此起算，确定其他子午线经度的**子午线**（**B.** 305）。

［ISO 19111：2007］

附 录 C
（规范性附录）
撰写定义的原则

C.1 基本原则

创立术语标准应遵循以下基于 GB/T 20001.1—2001 的基本原则。

C.1.1 无论何时，都应使用标准化的定义。

C.1.2 定义和术语应该具有相同的语法形式，定义动词应该采用动词短语，定义单数名词应该采用单数形式。

C.1.3 定义不应采用“用于描述...的术语”或“表示...的术语”的说明性形式开头，也不必采用“[术语]是...”的形式或“[术语]意指...”的形式。

C.1.4 定义不应采用完整句子形式。

C.1.5 用西文撰写定义时，除在常规行文中单词采用大写外，术语定义均应采用小写形式（包括第一个字母）。

C.1.6 定义不应以条款形式开始。

C.1.7 当参考到词汇表中的其他条目时，应使用词汇表中的首选术语并加以标识。

C.1.8 在术语定义后，用方括号括注标准定义的引用。

C.1.9 当需采纳其他领域的标准定义时，应给出注释。

C.2 撰写定义

应采用 ISO 704:2000 所规定的下列原则撰写定义：

C.2.1 定义应描述概念，而不是描述构成指称的词。

C.2.2 在草拟一给定概念的定义之前，应确定该概念与其他相关概念间的关系，并建立属于该概念体系的模型。

C.2.3 如果定义已存在，例如，该定义来自标准，应被采用；但当该定义不能反映概念体系时，则不采用。

C.2.4 当建立概念系统模型和阐明相关的定义系统时，应排除那些无须定义的基本的和常见的概念。一般而言，应从定义上位概念开始。当草拟一个新定义时，应尽可能采用基本概念或尽可能利用文档中定义的概念。

C.2.5 定义应反映描述概念的概念体系以及与其他概念的关系。应对定义进行协调，以便能重构概念体系。因此，应对定义中使用的特征进行选择，以便解释概念间的关系，或区分概念间的界限。

C.2.6 定义应尽可能简洁，必要时才采用复杂定义。复杂定义可包含几个独立的句子，但撰写定义应注意采用说明概念的唯一性信息，任何需要补充的信息应放在注释中。

C.2.7 定义应只描述一个概念。对用于具有标识特征的任何概念，不应包含隐含的定义。需要解释的任何特征应作为一个概念单独定义，或在注释中给出。

C.2.8 定义不应包括逻辑上属于上位概念或下位概念的特征。

C.2.9 外延及反映其特征定义应符合特定专业领域的概念体系。

C.2.10 如果概念所属专业领域未在指称中明确说明或不易理解，则在定义开头标注该概念所属专业领域。

C.2.11 应当使用置换原则检测定义的有效性。如果定义能替换文本中的指称，而且不损失或改变含义，则定义是有效的。

C.2.12 如果一个概念用第二个概念定义，而第二个概念又用第一个概念的术语或该术语的指称元素定义，这样的定义称为循环定义。循环定义无助于概念的理解，应尽可能避免。

C.2.13 当两个或多个概念相互定义时，在定义体系中这种定义视为循环定义。置换原则明确地揭示这种重复和循环。

C.2.14 定义应恰当地说明概念的内容。它既不应过于狭义，也不应过于宽泛，否则，该定义是不完整的。定义应说明概念是什么，而不说明它不是什么。

索　引

汉语拼音索引

K

L

M

N

O

P

Q

R

S

X

Y

英文对应词索引

A

B

C

E

H

I

J

K

L

M

N

O

P

Q

R

S

T

U

V

W

Z

参 考 文 献

［1］ GB 3101—1993 有关量、单位和符号的一般原则(eqv ISO 31-0:1992)

［2］ GB/T 4894—1985 情报与文献工作词汇基本术语(eqv ISO/DIS 5127/1.2-1982)

［3］ GB/T 15237.1—2000 术语工作 词汇 第1部分:理论与应用

［4］ GB/T 19333.5—2003 地理信息 一致性与测试(ISO 19105:2000,IDT)

［5］ GB/T 19710—2005 地理信息 元数据(ISO 19115:2003,MOD)

［6］ GB/T 21336—2008 地理信息 质量评价过程(ISO 19114:2003,MOD)

［7］ GB/T 21337—2008 地理信息 质量原则(ISO 19113:2002,IDT)

［8］ ISO 860:2007 Terminology work—Harmonization of concepts and terms 术语工作 概念与术语的协调

［9］ ISO 1087 Terminology—Vocabulary 术语 词汇

［10］ ISO 1087-1:2000 Terminology work—Vocabulary—Part 1:Theory and application 术语工作 词汇 第1部分:理论与应用

［11］ ISO 2859 Sampling procedures for inspection by attributes

［12］ ISO 3534 Statistics—Vocabulary and Symbols 统计学 词汇和符号

［13］ ISO 5127 Information and documentation—Vocabulary 情报与文献 词汇

［14］ ISO 6523 Data interchange—Structures for the identification of organizations

［15］ ISO 8601:2000 Data elements and interchange formats—Information interchange—Representation of dates and times

［16］ ISO 10241 International terminology standards—Preparation and layout

［17］ ISO 14825 Intelligent transport systems—Geographic Data Files(GDF)—Overall data specification

［18］ ISO 19101:2002 Geographic information—Reference model

［19］ ISO/TS 19101-2:2008 Geographic information—Reference model—Part 2:Imagery

［20］ ISO/TS 19103:2005 Geographic Information—Conceptual Schema Language

［21］ ISO 19105:2000 Geographic information—Conformance and testing

［22］ ISO 19106: 2004 Geographic Information—Profiles

［23］ ISO 19107:2003 Geographic Information—Spatial Schema

［24］ ISO 19108 Geographic information—Temporal schema

［25］ ISO 19109:2005 Geographic Information—Rules for application schema

［26］ ISO 19110:2005 Geographic Information—Methodology for feature cataloguing

［27］ ISO 19111:2007 Geographic Information—Spatial Referencing by Coordinates

［28］ ISO 19112:2003 Geographic Information—Spatial Referencing by Geographic Identifiers

［29］ ISO 19113:2002 Geographic information—Quality principles

［30］ ISO 19114:2003 Geographic information—Quality evaluation procedures

［31］ ISO 19115:2003 Geographic information—Metadata

［32］ ISO 19116:2004 Geographic Information—Positioning Services

［33］ ISO 19117:2005 Geographic Information—Portrayal

［34］ ISO 19118:2005 Geographic Information—Encoding

［35］ ISO 19119:2005 Geographic Information—Services

［36］ ISO 19123:2005 Geographic Information—Schema for coverage geometry and functions

[37] ISO 19125-1:2004 Geographic Information—Simple Feature Access Part 1: Common Architecture

[38] ISO 19125-2:2004 Geographic Information—Simple Feature Access Part 2: SQL Option

[39] ISO 19128:2005 Geographic Information—Web Map Server Interface

[40] ISO 19131:2007 Geographic Information—Data Product Specification

[41] ISO 19132:2007 Geographic Information—Location Based Services—Reference Model

[42] ISO 19133:2005 Geographic Information—Location Based Services—Tracking and Navigation

[43] ISO 19134:2007 Geographic Information—Multimodal location based services for routing and navigation

[44] ISO 19135:2005 Geographic information—Procedures for item registration

[45] ISO 19136:2007 Geographic information—Geography Markup Language

[46] ISO 19138:2006 Geographic information—Data quality measures

[47] ISO/TS 19139:2007 Geographic information—Metadata—XML schema implementation

[48] ISO 19141:2008 Geographic information—Schema for moving features

[49] ISO 22028-1 Photography and graphic technology—Extended colour encodings for digital image storage manipulation and interchange—Part 1: Architecture and requirements

[50] ISO/IEC 2382 Information technology—Vocabulary 信息技术—词汇

[51] ISO/IEC 8211 Information technology—Specification for a data descriptive file for information Interchange

[52] ISO/IEC 10746-2:1996 Information technology—Open Distributed Processing—Reference model: Foundations 信息技术 开式分布处理 参考模型

[53] ISO/IEC 11179-3:2003 Information technology—Metadata registries (MDR)—Part 3:Registry

[54] metamodel and basic attributes

[55] ISO/IEC 19501 Information technology—Open Distributed Processing—Unified Modeling Language(UML) Version 1.4.2

[56] ISO/IEC TR 21000-1:2001 Information technology—Multimedia framework (MPEG-21)—Part 1:Vision Technologies and Strategy 信息技术 多媒体框架(MPEG-21) 第1部分:展望、技术和策略

ICS 27.060
F 04

中华人民共和国国家标准

GB/T 17719—2009
代替 GB/T 17719—1999

工业锅炉及火焰加热炉烟气余热资源量计算方法与利用导则

Calculation method and utilization guides for waste heat resource's quantity of industrial boiler's and flame heating furnace's exhaust gas

2009-04-08 发布　　2009-12-01 实施

中华人民共和国国家质量监督检验检疫总局
中国国家标准化管理委员会　发布

前言

本标准代替GB/T 17719—1999《工业锅炉及火焰加热炉烟气余热资源量计算方法与利用导则》。

本标准与GB/T 17719—1999相比主要变化如下：

——按GB/T 1028的规定对术语、分类进行了修改完善；

——按GB/T 10180、GB/T 17954等的要求对标准中引用的公式、符号和资料性附录数据进行了修订；

——根据余热资源“梯级利用，高质高用”原则，对250 ℃～400 ℃的余热资源利用增加鼓励用于作功发电条款[见5.1b)]；

——补充了工业锅炉和加热炉余热资源利用的原则，提出设置尾部受热面和余热资源回收装置要求的范围(见5.4、5.5和5.6)；

——补充了余热资源回收利用的管理要求(见6.6)；

——统一了计算公式中的习惯表达方式和标注[见式(2)、(3)、(5)、(6)，采用质量分数和体积分数表示]；

——对标准的附录A、附录B和附录C进行了修订和补充完善。

本标准的附录A、附录B和附录C均为资料性附录。

本标准由全国能源基础与管理标准化技术委员会提出并归口。

本标准负责起草单位：杭州锅炉集团股份有限公司、中国标准化研究院。

本标准参加起草单位：浙江省特种设备检验研究院、上海工业锅炉研究所。

本标准主要起草人：屠柏锐、薛以泰、王忠、秦业固、成建宏、成德芳、陈征宇、叶勉。

本标准所代替标准的历次版本发布情况为：

——GB/T 17719—1999。

工业锅炉及火焰加热炉烟气余热资源量计算方法与利用导则

1 范围

本标准规定了工业锅炉及火焰加热炉烟气的余热量和余热资源量的计算方法,以及余热资源的回收利用原则及管理要求。

本标准适用于 GB/T 1921、GB/T 3166 规定的锅炉及 GB/T 3486 中规定的连续式火焰加热炉(以下简称“加热炉”)的余热利用工程的规划、设计、技术改造与管理。

2 规范性引用文件

下列文件中的条款通过本标准的引用而成为本标准的条款。凡是注日期的引用文件,其随后所有的修改单(不包括勘误的内容)或修订版均不适用于本标准,然而,鼓励根据本标准达成协议的各方研究是否可使用这些文件的最新版本。凡是不注日期的引用文件,其最新版本适用于本标准。

GB/T 1028　工业余热术语、分类、等级及余热资源量计算方法

GB/T 1921　工业蒸汽锅炉参数系列

GB/T 3166　热水锅炉参数系列

GB/T 3486　评价企业合理用热技术导则

GB/T 10180　工业锅炉热性能试验规程

GB/T 15317　工业锅炉节能监测方法

GB/T 15319　火焰加热炉节能监测方法

GB/T 17954　工业锅炉经济运行

3 术语和定义

下列术语和定义适用于本标准。

3.1

烟气余热量　waste heat's quantity of exhaust gas

相对于环境温度为 20 ℃,相对湿度为 70%,烟气平均体积定压热容为 1.359 kJ/(m^3·℃)条件下的烟气所携带的余热量,为宏观控制指标。

注:本标准中“m^3”指在标准状况(1.013 25×10^5 Pa,0 ℃)下测得的气体体积的单位。

3.2

烟气余热资源量　waste heat resource's quantity of exhaust gas

按国家、行业及本标准有关规定,经技术经济分析确定可利用的烟气余热量,为实际应用指标。

4 计算方法

4.1 烟气余热量计算

4.1.1 燃煤工业锅炉和加热炉烟气余热量的计算按式(1)计算:

$$Q_{yr} = B_1 V_{py1}(c_{py} t_{py} - 27.18) \times \frac{100 - q_4}{100} \qquad \cdots\cdots(1)$$

式中:

Q_{yr}——年烟气余热量,单位为千焦每年(kJ/a);

B_1——年平均耗煤量，单位为千克每年(kg/a)；

c_{py}——t_{py}温度下烟气的平均体积定压热容，单位为千焦每立方米摄氏度(kJ/(m^3·℃))；

c_{py}值按实测烟气成分计算确定，用作规划时查附录A中的表A.1。

t_{py}——工业锅炉末级受热面或加热炉炉尾出口处排烟平均温度，单位为摄氏度(℃)；

t_{py}值由实测确定。用作规划时，工业锅炉参考附录B中的表B.1，加热炉参考附录B中的表B.2，并应结合实际情况确定。

q_4——燃料的固体未完全燃烧热损失，用百分数表示(%)；

工业锅炉的q_4值按附录C计算确定。用作规划时，链条炉排锅炉燃用Ⅲ类烟煤、贫煤和褐煤时的值取8～12，无烟煤和Ⅰ、Ⅱ类烟煤取10～15。

加热炉的q_4值按实测每千克煤所产生的平均灰渣量及灰渣含碳量确定。用作规划时，按3～5计值。

V_{py1}——工业锅炉末级受热面或加热炉炉尾出口处每千克煤的烟气体积，单位为立方米每千克(m^3/kg)；

V_{py1}值按式(2)计算，用作规划时查附录A中的表A.2。

$$V_{py1} = 0.018\,66w(C_{ar}) + 0.007w(S_{ar}) + 0.111w(H_{ar}) + 0.008w(N_{ar}) + 0.012\,4M_{ar} + (1.016\alpha_{py} - 0.21)V_{01} \quad \cdots\cdots(2)$$

式中：

$w(C_{ar})$——燃料收到基碳，用质量分数表示(%)；

$w(H_{ar})$——燃料收到基氢，用质量分数表示(%)；

$w(S_{ar})$——燃料收到基硫，用质量分数表示(%)；

$w(N_{ar})$——燃料收到基氮，用质量分数表示(%)；

M_{ar}——燃料收到基水分，用质量分数表示(%)；

α_{py}——工业锅炉末级受热面或加热炉炉尾出口处烟气的过量空气系数。

α_{py}值按GB/T 15317或GB/T 15319计算，用作规划时，工业锅炉参考附录B中的表B.3，火焰加热炉参考附录B中的表B.4，并结合实际确定。

V_{01}——每千克煤燃烧理论空气量，单位为立方米每千克(m^3/kg)；

V_{01}按式(3)计算：

$$V_{01} = 0.088\,9w(C_{ar}) + 0.265w(H_{ar}) + 0.033\,3w(S_{ar}) - 0.033\,3w(O_{ar}) \quad \cdots\cdots(3)$$

式中：

$w(O_{ar})$——燃料收到基氧，用质量分数表示(%)。

对于季节性使用的工业锅炉和加热炉，其燃料量以每年的使用期限为准。

4.1.2 燃油(或燃气)工业锅炉及加热炉烟气余热量按式(4)计算：

$$Q_{yr} = B_2 V_{py2}(c_{py}t_{py} - 27.18) \quad \cdots\cdots(4)$$

式中：

B_2——年平均燃料消耗量，单位为千克每年(kg/a)[或立方米每年(m^3/a)]；

V_{py2}——工业锅炉末级受热面或加热炉炉尾出口处每千克油(或每立方米干燃气)的烟气体积，单位为立方米每千克(m^3/ kg)[或立方米每立方米(m^3/m^3)]。

燃油工业锅炉及加热炉的V_{py2}值的计算方法同V_{py1}，用作规划时查附录A中的表A.3。燃气工业锅炉及加热炉的V_{py2}值按式(5)计算，用作规划时查附录A中的表A.4。

$$V_{py2} = 0.01 \times [\varphi(CO_2) + \varphi(CO) + \varphi(H_2) + \varphi(N_2) + 2\varphi(H_2S) + \Sigma(m + 0.5n)\varphi(C_mH_n) + 0.124d_s] + (1.016\alpha_{py} - 0.21)V_{02} \quad \cdots\cdots(5)$$

式中：

$\varphi(CO_2)$——燃料收到基二氧化碳，用体积分数表示(%)；

$\varphi(CO)$——燃料收到基一氧化碳,用体积分数表示(%);

$\varphi(H_2)$——燃料收到基氢气,用体积分数表示(%);

$\varphi(N_2)$——燃料收到基氮气,用体积分数表示(%);

$\varphi(H_2S)$——燃料收到基硫化氢,用体积分数表示(%);

$\sum\varphi(C_mH_n)$——燃料收到基各种碳氢化合物,用体积分数表示(%);

d_s——每立方米干燃气所带的水量,单位为克每立方米(g/m^3);

V_{02}——每立方米干燃气燃烧理论空气量,单位为立方米每立方米(m^3/m^3)。

V_{02}值按式(6)计算:

$$V_{02}=0.0476[0.5\varphi(CO)+0.5\varphi(H_2)+1.5\varphi(H_2S)+2\varphi(CH_4)+\sum(m+0.25n)\varphi(C_mH_n)-\varphi(O_2)] \quad \cdots\cdots(6)$$

式中:

$\varphi(CH_4)$——燃料收到基甲烷,用体积分数表示(%);

$\varphi(O_2)$——燃料收到基氧气,用体积分数表示(%)。

4.2 烟气余热资源量计算

4.2.1 燃煤工业锅炉及加热炉的烟气余热资源量按式(7)计算:

$$Q_{yz}=B_1V_{py1}(c_{py}t_{py}-c'_{py}t'_{py})\times\frac{100-q_4}{100} \quad \cdots\cdots(7)$$

式中:

Q_{yz}——年烟气余热资源量,单位为千焦每年(kJ/a);

t'_{py}——余热资源量的下限温度,单位为摄氏度(℃);

选用t'_{py}的原则按5.1、5.2、5.3规定。

c'_{py}——t'_{py}温度下烟气平均体积定压热容,单位为千焦每立方米摄氏度[kJ/(m^3·℃)]。

4.2.2 燃油或燃气工业锅炉及加热炉的余热资源量按式(8)计算:

$$Q_{yz}=B_2V_{py2}(c_{py}t_{py}-c'_{py}t'_{py}) \quad \cdots\cdots(8)$$

5 余热资源回收利用原则

5.1 余热资源回收利用 应按“梯级利用,高质高用”的原则确定最佳余热回收利用的方案,其中:

a) 对烟气温度 >400 ℃的余热资源应优先用于作功发电;

b) 对烟气温度为250 ℃~400 ℃的余热资源应优先用于生产蒸汽,鼓励用于作功发电;

c) 对烟气温度<250 ℃的余热资源可用于干燥物料、制冷、采暖或供应生活热水等。

5.2 烟气余热资源一般应优先考虑用于工业锅炉及加热炉本系统,例如:预热助燃空气、燃料等;当无法用于本系统或用后仍有富余,才用于本系统以外。

5.3 根据烟气温度,余热资源等级的高低,合理选用与之相适应的高温辐射换热器、陶瓷换热器、喷流换热器、蓄热式换热器、金属管状换热器、板式换热器、余热锅炉、热管换热器等余热利用设备或用作热泵的热源等。

5.4 对于额定蒸发量大于2 t/h的工业蒸汽锅炉或额定热功率大于1.4 MW的热水锅炉应设置尾部受热面,额定蒸发量不大于2 t/h的工业蒸汽锅炉或额定热功率不大于1.4 MW的热水锅炉鼓励设置尾部受热面。

5.5 对于额定炉容量不小于5 GJ/h、排烟温度不小于250 ℃的加热炉应设置余热资源回收装置。

5.6 应根据烟气成分和性质的不同,合理选用余热资源利用设备。对高灰分烟气应采用耐磨和防堵的装置;对含腐蚀性成分的烟气,应有防腐措施。

5.7 鼓励实行热能的综合利用和用能的合理配置,实现热、电、冷并供或热电联产。

6 余热资源回收利用管理

6.1 工业锅炉或加热炉的烟气余热回收利用建设或技术改造工程立项决策时，应先进行技术经济比较，并参照 GB/T 1028 的规定确定余热资源等级及余热利用工程项目的规划。

6.2 进行规划计算时，工业锅炉烟气余热资源量的下限温度按附录 B 中的表 B.5；加热炉烟气余热资源量的下限温度按附录 B 中的表 B.6。

6.3 进行技术经济比较时，余热资源量计算公式中的排烟温度 t_{py}，在建设工程中应采用工业锅炉或加热炉设计值；在技术改造工程中应采用工业锅炉或加热炉实测值。余热资源量的下限温度 t'_{py}，应参考附录 B 中的表 B.5 或附录 B 中的表 B.6 作经济比较。

6.4 应制定工业锅炉及加热炉烟气余热资源回收利用设备定期检修制度，保持设备完好、运转正常，并建立检修记录和档案。

6.5 应对工业锅炉及加热炉烟气余热资源回收利用设备运行参数进行测量记录，年终要做出经济核算。

6.6 工业锅炉或加热炉烟气余热资源回收利用未达到回收利用基本原则要求的使用单位，应由使用单位提出改进措施。

6.7 工业锅炉或加热炉烟气余热资源回收利用的节能检测符合 GB/T 15317 或 GB/T 15319 的规定，并由具有相应资质的检测单位进行。

附 录 A
（资料性附录）
烟气平均近似体积定压热容 c_{py} 与近似烟气量 V_{py}

A.1 不同温度下的烟气平均近似体积定压热容 c_{py} 见表 A.1 规定。

表 A.1

t_{py}/℃	c_{py}/[kJ/(m^3·℃)]	t_{py}/℃	c_{py}/[kJ/(m^3·℃)]
100	1.372	500	1.443
200	1.388	600	1.462
300	1.405	700	1.482
400	1.423	800	1.500
注：表中 m^3 是标准状况下的气体体积数表。			

A.2 燃烧每千克煤炭的近似烟气量 V_{py1} 见表 A.2 规定。

表 A.2

热值/(kJ/kg)		14 000	16 000	18 000	20 000	22 000	24 000	26 000	28 000	30 000
V_{01}/(m^3/kg)		3.88	4.36	4.84	5.32	5.81	6.29	6.77	7.25	7.73
与 α 相应的 V_{py1} 值/(m^3/kg)	α=1.2	5.41	5.92	6.45	6.96	7.49	8.01	8.53	9.05	9.58
	α=1.3	5.79	6.36	6.93	7.50	8.07	8.64	9.21	9.78	10.35
	α=1.4	6.18	6.79	7.42	8.03	8.65	9.27	9.89	10.50	11.12
	α=1.5	6.57	7.23	7.90	8.56	9.24	9.90	10.57	11.23	11.90
	α=1.6	6.96	7.66	8.38	9.09	9.82	10.52	11.24	11.95	12.67
	α=1.7	7.35	8.10	8.87	9.62	10.40	11.15	11.92	12.68	13.44
	α=1.8	7.73	8.54	9.35	10.16	10.98	11.78	12.60	13.40	14.21
注：表中热值是燃煤的收到基低位发热量的数值；α 为过量空气系数。										

A.3 燃烧每千克液体燃料的近似烟气量 V_{py2} 见表 A.3 规定。

表 A.3

热值/(kJ/kg)		30 000	32 000	34 000	36 000	38 000	40 000	42 000
V_{02}/(m^3/kg)		8.09	8.50	8.90	9.31	9.71	10.12	10.53
与 α 相应的 V_{py2} 值/(m^3/kg)	α=1.05	8.35	8.91	9.46	10.01	10.56	11.11	11.66
	α=1.10	8.76	9.33	9.86	10.47	11.04	11.61	12.18
	α=1.15	9.16	9.76	10.35	10.94	11.53	12.12	12.71
	α=1.20	9.57	10.18	10.79	11.40	12.01	12.62	13.24
	α=1.25	9.97	10.61	11.24	11.87	12.50	13.13	13.76
	α=1.30	10.38	11.03	11.68	12.33	12.98	13.64	14.29
	α=1.40	11.19	11.88	12.57	13.26	13.95	14.65	15.34
注：表中热值是燃烧液体燃料的低位发热量的数值；α 为过量空气系数。								

A.4 燃烧每立方米燃气产生的近似烟气量 V_{py2} 见表 A.4 规定。

表 A.4

热值/(kJ/kg)		3 400	4 200	5 000	6 000	8 000	10 000	12 000	15 000	18 000	21 000	35 000	38 000	41 000	45 000	50 000
V_{02}/(m³/m³)		0.71	0.88	1.04	1.25	1.67	2.09	2.51	3.91	4.69	5.47	9.11	9.89	10.67	11.72	13.02
与 α 相应的 V_{py2} 值/(m³/m³)	α=1.02	1.60	1.75	1.89	2.07	2.42	2.77	3.13	4.41	5.24	6.08	9.96	10.80	11.62	12.73	14.12
	α=1.05	1.63	1.77	1.92	2.10	2.47	2.83	3.21	4.53	5.38	6.24	10.24	11.09	11.94	13.09	14.51
	α=1.10	1.66	1.82	1.97	2.17	2.56	2.94	3.33	4.72	5.62	6.52	10.69	11.59	12.48	13.67	15.16
	α=1.15	1.70	1.86	2.03	2.23	2.64	3.04	3.46	4.92	5.85	6.78	11.15	12.08	13.01	14.26	15.81
	α=1.20	1.73	1.91	2.08	2.29	2.72	3.15	3.58	5.11	6.09	7.06	11.60	12.58	13.54	14.84	16.46
	α=1.30	1.80	1.99	2.18	2.42	2.89	3.36	3.83	5.50	6.56	7.61	12.51	13.57	14.61	16.02	17.77

注：表中热值是燃气的低位发热量的数值；α 为过量空气系数。

附 录 B
（资料性附录）
排烟温度、过量空气系数的合格指标与烟气余热资源量测算下限温度

B.1 排烟温度

B.1.1 工业锅炉排烟温度合格指标见表 B.1 规定。

表 B.1

有无尾部受热面	无尾部受热面[a]				有尾部受热面[b]	
锅炉类型	蒸汽锅炉		热水锅炉		蒸汽锅炉或热水锅炉	
使用燃料	煤	油，气	煤	油，气	煤	油，气
排烟温度/℃	<250	<230	<220	<200	<180	<160

[a] 仅指额定蒸发量≤2 t/h 的工业蒸汽锅炉或额定热功率≤1.4 MW 的热水锅炉。

[b] 对部分地区燃用高硫（$w(S_{ar})\geqslant 3\%$）煤的有尾部受热面的锅炉，其运行排烟温度可适当提高，但提高幅度不超过 30 ℃。

B.1.2 加热炉排烟温度合格指标见表 B.2 规定。

表 B.2

炉膛出口温度/℃		≤500	≤600	≤700	≤800	≤900	≤1 000	>1 000
排烟温度/℃	使用低发热量燃料时	≤350	≤400	≤460	≤530	≤580	≤670	710～470
	使用高发热量燃料时	≤340	≤380	≤440	≤510	≤560	≤650	670～400

注：低发热量燃料是指高炉煤气、发生炉煤气及发热量低于 8 360 kJ/m³ 的混合煤气；高发热量燃料是指天然气、焦炉煤气、煤、重油等。

B.2 烟气过量空气系数

B.2.1 工业锅炉烟气过量空气系数合格指标见表 B.3 规定。

表 B.3

使用燃料	煤[a]		油、燃气
燃烧方式	火床燃烧（层燃）	沸腾燃烧（流化床）	火室燃烧（室燃）
末级受热面出口过量空气系数	<1.65（无尾部受热面）	<1.50	<1.20
	<1.75（有尾部受热面）		

[a] 燃用无烟煤的火床燃烧锅炉不受表内数值限制。

B.2.2 加热炉烟气过量空气系数合格指标见表 B.4 规定。

表 B.4

燃料名称	燃烧方式	过量空气系数
固体燃料	—	≤1.80
液体燃料	高压喷雾	≤1.25
	低压喷雾	≤1.20
气体燃料	有焰燃烧	≤1.25
	无焰燃烧	≤1.05

B.3 烟气余热资源量测算下限温度

B.3.1 工业锅炉烟气余热资源量测算下限温度见表 B.5 规定。

表 B.5

蒸汽锅炉额定蒸发量/(t/h)	<1	1～6	>6
热水锅炉额定热功率/MW	<0.7	0.7～4.2	>4.2
测算下限温度/℃	180	160	150

B.3.2 加热炉烟气余热资源量测算下限温度见表 B.6 规定。

表 B.6

炉容量类别	A	B	C
额定炉容量/(GJ/h)	5～19.9	20～80	>80
测算下限温度/℃	250	230	200

附 录 C
（资料性附录）
固体未完全燃烧热损失 q_4 的计算方法

固体未完全燃烧热损失 q_4 的计算按式(C.1)进行。

$$q_4=\left[a_{lz}\frac{C_{lz}}{100-C_{lz}}+a_{lm}\frac{C_{lm}}{100-C_{lm}}+a_{yh}\frac{C_{yh}}{100-C_{yh}}+a_{yl}\frac{C_{yl}}{100-C_{yl}}+a_{lh}\frac{C_{lh}}{100-C_{lh}}+a_{fh}\frac{C_{fh}}{100-C_{fh}}\right]\times\frac{328.664A_{ar}}{Q_r}\qquad\text{(C.1)}$$

式中：

q_4——固体未完全燃烧热损失，用百分数表示(%)；

a_{lz}——炉渣含灰量占入炉煤总灰量，用质量分数表示(%)，见式(C.2)；

C_{lz}——炉渣可燃物含量，用质量分数表示(%)；

a_{lm}——漏煤含灰量占入炉煤总灰量，用质量分数表示(%)，见式(C.4)；

C_{lm}——漏煤可燃物含量，用百分数表示(%)；

a_{yh}——烟道灰含灰量占入炉煤总灰量，用质量分数表示(%)，见式(C.5)；

C_{yh}——烟道灰可燃物含量，用百分数表示(%)；

a_{yl}——溢流灰含灰量占入炉煤总灰量，用质量分数表示(%)，见式(C.6)；

C_{yl}——溢流灰可燃物含量，用百分数表示(%)；

a_{lh}——冷灰含灰量占入炉煤总灰量，用质量分数表示(%)，见式(C.7)；

C_{lh}——冷灰可燃物含量，用百分数表示(%)；

a_{fh}——飞灰含灰量占入炉煤总灰量，用质量分数表示(%)，见式(C.8)；

C_{fh}——飞灰可燃物含量，用百分数表示(%)；

A_{ar}——燃料收到基灰分，用百分数表示(%)；

Q_r——输入热量，单位为千焦每千克(kJ/kg)，或千焦每立方米(kJ/m^3)，见式(C.9)。

$$a_{lz}=\frac{G_{lz}(100-C_{lz})}{BA_{ar}}\times 100\qquad\text{(C.2)}$$

式中：

B——燃料消耗量，单位为千克每小时(kg/h)或立方米每小时(m^3/h)；

G_{lz}——炉渣质量，单位为千克每小时(kg/h)，见式(C.3)。

$$G_{lz}=G_{slz}\left(1-\frac{W_{lz}}{100}\right)\qquad\text{(C.3)}$$

式中：

G_{slz}——湿炉渣质量，单位为千克每小时(kg/h)；

W_{lz}——炉渣淋水后含水量，用百分数表示(%)。

$$a_{lm}=\frac{G_{lm}(100-C_{lm})}{BA_{ar}}\times 100\qquad\text{(C.4)}$$

式中：

G_{lm}——漏煤质量，单位为千克每小时(kg/h)。

$$a_{yh}=\frac{G_{yh}(100-C_{yh})}{BA_{ar}}\times 100\qquad\text{(C.5)}$$

式中：

G_{yh}——烟道灰质量，单位为千克每小时(kg/h)。

$$a_{yl} = \frac{G_{yl}(100 - C_{yl})}{BA_{ar}} \times 100 \qquad \cdots\cdots(C.6)$$

式中：

G_{yl}——溢流灰质量，单位为千克每小时(kg/h)。

$$a_{lh} = \frac{G_{lh}(100 - C_{lh})}{BA_{ar}} \times 100 \qquad \cdots\cdots(C.7)$$

式中：

G_{lh}——冷灰质量，单位为千克每小时(kg/h)。

$$a_{fh} = 100 - (a_{lz} + a_{lm} + a_{yh} + a_{yl} + a_{lh}) \qquad \cdots\cdots(C.8)$$

$$Q_r = Q_{net,v,ar} + Q_{wl} + Q_{rx} + Q_{zy} \qquad \cdots\cdots(C.9)$$

式中：

$Q_{net,v,ar}$——燃料收到基低位发热量，单位为千焦每千克(kJ/kg)，或千焦每立方米(kJ/m³)；

Q_{wl}——用外来热量加热燃料或空气时，相应于每千克或标准状态下每立方米燃料所给的热量，单位为千焦每千克(kJ/kg)，或千焦每立方米(kJ/m³)；

Q_{rx}——燃料的物理热，单位为千焦每千克(kJ/kg)，或千焦每立方米(kJ/m³)；

Q_{zy}——自用蒸汽带入炉内相应于每千克或标准状态下每立方米燃料的热量，单位为千焦每千克(kJ/kg)，或千焦每立方米(kJ/m³)。

ICS 03.220.20;13.040.99
C 51

中华人民共和国国家标准

GB/T 17729—2009
代替 GB/T 17729—1999

长途客车内空气质量要求

Hygienic standard for the air quality inside long distance coach

2009-06-04 发布　　2010-01-01 实施

中华人民共和国国家质量监督检验检疫总局
中国国家标准化管理委员会　发布

前 言

本标准代替 GB/T 17729—1999《长途客车内空气质量要求》。

本标准与 GB/T 17729—1999 相比主要技术差异如下：

——氧气浓度限值由“≥18%”调整为“≥20%”(见表 1)；

——二氧化碳浓度限值由“≤0.15%”调整为“≤0.20%”(见表 1)；

——增加了长途客车内空气主要成分及限值，包括甲醛、甲苯、二甲苯、总挥发性有机化合物(见表 1)。

本标准由中华人民共和国交通运输部提出。

本标准由中华人民共和国交通部公路司归口。

本标准主要起草单位：重庆交通大学、重庆环保总局、国家客车质量监督检验中心。

本标准主要起草人：邵毅明、赵丽杰、陈刚才、杨建中、彭勇。

本标准所代替标准的历次版本发布情况为：

——GB/T 17729—1999。

长途客车内空气质量要求

1 范围

本标准规定了长途客车车厢内空气主要成分的要求。

本标准适用于各类营运长途客车，其他客车可参照执行。

2 术语和定义

下列术语和定义适用于本标准。

2.1

长途客车 interurban coach

一种为城间运输而设计和装备的客车。这种车辆没有专供乘客站立的位置，但在其通道内可载运短途站立的乘客。

3 空气质量要求

长途客车内空气主要成分的标准值见表1。

表 1

项　　目	单　　位	标准值	限值条件
氧(O_2)	%	≥20	1 h 均值
二氧化碳(CO_2)	%	≤0.20	日平均值
一氧化碳(CO)	mg/m^3	≤10	1 h 均值
甲醛(HCHO)	mg/m^3	≤0.12	1 h 均值
甲苯(C_7H_8)	mg/m^3	≤0.24	1 h 均值
二甲苯(C_8H_{10})	mg/m^3	≤0.24	1 h 均值
总挥发性有机化合物(TVOC)	mg/m^3	≤0.60	1 h 均值

ICS 77.150.20
H 61

中华人民共和国国家标准

GB/T 17731—2009
代替 GB/T 17731—2004

镁合金牺牲阳极

Magnesium alloy sacrificial anode

2009-10-30 发布　　2010-06-01 实施

中华人民共和国国家质量监督检验检疫总局
中国国家标准化管理委员会　发布

前　言

本标准参照采用 ASTM B 843:1993(2003)《阴极保护用镁合金阳极规范》中的化学成分，JIS H 6125—1995《阴极保护用镁阳极》中的电化学性能，ASTM B 107:2002《镁合金挤制棒、型、管和线材》。

本标准代替 GB/T 17731—2004《镁合金牺牲阳极》。与 GB/T 17731—2004 相比，主要变化如下：

——挤压阳极的牌号由 2 种增加为 3 种；

——规定了挤压阳极外形尺寸偏差、同心度、弯曲度以及电化学性能。

本标准的附录 A 为资料性附录。

本标准由中国有色金属工业协会提出。

本标准由全国有色金属标准化技术委员会归口。

本标准负责起草单位：北京广灵精华科技有限公司、维恩克(鹤壁)镁基材料有限公司、北京有色金属研究总院。

本标准参加起草单位：费县银光镁业有限公司、南京云海特种金属股份有限公司、山西闻喜银光镁业(集团)有限责任公司。

本标准主要起草人：孙金凤、贾鑫、房中学、李书平、孙前、王峰、陶卫建。

本标准所代替版本的历次发布情况为：

——GB/T 17731—1999、GB/T 17731—2004。

镁合金牺牲阳极

1 范围

本标准规定了镁合金牺牲阳极(以下简称镁阳极)的要求、试验方法、检验规则、标志、包装、运输、贮存及合同内容。

本标准适用于在土壤、淡水及海水等介质中工作的金属(主要是钢质)设施采用阴极保护用的铸造、挤压方法生产的镁阳极。

2 规范性引用文件

下列文件中的条款通过本标准的引用而成为本标准的条款。凡是注日期的引用文件,其随后所有的修改单(不包括勘误的内容)或修订版均不适用于本标准,然而,鼓励根据本标准达成协议的各方研究是否可使用这些文件的最新版本。凡是不注日期的引用文件,其最新版本适用于本标准。

GB/T 912 碳素结构钢和低合金结构钢热轧薄钢板及钢带

GB 1499.1 钢筋混凝土用钢 第1部分:热轧光圆钢筋

GB/T 4950—2002 锌-铝-镉合金牺牲阳极

GB/T 8170 数值修约规则与极限数值的表示和判定

GB/T 13748(所有部分) 镁及镁合金化学分析方法

GB/T 24488 镁合金牺牲阳极电化学性能测定方法

3 术语和定义

下列术语和定义适用于本标准。

3.1

实际电容量 practical current capacity

实际测量消耗单位质量的牺牲阳极所产生的电量,单位为Ah/kg。

3.2

理论电容量 theoretical current capacity

根据法拉弟定律计算消耗单位质量的牺牲阳极所产生的电量,单位为Ah/kg。

4 要求

4.1 产品分类

4.1.1 牌号、形状、生产方法及其代号

镁阳极按照生产方法和形状分为两类(铸造和挤压)、三种形状(梯形、D形、棒状(包括圆棒和矩形棒)),其牌号、生产方法、形状及其代号符合表1的规定。需方需要其他牌号和形状的镁阳极时由供需双方协商确定。

表 1　镁阳极的牌号、生产方法、形状及其代号

牌　　号	生产方法及其代号		形状及其代号	
	生产方法	代号	形状	代号
AZ63B、M1C	铸造	C	梯形	S
			D形	D
			圆棒状	B
			棒状 （包括圆棒和矩形棒）	B
AZ31B、M1C、AZ63B	挤压	E		

4.1.2　标记示例

铸造镁阳极的标记示例按照镁阳极的生产方法、牌号、重量、形状、本标准编号的顺序来表示：

示例 1：用 AZ63B 合金、采用铸造方法生产的、重量为 10 kg 的梯形镁阳极标记为：

C—AZ63B—10—S，GB/T 17731—2009。

挤压镁阳极的标记示例按照镁阳极的生产方法、牌号、直径、形状、本标准编号的顺序来表示。

示例 2：用 AZ31B 合金、采用挤压方法生产的、直径为 20 mm 的圆形镁阳极标记为：

E—AZ31B—20—B，GB/T 17731—2009。

4.2　形状、典型重量和外形尺寸

4.2.1　梯形镁阳极的形状如图 1 所示，典型重量和外形尺寸见表 2。

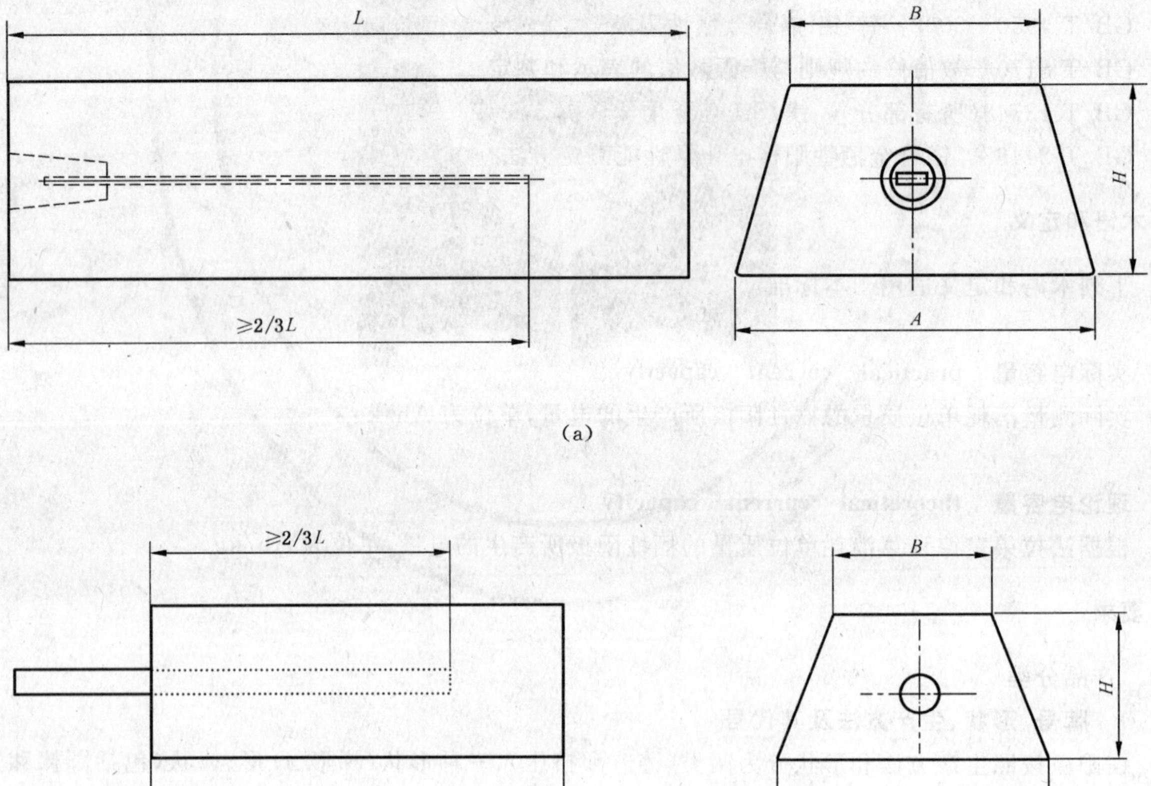

(a)

(b)

图 1　梯形镁阳极形状

表 2　梯形镁阳极典型重量及外形尺寸

重量/kg		A/mm		B/mm		H/mm		L/mm	
(a)	(b)	(a)	(b)	(a)	(b)	(a)	(b)	(a)	(b)
1.4	—	76.2	—	—	—	76.2	—	114.3	—
2.3	2	76.2	72	—	52	76.2	52	190.5	350
4.1	4	86.3	95	66	75	89	75	336	350
7.7	8	101.6	95	81.3	75	101.6	75	459	700
—	11	—	110	—	90	—	88	—	700
14.5	14	127	120	106.7	100	127	102	536	700
22.8	22	178	150	150	130	178	125	429	700
27.2	—	106	—	87	—	106	—	1 524	—

4.2.2　D 形截面镁阳极的形状见图 2 所示，典型重量和外形尺寸见表 3。

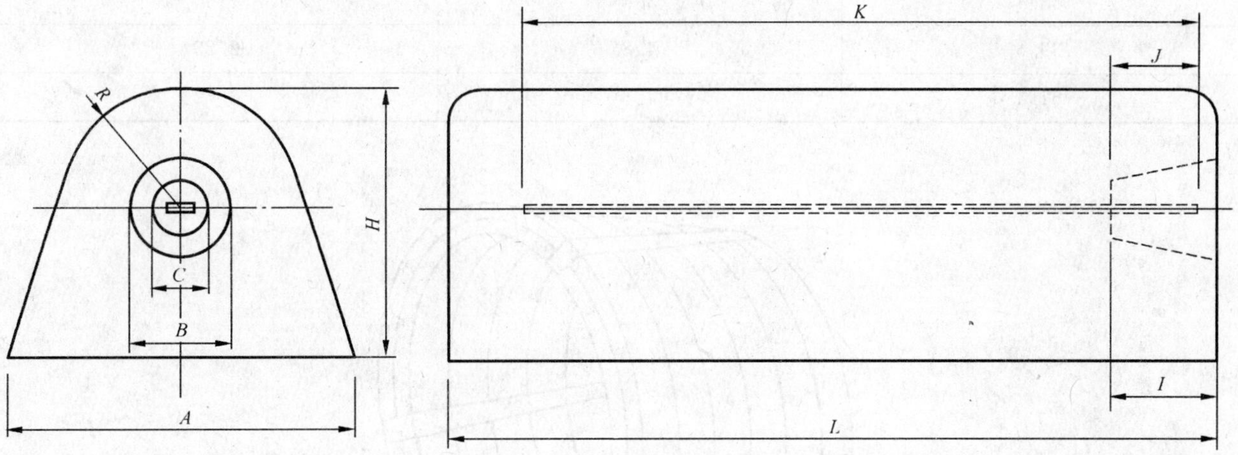

图 2　D 形镁阳极形状

表 3　D 形镁阳极外形尺寸

重量/kg	A/mm	B/mm	C/mm	R/mm	H/mm	I/mm	J/mm	K/mm	L/mm
1.4	70	48	22	29	76	25	19	148	185
2.3	70	48	22	29	76	25	19	254	305
4.1	70	48	22	29	76	25	19	458	549
7.7	89	48	22	38	95	38	29	546	641
10.0	89	48	22	38	95	38	29	646	832
14.5	140	48	22	62	146	38	29	419	505
21.8	140	48	22	62	146	38	29	546	765

4.2.3　圆棒状镁阳极如图 3 所示，典型外形尺寸和单重见表 4。矩形棒状镁阳极如图 4 所示，典型外形尺寸和单重见表 5。

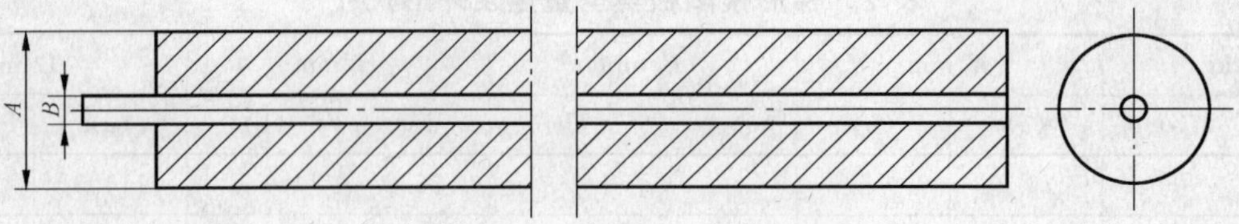

图 3 圆棒状镁阳极

表 4 圆棒状镁阳极外形尺寸和单重

A/mm	B/mm	单重/(kg/m)
14.0	2.0	0.28
16.0	2.0	0.37
19.1	3.4	0.55
21.3	3.4	0.68
26.7	3.4	1.00
33.4	3.4	1.60
39.6	4.8	2.23
51.4	4.8	3.72

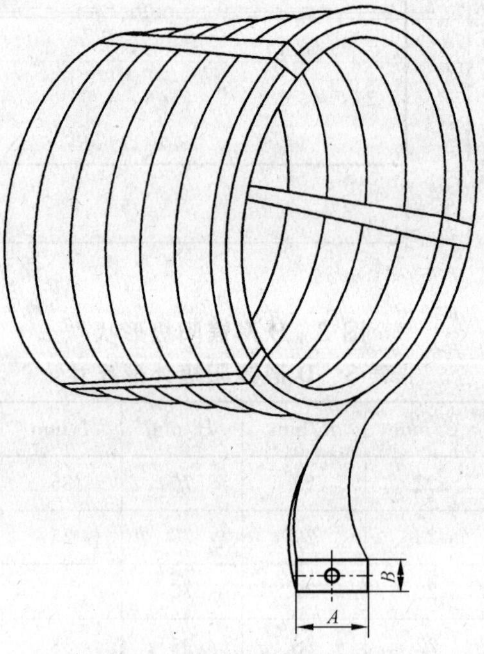

图 4 矩形棒状镁阳极

表 5 矩形棒状镁阳极外形尺寸和单重

A/mm	B/mm	单重/(kg/m)	钢芯直径/mm
19.1	9.5	0.37	3.4

4.3 重量及外形尺寸偏差

4.3.1 梯形镁阳极的重量及外形尺寸偏差应符合表 6 的规定。

表 6 梯形镁阳极重量及外形尺寸偏差

重量及偏差/kg		外形尺寸偏差/mm			
重量	偏差	*A*	*B*	*H*	*L*
≤4	±0.1	±5	±5	±5	±10
>4～15	±0.2				
>15～30	±0.5				

4.3.2 D形镁阳极的重量及外形尺寸偏差应符合表7的规定。

表 7 D形镁阳极重量及外形尺寸偏差

重量及偏差/kg		外形尺寸偏差/mm								
重量	偏差	*A*	*B*	*C*	*R*	*H*	*I*	*J*	*K*	*L*
≤4	±0.1	±5	±3	±2	±3	±5	±2	±1	±8	±10
>4～8	±0.2									
>8～15	±0.3									
>15～22	±0.5									

4.3.3 圆棒状镁阳极的截面尺寸偏差应符合表8的规定。如有特殊要求由供需双方协商确定。

表 8 圆棒状镁阳极截面尺寸偏差

单位为毫米

A		10～18	>18～30	>30～80	*B*	
偏差	普通级	±0.5			偏差	±0.04
	高精级	$^{\ 0}_{-0.3}$	$^{\ 0}_{-0.4}$	$^{\ 0}_{-0.5}$		

4.3.4 圆棒状镁阳极的长度偏差应符合表9的规定。如有特殊要求由供需双方协商确定。

表 9 圆棒状镁阳极长度偏差

单位为毫米

长度(*L*)	75～610	>610～4 000	>4 000～9 000	>9 000
长度偏差	$^{+4.0}_{\ 0}$	$^{+6.0}_{\ 0}$	$^{+8.0}_{\ 0}$	$^{+10.0}_{\ 0}$

4.3.5 圆棒状镁阳极的单重偏差由供需双方协商确定。

4.3.6 矩形棒状镁阳极的重量及外形尺寸偏差应符合表10的规定。

表 10 矩形棒状镁阳极重量及外形尺寸偏差

外形尺寸偏差/mm				单重/(kg/m)	
A	偏差	*B*	偏差	单重	偏差
≤50	±0.3	≤10	±0.2	≤4	±0.02

4.3.7 圆棒状镁阳极同心度应符合表11的规定。

表 11 圆棒状镁阳极的同心度

直径 *D*/mm	12～33	>33～40	>40～50	>50～60	>60～70	>70～80	>80～100	>100～120	>120～150
同心度/mm	0.6	0.9	1.2	1.4	1.8	2.0	2.4	3.0	3.6

4.3.8 矩形棒状镁阳极不要求弯曲度。

4.3.9 圆棒状镁阳极弯曲度应符合表12的规定。长度不足1 m时按1 m计算。精度等级应在合同中加以注明，如订货合同不注明的，则按普通级供货。需方有特殊要求时由供需双方协商确定。

表12 圆棒状镁阳极的弯曲度

直径 D/mm	弯曲度/mm，不大于					
	普通级		高精级		超高精级	
	每米长度上	全长（L米）	每米长度上	全长（L米）	每米长度上	全长（L米）
10.00～20.00	2.5	2.5×L	1.5	1.5×L	1.0	1.0×L
>20.00～40.00	4.0	4.0×L	2.5	2.5×L	1.5	1.5×L
>40.00～80.00	6.0	6.0×L	4.0	4.0×L	2.0	2.0×L

4.4 化学成分

镁阳极的化学成分应符合表13的规定。分析数值的判定采用修约比较法，数值修约规则按GB/T 8170的规定进行。修约数位与表中所列极限值数位一致。其他元素指在本表头中列出了元素符号，但在本表中未规定极限值含量的元素。如需方对化学成分有特殊要求，由供需双方协商确定。

4.5 电化学性能

镁阳极在土壤中的电化学性能应符合表14的规定。淡水、海水中的电化学性能由供需双方协商确定。饱和硫酸铜参比电极与饱和甘汞参比电极之间的电位比较表参见附录A。

4.6 钢芯

4.6.1 铸造镁阳极钢芯的材质应符合GB/T 912或GB 1499.1的要求；挤压阳极钢芯的材质由供需双方协商确定。

4.6.2 铸造镁阳极钢芯表面电镀锌处理，处理后呈银白色，无斑痕；挤压镁阳极钢芯表面不需镀锌处理。

4.6.3 镁阳极基体与钢芯之间不应有松动，其接触电阻应小于0.001 Ω。

4.6.4 钢芯的规格及形状由供需双方协商确定。

表13 镁阳极的化学成分

牌号	化学成分（质量分数）/%														
	合金元素				杂质元素，不大于										
	Mg	Al	Zn	Mn	Fe	Cu	Ni	Si	Ce	Zr	Ca	Be	Ti	其他元素	
														单个	总计
AZ63B	余量	5.3～6.7	2.5～3.5	0.15～0.60	0.003	0.01	0.002	0.08	—	—	—	—	—	—	0.30
AZ31B	余量	2.5～3.5	0.60～1.4	0.20～1.0	0.003	0.01	0.001	0.08	—	—	0.04	—	—	0.05	0.30
M1C	余量	≤0.01	—	0.50～1.3	0.01	0.01	0.001	0.05	—	—	—	—	—	0.05	0.30

表 14 镁阳极的电化学性能

牌号	开路电位 −V,Cu/$CuSO_4$	闭路电位 −V,Cu/$CuSO_4$	实际电容量 Ah/kg	电流效率 %
AZ63B	1.57～1.67	1.52～1.57	≥1 210	≥55
AZ31B	1.57～1.67	1.47～1.57	≥1 210	≥55
M1C	1.77～1.82	1.64～1.69	≥1 100	≥50

4.7 表面质量

4.7.1 铸造镁阳极的表面不应存在毛刺、裂纹、气孔、夹杂物等影响使用的缺陷。

4.7.2 挤压镁阳极的表面应清洁,不允许有影响用户使用的压伤、碰伤、压坑、气泡、气孔、擦伤和划伤等缺陷,缺陷深度不得超过直径的允许负偏差。阳极表面每米长度允许有不超过3个直径不大于1 mm的氧化夹杂,允许有不超过2个直径不大于2 mm的气泡,允许存在校直即可消除的弯曲。

5 试验方法

5.1 外形尺寸、重量及其允许偏差检查方法

镁阳极的外形尺寸用相应精度的米尺、卡尺进行测量。镁阳极的重量用相应精度的台秤测量。镁阳极的重量是否包括钢芯重量由供需双方协商,并在合同中注明。

5.2 圆棒状镁阳极同心度检查方法

圆棒状镁阳极同心度即镁阳极外圆与钢芯的同轴度。从镁阳极棒上任意截取一段长度3 cm～10 cm的样品,用车床车平一头,并车削至钢芯露出。分别测量图5所示的$\phi D1$表示露出钢芯后外切圆直径,$\phi D2$表示钢芯直径,$\phi D3$表示阳极直径。$\phi D1$与$\phi D2$的差值即圆棒状镁阳极的同心度。

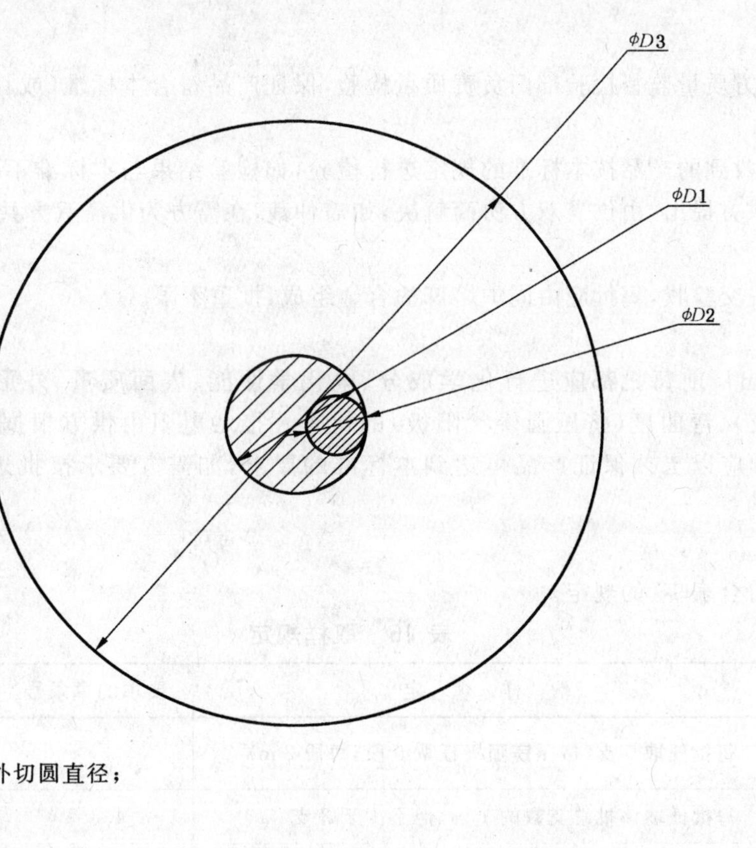

$\phi D1$——露出钢芯后外切圆直径;
$\phi D2$——钢芯直径;
$\phi D3$——阳极直径。

图 5 圆棒状镁阳极同心度示意图

5.3 圆棒状镁阳极弯曲度检查方法

圆棒状镁阳极弯曲度用平台或靠尺、塞尺进行检验，将产品自由放在平台或靠尺上，用塞尺测量的产品与平台或靠尺之间的最大间隙值 h(见图 6)即弯曲度。

5.4 化学成分分析方法

镁阳极化学成分分析方法按 GB/T 13748 进行。仲裁分析按 GB/T 13748 的规定进行。

5.5 电化学性能测试方法

镁阳极电化学性能的测试方法按 GB/T 24488 规定的方法进行。

5.6 接触电阻测量方法

镁阳极基体与钢芯之间接触电阻的测量方法按 GB/T 4950—2002 附录 B 规定的方法进行。

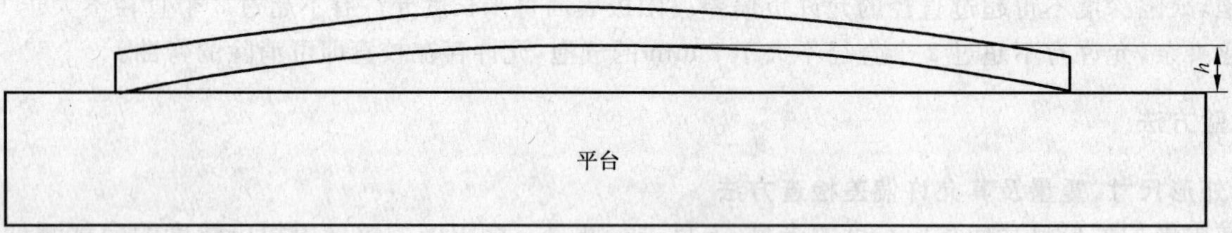

图 6 圆棒状镁阳极弯曲度示意图

5.7 表面质量检查方法

镁阳极的表面质量以目视检验。

6 检验规则

6.1 检查和验收

6.1.1 产品由供方质量监督检验部门负责质量检验，保证产品符合本标准(或订货合同)的规定，并填写质量证明书。

6.1.2 需方应对收到的产品按本标准的规定进行检验，如检验结果与本标准不符时，应自产品收到之日起 2 个月内向供方提出，由供需双方协商解决，如需仲裁，在需方为供需双方共同取样。

6.2 组批

产品应成批提交验收，每批应由同炉熔炼的合金组成，批重不限。

6.3 检验项目

镁阳极产品出厂前每批都应进行化学成分、电化学性能、表面质量、外形尺寸和重量、同心度(挤压圆棒状阳极)、弯曲度(挤压圆棒状阳极)的检查。接触电阻由供方根据生产情况进行定期检测或抽检，但供方应以工艺保证产品可达到本标准的要求，如需方要求按批进行出厂检验，应在合同中注明。

6.4 取样

产品取样应符合表 15 的规定。

表 15 取样规定

检验项目	取 样 规 定	要求的章条号	试验方法的章条号
外形尺寸和重量	每批任取 5 支(挤压镁阳极任取 5 段，每段 2 m)	4.2 4.3	5.1
同心度	每批任取该批总支数的 1%，但不少于 3 支	4.3.7	5.2
弯曲度	每批任取该批总支数的 1%，但不少于 3 支	4.3.8	5.3

表 15（续）

检验项目	取样规定	要求的章条号	试验方法的章条号
化学成分	生产方可以在熔融状态取样。仲裁取样按以下进行：每批任取 1 支（挤压镁阳极任取 2 m）。采用钻孔法取样，用直径 5 mm～15 mm 的钻头取样，可采用无水乙醇作润滑剂。在产品的纵向上取样，取样部位应避开钢芯，取点分布均匀并且不少于 5 点。取样前应清除表面氧化层，其厚度不小于 0.5 mm。取样量不少于 100 g	4.4	5.4
电化学性能	每批任取 1 支（挤压镁阳极任取 2 m）	4.5	5.5
接触电阻	每批任取 1 支（挤压镁阳极任取 2 m）	4.6.3	5.6
表面质量	逐支进行或逐盘进行	4.7	5.7

6.5 检验结果的判定

6.5.1 化学成分不合格时，判该批不合格。

6.5.2 电化学性能、镁阳极基体与钢芯之间的接触电阻其中一项不合格时，则在该批产品中另取双倍数量的试样对不合格项目进行重复试验。重复试验结果全部合格，则判该批产品合格，否则，判该批产品不合格。

6.5.3 表面质量不合格时，判该支（或该盘）不合格。

6.5.4 外形尺寸和重量不合格时，判该批不合格。

6.5.5 挤压阳极的同心度不合格时判该批不合格，弯曲度不合格时，判该批不合格，但允许逐支检验，合格者交货。

7 标志、包装、运输、贮存

7.1 标志

在镁阳极上应有如下标志或标签：

a) 供方质量监督部门的检印；

b) 供方名称、商标；

c) 牌号；

d) 生产方法；

e) 规格（包括精度）；

f) 批号。

7.2 包装

产品的包装方法由供需双方协商。

7.3 运输和贮存

7.3.1 产品在运输过程中，应防止雨淋，不得沾染油污、油漆和接触酸、碱、盐等化工产品。

7.3.2 需方收到产品后，应及时保管在清洁、干燥的室内库房，应防止受潮腐蚀，不得沾染油污、油漆和接触酸、碱、盐等化工产品。

7.4 质量证明书

每批镁阳极应附有符合本标准要求的质量证明书，注明：

a) 供方名称、地址、电话、传真；

b) 产品名称；

c) 牌号；

d） 规格（包括精度）；
e） 生产方法；
f） 批号；
g） 净重和件数；
h） 各项分析检验结果和技术（质量）监督部门印记；
i） 生产日期；
j） 本标准编号。

8 订货单（或合同）内容

订购本标准所列材料的订货单（或合同）内应包括下列内容：

a） 产品名称；
b） 牌号；
c） 生产方法；
d） 规格（包括精度）；
e） 重量；
f） 本标准编号；
g） 增加本标准以外内容时的协商结果。

附 录 A
（资料性附录）
饱和硫酸铜参比电极与饱和甘汞参比电极之间的电位比较表

饱和硫酸铜参比电极与饱和甘汞参比电极之间的电位比较见表 A.1。

表 A.1 土壤中或浸水钢铁结构最小阴极保护电位

单位为伏

被保护结构	相对于不同参比电极的电位		
	饱和硫酸铜参比电极	饱和甘汞参比电极	氯化银参比电极
钢铁（土壤或淡水）	−0.85	−0.778	−0.75
钢铁（硫酸盐还原菌）	−0.95	−0.878	−0.85

ICS 59.080.30
W 10

中华人民共和国国家标准

GB/T 17759—2009
代替 GB/T 17759—1999

本色布布面疵点检验方法

Method of inspection for grey fabric surface defects

2009-04-21 发布　　2009-12-01 实施

中华人民共和国国家质量监督检验检疫总局
中国国家标准化管理委员会　发布

前　言

本标准代替 GB/T 17759—1999《本色布布面疵点检验方法》。

本标准与 GB/T 17759—1999 相比主要变化如下：

——检验条件进行了补充；

——计点法取消三等品内容；

——四分制评分法中取消划条量计方法。

本标准的附录 A、附录 B 为规范性附录。

本标准由中国纺织工业协会提出。

本标准由全国纺织品标准化技术委员会棉纺织印染分技术委员会(SAC/TC 209/SC 2)归口。

本标准起草单位：上海市纺织工业技术监督所。

本标准主要起草人：邵蓓华、王憬义、贺美娣。

本标准所代替标准的历次版本发布情况为：

——GB/T 17759—1999。

本色布布面疵点检验方法

1 范围

本标准规定了各类本色布布面疵点检验方法的术语和定义、检验和检验报告。

本标准适用于工业用、衣着用、装饰用的机织生产的本色布布面疵点的检验。

2 规范性引用文件

下列文件中的条款通过本标准的引用而成为本标准的条款。凡是注日期的引用文件，其随后所有的修改单(不包括勘误的内容)或修订版均不适用于本标准，然而，鼓励根据本标准达成协议的各方研究是否可使用这些文件的最新版本。凡是不注日期的引用文件，其最新版本适用于本标准。

GB/T 406 棉本色布

GB/T 5325 精梳涤棉混纺本色布

FZ/T 01018 纺织品 机织物疵点术语

3 术语和定义

FZ/T 01018 确立的以及下列术语和定义适用于本标准。

3.1

评分法 point assessing

以分数值的大小来评定布面疵点的多少、轻重程度的方法，并规定一定长度内允许疵点最大的评分值。

3.2

标疵法 defect marking method

用标记来显示布面上的某些疵点的位置和数量，并规定放布来取代疵点的方法。

3.3

计点法 point counting method

以记录疵点的点数和疵点的标记数来评定布面疵点轻重程度的方法。

3.4

主要疵点 major defects

足以使最终产品定位不合格品的局部或散布性严重疵点。

3.5

次要疵点 minor defects

疵点是否使最终成品为次品的疵点，还要取决于该疵点在最终产品的位置或在加工中消失的可能性。

4 检验

4.1 检验条件

4.1.1 检验布面的光照度为 400 lx±100 lx，可采用下灯光或上灯光。

4.1.2 光源与布面距离为 1.0 m～1.2 m。

4.1.3 检验人员的视线应正视布面,眼睛与布面的距离为 55 cm～60 cm。

4.1.4 验布机的线速度不大于 20 m/min(包括手推台板)。

4.2 操作规定

4.2.1 检验以布面的正面为准,选择采用单层或双层方式,以最能显示疵点的程度为准。

4.2.2 检验布面疵点时,应将布平放在工作台上,检验人员站在工作台旁,以能清楚看到疵点为准。

4.2.3 每一个可见疵点按产品标准规定的评分法、标疵法或计点法检验。

4.2.4 对布面上所有疵点的长度测量时,均用检测合格的钢卷尺。

4.3 疵点检验方法

4.3.1 评分法

4.3.1.1 4 分制评分见表 1。

表 1 4 分制评分表

<table>
<tr><th colspan="2" rowspan="2">疵点分类</th><th colspan="4">评　分　数</th></tr>
<tr><th>1</th><th>2</th><th>3</th><th>4</th></tr>
<tr><td colspan="2">经向明显疵点</td><td>8 cm 及以下</td><td>8 cm 以上～16 cm</td><td>16 cm 以上～24 cm</td><td>24 cm 以上～100 cm</td></tr>
<tr><td colspan="2">纬向明显疵点</td><td>8 cm 及以下</td><td>8 cm 以上～16 cm</td><td>16 cm 以上～24 cm</td><td>24 cm 以上</td></tr>
<tr><td colspan="2">横档</td><td>—</td><td>—</td><td>半幅及以下</td><td>半幅以上</td></tr>
<tr><td rowspan="2">严重疵点</td><td>根数评分</td><td>—</td><td>—</td><td>3 根</td><td>4 根及以上</td></tr>
<tr><td>长度评分</td><td>—</td><td>—</td><td>1 cm 以下</td><td>1 cm 及以上</td></tr>
<tr><td colspan="6">注 1：1 m 中累计评分数最大值为 4 分。
注 2：1 m 内严重疵点评 4 分为降等品。
注 3：严重疵点在根数和长度评分矛盾时,从严评分。</td></tr>
</table>

4.3.1.2 10 分制评分见表 2。

表 2 10 分制评分表

<table>
<tr><th colspan="2" rowspan="2">疵点分类</th><th colspan="4">评　分　数</th></tr>
<tr><th>1</th><th>3</th><th>5</th><th>10</th></tr>
<tr><td colspan="2">经向明显疵点</td><td>5 cm 及以下</td><td>5 cm 以上～20 cm</td><td>20 cm 以上～50 cm</td><td>50 cm 以上～100 cm</td></tr>
<tr><td colspan="2">纬向明显疵点</td><td>5 cm 及以下</td><td>5 cm 以上～20 cm</td><td>20 cm～半幅</td><td>半幅以上</td></tr>
<tr><td rowspan="2">横档</td><td>不明显</td><td>半幅及以下</td><td>半幅以上</td><td>—</td><td>—</td></tr>
<tr><td>明显</td><td>—</td><td>—</td><td>半幅及以下</td><td>半幅以上</td></tr>
<tr><td rowspan="2">严重疵点</td><td>根数评分</td><td>—</td><td>—</td><td>3 根～4 根</td><td>5 根及以上</td></tr>
<tr><td>长度评分</td><td>—</td><td>—</td><td>1 cm 以下</td><td>1 cm 及以上</td></tr>
<tr><td colspan="6">注 1：1 m 中累计评分数最大值为 10 分。
注 2：横档计算条时,半幅以上为一条。
注 3：严重疵点在根数和长度评分矛盾时,从严评分。</td></tr>
</table>

4.3.1.3 11分制评分见表3。

表3 11分制评分表

疵点名称		评分数			
		1	3	6	11
经向疵点	错纤维、断经、沉纱、综穿错	单根，每长1 cm～5 cm； 并列2根，1 cm及以内； 高密织物，10 cm～30 cm； 卡其织物，10 cm～30 cm	并列2根断经、沉纱1 cm及以上的，每1 cm	—	—
	粗经、吊经纱、紧经纱、并线松紧、松经	粗经、并线松紧每长5.0 cm～10.0 cm； 吊经纱、紧经纱、松经1.0 cm～5.0 cm； 0.5 m内，0.5 cm～1.0 cm以内的松经，每3个	—	—	—
	双经、筘路、筘穿错、针路、花经	每100 cm； 高密织物每2根按1条计	—	—	—
	经缩	经缩波纹方眼每1.0 cm； 纬向一直条浪纹1楞	经缩浪纹1.0 cm以内； 纬向一直条浪纹2楞	1.0 cm及以上，经缩浪纹每1 cm； 纬向一直条波纹	—
纬向疵点	拆痕	—	1.0 cm～12.0 cm以下起毛或布面揩浆抹水	—	起毛或布面揩浆抹水，每条
	双纬、脱纬	分散双纬，每条	经向10 cm内满2条双纬，每条6.0 cm～12 cm以下脱纬，每条	3根～4根脱纬	5根及以上的脱纬
	密路、稀纬	分散开车稀密路，每条	—	经向1 cm内少2根，每条； 经向1 cm内少3根，纬向长1 cm～12 cm以下； 经向0.5 cm内，纬密多25%～35%以下，密路每条	0.5 m内满4条开车稀密路； 经向1.0 cm以内少3根及以上的稀纬，每条； 经向长5.0 cm以上的密路，每条； 经向0.5 cm内，纬密多35%及以上，每条
	条干不匀，云织	—	—	—	叠起来看得出，经向1.0 m及以内
	错纬	—	轻微的每3梭至2.0 cm 明显的3梭以内，每梭	—	—

表 3（续）

疵点名称		评分数			
		1	3	6	11
纬向疵点	花纬	—	—	叠起来看得出，1 m 内有 1 条～2 条交界线，每条	—
	百脚	横贡织物，每条	纬向长 1.0 cm～12 cm 以内，每条	线状的百脚，每条	锯状的百脚，每条
破损性疵点	破洞、豁边、跳花	—	—	断（跳）3 根～4 根 1.0 cm 以内	断（跳）3 根～4 根 1 cm 以上，断跳 5 根及以上
	烂边、猫耳朵	经向长 0.3 cm 以内，0.5 m 内，每 6 个	经向长 0.3 cm～0.5 cm 以内，烂边每个	凸出布边 0.3 cm 的猫耳朵，经向长 1.0 cm 及以上	经向长 0.5 cm 及以上，每个
	修整不良、霉斑	—	布面被刮起毛，每长 1.0 cm～10 cm； 布面不平，经纬交叉不匀； 每长 1.0 cm～5.0 cm	—	损伤布底，每处 霉斑，每处
密集性疵点	毛边	从边开始 6 cm 以内的脱纬，12 cm 以内的双纬，经向 10 cm 内，每 3 梭纬纱并列露出边外成须状，经向 0.5 cm 内满 6 根，每 2 根	—	—	—
	结头	经向 0.5 cm 内，分散结头，每 3 个	—	—	经向 0.5 m 内，满 20 个 经向 10 cm 内，满 10 个
	纬缩、边撑疵、棉球	经向 0.5 cm 内，每 3 个边撑疵经向 10 cm 内，满 6 个，每个		纬纱起圈经向一直条，每长 0.5 cm 及以内满 4 个	经向 0.5 m 内纬缩，棉球满 20 个
	竹节	经向 0.5 m 内，满 3 节，每节	—	—	—
	星条、跳纱	1.0 cm 以下经、纬向跳纱，0.5 m 内每 6 梭，经向 10 cm 内满 6 梭，每梭，1.0 cm 及以上纬向跳纱，每梭 1.0 cm 内一直条并列经、纬向跳纱，每个	—	经向 10 cm 内满 15 个	—
	断疵、布面拖纱	每个	—	—	—
	杂物织入	粗 0.1 cm～0.2 cm，每个	粗 0.2 cm 以上～0.3 cm，每个	—	粗 0.3 cm 以上每个，金属杂物织入，每个

表 3（续）

疵点名称		评分数			
		1	3	6	11
油污疵点	浆斑、油经、流印、油纬、油花、油渍、布开花、锈经、煤灰纱、锈纬、不褪色锈渍、污渍、水渍、色渍	浅色的油纱，每长 1.0 cm～10.0 cm； 深色的油纱，每长 0.5 cm～5.0 cm； 浅色的油渍，0.5 cm～2.0 cm； 经向 0.5 m 内不到评分起点的油锈疵、褪色的色疵，每 3 个； 污渍、水渍、流印，每长 2 cm	深色的油、锈、浆色，0.3 cm～1.0 cm	—	—
注 1：0.5 m 中累计评分数最大值为 11 分。 注 2：纬向疵点长 12 cm 及以上作为一条。					

4.3.2 标疵法

4.3.2.1 疵点标疵范围

疵点标疵范围见表 4。

表 4 疵点标疵范围

序号	疵点名称和程度	标疵个数
1	5 根及以上的破洞、豁边、跳花，1 cm 及以上的经缩浪纹，影响组织的浆斑、霉斑，损伤布底的修正不良	1
2	经向 20 cm 及以内 0.3 cm×3 cm 及以上的块状疵点	1
3	经向 20 cm 及以内 0.3 cm×3 cm 以下的疵点满 10 个	1
4	经向 20 cm 及以内序号 1、2 疵点 4 个及以内	1
注 1：0.5 cm 的豁边，1 cm 的破洞、烂边、稀弄，不对接轧梭、2 cm 以上的跳花等六大疵点不能标疵，应开剪，金属杂物织入应剔除。 注 2：标疵位置都应该在疵点存在的相应部位的布边上。		

4.3.2.2 标疵放布规定：

——疵点经向长度不足 5 cm 的不放布；

——疵点经向长度超过 5 cm 至 20 cm 的放布 15 cm。

4.3.2.3 定等规定：

——标疵数在一等品允许范围内为一等品，超过为降等品；

——幅宽狭于规定要求的为降等品。

4.3.3 计点法

4.3.3.1 在经纬向上所有的疵点都按照它们的长度计点，计点规定见表 5。

表 5 计点法规定

疵点点数	1 点	2 点	3 点	4 点
疵点长度	3 cm 以内	3 cm～20 cm 以内	20 cm～50 cm 以内	50 cm 及以上
距布边 12 cm 以内	—	100 cm	—	—
破洞	—	—	—	1.5 cm 以下

4.3.3.2 疵点的标记：

——4 点的疵点用红色；

——2 点和 3 点的疵点用绿色；

——1 点的疵点只记点数。

注：标记的颜色应用易于洗掉的染料。

4.3.3.3 一等品内不允许有红色标记。

4.3.3.4 用计点法来评定布匹的等级时，应该规定一个约定匹长中允许存在的疵点的点数和疵点的标记数。

示例(幅宽为 150 cm，布匹每 100 m 中)：一等品少于 55 个点和 22 个记号，二等品少于等于 85 个点和 35 个记号。

4.3.3.5 距布边 12 cm 以内的经向疵点每米记 2 个点，不作标记。

4.4 布面疵点的量计规定

4.4.1 疵点的长度以经向或纬向最大长度量计。各种疵点的具体内容、名称见附录 A、附录 B。

4.4.2 经向明显疵点及严重疵点，长度超过 1 m 的，其超过部分按表 1、表 2 再行评分。

4.4.3 断续发生的疵点，在经(纬)向计量范围内有两个及以上的则按连续长度评分。

4.4.4 有两个及以上经(纬)向明显疵点(包括不同名称的疵点)断续发生(间距在计量范围内)时，按程度重的全部量或分别量从轻评分。

4.4.5 主要疵点按表 1、表 2 或表 3 评分。

4.4.6 次要疵点评分可以按主要疵点评分要求酌减，按产品标准要求执行。

4.5 疵点程度的规定

4.5.1 竹节、粗经、粗纬、经缩、拆痕、修正不良、油疵等七种疵点程度按 GB/T 406 本色布布面疵点样照或 GB/T 5325 精梳涤棉本色布布面疵点样照执行。

4.5.2 稀纬、密路以叠起来看得清楚为明显，单层看得清楚，叠起来看不清楚为不明显。若发生争议时，以点根数加以区别。

5 检验报告

检验报告应包括以下内容：

a) 阐明检验是按本标准进行的、所采用的方法；

b) 被检产品的名称、规格、受检单位名称；

c) 受检产品的数量，包括段数、段长和检验结果；

d) 受检日期、检验人员签名；

e) 现场检验应说明的问题。

附 录 A
（规范性附录）
各类布面疵点的具体内容

A.1 经向明显疵点

竹节、粗经、错线密度、综穿错、筘路、筘穿错、多股经、双经、并线松紧、松经、紧经、吊经、经缩波纹、断经、断疵、沉纱、星跳、跳纱、棉球、结头、边撑疵、拖纱、修正不良、错纤维、油渍、油经、锈经、锈渍、不褪色色经、不褪色色渍、水渍、污渍、浆斑、布开花、油花纱、猫耳朵、凹边、烂边、花经、长条影、极光、针路、磨痕、绞边不良、方眼、木棍皱、荷叶边。

A.2 纬向明显疵点

错纬（包括粗、细、紧、松）、条干不匀、脱纬、双纬、纬缩、毛边、云织、杂物织入、花纬、油纬、锈纬、不褪色色纬、煤灰纱、百脚、开车经缩（印）。

A.3 横档

拆痕、稀纬、密路。

A.4 严重疵点

破洞、豁边、跳花、稀弄、经缩浪纹（三楞起算）、并列 3 根吊经、松经（包括隔开 1 根～2 根好纱的）、不对接轧梭、1 cm 及以上烂边、金属杂物织入、影响组织的浆斑、霉斑、损伤布底的修正不良、经向 8 cm 内整幅中满 10 个结头或边撑疵。

A.5 其他

A.5.1 经向疵点及纬向疵点中，有些疵点是这两类共同性的，如竹节、跳纱等，在分类中只列入经向疵点一类，如在纬向出现时，应按纬向疵点评分。

A.5.2 如在布面上出现上述未包括的疵点，按相似疵点评分。

附　录　B
（规范性附录）
疵点名称的说明

B.1　竹节:纱线上短片段的粗节。

B.2　粗经:直经偏粗长 5 cm 及以上的经纱织入布内。

B.3　错线密度:线密度用错工艺标准。

B.4　综穿错:没有按工艺要求穿综,而造成布面组织错乱。

B.5　筘路:织物经向呈现条状稀密不匀。

B.6　筘穿错:没有按工艺要求穿筘,造成布面上经纱排列不匀。

B.7　多股经:两根以上单纱合股者。

B.8　双经:单纱(线)织物中有两根经纱并列织入。

B.9　并线松紧:单纱加捻为股线时张力不匀。

B.10　松经:部分经纱张力松弛织入布内。

B.11　紧经:部分经纱捻度过大。

B.12　吊经:部分经纱在织物中张力过大。

B.13　经缩波纹:部分经纱受意外张力后松弛,使织物表面呈波纹状起伏不平。

B.14　断经:织物内经纱断缺。

B.15　断疵:经纱断头纱尾织入布内。

B.16　沉纱:由于提综不良,造成经纱浮在布面。

B.17　星跳:1 根经纱或纬纱跳过 2 根～4 根形成星点状的。

B.18　跳纱:1 根～2 根经纱或纬纱跳过 5 根及以上的。

B.19　棉球:纱线上的纤维呈球状。

B.20　结头:影响后工序质量的结头。

B.21　边撑疵:边撑或刺毛辊使织物中纱线起毛或轧断。

B.22　拖纱:拖在布面或布边上的未剪去纱头。

B.23　修正不良:布面被刮起毛,起皱不平,经、纬纱交叉不匀或只修不整。

B.24　错纤维:异纤维纱线织入。

B.25　油渍:织物沾油后留下的痕迹。

B.26　油经:经纱沾油后留下的痕迹。

B.27　锈经:被锈渍沾污的经纱痕迹。

B.28　锈渍:织物沾锈后留下的痕迹。

B.29　不褪色色经:被沾污而洗不清的有色经纱。

B.30　不褪色色渍:被沾污洗不清的污渍。

B.31　水渍:织物沾水后留下的痕迹。

B.32　污渍:织物沾污后留下的痕迹。

B.33　浆斑:浆块附着布面影响织物组织。

B.34　布开花:异纤维或色纤维混入纱线中织入布内。

B.35　油花纱:在纺纱过程中沾污油渍的纤维附入纱线。

B.36　猫耳朵:凸出布边 0.5 cm 及以上。

B.37　凹边:凹进布面 0.5 cm 及以上。

B.38　烂边:边组织内单断纬纱,一处断 3 根及以上的。

B.39 花经：由于配棉成分变化，使布面色泽不同。

B.40 长条影：由于不同批次纱的混入或其他因素，造成布面经向间隔的条痕。

B.41 极光：由于机械造成布面摩擦而留下的痕迹。

B.42 针路：由于点啄式断纬自停装置不良，造成经向密集的针痕。

B.43 磨痕：布面经向形成一直条的痕迹。

B.44 绞边不良：因绞边装置不良或绞边纱张力不匀，造成 2 根及以上绞边纱不交织或交织不良。

B.45 错纬：直径偏粗、偏细长 5 cm 及以上的纬纱、紧捻、松捻纱织入布内。

B.46 条干不匀：叠起来看前后都能与正常纱线明显划分得开的较差的纬纱条干。

B.47 脱纬：一梭口内有 3 根及以上的纬纱织入布内（包括连续双纬和长 5 cm 及以上的纬缩）。

B.48 双纬：单纬织物一梭口内有两根纬纱织入布内。

B.49 纬缩：纬纱扭结织入布内或起圈现于布面（包括经纱起圈及松纬缩三楞起算）。

B.50 毛边：由于边剪作用不良或其他原因，使纬纱不正常被带入织物内（包括距边 5 cm 以下的双纬和脱纬）。

B.51 云织：纬纱密度稀密相间呈规律性的段稀段密。

B.52 杂物：飞花、回丝、油花、皮质、木质、金属（包括瓷器）等杂物织入。

B.53 花纬：由于配棉成分或陈旧的纬纱，使布面色泽不同，且有 1 个～2 个分界线。

B.54 油纬：纬纱沾油或被污染。

B.55 锈纬：被锈渍沾污的纬纱痕迹。

B.56 不褪色色纬：被沾污而洗不净的有色纬纱。

B.57 煤灰纱：被空气中煤灰污染的纱（单层检验为准，对深色油卡）。

B.58 百脚：斜纹或缎纹织物一个完全组织内缺 1 根～2 根纬纱（包括多头百脚）。

B.59 开车经缩（印）：开车时部分经纱受意外张力后松弛，使织物表面呈现块状或条状的起伏不平开车痕迹。

B.60 拆痕：拆布后布面上留下的起毛痕迹和布面揩浆抹水。

B.61 稀纬：经向 1 cm 内少 2 根纬纱（横贡织物稀纬少 2 根作 1 根计）。

B.62 密路：经向 0.5 cm 内纬密多 25％以上（纬纱紧度 40％以下多 20％及以上的）。

B.63 破洞：3 根及以上经纬纱共断或单断经、纬纱（包括隔开 1 根～2 根好纱的），经纬纱起圈高出布面 0.3 cm，反面形似破洞。

B.64 豁边：边组织内 3 根及以上经、纬纱共断或单断经纱（包括隔开 1 根～2 根好纱）。双边纱 2 根作 1 根计，3 根及以上的有 1 根算 1 根。

B.65 跳花：3 根及以上的经、纬纱相互脱离组织，包括隔开一个完全组织。

B.66 稀弄：纬密少于工艺标准较大，呈"弄"现象。

B.67 不对接轧梭：轧梭后的经纱未经对接。

B.68 霉斑：受潮后布面出现霉点（斑）。

B.69 方眼：织造时局部经纱张力过大，布面形成块状风格差异。

B.70 木棍皱：坯布经过卷布棍时，张力不当，织物在布棍中间部位处形成经向折皱。

B.71 荷叶边：布边经纱张力较小或横向拉幅过度或不足，织物边缘呈起伏波浪状。

ICS 59.080.30
W 70

中华人民共和国国家标准

GB/T 17760—2009
代替 GB/T 17760—1999

印染布布面疵点检验方法

Method of inspection for printed or dyed fabric surface defects

2009-04-21 发布　　　　2009-12-01 实施

中华人民共和国国家质量监督检验检疫总局
中国国家标准化管理委员会　发布

前　言

本标准代替 GB/T 17760—1999《印染布布面疵点检验方法》。

本标准与 GB/T 17760—1999 相比主要变化如下：

——疵点术语与 FZ/T 01018 标准一致；

——修改 4 分制和 10 分制评分法的具体内容和要求；

——取消计点法中三等品的示例。

本标准由中国纺织工业协会提出。

本标准由全国纺织品标准化技术委员会棉纺织印染分技术委员会(SAC/TC 209/SC 2)归口。

本标准由上海市纺织工业技术监督所、国家棉印染产品质量监督检验中心负责起草。

本标准主要起草人：贺美娣、王憬义、张芸。

本标准所代替标准的历次版本发布情况为：

——GB/T 17760—1999。

印染布布面疵点检验方法

1 范围

本标准规定了各类印染布布面疵点检验方法的术语和定义、检验、检验报告。

本标准适用于服饰用、装饰用、工业用的各类漂白、染色和印花布布面疵点的检验。

2 规范性引用文件

下列文件中的条款通过本标准的引用而成为本标准的条款。凡是注日期的引用文件，其随后所有的修改单(不包括勘误的内容)或修订版均不适用于本标准，然而，鼓励根据本标准达成协议的各方研究是否可使用这些文件的最新版本。凡是不注日期的引用文件，其最新版本适用于本标准。

GB/T 250　纺织品　色牢度试验　评定变色用灰色样卡(GB/T 250—2008,ISO 105-A02:1993,IDT)

FZ/T 01018　纺织品　机织物疵点术语

3 术语和定义

FZ/T 01018 确立的以及下列术语和定义适用于本标准。

3.1

评分法　point assessing

以分值的大小来评定布面疵点的多少、轻重程度的方法，并规定一定长度内允许疵点最大的评分值。

3.2

计点法　point counting method

以记录疵点的点数和疵点的标记来评定布面疵点轻重程度的方法。

3.3

标疵法　defect marking method

用标记来显示布面上的某些疵点的位置和数量并规定长度折让来取代疵点的方法。

4 检验

4.1 检验条件

4.1.1　采用灯光检验时，以 40 W 加罩青光日光灯管 3 根～4 根，布面处照度不低于 750 lx。

4.1.2　光源与布面距离为 1.0 m～1.2 m。

4.1.3　检验人员的视线应正视布面，眼睛与布面的距离为 55 cm～60 cm，验布台台面应为白色。

4.1.4　验布机验布板为白色，角度为 45°，布行的速度最高为 40 m/min。

4.2 操作规定

4.2.1　检验以布面的正面为准。

4.2.2　布匹在验收和复验时，应将布平摊在验布台上，按纬向逐幅检验。

4.2.3　发生矛盾以平台检验为准。

4.2.4　对布面上所有疵点的长度测量时，用钢卷尺。

4.3 局部性疵点检验方法

4.3.1 评分法

4.3.1.1 4分制评分见表1。

表1 4分制评分规定

单位为厘米

疵点长度	评分
疵点在8.0及以下	1分
疵点在8.0以上至16.0	2分
疵点在16.0以上至24.0	3分
疵点在24.0以上	4分
注：1 m评分不得超过4分。	

4.3.1.2 10分制评分见表2。

表2 10分制评分规定

单位为厘米

疵点	1分	3分	5分	10分
经向疵点长度	3.0及以下	3.0以上至13.0	13.0以上至26.0	26.0以上
纬向疵点长度	3.0及以下	3.0以上至13.0	13.0以上至1/2幅宽	1/2幅宽以上
注：1 m评分不得超过10分。				

4.3.2 计点法

4.3.2.1 在经纬向方向中所有的疵点都按照它们的长度计点，计点规定见表3。

表3 计点法规定

单位为厘米

疵点点数	1点	2点	3点	4点
疵点长度	3.0及以下	3.0以上至20.0	20.0以上至50.0	50.0以上
距布边12以内	—	100.0	—	—
破洞	—	—	—	1.5以下

4.3.2.2 疵点的标记：

——4点的疵点用红色；

——2点和3点的疵点用绿色；

——1点的疵点只记(点)数。

4.3.2.3 一等品内不允许有红色标记。

4.3.2.4 用计点法来评定布匹的等级时，应该规定一个约定匹(段)长中允许存在的疵点的点数和疵点的标记数(见示例)。

示例(幅宽为150.0 cm，布匹(段)长每100.0 m中)：一等品少于55个点和22个记号，二等品少于等于85个点和35个记号。

4.3.2.5 距布边12.0 cm以内的经向疵点，每米记2个点，不作标记。

4.3.3 标疵法

4.3.3.1 标疵次数

——匹(段)长在30 m以下，允许标疵1次；

——匹(段)长在30 m及以上，不足60 m，允许标疵2次；

——匹(段)长在60 m及以上，不足80 m，允许标疵4次；

——匹(段)长在80 m及以上，不足100 m，允许标疵6次；

——匹(段)长在100 m及以上，允许标疵8次。

4.3.3.2 **标疵范围规定**

标疵范围规定见表4。

表4 标疵范围规定

序号	疵点名称和程度	标疵个数
1	3根及以上至2.0 cm的破洞,30.0 cm以上的破边,18.0 cm以上的荷叶边,粗度0.3 cm以上的杂物织入	1
2	20.0 cm以上经向明显线状疵点,4.0 cm以上明显条状疵点,半幅以上的明显稀密路、锯状百脚、明显块状疵点	1
3	影响外观0.2 cm及以内的分散疵点,深色布满15个,浅色布满10个	1
4	经向20.0 cm及以内序号1、2疵点4个及以内	1

注1:2.0 cm以上的破洞、染整加工中的停车档、经向50.0 m以上的严重疵点,不能标疵,应开剪。

注2:标疵位置都应该在疵点存在的相应部位的布边上。

4.3.3.3 **标疵长度折让规定**

疵点长度不超过20.0 cm长度折让20.0 cm,疵点长度20.0 cm以上至50.0 cm者,按疵点实际长度折让。

4.4 **散布性疵点的检验方法**

散布性疵点检验方法可按其程度的轻重,影响外观的总体效果,结合产品标准降等处理。

4.5 **量计规定**

4.5.1 疵点长度按经向或纬向的最大长度量计。经向疵点长度超过100.0 cm(包括轻微线状超过50.0 cm)时,其超过部分应从0.1 cm另行量计,累计评分、计点。凡成曲形的疵点,按其实际影响的最大距离量计;重叠疵点按严重的评分、计点。

4.5.2 在经向100.0 cm及以内,各种疵点同时存在时,应分别量计、累计评分,其最大评分数不超过4分或10分。

4.5.3 难以数清,不易量计的分散斑渍,根据其分散的最大长度和轻重程度,参照局部性经向或纬向的疵点分别量计、累计评分、计点。

4.5.4 在同一匹布内,存在相同的局部性疵点时,其累计分数不超过该项疵点的降等限度分。而同时存在其他局部性疵点须累计评分时,可按已降等等级的起点分再加累计的局部性疵点的评分,作为该匹布的总分。

4.5.5 疵点的长度测量用钢卷尺,精度为1.0 mm。色差、色花等相关疵点的程度按GB/T 250评定变色用灰色样卡评级。

5 检验报告

检验报告应包括以下内容:

a) 阐明检验是按本标准进行的、所采用的方法;

b) 被检产品的名称、规格、受检单位名称;

c) 受检产品的数量、检验结果;

d) 受检日期、检验人员签名;

e) 现场检验应说明的问题。

ICS 65.120
B 46

中华人民共和国国家标准

GB/T 17777—2009
代替 GB/T 17777—1999

饲料中钼的测定　分光光度法

Determination of molybdenum in feeds—Spectrophotometry

2009-05-26 发布　　2009-10-01 实施

中华人民共和国国家质量监督检验检疫总局
中国国家标准化管理委员会　发布

前　言

本标准代替 GB/T 17777—1999《饲料中钼的测定　分光光度法》。

本标准与 GB/T 17777—1999 相比，主要变化如下：

——增加了单一饲料、浓缩料和精料补充饲料的测定；

——增加了方法的定量限；

——在正文 7.1 中增加了“如果试样待测液铁含量小于 100 μg，则加入 1 mL 铁溶液”。

本标准由全国饲料工业标准化技术委员会提出并归口。

本标准起草单位：国家饲料质量监督检验中心（武汉）。

本标准主要起草人：高利红、张勇、刘小敏、杨林、刘云香、黄婷、万文胜。

本标准所代替标准的历次版本发布情况为：

——GB/T 17777—1999。

饲料中钼的测定　分光光度法

1　范围

本标准规定了用分光光度法测定饲料中钼的方法。

本标准适用于单一饲料、配合饲料、精料补充饲料及浓缩饲料中钼的测定。方法定量限为0.2 mg/kg。

2　规范性引用文件

下列文件中的条款通过本标准的引用而成为本标准的条款。凡是注日期的引用文件，其随后所有的修改单(不包括勘误的内容)或修订版均不适用于本标准，然而，鼓励根据本标准达成协议的各方研究是否可使用这些文件的最新版本。凡是不注日期的引用文件，其最新版本适用于本标准。

GB/T 6682　分析实验室用水规格和试验方法

GB/T 14699.1　饲料　采样

GB/T 20195　动物饲料　试样的制备

3　原理

在酸性条件下，硫氰化钾与饲料中的钼络合，形成的络合物用异戊醇萃取，离心后用分光光度计在波长465 nm处，以异戊醇为参比测定吸光度，校正空白后，由标准曲线求试样中钼的含量。

4　试剂和溶液

除非另有说明，在分析中仅使用确认为分析纯的试剂，水应符合GB/T 6682中三级用水的要求。

4.1　异戊醇：3-甲基-1-丁醇。

4.2　硝酸。

4.3　硫酸。

4.4　高氯酸。

4.5　氨水。

4.6　盐酸。

4.7　盐酸溶液Ⅰ：1＋1.85。

4.8　盐酸溶液Ⅱ：1＋1。

4.9　甲基橙溶液：5 g/L。

4.10　氟化钠饱和溶液：10 g氟化钠加200 mL水中，搅拌溶解，形成饱和溶液，过滤备用。

4.11　氯化亚锡溶液(200 g/L)：称取10 g氯化亚锡($SnCl_2 \cdot 2H_2O$)置于烧杯中，加入10 mL盐酸溶液Ⅰ(4.7)，加热至完全溶解，冷却后，加几粒金属锡，用水稀释至50 mL在玻璃瓶内保存。

4.12　氯化亚锡溶液(8 g/L)：取4 mL氯化亚锡溶液(4.11)用水稀释至100 mL。现配现用。

4.13　硫氰化钾溶液(200 g/L)：称取50 g硫氰化钾溶于水中，稀释至250 mL。

4.14　铁溶液：称取0.702 2 g硫酸亚铁铵[$Fe(NH_4)_2(SO_4)_2 \cdot 6H_2O$]，溶于水，加入1 mL硫酸(4.3)，并用水稀释至1 000 mL，此溶液含铁100 μg/mL。

4.15　钼标准储备液：称取0.184 0 g钼酸铵[$(NH_4)_6Mo_7O_{24} \cdot 4H_2O$]，溶于水，并用水稀释至1 000 mL，此溶液含钼100 μg/mL。

4.16　钼标准工作液：准确移取10 mL标准储备溶液(4.15)，用水稀释至500 mL，此溶液含钼2 μg/mL。

5 仪器设备

5.1 实验室常用仪器设备。

5.2 高型烧杯:200 mL。

5.3 分液漏斗:125 mL。

5.4 分光光度计。

5.5 离心机。

6 试样制备

按 GB/T 14699.1 采样,按 GB/T 20195 制备试样,磨碎,通过 0.45 mm 孔筛,混匀,装入密闭容器中,避光低温保存备用。

7 分析步骤

7.1 试液的制备

精确称取试样约 5 g(精确至 0.000 1 g)于 200 mL 高型烧杯中,加入 35 mL 硝酸(4.2),盖上表面皿,静置 15 min,然后在调温电炉上小心加热,注意避免泡沫溢出烧杯,如泡沫冒到表面皿上,立即停止加热,待泡沫平息后,继续加热溶解,直到大部分固体消失为止。冷却至室温,加入 10 mL 硝酸(4.2)和 6 mL 高氯酸(4.4),盖上表面皿,放在调温电炉上缓慢加热,煮沸,注意不要暴沸。继续加热直到溶解完全,这时溶液应为无色或浅黄色。溶解完全后,将溶液蒸发直到残渣刚干或稍带湿润为止,取下烧杯,冷却,用少量水冲洗烧杯内壁和表面皿。再放回到电炉上煮沸 3 min,然后移开烧杯,冷却后用少量水冲洗烧杯内壁和表面皿。

加入 2 滴甲基橙(4.9),用氨水(4.5)中和,然后边搅拌边加入盐酸溶液Ⅱ(4.8),直至溶液刚好呈酸性,再多加 8.2 mL,使最后的溶液含约 3%盐酸,并加入 2 mL 氟化钠饱和溶液(4.10)。如果试样待测液铁含量小于 100 μg,则加入 1 mL 铁溶液(4.14)。

将溶液转入 125 mL 分液漏斗中,用水稀释至 50 mL,加入 4 mL 硫氰化钾溶液(4.13)充分混合,加入 1.5 mL 氯化亚锡溶液(4.11),再次混匀并用移液管准确加入 15 mL 异戊醇(4.1),盖上分液漏斗并充分振荡 1 min,分层后弃去水相。向有机相中加入新配制的氯化亚锡溶液(4.12)25 mL,轻微振荡 15 s,分层后弃去水相,有机相为试样测试溶液。

每批试样均需同时做试剂空白实验。

7.2 测定

7.2.1 工作曲线的绘制

准确移取钼标准工作溶液(4.16)0.00 mL,1.00 mL,2.00 mL,5.00 mL,10.00 mL,20.00 mL,分别置于 200 mL 高型烧杯中,加入 10 mL 硝酸(4.2)和 6 mL 高氯酸(4.4),以下按 7.1 进行,制备标准溶液系列,测定吸光度。绘制吸光度对钼含量的标准曲线。

7.2.2 试样的测定

取有机相转入离心管,以 2 000 r/min 的转速离心 15 min。取上层清液,以异戊醇作参比,用 1.0 cm 比色皿在分光光度计上、465 nm 波长下,测定吸光度,在工作曲线上查得试样中钼的含量。

8 结果计算

8.1 试样中钼的含量 X,以质量分数表示,单位为毫克每千克(mg/kg),按式(1)计算:

$$X = \frac{m_1 - m_0}{m} \qquad \cdots\cdots(1)$$

式中：

m_0——试剂空白中钼的含量，单位为微克(μg)；

m_1——由曲线查得的钼含量，单位为微克(μg)；

m——试样质量，单位为克(g)。

8.2 平行测定结果用算术平均值表示，结果表示到小数点后两位有效数字。

9 重复性

在重复性条件下获得的两次独立测试，以其算术平均值为测定结果。试样钼含量在 10 mg/kg 以下，允许相对偏差不大于 20％；10 mg/kg～20 mg/kg 时，允许相对偏差不大于 15％；20 mg/kg 以上，允许相对偏差不大于 10％。

ICS 07.040
A 78

中华人民共和国国家标准

GB/T 17796—2009
代替 GB/T 17796—1999

行政区域界线测绘规范

Specifications for administrative boundary surveying and mapping

2009-02-06 发布

2009-06-01 实施

中华人民共和国国家质量监督检验检疫总局
中国国家标准化管理委员会
发布

前　言

本标准代替 GB/T 17796—1999《省级行政区域界线测绘规范》。

本标准与 GB/T 17796—1999 相比主要修改内容如下：

——名称改为《行政区域界线测绘规范》。

——扩大了适用范围，由原省级行政区域界线测绘，扩大到省级以下行政区域界线测绘，并在有关章节中增加了适应省级以下行政区域界线测绘的有关规定。

——根据 GB/T 1.1—2000 规范了本标准的编排格式。

——增加第 3 章"术语和定义"。

——第 5 章"界线测绘的准备工作"中增加了边界地形图制作的内容，有利于后期协议书附图制作。

——由于测制地图技术的进步，边界地形图、协议书附图制作，均采用了数字成图技术，并作出了相应的技术规定。

——控制测量方面，本标准根据多年界线测绘的经验，确定以界线测绘用图比例尺规定的精度作为制定界桩点测量精度的依据。本标准的精度规定，可满足不同行政区域界桩点坐标的精度要求。

——删除了原标准第 8 章《中华人民共和国省级行政区域界线详图集》的编纂、印刷和第 9 章边界线更新测绘。现用《行政区域界线协议书附图集》替代《中华人民共和国省级行政区域界线详图集》。

——附录 A"界桩登记表"中增加了地理坐标和高程的内容。

本标准的附录 A、附录 B 为规范性附录，附录 C、附录 D 为资料性附录。

本标准由国家测绘局提出。

本标准由全国地理信息标准化技术委员会(SAC/TC 230)归口。

本标准起草单位：国家基础地理信息中心。

本标准主要起草人：武晓淦、朱秀丽、王贵宾。

本标准所代替标准的历次版本发布情况为：

——GB/T 17796—1999

行政区域界线测绘规范

1 范围

本标准规定了省级和省级以下行政区域陆地边界界线测绘的基本内容与要求。

本标准适用于省级和省级以下行政区域陆地边界界线测绘和联检测绘。

2 规范性引用文件

下列文件中的条款通过本标准的引用而成为本标准的条款。凡是注日期的引用文件,其随后所有的修改单(不包括勘误的内容)或修订版均不适用于本标准,然而,鼓励根据本标准达成协议的各方研究是否可使用这些文件的最新版本。凡是不注日期的引用文件,其最新版本适用于本标准。

GB/T 2260 中华人民共和国行政区划代码

GB/T 12341—2008 1∶25 000 1∶50 000 1∶100 000 地形图航空摄影测量外业规范

GB/T 14511—2008 地图印刷规范

GB/T 19710—2005 地理信息 元数据(ISO 19115:2003,MOD)

GB/T 20257.2—2006 国家基本比例尺地图图式 第2部分:1∶5 000 1∶10 000 地形图图式

GB/T 20257.3—2006 国家基本比例尺地图图式 第3部分:1∶25 000 1∶50 000 1∶100 000 地形图图式

3 术语和定义

下列术语和定义适用于本标准。

3.1

边界点 object on boundary

实地在界线上,选取一定数量能确定边界线走向、有明确固定位置,可在边界地形图上准确判读平面位置的地物点,称为边界点(含界桩点)。

3.2

界桩点 mere stone

具有实测平面坐标和高程值,且在界线上或界线两侧的界线标志物。界桩按一定的规格和类型,用钢筋混凝土或其他石质材料制成。界桩点分为单立、同号双立和同号三立三种。

3.3

边界地形图 boundary topographical map

一般指利用国家最新的1∶5 000、1∶10 000、1∶50 000、1∶100 000地形图作为资料,按照一定的经差、纬差自由分幅,图内内容范围为垂直界线两侧图上各10 cm或5 cm(1∶100 000)内,沿界线走向制作呈带状分布的地形图,供界线测绘工作时使用。其表现方式有纸质或数字形式。

3.4

边界协议书附图 map attached to protocol

描述边界线地理位置的法律图件,作为协议书的附图。是边界信息与修测后的边界地形图叠加一起制作而成,与界线协议书具有同等的法律作用。

4 总则

4.1 界线测绘的目的和任务

4.1.1 界线测绘的目的

界线测绘的目的是通过对行政区域界线的位置和走向等信息的分析确认,勘定一条公平合理的行政区域边界，为各级政府边界管理工作提供基础资料和科学依据。

4.1.2 界线测绘的内容

界线测绘的内容包括界线测绘准备、界桩埋设和测定、边界点测定、边界线及相关地形要素调绘、边界协议书附图制作与印刷、边界点位置和边界走向说明的编写。

4.1.3 界线测绘的成果

界线测绘成果包括：界桩登记表、界桩成果表、边界点成果表、边界点位置和边界走向说明、边界协议书附图。

4.1.4 界线联检的工作

行政区域界线勘定后，应定期进行界线联合检查工作，界线联合检查内容包括：界桩维修更新、增设界桩、调整界线、重新测量界桩坐标与高程，重新修改协议书、重新测绘协议书附图等。

4.2 界线测绘的基准和比例尺

4.2.1 坐标系统与高程基准

界线测绘宜采用国家统一的2000国家大地坐标系和1985国家高程基准。

4.2.2 边界地形图和边界协议书附图的比例尺

边界地形图和边界协议书附图的比例尺视情况选用：

a) 同一地区，勘界工作用图和边界协议书附图应采用相同比例尺；

b) 同条边界，协议书附图应采用相同比例尺；

c) 省级行政区选用1∶50 000或1∶100 000比例尺；

d) 省级以下行政区采用1∶10 000比例尺；

e) 地形地物稀少地区可适当缩小比例尺；

f) 地形地物稠密地区可适当放大比例尺。

4.3 界线测绘的基本精度

4.3.1 界桩点的精度

界桩点平面位置中误差一般不应大于相应比例尺地形图图上±0.1 mm。界桩点高程中误差一般不大于相应比例尺地形图上平地、丘陵、山地（高山地）十分之一基本等高距（特殊困难地区可放宽0.5倍中误差）。资源开发利用价值较高地区可执行地籍测绘规范中界址点精度的规定。

4.3.2 边界协议书附图的精度

边界协议书附图中界桩点的最大展点误差不超过相应比例尺地形图图上±0.2 mm，补调的与确定边界有关的地物点相对于邻近固定地物点的间距中误差不超过相应比例尺地形图图上±0.5 mm。

5 界线测绘的准备工作

5.1 边界地形图制作

边界地形图，宜采用国家基本比例尺1∶10 000、1∶50 000或1∶100 000比例尺地形图或数字地形图来制作。

边界地形图按一定经差、纬差自由分幅，一般情况下同一条边界线上的图幅的经差和纬差值应一致，图幅编号由1……N。

边界地形图一般情况下沿边界呈带状，图内内容范围为垂直界线两侧图上各10 cm或5 cm（1∶100 000）内。

边界地形图应制作为带有坐标信息的栅格地图或数字线划图。其作业方法、操作规程、精度等均遵循数字成图的要求。

5.2 边界调查

5.2.1 实地调查

边界调查应核实法定边界线、习惯边界线、行政管辖线和与边界线有关的资源归属范围线等界线的实地位置，并调查边界争议的有关情况。根据内部调查资料可以在边界地形图上编制边界线情况图和边界主张线图，作为界线测绘方案的参考。

5.2.2 边界情况图的绘制

在边界地形图上绘制法定边界线、习惯边界线、行政管辖线和边界线有关的资源归属范围线等边界现状和历史沿革等情况。

5.2.3 边界情况说明的编写

以文字形式描述边界线的划定情况及其历史沿革等情况。

5.2.4 边界主张线图的绘制

在绘制边界线情况图的基础上，由界线相邻两行政区域，根据确定边界线的原则，将各自的边界主张线标绘在边界地形图上。主张线采用0.3 mm的实线绘出，颜色一方用红色，另一方用蓝色，可压盖图上任何要素。

5.3 界桩与边界点

5.3.1 边界点

边界点分设置界桩的边界点和不设置界桩的边界点。边界点可用平面坐标和高程或用其与邻近固定地物点的相互关系来描述位置。

5.3.2 预设界桩点和边界点

在边界地形图上，根据行政区域界线历史沿革情况，双方确定界线走向情况和界桩点和边界点位置选定原则，预设界桩点和边界点。

5.3.3 界桩形状

界桩分三面型和双面型两种。边界线交汇处设置三面型界桩，其他处设置双面型界桩。

5.3.4 界桩位置的选定

界桩位置应选在对反映边界线走向具有重要意义的边界点上或边界点附近，一般为实地地形不易辨别的边界线转折处、界线与河流相交处、过境道路与边界线相交处、以线状地物为界的边界线起讫处等。

5.3.5 界桩的埋设密度

各级行政区域界桩埋设的密度，以能控制边界线的基本走向、尽量少设为原则，具体由双方视边界线地形情况共同商定。

界线走向实地明显，且无道路通过的地段，一般不埋设界桩；有天然或人工标志的地段，也可不埋设界桩。界河两岸设置同号双立界桩；界河交岔口岸设置同号三立界桩。

5.3.6 界桩的编号

省级界线的界桩编号以每一条边界线为一个编号单元，在一个编号单元内一般沿边界线由西向东或由北向南用阿拉伯数字从001开始按顺序编号。界桩完整编号共8位，由边界线的编号、界桩序号及类型码三部分组成，完整编号形式如下：

××××	×××	×
边界线的编号	界桩序号	类型码
（4位）	（3位）	（1位）

同号双立界桩的类型码分别用A、B表示，同号三立界桩的类型码分别用C、D、E表示，单立界桩的类型码用Q。同号双立界桩的类型码根据省简码赋予值，省级码小的为A，大的为B；同号三立界桩的类型码当一方只有一颗桩时，该桩类型码为C，其他桩类型码顺时针依次为D、E。

三省（自治区、直辖市）边界线交汇处（以下简称三交点）界桩的完整编号亦由三部分组成。前6位由界线交汇处三省（自治区、直辖市）的省简码组成，省简码按数值大小由小至大顺序排列；第7位为界桩序号；第8位为等级码，用“S”表示。三省（自治区、直辖市）边界线只存在唯一交汇处时，界桩序号为“0”；交汇处不唯一时，则按由西向东或由北向南的顺序用阿拉伯数字自1开始顺编。

省以下行政区域的界桩编号，一般情况下遵循省级行政区域界桩编号原则，具体编排方法由省以下行政区域双方共同商定。

5.3.7 界桩的书写

a) 省行政区域的界桩书写

在界桩的两个或三个宽面，书写省（自治区、直辖市）的专名，内蒙古、广西、西藏、新疆四自治区在其汉字下加注自治区通用民族文字。同号双立界桩书写界桩序号有效数字及类型码，三面型界桩不书写界桩编号。所有界桩均应书写“国务院”和界桩设置年代等文字。

b) 省以下行政区域的界桩书写

所有界桩均应书写省（自治区、直辖市）的专名，内蒙古、广西、西藏、新疆四自治区在其汉字下加注自治区通用民族文字，界桩设置年代等文字。

5.3.8 拍摄界桩像片

界桩埋设后，应对界桩所处位置的全貌和周围的环境拍摄像片，使其能表述界桩设置地的环境和地形特征以及界桩与相关地物的关系。

5.3.9 边界线的编号与命名

省级界线的编号使用4位数字，由相邻两省（自治区、直辖市）的省级行政区域代码的前两位数字（以下简称省简码）组成，数值小的省简码排列在前。各省（自治区、直辖市）的行政区域代码按GB/T 2260规定执行。

省级界线名称由相邻两省（自治区、直辖市）的简称加“线”字组成，省简码小的省（自治区、直辖市）简称排列在前。

省以下行政区域边界线的编号与命名由省（自治区、直辖市）自行规定。

6 边界点测绘

6.1 控制测量

6.1.1 基础控制成果的收集与准备

边界点测绘的基础控制成果包括已有的国家控制网点和国家GPS网点，城市控制网点及相应等级的控制成果。

对测区内已有的基础控制点成果，应进行充分的收集和分析，凡能满足本标准要求的已有控制网点成果，都应充分利用。如果控制点成果不够或者精度不能满足要求时，须补测基础控制点。

6.1.2 实测界桩点的基本要求

界桩点的平面和高程精度，应按4.2.1要求执行，一般情况以二倍中误差作为限差，特殊困难时可适当放宽。

界桩点坐标一般要求实测。当实地测量确有困难，但能在图上准确判定界桩点位时，可在现有最大比例尺的地形图上量取，误差不得超过图上±0.3 mm，同时必须保证与周边地物的相对位置正确。

测定界桩点坐标和高程所采用的平面坐标系统和高程系统要与所利用的地形图平面坐标系统和高程系统相一致。

6.2 界桩点的平面测量

6.2.1 一般规定

界桩点的平面坐标，宜采用卫星定位系统（GPS）定位测量、光电测距附合导线、光电测距支导线、测边测角交会等方法进行测定。当点位中误差小于或等于1 m时，采用GPS定位测量。

6.2.2 GPS定位测量

其方法可采用静态相对定位的方法和RTK测量方法。

采用静态相对定位方法观测时，应与高等级GPS控制网进行联测，建立与2000国家大地坐标系的联系，联测控制点点数应不少于3个，与控制点基线距离不能超过80 km，联测控制点。GPS静态相对定位技术要求见表1。

RTK 测量可采用单基站 RTK 测量和网络 RTK 测量两种方法进行，固定站应选择在高等级 GPS 控制点上，流动站每测回的自动观测个数不应少于 10 个观测值，取平均值作为观测结果。应至少选择一个高等级 GPS 控制点进行测量校核。校核点的平面位置较差应不大于 20 cm。

在界桩点位置测定中采用的高等级 GPS 控制点坐标的相对精度：水平方向优于 10 cm，垂直方向优于 20 cm。

表 1　界桩点 GPS 静态相对定位技术要求

点位中误差/m	≤1.0	有效观测卫星数	≥5
接收机类型	双频/单频	卫星高度角/(°)	≥15
观测量	载波相位、伪距	PDOP	≤8
标称精度	10 mm+5 ppm	采样间隔/s	30
观测基线最大间距/km	80	时段长度/min	≥60

6.2.3　光电测距附合导线测量

附合导线应采用双定向的附合导线，困难时也可采用单定向的附合导线或无定向的附合导线，但此时应增加检核条件。

采用光电测距附合导线测定界桩点的坐标可以发展至三级，连续配合基础控制点发展时可以发展至四级。任何一级光电测距附合导线都可以从基础控制点起算。光电测距附合导线测量的主要技术指标与技术要求不应超过表 2 的规定。

表 2　光电测距附合导线测量的技术要求

地图比例尺	导线全长/km	导线边数/条	测角中误差/(″)	测距中误差/m	方位角闭合差/(″)	导线全长相对闭合差
1∶50 000	80	40	±12	±0.020	$\pm 25\sqrt{n}$	1/8 000
1∶10 000	25	25			$\pm 20\sqrt{n}$	1/6 000
注：四级以上导线均执行此规定，n 为导线转折角个数。						

6.2.4　光电测距支导线测量

在作业困难时，可使用光电测距支导线的方法测定界桩点的位置。支导线可从四级附合导线上起算，起始点应观测两个连接角，边长应往返测，角度测左、右角。光电测距支导线的技术要求不应超过表 3的规定。

表 3　光电测距支导线的技术要求

地图比例尺	支导线全长/km	支导线边数/条	测角中误差/(″)	测距中误差/m	往返边长较差/m
1∶50 000	6	3	±12	±0.020	$2(a+b\times D)$
1∶10 000	5	3			$2(a+b\times D)$
注：a——测距仪标称精度中的固定误差，mm；b——测距仪标称精度中的比例误差，mm/km；D——测距边长度，km。左右角之和减去圆周角之差不得大于±40″。					

6.2.5　交会法

边界点测量可采用角度交会或边角交会法。采用交会法时，必须有两组独立交会图形计算的两组结果，两组结果的较差不应超过 10 m，最后结果取两组结果的中数。

各种交会的交会角不应小于 30°或大于 150°，十分困难时，对个别角可以适当放宽，但也不得小于 20°或大于 160°。

交会法的发展次数，自基础控制点起可发展至三级，连续配合基础控制点发展时，可发展至四级。

6.3 界桩点高程的测定

界桩点的高程与平面坐标同时施测，采用水准测量、三角高程或 GPS 大地水准面拟合计算等方法测定。高程测量精度，按 4.2.1 的要求执行，以二倍中误差作为限差，特殊困难时可适当放宽。当采用水准测量、三角高程测定高程时，使用不同比例尺的地图，野外测量边长要求和中误差的要求，按相应规范执行。

6.4 界桩点方位物的测绘

6.4.1 界桩点方位物的选择原则

一般情况下界桩点不设方位物，但当界桩点对边界走向影响较大且容易破坏时，为便于寻找确认可设界桩点方位物。设立原则如下：

a) 方位物应利于判定界桩点的位置；

b) 方位物必须明显、固定、不易损毁；

c) 每个界桩的方位物不少于三个；

d) 以大物体作为方位物时，要明确量测点在方位物的具体部位。

6.4.2 界桩方位物的测定

界桩点至方位物的距离，一般应在实地量测，要求量至 0.1 m，界桩点相对于邻近固定地物点间距误差限差不大于±2.00 m。

6.5 界桩登记表的填写

界桩登记表的内容主要包括：边界线编号、界桩编号、界桩类型、界桩材质、界桩所在地(两处或三处)、界桩与方位物的相互位置关系、界桩的直角坐标、界桩的地理坐标和高程、界桩位置略图、备注及双方(或三方)负责人签名等。

界桩登记表中的界桩位置略图应标绘出边界线、界桩点、界桩方位物、边界线周边地形等。

界桩位置略图中的界桩符号用直径 1.5 mm 的圆圈表示，界线符号用 0.3 mm 的实线表示，方位物方向线用 0.1 mm 的实线绘出，图内其他要素一般按照 GB/T 20257.2—2006 规定规格绘制；界桩符号、界桩编号、界线符号用红色，其他要素用黑色标绘。界桩登记表样式见附录 A。

6.6 特殊边界点的测绘与表述

6.6.1 同号多立的界桩点

对在边界线两侧设置界桩而边界点本点上未设置界桩的边界点，除按规定测定所有界桩点的位置外，对同号双立的界桩还应测绘每一界桩点至该双立界桩连线与边界线交点的距离；对同号三立的界桩则应测绘每一界桩点至边界线在该交岔口处转折点的距离。距离测量的误差限差不大于±2.00 m。

6.6.2 图上量取坐标和高程的边界点

在地形图上能准确可靠地判断其点位未设界桩的边界点，可以在该地形图上量取其坐标与高程。点位量测精度应满足不大于所用最大比例尺地形图图上±0.2 mm、高程精度应小于该图 1/3 基本等高距。

6.6.3 用方位物确定位置的边界点

对野外施测坐标困难，又无准确地图可以量取其坐标的边界点，可量取其至三个以上永久性的固定地物点或永久性的固定地形特征点的距离加以表述。

7 边界地形图修测与边界线标绘

7.1 边界地形图修测

7.1.1 边界地形图修测的原则

当边界线附近的地形要素发生变化，影响到边界线走向的确定和表示时，应对边界线两侧一定范围内的地形要素进行调绘。

7.1.2 调绘内容

调绘内容主要是与确定边界线及界桩点位置有关的地形要素、地理名称等。

7.1.3 调绘方法

地形要素变化的地区一般采用判读法直接标绘在地形图上或采用正射影像图进行调绘;地形要素变化多的地区应用仪器在实地进行修测。

7.1.4 调绘图的绘制

植被要素用绿色,地貌要素用棕色,水系要素用蓝色,其他要素用黑色标绘在边界地形图上。各类要素符号的规格与所利用的边界地形图一致。边界调绘的各要素采集数据应是矢量的。

7.1.5 边界调绘的精度和要求

调绘的地物点对于野外控制点的平面误差不应大于图上±0.5 mm,困难地区不应大于图上±0.75 mm。

7.2 边界线标绘

7.2.1 边界线标绘的内容

确定了的边界线、界桩点位置,都应准确地标绘在经调绘整理后的边界地形图图上。

7.2.2 边界线标绘的方法

边界线标绘一般要求在边界调绘的基础上进行,对地形要素变化不大的地区,也可与边界调绘内容一并进行。对有明显分界线(如分水线、道路、河流等)且地形要素变化不大的边界地段或以边界点连线作为边界线的地段,也可由界线测绘双方在室内直接将边界线标绘在边界地形图上。

7.2.3 边界线标绘的技术要求

边界线在图上用0.3 mm红色实线不间断表示,以线状地物中心线为界且地物符号宽度小于1.0 mm时,界线符号在线状地物符号两侧跳绘;界桩符号用直径1.5 mm红色小圆圈表示;界桩号用红色注出。

7.2.4 边界线标绘的精度

界桩点、界线转折点及界线经过的独立地物点相对于邻近固定地物点的平面位置中误差一般不应大于图上±0.4 mm。

8 边界协议书附图及边界位置说明

8.1 边界协议书附图

8.1.1 边界协议书附图的基本要求

边界协议书附图是以地图形式反映边界线走向和具体位置,并经由界线双方政府负责人签字认可的重要界线测绘成果;界桩点、边界点展绘、边界线标绘、界线附近地形要素的调绘或修测、各种说明注记等,均应经过采集、符号化编辑,整理制成边界协议书附图。

边界协议书附图应以双方共同确定的边界地形图为底图,根据量测的边界点坐标或相关数据、协商确定或裁定的边界线及边界线的标绘成果、地物调绘成果整理、绘制而成。

边界协议书附图的内容应包括边界线、界桩点及相关的地形要素、名称、注记等,各要素应详尽表示。

8.1.2 边界协议书附图中的放大图

当在边界协议书附图上无法详尽表示局部地段边界线的位置和走向时,应利用更大比例尺地形图加绘放大图。

放大图以岛图形式加绘在边界线两侧的适当位置,放大图宜绘平面图,将界线与相关地物关系表达清楚。

8.2 边界协议书附图制图及印刷

利用标绘好的边界协议书附图数据作底图,进行矢量化跟踪、采集,在规定的制图软件中进行分层编辑、符号化、要素关系处理,最后制成数字边界协议书附图。

将数字边界协议书附图制成 EPS 文件,按 GB/T 14511—2008 规定印刷成图。

8.3 《行政区域边界协议书附图集》的编纂

8.3.1 基本形式

《行政区域边界协议书附图集》是根据双方边界协议书附图以及界桩成果表编纂而成的带状地图集。

8.3.2 基本内容

《中华人民共和国省级行政区域边界协议书附图集》内容包括图例、图幅结合表、边界协议书附图、编制说明、界桩坐标表等。

8.3.3 编排结构

《中华人民共和国省级行政区域边界协议书附图集》的编排包括封面、编制说明、图例、示意图、边界协议书附图、坐标表、版权页、封底等。本条中除边界协议书附图,其余项目应另行设计、制版、印刷。

8.3.4 装帧形式

图集宜以每一条边界线为单元进行装订。边界线较短时,可将若干条界线合并装订成册;边界线较长时,也可将其分上、下两册装订。

8.4 边界点位置和边界线走向说明

8.4.1 边界点位置说明的编写

边界点位置说明应描述边界点的名称、位置、与边界线的关系等内容。对埋设界桩的边界点还应描述界桩号、类型、材质、界桩坐标和高程、界桩与边界线的关系、界桩与方位物的关系、界桩与周围地形要素的关系等内容。

8.4.2 边界线走向说明的编写

边界线走向说明是对边界线走向和边界点位置的文字描述,是边界协议书的核心内容。边界线走向说明与边界协议书附图配合使用。

边界线走向说明的编写以明确描述边界线实地走向为原则。叙述应简明清楚,采用通用的名词术语,地名准确,译名规范,并与边界协议书附图和实地情况相一致。

边界线走向说明应根据界线所依附的参照物编写,参照物包括各种界线标志(如界墙、界桩、河流、山脉、道路等)、地形点、地形线等。

边界线走向说明根据界线所依附的参照物的实际情况分为若干条,每条可分为若干自然段。每一自然段一般是对相邻两界桩间边界线情况的文字描述。

边界线走向说明中的距离及界线长度等数据,均以米(m)为单位,实地测量的距离精确到 0.1 m,图上量取的距离精确到图上 0.1 mm。

边界线走向说明的编写内容一般包括每段边界线的起讫点、界线延伸的长度、界线依附的地形、界线转折的方向、两界桩间界线长度、界线经过的地形特征点等。

8.4.3 边界线走向方位的描述

边界线走向说明中涉及的方向,采用 16 方位制(以真北方向为基准)描述。16 个方位的含义如下:

a) 北 348°45′～11°15′

b) 北偏东北 11°15′～33°45′

c) 东北 33°45′～56°15′

d) 东偏东北 56°15′～78°45′

e) 东 78°45′～101°15′

f) 东偏东南 101°15′～123°45′

g) 东南 123°45′～146°15′

h) 南偏东南 146°15′～168°45′

i) 南　　　　168°45′～191°15′

j) 南偏西南　　191°15′～213°45′

k) 西南　　　213°45′～236°15′

l) 西偏西南　　236°15′～258°45′

m) 西　　　　258°45′～281°15′

n) 西偏西北　　281°15′～303°45′

o) 西北　　　303°45′～326°15′

p) 北偏西北　　326°15′～348°45′

16个方位图见附录C。

9 成果整理与验收

9.1 文档整理

在实测界桩的过程中，起始点成果、作业中的计算成果、作业的最终成果，除要填写纸质文档外，还要生成电子文档。

文档整理的内容包括界桩登记表、界桩成果表、控制测量中各种计算表格、边界协议书、边界地形图、边界协议书附图，成果形式应有纸质的和电子两种。电子的成果格式还宜符合输入数据库要求。

9.2 数据整理

在行政区域界线测绘过程中使用和产生的数据主要有边界地形图数据、边界专题数据，这些数据整理宜参照建成界线数据库的要求进行。

9.3 元数据文件制作

9.3.1 元数据文件的描述

元数据是关于数据的数据，是数据和信息资源的描述性信息。如有关数据源、数据的标识、覆盖范围、数据质量、数据更新、空间和时间模式、空间参考系和分发等信息。

9.3.2 元数据文件的制作

在制作边界地形图、协议书附图过程中，都应有一个元数据文件，由作业人员在系统中通过人机交互方式填写生成。元数据文件录入的具体内容执行GB/T 19710—2005。

9.4 成果资料的检查与验收

行政区域界线测绘是一项重要的技术工作，对保证行政区域边界清晰，便于管理意义重大，各级测绘主管部门根据测绘法的要求，严格做好质量控制，确实做好行政区域界线的测绘工作。

界线测绘成果资料必须接受测绘主管部门的质量监督检验。

检查验收按测绘主管部门的有关规定执行，并须由界线双方指定的负责人签字。

附　录　A
（规范性附录）
界桩登记表

<table>
<tr><td>边界线编号</td><td>3436</td><td>界桩编号</td><td>8</td><td>类型</td><td>双面型</td><td>材质</td><td>大理石</td></tr>
<tr><td rowspan="3">所在地</td><td colspan="7">安徽省五河县岭西乡五里村</td></tr>
<tr><td colspan="7">江西省湖口县岭东乡刘家村</td></tr>
<tr><td colspan="7"></td></tr>
<tr><td rowspan="4">界桩点与方位物的相关位置</td><td>编号</td><td>距离，m</td><td>坐标方位角</td><td colspan="4">方位物位置</td></tr>
<tr><td>1</td><td>464.5</td><td>18°47′</td><td colspan="4">道路交叉口处南交叉点</td></tr>
<tr><td>2</td><td>331.0</td><td>127°37′</td><td colspan="4">烟筒西边沿</td></tr>
<tr><td>3</td><td>345.3</td><td>144°17′</td><td colspan="4">小山包最高处</td></tr>
<tr><td colspan="4" rowspan="4">界桩位置略图
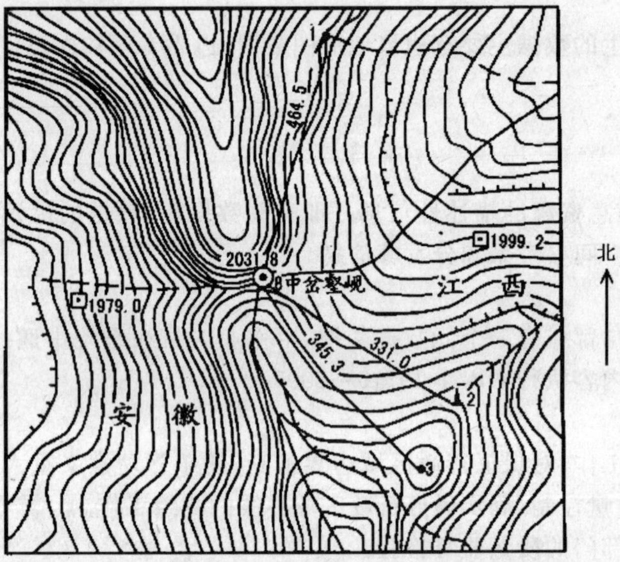
比例尺：1:10 000</td><td colspan="4">坐　　标</td></tr>
<tr><td colspan="2">直角坐标
X(m)
Y(m)</td><td colspan="2">地理坐标
B(°　′　″)
L(°　′　″)</td></tr>
<tr><td colspan="2">2　540　882.15
18　587　256.48</td><td colspan="2">22°57′52.953″
105°51′03.070″</td></tr>
<tr><td colspan="2">高程(m)</td><td colspan="2">1 107.44</td></tr>
<tr><td>备注</td><td colspan="7"></td></tr>
<tr><td rowspan="2">技术负责</td><td colspan="3">安徽</td><td colspan="3">江西</td><td rowspan="2"></td></tr>
<tr><td colspan="3">刘东　1996 年 7 月 3 日</td><td colspan="3">李向明　1996 年 7 月 3 日</td></tr>
</table>

附 录 B
（规范性附录）
界桩成果表

界桩编号	平面坐标		高程(m)	备　注
	X(m)	Y(m)		

填表者：　　　年　　月　　日　　　　　　　　　　校对者：

附　录　C
（资料性附录）
16 个方位图

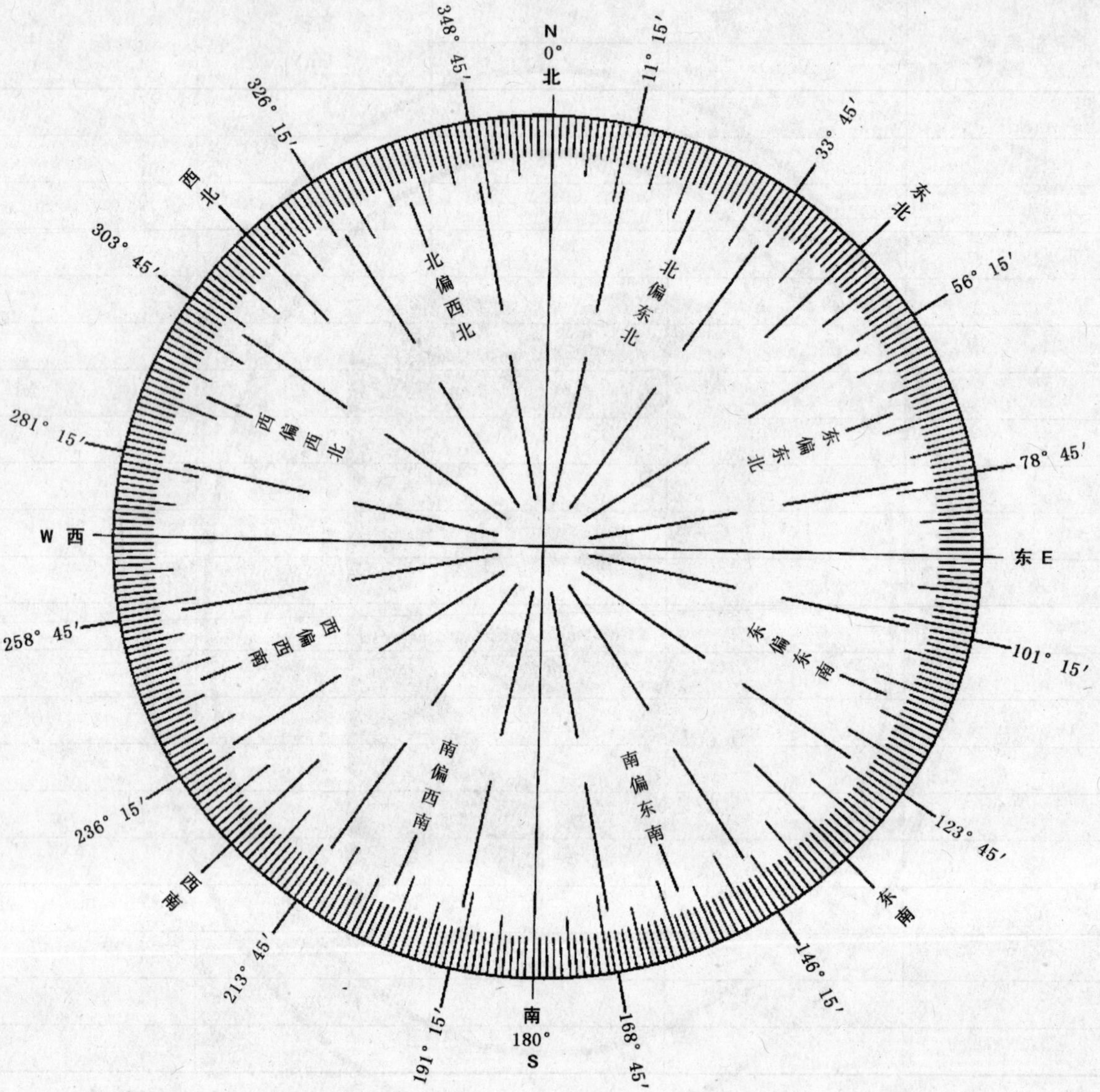

附 录 D
（资料性附录）
界桩编号示意图

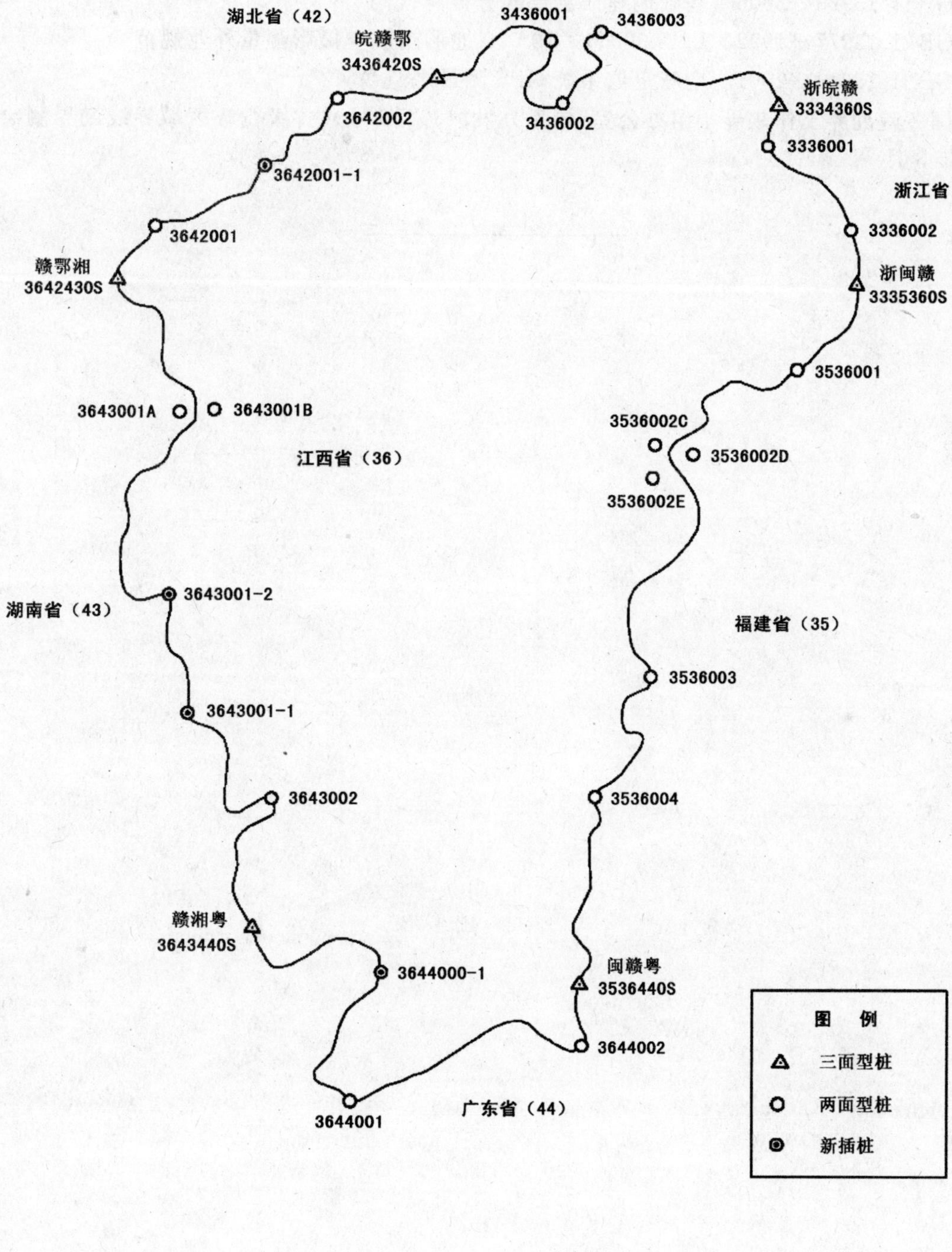

参 考 文 献

[1] GB/T 12343.1—2008 国家基本比例尺地图编绘规范 第1部分:1∶25 000 1∶50 000 1∶100 000地形图编绘规范

[2] GB/T 13923—2006 基础地理信息要素分类与代码

[3] GB/T 13977—1992 1∶5 000、1∶10 000地形图航空摄影测量外业规范

[4] GB/T 18314—2001 全球定位系统GPS测量规范

[5] 国务院勘界工作领导小组办公室(国勘办发〔1996〕6号)《省级行政区域界线勘界测绘技术规定》,1996年8月

ICS 27.020
J 90

中华人民共和国国家标准

GB/T 17804—2009
代替 GB/T 17804—2003

往复式内燃机 图形符号

Reciprocating internal combustion engines—Graphical symbols

(ISO 8999:2001,MOD)

2009-03-19 发布 2009-11-01 实施

中华人民共和国国家质量监督检验检疫总局
中国国家标准化管理委员会 发布

前　言

本标准修改采用 ISO 8999:2001《往复式内燃机　图形符号》(英文版)。

本标准与 ISO 8999:2001 相比,主要存在如下差异:

——删除了国际标准的前言;

——对 ISO 8999:2001 中引用的其他国际标准,凡已被采用为我国标准的,用我国标准代替相应的国际标准;未被采用为我国标准的,仍直接引用国际标准。

本标准是对 GB/T 17804—2003《往复式内燃机　图形符号》的修订。

与 GB/T 17804—2003 相比,主要修改内容如下:

——对文本进行了适当编辑性修改;

——修改了部分符号名称。

本标准自发布之日起代替 GB/T 17804—2003。

本标准由中国机械工业联合会提出。

本标准由全国内燃机标准化技术委员会(SAC/TC 177)归口。

本标准起草单位:上海内燃机研究所。

本标准主要起草人:陈云清、瞿俊鸣、计维斌、毕晔、谢亚平、宋国婵。

本标准所代替标准的历次版本发布情况为:

——GB/T 17804—1999、GB/T 17804—2003。

往复式内燃机　图形符号

1　范围

本标准规定了往复式内燃机在操作控制机械、测量仪表、信号装置和使用说明书上所用的图形符号，以提供有关使用和操作的必要信息。

本标准适用于陆用、铁路牵引和船用往复式内燃机，道路车辆和航空用内燃机除外。

2　规范性引用文件

下列文件中的条款通过本标准的引用而成为本标准的条款。凡是注日期的引用文件，其随后所有的修改单(不包括勘误的内容)或修订版均不适用于本标准，然而，鼓励根据本标准达成协议的各方研究是否可使用这些文件的最新版本。凡是不注日期的引用文件，其最新版本适用于本标准。

GB 2893　安全色(GB 2893—2008，ISO 3864-1：2002，MOD)

GB 2894　安全标志及其使用导则

GB/T 4025—2003　人-机界面标志标识的基本和安全规则　指示器和操作器的编码规则(IEC 60073：1996，IDT)

IEC 80416-1：2008　设备用图形符号基本规则　第1部分：图形符号的生成

IEC 80416-3：2002　设备用图形符号基本规则　第3部分：图形符号使用指南

3　术语和定义

下列术语和定义适用于本标准。

3.1

基本图形符号　basic graphical symbol

单独或组合使用的图形符号。

3.2

复合图形符号　composite symbol

由各种符号要素组成的图形符号。

4　图形符号的使用

4.1　图形符号应如第5章～第7章所示。一般而言，图形符号均以轮廓线表示。当需要缩小尺寸时，为清晰起见，可将符号或符号要素轮廓线所包围的区域涂满。

4.2　第5章中的符号为基本图形符号，可作为一般用途使用，也可用以组成复合图形符号。

4.3　第6章和第7章中的复合图形符号是用第5章的基本图形符号作为要素发展而来，可用于提供各种与功能和系统有关的系列图形符号。

4.4　根据需要也可用第5章中的基本图形符号再组成其他复合符号，只要能保持IEC 80416-1：2008所规定的特征即可。

4.5　当受复印和显示技术的固有限制，需要增加线条宽度或对图形符号作其他微小修改时，只要能保持符号的基本图形要素不变，并容易为操作者所识别，就可进行这种修改。

4.6　此外，为了改进图形符号的外观和视觉，或为了与使用此图形符号的设备款式相协调，可能需要改变线条宽度或把符号棱角修圆，只要使图形符号的基本视觉特征保持不变，就可适当进行这种修改(见IEC 80416-1:2008)。

4.7 实际使用时，所有图形符号均应复制放大，使操作者易于识别，有关正确选择图形符号的指南可见IEC 80416-3:2002 中第5章的规定。使用图形符号时应按本标准所示取向，除非对各图形符号另有说明。

4.8 在操纵机构和显示仪上的图形符号应与其背景反差明显，对大多数操纵机构，最好在深暗背景上用明亮符号。而显示仪，则可根据最佳视觉效果选择在深暗背景上用明亮符号或在明亮背景上用深暗符号。当有一个符号颜色颠倒时(如黑变白或白变黑)，则整个符号颜色也应颠倒。

4.9 当使用多功能图形符号时，符号的组合程度应尽可能少，务必使表达简洁，易于理解。图1所示为一典型操纵发动机的钥匙开关，停止、运转和起动设置在各个不同的位置上。

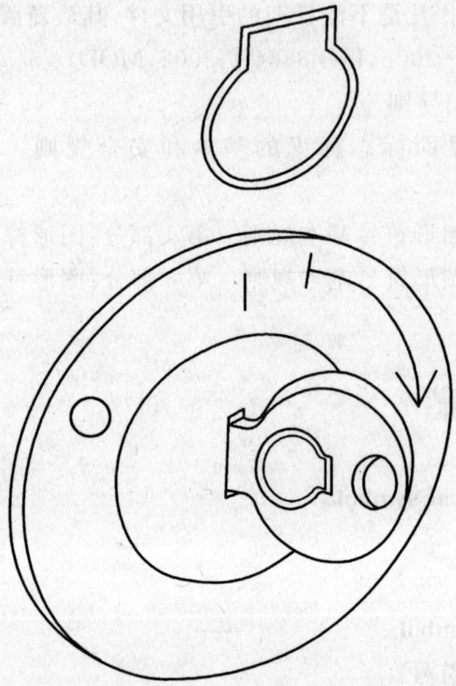

图1 典型发动机操纵钥匙开关

4.10 本标准中所示字体并非限定使用，也可以用其他字体代替，但必须注意保持良好的清晰度。

4.11 本标准中的图形符号，其大小为其原尺寸的32%。"∟"表示75 mm 正方形图框的角。图框标记并非图形符号的一部分，而是用以确保使图形符号外观一致。

4.12 国际标准化组织图形符号技术委员会(ISO/TC 145)秘书处备有图形符号的缩微胶卷。

4.13 在光学指示器或信号装置上使用时，其色彩含义如下：

红色：　　　　危险、不安全或不正常

黄色或琥珀色：注意

绿色：　　　　安全或正常

注：实际使用时，宜将指示器联在一起，最上为红色，中间为黄色，下面为绿色。

5 基本图形符号

序号	符　　号	名　称	用　　途	ISO/IEC 登记号
5.1		内燃机	表示与内燃机有关的功能	ISO 7000-1156
5.2		故障/失效	表示可能的故障，也可用红色指示器加基本图形符号表示故障/失效	ISO 7000-1603 的变型（名称和用途）
5.3		燃油	表示燃油油量指示器； 表示与燃油有关的功能； 在加油站表示汽油	ISO 7000-0245B
5.4		无铅汽油	表示与燃油有关的功能； 在加油站表示无铅汽油	ISO 7000-0237 的变型
5.5		柴油	表示与燃油有关的功能； 在加油站表示柴油	ISO 7000-1541
5.6	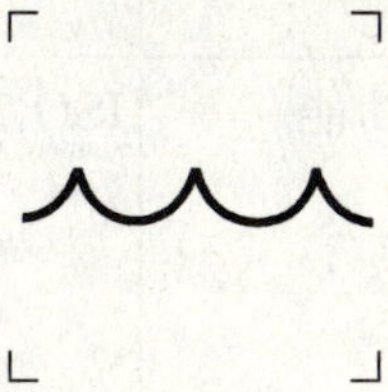	冷却液	表示与冷却剂有关的功能 注：对采用润滑/冷却组合系统的内燃机，使用与润滑油有关的图形符号。	ISO 7000-0536
5.7	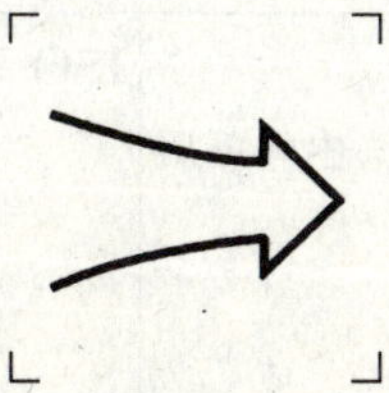	进气	表示与进气有关的功能	ISO 7000-1604

序号	符　　号	名　称	用　　途	ISO/IEC 登记号
5.8		排气	表示与排气有关的功能	ISO 7000-1605
5.9		温度	表示与温度有关的功能	ISO 7000-0034
5.10		流动或方向	表示一种功能的方向； 表示与操纵机构有关的功能	ISO 7000-0251
5.11	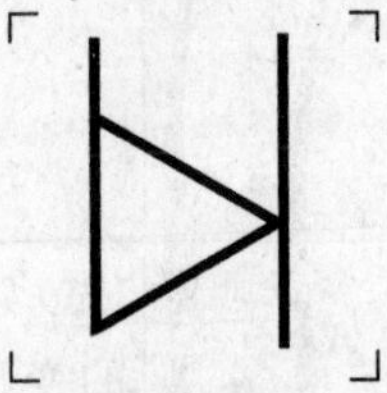	液面指示	表示液面高度 注：使用本符号时，应按所示取向。当在复合图形符号中表示液面高度时，尖角顶点处的垂线可用合适的图形符号代替。	ISO 7000-0159 的应用
5.12		机油（润滑油）	用以识别与机油有关的功能	ISO 7000-1056
5.13	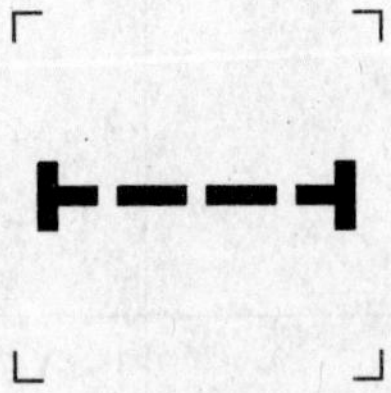	滤清器	表示与滤清有关的功能	ISO 7000-1369
5.14	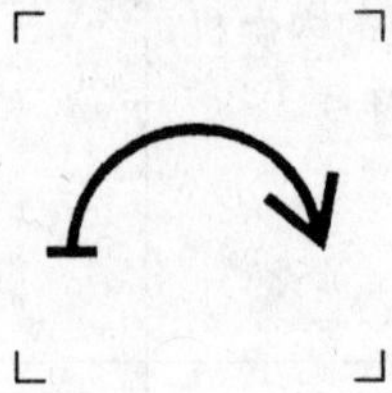	摇车	表示与起动或摇车有关的功能	ISO 7000-1365
5.15		压力	表示与压力有关的功能 注：当用于复合图形符号时箭头中间可用适当符号表示受压介质。	ISO 7000-1701

序号	符　　号	名　称	用　　途	ISO/IEC 登记号
5.16	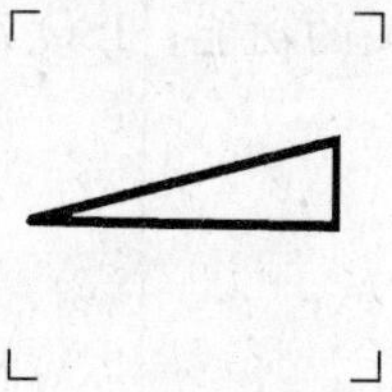	连续调节线性增加/减少	用以识别直线控制调节量，调节量随符号宽度而增加	IEC 60417-5004
5.17		连续调节线性增加/减少	用以识别旋转控制调节量，调节量随符号宽度而增加； 半径取决于控制机构的直径	ISO 7000-1364
5.18		累计时间	表示累计运转小时数	ISO 7000-1366
5.19	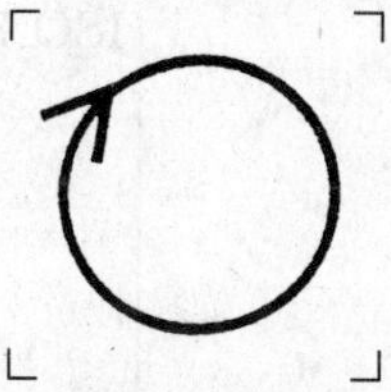	顺时针旋转	表示内燃机或设备按顺时针方向转动	ISO 7000-0258
5.20		逆时针旋转	表示内燃机或设备按逆时针方向转动	ISO 7000-0937
5.21		风冷式机油冷却器	表示与机油冷却器有关的功能； 上部符号代表被冷却介质； 下部符号代表冷却介质	ISO 7000-1542
5.22		液冷式机油冷却器	表示与机油冷却器有关的功能； 上部符号代表被冷却介质； 下部符号代表冷却介质	ISO 7000-1543
5.23		空-空增压空气冷却器	表示与增压空气冷却器有关的功能； 上部符号代表被冷却介质； 下部符号代表冷却介质	ISO 7000-1544

序号	符　　号	名　称	用　　途	ISO/IEC 登记号
5.24		空-水增压空气冷却器	表示与增压空气冷却器有关的功能； 上部符号代表被冷却介质； 下部符号代表冷却介质	ISO 7000-1545
5.25		散热器	表示与用作冷却发动机冷却液的散热器有关的功能； 冷却介质是空气	ISO 7000-1390
5.26		水-水热交换器	表示与水-水热交换器有关的功能； 上部符号代表被冷却介质； 下部符号代表冷却介质	ISO 7000-1546
5.27	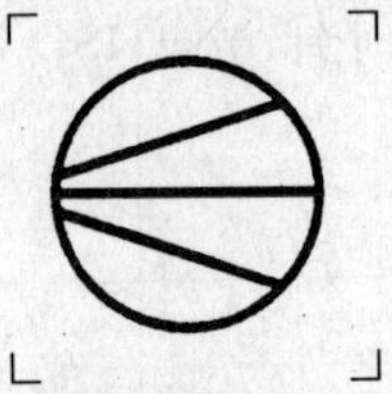	气动系统	表示气动系统	ISO 7000-0231
5.28	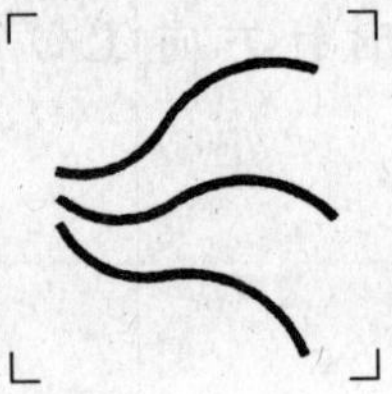	空气	表示与环境空气使用有关的功能	ISO 7000-0537

6　安全标记

安全标记及其颜色应分别符合 GB 2894 及 GB 2893 的规定。

序号	符　　号	名　　称	用　　途
6.1		注意/警告	表示危及人身安全
6.2		注意/警告：当心高压流体	表示高压流体危及人身安全

序号	符号	名称	用途
6.3		注意/警告：当心触电	表示高电压或强电流危及人身安全
6.4		注意/警告：当心高温	表示高温危及人身安全
6.5		禁止吸烟	表示吸烟危险，禁止吸烟的场所
6.6		当心火灾	表示易燃区或易燃材料

7 内燃机符号

序号	符号	名称	用途	ISO/IEC 登记号
7.1		运转	用以识别使设备运转的控制机构或控制机构位置	IEC 60417-5007
7.2		停止	用以识别使设备停止运转的控制机构或控制机构位置	IEC 60417-5008
7.3	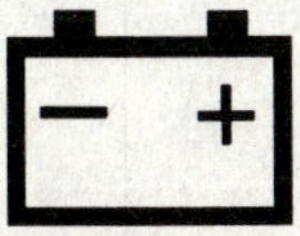	蓄电池充电状态	表示蓄电池的充电状态	ISO 7000-0247

序号	符 号	名 称	用 途	ISO/IEC 登记号
7.4		内燃机摇车	表示内燃机的摇车或起动控制机构； 推荐用于内燃机起动开关或起动机构的单功能控制	ISO 7000-1387 的变型(名称和用途)
7.5		内燃机辅助起动，柴油机预热	表示开启内燃机进气预热的控制机构	ISO 7000-0457
7.6		内燃机辅助起动，气体喷射	表示为起动内燃机而开启气体喷射的控制机构	ISO 7000-1547
7.7		内燃机辅助起动，阻风门	表示操纵阻风门的控制机构	ISO 7000-0243
7.8		内燃机辅助起动，起动加浓	表示操纵燃料起动加浓装置的控制机构	ISO 7000-1370
7.9		停机	表示内燃机的停机控制机构； 表示内燃机已停机或应停机	ISO 7000-1388
7.10	按 GB/T 4025—2003 的规定使用一只无符号的红色拱形按钮	紧急停机	表示用于紧急情况下快速停机的控制机构	—
7.11		内燃机进气	表示内燃机的进气	ISO 7000-1381

序号	符　号	名　称	用　途	ISO/IEC 登记号
7.12		内燃机进气温度	表示内燃机的进气温度	ISO 7000-1383
7.13		内燃机进气压力	表示内燃机的进气压力	ISO 7000-1382
7.14		内燃机空气滤清器	表示内燃机的空气滤清器或滤清器状况	ISO 7000-1170
7.15		内燃机机油	表示内燃机的机油； 用以识别加机油处 注：当需要表明机油牌号或级别时，应直接在机油图形符号下面说明。例如 ISO-L-ESF 机油，则应加上字母 SF。	ISO 7000-1372 的变型（名称和用途）
7.16		液冷式机油冷却器机油出口温度	表示机油冷却器的机油出口温度	ISO 7000-1548 的变型（名称和用途）
7.17		内燃机机油温度	表示内燃机的机油温度	ISO 7000-1375 的变型（名称和用途）
7.18		内燃机机油压力	表示内燃机的机油压力	ISO 7000-1374 的变型（名称和用途）

序号	符　　号	名　称	用　　途	ISO/IEC 登记号
7.19		内燃机机油滤清器	表示内燃机的机油滤清器或滤清器的状况	ISO 7000-1376 的变型（名称和用途）
7.20		内燃机机油液面	表示内燃机的机油液面高度	ISO 7000-1373 的变型（名称和用途）
7.21		内燃机冷却液	表示冷却液； 用以识别冷却液的加注	ISO 7000-1377
7.22		内燃机冷却液温度	表示内燃机冷却液的温度	ISO 7000-1380
7.23		内燃机冷却液压力	表示内燃机冷却液的压力	ISO 7000-1379
7.24		内燃机排气冷却液温度	表示用以冷却内燃机排气的冷却水温度	ISO 7000-1549
7.25		内燃机冷却液液面	表示内燃机冷却液的液面高度	ISO 7000-1378
7.26		增压空气冷却器，冷却液进口温度	表示增压空气冷却器冷却液的进口温度	ISO 7000-1550

序号	符　号	名　称	用　途	ISO/IEC 登记号
7.27		内燃机排气	表示内燃机的排气	ISO 7000-1384
7.28		内燃机排气温度	表示内燃机的排气温度	ISO 7000-1386
7.29		内燃机排气压力	表示内燃机的排气压力	ISO 7000-1385
7.30		内燃机故障/失效	表示内燃机可能有的故障/失效	ISO 7000-1371 的变型（名称和用途）
7.31		燃油温度	表示燃油的温度	ISO 7000-1394
7.32		燃油压力	表示燃油的压力	ISO 7000-1392
7.33		燃油滤清器	表示燃油滤清器或滤清器的状况	ISO 7000-1393
7.34	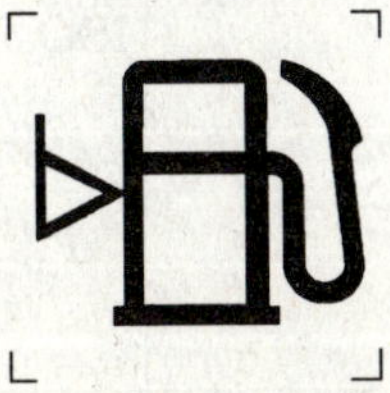	燃油液面	表示燃油的液面高度	ISO 7000-1551

序号	符　　号	名　称	用　　途	ISO/IEC登记号
7.35		燃油切断	表示切断燃油供给的控制机构；不应用作内燃机的停机符号	ISO 7000-1395的变型
7.36		燃油系统故障	表示燃油系统可能有的故障	ISO 7000-1391
7.37	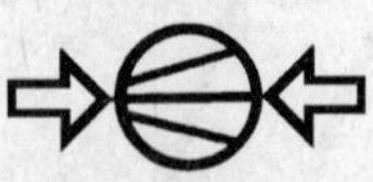	气动系统压力	表示气动系统内的压力	ISO 7000-1552
7.38	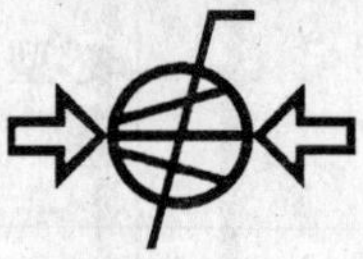	气动系统压力过高	表示气动系统内压力过高	ISO 7000-1553
7.39	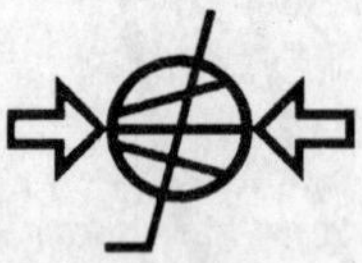	气动系统压力过低	表示气动系统内压力过低	ISO 7000-1554
7.40	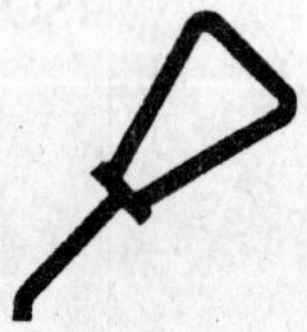	机油润滑	表示用机油润滑；表示机油润滑点	ISO 7000-0391
7.41		油脂润滑	表示用油脂润滑；表示油脂润滑点	ISO 7000-0787
7.42		千斤顶支承点	表示千斤顶或支承点	ISO 7000-0542

序号	符　号	名　称	用　途	ISO/IEC登记号
7.43		起吊点	表示起吊点	ISO 7000-1368
7.44		使用说明书	进一步说明请直接参阅使用说明书	ISO 7000-0790
7.45		内燃机旋转频次(转速)	表示内燃机曲轴或转子每分钟的旋转次数	ISO 7000-1389
7.46	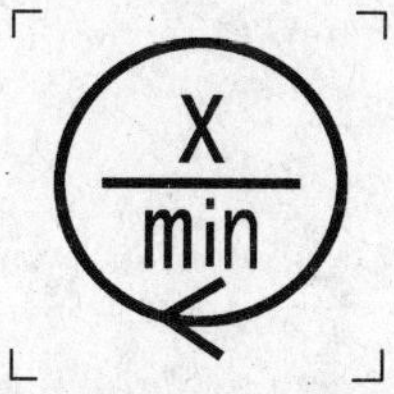	旋转频次(转速)	表示内燃机零部件、附件或输出轴在不以曲轴或转子转速运转时每分钟的旋转次数	ISO 7000-0010

参 考 文 献

［1］ ISO 7000:2004 设备用图形符号 索引和一览表.
［2］ IEC 60417:2007 设备用图形符号.

ICS 65.120
B 46

GB

中华人民共和国国家标准

GB/T 17810—2009
代替 GB/T 17810—1999

饲料级 DL-蛋氨酸

Feed grade DL-methionine

2009-05-26 发布　　　　2009-10-01 实施

中华人民共和国国家质量监督检验检疫总局
中国国家标准化管理委员会　发布

前　言

本标准代替 GB/T 17810—1999《饲料级 DL-蛋氨酸》。

本标准与 GB/T 17810—1999 的主要技术差异如下：

——将规范性引用文件中的 GB/T 6678 改为 GB/T 14699.1；

——将原标准中 3.1 改为"外观和性状　白色或浅灰色粉末或片状结晶。在水中略溶，在乙醇中极微溶解，溶解于稀酸与氢氧化钠(钾)溶液"；

——将原标准 4.1.5 中的允许差由两次平行测定结果的绝对差值不得大于 0.1%调整为不得大于 0.3%；

——增加了产品鉴别方法(离子交换色谱法)；

——修改了重金属测定方法；

——修改了砷测定方法；

——检验规则中增加了"出厂检验"和"型式检验"。

本标准由全国饲料工业标准化技术委员会提出并归口。

本标准由中国农业科学院饲料研究所起草。

本标准主要起草人：范志影、刘庆生、马书宇、田园、石冬冬。

本标准所代替标准的历次版本发布情况为：

——GB/T 17810—1999。

饲料级 DL-蛋氨酸

1 范围

本标准规定了饲料级 DL-蛋氨酸产品的要求、试验方法、检验规则、标志、包装、贮存及运输。

本标准适用于以甲硫基丙醛、氰化物、硫酸及氢氧化钠为主要原料生产的饲料级 DL-蛋氨酸。

化学名称:2-氨基-4-甲硫基丁酸

化学分子式: $CH_3S—CH_2—CH_2—CH(NH_2)—COOH$

相对分子质量:149.2(按 2007 年国际相对原子质量)

2 规范性引用文件

下列文件中的条款通过本标准的引用而成为本标准的条款。凡是注日期的引用文件,其随后所有的修改单(不包括勘误的内容)或修订版均不适用于本标准,然而,鼓励根据本标准达成协议的各方研究是否可使用这些文件的最新版本。凡是不注日期的引用文件,其最新版本适用于本标准。

GB/T 601 化学试剂 标准滴定溶液的制备

GB/T 1250 极限数值的表示方法和判定方法

GB/T 6682 分析实验室用水规格和试验方法

GB 10648 饲料标签

GB/T 14699.1 饲料 采样

《中华人民共和国药典》2005 年版二部

3 要求

3.1 外观和性状

白色或浅灰色粉末或片状结晶。在水中略溶,在乙醇中极微溶解,溶解于稀酸与氢氧化钠(钾)溶液。

3.2 技术指标

技术指标应符合表 1 规定。

表 1 技术指标

项　　目		指　　标
DL-蛋氨酸/%	≥	98.5
干燥失重/%	≤	0.5
氯化物(以 NaCl 计)/%	≤	0.2
重金属(以 Pb 计)/(mg/kg)	≤	20
砷(以 As 计)/(mg/kg)	≤	2

4 试验方法

本标准所用试剂和水,除特别注明外,均指分析纯试剂和符合 GB/T 6682 中规定的三级水。仪器、设备为一般实验室仪器设备。

警告:本标准试验操作中需使用一些强酸,使用时须小心谨慎,避免溅到皮肤上。在使用挥发性试剂时,需在通风橱中进行。

4.1 外观和性状

外观和性状评定应符合3.1的要求。

4.2 鉴别

4.2.1 试剂和溶液

4.2.1.1 饱和的无水硫酸铜硫酸溶液:取无水硫酸铜加入浓硫酸中搅拌直至出现沉淀。

4.2.1.2 氢氧化钠溶液:200 g/L。

4.2.1.3 亚硝基铁氰化钠溶液:100 g/L。

4.2.1.4 盐酸溶液:1+10(V+V)。

4.2.1.5 盐酸溶液:$c(HCl)=0.02$ mol/L。

4.2.1.6 不同pH和离子强度的洗脱用柠檬酸钠缓冲液:按氨基酸自动分析仪说明书制备。

4.2.1.7 茚三酮溶液:按氨基酸自动分析仪说明书制备。

4.2.1.8 蛋氨酸标准储备液 c(蛋氨酸)=2.50 μmol/mL:称取蛋氨酸93.3 mg于100 mL烧杯中,加水约50 mL和数滴浓盐酸溶解,定量地转移到250 mL容量瓶中,用水溶解并定容。

4.2.1.9 蛋氨酸标准溶液 c(蛋氨酸)=100 nmol/mL:吸取蛋氨酸标准储备液(4.2.1.8)1.00 mL于25 mL容量瓶中,用水稀释至刻度。

4.2.2 仪器

氨基酸自动分析仪:茚三酮柱后衍生离子交换色谱仪,要求各氨基酸分辨率大于90%。

4.2.3 鉴别步骤

4.2.3.1 称取试样25 mg,加入饱和的无水硫酸铜硫酸溶液(4.2.1.1)1 mL,液体呈黄色。

4.2.3.2 称取试样5 mg,加2 mL氢氧化钠溶液(4.2.1.2),振荡混匀,加0.3 mL亚硝基铁氰化钠溶液(4.2.1.3),充分摇匀,在35 ℃~40 ℃下放置10 min,冰浴冷却2 min,加入10 mL盐酸溶液(4.2.1.4),摇匀,溶液呈赤色。

4.2.3.3 称取试样约0.15 g(精确至0.000 1 g),用盐酸溶液(4.2.1.5)溶解并稀释至蛋氨酸浓度约为100 nmol/mL,用氨基酸自动分析仪(4.2.2)测定,色谱图上应唯有蛋氨酸峰,用保留时间法定性,并分别计算蛋氨酸标准溶液(4.2.1.9)及样品溶液中蛋氨酸的峰面积,用外标法计算样品中蛋氨酸含量。要求平行测定结果的算术平均值与样品标示量的绝对差不大于2%。

4.3 DL-蛋氨酸含量的测定

4.3.1 原理

在中性介质中准确加入过量的碘溶液,将两个碘原子加到蛋氨酸的硫原子上,过量的碘溶液用硫代硫酸钠标准滴定溶液回滴。

4.3.2 试剂和溶液

4.3.2.1 磷酸氢二钾溶液:500 g/L。

4.3.2.2 磷酸二氢钾溶液:200 g/L。

4.3.2.3 碘化钾溶液:200 g/L,储存于棕色瓶中。

4.3.2.4 碘溶液 $c(1/2I_2)=0.1$ mol/L:称取13 g碘及35 g碘化钾溶于水中,稀释至1 000 mL,摇匀,保存于棕色具塞瓶中。

4.3.2.5 硫代硫酸钠标准滴定溶液 $c(Na_2S_2O_3)=0.100\ 0$ mol/L:按GB/T 601制备并标定。

4.3.2.6 淀粉溶液:10 g/L。

4.3.3 仪器

4.3.3.1 分析天平:感量0.1 mg。

4.3.3.2 磁力搅拌器。

4.3.4 分析步骤

称取试样 0.23 g～0.25 g(精确至 0.000 1 g)放入 500 mL 碘量瓶中，加入 70 mL 去离子水，然后分别加入下列试剂：10 mL 磷酸氢二钾溶液(4.3.2.1)、10 mL 磷酸二氢钾溶液(4.3.2.2)、10 mL 碘化钾溶液(4.3.2.3)，待全部溶解后准确加入 50.00 mL 碘溶液(4.3.2.4)，盖上瓶盖，水封，充分摇匀，于暗处放置 30 min，用硫代硫酸钠标准滴定溶液(4.3.2.5)滴定过量的碘，边滴定边用磁力搅拌器(4.3.3.2)搅拌，近终点时加入 1 mL 淀粉指示剂(4.3.2.6)，滴定至无色并保持 30 s，为终点，同时做空白试验。

4.3.5 结果计算

蛋氨酸含量 X_1 按式(1)计算：

$$X_1 = \frac{c(V_0 - V) \times 0.074\,6}{m} \times 100\% \qquad \cdots\cdots(1)$$

式中：

c——硫代硫酸钠标准滴定溶液的实际浓度，单位为摩尔每升(mol/L)；

V_0——空白消耗的硫代硫酸钠标准滴定溶液的体积，单位为毫升(mL)；

V——滴定试样时消耗的硫代硫酸钠标准滴定溶液的体积，单位为毫升(mL)；

m——试样的质量，单位为克(g)；

0.074 6——与 1.00 mL 硫代硫酸钠标准滴定溶液[$c(Na_2S_2O_3)=1.000$ mol/L]相当的、以克表示的 DL-蛋氨酸的质量。

计算结果表示到小数点后一位。

4.3.6 允许差

取平行测定结果的算术平均值为测定结果，两次平行测定结果的绝对差值不得大于 0.3%。

4.4 干燥失重的测定

4.4.1 原理

试样在(105±2)℃烘箱内，在大气压下烘干至恒重。

4.4.2 分析步骤

用已恒重称样皿称取约 10 g 试样(精确至 0.000 2 g)，置于 105 ℃烘箱中干燥 3 h，取出，放入干燥器中冷却 30 min，称重。再同样烘干 1 h，冷却，称重，直至两次称重之质量差小于 0.002 g。

4.4.3 结果计算

干燥失重 X_2 按式(2)计算：

$$X_2 = \frac{m_2 - m_3}{m_2 - m_1} \times 100\% \qquad \cdots\cdots(2)$$

式中：

m_1——称样皿质量，单位为克(g)；

m_2——干燥前称样皿和试样质量，单位为克(g)；

m_3——干燥后称样皿和试样质量，单位为克(g)。

4.4.4 允许差

取平行测定结果的算术平均值为测定结果，两次平行测定结果的绝对差值不大于 0.1%。

4.5 氯化物含量的测定

4.5.1 原理

试样溶解后，加硝酸及硝酸银与氯离子反应生成氯化银浑浊液，与标准色相比较。

4.5.2 试剂与溶液

4.5.2.1 硝酸银溶液：浓度约 0.1 mol/L。

4.5.2.2 硝酸溶液：1+8(V+V)。

4.5.2.3 氯化钠溶液：1 mg/mL。

4.5.3 分析步骤

4.5.3.1 标准比对溶液的制备：于 50 mL 比色管中，加 40 mL 水，加入 2.0 mL 氯化钠溶液(4.5.2.3)，1 mL 硝酸溶液(4.5.2.2)和 1 mL 硝酸银溶液(4.5.2.1)混匀，稀释至 50 mL，摇匀。

4.5.3.2 试样溶液的制备：称取试样 1 g(精确至 0.01 g)，放于 50 mL 比色管中，加约 40 mL 水，缓慢加热，溶解试样，冷却，加 1 mL 硝酸溶液(4.5.2.2)和 1 mL 硝酸银溶液(4.5.2.1)，稀释至 50 mL，摇匀。

4.5.3.3 测定：将制备的试样与标准比对溶液进行比较，试样浊度不深于标准比对液浊度为合格。

注：若试样溶液带有颜色，影响比浊，可采用下述方法操作：准确称取 3 个 1 g 试样(精确至 0.01 g)，编号为 A、B、C，分别用 25 mL 水溶解，然后加 10 mL 硝酸溶液，于 A 中加 1 mL 硝酸银溶液，摇匀，放置 5 min 作为比对液，将 A、B、C 均过滤至滤液澄清，分别移入 3 个 50 mL 比色管中，于 A 中加 2.0 mL 氯化钠溶液，B、C 中分别加入 1 mL 硝酸银溶液，稀释至刻度，摇匀，进行浊度比较。

4.6 重金属的测定

4.6.1 原理

试样溶解后，在试验条件下重金属与硫化钠作用生成棕色硫化物，与同等条件下的参比液比色。

4.6.2 试剂和溶液

4.6.2.1 氢氧化钠溶液：43 g/L。

4.6.2.2 硫化钠溶液：100 g/L。

4.6.2.3 铅标准贮备液(100 μg/mL)：称取硝酸铅 0.160 g，置 1 000 mL 容量瓶中，加浓硝酸 5 mL 与水 50 mL 溶解后，用水稀释至刻度。

4.6.2.4 铅标准溶液(10 μg/mL)：移取铅标准贮备液(4.6.2.3)10 mL 于 100 mL 容量瓶中，加水稀释至刻度。

4.6.3 分析步骤

取 25 mL 纳氏比色管两支，编号为甲管和乙管，甲管中加入铅标准溶液(4.6.2.4)2 mL 和 5 mL 氢氧化钠溶液(4.6.2.1)，加水稀释成 25 mL，称取试样 1 g(精确至 0.01 g)于乙管中，加入 5 mL 氢氧化钠溶液(4.6.2.1)和少量水使试样溶解后，用水稀释至 25 mL；再在甲乙两管中分别滴加硫化钠溶液(4.6.2.2)5 滴，摇匀，放置 2 min，同置白纸上，自上向下透视，乙管中显示的棕色与甲管比较，不得更深。

注：若试样溶液有颜色，影响比色，可采用下述方法操作：称取试样 2 g(精确至 0.01 g)，加 10 mL 氢氧化钠溶液，加水溶解后使成 40 mL，将溶液分成甲乙两等份，乙液经滤膜(孔径 3 μm)滤过，置于比色管乙中，加硫化钠溶液 5 滴，加水稀释成 25 mL；甲液中滴加硫化钠溶液 5 滴，摇匀，放置 2 min 后，经滤膜(孔径 3 μm)滤过，收滤液于比色管甲中，加入铅标准溶液 2 mL，加水至 25 mL；照上述方法比较甲乙两管。

4.7 砷的测定

称取试样 1 g(精确至 0.01 g)，加水 23 mL 和浓盐酸 5 mL，溶解后，依法检查(《中华人民共和国药典》2005 年版二部 附录Ⅷ J 第一法)。

5 检验规则

5.1 产品应由生产厂的质量检验部门进行检验，生产厂应保证所有出厂的产品都符合本标准第 3 章的要求，并附有一定格式的质量证明书。

5.2 以同一批原料同一班次生产且包装的，具有同样工艺条件、同一批号、规格和同样质量证明证书的产品为一个批次。

5.3 取样袋数按 GB/T 14699.1 的规定执行。取样时，将取样器插入料层深度的四分之三处，将取得的样品混匀，用四分法缩分约 500 g 样品，分装于两个干燥、清洁、带磨口塞的瓶中，瓶上粘贴标签，注明生产厂名称、产品名称、生产日期、批次，一瓶用于检验，一瓶保存备用。

5.4 出厂检验：每批产品出厂时进行出厂检验。检验项目为感官指标、干燥失重、DL-蛋氨酸含量。

5.5 型式检验：每半年进行一次型式检验。型式检验项目包括本标准第3章规定的全部要求。有下列情况之一时，应对产品的质量进行型式检验：

a) 生产工艺、主要原料有变化时；

b) 停产3个月以上，恢复生产时；

c) 法定质检部门提出要求时；

d) 合同规定。

5.6 判定规则：检验结果全部符合本标准第3章的要求判为合格品。有一项指标不符合本标准要求时，应重新取样进行复验，复验结果中有一项不符合标准即判定为不合格。

5.7 本标准数据处理按GB/T 1250，采用修约值比较法。

6 标签、包装、运输、贮存

6.1 标签的内容应符合GB 10648的规定。

6.2 产品采用袋装，包装袋分三层，外层为聚乙烯复合布，中层为牛皮纸，内层为低密度聚乙烯薄膜或无毒聚氯乙烯薄膜，亦可采用能够保证产品质量的其他包装。

6.3 产品在运输过程中防止雨淋、受潮和日晒，严禁与有毒品混运。

6.4 产品应贮存在干燥、清洁的室内仓库里，避免雨淋和受潮，不得与有毒物品混存。

6.5 原包装在规定的贮存条件下保质期为36个月。

ICS 65.020.20
B 61

中华人民共和国国家标准

GB/T 17822.1—2009
代替 GB/T 17822.1—1999

橡胶树种子

Rubber tree seeds

2009-10-30 发布　　2009-12-01 实施

中华人民共和国国家质量监督检验检疫总局
中国国家标准化管理委员会　发布

前　言

本标准代替 GB/T 17822.1—1999《橡胶树种子》。

本标准与 GB/T 17822.1—1999 相比主要差异如下：

——在第 2 章对术语和定义做了增减和相应修改，其中增加了采种区和删减了实生砧术语定义，并增加了各条术语的英文；

——在第 3 章种子质量要求部分，在分级质量表中种子来源列增加了采种区以及来自采种区的种子的分级质量要求；

——将原第 4 章拆分为第 4 章、第 5 章和第 6 章，将检验方法内容全部编入第 4 章，抽样方法和要求列入第 5 章。检验规则内容写入第 6 章，并分别对检验方法、抽样方法和要求、检验规则的顺次和要求作了明确的规定；

——对部分附录的格式和内容作了一些调整和细化，以便于实际操作；

——删除了原橡胶树苗木检疫对象棒孢叶斑病(因其已在我国多处发生)。

本标准的附录 A、附录 B、附录 D、附录 E、附录 G 是规范性附录，附录 C 和附录 F 是资料性附录。

本标准由中华人民共和国农业部提出。

本标准由农业部热带作物及制品标准化技术委员会归口。

本标准起草单位：中国热带农业科学院橡胶研究所、国家重要热带作物工程技术研究中心。

本标准主要起草人：林位夫、殷世铭、李智全、陈叶海。

本标准所代替标准的历次版本发布情况为：

——GB/T 17822.1—1999。

橡胶树种子

1 范围

本标准规定了橡胶树(*Hevea brasiliensis* Muell-Arg)种子的术语和定义、质量要求、检验方法、抽样、检验规则以及包装、标志、贮存和运输。

本标准适用于培育橡胶树实生砧苗或橡胶树有性系苗的橡胶树种子。

2 术语和定义

下列术语和定义适用于本标准。

2.1

有性系种子园 seed garden of family seedling

用某些橡胶树品系(种)或品系(种)组合的种植材料,按生产有性系种子的种子园设置要求建立。

2.2

砧木种子园 seed garden of rootstock seedling

用某些橡胶树品系(种)或品系(种)组合的种植材料,按生产砧木种子的种子园设置要求建立。

2.3

采种区 seed collection area

生产性胶园中全部或部分的种植材料以及其种植形式应符合砧木种子园建设要求的某一特定区域。

2.4

纯度 purity

指定的橡胶树品系(种)种子的粒数占被检样品种子总粒数的百分率。

2.5

净度 cleanliness

指定的橡胶树品系(种)种子中除干瘪、畸形、霉变、破损外的粒数占被检样品种子总粒数的百分率。

2.6

同一批种子 a batch of seeds

在同一种子园或采种区里连续3d内采收的橡胶树种子。

2.7

种子园档案 seed garden file

记录橡胶树种子园的批准登记号、地点、橡胶树品系(种)、品系纯度和树龄以及胶园隔离状况等的档案。种子园档案格式见附录A。

3 质量要求

3.1 生产性使用的橡胶树种子应采集于采用省或全国作物品种审定委员会审定或推荐的种植材料建立,并经省级或国家主管部门认证批准的橡胶树种子园和采种区。

3.2 橡胶树种子应在胶果果皮呈暗黄色至橡胶树种子自然爆落后3 d内采收。收集单粒种子较重、饱满、表面花纹清晰、有光泽,种壳无霉变、无畸形、无破损的种子。

3.3 进出口的橡胶树种子应符合相关的检疫规定。

3.4 橡胶树种子分级质量要求见表1。

表 1 橡胶树种子分级质量要求

种子类别	级 别	纯度/%	净度/%	种子来源
有性系种子	1	≥99.0	≥95.0	有性系种子园
	2	≥98.0	≥65.0	
	3	≥97.0	≥40.0	
砧木种子	1	≥99.0	≥95.0	砧木种子园
	2	≥98.0	≥80.0	
	3	≥97.0	≥60.0	
	4	≥90.0	≥40.0	采种区
注：以纯度、净度二项中最低一项的级别定为该同一批种子级别；种子来源于其他胶园的为等外种子。				

4 检验方法

4.1 来源鉴定

种子来源鉴定可依据种子园档案或实地核定。

根据报检的橡胶树种子的种子园档案，或到实地调查，查明橡胶树种子的父母本，其他品系(种)混杂情况和种子园隔离状况等。

种子来源鉴定报告格式见附录 B。

4.2 外观检验

成熟的橡胶树种子外壳表面有牢固、清晰的花纹；新鲜的橡胶树种子外壳表面呈油滑光亮。根据橡胶树种子外壳表面的花纹的固着性和光泽，判断出其成熟度和新鲜程度。

——用肉眼观察，种壳无霉变、无瘤肿畸形、无破损，种壳表面呈油滑光亮；

——用手指用力擦拭种壳表面，其花纹擦不掉。

具备上述两个条件的种子外观合格。

种子外观合格率按式(1)计算：

$$A = \frac{G_e}{G_g} \times 100 \qquad \cdots\cdots(1)$$

式中：

A——种子外观合格率，%；

G_e——被检样品中外观合格的种子粒数；

G_g——被检样品种子总粒数。

橡胶树种子外观检验报告格式见附录 B。

4.3 纯度检验

不同品系(种)的橡胶树种子的形状等具有相对不同的特征。根据这些形态特征可以比较准确地区分已登记的不同品系(种)的橡胶树种子。

检验方法：将样品种子用肉眼逐个观察，将其形态特征比照报检橡胶树种子登记的种子形态特征，若两者相同的为合格；否则为不合格。

主要橡胶树品系(种)的种子形态特征参见附录 C。

种子纯度按式(2)计算：

$$P = \frac{G_p}{G_g} \times 100 \qquad \cdots\cdots(2)$$

式中：

P——种子纯度，%；

G_p——被检样品中指定橡胶树品系(种)的种子粒数;

G_g——被检样品种子总粒数。

种子纯度检验记录表和检验报告格式见附录 B。

4.4 净度检测

成熟的橡胶树种子的外胚乳充实,子叶完整,且子叶与外胚乳可相互分离。新鲜的橡胶树种子的外胚乳、子叶呈乳白色至淡乳黄色,但子叶与外胚乳不相互分离。

检测工具:锤子、刀片。

检测方法:用锤子打破种壳,取出完整的种仁,若种仁饱满,则用刀片在种仁中部将种仁横向切开,用肉眼观察剖面。外胚乳、子叶呈乳白色至淡乳黄色,外胚乳充实饱满,子叶完整,且子叶与外胚乳可相互分离但不分开的为好种子;否则为废种子。

种子净度按式(3)计算:

$$C = \frac{G_w}{G_g} \times 100 \qquad \cdots\cdots(3)$$

式中:

C——种子净度,%;

G_w——被检样品中合格种子粒数;

G_g——被检样品种子总粒数。

种子净度检测记录表和检验报告格式见附录 B。

4.5 检疫检验

进出口的橡胶树种子疫情检疫检验按相关的检疫规定进行。

注:橡胶树种子的检疫对象和检疫报告单见附录 D。

5 抽样

5.1 袋装(或箱装、筐装等,下同)的同一批种子的抽样方法

先抽样袋。总袋数为 3 袋及 3 袋以下的,每袋抽样;总袋数为 3 袋以上的,样袋的数量按式(4)计算(运算过程精确到小数点后一位,运算结果四舍五入取整数)。然后对样袋内的橡胶树种子再抽样。再抽样方法是将样袋内的种子全部倒出铺于地面,按 5.2 的规定抽样。

$$B_y = (B - 3) \times 10\% + 3 \qquad \cdots\cdots(4)$$

式中:

B_y——样袋数量,单位为袋;

B——总袋数,单位为袋。

5.2 散装的同一批种子的抽样方法

将橡胶树种子均匀散铺在地上,在橡胶树种子堆上划出"十"字线,分别沿着"十"字线均匀多点取样,共取出约占总数 20% 的橡胶树种子,再将这些橡胶树种子一起混匀,摊平成矮圆锥体状,在橡胶树种子堆上划出"十"字线,取出"十"字线任一对角的两份种子,再按上述方法反复取样,直至取出的橡胶树种子的质量接近所需的样品量时,再将其混匀,然后随机称取样品种子。样品量根据同一批种子的总质量,分别按式(5)~式(8)计算(运算过程精确到小数点后两位,运算结果保留小数点后两位)。

$$W_{(\leqslant 10)} = W \times 8.30\% \qquad \cdots\cdots(5)$$

$$W_{(10.1\sim 100)} = W \times 3.71\% + 0.46 \qquad \cdots\cdots(6)$$

$$W_{(100.1\sim 500)} = W \times 0.52\% + 3.65 \qquad \cdots\cdots(7)$$

$$W_{(>500)} = 6.25 \qquad \cdots\cdots(8)$$

式中:

W——种子总质量,单位为千克(kg);

$W_{(\leqslant 10)}$——同一批种子总质量(10 kg 以下的样品量),单位为千克(kg);

$W_{(10.1\sim 100)}$——同一批种子总质量(10.1 kg～100.0 kg 的样品量),单位为千克(kg);

$W_{(100.1\sim 500)}$——同一批种子总质量(100.1 kg～500.0 kg 的样品量),单位为千克(kg);

$W_{(>500)}$——同一批种子总质量(500.0 kg 以上的样品量),单位为千克(kg)。

样品采集后,应存放在洁净荫凉处,并随即进行质量检验工作。

6 检验规则

6.1 同一批种子统一检测。

6.2 检测时间

橡胶树种子质量检测可在种子启运前或播种前在室内进行,种子来源确定可到实地核定。

6.3 检测程序

橡胶树种子质量检测工作,首先按 4.1 的规定核查种子来源,若报检的橡胶树种子父母本、品系纯度和种子园隔离条件与档案记录或实地调查结果相符,并且符合省级主管部门认证的种子园要求的为合格;否则为不合格。若不合格,终止检验工作;若合格,按照 5.2 规定抽样,然后按 4.2 规定检测样品橡胶树种子的外观,若同时符合两个外观合格要求的为外观合格种子,否则为不合格;当橡胶树种子外观合格率小于 40%时,终止检验工作;当橡胶树种子外观合格率大于或等于 40%时,按 4.3、4.4 的规定依次检验。如果将作进、出口的种子,应在执行本条款之前按 4.5 规定检疫,通过后再执行本条款。

6.4 判定规则和复检规则

无检疫性病虫害,来源于种子园的,种子纯度≥97%,净度达到≥60%;来自采种区的,种子纯度≥90%,净度达到≥40%,该批次种子为合格种子。

若对检验结果有争议,可加倍抽样,复检一次,复检结果为最终结果。

没有取得橡胶树种子质量合格证明书的橡胶树种子不应作为生产性使用。

6.5 检测结果

经检测质量合格的由检测部门签发种子质量合格证明书。橡胶树种子质量合格证明书格式见附录 E。

7 包装、标志、贮存和运输

7.1 包装

7.1.1 简易包装

橡胶树种子作短途运输(途中运输时间不超过 2 d)时,可用麻袋、草袋或箩筐等包装。

7.1.2 标准包装

橡胶树种子作长途运输(途中运输时间超过 2 d)时,宜用木箱或竹筐包装。包装前,先用填充料在木箱或竹筐内底部铺垫一层,然后一层橡胶树种子一层填料,每层厚度约 5 cm,分层叠放,最上一层为厚度约 5 cm 的填充料。填充料的制备参见附录 F。

7.1.3 单位质量

每一包装单位的总质量不宜超过 40 kg。

7.2 标志

橡胶树种子包装外表面应有避免日晒、雨淋和挤压的标志。

每一包装应张贴或拴挂一个标签。标签模型见附录 G。

7.3 贮存

橡胶树种子宜随采随运随播。橡胶树种子采收后或运输到目的地后至播种前应拆去包装,将种子平摊于洁净荫凉地面,种子堆放厚度小于 10 cm,同时要少量洒水保湿,避免风吹日晒。贮存时间不宜超过 3 d(不含采收时间和运输时间,作贮藏处理的种子例外)。

7.4 运输

运输橡胶树种子的工具不限。在运输橡胶树种子过程中应避免橡胶树种子遭日晒、雨淋和挤压，并尽量缩短运输时间，短途运输时间不应超过 2 d(含装、卸车时间)，长途运输的橡胶树种子应按 7.1.2 的规定处理。

附 录 A
（规范性附录）
橡胶树种子园档案格式

表 A.1 和表 A.2 分别给出了橡胶树种子园登记表和橡胶树种子采种区登记表的格式。

表 A.1 橡胶树种子园登记表 No：

<table>
<tr><td colspan="2">种子园名称</td><td colspan="4"></td><td>负责人</td><td></td></tr>
<tr><td colspan="2">种子园地点</td><td colspan="6">省 县 乡(场) 村(队) 胶园</td></tr>
<tr><td colspan="2">建设单位名称</td><td colspan="4"></td><td>负责人</td><td></td></tr>
<tr><td colspan="2">种子园批准/登记号</td><td></td><td colspan="2">批准/登记日期</td><td colspan="3">年 月 日</td></tr>
<tr><td colspan="2">批准、登记机关名称</td><td colspan="4"></td><td>负责人</td><td></td></tr>
<tr><td colspan="2">橡胶树定植时间</td><td>年 月 日</td><td colspan="2">种子园面积/hm²</td><td colspan="3"></td></tr>
<tr><td colspan="2">种植密度/(株/hm²)</td><td></td><td colspan="2">种植形式/(m×m)</td><td colspan="3"></td></tr>
<tr><td colspan="2"></td><td>品系(种)名称</td><td>定植株数</td><td>现存株数</td><td>其他品种</td><td>纯度[a]/%</td><td>排列方式</td></tr>
<tr><td colspan="2">母 本</td><td></td><td></td><td></td><td></td><td></td><td></td></tr>
<tr><td colspan="2">父 本</td><td></td><td></td><td></td><td></td><td></td><td></td></tr>
<tr><td rowspan="4">隔离带的宽度或橡胶树[b]</td><td>方[c]</td><td></td><td></td><td></td><td></td><td></td><td></td></tr>
<tr><td>方[c]</td><td></td><td></td><td></td><td></td><td></td><td></td></tr>
<tr><td>方[c]</td><td></td><td></td><td></td><td></td><td></td><td></td></tr>
<tr><td>方[c]</td><td></td><td></td><td></td><td></td><td></td><td></td></tr>
<tr><td colspan="8">a 纯度(%)=现存株数/(现存株数+其他品种株数)×100%，父母本品种纯度=100%；隔离带的橡胶树品种纯度≥98%。
b 在种子园四周 100 m 以内的橡胶树；没有橡胶树的只写明隔离带宽。
c 方位或方向。</td></tr>
</table>

表 A.2 橡胶树种子采种区登记表 No：

<table>
<tr><td colspan="2">采种区名称</td><td colspan="5"></td><td>负责人</td><td></td></tr>
<tr><td colspan="2">采种区地点</td><td colspan="7">省 县 乡(场) 村(队) 胶园</td></tr>
<tr><td colspan="2">建设单位名称</td><td colspan="5"></td><td>负责人</td><td></td></tr>
<tr><td colspan="2">采种区批准/登记号</td><td colspan="2"></td><td colspan="2">批准/登记日期</td><td colspan="3">年 月 日</td></tr>
<tr><td colspan="2">批准、登记机关名称</td><td colspan="5"></td><td>负责人</td><td></td></tr>
<tr><td>序号</td><td>品系(种)名称或某品种×某品种或某品种与某品种</td><td>定植时间</td><td>种植形式/m</td><td>林段号或地点</td><td>某行至某行</td><td>某株至某株</td><td>面积/hm²</td><td>品种纯度/%</td></tr>
<tr><td>1</td><td></td><td></td><td></td><td></td><td></td><td></td><td></td><td></td></tr>
<tr><td>2</td><td></td><td></td><td></td><td></td><td></td><td></td><td></td><td></td></tr>
<tr><td>3</td><td></td><td></td><td></td><td></td><td></td><td></td><td></td><td></td></tr>
<tr><td>4</td><td></td><td></td><td></td><td></td><td></td><td></td><td></td><td></td></tr>
<tr><td>5</td><td></td><td></td><td></td><td></td><td></td><td></td><td></td><td></td></tr>
<tr><td>6</td><td></td><td></td><td></td><td></td><td></td><td></td><td></td><td></td></tr>
<tr><td colspan="9">注：采种区在“某行至某行×某株至某株”的区域内，应注明某行或某株起始方位或方向。</td></tr>
</table>

附　录　B
（规范性附录）
橡胶树种子质量检验报告格式

表 B.1～表 B.6 给出了橡胶树种子检验报告单的格式。

表 B.1　橡胶树种子外观检验报告单　　　　№：

项　　目	合格种子	不合格种子
种子种壳的外观与色泽	无霉变、无瘤肿畸形、无破损； 花纹清晰、牢固；色泽光亮	有霉变、瘤肿畸形、破损； 花纹不清晰、不牢固；色泽黯淡
种子数量/粒		
检验结果：种壳外观合格率（%）＝$\frac{\text{外观合格种子粒数}}{\text{被检样品种子总粒数}}\times 100\%=$ 检验单位（章）：　　　　　　检验人签名： 检验日期：　　年　　月　　日		
注 1：当种壳外观合格率（%）大于或等于 40%时，继续下步检验工作。 注 2：当种壳外观合格率（%）小于 40%时，该批种子作废种子处理，终止检验。		

表 B.2　种子来源鉴定报告单　　　　№：

项　　目			报　　检	档案记录	实地核定结果	符　　合
种子园名称						
种子园批准/登记号						
种子园批准/登记日期						
种子园地址						
种子园面积/hm^2						
种植密度/（株/hm^2）						
种植形式（株行距）/m						
母本名称						
纯度/%						
父本名称						
纯度/%						
父母本植株比例						
种子园隔离带要求[a]	方[b]	100 m 内有何否橡胶树品系				
		纯度/%				
		或多远处有橡胶树				
	方[b]	100 m 内有何否橡胶树品系				
		纯度/%				
		或多远处有橡胶树				

表 B.2（续）　　No：

<table>
<tr><th colspan="3">项　　目</th><th>报　　检</th><th>档案记录</th><th>实地核定结果</th><th>符　　合</th></tr>
<tr><td rowspan="6">种子园隔离带要求[a]</td><td rowspan="3">方[b]</td><td>100 m 内有何否橡胶树品系</td><td></td><td></td><td></td><td></td></tr>
<tr><td>纯度/%</td><td></td><td></td><td></td><td></td></tr>
<tr><td>或多远处有橡胶树</td><td></td><td></td><td></td><td></td></tr>
<tr><td rowspan="3">方[b]</td><td>100 m 内有何否橡胶树品系</td><td></td><td></td><td></td><td></td></tr>
<tr><td>纯度/%</td><td></td><td></td><td></td><td></td></tr>
<tr><td>或多远处有橡胶树</td><td></td><td></td><td></td><td></td></tr>
<tr><td colspan="7">鉴定结果：

鉴定单位(章)：　　　　鉴定人签名：

鉴定日期：　　年　　月　　日</td></tr>
<tr><td colspan="7">注 1：父母本品种纯度=100%；隔离带的橡胶树品种纯度(%)≥98%为合格。
注 2：在非植胶地中的种子园，距种子园周边水平距离 100 m 内没有橡胶树的为合格；在植胶地内的种子园，距种子园周边 100 m 以内的橡胶树品种符合种子园建设品种和纯度要求的为合格，否则为不合格。</td></tr>
<tr><td colspan="7">[a] 在距种子园周边 100 m 以内的橡胶树。
[b] 方位或方向。</td></tr>
</table>

表 B.3　种子纯度检验报告单　　No：

<table>
<tr><th>项　　目</th><th>报检的橡胶树品系(种)</th><th>非报检的橡胶树品系(种)</th><th>全部被检样品种子</th></tr>
<tr><td>橡胶树品系(种)名称</td><td></td><td></td><td>—</td></tr>
<tr><td>种子数量/粒</td><td></td><td></td><td></td></tr>
<tr><td colspan="4">检测结果：种子纯度(%)=$\frac{报检品种的种子粒数}{全部被检样品种子总粒数}\times 100\%=$

检测单位(章)：　　　　检测人签名：

检测日期：　　年　　月　　日</td></tr>
</table>

表 B.4 种子净度检测报告单

№：

项　目	合格种子	不合格种子	全部被检样品种子
	1. 种仁饱满； 2. 外胚乳、子叶呈乳白色至淡乳黄色； 3. 外胚乳充实饱满； 4. 两片子叶饱满； 5. 子叶与外胚乳可相互分离。	1. 种仁不饱满； 2. 外胚乳、子叶呈黄色、霉黑或糜烂； 3. 外胚乳欠充实饱满； 4. 两片子叶不饱满； 5. 子叶与外胚乳不可相互分离。	
种子数量/粒			

检测结果：橡胶树种子净度(%)$=\frac{\text{合格种子粒数}}{\text{全部被检样品种子总粒数}}\times 100\%=$

检测单位(章)：　　　　　　　　检验人签名：

检验日期：　　年　　月　　日

注 1：好种子必须具有全部 5 个特征，凡具废种子特征之一者为废种子。

注 2：全部被检样品总质量包括样品中橡胶树种子和其他杂质的质量。

表 B.5 种子外观检验记录表

№：

报检种子名称		种子园或采种区名称	
种子园批准/登记号		批准/登记日期	
采收日期		送检日期	
送检人		接收人	检验人

	种壳		霉变		畸形		花纹				光泽	
序号	破损	不破损	有	无	有	无	清晰	不清晰	牢固	不牢固	油滑光亮	无光泽

表 B.6　种子净度检验记录表

No：

报检种子名称					种子园或采种区名称							
种子园批准/登记号					批准/登记日期				采收日期			
送检日期			送检人			接收人				检验人		
	种仁		外胚乳				子叶				外胚乳与子叶可分开	外胚乳与子叶不可分离	胚芽发育良好
序号	饱满	不饱满	饱满	不饱满	乳白-淡乳黄色	其他颜色	饱满	不饱满	乳白-淡乳黄色	其他颜色			

附 录 C
（资料性附录）
主要橡胶树品系(种)的种子形态鉴定参考资料

表C.1给出了主要橡胶树品系(种)的种子形态鉴定参考资料的格式。

表C.1 主要橡胶树品系(种)的种子形态鉴定参考资料

品 系	种子的形态			
	大 小	形 状	种 背	种 腹
RRIM 600	较小	近扁圆形	种脊不明显，或细而微突起；底色灰黄并略带紫色；斑纹棕色	发芽孔平或微内斜，孔面微下陷；脐凹；脐痕较窄而浅；侧胸下陷较深；后凹小而深
PR 107	中等至较大	为较厚的扁圆形，先端较低	具较均匀的纵向宽条沟；底色灰黄；斑纹黄褐色	发芽孔平或微内斜；孔面下凹；种脐平；脐痕浅；侧胸及后凹均不明显
GT 1	小	较厚而窄的椭圆形，微显前窄后宽	种脊突起明显；多数维管束痕不明显；底色棕灰色；斑纹棕褐色，点纹多	发芽孔平，有时微内斜；孔面下陷；种脐突起；脐痕浅窄；鸡胸突起，侧胸下陷；后凹较明显
PB86	较大有时中等	近扁圆形或为扁椭圆形	种脊不明显；底色灰紫色，有时部分呈黄灰色；斑纹棕色；条纹多而块纹少	发芽孔平，有时微内斜；孔面呈锅形微凹；种脐较平；脐很浅；侧胸下陷；后凹不明显
大丰 95	中等	近椭圆形	具较均匀的纵向宽条沟；底色灰黄；斑纹棕褐色，点纹少而条纹块纹多	发芽孔微内斜；孔面微凹；种脐微下陷；脐痕浅；侧胸及后凹均不明显
热研 88-13	较小至中等	近扁椭圆形	种脊不明显，具分布不均匀的浅宽条沟；底色灰黄；斑纹棕褐色，点纹和块纹多	发芽孔平，微内斜；孔面微凹；种脐微下陷；脐痕浅宽；侧胸微下陷，后凹宽而深

附　录　D
（规范性附录）
橡胶树种子检疫对象及检疫报告单格式

表 D.1 和表 D.2 分别给出了橡胶树种子检疫对象及检疫报告单格式。

表 D.1　橡胶树种子检疫对象

作　　物	检疫对象中文名称	检疫对象学名	备　　注
橡胶树种子	南美叶疫病	*Dothidella ulei* 或 *Mycrocylus ulei*	检查范围包括从疫区引入的其他植物、作物材料及其包装材料等
	白根病	*Fomes lignosus*	

表 D.2　橡胶树种子检疫报告单　　　　№：

<table>
<tr><th>检疫对象</th><th>有否发现检疫对象</th><th>备　　注</th></tr>
<tr><td>南美叶疫病
（Dothidella ulei
或 Mycrocylus ulei）</td><td></td><td rowspan="2">按照《植物检疫操作规程》进行检验</td></tr>
<tr><td>白根病
（Fomes lignosus）</td><td></td></tr>
<tr><td colspan="3">检验结果和处理意见：

检验单位（盖章）：　　　　检验人（签名）：　　　　检验日期　　年　　月　　日</td></tr>
</table>

附　录　E
（规范性附录）
橡胶树种子质量合格证明书格式

表 E.1 给出了橡胶树种子质量合格证明书格式。

表 E.1　橡胶树种子质量合格证明书　　　　　　№：

<table>
<tr><td colspan="2">送检单位</td><td colspan="2"></td><td>送检日期</td><td colspan="2"></td></tr>
<tr><td colspan="2">种子类别</td><td></td><td>采种日期</td><td></td><td>数量/kg</td><td></td></tr>
<tr><td rowspan="6">检验结果</td><td>采种种子园名称</td><td colspan="2"></td><td>采种种子园地点</td><td colspan="2"></td></tr>
<tr><td>种子园批准/登记号</td><td></td><td>批准/登记日期</td><td></td><td>采种人</td><td></td></tr>
<tr><td>母　本</td><td></td><td>父　本</td><td></td><td rowspan="2">检疫结果</td><td rowspan="2"></td></tr>
<tr><td>纯度/%</td><td></td><td>纯度/%</td><td></td></tr>
<tr><td>种子纯度/%</td><td></td><td>种子净度/%</td><td></td><td>级　别</td><td></td></tr>
<tr><td>检验意见</td><td colspan="5"></td></tr>
<tr><td colspan="3" rowspan="2">检验单位(盖章)：</td><td colspan="2" rowspan="2">检验人(签名)：</td><td colspan="2">检验日期：　年　月　日</td></tr>
<tr><td colspan="2">签证日期：　年　月　日</td></tr>
<tr><td colspan="7">注 1：本证一式三份，采种单位、购种单位、检验单位各一份。
注 2：本证明仅核实当批种子检验时的种子质量情况。</td></tr>
</table>

附 录 F
（资料性附录）
填充料的制备

F.1 填充料的定义

在包装橡胶树种子时用于橡胶树种子分隔、保湿的材料。一般选用质轻、保湿、清洁、价廉、易得的材料作填料。

F.2 填充料的制备

F.2.1 锯末屑：选用无毒、杂质少的锯屑，过 50 目筛，清水冲洗，去泥块等杂质，把锯屑置锅中，加清水适量，并煮沸 30 min，冷却，晾晒至含水量约 10%，包装备用。

F.2.2 河沙：用直径 1 mm～5 mm 的河沙，清水洗净，晾晒，干燥至砂粒表面无润湿感，备用。

F.2.3 稻谷壳：选用新鲜稻谷壳，用清水冲洗，去杂质，把稻谷壳置锅中，加清水适量，煮沸 30 min，冷却，晾晒至含水量约 10%，包装备用。

F.3 其他填料

木炭粉：含水量约 20%。

椰糠：含水量约 10%。

附　录　G
（规范性附录）
橡胶树种子标签尺寸

单位为毫米

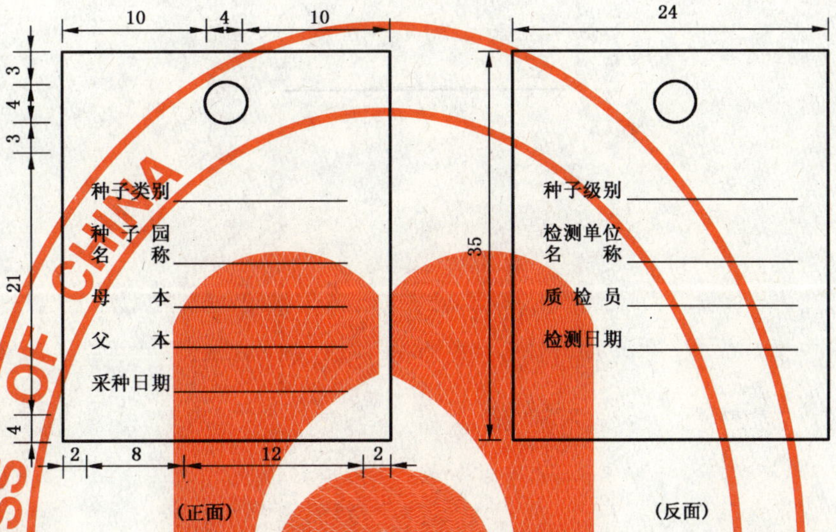

注：标签的用材为厚度约 0.3 mm 的白色聚乙烯塑料薄片或牛皮纸；标签正反面均用黑色 6 号宋体字打印；标签项目内容用圆珠笔填写。

图 G.1　橡胶树种子标签尺寸

参 考 文 献

[1] 农垦部热带作物科学院等. 橡胶无性系形态鉴定方法及其图谱[M]. 北京:科学出版社,1965:204-220.

[2] 杨少斧,杨爱梅,赵家保,等. 橡胶无性系种子形态特征鉴定[J]. 云南热作科技,1980(1):18-25.

ICS 11.220
B 41

中华人民共和国国家标准

GB/T 17823—2009
代替 GB/T 17823—1999

集约化猪场防疫基本要求

Veterinary requirements of prevention and control of diseases for intensive pig farm

2009-03-09 发布　　2009-05-01 实施

中华人民共和国国家质量监督检验检疫总局
中国国家标准化管理委员会　发布

前　言

本标准代替 GB/T 17823—1999《中、小型集约化养猪场兽医防疫工作规程》。

本标准与 GB/T 17823—1999 相比主要变化如下：

——将原标准名称改为“集约化猪场防疫基本要求”；

——补充了“卫生消毒、疫病诊断与监测、免疫、药物防治、疫病净化”等方面的内容和规定；

——对“猪场建设防疫要求、猪场管理防疫要求”的内容，结合我国集约化猪场的实际情况和防疫要求进行了内容的补充和完善；

——删去了原标准中的“各种疫病的免疫程序”的内容。

本标准由中华人民共和国农业部提出。

本标准由全国动物防疫标准化技术委员会（SAC/TC 181）归口。

本标准起草单位：中国农业大学。

本标准主要起草人：杨汉春、郭鑫、盖新娜。

本标准所代替标准的历次版本发布情况为：

——GB/T 17823—1999。

集约化猪场防疫基本要求

1 范围

本标准规定了集约化猪场防疫工作的基本内容、原则和方法，涉及猪场建设防疫要求、猪场管理防疫要求、卫生消毒、疫病诊断与监测、疫情处置、免疫、药物防治和疫病净化。

本标准适用于不同规模的集约化猪场。

2 术语和定义

下列术语和定义适用于本标准。

2.1

集约化猪场 intensive pig farm

采用先进的科学技术和生产工艺，实行高密度、高效率、连续均衡生产的专业化养猪场。

3 猪场建设防疫要求

3.1 猪场场址应选择地势高，干燥，背风，向阳，水源充足，水质良好，排水方便，无污染，排废、供电和交通方便的地方。远离铁路、公路、城镇、居民区和公共场所 500 m 以上。远离屠宰场、畜产品加工厂、垃圾及污水处理场所、风景旅游区 2 000 m 以上。周围筑有围墙或防疫沟，并建立绿化带。

3.2 猪场布局应将生产区、生活区、行政办公区严格分开，并保持一定距离。生产区应在离生活区、行政办公区 100 m 以外的下风处。饲料仓库、种猪舍应设在生产区的上风处。

3.3 猪场大门、生产区入口处要设置同大门相同宽、进场大型机动车轮一周半长的水泥结构的消毒池。

3.4 生产区门口应设有更衣换鞋、消毒室或淋浴室。猪场入口处要设置长 1 m 以上的消毒池，或设置消毒盆以供进场人员消毒。

3.5 根据防疫需求可建消毒室、兽医室、隔离舍、病死猪无害处理间等，均应设在猪场的下风 50 m 处。猪场内道路应布局合理，设净道、污道、进料和赶猪道，出粪道严格分开，不准回流或交叉使用。

3.6 猪场要有专门的堆粪场，粪尿及污水处理设施要符合环境保护要求，防止污染环境。

3.7 按饲养和生产程序，建筑有种猪舍(含种公猪舍)、妊娠舍、分娩舍、保育舍、育成舍和育肥猪舍，各猪舍之间的距离应为 20 m 左右。应分区布局配种、产房、保育、生长育肥舍，各区之间相隔 20 m 以上。

3.8 猪场要有自建水塔供全场用水。水质应符合国家规定的卫生标准。

3.9 种猪进场要进行隔离观察。进场种猪要在隔离圈观察，出场经过用围栏组成的通道，赶进装猪台。装猪台应设在生产区的围墙外面。

4 猪场管理防疫要求

4.1 猪场兽医防疫卫生管理应实行场长负责制。

4.1.1 组织拟定本场兽医防疫卫生计划、规划和各部门的防疫卫生岗位责任制。

4.1.2 按照规定淘汰病猪、疑似传染病患病猪、隐性感染猪和无饲养价值的猪只。

4.1.3 组织实施传染病和寄生虫病的防治和扑灭工作。

4.1.4 对场内职工及其家属进行猪场兽医防疫工作基本要求宣传教育。

4.1.5 监督场内各部门和职工执行兽医防疫工作基本要求。

4.2 猪场要建立有一定诊断条件的兽医室，建立健全免疫接种、诊断与监测以及病猪病理剖检记录。

4.3 猪场应根据规模和需求配备适量的兽医技术人员，负责猪场的兽医卫生防疫工作。

4.3.1 制定全场的防疫、消毒、监测、检疫和驱虫工作计划，并参与组织实施。定期向上一级主管场长汇报。

4.3.2 配合畜牧技术人员加强猪群的饲养管理、生产性能及生理健康监测。

4.3.3 有条件的场应开展主要传染病的感染状况和疫苗免疫效果监测工作。

4.3.4 定期检查饮水卫生及饲料的加工、贮运是否符合卫生防疫要求。

4.3.5 定期检查猪舍、用具、隔离舍、粪尿处理和猪场环境卫生和消毒情况。

4.3.6 负责防疫、病猪诊治、淘汰、死猪剖检及其无害处理。

4.3.7 建立兽医药品(包括疫苗等生物制品)采购、保管、领用、免疫注射、消毒、检疫、抗体监测、疾病治疗、淘汰、剖检等各种业务档案。

4.3.8 积极推广兽医科技新成果和新经验，有条件的可结合生产进行必要的应用试验与评价工作。

4.4 猪场应坚持自繁自养的原则。

4.5 引进种猪时，应调查产地是否为非疫区，并且应申报检疫审批，经检疫合格后方可引进。引入后隔离饲养至少 45 d，在此期间进行观察、检疫，确认为健康者方可并群饲养。引进种猪隔离期满并群饲养前，应按国家要求及当地疫病流行实际情况，及时注射猪瘟、口蹄疫等重大疫病疫苗，以防染疫造成重大损失。

4.6 猪场严禁饲养禽、犬、猫及其他动物。生产区人员不得接触生猪肉。外来车辆不得进入猪场，必要时，需经严格消毒后方可进入。

4.7 外来参观者洗澡后，更换场区工作服和工作鞋，并遵守场内一切防疫卫生制度。

4.8 场内不准带入染疫的畜产品或其他物品。场内兽医人员不准对外诊疗猪及其他动物的疾病。猪场配种人员不准对外开展猪的配种工作。

4.9 猪场的每个消毒池要按使用消毒药品的最短有效期，定期更换消毒药液，并保持其有效浓度。

4.10 生产区人员进入生产区时，应洗手，穿工作服和胶靴，戴工作帽；或淋浴后更换衣鞋。工作服应每天清洗和消毒。饲养员严禁相互串栋。每栋猪舍出入口放置消毒盆，进出猪舍踏盆消毒。

4.11 生产区人员出场前应进行淋浴和更换工作服，外出返回生产区之前，应隔离 1 周。

4.12 禁止饲喂不清洁、发霉或变质的饲料。

5 卫生消毒

5.1 猪场应保持整个环境的清洁卫生，因地制宜地选用高效、低毒、广谱的消毒药品，定期对猪场内的道路和环境进行消毒，一般每周 1 次～2 次。同时，应对与猪场相通的周边道路进行消毒，一般每月2 次以上，在一些重大疫病发生和流行时期，每周 1 次以上。

5.2 每天坚持打扫猪舍卫生，保持料槽、水槽、用具干净，地面清洁。

5.3 猪场应执行每个生产阶段的“全进全出”制，每批猪转舍和调出后，猪舍要严格进行清扫，并冲洗消毒后空圈 5 d～7 d。猪舍内要定期进行带猪消毒，一般每周 2 次。

5.4 产房要严格消毒，有条件的可进行消毒效果检测，母猪进入产房前进行体表清洗和消毒，母猪分娩前用 0.1％高锰酸钾溶液对外阴和乳房清洗消毒。仔猪断脐、断尾、剪齿后要严格消毒。

5.5 定期驱除猪的体内、外寄生虫。搞好灭鼠、灭蚊蝇和灭吸血昆虫等工作。

5.6 饲养员应认真执行饲养管理制度，细致观察饲料有无变质，注意观察猪采食和健康状态、排粪有无异常等，发现不正常现象，及时向兽医技术人员报告。

5.7 猪只及其产品出场，应由猪场提供疫病监测和免疫证明。

5.8 根据猪场所在地区疫病发生的种类，确定免疫接种的内容、方法和适宜的免疫程序，制定综合防治方案和选用驱虫药物。

6 疫病诊断与监测

6.1 对猪场发病死亡猪只，兽医技术人员应积极开展临床和病理诊断，并作好发病和死亡情况记录。

6.2 采集发病死亡猪只的血清、组织样本,及时送相关实验室进行病原学与血清学诊断。

6.3 猪场应定期开展疫病监测工作,掌握猪群病原感染与带毒状况。按猪群规模采集一定数量的血清样本送相关实验室进行检测,一般一年进行 3 次～4 次监测。

7 疫情处置

猪场发生疫情时,应按规定及早报告,并依照相关法律法规进行处置。

8 免疫

8.1 应依据猪群的免疫状况和疫病的流行季节,结合当地和本场的具体疫情制定相应的免疫预防方案。

8.2 有条件的猪场每年应进行 2 次～3 次疫苗免疫效果的监测。

9 药物防治

9.1 猪场应依据本场细菌性疾病发生状况,制定各个阶段猪群的合理科学的药物预防与保健方案。

9.2 对发病猪群,有针对性地使用药物进行对症治疗,选用敏感、高效的抗菌药物,禁止滥用抗菌药物,严格执行各类药物停药期的规定。不能使用国家禁用的各类药物。

9.3 制定猪场寄生虫控制计划,选择高效、安全、广谱的抗寄生虫药。首次执行寄生虫控制程序的猪场,应首先对全场猪进行彻底的驱虫。对怀孕母猪于产前 1 周～4 周内用一次抗寄生虫药。对公猪每年至少用药 2 次,对外寄生虫感染严重的猪场,每年应用药 4 次～6 次。所有仔猪在转群时用药一次。后备母猪在配种前用药 1 次。新进的猪只驱虫两次(每次间隔 10 d～14 d)后,并隔离饲养至少 30 d 才能和其他猪并群。

10 疫病净化

猪场应积极开展种猪群伪狂犬病、猪瘟等疾病的净化,建立阴性、健康的种猪群。

ICS 47.080
U 37

中华人民共和国国家标准

GB/T 17846—2009/ISO 8849:2003
代替 GB/T 17846—1999

小艇 直流电动舱底泵

Small craft—Electrically operated direct-current bilge pumps

(ISO 8849:2003,IDT)

2009-03-09 发布 2009-11-01 实施

中华人民共和国国家质量监督检验检疫总局
中国国家标准化管理委员会 发布

前　言

本标准等同采用ISO 8849:2003《小艇　直流电动舱底泵》。

本标准代替GB/T 17846—1999《小艇　电动舱底泵》。

本标准与GB/T 17846相比,主要有下列变化:

——标题名称改为“小艇　直流电动舱底泵”;

——3.3删除“32 V”;

——增加3.6　设计电压;

——4.3增加20 kPa的额定值;

——增加4.9;

——取消5.3、5.5;5.4、5.6、5.7、5.8、5.9分别改为5.3、5.4、5.5、5.6、5.7;

——修改了第6章标记。

本标准由中国船舶工业集团公司提出。

本标准由全国小艇标准化技术委员会归口。

本标准起草单位:中国船舶工业集团公司第七〇八研究所。

本标准主要起草人:景宝金。

本标准所代替标准的历次版本发布情况为:

——GB/T 17846—1999。

小艇　直流电动舱底泵

1　范围

本标准规定了用于从艇长不大于 24 m 的小艇内排出舱底水的直流电动舱底泵的要求。

本标准适用于额定电压小于 50 V 的直流(d.c.)电动舱底泵。

本标准不适用于破损控制的舱底泵。

2　规范性引用文件

下列文件中的条款通过本标准的引用而成为本标准的条款。凡是注日期的引用文件,其随后所有的修改单(不包括勘误的内容)或修订版均不适用于本标准,然而,鼓励根据本标准达成协议的各方研究是否可使用这些文件的最新版本。凡是不注日期的引用文件,其最新版本适用于本标准。

GB 4208—2008　外壳防护等级(IP 代码)(IEC 60529:2001,IDT)

GB/T 17726—1999　小艇　电气装置　防止点燃周围可燃性气体的保护(idt ISO 8846:1990)

GB/T 19311—2003　小艇　电气系统　超低压直流装置(ISO 10133:2000,IDT)

3　术语和定义

下列术语和定义适用于本标准。

3.1

自动泵　automatic pump

装备有传感装置,使其在预定的液位上启动和停转的泵。

3.2

防点燃装置　ignition-protected device

符合 GB/T 17726—1999 要求的装置。

3.3

标称电压　nominal voltages

艇上通常所用的直流电压,例如 6 V、12 V 和 24 V。

3.4

非潜水泵　non-submersible pump

设计成在水面以上工作的泵。

3.5

潜水泵　submersible pump

设计成完全浸入水中工作的泵。

3.6

设计电压　design voltage

标称电压的 113%。

4　一般要求

4.1　舱底泵应设计成 87.5%标称电压到设计电压的范围内连续运行,如 10.5 V 对应 12 V 系统,21 V 对应 24 V 系统,此时该泵的最大消耗功率应在泵的推荐特性曲线范围内。

4.2 舱底泵和舱底泵自启动装置,应符合 GB/T 17726—1999 的防点燃要求和 GB/T 19311—2003 的对电气系统的要求。

4.3 舱底泵的额定值应为 0 kPa、10 kPa 和 20 kPa 的静水压下(对应 0 m、1 m 和 2 m 扬程)达到的每分钟或每小时的以升计的抽水量。出水管应为内壁光滑的 1.5 倍于扬程长的软管,且其内径应与泵的出水口外径一致。

应在安装和使用说明书中对泵的额定参数进行描述。

泵的额定参数应包括最大输出压力和排水的最大扬程。

4.4 舱底泵应单独地安全紧固于小艇上。

4.5 用于制造舱底泵的预期能与海水接触的材料应为:

a) 耐腐蚀性材料或经涂覆后具有耐腐蚀的性能;

b) 在电化作用上相兼容;

c) 耐挥发性油(如汽油、柴油等油类)以及舱底清洁剂所引起的损蚀。

4.6 潜水泵应设有用于防止碎屑进入泵吸入口的滤器或其他设施。吸入口滤器和滤网的设计应使其能进行清洗。

4.7 每台舱底泵,均应有安装和使用说明书。应有一张电路图,标明每根导线且包括电路中各控制开关以及屏蔽接地(如适用)的正常位置。对于无整体保护的舱底泵,应说明所推荐的过电流保护。

安装说明书应要求远距离安装的泵装设防止碎屑进入泵吸入口的滤器或其他设施。

4.8 舱底泵应能在其设计电压下,至少干燥地运行 7 h 而不产生失火危险,或者应设有与泵构成整体的自动切断该泵供电的设施,以防失火危险。

4.9 容积式或半容积式泵的叶轮可能在干抽工况下与壳体连续接触。其应能满足至少干抽 5 min 不会损坏叶轮和壳体,至少 1 h 不导致失火危险。作为替代措施,应采用与泵组成一体的设施,以便自动关断泵,以防失火危险,并用标签警告该泵的干抽时间应超过 1 min。

5 电气要求

5.1 舱底泵应为双线型(手动型)或三线型(自动型),其火线(正极)和回线(负极)均应与电动机和泵的外壳相绝缘。

5.2 用于连接电源的导线应为绞合铜线,其规格、电流和绝缘等级应符合 GB/T 19311—2003 的要求。

5.3 潜水泵应具有水密的电气连接,符合 GB 4208—2008 的 IP 56 等级要求。建议在泵的连接处采用一段水密电缆,以便在正常的舱底水位以上可以进行泵与电源的连接。

5.4 泵外壳部件可能与舱底水接触且可能会成为杂散漏电流源的金属部件,它们应当具有接地措施。

例外:泵采用双绝缘电气系统,在漏电电流到达暴露的金属部件前,断开两个独立的绝缘系统,可不设接地。

5.5 应采用下列任一措施防止舱底泵处于持续的堵转状态:

a) 整体的过电流保护,或者;

b) 在电路中其量值足以保护舱底泵电动机的过电流保护,或者;

c) 在环境温度为 60 ℃时能够承受堵转 7 h,表面温度不超过 150 ℃,且无烧焦、燃坏或熔化的迹象。

5.6 舱底泵应能进行直流 500 V 的耐压试验历时 1 min,而不会出现超过 1 mA 的漏电电流。此试验电压应施加在载流部件与非载流金属部件之间。若此泵是内部接地的,进行该项试验时,应当断开此接地线。

5.7 自动舱底泵应具有手动越控开关,以允许在自动操纵失效时手动操作。

6 标记

舱底泵上应使用铭牌或其他方式永久而清晰地至少标明下列内容：

a) 制造厂名称或标志；

b) 型号和/或系列号；

c) 以伏特(V)和安培(A)表示的电气功率；

d) GB/T 17846；

e) 在输出压头为 10 kPa(1 m 压头)时的输出额定参数(见 4.3)。

ICS 47.020
U 10

中华人民共和国国家标准

GB/T 17872—2009
代替 GB/T 17872—1999

江海直达货船船型尺度系列

Dimensions series of river/coastal cargo ship

2009-03-31 发布　　　　2009-11-01 实施

中华人民共和国国家质量监督检验检疫总局
中国国家标准化管理委员会　发布

前　言

本标准代替 GB/T 17872—1999《江海直达货船船型尺度系列》。

本标准与 GB/T 17872—1999 相比主要变化如下：

——删除了船型分为 A、B 两组；

——删除了 1 500 吨级、2 500 吨级、3 500 吨级尺度系列；

——调整了 5 000 吨级尺度标准(见表 1)；

——增加 7 000 吨级、10 000 吨级、12 000 吨级、19 000 吨级和 23 000 吨级尺度系列(见表 1)。

本标准由中华人民共和国交通运输部提出。

本标准由全国内河船标准化技术委员会(SAC/TC 130)归口。

本标准起草单位：长江船舶设计院。

本标准主要起草人：王前进、章鸣。

本标准所代替标准的历次版本发布情况为：

——GB/T 17872—1999。

江海直达货船船型尺度系列

1 范围

本标准规定了江海直达货船船型尺度系列，适用航行于长江中、下游至近海的江海直达货船。

2 术语和定义

下列术语和定义适用于本标准。

2.1

江海直达货船 river/coastal cargo ship

航行于长江中、下游至近海，装运各种干、杂货并兼运集装箱的多用途货船。

3 主要参数

江海直达货船船型尺度系列见表1。

表 1 江海直达货船船型尺度系列

吨 位	船长 m	船宽 m	设计吃水 m	设计载货量 t	主机功率 kW
1 000 吨级	60.00	11.30	3.40	1 000	2×294
2 000 吨级	79.00	14.10	4.00	2 000	2×441
3 000 吨级	84.00	15.70	4.20	3 000	2×570
5 000 吨级	100.00	18.00	5.20	5 000	2×750
7 000 吨级	105.60	18.60	5.46	7 000	2×993
10 000 吨级	114.00	20.00	6.00	10 000	2×1 072
12 000 吨级	128.00	22.60	6.30	12 000	2×1 324
19 000 吨级	149.80	24.20	8.00	19 000	2×2 206
23 000 吨级	149.80	24.40	9.80	23 000	2×2 800
注：船型航速范围为 11.0 kn～12.5 kn。					

ICS 23.020.30
J 74

中华人民共和国国家标准

GB 17878—2009
代替 GB 17878—1999

工业用非重复充装焊接钢瓶用瓶阀

Cylinder valve for non-refillable steel welded industry cylinder

(ISO 13340:2001, Transportable gas cylinders—Cylinder valve for non-refillable cylinders—Specification and prototype testing, NEQ)

2009-06-25 发布　　2010-04-01 实施

中华人民共和国国家质量监督检验检疫总局
中国国家标准化管理委员会　发布

前言

本标准的全部技术内容为强制性。

本标准与 ISO 13340:2001《可搬运气瓶　非重复充装瓶阀　技术要求和型式试验》(英文版)的一致性程度为非等效。

本标准代替 GB 17878—1999《工业用非重复充装瓶阀》。

本标准与 GB 17878—1999 相比主要变化如下：

——修改了标准的适用范围(1999 版的第 1 章;本版的第 1 章);

——将原标准中"引用标准"更改为"规范性引用文件"(1999 版的第 2 章;本版的第 2 章);

——增加了术语和定义;

——专门把材料要求作为重点进行了规范;

——不再对阀体材料、阀芯和阀杆材料进行材料牌号的规定,而是对其使用性能进行硬性规定;

——增加了工业用非重复焊接钢瓶用瓶阀的命名方法;

——增加了橡胶密封件浸泡检验的要求,取消了原版里的 9 个要求;

——将启动性试验的压力降低到 0.1 MPa;

——将原版中的 2.7 MPa 统一修订为公称工作压力;

——将耐压试验压力调整为 2.5 倍公称工作压力;

——将非重复充装性试验的压力调整为 0.12 倍的公称工作压力,试验介质改为气体,判定合格为 2 h 后的压力降不超过 0.02 MPa;

——增加要求阀在出厂时必须整体完成了气密性试验(公称工作压力下),同时增加了型式试验的气密性压力 0.05 MPa;

——将耐用性试验的速率从原来的 6 次/min～10 次/min 修改为 3 次/min～6 次/min;

——修改了检验规则和试验方法(1999 版的第 4 章,第 5 章;本版的第 8 章和第 9 章);

——修改了标记、包装、贮运(1999 版的第 6 章;本版的第 10 章);

——修改了型式试验项目及评判依据(1999 版的第 5 章;本版的附录 A);

——根据 GB/T 1.1—2000 和 GB/T 1.2—2002 的规定,对本标准的内容、结构及文字进行了修改。

本标准的附录 A 为资料性附录。

本标准由全国气瓶标准化技术委员会(SAC/TC 31)提出并归口。

本标准负责起草单位:上海市特种设备监督检验技术研究院。

本标准参加起草单位:浙江巨程钢瓶有限公司、慈溪市大昌阀门有限公司。

本标准主要起草人:徐维普、杨金富、罗晓明、叶晓茹、屠建国。

本标准所代替标准的历次版本发布情况为:

——GB 17878—1999。

工业用非重复充装焊接钢瓶用瓶阀

1 范围

本标准规定了工业用非重复充装焊接钢瓶用瓶阀的术语和定义、结构型式及基本尺寸、材料、制造要求和性能要求、试验方法、检验规则、标志、包装、贮运等。

本标准适用于 GB 17268—2009 中规定的工业用非重复充装钢质焊接气瓶用瓶阀(以下简称瓶阀)。

2 规范性引用文件

下列文件中的条款通过本标准的引用而成为本标准的条款。凡是注日期的引用文件,其随后所有的修改单(不包括勘误的内容)或修订版均不适用于本标准,然而,鼓励根据本标准达成协议的各方研究是否可使用这些文件的最新版本。凡是不注日期的引用文件,其最新版本适用于本标准。

GB/T 228　金属材料　室温拉伸试验方法(GB/T 228—2002,eqv ISO 6892:1998)

GB/T 699　优质碳素结构钢　技术条件

GB 17268—2009　工业用非重复充装焊接钢瓶

ISO 1817　硫化橡胶　液体作用的测定

ANSI B1.1　统一标准螺纹

ANSI B1.2　统一标准螺纹量规及测量

3 术语和定义

下列术语和定义适用于本标准。

3.1

非重复充装瓶阀　Non-refillable cylinders valve

只能完成一次介质充装的瓶阀。

4 结构型式及基本尺寸

4.1 瓶阀的产品型号命名表示方法如下:

FCF-△ □

- □ ——改进型号,用罗马字母 Ⅰ、Ⅱ、Ⅲ…… 等表示
- △ ——设计序号,用阿拉伯数字 1、2…… 等表示
- FCF ——工业用非重复充装焊接钢瓶用瓶阀名称用 FCF 表示

4.2 瓶阀的型式及基本尺寸(见图 1)

4.2.1 瓶阀出气口螺纹为 0.437 5-20 UNF-2A,牙型角为 60°,该螺纹应符合 ANSI B1.1 的规定。

4.2.2 瓶阀的公称通径大于等于 4 mm。

4.2.3 瓶阀的总高度(关闭状态)不得大于 70 mm。

4.2.4 瓶阀阀体与钢瓶瓶体的连接方式为焊接连接。

4.2.5 阀杆在瓶阀启闭时的全行程应不小于 3 mm。

4.3 瓶阀在不受破坏的条件下，瓶阀的结构型式应能防止各种手段的重复充装。

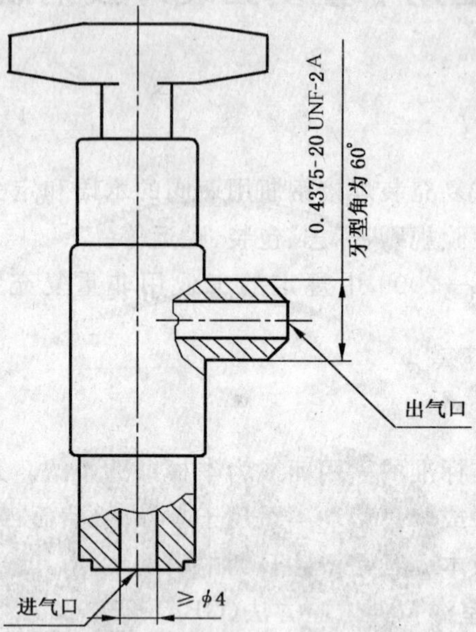

图 1 阀的型式及尺寸

5 材料

5.1 阀体材料应为镇静钢，具有良好的锻压和焊接性能，与瓶体材料焊接性相适应；材料应符合 GB/T 699和GB/T 228中的相关要求。

5.2 阀体材料的强度应与瓶体材料的强度相匹配，并应满足使用强度的要求。

5.3 非金属材料密封件应参照 ISO 1817 的要求进行相应使用介质的浸泡试验，并满足如下要求：

橡胶密封件在 23 ℃±2 ℃的相应瓶用介质内浸泡 70 h 后，其体积膨胀率不大于 25%，收缩率不大于 1%，质量损失率不大于 10%。

同时，橡胶密封件的强度、塑性、硬度、伸长率应满足配套瓶阀的使用要求。

5.4 材料应符合相应标准的规定，应具有质量合格证明文件，且适合于与所要充装的介质；橡胶密封件应保证经历焊接热循环过程后仍具有良好的密封性能。

5.5 阀体材料应按炉号验证化学成分。

阀体材料的化学成分应符合：

——碳 C 的含量不大于 0.25%；

——磷 P 的含量不大于 0.03%；

——硫 S 的含量不大于 0.02%。

6 制造要求

6.1 阀体应锻压成型，阀体表面不得有裂纹、气孔等缺陷。

6.2 阀杆材料在加工后应能承受 13 N·m 的力矩而不滑丝。

6.3 阀体应进行防腐蚀表面处理，处理后应能抵抗相应使用介质的腐蚀。

6.4 出气口螺纹应经 ANSI B1.2 的量规检查合格。

6.5 阀杆、阀芯等采用注塑成型时，不得有冷隔、焦料、杂质、气孔等缺陷，毛刺、飞边等应修理干净。

7 性能要求

7.1 耐压性

瓶阀在2.5倍的公称工作压力下，不得有泄漏、永久变形或其他异常现象。

7.2 启闭性

瓶阀的启闭在公称工作压力下应动作灵活且启闭力矩不大于3 N·m。

7.3 气密性

瓶阀在0.05 MPa和公称工作压力下，在任意开闭位置不得有泄漏或其他异常现象。

7.4 耐振性

瓶阀在公称工作压力下，应能承受振幅为2 mm，频率为33.3 Hz，任意方向持续时间为30 min的振动，不得有泄漏或其他异常现象。

7.5 耐温性

瓶阀在公称工作压力下，在−40 ℃～60 ℃的温度范围内不得有泄漏或其他异常现象。

7.6 耐用性

瓶阀在公称工作压力下，全行程开闭100次，不得有泄漏或其他异常现象。

7.7 启动性

瓶阀在0.1 MPa的工作压力下开启，介质应顺畅放出。

7.8 非重复充装性

瓶阀在0.12倍的公称工作压力下进行介质的重复充装，2 h内允许的气体压力降低不得大于5%。

8 试验方法

8.1 外观检查

瓶阀的外观采用目测方法进行检查，其结果应符合6.1的要求。

8.2 耐压试验

将瓶阀安装在耐压试验设备上，封堵出气口，使瓶阀处于最大开启状态，充水加压至2.5倍公称工作压力，保压5 min，不得有永久变形或其他异常现象。

8.3 启闭性试验

将瓶阀安装在气密试验设备上，由进气口充入空气或氮气至公称工作压力，以不大于3 N·m的力矩关闭瓶阀，浸入水中1 min，不得有泄漏现象；然后以不大于3 N·m的力矩能顺利开启瓶阀。

8.4 气密性试验

将瓶阀安装在气密试验设备上进行试验。

8.4.1 封堵出气口，由进气口充入空气或氮气至0.05 MPa和公称工作压力下，且浸入水中1 min，对任意开启位置进行检验，不得有泄漏或其他异常现象。

8.4.2 封堵进气口，由出气口充入空气或氮气至0.05 MPa和公称工作压力下，关闭瓶阀浸入水中1 min，进行检查，不得有泄漏或其他异常现象。

8.5 耐振性试验

将瓶阀安装在耐振试验设备上，由出气口充入空气或氮气至公称工作压力，以不大于3 N·m力矩关闭瓶阀，按7.4要求任意方向振动30 min，浸入水中1 min，不得有泄漏或其他异常现象。

8.6 耐温性试验

将瓶阀安装在耐温试验设备上进行试验，充入空气或氮气加压至公称工作压力，按7.5的要求装入高温环境60 ℃±2 ℃，将试验装置放置在水中保温4 h(开、关各2 h)；然后将装置放入低温环境

—40 ℃±2 ℃,试验装置放置在酒精中保温 4 h(开、关各 2 h),试验过程中不断观察装置,阀不得有泄漏或其他异常现象。

8.7 **耐用性试验**

将瓶阀安装在耐用性试验设备上,封堵出气口,从进气口充入空气或氮气至公称工作压力,将瓶阀以不大于 3 N·m 的力矩和 3 次/min～6 次/min 的速率作全行程启闭 100 次,应无泄漏及其他异常现象。

8.8 **启动性试验**

将完成了耐用性试验的瓶阀安装在设备上,由进气口充入空气或氮气至 0.1 MPa 开启瓶阀,充入的空气或氮气应顺畅放出。

8.9 **非重复充装性**

将瓶阀的出气口安装到非重复充装设备上(设备上的压力表的刻度至少为 0.01 MPa),向试验设备内充装空气或氮气至 0.12 倍公称工作压力,2 h 内允许的气体压力降低不得大于 5%。

具体试验方法见附录 A。

9 检验规则

9.1 材料与零件进厂必须具有质量合格证书并按标准进行验收。

9.2 出厂检验

9.2.1 逐只检验

a) 外观检查;

b) 出气口螺纹检查;

c) 整体组装后的气密性试验(仅进行公称工作压力开启位置的气密性试验)。

9.2.2 批量抽样检验

批量抽样检验项目、试验顺序、试样数量见表 1。

表 1 批量检验项目

试样名称	试验顺序	试验项目	被测试样
金属材料	1	5.5 金属化学成分检测	1
被检测的阀	1	8.1 外观检查	1～6 号阀
	2	8.2 耐压试验	1 号阀
	3	8.3 启闭性试验	2～4 号阀
	4	8.4 气密性试验	2～4 号阀
	5	8.8 启动性试验	5 号阀
	6	8.9 非重复充装性试验	6 号阀

9.2.3 抽样方法及判定

阀的抽检应在每批(不得大于 10 000 只)连续生产的经逐个检验合格的产品中抽取。每批成品抽取试样 6 个,在检验过程中,如有 1 个阀不符合标准某一项之要求,则再抽取 12 个(型式试验抽样数量为 16 个)重新检测不符合的项目,若仍不合格,则该批阀为不合格品。

9.3 型式试验

9.3.1 在下列情况下,阀必须由第三方进行型式试验:

a) 新产品试制定型鉴定;

b) 结构、工艺、材料等有重大改变时;

c) 中断生产超过六个月后重新投产的。

9.3.2　型式试验项目

阀的型式试验项目、试验顺序、试样数量见表 2。

9.3.3　抽样方法及判定

型式试验用阀应从出厂检验合格的产品中抽取，抽检基数为 1 000 只，抽样数量为 8 个，在检验过程中，如有 1 个阀不符合标准某一项之要求，则再抽取 16 个重新检测不符合的项目，若仍不合格，则该批阀为不合格品。

表 2　型式试验项目

试样名称		试验顺序	试验项目	被测试样
材料	金属材料	1	5.5 金属化学成分检测	1
材料	非金属材料密封件	2	5.3 橡胶密封件浸泡试验	3
被检测的阀		1	8.1 外观检查	1～8 号阀
被检测的阀		2	8.2 耐压试验	1 号阀
被检测的阀		3	8.3 启闭性试验	2～6 号阀
被检测的阀		4	8.4 气密性试验	2～6 号阀
被检测的阀		5	8.5 耐振性试验	2～6 号阀
被检测的阀		6	8.6 耐温性试验	2～6 号阀
被检测的阀		7	8.7 耐用性试验	7 号阀
被检测的阀		8	8.8 启动性试验	7 号阀
被检测的阀		9	8.9 非重复充装性试验	8 号阀

10　标记、包装、贮运

10.1　标记

10.1.1　阀上应有下列永久性标志：

a)　阀的型号；

b)　阀的公称工作压力；

c)　制造厂商或商标；

d)　制造厂的制造许可证号；

e)　生产批次；

f)　制造许可证标志。

10.1.2　阀的手轮上应有开启或关闭方向的永久性标志。

10.2　包装

包装前应清除残留在阀内的水分，包装时应保持阀的清洁，螺纹不受损伤，包装箱内应附有产品合格证、使用说明书。

10.2.1　每只出厂阀均应有产品合格证，每批出厂的阀应提供批量质量证明书。

产品合格证应注明下列内容：

a)　阀的名称、型号；

b)　公称工作压力；

c)　阀的批号；

d)　产品执行的标准；

e)　检验日期；

f) 质量部门盖章。

10.2.2 使用说明书应有下列内容：

a) 使用方法；

b) 使用要求；

c) 注意事项。

10.2.3 制造厂的产品资料至少保存4年。

10.3 贮运

阀应贮存在没有腐蚀性气体、通风、干燥且不受日光曝晒的地方。在运输、装卸时要防止碰撞、重压。

附 录 A
（资料性附录）
非重复充装性试验

A.1 试验装置和流程

A.1.1 试验装置的基本要求

A.1.1.1 试验装置必须具有能调节和控制装置系统的压力及持续保压的功能。

A.1.1.2 试验装置必须具有恒压、持续输出试验用介质的功能。

A.1.1.3 试验装置容器的水容积为 5 L；装置承压系统必须通过耐压试验。耐压试验压力应不低于 1 MPa，耐压试验的保压时间不得少于 5 min。

A.1.1.4 试验装置上应至少安装两只能够同时正确显示试验压力的压力表。压力表的精度等级不低于 1.0 级，最小刻度应至少为 0.01 MPa，其量程应为试验压力的(2～3)倍。压力表应每半年校验一次。

A.1.2 流程见图 A.1，图 A.1 为推荐的非重复充装性试验装置原理图。

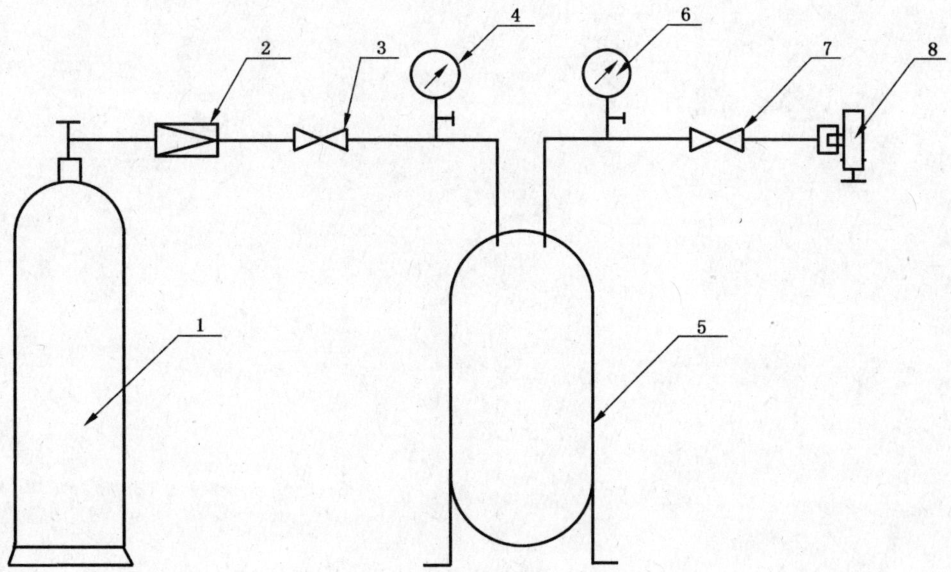

1——气源；

2——减压阀；

3,7——控制阀；

4,6——压力表；

5——加压罐；

8——受试瓶阀。

图 A.1 非重复充装性试验装置原理图

A.2 试验方法

A.2.1 试验压力为 0.12 倍公称工作压力，试验介质一般采用空气。

A.2.2 试验操作要求

A.2.2.1 调节加压罐的压力至0.12倍公称工作压力，并保持恒压。

A.2.2.2 将受试瓶阀的出口连接到装置上，开启出气阀进行试验直至试验要求的时间结束。

A.2.2.3 在试验过程中应随时检查试验系统的压力并注意两只压力表的显示值是否相同。

ICS 29.120.99
K 32

中华人民共和国国家标准

GB 17885—2009
代替 GB 17885—1999

家用及类似用途机电式接触器

Electromechanical contactors for household and similar purposes

(IEC 61095:2000,MOD)

2009-09-30 发布　　　　2010-06-01 实施

中华人民共和国国家质量监督检验检疫总局
中国国家标准化管理委员会　发布

前　言

本标准的全部技术内容为强制性。

本标准修改采用 IEC 61095:2000(Ed1.1)《家用及类似用途机电式接触器》,本标准在技术内容与编写格式上基本与 IEC 61095 一致。

考虑到我国国情,采用 IEC 61095:2000(Ed1.1)时,做了一些修改。有关技术性差异已编入正文中并在它们所涉及的条款的页边空白处用垂直单线标识。针对本标准与 IEC 的差异补充说明如下:

1) 3.6 条为增加,IEC 61095:2000 中无此条。
2) 取消了 IEC 61095:2000(Ed1.1)中条款“8.2.6　通断过电压”。同时取消相关条款“5.1g)”、“5.8”、“6.1.2n)”,“9.3.3.5.4”其后条款项目编号等相应改变。
3) 9.2.3 中“有关试验程序见 GB 14048.1—2006 中附录 C 的规定”在 IEC 61095:2000 中为“试验方法尚在考虑中”。
4) 表 16 中功率因数,IEC 61095:2000 规定为±0.5,有误,本标准改为±0.05。
5) 表 20 注释 e,增加对 690 V 的额定绝缘电压的规定。

本标准是对 GB 17885—1999《家用及类似用途机电式接触器》的修订。

本标准与 GB 17885—1999 的主要差别为:

1) GB 17885—1999 在“3　术语”中仅仅列出 IEC 1095:1992 中列出而 GB/T 2900.18—1992 中没有定义的术语,本标准全部列出。
2) 5.3.3 中删除了“接触器的额定频率应符合 GB/T 1980”的规定。
3) 加入“7.1.4　一般电磁环境条件”。
4) 8.1.10 改为“试验方法见 GB 14048.1—2006 中的附录 C”。
5) 加入“8.3　电磁兼容性”,包括“8.3.1　抗扰度”和“8.3.2　发射”。
6) 9.2.1.6 改“相比漏电起痕指数”为“相比电痕化指数”并把引用到 9.2.1.6 的“9.1.2o)”和“附录 B 表 B.1 中 E 的 f 条”做相应改动;去掉“绝缘材料的相比漏电起痕指数(CTI)是确定爬电距离所必需的数据”。
7) 9.2.3 改为“有关试验程序见 GB 14048.1—2006 中附录 C 的规定”。
8) 9.2.4.3“高度 H 长 75 m”改为“高度 H 长 75 mm”。
9) 9.2.5.1 中第 3 段,“钢性”改为“刚性”;第 5 段“一般进行如下 5 次撞击:”改为“施加其中的 5 次撞击如下:”。
10) 9.2.5.2.2“球面试验设备”改为“球体试验设备”;第 1 段,“跌落和摆动”改为“跌落或摆动”;第 2 段,“垂直高度”改为“垂直距离”。
11) 9.2.6“乙烷”改为“已烷”。
12) 9.3.3.4.1b)“不必进行耐压试验”改为“不必进行冲击耐压试验”;本条注释按 GB 14048.1—2006 8.3.3.4.1d)中注释修改。
13) 9.3.4.2.2“……电流极限……,……按元件的最大 I_q……”改为“……限流……,……按最大允通峰值电流 I_p……”。
14) 9.3.4.2.3“……和 I_q 电流试验合格:”改为“……和 I_q 电流(适用时)试验合格:”。
15) 本标准加入图 10 铰接试指。
16) 附录 A,A.2.2 中加注。
17) 附录 G 加入 G.4。

本标准代替 GB 17885—1999。

本标准的附录 A、附录 B、附录 C、附录 D、附录 E、附录 F、附录 G 为规范性附录。

本标准由中国电器工业协会提出。

本标准由全国低压电器标准化技术委员会归口。

本标准负责起草单位:上海电器科学研究所(集团)有限公司。

本标准参加起草单位:浙江正泰电器股份有限公司、人民电器集团有限公司、三信国际电器上海有限公司、德力西电气有限公司、天水二一三电器有限公司、施耐德电气(中国)投资有限公司。

本标准主要起草人:曾萍、贾峰。

本标准参加起草人:萧红卫、高文乐、苏邯林、黄蓉蓉、郑士泉、高卫东、曾慧。

本标准所代替标准的历次版本发布情况为:

——GB 17885—1999。

家用及类似用途机电式接触器

1 范围

本标准规定了家用及类似用途的机电式接触器，其主触头用于连接额定电压不超过交流 440 V、使用类别 AC-7a 下额定工作电流小于或等于 63 A、使用类别 AC-7b 下额定工作电流小于或等于 32 A、额定限制短路电流小于或等于 6 kA 的电路。

本标准适用于接触器一般不用于分断短路电流，因此使用时应安装适当的短路保护电器作为其一部分(见 9.3.4)。

本标准不适用于下述电器：

a) 符合 GB 14048.4 的接触器；

b) 半导体接触器；

c) 特殊用途的接触器；

d) 接触器的辅助触头(其有关要求见 GB 14048.5)。

本标准规定下述要求：

a) 接触器的特性；

b) 接触器应符合下列要求的条件：

1) 操作和性能；

2) 介电性能；

3) 外壳防护等级；

4) 结构；

5) EMC 性能；

c) 验证满足上述条件所采用的试验及试验方法；

d) 提交认证的试验程序及试品数量；

e) 接触器应提供的参数或制造厂样本中应提供的参数。

2 规范性引用文件

下列文件中的条款通过本标准的引用而成为本标准的条款。凡是注日期的引用文件，其随后所有的修改单(不包括勘误的内容)或修订版均不适用于本标准，然而，鼓励根据本标准达成协议的各方研究是否可使用这些文件的最新版本。凡是不注日期的引用文件，其最新版本适用于本标准。

GB/T 2423.3—2006 电工电子产品环境试验 第 2 部分：试验方法 试验 Cab：恒定湿热试验(IEC 60068-2-78：2001，IDT)

GB/T 2900.18—2008 电工术语 低压电器

GB/T 4025—2003 人-机界面标志标识的基本和安全规则 指示器和操作器的编码规则(IEC 60073：1996，IDT)

GB/T 4026—2004 人-机界面标志标识的基本方法和安全规则 设备端子和特定导体终端标识及字母数字系统的应用通则(IEC 60445：1999，IDT)

GB/T 4205—2003 人机界面(MMI)操作规则(IEC 60447：1993，IDT)

GB/T 4207—2003 固体绝缘材料在潮湿条件下相比电痕化指数和耐电痕化指数的测定方法(IEC 60112：1979，IDT)

GB/T 5169.10—2006 电工电子产品着火危险试验 第 10 部分：灼热丝/热丝基本试验方法 灼热丝装置和通用方法(IEC 60695-2-10：2000，IDT)

GB/T 5169.11—2006 电工电子产品着火危险试验 第11部分:灼热丝/热丝基本试验方法 成品的灼热丝可燃性试验方法(IEC 60695-2-11:2000,IDT)

GB/T 5465.2—2008 电气设备用图形符号 第2部分:图形符号(IEC 60417 DB:2007,IDT)

GB/T 11020—2005 固体非金属材料暴露在火源时的燃烧性试验方法清单(IEC 60707:1999,IDT)

GB/T 11021—2007 电气绝缘 耐热性分级(IEC 60085:2004,IDT)

GB/T 11026.1—2003 电气绝缘材料 耐热性 第1部分:老化程序和试验结果的评定(IEC 60216-1:2001,IDT)

GB 14048.1—2006 低压开关设备和控制设备 第1部分:总则(IEC 60947-1:2001,MOD)

GB 14048.4—2003 低压开关设备和控制设备 机电式接触器和电动机起动器(IEC 60947-4:2000,IDT)

GB 14048.5—2008 低压开关设备和控制设备 第5-1部分:控制电路电器和开关元件 机电式控制电路电器(IEC 60947-5-1:2003,MOD)

GB/T 16895.12—2001 建筑物电气装置 第4部分:安全防护 第44章:过电压保护 第433节:大气过电压或操作过电压保护(idt IEC 60364-4-433:1995)

GB/T 16935.1—2008 低压系统内设备的绝缘配合 第1部分:原理、要求和试验(IEC 60664-1:2007,IDT)

IEC 60050(151):1978 国际电工词汇 第151部分:电和磁的器件

IEC 60050(441):1984 国际电工词汇 第441部分:开关设备、控制设备、和熔断器

IEC 60050(604):1987 国际电工词汇 第604部分:发电输电和配电运行

IEC 60050(826):1982 国际电工词汇 第826部分:电气装置

IEC 60028 铜电阻

ISO 2039-2:1987 塑料 硬度确定 第二部分:洛氏硬度

3 术语和定义

GB/T 2900.18 中确定的有关术语和定义以及下列术语和定义适用于本标准。

3.1 基本术语

3.1.1

过电流 over-current

超过额定电流的任何电流。

[IEV 441-11-06]

3.1.2

短路 short-circuit

通过一个比较低的电阻或电抗,偶然或有意地对在正常情况下处于不同电压电路中的两个或多个点进行连接。

[IEV 151-03-41]

3.1.3

短路电流 short-circuit current

由于电路中的故障或连接错误造成的短路而引起的过电流。

[IEV 441-11-07]

3.1.4

过载 overload

在正常电路中产生过电流的运行条件。

[IEV 441-11-08]

3.1.5

过载电流　overload current

在电气上尚未受到损伤的电路中的过电流。

3.1.6

周围空气温度　ambient air temperature

在规定条件下，围绕整个开关电器或熔断器周围的空气温度。

[IEV 441-11-13]

注：对于有封闭外壳的开关电器或熔断器，此温度是指外壳温度。

3.1.7

导电部分　conductive part

能导电，但不一定承载工作电流的部分。

[IEV 441-11-09]

3.1.8

外露导电部分　exposed conductive part

容易被操作者触及的导电部分和虽在正常情况下不带电，但在故障情况下可变为带电的部分。

[IEV 441-11-10]

注：典型的外露部件如外壳壁、操作手柄等。

3.1.9

电击　electric shock

电流通过人体或动物体时引起的生理病理效应。

[IEV 826-03-04]

3.1.10

带电部分　live part

正常使用时带电的导体和导电部分，包括中性导体，但按惯例不包括保护中性导体(PEN)导体。

[IEV 826-03-01]

注：这不一定包含电击危险。

3.1.11

保护性导体(符号 PE)　protective part

为了防止电击，采取某些措施把下列部件电气上连接起来的所需导体，所连接部件包括：

——外露导电部件；

——外部导电部件；

——主接地端子；

——接地极；

——电源接地点或人工接地中性点。

[IEV 826-04-05]

3.1.12

中性导体(符号 N)　neutral conductor

连接到系统中性点上并能传输电能的导体。

[IEV 826-01-03]

注：在某些情况下，中性导体和保护性导体的功能在规定的条件下可合二为一，该导体称为 PEN 导体(符号 PEN)。

3.1.13

外壳　enclosure

能提供一个规定的防护等级来防止某些外部影响和防止接近或触及带电部分和运动部分的部件。

注：这一定义与成套电器的定义 IEV 441-13-01 相类似。

3.1.14

必备外壳　integral enclosure

属于电器整体的一部分，并且必须具备的外壳。

3.1.15

使用类别　utilization category

与开关电器或熔断器完成本身用途所处的工作条件有关的规定要求的组合，用来表示实际使用的特性组合。

[IEV 441-17-19]

注：规定的要求可包括接通能力（如适用的话）、分断能力、其他特性、连接的电路以及有关的使用条件和性能。

3.2　开关电器

3.2.1

开关电器　swithing device

用于接通或分断一个或几个电路中电流的电器。

[IEV 441-14-01]

3.2.2

机械开关电器　mechanical switching device

依靠可分离的触头的动作来闭合或断开一个或几个电路的开关电器。

[IEV 441-14-02]

注：任何机械开关电器可根据触头打开或闭合所处的介质（例如：空气、SF_6、油）来命名。

3.2.3

半导体开关电器　semiconductor switching device

依靠半导体可控导电性来接通和（或）阻断电路电流的开关电器。

注：半导体开关电器也用于分断电流，所以此定义与 IEV 441-14-03 的定义不同。

3.2.4

熔断器　fuse

当电流超过规定值足够长的时间后，通过熔断一个或几个特殊设计的相应的部件，断开其所接入的电路并分断电流的电器。熔断器包括组成完整电器的所有部件。

[IEV 441-18-01]

3.2.5

断路器　circuit-breaker

能接通、承载以及分断正常电路条件下的电流，也能在规定的非正常电路条件（例如短路）下接通、承载一定时间和分断电流的一种机械开关电器。

[IEV 441-14-20]

3.2.6

（机械的）接触器　contactor (mechanical)

仅有一个起始位置，能接通、承载和分断正常电路条件（包括过载运行条件）下的电流的一种非手动操作的机械开关电器。

[IEV 441-14-33]

注 1：术语“非手动操作”指电器可用一个或多个外部能源控制和保持在工作位置上。

注 2：在法语中，接触器主触头闭合在起始位置通常称为“rupteur”。在英语中“rupteur”没有相对应的单词。

注 3：接触器通常用于频繁操作。

3.2.7

电磁接触器　electromagnetic contactor

由电磁铁产生的力闭合接通主触头或断开分断主触头的接触器。

3.2.8

锁扣接触器　latched contactor

当操作机构失去能量时，由锁扣装置使可动部分不能返回至起始位置的一种接触器。

[IEV 441-14-34]

注1：锁扣机构的锁扣和释放可以是机械的、磁的、电的、气的等方式。

注2：由于有了锁扣机构，它实际上具有两个起始位置，如严格按接触器定义它不能说是接触器，但是，它不论在使用还是在设计方面都较接近于接触器，所以在所适用的场合它应符合接触器标准较为适当。

3.2.9

半导体接触器(固态接触器)　semiconductor contactor (solid state contactor)

利用半导体开关电器来完成接触器功能的电器。

注：半导体接触器亦可包含有机械开关电器。

3.2.10

指示开关　pilot switch

在规定的操动量下反应而使之动作的一种非手动的控制开关。

[IEV 441-14-48]

注：操动量可以是压力、温度、速度、液位、经过时间等。

3.2.11

按钮　push-button

具有用人体某一部分(一般为手指或手掌)所施加力而操作的操动器，并具有储能(弹簧)复位的一种控制开关。

[IEV 441-14-53]

3.2.12

短路保护电器　short circuit protective device

SCPD

用分断短路电流来保护电路或电路部件免受短路电流损坏的电器。

3.2.13

浪涌抑制器　surge arrester

保护电器设备免受高瞬态过电压并限制续流时间和幅值的电器。

[IEV 604-03-51]

3.3　开关电器部件

3.3.1

开关电器的极　pole of a switching device

仅与开关电器的主电路的一个单独导电路径相连的电器部件，它不包括那些用来将所有各极固定在一起和使各极一起动作的部件。

[IEV 441-15-01]

注：如开关电器只有一个极，称为单极开关电器，如果有二个及以上的极并能被联在一起或能联在一起操作的则称为多极(两极、三极等)的开关电器。

3.3.2

(开关电器的)主电路　main circuit (of a switching device)

电路中用作闭合或断开电路的开关电器的所有导电部分。

[IEV 441-15-02]

3.3.3

(开关电器的)控制电路　control circuit (of a switching device)

除主电路外，接入电路中用作开关电器的闭合操作和(或)断开操作的开关电器的所有导电部分。

[IEV 441-15-03]

3.3.4

(开关电器的)辅助电路　auxiliary circuit (of a switching device)

接入除主电路和控制电路以外的电路中的开关电器的所有导电部分。

[IEV 441-15-04]

注：有些辅助电路用作附加功能，如信号、联锁等，此时，这些电路也可以是其他开关电器的控制电路的一部分。

3.3.5

触头　contact (of a mechanical switching device)

两个或多个导体，当其接触时使电路接通，而操作时因其相对运动而断开或闭合电路，或靠触头的转动或滑动保持电路的接通。

[IEV 441-15-05]

3.3.6

触头块　contact piece

构成触头的导电部件的一部分。

[IEV 441-15-06]

3.3.7

主触头　main contact

开关电器主电路中的电器触头，在闭合位置时承载主电路的电流。

[IEV 441-15-07]

3.3.8

控制触头　control contact

接在开关电器的控制电路中并由该开关电器用机械方式操作的触头。

[IEV 441-15-09]

3.3.9

辅助触头　auxiliary contact

接在开关电器的辅助电路中并由该开关电器用机械方式操作的触头。

[IEV 441-15-10]

3.3.10

(机械开关电器的)辅助开关　auxiliary switch (of a mechanical switching device)

具有一个或多个控制和(或)辅助触头并由机械开关电器以机械方式操作的一种开关。

[IEV 441-15-11]

3.3.11

"a"触头-接通触头　"a" contact, make contact

当机械开关电器的主触头闭合时闭合，断开时断开的一种控制触头或辅助触头。

[IEV 441-15-12]

3.3.12

"b"触头-分断触头　"b" contact, break contact

当机械开关电器的主触头闭合时断开，断开时闭合的一种控制触头或辅助触头。

[IEV 441-15-13]

3.3.13

(机械开关电器的)脱扣器　release (of a mechanical switching device)

与机械开关电器相连的、用它来释放保持机构而使开关电器打开或闭合的电器。

[IEV 441-15-17]

注：脱扣器可以是瞬时、延时等动作。

3.3.14

(机械开关电器的)操动系统 actuating system (of a mechanical switching device)

把操动力传递到机械开关电器的触头块上的所有操作部件。

注：操作系统的操作方式可以是机械的、电磁的、液压的、气动的、热动的等。

3.3.15

操动器 actuator

将外部操动力施加在操动系统上的部件。

[IEV 441-15-22]

注：操动器可以用手柄、手把、按钮、滚轮、柱塞等形式。

3.3.16

位置指示器 position indicating device

机械开关电器中，表示其是否处于断开、闭合或(如有需要时)接地位置的一种部件。

[IEV 441-15-25]

3.3.17

接线端子 terminal

用来与外部电路进行电连接的电器的导电部分。

3.3.18

螺钉型接线端子 screw-type terminal

用于拧紧和放松导线或用于连接二个或二个以上的导体的接线端子，其连接可直接或间接地通过各种形式的螺钉或螺母来完成。

3.3.19

非螺钉型接线端子 screwless-type terminal

用于拧紧和放松导线或用于连接二个或二个以上的导体的接线端子，其连接可直接或间接地通过弹簧、楔形快、偏心轮或锥形轮等来完成。

3.3.20

自攻螺钉 thread-forming tapping screw

具有连续螺纹的螺钉，拧入时其不具有去除孔中材料的功能(举例见图 1)。

3.3.21

自切螺钉 thread-cutting tapping screw

具有不连续螺纹的自攻螺钉，其螺纹可去除孔中的材料(举例见图 2)。

3.3.22

紧固部件 clamping unit

导体的机械性紧固或电气联接所需的端子部件。

3.3.23

非预制导体 unprepared conductor

为插入至接线端子中，切削后剥去其绝缘的导体。

注：调整导体形状以便易于插入接线端子或将多股导体端部导线拧在一起的导体可认为是非预制导体。

3.3.24

预制导体 prepared conductor

将多股导线焊在一起或将其端部装上电缆接头、套环等的导体。

3.4 开关电器操作

3.4.1

(机械开关电器的)操作 operation (of a mechanical switching device)

动触头从一个位置转换至另一相邻位置。

[IEV 441-16-01]

注 1：对于断路器，这可以是一个闭合操作或一个断开操作。

注 2：如果要区别的话，电气意义上的操作，例如接通或分断，是指开关操作，而机械意义上的操作，例如闭合或断开则是指机械操作。

3.4.2

(机械开关电器的)操作循环　operation cycle (of a mechanical switching device)

从一个位置转换到另一位置再返回至起始位置的连续操作。如有多个位置，则需通过所有其他位置。

[IEV 441-16-02]

3.4.3

(机械开关电器的)操作顺序　operating sequence (of a mechanical switching device)

在规定时间间隔内完成规定的连续操作。

[IEV 441-16-03]

3.4.4

自动控制　automatic control

无人参与而按照预定条件操作的控制。

[IEV 441-16-05]

3.4.5

(机械开关电器的)闭合操作　closing operation (of a mechanical switching device)

使电器由断开位置转变到闭合位置的操作。

[IEV 441-16-08]

3.4.6

(机械开关电器的)断开操作　opening operation (of a mechanical switching device)

使电器由闭合位置转变到断开位置的操作。

[IEV 441-16-09]

3.4.7

(机械开关电器的)闭合位置　closed position (of a mechanical switching device)

保证电器主电路中的触头处于预定通电的位置。

[IEV 441-16-22]

3.4.8

(机械开关电器的)断开位置　open position (of a mechanical switching device)

保证电器的主电路断开触头间满足预定的介质耐受电压要求的位置。

注：上述定义与 IEV441-16-23 规定要满足介电性能要求不同。

3.4.9

(接触器的)起始位置　position of rest (of a contactor)

当接触器的电磁铁或压缩空气机构未动作时，其可动部件所处的位置。

[IEV 441-16-24]

3.4.10

点动　inching (jogging)

在很短时间内多次通断电动机或线圈电路，使被驱动的机构得到小的移动。

3.4.11

反接制动与反向　plugging

在电动机运转时用反接电动机定子绕组相序的方法而使电动机快速停止或反向。

3.5　特性量

3.5.1

标称值　nominal value

用以标志或识别一个开关电器或部件以及设备的合适的近似量值。

[IEV 151-04-01]

3.5.2

极限值　limiting value

在规范或标准中一个量值的最大或最小允许值。

[IEV 151-04-02]

3.5.3

额定值　rated value

一般由制造厂对一个开关电器或部件或设备在规定的工作条件下所规定的一个量值。

[IEV 151-04-03]

3.5.4

定额　rating

一组额定值和工作条件。

[IEV 151-04-04]

3.5.5

(电路和对于开关电器或熔断器的)预期电流　prospective current (of a circuit and with respect to a switching device or a fuse)

当开关电器的每一极或熔断器被一个阻抗可以忽略不计的导体所代替时,电路内可能流过的电流。

[IEV 441-17-01]

注:相关标准中会规定用来评估和表示预期电流的办法。

3.5.6

预期峰值电流　prospective peak current

在电路接通后瞬态期间的预期电流的峰值。

[IEV 441-17-02]

注:此定义假设电流是由一个理想的开关电器接通,即其阻抗是在瞬间从无穷大转变为零的。对于电流可经过几个不同路径的电路,即多极电路,此定义进一步假定电流在所有极是同时接通的,甚至可只考虑一个极的电流。

3.5.7

(交流电路的)最大预期峰值电流　maximum prospective peak current (of an a.c. circuit)

当电流开始发生在导致最大可能值的瞬间的预期峰值电流。

[IEV 441-17-04]

注:对多相电路中的多极电器,最大预期峰值电流只考虑一极。

3.5.8

(开关电器或熔断器的)分断电流　breaking current (of a switching device or a fuse)

在分断过程中,产生电弧的瞬间流过开关电器的一个极或熔断器的电流值。

[IEV 441-17-07]

注:对于交流,电流用交流分量对称有效值表示。

3.5.9

(开关电器的或熔断器的)分断能力　breaking capacity (of a switching device or a fuse)

在规定的使用和性能条件下,开关电器或熔断器在规定电压下能分断的预期分断电流值。

[IEV 441-17-08]

注1:规定的电压和条件见有关产品标准。

注2:对交流电流用交流分量对称有效值表示。

注3:短路电流分断能力见3.5.11。

3.5.10

(开关电器的)接通能力 making capacity (of a switching device)

在规定的使用和性能条件下,开关电器在规定电压下能接通的预期接通电流值。

[IEV 441-17-09]

注1:规定的电压和条件见有关产品标准。

注2:短路接通能力见3.5.11。

3.5.11

短路分断能力 short-circuit breaking capacity

在规定的条件下,包括开关电器接线端短路在内的分断能力。

[IEV 441-17-11]

3.5.12

短路接通能力 short-circuit making capacity

在规定的条件下,包括开关电器接线端短路在内的接通能力。

[IEV 441-17-10]

3.5.13

焦耳积分 joule integral

$I^2 t$

电流的平方在给定时间内的积分。

[IEV 441-18-23]

$$I^2 t = \int_{t_0}^{t_1} i^2 \,\mathrm{d}t$$

3.5.14

截断电流(允通电流) cut-off current;let-through current

开关电器或熔断器在分断动作中达到的最大瞬间电流值。

[IEV 441-17-12]

注:当电路电流尚未达到预期电流峰值情况下,开关电器或熔断器分断时这一概念尤其重要。

3.5.15

(开关电器的)外施电压 applied voltage (for a switching device)

在刚接通电流前,加在开关电器一个极的两接线端子间的电压。

[IEV 441-17-24]

注:这一定义适用于单极电器,对于多极电器,外施电压指电器电源接线端子间的相对相电压。

3.5.16

恢复电压 recovery voltage

在分断电流后,于开关电器一个极或熔断器的两接线端子间出现的电压。

[IEV 441-17-25]

注1:此电压可以认为有两个连续的时间阶段,即瞬态恢复电压和工频或稳态恢复电压。

注2:上述定义适用于单极电器,对于多极电器,恢复电压指电器电源接线端子间的相对电压。

3.5.17

瞬态恢复电压 transient recovery voltage

TRV

在具有显著瞬态特征的时间内的恢复电压。

[IEV 441-17-26]

注:瞬态电压可以是振荡的或非振荡的或二者的结合,这取决于电路、开关电器或熔断器的特性。瞬态电压包括多相电路的中性点电压偏移。

3.5.18

工频恢复电压 power frequency recovery voltage

在瞬态电压现象消失后的恢复电压。

[IEV 441-17-27]

3.5.19

直流稳态恢复电压 d. c. steady-state recovery voltage

直流电路中瞬态电压现象消失后的恢复电压。如存在纹波,此电压用平均值表示。

[IEV 441-17-28]

3.5.20

电气间隙 clearance

具有电位差的两个导电部件之间的最短直线距离。

[IEV 441-17-31]

3.5.21

爬电距离 creepage distance

具有电位差的两导电部件之间沿绝缘材料表面的最短距离。

注:两个绝缘材料部件之间的接缝被认为是表面的一部分。

3.5.22

工作电压 working voltage

在开路或正常的操作条件和不考虑瞬态现象时,在额定电源电压下可能产生(局部地)在任何绝缘端实际出现的最高交流电压有效值或最高直流电压值。

3.5.23

操作过电压 switching overvoltage

因特定通断操作或故障,在系统中的一定位置上出现的瞬态过电压。

3.5.24

冲击耐压 impulse withstand voltage

在规定的试验条件下,不造成击穿的具有一定形状和极性的冲击电压最高峰值。

3.5.25

工频耐压 power-frequency withstand voltage

在规定的试验条件下,不造成击穿的工频正弦电压的有效值。

3.5.26

污染 pollution

能影响到介电强度或表面电阻率的外部物质,为固体、液体或气体(游离气体)的任何条件。

3.5.27

(环境条件的)污染等级 pollution degree (of environmental conditions)

根据导电的或吸湿的灰尘、游离气体或盐类和相对湿度的大小以及由于吸湿或凝露导致表面介电强度和/或电阻率下降事件发生的频度而对环境条件作出的分级。

注1:暴露的电器或设备的污染等级不同于提供外壳或内部加热方法防止其吸湿凝露的处于宏观环境的电器或设备的污染等级。

注2:本标准的污染等级指的是微观环境的污染等级。

3.5.28

微观环境 micro-environment

按所考虑的电气间隙或爬电距离处的周围环境条件。

注:电气间隙或爬点距离的微观环境确定对绝缘影响,而不是装置的环境确定其影响。微观环境可能好于装置的环境或比其差。微观环境包括所有影响绝缘的因素,例如:气候条件、电磁条件、污染等级等。

3.5.29

(电路或电气系统中的)过电压类别　overvoltage category (of a circuit or within an electrical system)

根据限定(或控制)电路中(或具有不同标称电压的电气系统中)产生的预期瞬态过电压和为限制过电压而采用的有关方法为基础而确定的分类。

注：在一个电气系统中,从一个过电压类别转换到另一个较低的过电压类别是通过采用满足把瞬态过电压降低到较低过电压类别规定值的交接面要求的方法获得的,例如采用能吸收、消耗或转换浪涌电流能量的过电压保护器或串并联阻抗组合方式。

3.5.30

绝缘配合　co-ordination of insulation

电气设备的绝缘特性一方面与预期过电压和过电压保护装置的特性有关,另一方面与预期的微观环境和污染保护方式有关。

3.5.31

均匀电场　homogeneous (uniform) field

电极之间的电压梯度基本上恒定的电场,例如:两球之间,每一球的半径均大于二者间的距离的电场。

3.5.32

非均匀电场　inhomogeneous (non-uniform) field

电极之间的电压梯度不恒定的电场。

3.5.33

电痕化　tracking

在电应力和电解杂质对材料表面的联合作用下,固体绝缘材料表面导电通路的逐步形成。

3.5.34

相比电痕化指数　comparative tracking index

CTI

材料能经受50滴电解液而没有电痕化的以伏特为单位的最大电压值。

注1：各个试验电压值和CTI值应能被25整除。

注2：上述定义基于GB/T 4207—2003中2.3。

3.6　符号

a) I_c:接通和分断电流

b) I_e:额定工作电流

c) U_r:工频恢复电压

d) U_e:额定工作电压

e) $\cos\phi$:功率因数

f) U_{imp}:额定冲击耐受电压

g) U_i:额定绝缘电压

h) SCPD:短路保护电器

i) SELV:安全超低电压

j) CTI:相比电痕化指数

4　分类

本标准5.2中接触器的型式可作为分类的依据。

5 特性

5.1 特性概述

特性必须用下列项目表示：

a) 接触器的型式(见5.2)；

b) 主电路的额定值和极限值(见5.3)；

c) 使用类别(见5.4)；

d) 控制电路(见5.5)；

e) 辅助电路(见5.6)；

f) 短路条件下的性能(见5.7)。

5.2 接触器的型式

本标准规定下列内容(也可参见第6章)：

5.2.1 极数

5.2.2 控制方法

a) 自动式(由指示开关或程控器控制)；

b) 非自动式(例如：手动操作或按钮操作)；

c) 半自动式(即部分自动、部分非自动)。

5.3 主电路的额定值和极限值

接触器和起动器的额定值应根据5.3.1～5.4、5.7～5.8的规定来表示，根据需要可以增减。

5.3.1 额定电压

接触器规定有以下几种额定电压：

5.3.1.1 额定工作电压(U_e)

接触器的额定工作电压是一个与额定工作电流组合共同确定接触器用途的数值，它与相应的试验和使用类别有关。

对于单极接触器，额定工作电压一般规定为跨极两端(触头断开位置)的电压。

对于多极接触器，额定工作电压规定为相间电压。

注1：接触器可按不同的工作制和使用类别来确定许多额定工作电压和额定工作电流或功率。

注2：接触器可按不同的工作制和使用类别来确定许多额定工作电压和相应的接通和分断能力。

注3：必须注意到，接触器中工作电压可能与实际工作电压不同。

5.3.1.2 额定绝缘电压(U_i)

接触器的额定绝缘电压是一个与介电试验电压和爬电距离等有关的电压值。

在任何情况下，最大额定工作电压值不应超过额定绝缘电压值。

注：对没有规定额定绝缘电压的接触器，其额定工作电压的最大值被认为是额定绝缘电压。

5.3.1.3 额定冲击耐受电压(U_{imp})

在规定的试验条件下，接触器能够耐受而不击穿的具有规定形状和极性的冲击电压峰值，该值与电气间隙等有关。

接触器的额定冲击耐受电压应等于或大于接触器所接入的电路中产生的瞬态过电压规定值。

注：额定冲击耐压优先值见表18。

5.3.2 电流或功率

接触器规定有下列几种电流：

5.3.2.1 约定自由空气发热电流(I_{th})

约定自由空气发热电流是非封闭式接触器在大气中进行温升试验时的最大试验电流值(见9.3.3.3)。

约定自由空气发热电流值应至少等于非封闭式接触器在8 h工作制(见5.3.4.1)下的最大额定工作电流值(见5.3.2.3)。

大气条件应理解为正常的室内条件下无通风和外部辐射的空气条件。

注 1：约定自由空气发热电流不是一个额定值，可不必标志在电器上。

注 2：非封闭式接触器是制造厂不提供外壳的接触器或制造厂提供的带外壳的接触器，但该外壳通常不是专门用作接触器的保护外壳。

5.3.2.2 约定封闭发热电流（I_{the}）

约定封闭发热电流值由制造厂规定，用来对安装在规定外壳中的接触器进行温升试验。如果制造厂规定接触器为封闭式，通常与一个或几个规定型式和尺寸的外壳结合使用时，则接触器必须进行约定封闭发热电流值的温升试验，试验应采用规定的最小尺寸的外壳（见 9.3.3.3）。

约定封闭发热电流值应至少等于封闭式接触器在 8 h 工作制（见 5.3.4.1）下最大的额定工作电流值（见 5.3.2.3）。

如果接触器通常用在非规定的外壳中，且约定自由空气发热电流值（I_{th}）试验已经进行过，则约定封闭发热电流值试验可不必进行，在这种情况下，制造厂应提供封闭发热电流值或降容系数指南。

注 1：约定封闭发热电流值不是额定值，可不必标志在电器上。

注 2：封闭式接触器是指一般用于规定的型式和尺寸的外壳中的接触器或用在具有多个型式的外壳中的接触器。

5.3.2.3 额定工作电流（I_e）或额定工作功率

接触器的额定工作电流由制造厂规定。额定工作电流的确定应考虑到额定工作电压（见 5.3.1.1）、约定自由空气发热或约定封闭发热电流值、额定频率（见 5.3.3）、额定工作制（见 5.3.4）、使用类别（见 5.4）和防护外壳的型式。

直接通断单独电动机的接触器，额定工作电流指标可在考虑额定工作电压条件下，用该接触器所控制的电动机的最大额定输出功率指标代替或补充。制造厂应规定电流和功率的假设关系。

5.3.3 额定频率

用于设计接触器且与其特性相应的电源频率。

注：同一接触器可有一组额定频率或额定频率范围。

5.3.4 额定工作制

正常条件下的额定工作制有如下几种：

5.3.4.1 8 h 工作制

此工作制指接触器的主触头保持闭合、承载稳定电流足够长时间使接触器达到热平衡，但超过 8 h 必须分断的工作制。

注 1：该工作制是确定接触器的约定自由空气发热电流值 I_{th} 和约定封闭发热电流值 I_{the} 的基本工作制。

注 2：上述分断意指由电器操作分断电流。

5.3.4.2 断续周期工作制或断续工作制

此工作制指接触器的主触头保持闭合的有载时间与无载时间有一确定的比例值，这两个时间都很短，不足以使接触器达到热平衡的工作制。

断续工作制是用电流值、每小时通断操作循环次数和负载因数来表征其特征，负载因数是通电时间与整个周期之比，通常用百分比表示。

根据接触器每小时能够进行的操作循环次数，接触器可分为如下优先等级：

级别	每小时操作次数
1	1
3	3
12	12
30	30
120	120
300	300
1 200	1 200

用于断续工作制的接触器可根据断续工作制的特性进行命名。

例如：在每 5 min 中有 2 min 流过 32 A 电流的断续工作制可表示为：32 A、12 级、40%。

5.3.4.3 短时工作制

短时工作制指接触器的主触头保持闭合的时间不足以使接触器达到热平衡，有载时间被无载时间隔开，而无载时间足以使接触器的温度恢复到与周围介质温度相同的工作制。

5.3.4.4 周期工作制

周期工作制指无论稳定负载或可变负载总是有规律地反复进行操作的一种工作制。

[IEV 151-04-11]

5.3.5 正常负载和过载特性

本条规定在正常负载和过载条件下有关额定值的基本要求。

具体要求见 8.2.4。

5.3.5.1 耐受电动机通断过载电流的能力

用于通断电动机的接触器应能耐受由于起动、加速电动机至正常转速和运行中过载所产生的热应力。

满足上述条件的具体要求见 8.2.4.3。

5.3.5.2 额定接通能力

各种使用类别(见 5.4)的要求见 8.2.4.1，当接触器按 8.2.1.1 和 8.2.1.2 的要求操作时，额定接通和分断能力才是有效的。

5.3.5.3 额定分断能力

各种使用类别(见 5.4)的要求见 8.2.4.1，当接触器按 8.2.1.1 和 8.2.1.2 的要求操作时，额定接通和分断能力才是有效的。

5.3.5.4 约定操作性能

约定操作性能见 8.2.4.2 规定的一系列接通和分断操作。

5.3.6 额定限制短路电流

接触器的额定限制短路电流是制造厂规定的预期电流值。在 9.3.4 规定的试验条件下，由制造厂指定的短路保护电器(SCPD)保护的接触器在保护电器的动作时间内应能满意地承受的要求电流值。

指定的 SCPD 的细节应由制造厂规定。

注：额定限制短路电流用交流分量有效值(r.m.s)表示。

5.4 使用类别

接触器的使用类别是用来确定其用途，且以下列一个或多个使用条件表征。

a) 电流，用额定工作电流的倍数表示；

b) 电压，用额定工作电压的倍数表示；

c) 功率因数。

标准的使用类别见表 1。

表 1 使用类别

使用类别[a]	典型用途
AC-7a	家用电器和类似用途的低感负载
AC-7b	家用的电动机负载[b]

[a] 接触器可用于其他使用类别，在这种情况下接触器应满足 GB 14048.4 规定的该种使用类别要求。

[b] AC-7b 类别可在有限时间内用于偶然密接通断(点动)或反接制动反向。在该有限的时间内，操作次数应不超过每分钟 5 次或 10 min 周期内 10 次。

每一使用类别用表 8 和表 9 中的电流、电压、功率因数和其他数据以及本标准中规定的试验条件来表征。

由于接通能力与分断能力直接与表8所示使用类别有关，因此没有必要分别规定额定接通能力与分断能力。

除非另有规定，AC-7b使用类别的接触器应根据电动机的起动特性相应的接通能力进行设计（见表8）。当堵转电动机转子，电动机的起动电流超过表8的规定值时，接触器的工作电流应相应减小。

5.4.1 以试验结果为依据的使用类别的确定

以一种使用类别为依据进行了试验或在某些组合参数下（例如：最高工作电压和电流等）进行了试验的接触器可不经试验用于另一种使用类别，其条件是：接触器已按表8和表10规定的参数进行过试验，验证温升试验的电流不低于所选用使用类别在长期工作制下的额定工作电流，且所选择的使用类别的各项参数和试验电路不比已进行试验的严酷。

5.5 控制电路

控制电路的特性为：

a） 电流种类；

b） 额定频率；

c） 额定控制电路电压 U_c（性质和频率）；

d） 额定控制电源电压 U_s（性质和频率）；

e） 连接到安全超低电压（SELV）电路的适用性。

注：c)与d)中的两种电压区别在于：前者为控制电路中接通触头（a触头）（见3.3.11）两端的电压，后者为接触器控制电路中接线端子上施加的电压，控制电源电压由于出现在内装变压器、整流器、电阻等处而与控制电路电压有所不同。

额定控制电路电压和额定频率（如有的话）是确定控制电路动作特性和温升特性的参数。

5.6 辅助电路

辅助电路的特性包括每一电路中触头（a触头、b触头）的数量和种类及GB 14048.5中规定的额定值。

辅助触头和开关的特性应满足GB 14048.5的要求。

5.7 短路条件下的性能

接触器应标明其防止短路电流的SCPD的型式、额定值和特性。其要求见8.2.5。

6 标志、安装和维修

6.1 标志的种类

制造厂应给出下列标志的内容：

6.1.1 铭牌

a） 制造厂厂名或商标；

b） 产品名称、型号或系列号；

c） 符合的标准号（如制造厂声明符合的话）。

6.1.2 特性、基本额定值

d） 额定工作电压（见5.3.1.1）；

e） 使用类别和在额定工作电压下的额定工作电流（或额定功率）（见5.3.2.3和5.4）；

f） 额定频率（如：50 Hz或50 Hz/60 Hz）；

g） 额定工作制及断续工作制级别（如有的话）（见5.3.4）；

h） 额定接通和分断能力，该指标可用使用类别（如适用的话）代替。

安全性和安装：

i） 额定绝缘电压（见5.3.1.2）；

j） 额定冲击耐受电压（见5.3.1.3）（如规定的话）；

k) 外壳防护等级(见 8.1.10)(IP 符号);

l) 污染等级(见 7.1.3.2);

m) 额定限制短路电流(见 5.3.6)和 SCPD 的型式、电流额定值和特性。

控制电路(见 5.5)(应标志在接触器上或其线圈上):

n) 额定控制电路电压(U_c),电流种类和额定频率;

o) 如有必要,额定控制电源电压(U_s),电流种类和频率。

用于连接 SELV 电源的控制电路:

p) 连接到 SELV 电源的控制电路的适应性,提供主电路电源的电压高于 SELV 电路电压的值。

辅助电路:

q) 辅助电路的额定值(见 5.6)。

6.2 标志

标志应是不易磨损且易于识别。

为了保证能从制造厂获得全部数据,制造厂厂名或商标与产品名称、型号或系列号必须标志在接触器上,最好标志在接触器的铭牌上。

注:在美国和加拿大,额定操作电压 U_e 可能按如下方式标记:

a) 当电器在三相四线制系统中使用时,应同时标记相电压和线电压,例 277/480 V;

b) 当电器在三相三线制系统中使用时,标记相电压,例 480 V。

接触器也应标上下列数据且在安装后是易见的:

——操动器的运动方向(见 8.1.4.2)(如适用的话);

——操动器的位置标志(见 8.1.5.1 和 8.1.5.2);

——合格标志或认证标志(如适用的话);

——对于微型接触器,符号、颜色代号或字母代号;

——接线端子的识别和标志(见 8.1.6.4);

——IP 代号和防电击保护等级(如适用的话),应尽可能标志在接触器上。

6.1 中的 k)项应标志在外壳上,c)项和合格标志(或认证标志)应标在铭牌上,d)~j)项,l)~q)项的数据应标志在铭牌上或接触器上或制造厂的有关文件中。

接线端子的标志见附录 A。

标志不应放在螺钉上、可卸垫片上或其他可卸部件上。

注:GB 14048.4 中附加的使用类别也可标在接触器上(见表 1 注)。

6.3 安装、操作和维修说明

制造厂应在其文件中或样本中规定接触器安装、操作和接触器操作中或故障后的维修条件。

如有必要,在接触器运输、安装和操作说明书中应对接触器特殊的和正确的安装、使用和操作方法作出规定。

上述文件应对推荐维修的程度和频度作出规定(如有的话)。

7 正常的使用、安装和运输条件

7.1 正常使用条件

满足本标准规定的接触器应能在如下条件下运行:

7.1.1 环境空气温度

周围空气温度的上限为+40 ℃,其 24 h 内的平均温度不超过+35 ℃。

周围空气温度的下限为-5 ℃。

对不具有外壳的接触器,周围空气温度是指其周围的空气温度。对具有外壳的接触器,周围空气温度是指其壳外温度。

对于应用在周围空气温度超过+40 ℃(特别是在热带国家)或低于-5 ℃的接触器应作为特殊设计或根据制造厂样本中提供的要求使用。

7.1.2 海拔

安装地点的海拔不超过2 000 m。

对用于高于2 000 m海拔的接触器,需要考虑介电强度的下降和空气冷却作用。对于需要使用在此种情况的接触器需要特别根据制造厂和用户的协议进行设计或使用。

制造厂样本中给出的数据可以代替上述协议。

7.1.3 大气条件

7.1.3.1 湿度

最高温度为+40 ℃时,空气的相对湿度不超过50%,在较低的温度下可以允许有较高的相对湿度,例如在+20 ℃时相对湿度可为90%,对由于温度变化偶尔产生的凝露应采取措施。

注:7.1.3.2中给出的污染等级定义的环境条件更加准确。

7.1.3.2 污染等级

污染等级(见3.5.27)是与接触器使用所处的环境条件有关。

注:电气间隙或爬电距离的微观环境确定对绝缘的影响,而不是接触器的环境确定其影响。电气间隙或爬电距离的微观环境可能好于接触器环境或比其差。微观环境包括所有影响绝缘的因素,例如:气候条件、电磁条件、污染的产生等。

对用在外壳中的接触器或外壳是接触器组成部分的接触器,应选用外壳内环境的污染等级。

为了便于确定电气间隙和爬电距离,微观环境分为以下四个污染等级(不同污染等级的电气间隙和爬电距离见表19和表20)。

污染等级1:无污染或仅有干燥的非导电性污染。

污染等级2:一般情况仅有非导电性污染,但是必须考虑到偶然由于凝露所造成短暂的导电性。

污染等级3:有导电性污染,或由于预期的凝露使干燥的非导电性污染变成导电性污染。

污染等级4:造成持久性的导电性污染,例如由于导电尘埃或雨、雪所造成的污染。

家用及类似用途的接触器一般用于污染等级2。

7.1.4 一般电磁环境条件

一般电磁环境条件是指与低压公用电网有关,例如:民用、商用、轻工业场所和(或)相应的使用环境。

7.2 运输和储存条件

除非另有规定,下列温度范围适用于运输和储存:-25 ℃~+55 ℃,短时(24 h内)可以为+70 ℃。

7.3 安装

接触器应根据制造厂的规定安装。

8 结构和性能要求

8.1 结构要求

具有外壳的接触器,无论外壳是否为接触器的组成部分,应设计成可耐受安装和正常使用时产生的应力,另外还应具有抗非正常热和着火规定等级。

注:封闭外壳式接触器是一种安装在外壳内的接触器,其外壳应设计成只能装入一个接触器。

8.1.1 材料

接触器所使用的材料应能通过下述试验验证其适用性,试验应在接触器和(或)接触器的部件上进行(如不能在接触器上进行的话)。

a) 耐老化试验(见8.1.1.1);

b) 耐湿性能试验(见8.1.1.2);

c) 耐热性能试验(见 8.1.1.3);

d) 抗非正常热和着火危险试验(见 8.1.1.4);

e) 抗锈性能试验(见 8.1.1.5)。

耐热性能试验与抗非正常热和着火危险试验应尽可能在接触器上进行或接触器的合适部件上进行。

在某些情况下,试验可在材料上进行以替代在接触器上进行。

8.1.1.1 耐老化试验

由橡胶、聚氯乙烯(PVC)或类似热塑性材料制成的接触器的弹性部件(例如:衬垫、密封圈、薄膜和螺旋盖垫等)应具有耐老化性能。

试验方法见 9.2.1.1。

8.1.1.2 耐湿性能试验

接触器应能在正常使用时防止潮湿的影响。

试验方法见 9.2.1.2。

8.1.1.3 耐热性能试验

封闭式、半封闭式和非封闭式接触器中远离带电部件的所有部件不应受到正常使用时能达到的最高温度的有害影响。

试验方法见 9.2.1.3.1 和 9.2.1.3.2。

8.1.1.4 抗非正常热和着火危险试验

绝缘材料部件由于电效应产生的热应力的作用可能使接触器安全性能下降,这些部件不应受到非正常热和着火的有害影响。

试验方法见 9.2.1.4。

如果试验必须在同一个样品多个地方进行,应注意到保证前一个试验引起的损害不应影响以后的试验。表面尺寸小于 14 mm×14 mm 的小部件不必进行试验。

8.1.1.5 抗锈性能试验

接触器的黑色金属部件包括外壳和罩盖(但电磁铁的极面除外),应具有防锈保护。

试验方法见 9.2.1.5。

8.1.2 安装、维修用螺钉和螺母(不用于接线端子)的强度

在安装和维修时需操作的螺钉和螺母(按制造厂的说明)应耐受住正常使用时的机械应力。

对仅用作机械组合的挤压式自攻螺钉和切削式自攻螺钉,如果它们与木板共同使用(螺钉可拧进木板中),这两种螺钉也应耐受住正常使用的机械应力。

挤压式自攻螺钉的示例见图 1,切削式自攻螺钉的示例见图 2,另外由安装者操作的切削式自攻螺钉应由相应的附件部件栓住。

传递接触压力的螺钉或螺母应具有金属螺纹。

对于电气联结,其接触压力不应通过绝缘材料(但陶瓷或性能更适宜和能补偿任何收缩或变形的其他材料除外)传递。

以上要求应用目测和 9.2.2 的规定进行验证。

8.1.3 电气间隙和爬电距离

a) 对制造厂已规定了额定冲击耐受电压(U_{imp})(见 5.3.1.3)的接触器,最小电气间隙见表 19,最小爬电距离见表 20,二者均与额定绝缘电压(U_i)有关。

   其验证方法见 9.3.3.4.1。

b) 对制造厂未规定额定冲击耐受电压的接触器,当接触器按正常使用安装时,其最小电气间隙和爬电距离应不小于表 2 的规定值。

   其验证方法见 9.3.3.4.2。

c) 对 SELV 电路,其最小电气间隙和爬电距离尚在考虑中。

介电性能要求见 8.2.3。

注 1：对可相近安装的接触器的不同带电部件之间应提供足够的间隙；

注 2：对其控制电路适用于连接至安全超低电源的接触器，其主电路提供的电压大于安全超低电压时，控制电路和主电路之间的电气间隙和爬电距离应大于或等于 6 mm。其验证方法见 9.3.3.4.2。

8.1.4 操动器

8.1.4.1 和 8.1.4.2 的要求适用于带有人力操作操动器的接触器。

8.1.4.1 绝缘

接触器的操动器应与带电部件之间有良好的绝缘，其绝缘要按接触器的额定绝缘电压和额定冲击耐受电压确定。

此外，如果操动器用金属构成，除非具有附加的可靠绝缘，应与保护导体良好地连接；如果操动器由绝缘材料构成或用绝缘材料覆盖，一旦绝缘损坏，内部金属部件有可能被触及，该金属部件也应可靠地与带电部件绝缘，其绝缘也由接触器的额定绝缘电压确定。

8.1.4.2 运动方向

操动器的运动方向应符合 GB/T 4205 的要求。

表 2 电气间隙和爬电距离

电气间隙/mm		
不同极性的带电部件之间		3
带电部件和外露导电部件之间[a]		3(6)
爬电距离/mm		
当接触器在断开位置时分开的带电部件之间[b]		3
对不同极性的带电部件之间	$U_e \leqslant 250$ V	3
	250 V$<U_e \leqslant 440$ V	4
带电部件和外露导电部件之间[a]		3(6)

[a] 如果接触器带电部件和外露导电部件之间的电气间隙和爬电距离因接触器安装在最不利的条件时而减小，则应采用括号中值。

[b] 不适用于辅助触头和控制触头。

8.1.4.3 安装

被安装在可移动的控制板上的或被安装在可开启门上的操动器，当控制板被放回原位或门被关上时，操动器应正确地同关联的机构相衔接。

8.1.5 断开位置和接通位置的指示

8.1.5.1 指示装置

当接触器配备指示接通位置和断开位置的装置，这些位置应当被明显地和清楚地指示出。对封闭式接触器，这一指示可以在壳外看见，也可以在壳外看不见。

这可以用位置指示器(见 3.3.16)来实施。

如果用图形符号表示，应分别用“1”和“0”表示触头闭合(或通电)和触头断开(或断电)位置。

用二只按钮操作的接触器，只有被指定用作分断操作的按钮才应当用红色表示，或者标志着图形符号“0”。

任何其他按钮都不允许使用红色。

其他按钮、指示灯式按钮和指示灯的颜色应符合 GB/T 4025 的规定。

8.1.5.2 用操动器作位置指示

当操动器被用于指示触头的位置，操动器应自动地占有或停留在与动触头相对应的吸合位置或释放位置，因此操动器对应于动触头的位置应当具有二个截然不同的休止位置，但对自动断开而言，操动器可以有第三个不同的位置。

8.1.6 接线端子

8.1.6.1 结构要求

接线端子上所有保持接触的部件和载流部件都应由具有足够机械强度的金属制成。

接线端子应当用螺钉、弹簧或其他等效方法连接导线，以保证持久地维持必要的接触压力。

接线端子的结构应在适当的接触面间能压紧导线，而又不会损伤导线和接线端子。

接线端子的结构应不允许(接入)导线移动或它们的移动不应有害于接触器的正常运行或不应使绝缘电压降至低于额定值。

试验方法见9.2.4.2、9.2.4.3和9.2.4.4。

注：北美国家对于适合铝制导体的接线端子和确定使用铝制导体的标记有特殊需求。

8.1.6.2 连接导线的能力

制造厂应当说明接线端子适宜连接导线的类型(硬线或软线，单芯线或多股线)、导线的最大和最小截面以及同时能接至接线端子的导线根数。接线端子能够连接的导线最大截面应不小于温升试验9.3.3.3所规定的截面，并且接线端子应当适用于连接至少二根相同类型较小截面的导线，如表3中所列(表3中列出了圆铜导线的标准截面，也同时给出了ISO公制和AWG/MCM线规的大致对应关系)。

表3 圆铜导线的标准截面积

ISO导线截面积 mm²	AWG/MCM	
	线规号	等效截面积 mm²
0.2	24	0.205
—[a]	22	0.324
0.5	20	0.519
0.75	18	0.82
1	—[a]	—[a]
1.5	16	1.3
2.5	14	2.1
4	12	3.3
6	10	5.3
10	8	8.4
16	6	13.3
25	4	21.2
35	2	33.6

[a] 在考虑接线能力时，短线被视为一种线规。

8.1.6.3 接线端子的连接

接线端子在安装连接外部导线时应容易进入并便于接线。

夹紧接线端子和导线的螺钉和螺母不可作为固定其他零部件之用。

8.1.6.4 接线端子的识别和标志

接线端子标志应符合GB/T 4026的规定，能清楚和永久性地识别。

专门用于连接中性线的接线端子应标志字母"N"以便识别。

保护接地端子的标志和识别见8.1.8.3。

接线端子识别的补充要求见附录A。

8.1.7 具有中性极接触器的附加要求

当接触器专门有一极用于连接电源中性点时，该极应用字母"N"清楚地标志以便识别(见8.1.6.4)。

要被通断的中性极不允许比其他极先断开，也不允许比其他极后接通。

约定自由空气发热电流值对所有各极都相同。

8.1.8 保护接地的规定

8.1.8.1 结构要求

外露的导电性零部件(例如：底板、框架和金属外壳的固定件，但不能构成危险的零部件除外)，都应电气上互相连接并接到保护接地端子上。电气上连续的正规结构件能符合此要求。此要求既适用于单独使用的接触器，也适用于组装在成套内的接触器。

如果外露的导电性零部件不能被手大面积地接触，或不能被手握住，或它们的尺寸很小(约 50 mm×50 mm)，或位于同带电部件没有任何接触的位置，例如：螺钉、铆钉、铭牌、变压器铁芯、电磁铁和脱扣器的某些零部件，不论它们的大小如何都被认为不构成危险。

8.1.8.2 保护接地端子

保护接地端子应当容易被接近且便于接线，而且当罩盖或任何其他可拆卸的零部件移去后，接触器仍保持同接地极或保护接地导体之间的连接。

保护接地端子应具有适当的防锈蚀保护。

对具有导电性构架、外壳等的接触器而言，应采取措施保证接触器的外露导电部件和连接线的金属护套之间有电气上的连续性。

保护接地端子不得兼作它用，但在指定连接到接地中性线(PEN)(见 3.1.12 的注)的情况下，则 PEN 端子既作保护接地之用又应起中性线端子的作用。

8.1.8.3 保护接地端子的标志和识别

保护接地端子的标志应能永久、清楚地识别。

根据 GB/T 4026—2004 中 5.3 的规定，保护接地端子应采用颜色标志(绿-黄的标志)或适用的 PE、PEN 符号来识别，或在 PEN 情况下应用图形符号标志在电器上。

根据 GB/T 5465.2 规定，采用的图形符号：

 保护接地

注：以前推荐的符号 ⏚ 应逐步改用上述符号来代替。

8.1.9 外壳

下述要求仅适用于接触器配备的外壳或指定与接触器一起使用的外壳。

8.1.9.1 设计

外壳应设计成当外壳打开或其他保护装置已被移去时，在安装和维护时需要接触的所有部件(由制造厂规定)都能容易被接近和便于工作。

外壳内部应留有足够的空间，为了使外部导线从进口处进入壳内并保证能良好地接线。

金属外壳的固定部分应与接触器的其他外露导电部件在电气上连接并接至接地端子，使之良好地接地或接至保护接地导体。外壳的可拆卸金属部件安装就位时，决不应与接地端子绝缘。外壳的可拆卸部件应牢固地固定在外壳的固定件上，以防止其因接触器的操作或接触器的振动而意外地松开或脱落。

具有外壳防护等级 IP1× 到 IP4×(包括 IP4×)的外壳应留有足够的空间设置泄水孔，详见 GB 14048.1 的要求。

外壳应具有适当的机械强度(见 8.1.11)。

不借助工具不允许打开外壳或移去外壳的任何部件。

必备外壳被视为不可移去的部件。

如果外壳上装有按钮，不允许从外壳外部被拆下。

8.1.9.2 绝缘

为防止金属外壳与带电部件意外地接触，外壳应部分或全部地衬垫绝缘材料，这些绝缘材料应牢固

地固定在外壳内。

用目测的方法验证其是否符合要求。

8.1.10 封闭式接触器的外壳防护等级

封闭式接触器外壳防护等级的要求和试验方法见 GB 14048.1—2006 中的附录 C。

8.1.11 耐撞击性能

封闭式、半封闭式接触器的外部零件和非封闭式接触器的零部件应能承受在正常工作条件下预期会发生的撞击。

试验方法见 9.2.5。

8.1.12 标志的耐久性

接触器的标志应清晰、易于识别，且耐久而不易磨损。

试验方法见 9.2.6。

8.2 性能要求

8.2.1 动作(操作)条件

8.2.1.1 动作条件的一般要求

接触器应当按制造厂的规定进行操作。

多极接触器在操作时应保证各极同时接通和分断(对于中性极，详见 8.1.7)。

8.2.1.2 动作范围

接触器在额定控制电源电压 U_s 的 85%和 110%之间的任何值均应可靠地吸合。此范围的 110% U_s 为上限值，85% U_s 为下限值。

接触器在额定控制电源电压 U_s 的 75%和 20%之间应释放和完全断开。此范围的 20% U_s 为上限值，75% U_s 为下限值。

吸合的极限值是在环境温度为+40 ℃、线圈在 100% U_s 下持续通电达到稳定温升后确定的。

释放的极限值是在环境温度−5 ℃下线圈处于冷态时确定的，此值可用在室温下获得的数值换算求得。

上述值适用于规定频率的交流电压。

8.2.2 温升

按照 8.2.2、8.2.2.1、8.2.2.2 和 8.2.2.3 的要求适用于清洁的、新的接触器。

接触器按 9.3.3.3 的规定进行试验时，各部件允许温升不应超过 8.2.2.1、8.2.2.2 及表 6 规定的极限值。

注：正常使用条件下的温升可能与试验值有所差异，这取决于安装条件和连接导体的尺寸。

8.2.2.1 接线端子的温升

接线端子的温升应不超过表 4 规定的极限值。

表 4 接线端子的温升极限

接线端子材料	温升极限 K[a]
裸铜	60
裸黄铜	65
铜(或黄铜)镀锡	65
铜(或黄铜)镀银或镀镍	70[a]
其他金属	[b]

[a] 接线端子温升极限 70 K 是以聚氯乙烯电缆连接线为依据。
实际使用中采用的外接导线不宜显著小于试验规定的导线(见表 17)，否则会导致接触器的接线端子和内部部件的较高温升，对接触器不利。

[b] 温升极限以使用经验为依据，或者以寿命试验为依据，但不应超过 65 K。

8.2.2.2 易近部件的温升

易近部件的温升不应超过表5规定的极限值。

表5 易近部件的温升极限

易近部件名称	温升极限[a] K
手操作部件：	
金属的	15
非金属的	25
可触及但不可握持的部件：	
金属的	30
非金属的	40
正常操作时不触及的部件：	
金属的	40
非金属的	50
正常操作时不触及的部件和靠近电缆进口处的外壳表面：	
金属的	40
非金属的	50

[a] 对不同的试验条件和小尺寸的电器可规定不同的温升极限值，但不可高于本表规定温升值的10 K。

8.2.2.3 周围空气温度

表4、表5和表6给定的温升极限值仅适用于周围空气温度保持在7.1.1规定的极限值范围内。

8.2.2.4 主电路温升

按9.3.3.3.4规定进行试验时，接触器的主电路应能承载下述电流，而其温升不超过8.2.2.1规定的极限值：

——8 h工作制：约定自由空气发热电流(见5.3.2.1和5.3.2.2)；

——断续工作制或短时工作制：额定工作电流(见5.3.2.3)。

8.2.2.5 控制电路温升

接触器的控制电路应能在5.3.4规定的额定工作制下正常工作，并按9.3.3.3.5的规定进行试验时，温升不应超过表4、表5规定的温升极限值。

8.2.2.6 线圈和电磁铁的绕组温升

8.2.2.6.1 8 h工作制绕组

当主电路通以8.2.2.4规定的电流时，线圈绕组在持续负载和额定频率下应能承受额定控制电源电压，而其温升不应超过8.2.2.2和表6规定的温升极限值。

表6 绝缘线圈在空气中的温升极限

绝缘材料耐热等级	在空气中用电阻法测得的线圈温升极限 K
A	85
E	100
B	110
F	135
H	160

注1：绝缘等级按GB/T 11021—2007中等级2。

注2：表6和8.2.2.2中的温升限值仅适用于周围空气温度保持在－5 ℃～＋40 ℃范围内。

8.2.2.6.2 断续周期工作制绕组

当主电路没有电流流过时，线圈绕组在额定频率及额定控制电源电压下，按表 7 给出的断续工作制条件进行操作时，其温升不应超过 8.2.2.2 和表 6 规定的极限值。

8.2.2.6.3 特殊工作制（短时和周期工作制）绕组

特殊工作制绕组应在相应于预期适用的最严酷工作制的操作条件下进行试验，其额定值由制造厂规定。

8.2.2.7 辅助电路温升

接触器的辅助电路（包括辅助开关）应能承载其约定自由空气发热电流，按 9.3.3.3.7 的规定试验时，温升不应超过表 4 和表 5 规定的极限值。

注：如果辅助电路为接触器整体的组成部分，其试验可同主电路一起进行，但通以其实际工作电流。

表 7 断续周期工作制绕组的操作条件

断续周期工作制级别	每一次操作循环时间 s	线圈通电时间
1	3 600	依据负载因数选取
3	1 200	
12	300	
30	120	
300	12	
1 200	3	

8.2.2.8 其他部件温升

其他部件的温升不应损坏其相邻载流部件，尤其是绝缘材料，制造厂应表明它仍符合绝缘材料耐热分级（用 GB/T 11026.1 规定的方法确定），或符合 GB/T 11021 的规定。

8.2.3 介电性能

8.2.3.1 总则

a） 如果制造厂已经规定了 U_{imp} 值（见 5.3.1.3），8.2.3.2 或 8.2.3.1c）适用，试验方法见 9.3.3.4.1；

注：除非另有规定，应采用过电压类别Ⅱ的要求（见附录 F）。

b） 如果制造厂未规定 U_{imp} 值，按 9.3.3.4.2 的规定；

c） 指定用于 SELV 电路的接触器应能承受施加在 SELV 电路的带电部件和其他任何电路的带电部件之间的工频试验电压 4 000 V，施压时间为 1 min；

d） 在性能试验之后检验接触器的试后状况，按 9.3.3.5.4b）和 9.3.3.6.2 的规定，进行 1 min 工频耐压试验。

8.2.3.2 介电性能要求

a） 下述要求依据 GB/T 16935.1—2008 的原则为基础，并对接触器与装置内的绝缘配合提供了可能性；

b） 接触器应能承受 9.3.3.4.1 规定的介电试验；

c） 接触器应能承受附录 F 规定的、与过电压类别相对应的额定冲击耐压（见 5.3.1.3）；

d） 相应于一个规定额定操作电压（见 5.3.1.1 注 1 和注 2）的额定冲击耐压值，应不小于附录 F 规定的、与接触器所处电路的电源系统标称电压和过电压类别相对应的额定冲击耐压。

8.2.3.2.1 主电路的冲击耐压

a） 带电部件与接地部件之间、极与极之间的电气间隙应能承受表 18（见 9.3.3.4.1）中与额定冲击耐压相应的试验电压；

b） 接触器上与 a）中有关的固体绝缘应能承受 a）中规定的冲击耐压。

8.2.3.2.2 **辅助电路和控制电路的冲击耐压**

a) 直接与主电路连接、在额定工作电压下操作的辅助电路与控制电路应满足 8.2.3.2.1a)与 b)的要求；

b) 不直接与主电路连接的辅助电路和控制电路，其承受耐压的能力可不同于主电路。这些电路(交流或直流)的电气间隙和相关的固体绝缘应能承受附录 F 规定的相应电压。

8.2.3.2.3 **电气间隙**

电气间隙应能使接触器承受 8.2.3.2.1 和 8.2.3.2.2 规定的额定冲击耐压。

接触器应采用大于表 19 情况 B(均匀电场见 3.5.31)规定的最小电气间隙尺寸并按 9.3.3.4.1f)的规定进行验证。如果采用大于表 19 情况 A(非均匀电场)规定的最小电气间隙，可不必进行额定冲击耐压试验。

电气间隙的测量见附录 E。

8.2.3.2.4 **爬电距离**

a) 确定尺寸

爬电距离应不小于按 8.2.3.2.3 确定的相关电气间隙。对用于污染等级 3 和 4 的接触器，虽然最小电气间隙允许按 8.2.3.2.3 选为小于情况 A 的规定值，但为了减小由于过电压引起的击穿放电的危险性，爬电距离应不小于情况 A 规定的最小电气间隙尺寸。

爬电距离的测量见附录 E。

爬电距离值应与 7.1.3.2 指定的污染等级相对应或与有关产品标准规定的污染等级相对应，并与在表 20 中列出的额定绝缘电压或实际工作电压下相应材料组别相对应。

绝缘材料可按其相比电痕化指数(CTI 值)分为以下 4 个组别：

绝缘材料组别Ⅰ：　600≤CTI

绝缘材料组别Ⅱ：　400≤CTI<600

绝缘材料组别Ⅲa：　175≤CTI<400

绝缘材料组别Ⅲb：　100≤CTI<175

注 1：CTI 值是按 GB/T 4207 规定的方法所测得的值，供绝缘材料使用。

注 2：对于无机绝缘材料，例如玻璃或陶瓷，它们不产生电痕化，爬电距离不需要大于关联的电气间隙，但击穿放电的危险必须考虑。

b) 筋的使用

不管筋的数量有多少，如果采用筋的最小高度为 2 mm 时，则爬电距离能减少至表 20 之有关值的 0.8 倍。筋的最小底宽由机械要求确定(见附录 E 的 E.2)。

通过测量确定其是否符合要求。

8.2.3.2.5 **固体绝缘**

确定固体绝缘尺寸的原则尚在考虑中。

8.2.3.2.6 **分离电路之间的电气间隙**

分离电路之间的电气间隙、爬电距离和固体绝缘的确定，应考虑最高的额定电压，用额定冲击耐受电压确定电气间隙和固体绝缘，用额定绝缘电压或实际工作电压确定爬电距离。

可用测量的方法验证其是否符合要求。

8.2.4 **正常负载和过载条件下的性能要求**

5.3.5 中的正常负载和过载特性要求在下面的 8.2.4.1，8.2.4.2 和 8.2.4.4 中规定。

8.2.4.1 **接通和分断能力**

接触器按 9.3.3.5 规定的试验方法应能接通和分断表 8 中与使用类别相应的电流和操作循环次数。

通电时间和间隔时间应不超过表 8 和表 9 的规定值。

若制造厂同意，允许缩短间隔时间，也允许延长通电时间。

表 8 不同使用类别的接通与分断能力的接通和分断条件

使用类别	接通和分断条件					
	I_c/I_e	U_r/U_e	$\cos\varphi$	通电时间[a] s	间隔时间 s	操作循环次数
AC-7a	1.5	1.05	0.80	0.05	[b]	50
AC-7b	8.0	1.05	0.45	0.05	[b]	50

[a] 表中所列 0.05 s 为最小值，最大通电时间不超过 0.1 s；若触头在重新断开之前已经完全闭合到底，则允许时间小于 0.05 s。

[b] 见表 9。

表 9 分断电流 I_c 和间隔时间之间的关系

分断电流 I_c A	间隔时间 s
$I_c \leqslant 100$	10
$100 < I_c \leqslant 200$	20
$200 < I_c \leqslant 300$	30

8.2.4.2 约定操作性能

与接触器操作性能有关的试验是用来验证电器在对应于规定使用类别的条件下能够接通、承载和分断其主电路的电流而不发生故障的试验。

接触器按 9.3.3.6 规定的试验方法，应能接通和分断表 10 中与使用类别相应的电流和操作循环次数。

表 10 不同使用类别的约定操作性能的接通和分断条件

使用类别	接通和分断条件					
	I_c/I_e	U_r/U_e	$\cos\varphi$	通电时间[a] s	间隔时间 s	操作循环次数
AC-7a	1.0	1.05	0.80	0.05	[b]	30 000
AC-7b	[d]	[c]	0.45	0.05	[b]	30 000

[a] 表中所列 0.05 s 为最小值，最大通电时间不超过 0.1 s；若触头在重新断开之前已经完全闭合到底，则允许时间小于 0.05 s。

[b] 见表 9。

[c] 对接通操作是 $U_r/U_e=1.0$，对分断操作是 $U_r/U_e=0.17$。

[d] 对接通操作是 $I_c/I_e=6.0$，对分断操作是 $I_c/I_e=1.0$。

8.2.4.3 耐受过载电流能力

使用类别为 AC-7b 的接触器按 9.3.5 规定的试验方法，应能承受表 11 规定的电流。

表 11 耐受过载电流要求

试验电流	通电时间 s
$8I_{emax}$（AC-7b）	10

8.2.5 与短路保护电器的协调配合

短路条件下的性能(额定限制短路电流)。

用SCPD作为后备保护的接触器,其额定限制短路电流应根据9.3.4规定的试验方法进行验证。试验规定为:

a) 预期电流 I_r,见表12;

表12 相应于额定工作电流的预期试验电流 I_r

额定工作电流 I_e A	预期电流 I_r kA
$0<I_e\leqslant16$	1
$16<I_e\leqslant63$	3

b) 额定限制短路电流 I_q,仅当 I_q 电流大于 I_r 电流时,才进行 I_q 电流试验。

SCPD的额定值应适用于任何给定的额定工作电流、额定工作电压及相应的使用类别。

试验条件在9.3.4.2中给出。

协调配合要求在短路条件下,接触器不应对人及设备引起危害,在未修理和更换零件前,允许不能继续使用。

注:选用不同于制造厂推荐的SCPD时,协调配合可能会无效。

8.3 电磁兼容性

8.3.1 抗扰度

家用及类似用途的机电式接触器在电压变化时的性能符合8.2.1.2的规定。

接触器对7.1.4中描述的正常使用条件的其他电磁骚扰不敏感,因此无须进行抗扰度试验。

8.3.2 发射

家用及类似用途的机电式接触器不包括电子电路,或仅包含简单的整流电路或元件例如二极管、变阻器、电阻器或电容器元件(如使用浪涌抑制器的场合)等。

它们仅在通断操作过程产生电磁骚扰,其骚扰持续时间仅为毫秒的数量级。

暂时,直到进行进一步的研究之前,发射的频率和水平被视为家用及类似用途的机电式接触器正常电磁环境的一部分,因此无须进行电磁发射试验。

9 试验

9.1 试验分类

9.1.1 概述

试验应证明接触器符合本标准规定的要求。试验程序见附录B。

9.1.2 型式试验

型式试验是用来验证接触器的设计是否符合本标准的要求。

型式试验包括以下验证项目:

a) 温升试验(见9.3.3.3);

b) 介电性能试验(见9.3.3.4);

c) 额定接通与分断能力试验(见9.3.3.5);

d) 约定操作性能试验(见9.3.3.6);

e) 动作与动作范围试验(见9.3.3.1和9.3.3.2);

f) 耐受过载电流能力试验(见9.3.5);

g) 短路条件下的性能试验(见9.3.4);

h) 接线端子的机械性能试验(见9.2.4);

i) 封闭式接触器的外壳防护等级试验(见9.2.3);

j) 耐老化性能试验(见9.2.1.1);

k) 耐湿性能试验(见 9.2.1.2);

l) 耐热性能试验(见 9.2.1.3);

m) 抗非正常热和着火危险试验(见 9.2.1.4);

n) 抗锈性能试验(见 9.2.1.5);

o) 相比电痕化指数(CTI)测定(见 9.2.1.6);

p) 安装、维修用螺钉和螺母(不用于接线端子)性能验证(见 9.2.2);

q) 耐撞击试验(见 9.2.5);

r) 标志耐久性试验(见 9.2.6)。

认证用的型式试验按程序试验进行分组。

程序试验、样品数目以及试验结果在附录 B 中规定。

除非另有规定,各项试验(或程序试验)均应在新的完好的试品上进行。

除非另有规定,接触器在 25 ℃±10 ℃周围空气温度下进行试验。

9.1.3 常规试验

常规试验用来检测材料和工艺中的缺陷,并确定接触器的正常功能。常规试验应在产品出厂前在逐台接触器上进行,试验条件应与型式试验(见 9.3.6.1)的规定条件相同或等效。

接触器的常规试验包括:

——动作与动作范围(见 9.3.6.2);

——介电性能(见 9.3.6.3)。

9.1.4 出厂抽样试验

本标准规定的出厂抽样试验为:电气间隙的验证。

试验方法见 9.3.3.4.1f)。

抽样计划和试验程序在考虑中。

9.2 验证结构要求

有关结构要求的验证见 8.1,包括:

——材料;

——接触器结构;

——封闭电器的外壳防护等级;

——接线端子的机械性能;

——操动器;

——位置指示器件(见 3.3.16)。

9.2.1 材料

9.2.1.1 耐老化试验

由橡胶、聚氯乙烯(PVC)或类似热塑性材料制成的接触器的弹性部件(例如:衬垫、密封圈、薄膜和螺旋盖垫等),应放在加热箱中进行试验。箱中的大气成分和压力与周围空气相同,并有自然循环通风,被试部件应自由悬挂在箱中。

箱中温度为 70 ℃±2 ℃。

试品应在加热箱中放置 7 d(168 h)。试验箱推荐采用电加热,空气自然循环通风可通过在加热箱壁上开孔达到。7 d 后,试品应自加热箱中取出并放置在相对湿度为 45%~55%的室温环境中不少于 4 d(96 h)。

试后,目测试品不应出现表面龟裂或收缩而影响其继续使用,也不应变得发黏或油腻,评定方法如下:

用食指包上一块干燥的粗布对样品施加 5 N 的压力,试品上不应出现布的压痕,试品材料也不应粘在布上。(5 N 的压力用如下方法获得:将试品放在天平的一只托盘中,在另一只托盘中放入的质量等于试品质量加 500 g,然后用包上一块干燥粗布的食指压试品使天平保持平衡)。

9.2.1.2 **耐湿性能试验**

接触器的耐湿性能应用 GB/T 2423.3 规定的 Cab:恒定湿热试验进行验证。试验条件如下:

接触器若有进气孔应将其打开;若有敲落孔,应打开其中一个。不借助工具能拆卸的部件应拆卸后与接触器一起承受湿热试验,试验时应将罩盖打开。

试品在放入试验箱前应放置于室温条件下不少于 4 h。试验周期为 4 d(96 h)。

湿热试验后,将试品取出并重新装好所有的部件,盖好罩盖。然后按 9.3.3.4.2 的规定,对接触器不同部件之间施加 $2U_e$ 但不小于 1 000 V 的工频试验电压,施压时间为 1 min。

9.2.1.3 **耐热性能试验**

9.2.1.3.1 **接触器的耐热试验**

a) 支持或固定载流部件、接地部件的绝缘材料部件,应在 125 ℃±2 ℃的温度下承受球压试验。支持或固定接地端子的外壳上的绝缘材料部件应按 b)项规定进行试验。

球压试验装置如图 3 所示。

被试部件的平面应放置在由钢性平板支持的水平位置,钢板的厚度至少为 5 mm。用直径为 5 mm的钢球垂直施加 20 N 的力在被试部件表面。试验应在温度为 125 ℃±2 ℃的加热箱中进行,持续时间为 1 h。

试后,移去钢球,将试品浸入冷水中,在 10 s 内冷却至接近室温。

然后测量钢球沉入试品压痕的直径,应不超过 2 mm。

当完整的部件不能进行此试验时,应取其厚度至少 2 mm 的合适一部分进行高温下的球压试验。

注:厚度不足 2 mm 的部件也可用数层叠加而成。

b) 不用于支持载流部件和接地部件的绝缘材料部件(即使与它们接触),应能承受 a)项规定的球压试验,但试验温度为 70 ℃±2 ℃或 40 ℃±2 ℃加最高温升(取其大者),最高温升由温升试验中对有关部件的实测值来确定。

c) 被试接触器在放入加热箱进行试验前,应存放在室温下不少于 4 h。

接触器在箱中放置的时间应足以达到热平衡,但不少于 1 h,加热箱内温度为 100 ℃±2 ℃。然后,试品应冷却至接近室温。

接着用标准试指(见图 10)对正常运行时易接近的外壳表面施加一个不大于 5 N 的力,试指不应碰到按正常条件下安装的接触器的带电部件,最后还应检查接触器的标志,仍应字迹清晰。

9.2.1.3.2 **材料的耐热试验**

绝缘材料的试样厚度应至少为 2 mm,试样应承受 9.2.1.3.1a)和(或)b)要求的耐热试验。

注:如果可从绝缘材料厂或其他可靠方面获得数据,证实绝缘材料符合以上要求的耐热性能,也可取代材料的耐热试验。

9.2.1.4 **抗非正常热和着火危险试验**

9.2.1.4.1 **接触器部件试验**

验证接触器抗非正常热和着火危险试验是以灼热丝模拟热源或火源所产生的热效应。灼热丝试验按 GB/T 5169.10 和 GB/T 5169.11 规定,在下述条件下进行:

a) 支持或固定载流部件的绝缘材料部件,应采用 850 ℃的灼热丝顶端的试验温度;进行试验时,保护接地导体不视为载流部件;

b) 不用于支持载流部件和接地部件(即使与它们接触)的绝缘材料部件采用 650 ℃灼热丝顶端的试验温度。

9.2.1.4.2 **材料试验**

对材料试样进行下列试验:

注：如果可从绝缘材料厂或其他可靠方面获得数据，确实证明绝缘材料符合 8.1.1.4 的要求，也可取代材料试验。

a) 易燃性分类试验，按 GB/T 11020 的规定；

b) 电热丝引燃(HWI)试验，见附录 G。

9.2.1.5 抗锈性能试验

在试验前，被试黑色金属部件应浸入冷却的化学去油剂(如纯净汽油)中，不断搅动历时 10 min，以除去所有的油污；然后把被试部件浸入 10%的氯化铵水溶液中历时 10 min，溶液温度应控制在 20 ℃±5 ℃。在甩掉被试部件上的水滴后(不必干燥)，将其放入温度为 20 ℃±5 ℃的充满饱和水蒸气的箱中存放 10 min。接着试件在温度为 100 ℃±5 ℃的加热箱内干燥 10 min 后，试件表面应无锈迹，尖端上的锈点和可擦去的黄锈斑可忽略不计。

对于小弹簧及类似部件和难以擦到(或难以接近)的部件，在表面涂一层油脂层便足以防止部件锈蚀。只有当对这一保护效果发生怀疑时，才对这些部件进行抗锈性能试验，且试验前无须清除表面油污。

9.2.1.6 相比电痕化指数(CTI)测定

本试验采用 GB/T 4207 的规定来测定绝缘材料的 CTI 值及材料组别。

试验可在从接触器上取下的合适部件上进行或经同意可在合适的材料试品上进行。

9.2.2 安装、维修用螺钉和螺母(不用于接线端子)性能验证

螺钉和螺母应拧紧和放松以下次数：

——与绝缘材料螺纹啮合的螺钉和螺母，拧紧和放松 10 次；

——其他情况的螺钉和螺母，拧紧和放松 5 次。

对于与绝缘材料螺纹啮合的螺钉和螺母，每次都应全部拧入和拧出。

试验应采用合适的螺丝刀或扳手，拧紧力矩按表 13 的规定或按制造厂的规定。螺钉与螺母不应突然拧紧。

对于用螺丝刀拧紧的带槽六角头螺钉，在采用表 13 时如果第Ⅱ列和第Ⅲ列的力矩值不同，试验应进行 2 次，步骤如下：

——用扳手对六角头螺钉施加第Ⅲ列规定的力矩；

——用螺丝刀对另一组新试品施加第Ⅱ列规定的力矩。

如果第Ⅱ列和第Ⅲ列数值相同，只进行螺丝刀拧紧的试验。

试验中，螺钉连接件不应松脱，也不应发生影响接触器继续使用的损坏，例如螺钉损坏或损坏螺钉头之槽、螺纹、垫圈或镫形件，或损坏外壳和盖。

9.2.3 封闭式接触器的外壳防护等级

有关试验程序见 GB 14048.1—2006 中附录 C 的规定。

在防护等级代号第二表征数字试验后，应进行 $2U_e$ 但不小于 1 000 V 的工频耐压试验，按 9.3.3.4.2 的规定施加 1 min。

9.2.4 接线端子的机械性能

以下试验不适用于铝接线端子和连接铝导体的接线端子。

9.2.4.1 试验的一般条件

除非另有规定，每一次试验应在新的、完好的接线端子上进行。当用圆铜导线进行试验时，圆铜导线应符合 IEC 60028。

9.2.4.2 接线端子的机械强度试验

应该采用最大允许截面积的适当型号的导体进行试验。每个导体应被接上和拆下 5 次。对于螺纹型的接线端子，拧紧力矩应按表 13 的规定值或制造厂规定力矩的 110%(取其大者)进行试验。

本试验应在两个接线端子上进行。

具有六角头也可用螺丝刀拧紧的螺钉，并且表 13 第Ⅱ和第Ⅲ列之值不同，则试验应进行 2 次，首先按表13第Ⅲ列规定力矩施加至六角头螺钉上来进行试验，然后在另一组试品上按表13第Ⅱ列规定的力矩用螺丝刀拧紧螺钉进行第二次试验。

如果表第Ⅱ和第Ⅲ列之值相同，只需进行螺丝刀拧紧试验。

每一次松掉压紧螺钉(或压紧螺母)后，下一次拧紧试验应使用新的导体。

试验中，夹紧部件和接线端子都不应松脱也不应发生影响螺钉连接继续使用的损坏，例如螺钉损坏或损坏螺钉头之槽、螺纹、垫圈或镫形件。

9.2.4.3 导体的偶然松动和损坏试验(弯曲试验)

本试验适用于连接非预制圆铜导线的接线端子。制造厂应规定连接导线的根数、截面积和类型(软线和/或硬线，多股线和/或单芯线)。

由2个新的接线端子组成试品组，进行以下试验：

a) 用规定的最小截面导线及其允许的最多根数连接至接线端子进行试验；

b) 用规定的最大截面导线及其允许的最多根数连接至接线端子进行试验；

c) 用规定的最大和最小截面导线及其允许的最多根数连接至接线端子进行试验。

对于即可连接软导线又可连接硬导线(单芯线和/或多股线)的接线端子，应在不同的试品组上分别进行试验。

对于同时连接软线和硬线(单芯线和/或多股线)的接线端子，应按以上c)的规定进行试验。

表13 验证螺纹型接线端子机械强度的拧紧力矩

螺纹直径 Φ/mm		拧紧力矩/(N·m)		
公制尺寸标准值	直径范围	Ⅰ[a]	Ⅱ[b]	Ⅲ[c]
2.5	$\Phi\leqslant2.8$	0.2	0.4	0.4
3.0	$2.8<\Phi\leqslant3.0$	0.25	0.5	0.5
—	$3.0<\Phi\leqslant3.2$	0.3	0.6	0.6
3.5	$3.2<\Phi\leqslant3.6$	0.4	0.8	0.8
4.0	$3.6<\Phi\leqslant4.1$	0.7	1.2	1.2
4.5	$4.1<\Phi\leqslant4.7$	0.8	1.8	1.8
5.0	$4.7<\Phi\leqslant5.3$	0.8	2.0	2.0
6.0	$5.3<\Phi\leqslant6.0$	1.2	2.5	3.0
8.0	$6.0<\Phi\leqslant8.0$	2.5	3.5	6.0
10	$8.0<\Phi\leqslant10.0$	—	4.0	10.0

a 适用于螺钉头拧紧后不凸出外孔(沉头)螺钉和刀口宽度大于螺钉根部直径的螺丝刀不能拧紧的其他螺钉；

b 适用于用螺丝刀来拧紧的螺钉和螺母；

c 适用于比螺丝刀更好的其他工具来拧紧的螺钉和螺母。

试验应在合适的试验装置上进行，把规定根数的导线接入接线端子，试验导线的长度应比表14中规定的高度 H 长75 mm，接线螺钉的拧紧力矩按表13中规定的值。试验设备如图4所示。

每根导线按以下程序承受圆周运动考核：

被试导线的末端应穿过压板中合适尺寸的孔衬套，压板设置在接触器接线端子向下高度为 H 之处(H 值见表14)。除被试导线外的其余导线均应弄弯，以免影响试验。衬套应装在与导线同心、呈水平位置的压板中。衬套以10(r.p.m)±(2(r.p.m)的速度在水平面上围绕压板圆心画一直径为75 mm的圆。接线端子出口至衬套的上表面的距离为高度 H，允差±13 mm。衬套应加油润滑，以防止绝缘导线的弯曲、扭转或自转。表14规定的质量挂在导线末端，试验应连续旋转135圈。

试验过程中，导线既不应脱出接线端子也不应在靠近夹紧件处折断。

弯曲试验后，每根经过弯曲试验的导线应立即在试验装置上进行9.2.4.4的拉出试验。

表 14 圆铜导线弯曲试验和拉出试验的试验值

导线截面 mm	衬套孔径[a] mm	高度 $H\pm13$ mm	质量 kg	拉力 N
0.2	6.4	260	0.3	10
—	6.4	260	0.3	20
0.5	6.4	260	0.3	30
0.75	6.4	260	0.4	30
1.0	6.4	260	0.4	35
1.5	6.4	260	0.4	40
2.5	9.5	279	0.7	50
4.0	9.5	279	0.9	60
6.0	9.5	279	1.4	80
10	9.5	279	2.0	90
16	12.7	298	2.9	100
25	12.7	298	4.5	135
—	14.3	318	5.9	156
35	14.3	318	6.8	190

[a] 如果表中给定的孔直径之衬套难以容纳不扎紧的导线，则允许用表中下一个较大的孔径之衬套。

9.2.4.4 圆铜导线的拉出试验

在 9.2.4.3 弯曲试验后，接着应将表 14 规定的拉力施加在进行过 9.2.4.3 弯曲试验的导线上。夹紧导线的螺钉在本试验中不应再次拧紧。拉力应持续 1 min，且不允许突然施力。

试验过程中，导线既不应脱出接线端子也不应在靠近夹紧件处折断。

9.2.4.5 最大规定截面的非预制圆铜导线的接入能力试验

9.2.4.5.1 试验程序

采用表 15 规定的模拟量规进行试验。量规的测量截面应能穿进接线端子的孔中，并在量规自身的重力下插入接线端子的全深度（见表 15 的注）。

表 15 最大导线截面与相应量规

导线截面积		模拟量规（见图 5）			
软导线 mm	硬导线 （单芯或多股线） mm	型式标号	直径 a mm	宽度 b mm	a 和 b 之允差 mm
1.5	1.5	A1	2.4	1.5	$^{0}_{-0.05}$
2.5	2.5	A2	2.8	2.2	
2.5	4	A3	2.8	2.4	
4	6	A4	3.6	3.1	$^{0}_{-0.06}$
6	10	A5	4.3	4.0	
10	16	B6	5.3	—	

表 15（续）

导线截面积		模拟量规(见图 5)			
软导线 mm	硬导线 (单芯或多股线) mm	型式标号	直径 a mm	宽度 b mm	a 和 b 之允差 mm
16	25	B7	6.9	—	0 −0.07
25	35	B8	8.7	—	
35	50	B9	10.0	—	
注：如果导线截面不是表中的规定值，可用适当截面的非预制圆铜导线作为模拟量规，插入力不大于 5 N。					

9.2.4.5.2　**量规结构**

量规的结构如图 5 所示。

尺寸 a 和尺寸 b 及其允差见表 15。量规的测量部分应采用量规钢制成。

9.2.5　**耐撞击试验**

9.2.5.1　**程序试验**

开启式接触器、半封闭式接触器的外露部件、接触器的罩盖和盖板都应在摆锤试验设备上进行试验，撞击能量为 0.5 J。

封闭式接触器的外壳应采用球面试验设备(见 9.2.5.2.2)进行试验，撞击能量为 2 J。

周围空气温度为 25 ℃±10 ℃。

有盖或外壳的试品应按正常的使用条件进行安装，或放置在紧靠刚性支架之处，试品的电缆进口应打开，若电缆进口采用敲落孔的，则应打开它们中的两个。

在撞击作用前，基座、罩盖及类似物的紧固件应用表 13 规定的拧紧力矩的 2/3 进行拧紧。

试品应承受 10 次撞击，撞击点应均匀分布在试品上。

撞击不应落在敲落孔区域或易碎部件(如观察窗、指示灯等)上。

施加其中的 5 次撞击如下：

a)　对于嵌入式接触器，一次撞击在中心，再于安装槽上方两端各撞击一次，另两次撞击在前两次撞击点之间接近中间的位置，最好撞击在试品水平移动的侧棱上。

b)　对于其他型式的接触器和安装盒，一次撞击在中心，然后将试品绕垂直轴旋转(接近但不超过 60°)，对试品每边各撞击一次，另两次撞击在前两次撞击点之间接近中间的位置，最好撞击在侧棱上。

其余 5 次撞击是在试品绕垂直于层压板的轴线旋转 90°后，以同样方法进行。

试后，试品应无影响其继续使用的损坏，特别是罩盖，不应发生破损，以至使带电部件变得容易触及，或影响接触器、操作机构和绝缘衬垫与隔板继续正常使用，如有疑问，可以拆下上述诸如外壳和罩盖等外部部件进行检查(但不能损坏这些部件或其绝缘衬垫)，但不会使爬电距离和电气间隙减小至8.1.3 规定值以下的表面裂缝、小凹痕及对防触电保护无明显影响的碎裂可忽略不计。

9.2.5.2　**试验设备**

9.2.5.2.1　**摆锤试验设备(0.5 J 试验)**

试验设备如图 6、图 7 和图 8 所示。

试验设备应使试品能够在水平方向移动，并能绕着与层压板表面垂直的轴线旋转，层压板能绕垂直轴线旋转。

撞击元件的质量为 0.25 kg，应从 0.20 m 的高度下落到按正常使用条件安装的接触器的裸露表面，使撞击点落在通过摆锤轴线的垂直面内。

下落高度应是摆锤释放时的检测点的位置与撞击点位置之间的垂直距离。检测点应标志在撞击元件的表面上，该点是通过摆的钢管轴线与撞击元件轴线的交点并垂直于该两轴线构成的平面的直线与撞击元件表面的交点。

撞击元件的头部应具有一个半径为 10 mm 的半圆形球面，它是由聚酰胺材料制成，表面硬度为洛氏硬度 R100。撞击元件被刚性固定在一根外径为 9 mm、壁厚为 0.5 mm 的钢管下端，此管的上端用轴枢固定，使其只能在一垂直平面内摆动。

轴枢的轴线应在撞击元件轴线上方 1 000 mm±1 mm 处。

确定撞击元件头部聚酰胺洛氏硬度时，应采用以下条件：

——球的直径：12.7 mm±0.002 5 mm；

——起始负荷：100 N±2 N；

——过负荷：500 N±2.5 N。

其详细资料见 ISO 2039-2，平面安装式接触器应安装在 8 mm 厚、175 mm 见方的层压板上，层压板的上下两边固定在刚性托架上，该托架为安装支架的一部分（见图 7），安装支架的质量应为 10 kg±1 kg，它是通过转轴安装在刚性框架上。

9.2.5.2.2 球体试验设备（2 J 试验）

如图 9 所示，撞击是由钢球跌落或摆动产生，钢球直径为 50 mm，重量为 0.5 kg，从 0.4 m 高度释放。

高度 H 是垂直距离，当摆线处于垂直位置时，钢球与试品接触，摆线的质量和钢球比较可以忽略。

支持面应由一层橡木企口地板铺在两层 19 mm 层压板上，橡木地板厚约 19 mm，此组合板应放置在混凝土地面上，等效的无弹性支持面也可采用；后背支持可由 19 mm 层压板放在混凝土的表面，等效的无弹性支持面也可采用。

9.2.6 标志耐久性试验

检验标志是否符合 8.1.12 的要求可用手拿一块浸湿水的布对标志轻擦 15 s，接着用一块吸湿汽油的布轻擦 15 s。

试验时所用的汽油由脂肪族己烷溶剂组成，其芳香族所占的体积比最大为 0.1%，贝壳松脂丁值为 29，起始沸点约 65 ℃，干燥点约 69 ℃，密度约为 0.68 g/cm^3。

试验后，标志应易于识别，名牌不应移动与翘曲。

在本标准全部试验后，标志仍应易于辨认。

对于用压印、模压、冲压或雕刻方法制造的标志不需进行本试验。

9.3 验证性能要求

9.3.1 程序试验

用于认证的程序试验和所需的试品数量见附录 B，试品应能承受程序试验的考核。

9.3.2 试验的一般条件

9.3.2.1 一般要求

被试接触器的全部数据应与其图样和技术文件一致。

除非另有规定，试验采用的电流种类、交流情况下的频率与相数均应与预期使用情况相同。

如果为了便于试验而采用提高试验参数严酷度的方法，例如为了缩短试验周期而采用较高的试验频率，仅在制造厂同意时才可进行。

被试接触器应按制造厂说明书的规定完整地安装在本身的支架或等效支架上，并按正常使用情况接线，安装地点的环境条件按 7.1 的规定。

封闭式接触器应完整地安装，正常工作时关闭的孔，试验时也应关闭。预期装在单独外壳中的接触器应在制造厂规定的最小外壳中进行试验。

注：单独外壳是设计成仅容纳 1 台接触器的外壳。

不预期安装在单独外壳内的接触器应在大气中试验。除非本标准另有规定，在进行接通与分断能力试验和短路条件下的性能试验时，在接触器周围可能成为外部击穿点的各处应放置金属丝网，丝网的布置与距离按制造厂的规定。接触器至丝网的距离等详情应在试验报告中写明。

除非本标准另有规定，不允许进行维修和更换零件。

在试验开始前，接触器可空载操作几次。

除非本标准另有规定，试验时，操动系统应按规定的预期使用条件在额定控制参数(如额定控制电压)下进行操作。

9.3.2.2 试验参数

9.3.2.2.1 试验参数值

所有试验应按本标准的有关表格和数据并根据制造厂规定的额定参数进行。

9.3.2.2.2 试验参数之允差

除非本标准另有规定，记录在试验报告中的试验参数之偏差应在表16规定的允差范围之内。若经制造厂同意，试验也可在比规定条件严酷的情况下进行。

表16 试验参数允差

所有试验	空载、正常负载与过载条件下试验	短路条件下试验
电流：$^{+5\%}_{0}$ 电压：$^{+5\%}_{0}$	功率因数：±0.05 频率：±5%	功率因数：$^{0}_{-0.05}$ 频率：±5%

注1：表中的规定不适用于动作范围。

注2：经制造厂与用户双方同意，在50 Hz下进行的试验也可认为适用于在60 Hz下运行，反之亦可。

9.3.2.2.3 恢复电压

a) 工频恢复电压

对于所有分断能力和短路分断能力试验，工频恢复电压应为额定工作电压的1.05倍。

注1：规定工频恢复电压为1.05倍额定工作电压是考虑到正常工作条件下电源系统电压的波动。

注2：分断试验中可以提高外施电压，但未经制造厂同意，预期峰值接通电流不应超过规定值。

注3：经制造厂同意，工频恢复电压上限值可以提高(见9.3.2.2.2)。

b) 瞬态恢复电压

对瞬态恢复电压有要求时，应按9.3.3.5.3确定。

9.3.2.3 试验结果的评定

接触器在试验中的工作情况及其试后的条件见本标准有关条款。

9.3.2.4 试验报告

制造厂应提供有效的型式试验报告证明接触器符合本标准。

有关的试验详情，诸如外壳的形式和尺寸、导线的尺寸、带电部件至外壳的距离或至正常运行时接地部件的距离以及操动系统的操动方法等等，均应在试验报告中一一列出。

试验值和试验参数应在试验报告中详细列出。

9.3.3 空载、正常负载和过载条件下的性能试验

9.3.3.1 动作条件

按8.2.1.1的规定进行试验。

9.3.3.2 动作范围

应验证接触器的动作范围符合8.2.1.2的要求。

9.3.3.3 温升试验

9.3.3.3.1 周围空气温度

应至少采用两只温度检测计(如温度计或热电偶)测量周围空气温度，检测计应均匀地分布在接触

器周围，放置在接触器高度的1/2处，离开接触器的距离约为1 m，并应在试验周期的最后1/4时间内进行测量和记录，温度检测计应避免气流、热辐射的影响以及由于温度迅速变化引起的读数误差。

试验过程中，周围空气温度应在+10 ℃～+40 ℃范围内，且其变化不应超过10 K。

9.3.3.3.2 **部件温度的测量**

应采用合适的温度检测计测量接触器除线圈外的所有部件的温度，测量点应是可能达到最高温升的那些点。试验报告中应注明测量点的位置。

温度检测计不应对温升有明显影响。

温度检测计与被试品表面应保证有良好的热传导。

电磁线圈的温度测量通常采用电阻法，只有当电阻法难以实现时才允许用其他方法。

温升试验开始前线圈温度与周围介质温度之差应不超过3 K。

线圈的热态温度 T_2 可以从冷态温度 T_1、热态电阻 R_2 和冷态电阻 R_1 依据下列公式求得：

$$T_2 = \frac{R_2}{R_1}(T_1 + 234.5) - 234.5$$

式中：

T_1，T_2——摄氏温度，℃；

R_1，R_2——电阻，Ω。

T_2 为线圈温升达到稳定值（通电时间不应超过8 h）时的温度；当每小时温度变化不超过1 K时，可认为温升达到了稳定值。

9.3.3.3.3 **部件的温升**

部件的温升是按9.3.3.3.2测得的该部件的温度与按9.3.3.3.1测得的周围空气温度之差。

9.3.3.3.4 **主电路的温升试验**

接触器应按9.3.2.1的规定进行安装，并应防止受到外来非正常的加热和冷却的影响。

试验时，主电路应承载8.2.2.4中所述负载。

通常承载电流的辅助电路均应通以其最大额定工作电流（见5.6），控制电路应以额定电压供电。

对带有必备外壳的接触器和仅用在规定型式外壳中的接触器应在其外壳内通以约定自由空气发热电流进行试验，且其外壳上不允许有非正常的通风孔。

预期用在多种型式外壳中的接触器既可在制造厂规定的最小外壳中试验，也可不带外壳进行试验，如果不带外壳进行试验，制造厂应提供约定封闭发热电流值（见5.3.2.2）。

对于多相电流试验，每相电流应平衡，其允差为±5%，且多相电流的平均值应不小于所规定的试验电流。

除非在标准中特别指出，主电路温升试验在根据5.3.2.1和5.3.2.2的定义的一个或全部的约定自由空气发热电流下进行试验，且可在任意电压下进行。

当主电路、控制电路和辅助电路之间的发热和温升相互影响时，这些电路应同时进行温升试验。试验按9.3.3.3.4～9.3.3.3.7的规定进行。

经制造厂同意，多极接触器可将多极串联起来通以单相电流进行试验。

温升试验结束，主电路中各部件的温升不得超过表4和表5的规定值。试验用导线应根据以下规定选取：

a) 连接导线应采用单芯聚氯乙烯（PVC）绝缘铜导线，其截面按表17的规定。
   经制造厂同意，可以采用截面小于规定值的导线进行试验。

b) 连接导线应置于大气中，导线间距约等于接线端子之间的距离。

c) 在进行单相或多相温升试验时，从接触器接线端子至另一个接线端子或至试验电源或至星形接点的长度不小于1 m。

9.3.3.3.5 **控制电路的温升试验**

控制电路的温升试验应在9.3.3.3.4的试验中同时进行。

控制电路的温升试验应采用规定的电流、额定频率及额定电压。

预期持续运行的控制电路的温升试验应进行足够长的时间直至温升达到稳定值。

温升试验结束后,控制电路各部件的温升不应超过 8.2.2.5 的规定值。

表 17 温升试验用铜导线

试验电流(I)范围 A	导线截面	
	mm^2	AWG/MCM
$0<I\leqslant8$	1.0	18
$8<I\leqslant12$	1.5	16
$12<I\leqslant15$	2.5	14
$15<I\leqslant20$	2.5	12
$20<I\leqslant25$	4.0	10
$25<I\leqslant32$	6.0	10
$32<I\leqslant50$	10	8
$50<I\leqslant65$	16	6
$65<I\leqslant85$	25	4

注1:为了便于试验,在制造厂的同意下,可以采用较小的试验电流规定的导体。

注2:表中列出了导体尺寸的公制和 AWG/MCM 的变换。

9.3.3.3.6 电磁铁线圈的温升

电磁铁线圈应按 8.2.2.6 规定的条件下进行试验。

试验应进行足够长时间直至温升达到稳定值。当主电路与电磁铁线圈均达到热平衡时,应测量温升。

接触器的电磁铁线圈应按下述规定进行试验:

a) 用于 8 h 工作制的接触器,其电磁铁线圈只进行 8.2.2.6.1 规定的试验,试验中主电路通以相应的额定电流,温升在 9.3.3.3.4 的试验中进行测量;

b) 用于断续周期工作制的接触器,其电磁铁线圈应进行上述试验及 8.2.2.6.2 中相应的工作制级别的试验,试验中主回路不通电;

c) 用于特殊工作制(短时和周期工作制)的接触器,其电磁铁线圈应进行 8.2.2.6.3 规定的试验,试验中主电路不通电。

试验结束后,各部件的温升不应超过 8.2.2.6 的规定值。

9.3.3.3.7 辅助电路的温升

辅助电路的温升试验应在 9.3.3.3.4 试验中进行,试验条件与 9.3.3.3.5 规定的相同,但可在任意方便的电压下进行试验。

试验结束后,辅助电路的温升不应超过 8.2.2.7 的规定值。

9.3.3.4 介电性能

试验应按以下规定进行:

a) 如果制造厂规定了额定冲击耐受电压值 U_{imp}(见 5.3.1.3),按 9.3.3.4.1 的规定试验;

b) 如果制造厂未规定额定冲击耐受电压值 U_{imp},按 9.3.3.4.2 的规定试验。

在此情况下,电气间隙和爬电距离应采用测量方法进行验证(见附录 E)。

9.3.3.4.1 冲击电压的介电性能试验

a) 一般条件

被试接触器应符合 9.3.2.1 的有关规定,如果接触器无外壳,应将接触器安装在金属板上,并将正常工作中接地的所有外露导电部件(框架等)连接到金属板上。如果接触器不带附加外壳，应将绝缘材料操动器和非金属外壳包以金属箔，并连接至框架或安装金属板上。金属箔应覆盖在所有能被标准试指触及之处(见图10)。

b) 验证冲击耐压(电气间隙和相关固体绝缘)

接触器应符合8.2.3.1和8.2.3.2规定的要求。

额定冲击耐压试验(见表18)用于验证接触器的电气间隙和相关固体绝缘的介电性能。

当电气间隙等于或大于表19情况A的规定值时，可按附录E的方法，用测量法进行验证，而不必进行冲击耐压试验。

试验中应无击穿或闪络等击穿放电现象。

注1：故意击穿放电是一个例外情况，例如：瞬态过电压抑制措施。

注2：术语“击穿放电(disruptive discharge)”与绝缘在电应力作用下的故障现象有关，在这种情况下放电使被试绝缘完全短路，并使电极间的电压降至零或接近零。

注3：术语“击穿跳火(sparkover)”用于击穿放电发生在气体或液体的介质中。

注4：术语“闪络(flashover)”用于击穿放电发生在气体或液体的介质表面。

注5：术语“击穿(puncture)”用于击穿放电发生在贯穿固体介质内部。

注6：击穿放电使固体介质永久丧失介电强度，而使液体或气体介质可能只是暂时丧失介电强度。

c) 试验电压

冲击试验电压值应按8.2.3.1和8.2.3.2的规定值。

试验电压的能量不应超过过电压抑制器(如有的话)的能量规定值。

注：电压抑制装置的额定值必须适合于使用。这一额定值正在考虑中。

施加1.2/50 μs冲击电压正、负极性各3次，间隔时间至少为1 s。

表18 冲击耐压及海拔修正值

额定冲击耐压 U_{imp} kV	$U_{1.2/50}$ 冲击电压 kV				
	海平面	200 m	500 m	1 000 m	2 000 m
0.33	0.36	0.36	0.35	0.34	0.33
0.5	0.54	0.54	0.53	0.52	0.5
0.8	0.95	0.9	0.9	0.85	0.8
1.5	1.8	1.7	1.7	1.6	1.5
2.5	2.9	2.8	2.8	2.7	2.5
4	4.9	4.8	4.7	4.4	4
6	7.4	7.2	7	6.7	6
8	9.8	9.6	9.3	9	8
12	14.8	14.5	14	13.3	12

d) 试验电压的施加

被试接触器应按a)中的规定进行安装与准备，试验电压应施加在以下部位：

1) 接触器触头处于所有正常工作位置，主电路(包括接至主电路的控制电路和辅助电路)的所有接线端子连在一起与外壳或安装板之间；

2) 接触器触头处于所有正常工作位置，主电路每极与连在一起并接至外壳或安装板的其他各极之间；

3) 通常不接至主电路的各控制电路和辅助电路与以下部件之间：

——主电路；

——其他电路；

——裸露的导电部件；

——外壳或安装板。

以上部位合适者可连在一起。

e) 验证爬电距离

应测量接触器的相与相之间、不同电压电路的导体之间及带电导体与外露导体之间的最小爬电距离，测得的爬电距离应符合 8.2.3.2.4 的要求。

f) 验证电气间隙的抽样试验

抽样试验是用来验证电气间隙小于表 19 情况 A 中规定值的接触器是否符合设计要求，试验电压应对应于额定冲击耐受电压。

表 19 空气中的最小电气间隙

<table>
<tr><th rowspan="4">额定冲击耐压
U_{imp}
kV</th><th colspan="8">最小电气间隙
mm</th></tr>
<tr><th colspan="4">情况 A
非均匀电场条件(见 3.5.32)</th><th colspan="4">情况 B
均匀电场条件(见 3.5.31)</th></tr>
<tr><th colspan="4">污染等级</th><th colspan="4">污染等级</th></tr>
<tr><th>1</th><th>2</th><th>3</th><th>4</th><th>1</th><th>2</th><th>3</th><th>4</th></tr>
<tr><td>0.33</td><td>0.01</td><td rowspan="3">0.2</td><td rowspan="4">0.8</td><td rowspan="5">1.6</td><td>0.01</td><td rowspan="3">0.2</td><td rowspan="5">0.8</td><td rowspan="6">1.6</td></tr>
<tr><td>0.5</td><td>0.04</td><td>0.04</td></tr>
<tr><td>0.8</td><td>0.1</td><td>0.1</td></tr>
<tr><td>1.5</td><td>0.5</td><td>0.5</td><td>0.3</td><td>0.3</td></tr>
<tr><td>2.5</td><td>1.5</td><td>1.5</td><td>1.5</td><td>0.6</td><td>0.6</td></tr>
<tr><td>4</td><td>3</td><td>3</td><td>3</td><td>3</td><td>1.2</td><td>1.2</td><td>1.2</td></tr>
<tr><td>6</td><td>5.5</td><td>5.5</td><td>5.5</td><td>5.5</td><td>2</td><td>2</td><td>2</td><td>2</td></tr>
<tr><td>8</td><td>8</td><td>8</td><td>8</td><td>8</td><td>3</td><td>3</td><td>3</td><td>3</td></tr>
<tr><td>12</td><td>14</td><td>14</td><td>14</td><td>14</td><td>4.5</td><td>4.5</td><td>4.5</td><td>4.5</td></tr>
<tr><td colspan="9">注：空气中最小电气间隙是以 1.2/50 μs 冲击电压为基础，其气压为 80 kPa 相当于 2 000 m 海拔处正常大气压。</td></tr>
</table>

抽样方案和程序在考虑中。

试验电压应施加在 d) 中规定的部位，但金属箔不必设置在操动器和外壳外。

试验中不应出现击穿放电现象。

9.3.3.4.2 工频电压的介电性能试验

a) 被试接触器的条件

介电性能试验应在按正常工作安装（包括内部接线）的清洁、干燥的接触器上进行。

如果接触器为绝缘底座，金属部件应按正常安装条件拧紧，并应把这些金属件当作接触器框架的一部分，当接触器安装在绝缘外壳内，其外壳外部应包以金属箔并与框架相连。如果接触器的介电强度与引线抽头或所采用的特殊绝缘有关，则在试验时也应采用同样的引线抽头或特殊绝缘。

b) 试验电压的施加

如果接触器中装有电动机、仪表、瞬动开关和半导体器件等装置，且按其规定所能承受的介电试验电压低于 c) 中的规定值，在制造厂有说明时，应在接触器进行介电试验时将其拆除。

1) 主电路工频耐压试验

将通常不接至主电路的各控制电路和辅助电路接至框架上，试验电压施加在以下部位。

时间为 1 min：

主触头闭合时：

——连接在一起的所有接线端子与接触器框架之间；

——每极与连接至框架的其他所有各极之间。

主触头断开时：

——连接在一起的所有接线端子与接触器框架之间；

——连接在一起的所有进线接线端子与连接在一起的所有出线接线端子之间。

表 20 最小爬电距离

接触器的额定绝缘电压或实际工作电压(r.m.s) V[e]	承受长期电压的接触器的爬电距离 mm															
	污染等级			污染等级				污染等级				污染等级				
	1[f]	2[f]	1	2				3				4				
	材料组别			材料组别[a]				材料组别				材料组别				
	[b]	[c]	[b]	Ⅰ	Ⅱ	Ⅲa	Ⅲb	Ⅰ	Ⅱ	Ⅲa	Ⅲb	Ⅰ	Ⅱ	Ⅲa	Ⅲb
10	0.025	0.04	0.08	0.4	0.4	0.4		1	1	1		1.6	1.6	1.6	
12.5	0.025	0.04	0.09	0.42	0.42	0.42		1.05	1.05	1.05		1.6	1.6	1.6	
16	0.025	0.04	0.1	0.45	0.45	0.45		1.1	1.1	1.1		1.6	1.6	1.6	
20	0.025	0.04	0.11	0.48	0.48	0.48		1.2	1.2	1.2		1.6	1.6	1.6	
25	0.025	0.04	0.125	0.5	0.5	0.5		1.25	1.25	1.25		1.7	1.7	1.7	
32	0.025	0.04	0.14	0.53	0.53	0.53		1.3	1.3	1.3		1.8	1.8	1.8	
40	0.025	0.04	0.16	0.56	0.8	1.1		1.4	1.6	1.8		1.9	2.4	3	
50	0.025	0.04	0.18	0.6	0.85	1.2		1.5	1.7	1.9		2	2.5	3.2	
63	0.04	0.063	0.2	0.63	0.9	1.25		1.6	1.8	2		2.1	2.6	3.4	
80	0.063	0.1	0.22	0.67	0.95	1.3		1.7	1.9	2.1		2.2	2.8	3.6	[d]
100	0.1	0.16	0.25	0.71	1	1.4		1.8	2	2.2		2.4	3.0	3.8	
125	0.16	0.25	0.28	0.75	1.05	1.5		1.9	2.1	2.4		2.5	3.2	4	
160	0.25	0.4	0.32	0.8	1.1	1.6		2	2.2	2.5		3.2	4	5	
200	0.4	0.63	0.42	1	1.4	2		2.5	2.8	3.2		4	5	6.3	
250	0.56	1	0.56	1.25	1.8	2.5		3.2	3.6	4		5	6.3	8	
320	0.75	1.6	0.75	1.6	2.2	3.2		4	4.5	5		6.3	8	10	
400	1	2	1	2	2.8	4		5	5.6	6.3		8	10	12.5	
500	1.3	2.5	1.3	2.5	3.6	5		6.3	7.1	8.0		10	12.5	16	
630	1.8	3.2	1.8	3.2	4.5	6.3		8	9	10		12.5	16	20	

a 根据 GB/T 16935.1 的规定，此处发生电痕化的可能性很小；

b 材料组别Ⅰ、Ⅱ、Ⅲa、Ⅲb；

c 材料组别Ⅰ、Ⅱ、Ⅲa；

d 该区域的爬电距离尚未确定，材料组别Ⅲb 一般不推荐用于污染等级 4；

e 作为例外，额定绝缘电压 127 V、208 V、415/440 V、660/690 V 的爬电距离可采用相应的较低的电压值 125 V、200 V、400 V、630 V 的爬电距离；

f 印刷电路材料的爬电距离可采用这两列规定数值。

2） 控制电路和辅助电路工频耐压试验

通常接至主电路的控制电路与辅助电路应与主电路一起进行试验。

通常不接至主电路的控制电路与辅助电路在试验时，主电路应接至框架，试验电压应施加在以下部位，时间为 1 min：

——连接在一起的控制电路、辅助电路与接触器的框架之间；

——正常工作时可能与其他部件绝缘的每个部件与连接在一起的其他所有部件之间。

c） 试验电压值

试验电压为正弦波，频率在 45 Hz～65 Hz 之间，在试验侧空载时，将电压调至要求的试验电压值后，将试验侧端子短路时，电压源能产生至少 0.2 A 的短路电流。如果有脱扣器，小于 0.1 A时不得脱扣。

对于主电路和通常接至主电路的控制电路和辅助电路，试验电压值见表 21。

表 21 工频耐压试验电压值

额定绝缘电压 U_i V	工频耐压试验电压值(交流)(r.m.s) V
$U_i \leqslant 60$	1 000
$60 < U_i \leqslant 300$	1 500
$300 < U_i \leqslant 690$	2 500

对于通常不接至主电路的控制电路和辅助电路：

——额定绝缘电压 $U_i \leqslant 60$ V 时，工频耐压试验电压为 1 000 V；

——额定绝缘电压 $U_i > 60$ V 时，工频耐压试验电压为 $2U_i + 1\ 000$ V 但不小于 1 500 V。

对于 SELV 电路中的接触器，SELV 电路的带电部件回路与其他任何回路之间至少为 4 000 V。

d） 试验结果

如果不出现击穿放电现象（见 9.3.3.4.1b)），则认为本试验合格。

9.3.3.5 接通与分断能力

9.3.3.5.1 一般试验条件

验证接通和分断能力时，被试接触器应符合 9.3.2.1 规定的一般试验条件。

四极接触器应按三极接触器进行试验，不用极（或中性极）接至框架。在三个相邻极上进行一次试验足以代表所有极的试验。

试验应在表 8 规定的操作条件下进行而无故障（试后评定见 9.3.3.5.4b)）。

控制电源电压在一半操作循环次数内为 $110\%U_s$，在另一半操作循环次数内为 $85\%U_s$。

试验中，主电路的接线应与接触器正常使用时基本相同，控制电路和辅助电路，特别是电磁铁线圈可由另一独立电源供电，这一电源应提供与规定使用条件种类相同的电流与电压。

9.3.3.5.2 试验电路

a） 图 11～图 14 所示试验电路用于以下试验：

图 11 单极接触器的单相交流试验电路图；

图 12 双极接触器的单相交流试验电路图；

图 13 三极接触器或三个单相接触器的三相交流试验电路图；

图 14 四极接触器的三相四线交流试验电路图。

试验所用的电路图的详细情况应在试验报告中注明。

b） 接触器电源端的预期短路电流应不小于 10 倍试验电流。

c） 试验电路由试验电源 S、被试接触器 D 和负载电路组成。

d） 负载电路应由电阻器串联空芯电抗器组成，且任何相的空芯电抗器都应并联分流电阻，分流值约为通过电抗器的电流的0.6%。

如果对瞬态恢复电压有规定的话，则用并联电阻与电容替代0.6%分流电阻跨接在负载上，完整的负载电路图见图15所示。

e) 在规定的试验电压下，调整负载应达到以下要求：

——表8规定的电流、功率因数、工频恢复电压值；

——瞬态恢复电压的振荡频率 f 和过振荡系数 γ。

过振荡系数 γ 是瞬态恢复电压的最大峰值 U_1 和电流过零瞬间工频恢复电压分量的电压瞬时值 U_2 的比值(见图16)，即 $\gamma=\frac{U_1}{U_2}$。

f) 试验电路应有一点直接接地，接地点的位置应在试验报告中注明。

g) 接触器在正常运行中接地的所有部件(包括外壳或金属丝网)在试验时均应对地绝缘，并接至图11～图14中的指定点。

为了检测故障电流，在电器的接地部件与接地指定点，即图11～图14中的指定点，之间应接入熔断元件F，熔断元件采用直径Φ0.8 mm，长度至少50 mm铜丝或等效的熔断体。

熔断元件电路中的预期故障电流应为1 500 A±10%，但下述注2和注3的规定除外。如有必要的话，应采用限制电流的电阻器。

注1：直径Φ0.8 mm的铜丝通过频率在45 Hz至67 Hz间的1 500 A电流，大约在半个周波时间熔化；

注2：根据有关产品标准规定，对于小容量电器，其预期故障电流小于1 500 A，应采用对应于注1中同样熔化时间的较小直径的铜丝(见注4)；

注3：在供电系统中，具有人为中性点的情况下，经制造厂同意，可以允许有较小的预期故障电流，应采用较小直径的铜丝(见注4)；

注4：熔断元件电路中预期故障电流和铜丝之间关系见下表：

表22 预期故障电流铜丝直径的关系

铜丝直径 mm	检测故障电路中的预期故障电流 A
0.1	50
0.2	150
0.3	300
0.4	500
0.5	800
0.8	1 500

9.3.3.5.3 瞬态恢复电压特性

本项要求适用于使用类别为AC-7b的接触器。

瞬态恢复电压特性是为了模拟单独电动机负载(电感负载)电路的条件，瞬时恢复电压的振荡频率 f 应调整为按以下公式所得之值，允差为±10%：

$$f=2\,000\times I_c^{0.2}\times U_e^{-0.8}$$

式中：

f——振荡频率，kHz；

I_c——分断电流，A；

U_e——额定工作电压，V。

过振荡系数 γ 应调整为按以下公式所得之值，允差为±0.05：

$$\gamma=\frac{U_1}{U_2}=1.1$$

式中：

U_1,U_2 见图 16(见 9.3.3.5.2e))。

为了获得试验所需要的电抗值，可采用几个电抗器并联连接，这些电抗器具有实际上相同的时间常数。

接触器的负载接线端子应与调整负载电路的接线端子连接，连接线应尽可能的短，调整应在连接线固定下来后进行。

调整瞬态恢复电压应在整个负载电路上进行，特别是从调整好到进行试验，接地点不得移动。

调整负载电路的程序按附录 C 的规定。

9.3.3.5.4 额定接通与分断能力

a) 额定接通与分断能力

接触器应能接通与分断表 8 规定的相应使用类别的电流及操作循环次数。

b) 接通与分断能力试验中的性能和试后状况

接触器在进行 9.3.3.5 规定的接通与分断能力试验，以及在验证 9.3.3.6.1 规定的约定操作性能时，不应出现持续燃弧、极间闪络、接地电路中的熔断元件熔断(见 9.3.3.5.2)、触头熔焊等现象。

试验后，接触器的介电性能用介电试验进行验证，采用基本正弦波试验电压，试验电压为 $2U_e$(不小于 1 000 V)，试验电压按 9.3.3.4.2b)1)中主触头在闭合位置的规定施加 1 min。

此后，接触器应能正常操作。

9.3.3.6 约定操作性能试验

约定操作性能试验用来验证接触器是否符合表 10 要求。

主电路的接线应与接触器正常工作时采用的接线基本相同。

试验电路按 9.3.3.5.2 的规定，负载按 9.3.3.5.3 的规定调整；控制电压为 $100\%U_s$。

9.3.3.6.1 约定操作性能

接触器应能接通与分断表 10 规定的相应使用类别的电流及操作循环次数。

9.3.3.6.2 约定操作性能试验中的性能和试后状况

应满足 9.3.3.5.4b)的规定及要求，且接触器介电特性应通过介电试验验证，试验电压波形为正弦波，其值应两倍于额定工作电压 U_e，并不小于 1 000 V。测试电压按照 9.3.3.4.2b)1)主触头闭合时，施加 1 min。

9.3.4 短路条件下的性能

本试验用于验证接触器是否符合 8.2.5 的要求。有关试验过程、试验顺序、试后接触器状态的具体要求在 9.3.4.1 和 9.3.4.2 中给出。

9.3.4.1 短路试验的一般条件

9.3.4.1.1 一般要求

9.3.2.1 规定的一般要求适用。

接触器应在 8.2.1 规定的条件下进行操作，且其空载下的动作特性应符合要求。

9.3.4.1.2 试验电路

a) 图 17～图 20 所示试验电路用于以下试验

图 17 单极接触器的单相交流试验电路图

图 18 双极接触器的单相交流试验电路图

图 19 三极接触器的三相交流试验电路图

图 20 四极接触器的三相四线交流试验电路图

试验所用的电路图的详细情况应在试验报告中注明。

b) 电源 S 对由电阻器 R_1、电抗器 X 和被试接触器 D 所组成的电路供电。

在任何情况下，电源应有足够的容量以保证接触器特性能够得以验证，试验电路中的电阻器和电抗器应能调整到满足规定的试验参数，电抗器 X 应是空芯的，并与电阻器 R_1 串联。

为了取得试验要求的电抗值，允许用几个电抗器串联耦合；仅当这些电抗器具有实际上相同的时间常数时，才允许并联连接。

由于含有大型空芯电抗器试验电路的瞬态恢复电压特性不能代表通常的工作条件，除非制造厂另有规定，每相电抗器均应并联一分流电阻，分流值约为通过电抗器的电流值的 0.6%。

c) 在每个试验电路中(图 17～图 20)，电阻器应接在电源 S 与被试接触器 D 之间，接通电器 A 的位置与电流传感器 I_1，I_2，I_3 的位置可能与图 17～图 20 所示有差异。被试接触器接至试验电路的连接线应在试验报告中说明。

当进行试验电流小于额定极限短路电流值的试验时，通常要求在接触器的负载侧与短路点之间插入连接附加阻抗；附加阻抗也可接在接触器的电源侧，为此应在试验报告中注明。

除非制造厂与用户已达成协议并在试验报告有详细说明，试验电路均应按图 17～图 20 所示。

试验电路中应有一点且只允许有一点接地，接地点可以是试验电路的短路连接点或电源中性点或其他合适点，但接地方式应在试验报告中说明。

d) 见 9.3.3.5.2g)，但图见图 17、图 18、图 19、图 20。

9.3.4.1.3 试验电路的功率因数

试验电路的每相功率因数必须按规定的方法加以确定，并应在试验报告中说明。

确定功率因数的两种方法见附录 D。

多相电路的功率因数应认为是各相功率因数的平均值。

功率因数应按表 23 选取。

不同相功率因数平均值与最大值或最小值之差均应在±0.05 范围内。

表 23 功率因数、峰值系数 n 与试验电流的关系

试验电流 I kA	功率因数 $\cos\varphi$	峰值系数 n
$I\leqslant1.5$	0.95	1.41
$1.5<I\leqslant3.0$	0.9	1.42
$3.0<I\leqslant4.5$	0.8	1.47
$4.5<I\leqslant6.0$	0.7	1.53

试验电流的峰值系数 n 是指短路电流的峰值与有效值之比。

9.3.4.1.4 试验电路的调整

调整试验电路时，用阻抗可忽略的临时连接线代替被试电器，临时接线应尽可能地短。

在外施电压下调整电阻器 R_1 和电抗器 X 以获得等于额定短路分断能力的试验电流和 9.3.4.1.3 规定的功率因数。为了从试验整定波形图确定被试接触器的短路接通能力，必须调整电路以保证其中一相达到预期接通电流。

注：分断电流后的外施电路电压必须产生规定的工频恢复电压(见 9.3.2.2.3 注 1)。

试验电路各极应同时通电，记录电流波形的时间至少为 0.1 s。

9.3.4.1.5 试验过程

试验电路按 9.3.4.1.4 的规定进行调整后，用被试接触器取代临时连接线。

接触器及其有关 SCPD 应按正常使用情况进行安装与连接，每一主电路应采用最长为 2.4 m 的连接导线(根据操作电流)。

三相试验可认为包含了单相试验情况。

9.3.4.1.6 **记录波形图的说明**

a) 外施电压与工频恢复电压的确定

从被试接触器进行分断试验所记录的相应波形图中确定外施电压和工频恢复电压，按图 21 所示方法来测定。

电源侧电压应在所有极电弧熄灭后及电压高频分量消失后的第一个完全周波中测得(见图 21)。

b) 预期分断电流的确定

用调整电路时记录的电流波形曲线与接触器分断试验记录的电流波形曲线进行比较来确定预期分断电流(见图 21)，预期分断电流的交流分量等于当电弧触头分开瞬间在整定电流波形曲线上的交流分量有效值，对应于图 21 曲线 a)的 $A_2/2\sqrt{2}$。预期分断电流应为各相预期电流的平均值，任何相的预期电流与其平均值之差应不超过平均值的 10%。

c) 预期接通电流峰值的确定

预期接通电流峰值应从试验电路调整时记录的整定电流波形中确定，其值应取图 21 曲线 a)的 A_1 值。三相试验时，预期接通电流峰值应取电流波形中对应于 3 个 A_1 中最大的电流值。

注：对于单相接触器的单相试验，从整定电流波形确定的预期接通电流峰值可能会不同于试验时的实际接通电流值，这主要取决于接通瞬间的接通相角，因此，可采用选相接通电器来解决。

9.3.4.2 **限制短路电流**

接触器与串联的 SCPD 应进行 9.3.4.2.1 和 9.3.4.2.2 规定的试验，试验应在最大 I_e 和最大 U_e 下进行。

对于电磁式接触器，应用另一独立电源施加控制电压。所用的 SCPD 按 8.2.5 的规定。如果 SCPD 是整定电流可调式断路器，则试验应在断路器的最大整定电流下进行。

试验时，外壳上的全部开孔应按正常运行情况予以关闭，门或盖用装置扣牢。

在进行预期电流 I_r 和 I_q 的试验程序的每一操作时可采用一个新试品。

9.3.4.2.1 **预期电流 I_r 试验**

电流应调整到对应于表 12 中的预期试验电流值。

将接触器和 SCPD 串联接入电路，按以下操作顺序进行试验：

a) 试验前 SCPD 与接触器处于闭合状态，用另一电器接通短路电流，由 SCPD 进行一次分断操作；

b) 用接触器接通短路电流，由 SCPD 进行一次分断操作。

功率因数按 9.3.4.1.4 中表 23 选取。

9.3.4.2.2 **额定限制短路电流 I_q 试验**

仅当电流 I_q 大于 I_r 时，进行本试验。

应调整电流 I_q 等于额定限制短路电流。

若 SCPD 为熔断器，则试验电流应在熔断器限流范围内，熔断器应按最大允通峰值电流 I_p 和 I^2t 选取。

将接触器和 SCPD 串联接入电路，进行以下操作：

a) 试验前 SCPD 与接触器处于闭合状态，用另一电器接通短路电流，由 SCPD 进行一次分断操作；

b) 用接触器接通短路电流，由 SCPD 进行一次分断操作。

9.3.4.2.3 **试验结果判定**

如果下述条件均满足，则认为 I_r 电流试验和 I_q 电流(适用时)试验合格：

a) SCPD 顺利分断故障电流且外壳与电源之间的熔断器或熔断元件未熔断；

b) 外壳上的门或盖未被掀开且能够打开，只要外壳保护等级不小于 IP2X，允许外壳变形；

c) 导线与接线端子无损坏且无分离；

d) 绝缘底座上不应有使带电部件安装受到破坏性的碎裂；

e) 外壳外表部件不发生放电，接触器允许发生损坏，并可以不适宜继续使用。

9.3.5 耐受过载电流能力

接触器按9.3.2的规定安装、接线与操作。

接触器各极同时按8.2.4.3规定的过载电流和持续时间进行试验，试验在室温下以方便的电压进行。

试验后，试品应无可观察到的变形与损伤。

注：本试验计算出的 I^2t 值(焦耳积分)不能用于估计短路条件下接触器的性能。

9.3.6 常规试验

常规试验是每台接触器在制造过程或制造完成后所需经受的试验，其目的是检验接触器是否符合规定的要求。

9.3.6.1 概述

常规试验的试验条件应与9.1.2中有关型式试验的规定条件相同或等效，9.3.3.2中动作范围试验可在通常的周围空气温度下进行，但必须按正常周围环境条件进行校正。

9.3.6.2 动作与动作范围

目的是验证8.2.1.2规定范围内的动作特性。

注：进行本试验时无须达到热平衡。

9.3.6.3 介电试验

试验应在干燥、完好的接触器上进行，试验电压按9.3.3.4.2c)的规定值，试验时间为1s。

试验电压施加在以下部位：

a) 主触头处于闭合位置时的各极之间(如果为极间并联电路，主触头应打开)；

b) 主触头处于闭合位置时的各极与框架之间，当整个接触器装在绝缘材料外壳内时，应按正常使用条件装在金属底板上，试验电压则施加在接触器各极与金属底板之间；

c) 主触头处于打开位置时，跨接各极的接线端子之间；

d) 控制电路和辅助电路按9.3.3.4.2b)2)的规定。

不必采用9.3.3.4.1a)中的金属箔。

如果被试接触器符合9.3.3.4.2d)的规定则认为试验合格。

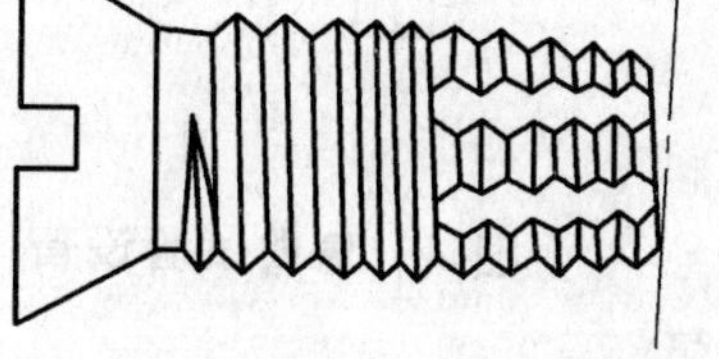

图1 自攻螺钉

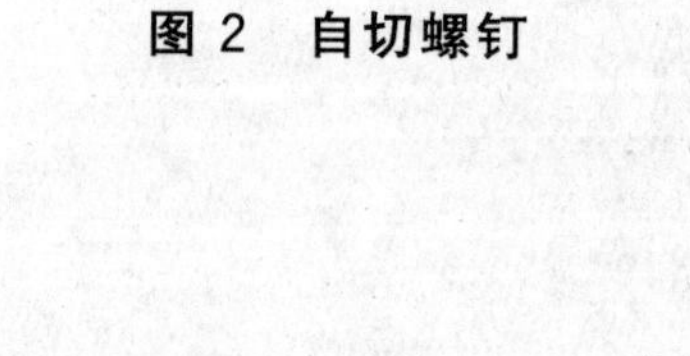

图2 自切螺钉

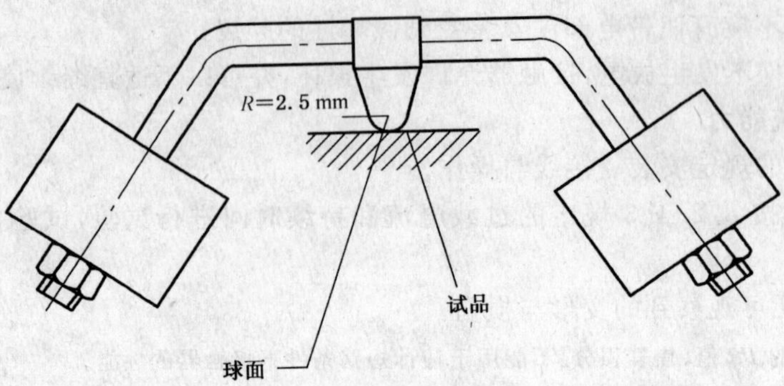

图 3 球压试验设备

尺寸单位为毫米

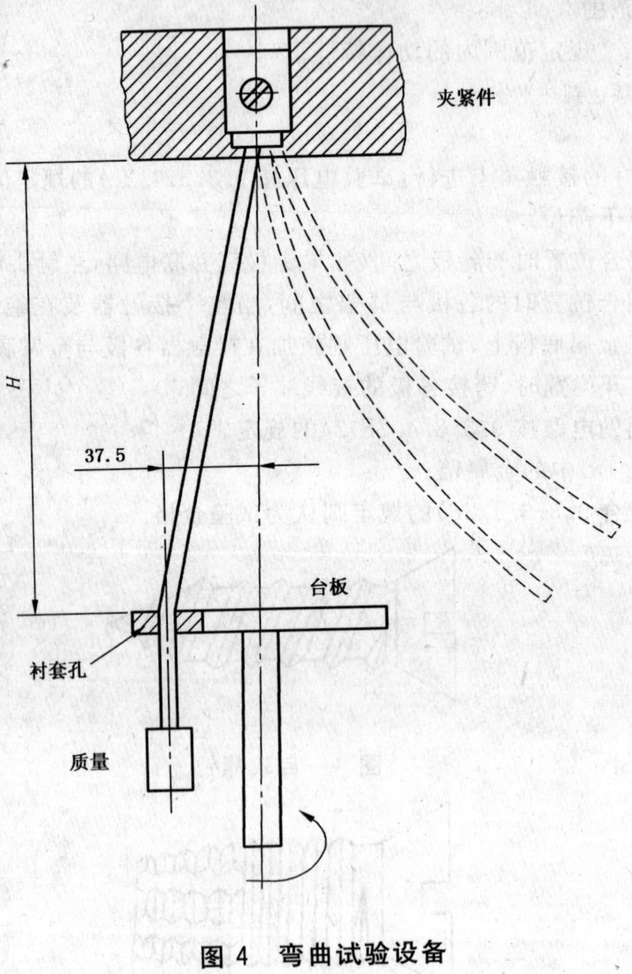

图 4 弯曲试验设备

尺寸单位为毫米

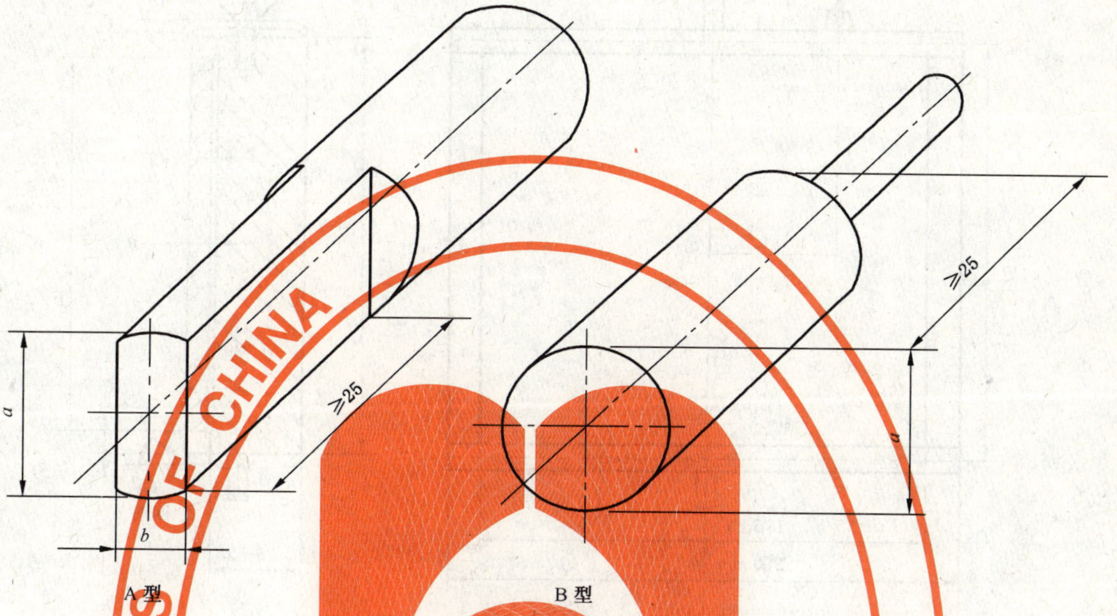

图 5　A 型和 B 型模拟量规

尺寸单位为毫米

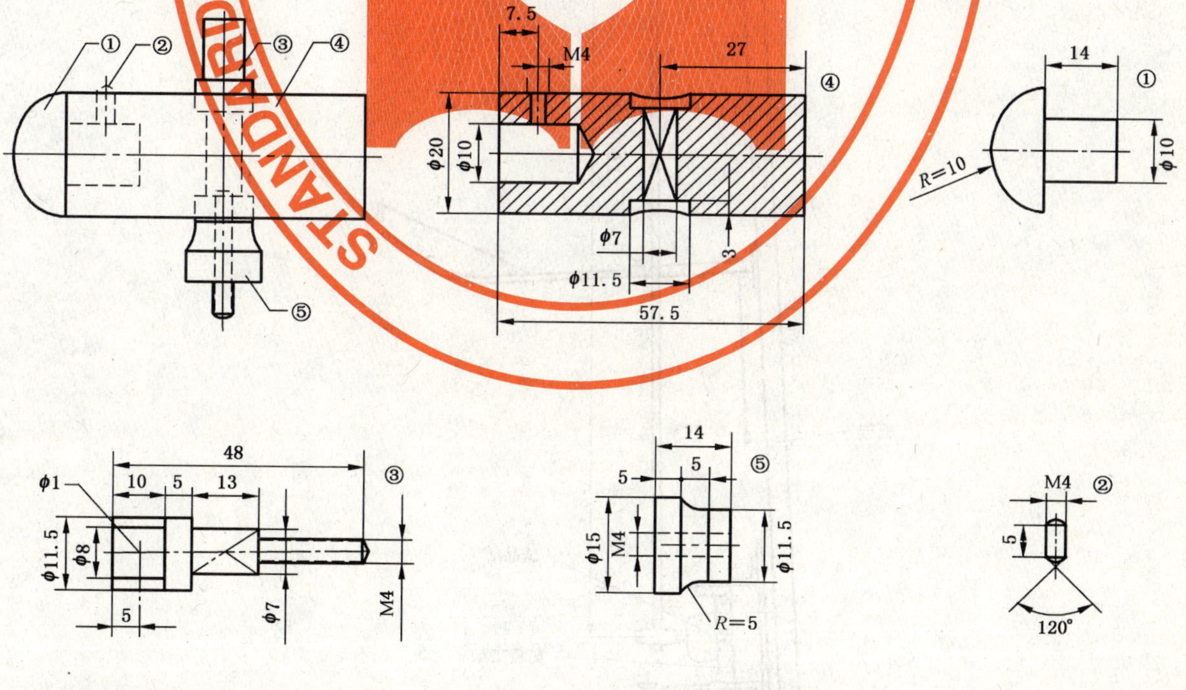

部件材料：①聚酰胺；②③④⑤Fe360 钢

图 6　摆锤机械撞击试验设备的撞击部件

尺寸单位为毫米

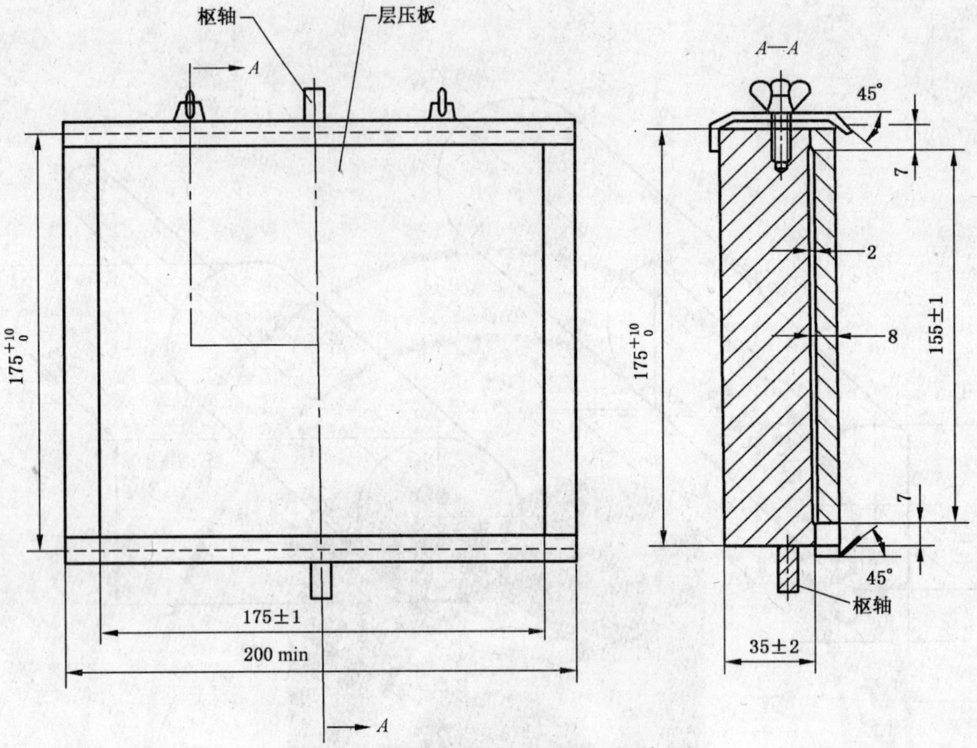

图 7　机械撞击试验的试品安装架

尺寸单位为毫米

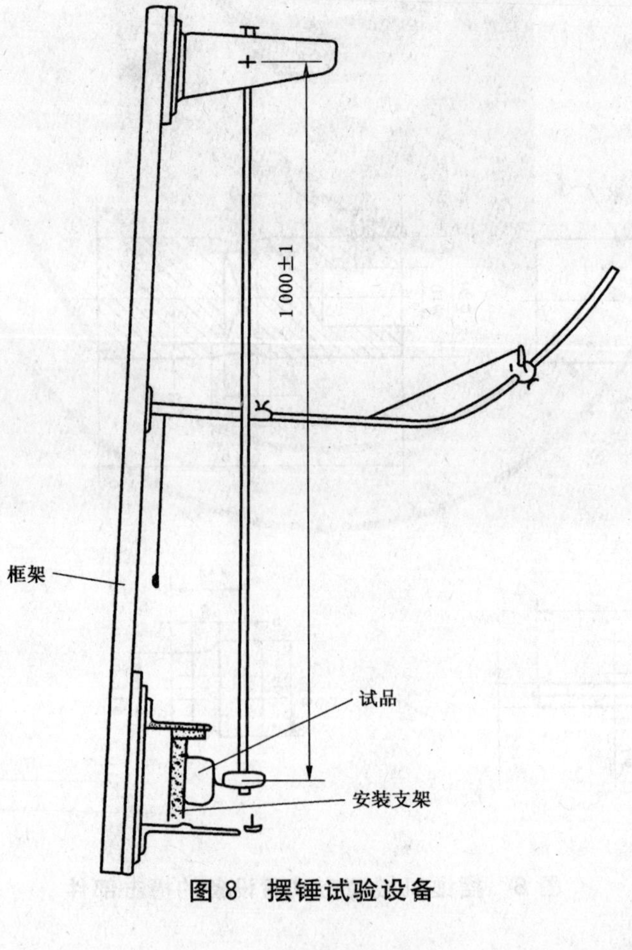

图 8　摆锤试验设备

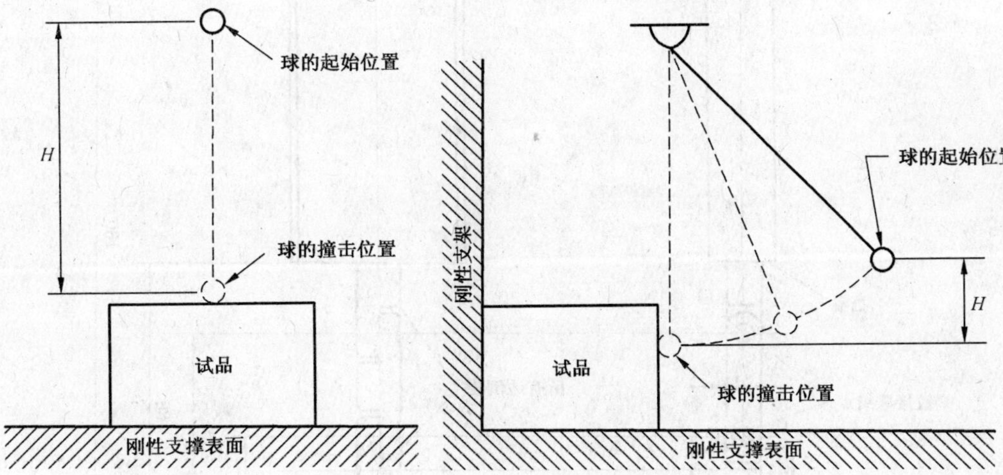

注：进行摆锤试验，当摆线处于所示垂直位置时，球体应接触试品。

图 9　球体撞击试验

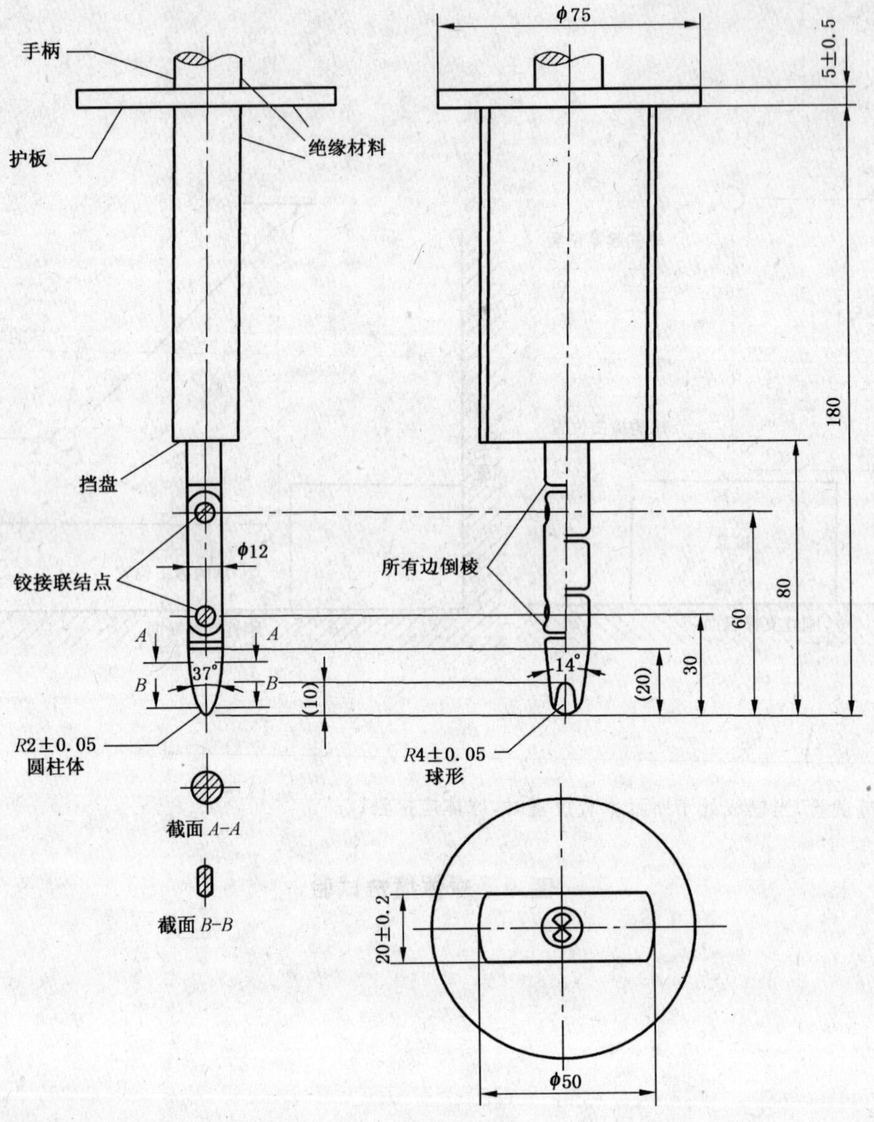

材料：金属（除非另有规定）

单位毫米

无专门规定公差部分的尺寸公差：

角：$^{0}_{-10'}$

直线尺寸：

25 mm 以下：$^{0}_{-0.05}$

25 mm 以上：±0.2

两个联结点可在 $90^{\circ}{}^{+10^{\circ}}_{0}$ 范围内弯曲，但只能向同一个方向。

图 10 铰接试指

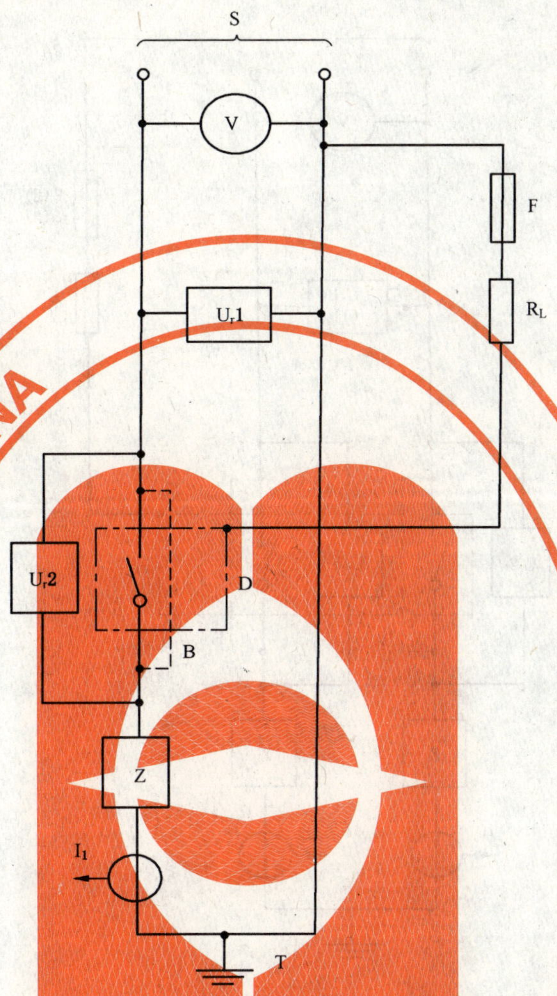

S——电源

U_r1、U_r2——电压传感器

F——熔断元件(见 9.3.3.5.2g))

Z——负载电路(见图 15)

R_L——限制故障电流的电阻器

D——被试接触器(包括连接电缆)

B——调节用临时连接线

I_1——电流传感器

T——接地点(负载侧或电源侧仅 1 点接地)

图 11　验证单极接触器单相交流接通和分断能力的试验电路图

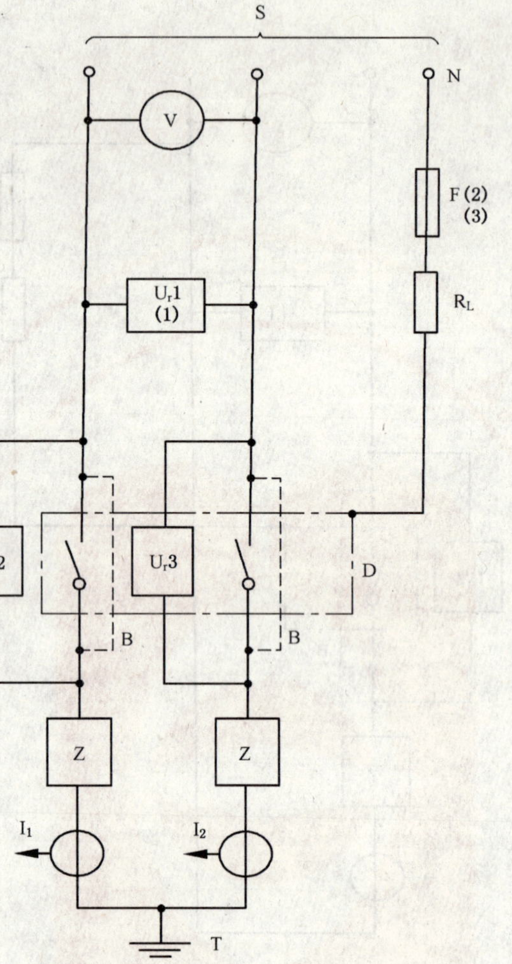

S——电源

U_r1、U_r2、U_r3——电压传感器

V——电压测量器

N——电源中性点(或人为中性点)

F——熔断元件(见 9.3.3.5.2g))

Z——负载电路(见图 15)

R_L——限制故障电流的电阻器

D——被试接触器(包括连接电缆)

B——调节用临时连接线

I_1、I_2——电流传感器

T——接地点(负载侧或电源侧仅 1 点接地)

注 1:U_r1 可以改接在相与中性点之间。

注 2:电器预期用于相接地系统或应用于四极电器中性极与相邻试验时,F 应接在电源的一相上。

注 3:在美国和加拿大,F 应当被连接在:

——当电器标有单一电压 U_e 时,连接在电源一相上。

——当电器标有双电压时,连接在中性点上。

图 12　验证双极接触器单相交流接通和分断能力的试验电路图

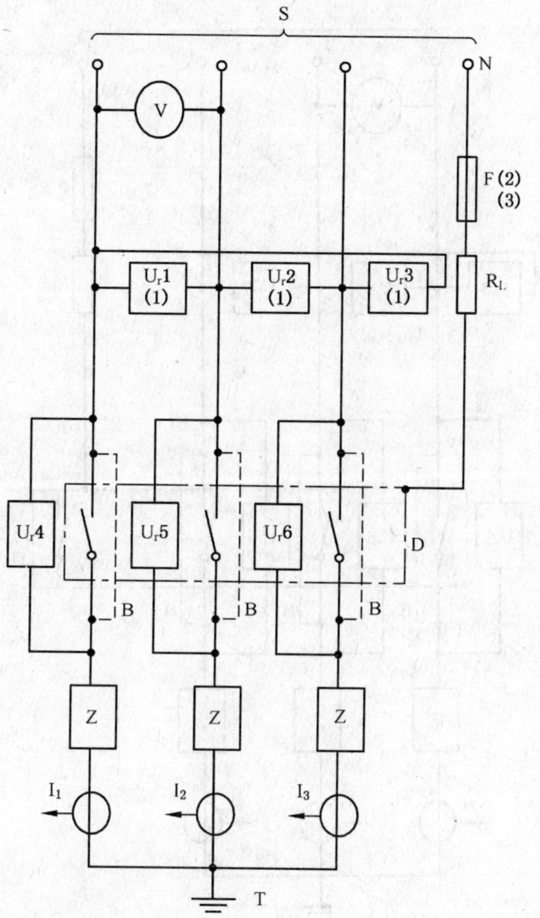

S——电源

U_r1、U_r2、U_r3、U_r4、U_r5、U_r6——电压传感器

V——电压测量器

N——电源中性点(或人为中性点)

F——熔断元件(见 9.3.3.5.2g))

Z——负载电路(见图 15)

R_L——限制故障电流的电阻器

D——被试接触器(包括连接电缆)

B——调节用临时连接线

I_1、I_2、I_3——电流传感器

T——接地点(负载侧或电源侧仅 1 点接地)

注 1：U_r1、U_r2、U_r3 可以改接在相与中性点之间。

注 2：电器预期用于相接地系统或应用于四极电器中性极与相邻试验时,F 应接在电源的一相上。

注 3：在美国和加拿大,F 应当被连接在：

——当电器标有单一电压 U_e 时,连接在电源一相上。

——当电器标有双电压时,连接在中性点上。

图 13　验证三极接触器接通和分断能力的试验电路图

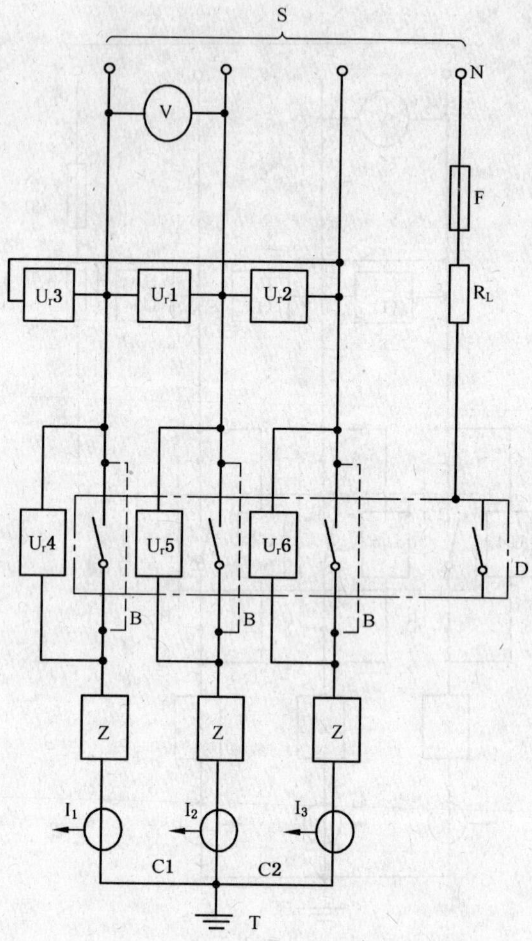

S——电源

U_r1、U_r2、U_r3、U_r4、U_r5、U_r6——电压传感器

V——电压测量器

N——电源中性点(或人为中性点)

F——熔断元件(见 9.3.3.5.2g))

Z——负载电路(见图 15)

R_L——限制故障电流的电阻器

D——被试接触器(包括连接电缆)

B——调节用临时连接线

I_1、I_2、I_3——电流传感器

T——接地点(负载侧或电源侧仅 1 点接地)

注：U_r1、U_r2、U_r3 可以改接在相与中性点之间。

图 14　验证四极接触器接通和分断能力的试验电路图

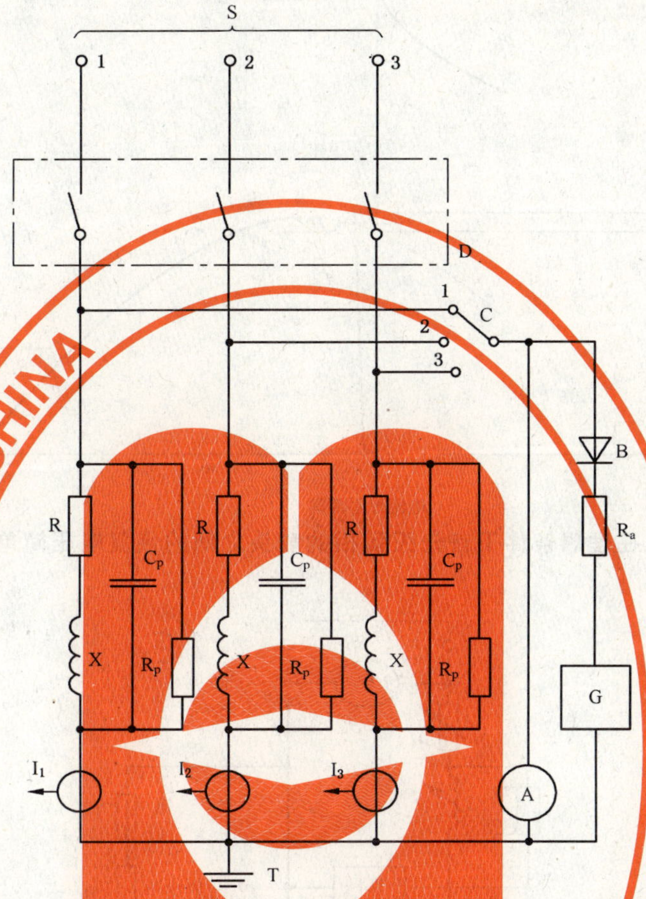

S——电源
D——被试电器
C——调整相的选择开关
B——二极管
A——记录仪
R_a——电阻器
G——高频发生器
R——负载电路电阻器
X——负载电路电抗器(见 9.3.3.5.2d))
R_p——并联电阻器
C_p——并联电容器
I_1,I_2,I_3——电流传感器

高频发生器(G)和二极管(B)的有关位置应如图所示,只能在如图所示的位置接地。

图 15　负载电路的调整方法

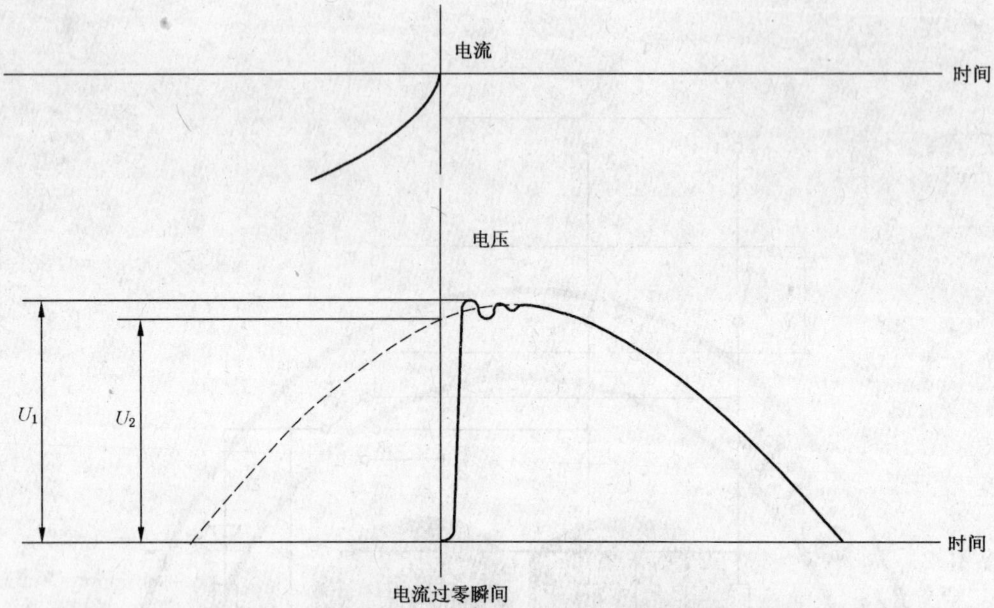

图 16 在理想条件下首先灭弧相的触头之间的恢复电压简单示意图

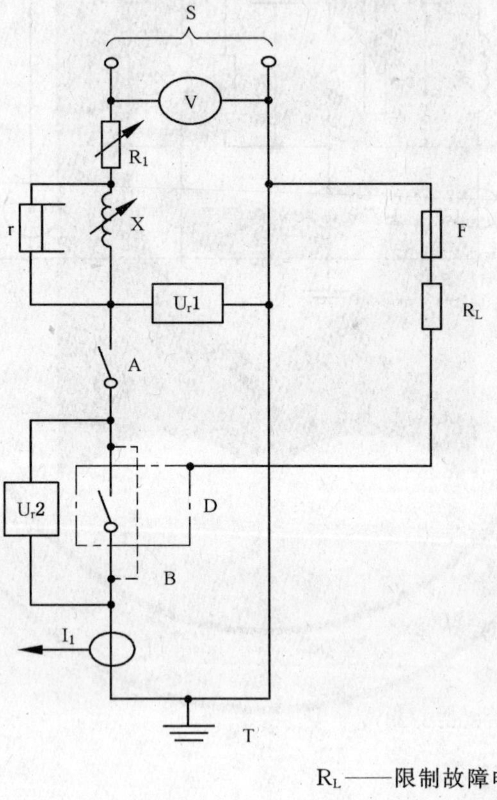

S——电源

U_r1、U_r2——电压传感器

V——电压测量器

A——接通电器

R_1——可调整电阻器

F——熔断元件(见 9.3.4.1.2d))

X——可调整电抗器

R_L——限制故障电流的电阻器

D——被试接触器(包括连接电缆)

B——调节用临时连接线

I_1——电流传感器

T——接地点(负载侧或电源侧仅 1 点接地)

r——分流电阻(见 9.3.4.1.2b)

注:可调负载 X 与 R_1 可接在电源电路中的高压侧或低压侧,接通电器 A 应接在低压侧。

图 17 验证单极接触器单相交流短路接通和分断能力的试验电路图

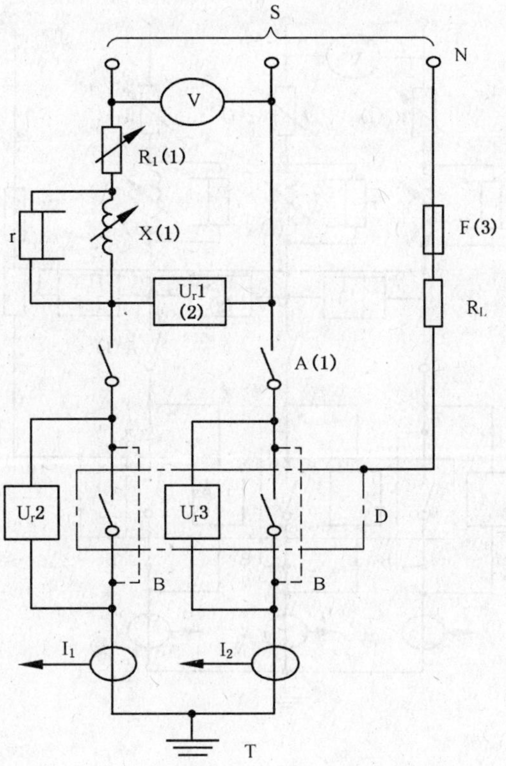

S——电源

U_r1、U_r2、U_r3——电压传感器

V——电压测量器

A——接通电器

R_1——可调整电阻器

N——电源中性点(或人为中性点)

F——熔断元件(见 9.3.4.1.2d))

X——可调整电抗器

R_L——限制故障电流的电阻器

D——被试接触器(包括连接电缆)

B——调节用临时连接线

I_1、I_2——电流传感器

T——接地点(负载侧或电源侧仅 1 点接地)

r——分流电阻(见 9.3.4.1.2b))

注 1：可调负载 X 与 R_1 可接在电源电路中的高压侧或低压侧，接通电器 A 应接在低压侧。

注 2：U_r1 可以改接在相与中性点之间。

注 3：在电器预期用于相接地系统或应用于四极电器中性极与相邻试验时，F 应接在电源的一相上。

注 4：在美国和加拿大，F 应当被连接在：

——当电器标有单一电压 U_e 时，连接在电源一相上。

——当电器标有双电压时，连接在中性点上。

图 18　验证双极接触器单相交流短路接通和分断能力的试验电路图

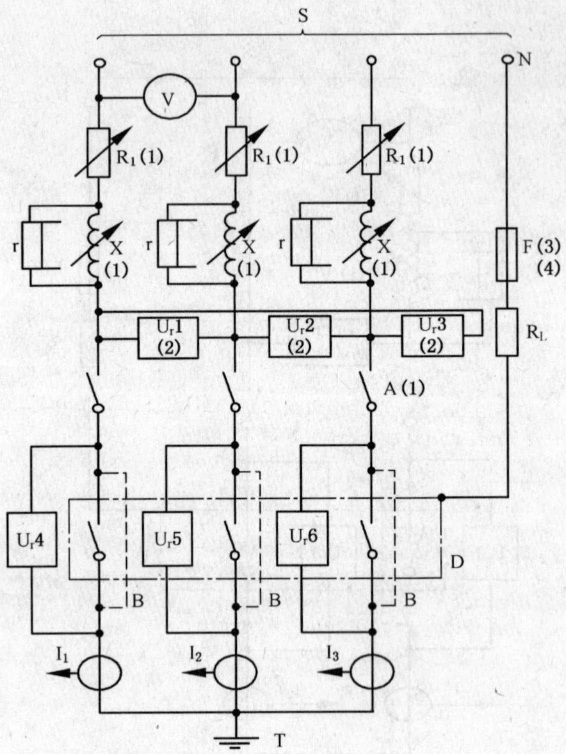

S——电源

U_r1、U_r2、U_r3、U_r4、U_r5、U_r6——电压传感器

V——电压测量器

A——接通电器

R_1——可调整电阻器

N——电源中性点(或人为中性点)

F——熔断元件(见 9.3.4.1.2d))

X——可调整电抗器

R_L——限制故障电流的电阻器

D——被试接触器(包括连接电缆)

B——调节用临时连接线

I_1、I_2、I_3——电流传感器

T——接地点(负载侧或电源侧仅 1 点接地)

r——分流电阻(见 9.3.4.1.2b)

注 1:可调负载 X 与 R_1 可接在电源电路中的高压侧或低压侧,接通电器 A 应接在低压侧。

注 2:U_r1、U_r2、U_r3 可以改接在相与中性点之间。

注 3:在电器预期用于相接地系统或应用于四极电器中性极与相邻试验时,F 应接在电源的一相上。

注 4:在美国和加拿大,F 应当被连接在:

——当电器标有单一电压 U_e 时,连接在电源一相上。

——当电器标有双电压时,连接在中性点上。

图 19 验证三极接触器短路接通和分断能力的试验电路图

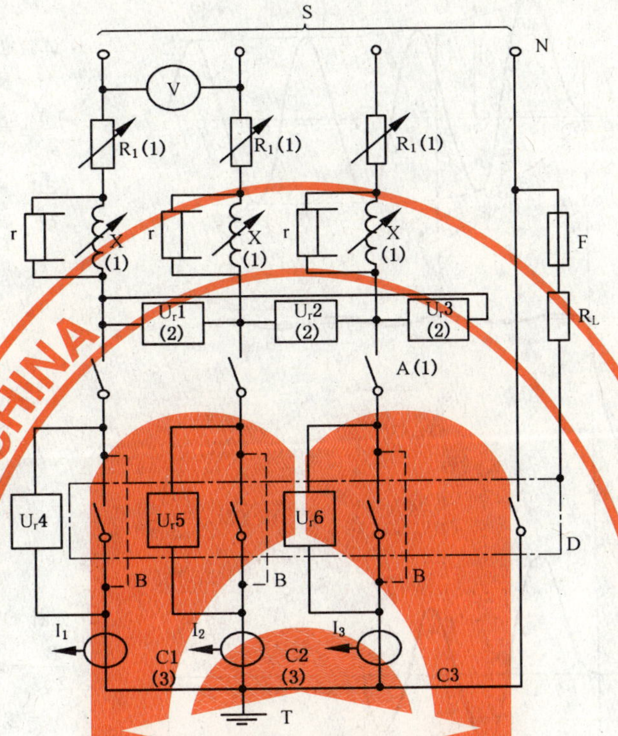

S——电源

U_r1、U_r2、U_r3、U_r4、U_r5、U_r6——电压传感器

V——电压测量器

A——接通电器

R_1——可调整电阻器

N——电源中性点

F——熔断元件(见 9.3.4.1.2d))

X——可调整电抗器

R_L——限制故障电流的电阻器

D——被试接触器(包括连接电缆)

B——调节用临时连接线

I_1、I_2、I_3——电流传感器

T——接地点(负载侧或电源侧仅 1 点接地)

r——分流电阻(见 9.3.4.1.2b))

注 1：可调负载 X 与 R_1 可接在电源电路中的高压侧或低压侧，接通电器 A 应接在低压侧。

注 2：U_r1、U_r2、U_r3 可以改接在相与中性点之间。

注 3：如果要求进行中性极与相邻极的附加试验时，连接线 C1 和 C2 可省去。

图 20　验证四极接触器短路接通和分断能力的试验电路图

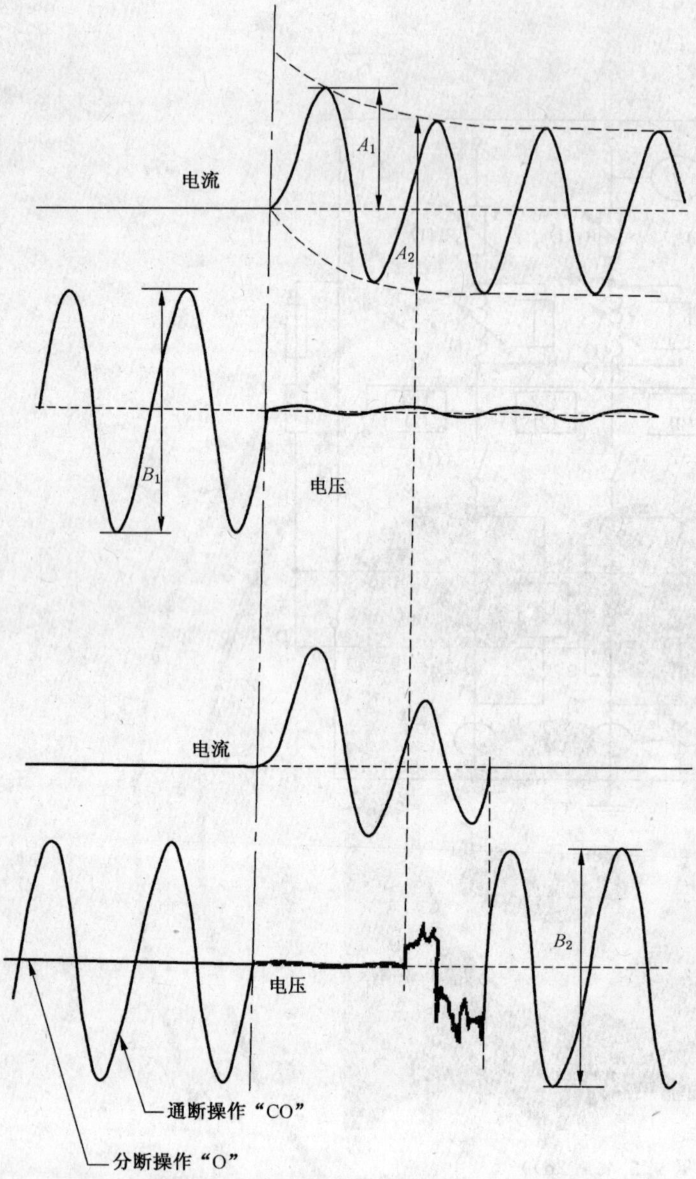

a) 试验电路整定波形

A_1＝预期电流接通峰值电流

$\frac{A_2}{2\sqrt{2}}$＝预期对称分断电流(有效值)

$\frac{B_1}{2\sqrt{2}}$＝外施电压(有效值)

b) 分断"O"或通断"CO"试验波形

$\frac{B_2}{2\sqrt{2}}$＝电源电压(有效值)

A_1＝接通能力(峰值)

$\frac{A_2}{2\sqrt{2}}$＝分断能力(有效值)

注1：试验电流产生后，电压波形的幅值随接通电器、可调阻抗、电压传感器的位置而变化，并按试验电路图而变化。

注2：假定整定波与试验波接通在同一瞬间。

图21　单极接触器进行单相交流短路接通和分断试验的纪录示波图例

附　录　A
（规范性附录）
接触器接线端子的标志和识别

A.1　总则

接触器接线端子标志的目的是提供关于每个接线端子的功能，或与其他接线端子相关的位置及其他用途的信息。

A.2　接触器接线端子的标志和识别

A.2.1　线圈接线端子的标志和识别

电磁接触器线圈的接线端子用字母数字系统标志，应分别标志为 A1，A2；

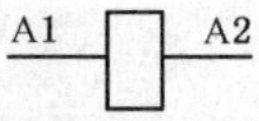

对有抽头的线圈，抽头的接线端子应按次序标志为 A3，A4 等。

例如：

注：按此顺序，输入端和输出端均可以是奇数或偶数。

对具有两个绕组的线圈，第一个绕组的接线端子标志为 A1、A2，而第二个绕组的接线端子标志为 B1、B2。

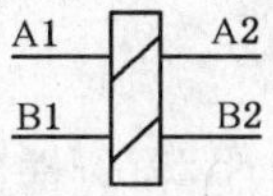

A.2.2　主电路接线端子的标志和识别

主电路的接线端子应由单独的数字和字母数字系统标志。

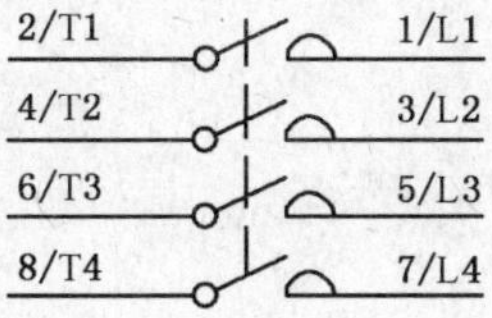

注：目前使用的两种标志方法（即 1-2 和 L1-T1）将逐渐由上述新方法所代替。

换句话说，接线端子可由电器提供的接线图识别。

A.2.3　辅助电路接线端子的标志和识别

辅助电路的接线端子应用两位数标志和识别：个位数为功能数，十位数为序列数。

例如：

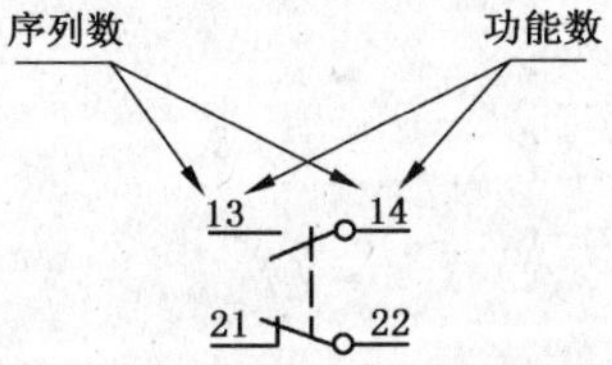

A.2.3.1 功能数

功能数 1、2 表示常闭触头电路，功能数 3、4 表示常开触头电路。

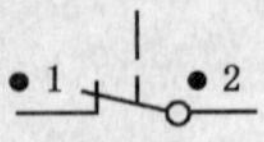

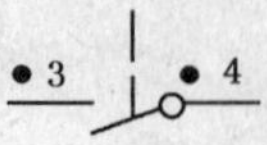

注：上面的小圆点表示序列数，必须加上相应的数字。

转换触头元件电路的接线端子应由功能数 1、2 和 4 标志。

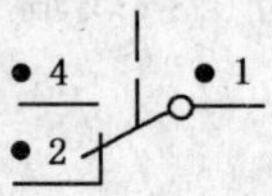

功能数 5 和 6(常闭触头)，7 和 8(常开触头)表示具有特殊功能的辅助触头的辅助电路接线端子。

例如：

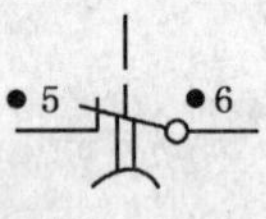

延时闭合的分断触头

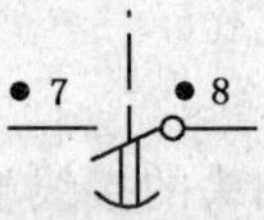

延时闭合的接通触头

具有特殊功能的转换触头元件电路的接线端子应用功能数字 5、6 和 8 标志。

例如：

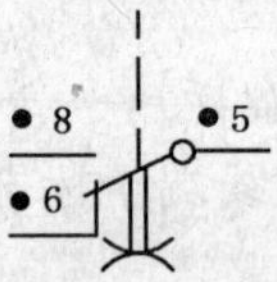

延时断开和延时闭合的转换触头

A.2.3.2 序列数

属于同一触头元件的接线端子应用相同的序列数标志。

具有相同功能数的所有触头元件应具有不同从序列数。

例如：

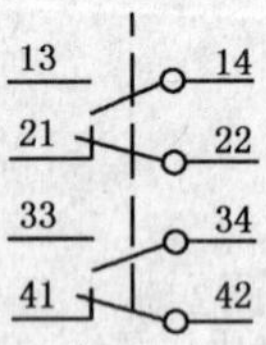

四个触头元件

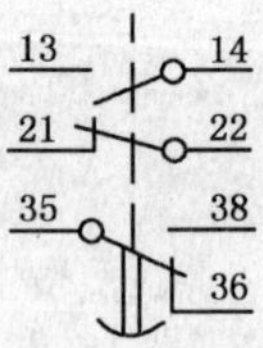

三个触头元件

附　录　B
（规范性附录）
程序试验和试品数量

B.1　程序试验

试验应按表 B.1 的规定执行，每一组程序试验均应按表中规定的顺序执行。

表 B.1　程序试验

程序试验	程序试验项目	性能条款	试验方法条款
A	a）温升试验 b）动作与动作范围 c）额定接通和分断能力	8.2.2 8.2.1 8.2.4.1	9.3.3.3 9.3.3.1，9.3.3.2 9.3.3.5
B	a）介电性能[a] b）约定操作性能	8.2.3 8.2.4.2	9.3.3.4 9.3.3.6
C	a）耐湿性能 b）过载电流耐受能力 c）抗锈性能	8.1.1.2 8.2.4.3 8.1.1.5	9.2.1.2 9.3.5 9.2.1.5
D	a）标志耐久性 b）耐撞击性能 c）检验电气间隙（需要时）和爬电距离	8.1.12 8.1.11 8.2.3.2.3，8.2.3.2.4	9.2.6 9.2.5 —
E	a）接线端子的机械性能 b）安装、维修用螺钉和螺母性能验证 c）耐热性能 d）抗非正常热和着火危险试验 e）相比电痕化指数（CTI）测定[b]	8.1.6 8.1.2 8.1.1.3 8.1.1.4 —	9.2.4 9.2.2 9.2.1.3 9.2.1.4 9.2.1.6
F	a）耐老化性能 b）外壳防护等级	8.1.1.1 8.1.10	9.2.1.1 9.2.3
G	短路条件下的性能	8.2.5	9.3.4

[a] 无需检测电气间隙和爬电距离。

[b] 在没有绝缘材料试样可供试验时进行。

B.2　试品数量

试品数量见表 B.2。

表 B.2　试品数量

程序试验	试品数量
A	3
B	3
C	1
D	1
E	1
F	1
G	4[a]

[a] 若需要，每一操作可使用一个新试品(见 9.3.4.2)。

每一程序试验所要求的全部试品应能承受该程序试验中的每一项试验，如果各项试验均合格，则试验合格。只要有一台试品某一项试验不合格，则这一程序试验不合格，必须在另一组新试品上重新进行这一程序试验。如果全部重复进行试验都合格，则试验合格。

附 录 C
（规范性附录）
调整负载电路方法的说明

负载电路可以通过几种调整方法获得 9.3.3.5.3 规定的特性。其中一种方法如下：

原理图见图 16。

瞬态恢复电压的振荡频率 f 和 γ 主要取决于负载电路的固有振荡频率及其阻尼。因为这些数值和外部施加电路的电压及频率无关，因此可用一交流电源供电给负载电路进行调整，该电源的电压和频率可不同于用以试验的电器的电源的电压和频率。电流过零时电路由一个二极管分断，恢复电压的振荡波形可在阴极射线示波器上显示出来，其示波器扫描频率应与电源频率相同（见图 C.1）。

为了进行可靠的测量，负载电路由高频信号发生器 G 供电，高频信号发生器应提供一个适合二极管的电压，选取发生器的频率等于：

a) 试验电流小于或等于 1 000 A 为 2 kHz；

b) 试验电流高于 1 000 A 为 4 kHz。

与发生器串联的有：

——对上述 a)和 b)两种情况，分别具有电阻值 R_a 大于负载电路阻抗的降压电阻（$R_a \geqslant 10\ Z$，此处 $Z=\sqrt{R^2+(\omega L)^2}$，式中 $\omega=2\pi\times2\ 000\ \mathrm{s}^{-1}$ 或 $\omega=2\pi\times4\ 000\ \mathrm{s}^{-1}$。

——瞬时截止的开关二极管 B，一般为用于计算机的二极管，例如正向额定电流不超过 1 A 的扩散结硅开关二极管。

由于发生器产生高频值，负载电路实际上是纯电感性的。因此在电流过零瞬间，负载电路两端的外施电压为其峰值。为保证负载电路元件是适合的，必须在屏幕上进行检验，使瞬态电压曲线在其起始点上（图 C.1 中 A 点）具有实际上为水平的切线。

实际的系数 γ 是 U_{11}/U_{12} 的比值，U_{11} 是屏幕上的读数，U_{12} 是 A 点的纵坐标与高频发生器不再供电给负载电路时波形的纵坐标之间的读数（见图 C.1）。

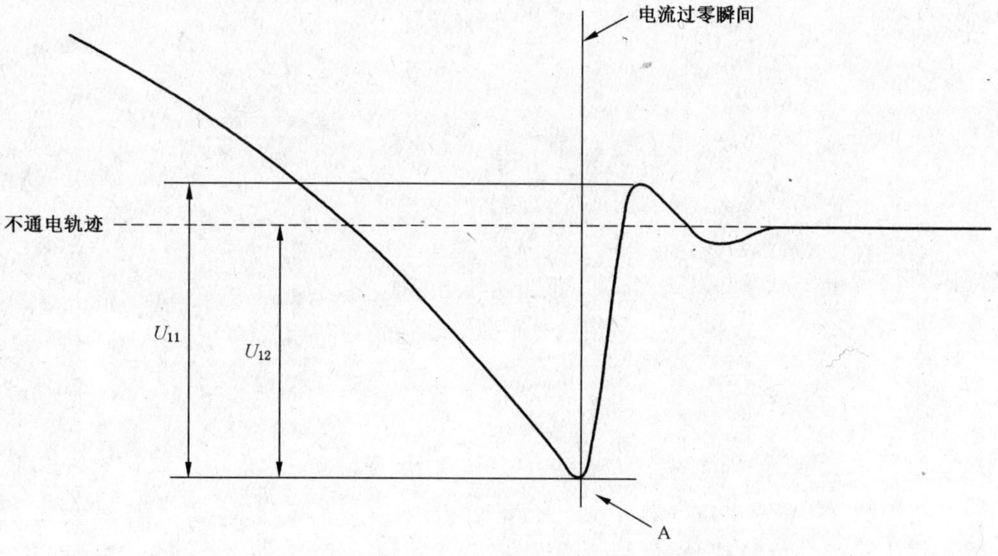

图 C.1 系数 γ 的测定

若在没有并联电阻 R_p 或并联电容 C_p 的负载电路中观察瞬态电压时，则可在屏幕上读到负载电路的固有振荡频率。应注意示波器的电容或引线不应影响负载电路的共振频率。

如果固有振荡频率超过所需 f 值的上限,则可并联适当值的电容 C_p 和 R_p 来获得适当的频率值和系数 γ。电阻 R_p 应是非电感性的。

注 1:高频发生器产生的频率愈高,则在屏幕上愈容易观察并改善结果。

注 2:可采用其他的确定频率和系数 γ 的方法(如用方波电流供给负载电流)。

附 录 D
（规范性附录）
确定短路功率因数的方法

目前尚无精确的方法确定短路功率因数或时间常数，但为了本标准的需要，可以用以下的方法之一确定试验电路的功率因数或时间常数。

注：其他确定短路功率因数的方法在考虑中。

D.1 直流分量法

相角 φ 从短路瞬间和触头分断瞬间的非对称电流直流分量曲线测定。

注：当电流由电流互感器测量时本方法不适用，除非采取适当的预防措施消除由下述因素造成的误差：

——变压器的时间常数和它的负载换算到主电路的时间常数；

——由瞬态磁通量状况与可能存在的剩磁加在一起造成的磁饱和。

步骤 1：从直流分量公式确定时间常数 L/R

直流分量公式为：$I_d = I_{d0}\,e^{-Rt/L}$

式中：

I_d——在 t 瞬间的直流分量值；

I_{d0}——短路起始瞬间（$t=0$）的直流分量值；

t——从起始瞬间算起的时间，s；

L/R——电路时间常数，s。

a) I_d、I_{d0} 和 t 可从非对称电流直流分量曲线获得；

b) 由直流分量公式求得 R/L；

步骤 2：从 $\varphi=\mathrm{arctg}(\omega L/R)$ 求出相角 φ

式中 $\omega=2\pi f$，f 为电源频率。

D.2 用辅助发电机测定

采用一台与试验发电机同轴的辅助发电机，在示波图上首先比较辅助发电机电压和试验发电机空载电压的相位，随后比较辅助发电机与试验发电机电流之间的相位，这两个相位之差即为功率因数角 φ。

附 录 E
（规范性附录）
电气间隙和爬电距离的测量

E.1 基本原则

图 E.1～图 E.12 中的槽宽 *X* 基本上以污染等级为函数，如下表：

表 E.1 槽宽 *X* 与污染等级的关系

污染等级	槽宽 X 的最小值 mm
1	0.25
2	1.00
3	1.50
4	2.50

如果有关的电气间隙小于 3 mm，槽宽 *X* 的最小值可减小至该电气间隙的 1/3。

测量电气间隙和爬电距离的方法如图 E.1～图 E.12 所示，这些图例在气隙和槽之间或各种绝缘型式之间没有区别（图中以虚线表示电气间隙，以“:::”表示爬电距离途径）。

而且：

——假定任意角被宽度为 *X* mm 的绝缘联接在最不利的位置下桥接（见图 E.4）；

——当横跨槽顶部的距离为 *X* mm 或更大时，沿着槽的轮廓测量爬电距离（见图 E.3）；

——当运动部件处于最不利的位置时，测量运动部件之间的电气间隙和爬电距离。

E.2 筋的使用

由于筋减弱污染的影响，以及它们的干透效果较好，因而筋显著地减少了泄漏电流的形成。如果筋的最小高度为 2 mm，则爬电距离可缩短到要求值的 0.8 倍。

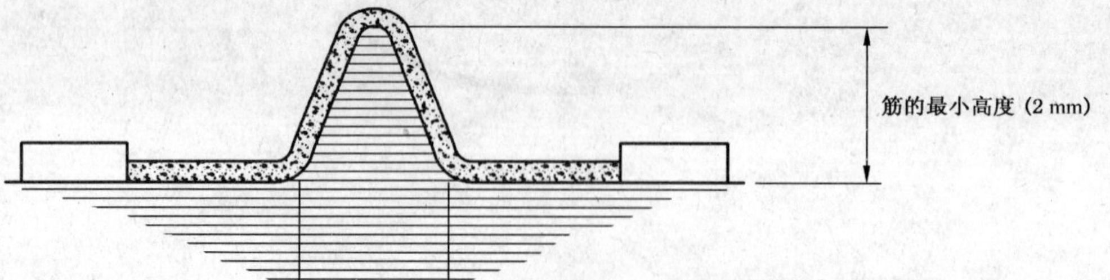

图 E.1

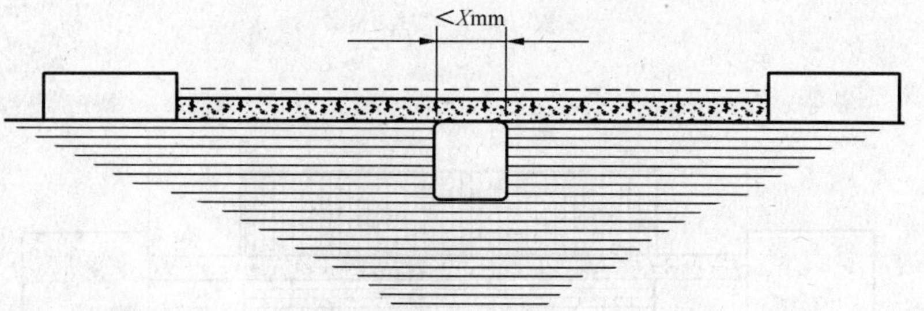

条件:爬电距离的途径包括宽度小于 Xmm 而深度为任意的平行边或收敛形边的槽。

规则:爬电距离和电气间隙如图所视,直接跨过槽测量。

图 E.2

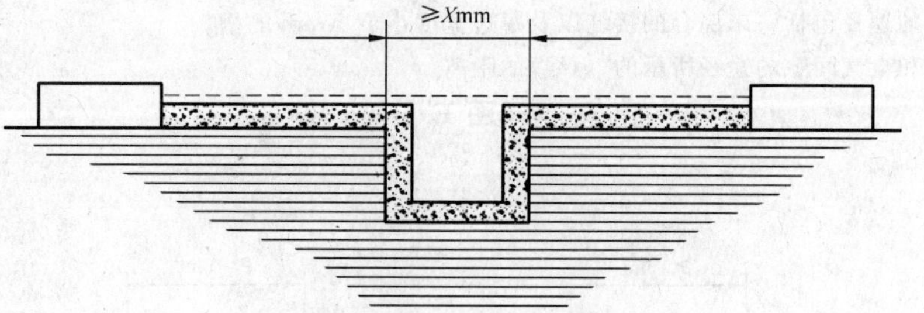

条件:爬电距离的途径包括任意深度和宽度等于或大于 Xmm 的平行边的槽。

规则:电气间隙是"虚线"的距离,爬电途径沿着槽的轮廓。

图 E.3

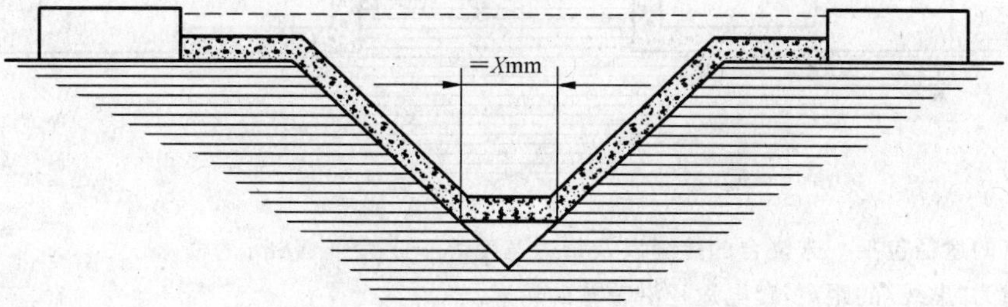

条件:爬电距离的途径包括一个宽度大于 Xmm 的 V 形槽。

规则:电气间隙是"虚线"的距离,爬电途径沿着槽的轮廓但被 Xmm 联结把槽底"短路"。

图 E.4

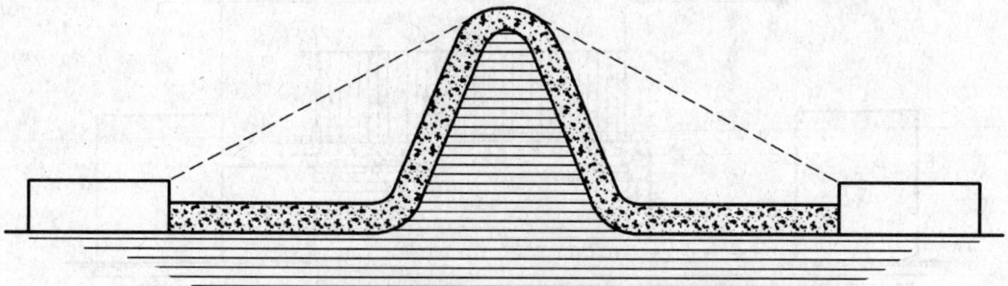

条件:爬电距离的途径包括一条筋。

规则:电气间隙是通过筋顶的最短直接空气途径,爬电途径沿着筋的轮廓。

图 E.5

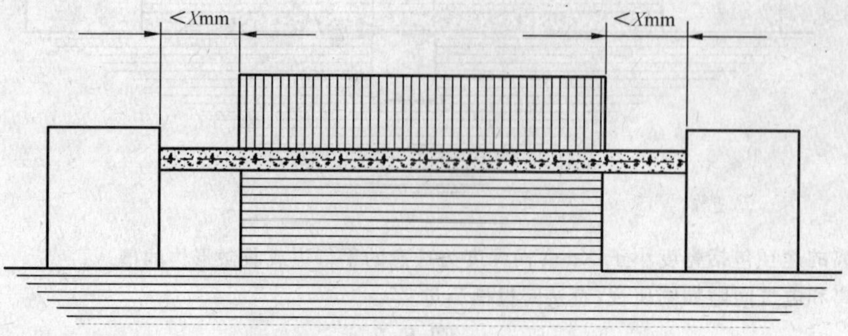

条件:爬电距离的途径包括一未浇合的接缝以及每边宽度小于 Xmm 的槽。

规则:爬电距离和电气间隙的途径所示的“虚线”的距离。

图 E.6

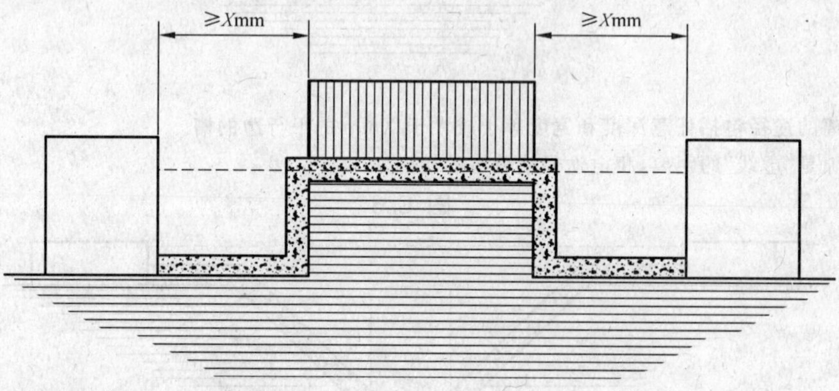

条件:爬电距离的途径包括一未浇合的接缝以及每边宽度等于或大于 Xmm 的槽。

规则:电气间隙为“虚线”的距离,爬电途径沿着槽的轮廓。

图 E.7

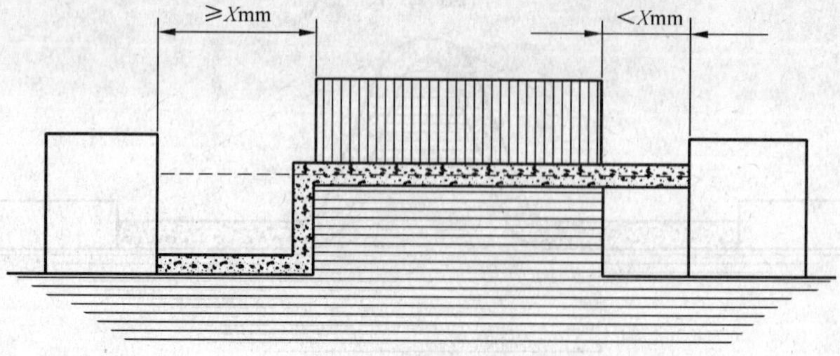

条件:爬电距离的途径包括一未浇合的接缝以及一边宽度小于 Xmm,另一边的宽度等于或大于 Xmm 的槽。

规则:爬电途径和电气间隙如图所示。

图 E.8

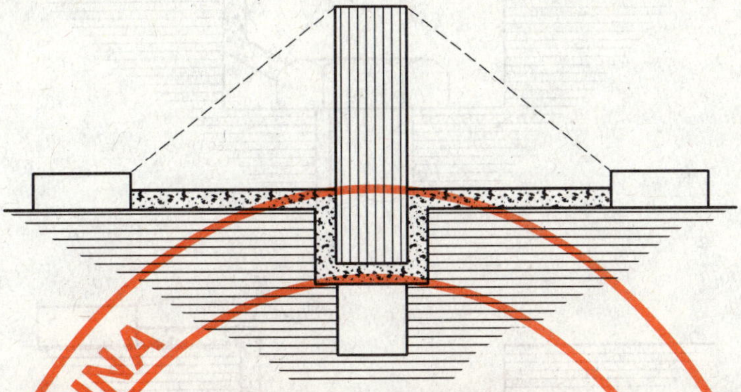

条件：穿过未浇合的接缝的爬电距离小于通过隔栏的爬电距离。

规则：电气间隙是通过隔栏顶的最短直接空气途径。

图 E.9

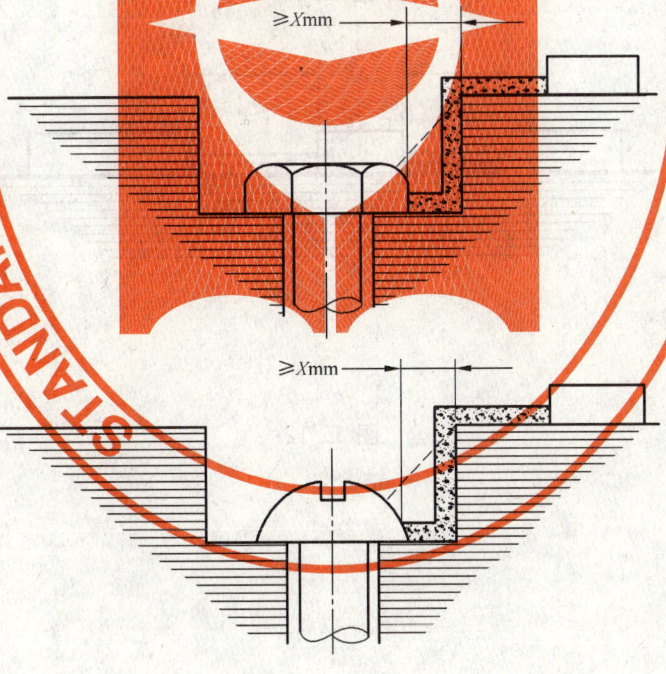

条件：螺钉头与凹壁之间的间隙足够宽应加以考虑。

规则：爬电途径和电气间隙如图所示。

图 E.10

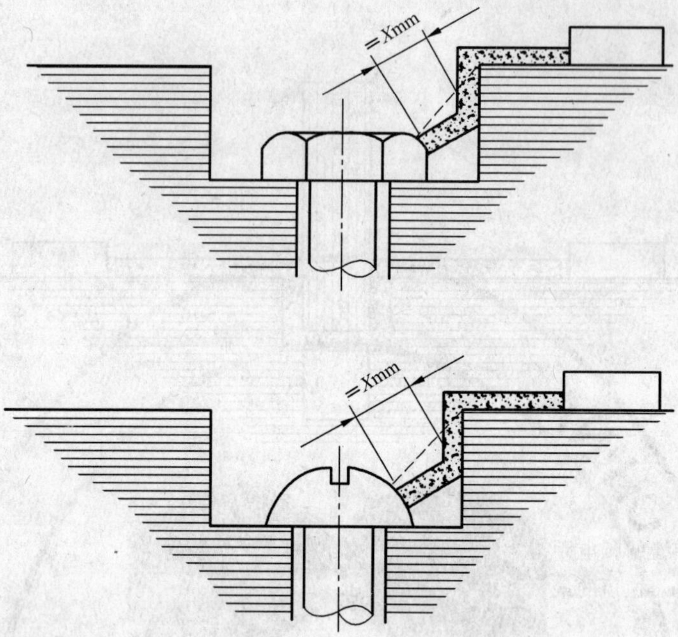

条件:螺钉头与凹壁之间的间隙过分窄小而不被考虑。

规则:当距离等于 Xmm 时,测量爬电距离是从螺钉至壁。

图 E.11

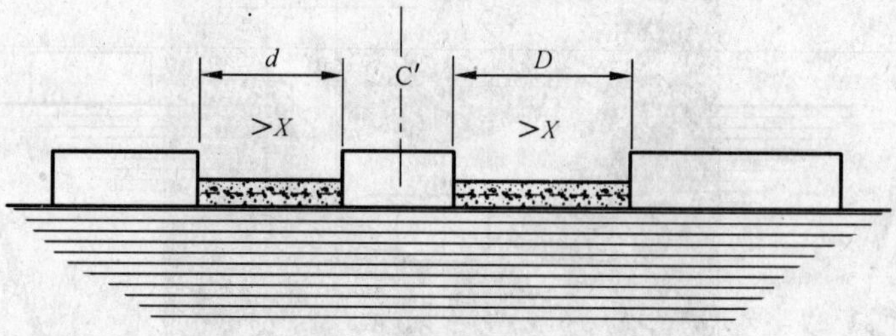

电气间隙是距离 $d+D$

爬电距离也是 $d+D$

C′——活动部件

图 E.12

附　录　F
（规范性附录）
接触器的额定冲击耐受电压

本附录给出了如何选择电气系统或其中一部分的电路内使用的电器的有关数据。

表 F.1 和表 F.2 提供了电源系统名义电压与相应的电器额定冲击耐受电压关系的实例。

表 F.1 和表 F.2 给出的额定冲击耐受电压值是基于浪涌抑制器的性能特征。

应该认识到控制表 F.1 和表 F.2 数值相应的过电压也可在电源系统适当的条件下取得，例如存在适当的阻抗或电缆馈线。

当控制过电压是采用浪涌抑制器以外的方法时，在 GB/T 16895.12 中给出了电源系统标称电压与电器额定冲击耐受电压之间的关系指南。

表 F.1　在具有通常规定的过电压限制的绝缘配合系统中安装类别、电源系统名义电压与额定冲击耐压的相应关系

额定对地工作电压的最大值交流有效值或直流，V	电源系统的名义电压（≤接触器的额定绝缘电压）				额定冲击耐受电压优先值（1.2/50 μs，2 000 m 的 U_{imp}）kV			
					安装类别			
					Ⅳ	Ⅲ	Ⅱ	Ⅰ
	 交流有效值，V	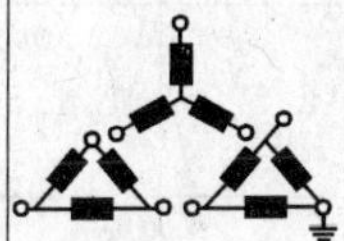 交流有效值，V	 交流有效值或直流，V	 交流有效值或直流，V	设备的电源级（进户线）	配电电路级	负载级（电器、设备）	特殊保护级
50	—	—	12.5，24，25，30，42，48	60～30	1.5	0.8	0.5	0.33
100	66/115	66	60	—	2.5	1.5	0.8	0.5
150	120/208 127/220	115，120，127	110，120	220～110 240～120	4	2.5	1.5	0.8
300	220/380 230/400 240/415 260/440 277/480	220，230，240 260，277	220	440～220	6	4	2.5	1.5
600	347/600 380/660 400/690 415/720 480/830	347，380，400 415，440，480 500，577，600	480	960～480	8	6	4	2.5
1 000	—	660，690，720 830，1 000	1 000	—	12	8	6	4

若电器仅适用于地下配电系统或降低雷击水平的过电压限制的系统中，则其额定冲击耐压可在表 F.2 中选取。

表 F.2 在具有降低雷击水平的过电压限制的绝缘配合系统中安装类别、电源系统名义电压与额定冲击耐压的相应关系

额定对地工作电压的最大值交流有效值或直流，V	电源系统的名义电压（≤接触器的额定绝缘电压）				额定冲击耐受电压优先值（1.2/50 μs，2 000 m 的 U_{imp}）kV			
	 交流有效值，V	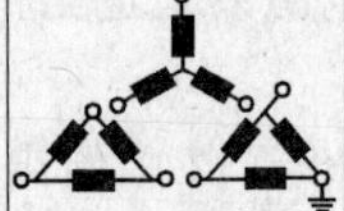 交流有效值，V	 交流有效值或直流，V	 交流有效值或直流，V	安装类别			
					Ⅳ	Ⅲ	Ⅱ	Ⅰ
					设备的电源级（进户线）	配电电路级	负载级（电器、设备）	特殊保护级
50	—	—	12.5，24，25，30，42，48	60～30	0.8	0.5	0.33	—
100	66/115	66	60	—	1.5	0.8	0.5	0.33
150	120/208 127/220	115，120，127	110，120	220～110 240～120	2.5	1.5	0.8	0.5
300	220/380 230/400 240/415 260/440 277/480	220，230，240 260，277	220	440～220	4	2.5	1.5	0.8
600	347/600 380/660 400/690 415/720 480/830	347，380，400 415，440，480 500，577，600	480	960～480	6	4	2.5	1.5
1 000	—	660，690，720 830，1 000	1 000	—	8	6	4	2.5

注：表 F.2 也适用于由地下配电系统进行过电压保护或暴露于一个较低雷击水平的保护（≤25）。

附 录 G
（规范性附录）
电热丝引燃试验

G.1 每种材料用 5 种试样进行试验。试样尺寸为 150 mm×13 mm，厚度均匀并能代表部件的最薄截面，各边应无毛刺、飞边等。

G.2 试验采用直径约 0.5 mm、长 250 mm±5 mm、冷态电阻为 5.28 Ω/m 的镍铬（80%镍、20%铬，无铁）电阻丝。电阻丝以直线长度的方式接至可调电源，并调节电源使电阻丝内的功率损耗在 8 s～12 s 时间内为 0.26 W/mm。冷却后，电阻丝以各圈间距 6 mm 绕试样 5 圈。

G.3 被绕上电阻丝的试样放在水平位置上，电阻丝的两个接线端子接到可调的电源上，重新调整电源至电阻丝的内耗为 0.26 W/mm（见图 G.1）。

G.4 开始试验，接通电路电源使得通过电阻丝的电流产生的线功率 0.26 W/mm。

G.5 电阻丝持续加热至试样着火，并在着火瞬间关闭电源，记录着火时间。

如果在 120 s 时间内试样不着火，中断试验。

对于熔化而不着火的试样，当试样不再与所有 5 圈加热丝紧密接触时中断试验。

G.6 试验应在其余试样上重复进行。

G.7 材料的电热丝引燃时间为各试样的平均引燃时间。

图 G.1 电热丝引燃试验的试验装置

ICS 23.020.30
J 74

中华人民共和国国家标准

GB 17926—2009
代替 GB 17926—1999

车用压缩天然气瓶阀

Compressed natural gas cylinder valve for vehicle

2009-06-25 发布 2010-04-01 实施

中华人民共和国国家质量监督检验检疫总局
中国国家标准化管理委员会 发布

前　言

本标准的全部技术内容为强制性。

本标准参考了国际标准 ISO 15500:2001《公路车辆　压缩天然气(CNG)燃料系统元件》中有关车用压缩天然气瓶阀(以下简称阀)和压力泄放装置的大部分内容。

本标准代替 GB 17926—1999《车用压缩天然气瓶阀》。

本标准与 GB 17926—1999 相比,主要修改和增加了以下内容:

——修改了阀的工作温度,由原来的−40 ℃～+60 ℃改为−40 ℃～+85 ℃;

——修改了阀体(含 PRD 壳体)耐压性要求,由原来 1.5 倍公称工作压力改为 4 倍公称工作压力;

——修改了阀的安全装置泄压性要求,将爆破片的爆破压力改为:配套气瓶的水压试验压力;将易熔合金塞的动作温度由 100 ℃ ±5 ℃改为 110 ℃±5 ℃;

——修改了阀的气密性要求及其试验方法,由原来在室温下进行试验改为在不同的试验温度和不同的试验压力下进行试验;

——修改了阀的耐温性要求,由原来−40 ℃和+60 ℃改为−40 ℃和+85 ℃;

——修改了阀的耐用性要求,由原来在恒压状态下 4 000 次改为在压力循环状态下 10 000 次,其中高温和低温各 200 次;

——增加了术语和定义;

——增加了阀的基本型式和参数;

——增加了阀的型号;

——增加了规格为 M25×2 普通圆柱螺纹的阀进气口连接螺纹;

——增加了规格为 NPT 1/4 锥管螺纹的阀出气口连接螺纹;

——增加了阀的金属材料力学性能要求及其试验方法和阀体材料的耐应力腐蚀性要求及其试验方法;

——增加了阀的非金属材料耐氧老化性要求与介质相容性要求及其试验方法;

——增加了阀的耐盐雾腐蚀性、耐冷凝腐蚀性、安装性和限流装置限流性等要求及其试验方法;

——增加了铜材化学成分复验的元素(Cu、Fe、Pb)。

本标准由全国气瓶标准化技术委员会(SAC/TC 31)提出并归口。

本标准起草单位:上海气体阀门总厂、象山制阀有限公司、上海星地环保设备有限公司、上海市特种设备监督检验技术研究院。

本标准主要起草人:毛冲霓、钱发祥、孙黎、翁国栋、顾秋华。

本标准所代替标准的历次版本发布情况为:

——GB 17926—1999。

车用压缩天然气瓶阀

1 范围

本标准规定了车用压缩天然气瓶阀的术语和定义、基本型式和参数、技术要求、检查与试验方法、检验规则及标志、包装、贮运等内容。

本标准适用于工作温度为－40 ℃～＋85 ℃，公称工作压力为 20 MPa 的车用压缩天然气瓶阀。

2 规范性引用文件

下列文件中的条款通过本标准的引用而成为本标准的条款。凡是注日期的引用文件，其随后所有的修改单（不包括勘误的内容）或修订版均不适用于本标准，然而，鼓励根据本标准达成协议的各方研究是否可使用这些文件的最新版本。凡是不注日期的引用文件，其最新版本适用于本标准。

GB/T 197　普通螺纹　公差

GB/T 228　金属材料　室温拉伸试验方法（GB/T 228—2002，eqv ISO 6892:1998）

GB/T 1173　铸造铝合金

GB/T 3512　硫化橡胶或热塑性橡胶热空气加速老化和耐热试验（GB/T 3512—2001，eqv ISO 188:1998）

GB/T 3934　普通螺纹量规　技术条件（GB/T 3934—2003，ISO 1502:1996，MOD）

GB/T 4423　铜及铜合金拉制棒

GB/T 5121.1　铜及铜合金化学分析方法　铜量的测定

GB/T 5121.3　铜及铜合金化学分析方法　铅量的测定

GB/T 5121.9　铜及铜合金化学分析方法　铁量的测定

GB/T 5231　加工铜及铜合金化学成分和产品形状

GB 8335　气瓶专用螺纹

GB/T 8336　气瓶专用螺纹量规

GB 8337　气瓶用易熔合金塞

GB/T 10567.2　铜及铜合金加工材残余应力检验方法　氨熏试验方法

GB/T 12716　60°密封管螺纹

GB/T 13005　气瓶术语

GB 15383　气瓶阀出气口连接型式和尺寸

GB 16918　气瓶用爆破片技术条件

GB 17258—1998　汽车用压缩天然气钢瓶

HG/T 2579　A 组胶料对脆性温度的要求

HG/T 3092　燃气输送管及配件用橡胶密封圈胶料

QC/T 674　汽车用压缩天然气电磁阀

3 术语和定义

GB/T 13005 确立的以及下列术语和定义均适用于本标准。

3.1

安全泄压装置　PRD:pressure relief device

一种防止超过预先设定压力上限的装置，在超压或超温或超压加超温时动作，它是一种不能重复使用的以泄放介质来避免气瓶爆炸的元件。

3.2

爆破片装置　burst disk device

在气瓶达到设定压力时，爆破片动作(破裂或脱落)从而泄放瓶内介质的压力敏感元件。爆破片与夹持环、压盖和旋塞等可装配组成爆破片装置。它是一种不能重复使用的泄压装置。

3.3

易熔合金塞　fusible plug

在气瓶达到设定温度时，易熔合金动作(流动或融化)从而泄放瓶内介质的温度敏感元件。易熔合金与塞体等组成易熔合金塞。它是一种不能重复使用的泄压装置。

3.4

组合式泄压装置　combination relief device

阀上由爆破片装置和易熔合金塞以串联型式共同组成的安全泄压装置，称为组合式泄压装置。它通过同时达到设定压力和设定温度而动作，泄放瓶内介质的压力。

注：当阀上爆破片装置和易熔合金塞以并联型式组成安全泄压装置时，实际上仍然是两个独立的泄压装置，只要达到设定压力或设定温度中的一项条件，就会泄放瓶内介质的压力。所以不应该称它们为“组合式泄压装置”。

3.5

限流装置　excess flow device

在意外情况下，当气体流量超过设定值时，能自动关闭或部分关闭从而限制气体流量的装置。

4　基本型式和参数

4.1　阀的基本型式按手轮(或手柄)方向分为纵向和侧向两种启闭形式(见图1、图2)。

4.2　阀应带有安全泄压装置，其型式宜为组合式泄压装置。

4.3　根据使用要求，阀的进气口连接螺纹规格为PZ27.8锥螺纹或M25×2普通圆柱螺纹。

4.4　根据使用要求，阀的出气口连接螺纹规格为W21.8-14LH惠氏螺纹或NPT 1/4锥管螺纹。

4.5　阀的最小公称通径不小于4 mm，应随气瓶容积的增大而适当增大。

4.6　安全装置的泄压通径应不小于进气口公称通径，且按气瓶的容积应满足泄放量的要求。

4.7　根据使用要求，在阀上可设限流装置，并在型号中表示。

4.8　根据使用要求，可将电磁阀集装在阀上，并在型号中表示。电磁阀性能及其试验按QC/T 674的规定。

单位为毫米

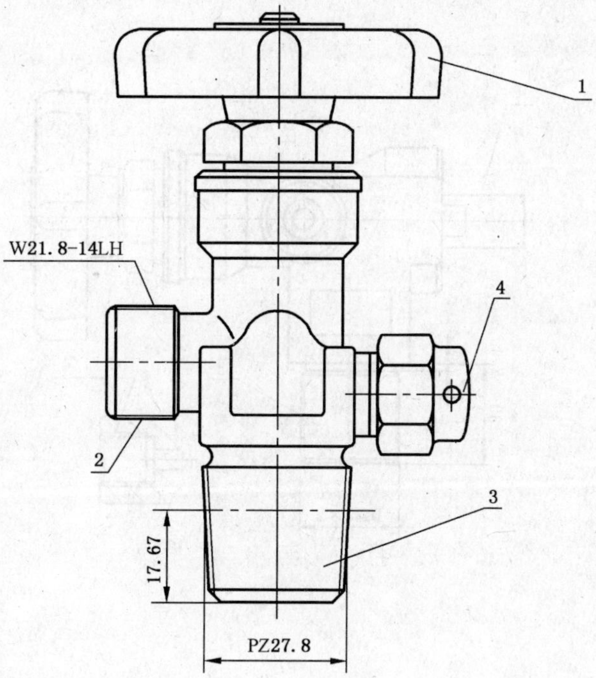

1——手轮；
2——出气口；
3——进气口；
4——安全装置。

图1 纵向启闭式阀

单位为毫米

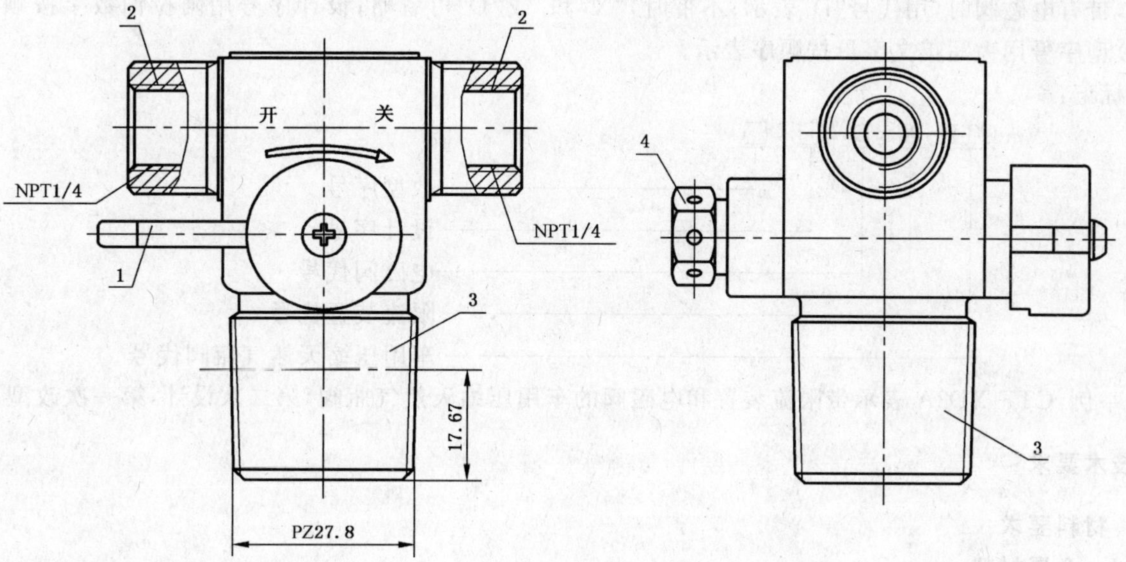

1——手柄；
2——出气口；
3——进气口；
4——安全装置。

a)

图2 侧向启闭式阀

单位为毫米

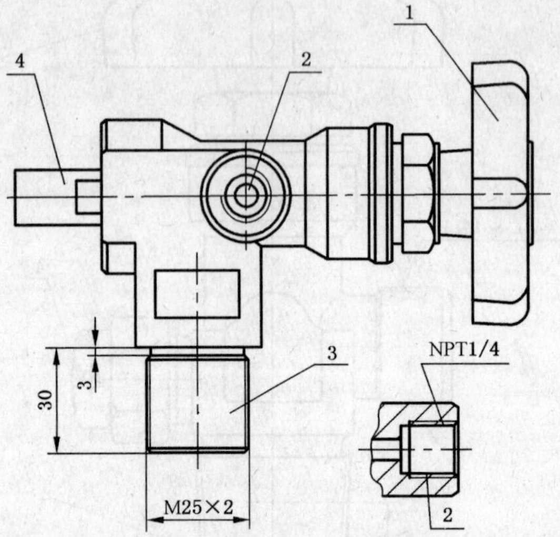

1——手轮；

2——出气口；

3——进气口；

4——安全装置。

b)

图 2（续）

4.9 型号表示方法

阀的型号由下列部分组成：车用压缩天然气瓶阀用代号“CTF”表示；带有限流装置时，用代号“X”表示，带有电磁阀时，用代号“D”表示；不带时，“X”和/或“D”可省略；设计序号用阿拉伯数字按顺序表示，改型序号用大写英文字母按顺序表示。

标记：

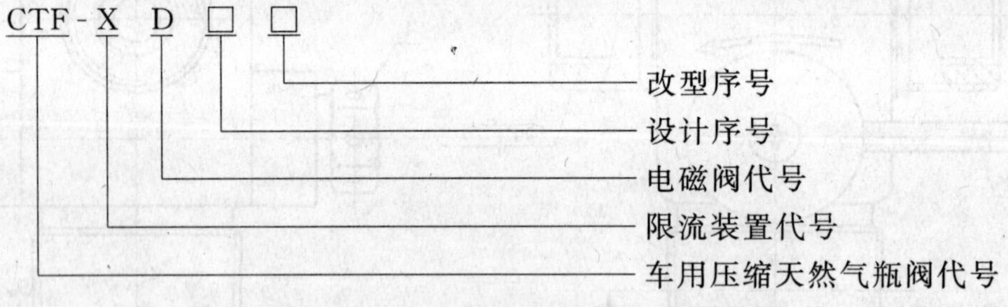

举例：CTF-XD2A 表示带限流装置和电磁阀的车用压缩天然气瓶阀，第二次设计，第一次改型。

5 技术要求

5.1 材料要求

5.1.1 金属材料

阀的主要金属零件（阀体、手柄、压帽、安全帽）的材料宜采用 HPb59-1 棒材，并符合表 1 和表 2 的规定。如采用其他材料时，应与介质相容，其力学性能应不低于表 1 中的规定。

阀体（含 PRD 壳体）材料在不能提供质保书的情况下，还应经耐应力腐蚀性试验，试验后应无裂纹。

手轮材料宜采用 ZL102，其力学性能和化学成分应符合 GB/T 1173 的规定。

爆破片材料宜采用 1Cr18Ni9 不锈钢带，其力学性能和化学成分应符合相应标准的规定。

易熔合金塞材料的配制宜采用铋、铅和锡等，应符合 GB 8337 的规定。

表 1 阀的主要金属零件铜材的力学性能

项　目	棒材直径或对边距离/mm	抗拉强度 R_m/(N/mm^2)	伸长率 δ_5/%
力学性能(GB/T 4423 的规定)	5～20	不小于 420	不小于 12
	＞20～40	不小于 390	不小于 14

表 2 阀的主要金属零件铜材的化学成分

项　目	Cu/%	Pb/%	Fe/%
化学成分(GB/T 5231 的规定)	57.0～60.0	0.8～1.9	≤0.5

5.1.2 非金属材料

阀的非金属零件材料应选用与压缩天然气相容和在工作温度下不易脆化的材料，并满足阀在使用过程中保持气密性的要求。对于橡胶材料，应符合 GB/T 3512 规定的耐氧老化性要求和符合 HG/T 2579 和 HG/T 3092 胶料对脆性温度的要求。

5.2 工艺要求

5.2.1 阀体应锻压成型。阀体表面不得有裂纹、折皱、夹杂物、疏松、缩孔、未充满等有损阀性能的缺陷。如采用钝化，表面应色泽均匀、光泽、无露底现象。若采用喷丸处理，表层的凹坑大小、深浅应均匀一致。

5.2.2 阀体进气口连接螺纹型式和制造精度应符合 GB 8335 或 GB/T 197 的规定。

5.2.3 阀体出气口连接螺纹型式和制造精度应符合 GB 15383 或 GB/T 12716 的规定。

5.2.4 同一种型号、规格、商标的阀的质量应相同。阀组装后的实际质量与阀的设计质量允差不超过 5%。

5.3 性能要求

5.3.1 启闭性

在公称工作压力下，阀的启闭力矩应不大于 7 N·m。

5.3.2 气密性

在表 3 的各种条件下，阀(含 PRD)处于关闭和任意开启状态时应无泄漏。

表 3 气密性要求

试验顺序	试验温度/℃	试验压力/MPa	阀开启状态保压时间/min	阀关闭状态保压时间/min
1	−40 ℃	15	2	2
		0.5	2	2
2	15 ℃～30 ℃	0.5	2	2
		26	2	2
3	85 ℃	1	2	2
		26	2	2

5.3.3 耐振性

在公称工作压力下，阀(含 PRD)应能承受位移幅值 1.5 mm(P-P)，频率为 17 Hz，方向为 *X*、*Y*、*Z* 三个轴向各振动 120 min，阀上各螺纹连接处应不松动，且无泄漏。

5.3.4 耐温性

在公称工作压力下，阀(含 PRD)在−40 ℃和 85 ℃的温度下应无泄漏。

5.3.5 阀体耐压性

阀体(含 PRD 壳体)在室温和 4 倍公称工作压力下应无泄漏和其他异常现象。

5.3.6 耐用性

阀(含 PRD)先在室温和公称工作压力下,全行程启闭 9 600 次;然后分别在 85 ℃、公称工作压力和 −40 ℃、0.5 倍公称工作压力下,全行程启闭各 200 次,应无泄漏和其他异常现象。

5.3.7 耐盐雾腐蚀性

阀(含 PRD)置于 33 ℃～36 ℃的盐雾室内,进行 96 h 的盐雾试验后,应符合气密性和安全装置泄压性的规定。

5.3.8 耐冷凝腐蚀性

在室温条件下,阀(含 PRD)在配制的试验溶液中浸泡达 100 h 后取出,再加热至 85 ℃放置 100 h,应无泄漏且能满足安全装置泄压性的规定。

5.3.9 安全装置泄压性

安全装置泄压性宜设计为同时满足下列两项条件时,安全装置应动作,阀泄压;也可以设计为满足其中一项条件时,安全装置动作,阀泄压:

a) 易熔合金塞动作温度为 110 ℃±5 ℃。易熔合金塞应符合 GB 8337 的规定。

b) 爆破片装置的爆破压力为配套气瓶的水压试验压力。如汽车用压缩天然气钢瓶应符合 GB 17258 的规定。爆破片应符合 GB 16918 的规定。

安全装置排放能力试验即气瓶火烧试验按 GB 17258—1998 中 7.13.2 的规定。

5.3.10 限流装置限流性

当限流装置进出气口两端压力差达到 0.65 MPa 时,限流装置应开始自动限流;当压力差为 10 MPa 时,流量应不大于 500 mL/min。

5.3.11 安装性

阀安装在钢瓶上允许承受的力矩按表 4 的规定。安装后,阀应无泄漏和肉眼可见的变形或损坏。

表 4 阀安装在钢瓶上允许承受的力矩

螺纹规格	最大安装力矩/N·m
PZ27.8	300
M25×2	200

6 检查与试验方法

6.1 金属零件阀体材料力学性能试验、化学成分分析方法及耐应力腐蚀试验

金属零件阀体材料拉伸试验试样和试验方法按 GB/T 228,化学成分分析方法按 GB/T 5121.1、GB/T 5121.3 和 GB/T 5121.9,阀体材料耐应力腐蚀试验方法按 GB/T 10567.2,其结果应符合 5.1.1 的规定。

6.2 非金属零件橡胶密封件材料性能试验

6.2.1 耐氧老化性试验

将橡胶密封件置于温度为 70 ℃±2 ℃和 2 MPa 试验压力的氧气(纯度≥99.5%)中连续 96 h,应无裂纹和可见损坏。

6.2.2 介质相容性试验

将橡胶密封件试样在室温下、20 MPa 的压缩天然气瓶内浸泡 72 h 后,取出立即检查,应无龟裂、破碎现象,在 3 min 内测量体积变化率应为(−1%～+25%)和质量变化率应小于±10%。

6.3 阀体外观检查

阀体外观采用目测的方法检查，并符合 5.2.1 和 8.1 的规定。

6.4 进出气口螺纹检查

阀的进气口连接螺纹采用符合 GB/T 8336 或 GB/T 3934 制造的量规检查，并符合 5.2.2 的规定。

阀的出气口连接螺纹采用符合相应螺纹标准制造的量规检查，并符合 5.2.3 的规定。

6.5 质量检查

将组装后的阀放在分度值不超过 1 g、最大称量为 1 000 g 的天平上称量，应符合 5.2.4 的规定。

6.6 启闭性试验

将阀装在本试验专用装置上，从阀的进气口充入氮气或空气至公称工作压力，以不大于 7 N·m 的力矩关闭阀，浸入水中 1 min，应无泄漏，再以不大于 7 N·m 的力矩开启阀，应能打开。

6.7 气密性试验

将阀(含 PRD)装在本试验专用装置上，封堵出气口，在下列不同的试验温度下从阀的进气口充入氮气或空气至不同的试验压力，分别在阀处于关闭或任意开启状态，各保压 2 min，应符合 5.3.2 的规定：

a) 在−40 ℃和 15 MPa、0.5 MPa 的试验压力下；

b) 在室温和 0.5 MPa、26 MPa 的试验压力下；

c) 在 85 ℃和 1 MPa、26 MPa 的试验压力下。

注：所有试验项目试验用压力表的精度应不低于 1.5 级，压力表的量程应为试验压力的(1.5～2)倍。

6.8 耐振性试验

将阀(含 PRD)装在本试验专用装置上，用 5.3.1 规定的力矩关闭阀，从阀的进气口充入氮气或空气至公称工作压力，然后，将专用装置安装在振动试验台上，按位移幅值 1.5 mm(P-P)，频率为 17 Hz，沿 X、Y、Z 三个轴向各振动 120 min，其结果应符合 5.3.3 的规定。

6.9 耐温性试验

将阀(含 PRD)装在本试验专用装置上，开启阀，封堵出气口，放入恒温箱内，在起始温度为室温的状态下逐渐升温至 85 ℃±2 ℃，然后，往阀内充入氮气或空气至公称工作压力，保温 2 h(启、闭各 1 h)，取出空冷至室温后，放入低温箱内逐渐降温至−40 ℃±2 ℃，保温 2 h(启、闭各 1 h)，再按 6.7 的规定进行试验，其结果应符合 5.3.4 的规定。

6.10 阀体耐压性试验

封堵阀体(含 PRD 壳体)与外界各通气口(除与气瓶连接进气口外)，将阀的进气口与水压泵相连接，往阀内充入清洁的自来水，室温下升压至 4 倍的公称工作压力，保压 3 min，其结果应符合 5.3.5 的规定。

6.11 耐用性试验

将阀(含 PRD)装在本试验专用装置上，然后将专用装置安装在寿命试验机上，使专用装置与气源接通，关闭阀，往阀内充入氮气或空气至公称工作压力。在室温下启动寿命试验机，以(10±2)s/次的速率开始作全行程启闭，每个开启过程(即气体的泄放过程)中均有气体从阀的出气口排出；每个关闭过程(即气体的升压过程)，有气体向阀充气。阀的启闭始终处于压力循环状态，每个启闭过程作为阀的一次耐用性。经过下列共 10 000 次压力循环耐用性试验后，再按 6.7 的规定进行试验，其结果应符合5.3.6 的规定：

a) 在室温和压力循环范围为公称工作压力至 0.5 MPa，全行程启闭 9 600 次；

b) 在温度为 85 ℃和压力循环范围为公称工作压力至 0.5 MPa，全行程启闭 200 次；

c) 在温度为−40 ℃和压力循环范围为 0.5 倍公称工作压力至 0.5 MPa，全行程启闭 200 次。

6.12 耐盐雾腐蚀性试验

将阀(含 PRD)放在 33 ℃～36 ℃的盐雾室内，在无任何遮掩物的情况下，由 5%氯化钠和 95%蒸馏水(按质量)组成的盐溶液,对阀进行连续 96 h 的喷盐雾试验,然后取出,立即冲洗试样,并轻轻地揩去盐的沉积物,再按 6.7 和 6.14 的规定进行试验,其结果应符合 5.3.7 的规定。

6.13 耐冷凝腐蚀性试验

在室温条件下,将阀(含 PRD)开启,浸泡在盛有配制好的试验溶液的容器中达 100 h;然后,将阀取出并排空试验溶液,放入恒温箱中加热至 85 ℃达 100 h,再按 6.7 和 6.14 的规定进行试验,其结果应符合 5.3.8 的规定。

按体积配制的试验溶液成分:

84.8%………………干洗溶剂汽油

10.0%………………苯

2.5%………………20 号压缩机油

1.5%………………水

1.0%………………甲醇

0.2%………………硫醇

6.14 安全装置泄压性试验

将带有 PRD 的阀装在本试验专用装置上,浸入盛有甘油的槽内,并从阀进气口施加 20 MPa 的气压,以(3~5)℃/min 的速度升温至 110 ℃±5 ℃,易熔合金应熔化动作,阀泄压。

将带有爆破片和熔去易熔合金的阀装在本试验专用装置上,从阀的进气口施加配套气瓶的水压试验压力,允许偏差应符合该气瓶标准的规定,爆破片应爆破动作,阀泄压。

6.15 限流装置的限流性试验

将限流装置连接在本试验专用装置上,通入氮气或空气,另一端接流量表。当通入的压力差达到 0.65 MPa 时,限流装置应动作。当通入的压力差为 10 MPa 时,限流装置的流量应符合 5.3.10 的规定。

6.16 安装性试验

将阀装在本试验专用装置上,并用扭力扳手按表 4 规定的安装力矩扳紧,然后,按 6.7 的规定进行试验,其结果应符合 5.3.11 的规定。

7 检验规则

7.1 材料检验

7.1.1 材料与零件进厂必须具有质量合格证书。

7.1.2 铜材力学性能(R_m、δ_5)和化学成分(Cu、Pb、Fe)按原材料进厂的批号进行复验。

7.1.3 阀体材料耐应力腐蚀试验应符合 6.1 的规定。

7.1.4 非金属零件材料耐氧老化性试验及介质相容性试验应符合 6.2 的规定。

7.2 出厂检验

7.2.1 逐个检验

a) 外观检查;

b) 进出气口螺纹检查;

c) 气密性试验。

7.2.2 批量抽样检验

批量抽样检验的内容除逐个检验的项目外,还应增加安全装置泄压性试验。

7.2.3 抽检方法及判定

阀的抽检应在每批(不得大于 5 000 件)连续生产的经逐个检验合格的产品中抽取,每批抽取试样 5 件。批成品数不足 5 000 件时,同样抽取试样 5 件。在检验过程中,如有 1 件阀不符合本标准某一项之要求,则加倍抽取;重新检测时,如仍有项目不合格,则该批阀为不合格品。

7.3 型式试验

7.3.1 在下列情况下，阀必须由制造方委托有资质的机构进行型式试验：

a) 新产品试制定型鉴定；

b) 结构、工艺、材料等有重大改变时；

c) 产品停产超过一年再生产时；

d) 申请或换发制造许可证时。

7.3.2 阀的型式试验项目见表5。

7.3.3 抽检方法及判定

型式试验用阀应从出厂检验合格的产品中抽取，抽检数及判定按7.2.3的规定。

表5 型式试验项目

试件名称		试验顺序	试验项目	检测方法	判定依据	试件编号
材料	主要金属零件材料	1	铜材力学性能检测(R_m、δ_5)和化学成分检测(Cu、Pb、Fe)	6.1	表1、表2	J1
		2	阀体材料耐应力腐蚀试验	6.1	5.1.1	J2～J3
	非金属零件材料	1	橡胶密封件耐氧老化性试验	6.2.1	6.2.1	F1～F2
		2	橡胶密封件耐介质相容性试验	6.2.2	6.2.2	F3～F4
被测阀		1	外观检查	6.3	5.2.1、8.1	V1～V5
		2	进出气口螺纹检查	6.4	5.2.2、5.2.3	
		3	质量检查	6.5	5.2.4	
		4	启闭性试验	6.6	5.3.1	
		5	耐振性试验	6.8	5.3.3	
		6	耐温性试验	6.9	5.3.4	
		7	阀体耐压性试验	6.10	5.3.5	V0
		8	安装性试验	6.16	5.3.11	V1
		9	限流性试验	6.15	5.3.10	V2
		10	耐用性试验	6.11	5.3.6	V3
		11	耐盐雾腐蚀性试验	6.12	5.3.7	V4
		12	耐冷凝腐蚀性试验	6.13	5.3.8	V5
		13	气密性试验	6.7	5.3.2	V1～V5
		14	安全装置泄压性试验	6.14	5.3.9	V1～V5

8 标志、包装、贮运

8.1 标志

阀上应有下列永久性标志：

a) 阀的型号；

b) 阀的公称工作压力；

c) 带有安全装置时，应有爆破压力和/或动作温度；

d) 执行标准号；

e) 制造商名称或商标；

f) 生产年月或批号；

g） 制造许可证编号；

h） 开启或关闭方向标志。

8.2 包装

包装前应清除残留在阀内的水分，包装时应保持阀的清洁，进出气口螺纹不受损伤，包装箱内应附有产品合格证、装箱单和使用说明书。

8.2.1 包装箱上应有下列标志：

a） 制造商名称、厂址、邮编、电话、传真、电子邮箱等；

b） 阀的名称、型号；

c） 产品执行标准号；

d） 数量和质量；

e） 体积（长×宽×高）；

f） 生产日期或批号；

g） 必要的作业要求符号。

8.2.2 产品合格证应注明下列内容：

a） 制造商名称；

b） 产品执行标准号；

c） 阀的名称、型号；

d） 公称通径、公称工作压力；

e） 安全装置的爆破压力和/或动作温度；

f） 阀的设计质量；

g） 阀的批号；

h） 检验日期；

i） 质检部门盖章。

8.2.3 装箱单应注明下列内容：

a） 制造厂名称、厂址、邮编、电话、传真、电子邮箱等；

b） 阀的名称、型号、规格；

c） 数量、毛重、净重；

d） 装箱员标志；

e） 装箱日期。

8.2.4 使用说明书应包括下列内容：

a） 产品的结构、功能介绍；

b） 产品的正确使用方法和注意事项；

c） 产品的常见故障及排除方法。

8.3 贮运

阀应放在通风、干燥清洁的室内。

运输装卸时应轻装轻放，防止受潮、重压、跌落与碰撞。

ICS 29.060.10
K 11

中华人民共和国国家标准

GB/T 17937—2009
代替 GB/T 17937—1999

电工用铝包钢线

Aluminium-clad steel wires for electrical purposes

(IEC 61232:1993,MOD)

2009-03-19 发布　　　　2009-12-01 实施

中华人民共和国国家质量监督检验检疫总局
中国国家标准化管理委员会　发布

前言

本标准修改采用 IEC 61232:1993《电工用铝包钢线》(英文版)。

本标准与 IEC 61232:1993 技术内容相比主要差异有:

——增加了 14%、23%及 35%IACS 导电率三种级别的铝包钢线。

本标准代替 GB/T 17937—1999《电工用铝包钢线》。

本标准与 GB/T 17937—1999 相比主要变化如下:

——按照 GB/T 1.1—2000 的要求,对标准的结构和编写方式进行了调整;

——增加了三种级别的铝包钢线,并对铝包钢线的定义作了修改(前版 3.3,本版 3.3);

——删除了与 IEC 61232:1993 产品型号对照的附录 C(前版附录 C,本版无);

——增加了附录 C 与 IEC 61232:1993 章条编号对照(前版无,本版附录 C)。

本标准的附录 A、附录 B 及附录 C 均为资料性附录。

本标准由中国电器工业协会提出。

本标准由全国电线电缆标准化技术委员会(SAC/TC 213)归口。

本标准负责起草单位:上海电缆研究所。

本标准参加起草单位:江西新华金属制品有限责任公司、湖北长天通讯科技有限公司、常州通光华银电线电缆有限公司、江苏中天科技股份有限公司、常州市武进恒通金属钢丝有限公司、天津冶金集团中兴盛达钢业有限公司。

本标准主要起草人:季世泽、党朋、郭其生、邓良、余晓扬、吴明埝、吴志强、王会清。

本标准所代替标准的历次版本发布情况为:

——GB/T 17937—1999。

电工用铝包钢线

1 范围

本标准规定了电工用铝包钢线的电气和机械性能、试验、包装等。

本标准适用于绞合前的、不同电气性能和机械性能的电工用圆形硬拉裸铝包钢线，其直径范围见表4。本标准包括应用于铝绞线的加强芯及所有铝包钢绞线的铝包钢线。

本标准不包括再拉制的线。

2 规范性引用文件

下列文件中的条款通过本标准的引用而成为本标准的条款。凡是注日期的引用文件，其随后所有的修改单(不包括勘误的内容)或修订版均不适用于本标准，然而，鼓励根据本标准达成协议的各方研究是否可使用这些文件的最新版本。凡是不注日期的引用文件，其最新版本适用于本标准。

GB/T 228—2002 金属材料 室温拉伸试验方法(eqv ISO 6892:1998)

GB/T 3048.2—2007 电线电缆电性能试验方法 第2部分:金属材料电阻率试验(IEC 60468:1974,MOD)

GB/T 3428—2002 架空绞线用镀锌钢线(IEC 60888:1987,IDT)

3 术语和定义

下列术语和定义适用于本标准。

3.1

铝包钢线 aluminium-clad steel wire

由一根圆钢芯外包一层均匀连续的铝层构成的圆线。

3.2

直径 diameter

在同一截面且互相垂直的方向上二次测量值的平均值。

3.3

等级 class

铝包钢线定义为"LB14"、"LB20"、"LB23"、"LB27"、"LB30"、"LB35"和"LB40"等级，其相应的导电率为14%、20.3%、23%、27%、30%、35%和40%IACS。

注:IACS为国际退火铜标准。

3.4

型式 type

LB20等级铝包钢线按其抗拉强度性能分为A和B两种型式。

4 要求

4.1 材料

4.1.1 基体金属应是钢，由平炉、电炉或氧气顶吹过程生产的钢。其成分应使成品铝包钢线具有符合本标准规定的性能和特性。

4.1.2 包层用铝的纯度最小为99.5%，其质量应足以满足本标准规定的厚度和电阻要求。

4.2 外观

铝包钢线应光洁，并且不得有可能影响产品性能的所有缺陷，如裂纹、粗糙、划痕和杂质等。

4.3 密度

为了计算铝包钢线的标称质量，其密度见表1。

表1 铝包钢线标称密度

等级	型式	20 ℃时标称密度 g/cm³
LB14	—	7.14
LB20	A	6.59
	B	6.53
LB23	—	6.27
LB27	—	5.91
LB30	—	5.61
LB35	—	5.15
LB40	—	4.64

4.4 标称直径的偏差

铝包钢线直径与标称直径之差应不大于表2规定的数值。

表2 铝包钢线直径偏差

标称直径	偏差
2.67 mm 及以上	±1.5%
2.67 mm 以下	±0.04 mm

4.5 最小铝层厚度

铝包钢线在任一处的最小铝层厚度应符合表3规定的要求。

表3 最小铝层厚度

等级	最小铝层厚度
LB14	5%铝包钢线标称半径
LB20	标称直径 1.80 mm 以下，8%铝包钢线标称半径 标称直径 1.80 mm 及以上，10%铝包钢线标称半径
LB23	11%铝包钢线标称半径
LB27	14%铝包钢线标称半径
LB30	15%铝包钢线标称半径
LB35	20%铝包钢线标称半径
LB40	25%铝包钢线标称半径

4.6 抗拉强度

铝包钢线的抗拉强度应符合表4规定的要求。根据抗拉强度计算单根铝包钢线拉断力时，应使用成品线的实测直径。

表 4 铝包钢线的抗拉强度和电阻率要求(绞合前)

等级	型式	标称直径 d mm	抗拉强度 (最小值) MPa	1%伸长时的应力 (最小值) MPa	20 ℃时的电阻率 (最大值) nΩ·m
LB14		2.25<d≤3.00	1 590	1 410	123.15 (对应14%IACS导电率)
		3.00<d≤3.50	1 550	1 380	
		3.50<d≤4.75	1 520	1 340	
		4.75<d≤5.50	1 500	1 270	
LB20	A	1.24<d≤3.25	1 340	1 200	84.80 (对应于20.3%IACS导电率)
		3.25<d≤3.45	1 310	1 180	
		3.45<d≤3.65	1 270	1 140	
		3.65<d≤3.95	1 250	1 100	
		3.95<d≤4.10	1 210	1 100	
		4.10<d≤4.40	1 180	1 070	
		4.40<d≤4.60	1 140	1 030	
		4.60<d≤4.75	1 100	1 000	
LB20		4.75<d≤5.50	1 070	1 000	84.80(对应于20.3% IACS导电率)
	B	1.24<d≤5.50	1 320	1 100	
LB23	—	2.50<d≤5.00	1 220	980	74.96(对应于23% IACS导电率)
LB27	—	2.50<d≤5.00	1 080	800	63.86(对应于27% IACS导电率)
LB30	—	2.50<d≤5.00	880	650	57.47(对应于30% IACS导电率)
LB35	—	2.50<d≤5.00	810	590	49.26(对应于35% IACS导电率)
LB40	—	2.50<d≤5.00	680	500	43.10(对应于40% IACS导电率)

4.7 伸长率

铝包钢线应符合断裂后伸长率不小于1%或断裂时总的伸长率不小于1.5%的要求。标距均为250 mm。在断裂后无负荷条件下或断裂时使用合适的引伸仪进行测量。

除非供需双方在订货时另有协议,生产厂可任意选择测量方法。

只做6.3.2规定的两个试验方法中的一个试验。

4.8 电阻率

铝包钢线20 ℃时的最大电阻率应符合表4规定的要求。

4.9 扭转试验

在100倍标称直径的长度上,铝包钢线应能经受不少于20次的扭转而不断裂。

试样扭转断裂后,用肉眼或正常的矫正视力观察,铝层不应从钢芯上脱离。

4.10 1%伸长时应力

铝包钢线应符合表4规定的1%伸长时的应力的要求。试验应在校直的未变形的铝包钢线上进行。

4.11 接头

4.11.1 成品铝包钢线不应有任何类型的接头。

拉制为成品线前的坯杆上允许有接头，这种接头应符合4.5的要求。

4.11.2 接头设备和工艺应使含接头的成品线试样的抗拉强度不小于不含接头的成品线抗拉强度的80%，并且大于表4规定的最小值的90%。

4.11.3 成品线内的接头部分不要求进行伸长率、扭转和1%伸长时的应力试验。

5 取样

试验用试样应由制造厂从10%的成品线的各线段上截取。

如果是大批量的铝包钢线，并且制造厂能证明该批铝包钢线达到或超过规定性能要求时，则在供需双方达成协议的情况下，试样数目可以减少至保证对每批铝包钢线成品达到足够的监测水平。

6 试验

6.1 试验地点

除非供需双方另有协议，所有试验均应在制造厂内进行。

6.2 试验

下述试验项目应在绞合前的每个试样上进行。如果单根铝包钢线仅用于由铝包钢线构成的产品时，在供需双方达成协议的情况下可不做第i)项试验。

a) 外观；

b) 表面质量；

c) 直径；

d) 抗拉强度；

e) 伸长率；

f) 扭转；

g) 电阻率；

h) 铝层最小厚度；

i) 1%伸长时的应力。

6.3 试验方法

6.3.1 拉力试验

试件的拉断力应在合适的拉力试验机上测定。应逐渐地增加负荷，拉力试验机夹头的分离速度应不小于25 mm/min，也不大于100 mm/min。

按拉断力测量值计算抗拉强度，应采用施加应力前的成品线直径。

6.3.2 伸长率试验

伸长率试验可在拉断力试验的同一试件上进行，试验方法与6.3.1相同。

a) 断裂后伸长率

无负荷条件下的最大伸长率应在试件上测量。试件应用手校直，在上面标注250 mm原始标距，然后施加如拉力试验规定的负荷。铝包钢线断裂后，应小心地将试件的断口对齐，测量最终的标距。

伸长率以标距的增量与原始标距之比的百分数表示。

如果断裂发生在标距之外，或在离每个标距标记的25 mm之内，且没有达到要求的伸长率时，则应重新试验。

b) 断裂时总伸长率

试件应夹在拉力试验机的夹头内，施加与表5规定的相应的初应力对应的负荷。置引伸仪于标距为 250 mm，并按表 5 规定调整至相应的起始值。

施加拉力试验规定的拉力负荷，断裂时的读数即为该试件的伸长率。

如果断裂发生在标距标记之外，或在离每个标记 25 mm 之内，且没有达到要求的伸长率时，则应重新试验。

表 5　测定伸长时的应力和断裂时总的伸长率的起始值

标称直径 d mm	初应力 MPa	引伸仪起始值
1.24＜d≤2.50	81.4	0.000 5(0.05%伸长)
2.50＜d≤3.30	162	0.001 0(0.10%伸长)
3.30＜d≤5.50	244	0.001 5(0.15%伸长)

6.3.3　扭转试验

试件二端应分别夹在二个钳口中，其间长度为铝包钢线标称直径的 100 倍。其中一个夹头试验时应能纵向自由移动。试验时应在试件上施加小的拉力，其数值不超过铝包钢线拉断力的 2%。

使其中一个钳口旋转以扭转试样，直至试件断裂为止。用计数器或其他合适的装置指示扭转次数。扭转速度应不超过 60 r/min。

6.3.4　铝层厚度

应使用合适的电气指示装置测量试件的铝层厚度，该装置依据的是磁导计原理，或直接进行测量。

铝层厚度测量应读取小数点后三位小数，然后修约至小数点后二位小数作为厚度测量值。作为基准测量时，应在成圈铝包钢线的一端截取的试件上直接测量铝层厚度。

6.3.5　电阻率试验

试件的电阻应按 GB/T 3048.2—2007 规定的方法进行测量，测量时的温度应不小于 10 ℃也不大于 30 ℃。

测量的电阻值应用下述公式校正至 20 ℃时的值。

$$R_{20}=R_{T}[1/(1+\alpha(T-20))]$$

式中：

T——测量时的温度，℃；

R_T——T ℃时的电阻；

R_{20}——20 ℃时的电阻；

α——20 ℃时的定质量电阻温度系数。

20 ℃时电阻率应按 20 ℃时的电阻，根据铝包钢线直径测量值计算的铝包钢线总截面积以及测量电阻用的铝包钢线的长度计算。

6.3.6　1%伸长时的应力

试件应夹在拉力试验机的夹头内，施加与表 5 规定的相应的初应力对应的负荷。置引伸仪于标距为 250 mm，并按表 5 规定调整至相应的起始值。

然后均匀增加负荷直到引伸仪在 250 mm 标距内指示出 2.50 mm 的伸长。

读取此点的负荷，并根据该值和受力前成品线的直径计算 1%伸长时的应力。所得的数值应不小于表 4 第 5 栏规定的相应数值。试件可接着用于规定的拉力试验。

7　包装

7.1　长度和长度偏差

铝包钢线应按用户规定的长度交货，其允许偏差为长度的(0～4)%。

如果供需双方先达成协议，则允许以短于或长于这一要求的任意长度交货。

7.2 包装方法

铝包钢线应成盘或成圈包装以防止在正常的装卸和运输中损坏。

8 接收和拒收

8.1 若试样不符合本标准规定的任一项要求，即可作为拒收有该试样所代表的该批铝包钢线的根据。

8.2 若任何一批铝包钢线被这样拒收，则制造厂有权对该批所有各盘或各圈铝包钢线仅重新试验一次，并将其中合格的产品提交使用。

附 录 A
（资料性附录）
铝和钢截面积的比率

A.1 铝包钢线的级别

根据其导电率，铝包钢线分为七级，分别对应于薄铝层、标准铝层、中等铝层和厚铝层，见表A.1。

表A.1 铝包钢线的等级

等级	铝层	导电率
LB14	薄	14%IACS
LB20	标准	20.3%IACS
LB23	中等	23%IACS
LB27	中等	27%IACS
LB30	中等	30%IACS
LB35	厚	35%IACS
LB40	厚	40%IACS

A.2 截面标准比

每级铝包钢线的铝、钢截面对其总截面的标准比见表A.2。

表A.2 铝和钢的标准比

等级	铝比	钢比
LB14	13%	87%
LB20	25%	75%
LB23	30%	70%
LB27	37%	63%
LB30	43%	57%
LB35	52%	48%
LB40	62%	38%

A.3 导电率

一根规定导电率的铝包钢线是依据61%IACS的铝和9%IACS的钢而设计的。

例如：LB30的导电率计算如下：

设计的导电率：铝(61%IACS×0.43)＋钢(9%IACS×0.57)＝31.36%IACS。

考虑到误差，最小导电率规定为30%IACS(57.47 nΩ·m)。

如只认为铝层是导体的导电部分，铝包钢线的电阻可根据A.2的铝截面积和61%IACS导电率计算。

根据这一点，铝包钢线(LB)“带钢导电率”和“不带钢导电率”之间的关系见表 A.3。

表 A.3 导电率

等 级	导电率/(%IACS)			
	铝	钢	LB 线	
			包括铝和钢的最小规定值	不包括钢导电率的计算值
LB14			14	7.9
LB20			20.3	15.3
LB23			23	18.3
LB27	61	9	27	22.6
LB30			30	26.2
LB35			35	31.7
LB40			40	37.8

A.4 铝层厚度

截面的标准铝层比率和最小铝层厚度之间的关系见表 A.4。

表 A.4 铝层厚度

<table>
<tr><th>等 级</th><th>截面的标准
铝层比率</th><th>平均铝层厚度：AAT
(同心厚度)
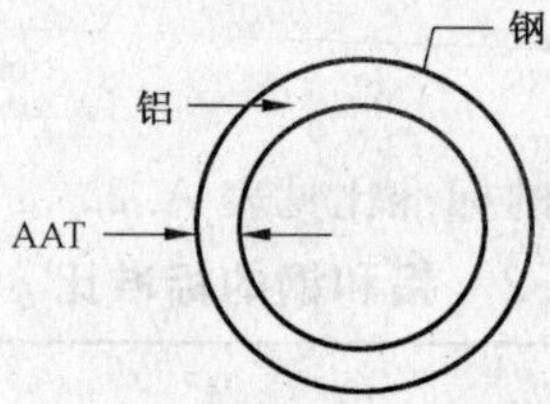</th><th>最小铝层厚度：MAT
(同心度偏差)
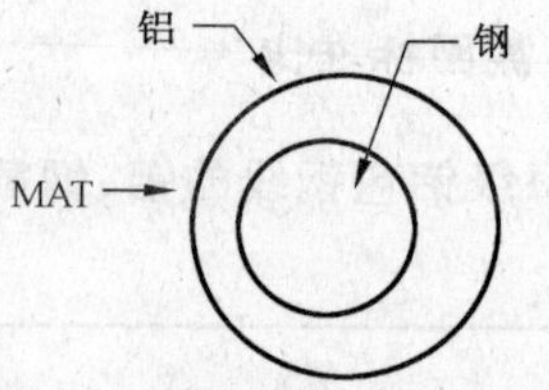</th></tr>
<tr><td>LB14</td><td>13%</td><td>6.7%铝包钢线标称半径</td><td>5%铝包钢线标称半径</td></tr>
<tr><td rowspan="2">LB20</td><td rowspan="2">25%</td><td rowspan="2">13.4%铝包钢线标称半径</td><td>标称直径 1.80 mm 以下：8%铝包钢线标称半径</td></tr>
<tr><td>标称直径 1.80 mm 及以上：10%铝包钢线标称半径</td></tr>
<tr><td>LB23</td><td>30%</td><td>16.3%铝包钢线标称半径</td><td>11%铝包钢线标称半径</td></tr>
<tr><td>LB27</td><td>37%</td><td>20.5%铝包钢线标称半径</td><td>14%铝包钢线标称半径</td></tr>
<tr><td>LB30</td><td>43%</td><td>24.5%铝包钢线标称半径</td><td>15%铝包钢线标称半径</td></tr>
<tr><td>LB35</td><td>52%</td><td>30.7%铝包钢线标称半径</td><td>20%铝包钢线标称半径</td></tr>
<tr><td>LB40</td><td>62%</td><td>38.4%铝包钢线标称半径</td><td>25%铝包钢线标称半径</td></tr>
</table>

A.5 20 ℃时的标称密度

LB14、LB20B、LB23、LB27 和 LB30、LB35、LB40 等级别的铝包钢线在 20 ℃时的密度是根据 20 ℃时的铝密度(2.70 g/cm³)和 20 ℃时的钢密度(7.80 g/cm³)及其截面比计算出来的。LB20A 型铝包钢线在 20 ℃时的标准密度则是按 ASTM B415/B502 的规定。

A.6 物理常数

铝包钢线的物理常数见表 A.5。

表 A.5 物理常数

等级	LB14	LB20		LB23	LB27	LB30	LB35	LB40
型式	—	A	B	—	—	—	—	—
最终弹性模数实测 GPa	170	162	155	149	140	132	122	109
线膨胀系数 (K^{-1})	12.0×10^{-6}	13.0×10^{-6}	12.6×10^{-6}	12.9×10^{-6}	13.4×10^{-6}	13.8×10^{-6}	14.5×10^{-6}	15.5×10^{-6}
定质量电阻温度 系数$(\alpha)(K^{-1})$	0.003 4	0.003 6	0.003 6	0.003 6	0.003 6	0.003 8	0.003 9	0.004 0

附 录 B
（资料性附录）
伸长率

B.1 术语

术语“断裂后伸长率”和“断裂时总伸长率”参见 GB/T 228—2002 第 4 章。

B.2 伸长率试验

虽然多种线材，如硬铝线和镀锌钢线普遍使用断裂后伸长率百分比试验，但必须特别注意到铝包钢线实际使用 ASTM B415/B502 及其他国家标准规定的断裂时总的伸长率百分比试验。

为与 GB/T 3428—2002 保持一致并方便实际使用，这两种试验方法可作为二者择一的试验方法。

附　录　C
（资料性附录）
本标准与 IEC 61232:1993 章条编号对照

表 C.1 给出了本标准章条编号与 IEC 61232:1993 章条编号对照一览表。

表 C.1　本标准章条编号与 IEC 61232:1993 章条编号对照表

本标准章条编号	对应的国际标准章条编号
1	1
2	2
3.1～3.4	3.1～3.4
4.1～4.11	4.1～4.11
5	5
6.1～6.3	6.1～6.3
7.1～7.2	7.1～7.2
8	8
附录 A	附录 A
附录 B	附录 B
附录 C	—

ICS 93.040
P 28

中华人民共和国国家标准

GB/T 17955—2009
代替 GB/T 17955—2000

桥梁球型支座

Spherical bearings for bridges

2009-03-31 发布 2009-11-01 实施

中华人民共和国国家质量监督检验检疫总局
中国国家标准化管理委员会 发布

前言

本标准参照欧洲标准EN 1337-7构造物支座-第七分册《球面和圆柱面聚四氟乙烯(PTFE)支座》(2001)、EN 1337-2构造物支座-第二分册《滑动部件》(2003)和AASHTO-LRFD《美国公路桥梁设计规范》(2004)等标准制定。

本标准代替GB/T 17955—2000《球型支座技术条件》。本标准与GB/T 17955—2000相比主要差异如下:

——支座设计承载力由原来最大30 000 kN增加到60 000 kN(见3.3.1);

——增加了单向活动支座的横向位移限值规定(见3.3.2);

——调整了支座的转角分级(见3.3.3);

——提高了对聚四氟乙烯板材的性能要求(见4.2.1);

——提高了不锈钢板表面粗糙度要求,增加了严重腐蚀环境的桥梁用不锈钢板的材料要求(见4.2.3);

——增加了球冠衬板凸球面处理的技术要求(见4.2.5);

——增加了聚四氟乙烯板为整体板及分割块数的要求,提高尺寸偏差的要求(见4.3.1.1);

——调整了聚四氟乙烯板模压表面平面度公差及曲面的面轮廓度公差(见4.3.1.3);

——增加了球型支座表面涂装防护要求(见4.5.1);

——补充了球型支座组装要求(见4.6);

——提出了对整体支座试验应进行竖向承载力、水平承载力、摩擦系数和转动性能试验(见5.2.3);

——补充了球型支座安装养护要求(见第8章);

——增加了支座竖向承载力和水平承载力试验方法(见附录A和附录B)。

本标准的附录A、附录B、附录C和附录D为规范性附录。

本标准由中华人民共和国交通运输部提出。

本标准由中华人民共和国交通运输部公路司归口。

本标准起草单位:中交桥梁技术有限公司、中交公路规划设计院有限公司、中国船舶重工集团公司第七二五研究所、衡水宝力工程橡胶有限公司、上海彭浦橡胶制品总厂、成都市新筑路桥机械有限公司、河北衡水丰泽工程橡胶科技开发有限公司。

本标准主要起草人:鲍卫刚、郑学珍、赵君黎、冯刚宪、赵宝勤、吴德兴、夏玉龙、孙诚、冯苠、赵慧、贾界峰、李书彬、宋建平、夏红芳。

本标准所代替标准的历次版本发布情况为:

——GB/T 17955—2000。

桥梁球型支座

1 范围

本标准规定了球型支座的产品规格、分类、技术要求、试验方法、检验规则以及标志、包装、储存、运输、安装和养护的要求。

本标准适用于桥梁工程中承载力为 1 500 kN ～ 60 000 kN 的球型支座，其他工程所用的球型支座可参照使用。

2 规范性引用文件

下列文件中的条款通过本标准的引用而成为本标准的条款。凡是注日期的引用文件，其随后所有的修改单（不包括勘误的内容）或修订版均不适用于本标准，然而，鼓励根据本标准达成协议的各方研究是否可使用这些文件的最新版本。凡是不注日期的引用文件，其最新版本适用于本标准。

GB/T 699　优质碳素结构钢

GB/T 700　碳素结构钢(GB/T 700—2006,ISO 630:1995,NEQ)

GB/T 985.1　气焊、焊条电弧焊、气体保护焊和高能束焊的推荐坡口(GB/T 985.1—2008,ISO 9692-1:2003,Welding and allid processes—Recommendations for joint preparation—Part 1:Manual metal arc welding,gas-shield arc welding,gas welding,TIG welding and beam welding of steels,MOD)

GB/T 1033.1　塑料　非泡沫塑料密度的测定　第1部分:浸渍法、液体比重瓶法和滴定法(GB/T 1033.1—2008,ISO 1183-1:2004,IDT)

GB/T 1040　塑料　拉伸性能的测定(GB/T 1040—2006,ISO 527,IDT)

GB/T 1184　形状和位置公差　未注公差值(GB/T 1184—1996,eqv ISO 2768-2:1989)

GB/T 1804　一般公差　未注公差的线性和角度尺寸的公差(GB/T 1804—2000,eqv ISO 2768-1:1989)

GB/T 3280　不锈钢冷轧钢板和钢带

GB/T 3398.1　塑料　硬度测定　第1部分:球压痕法(GB/T 3398.1—2008,ISO 2039-1:2001,IDT)

GB/T 4956　磁性基体上非磁性覆盖层　覆盖层厚度测量　磁性法(GB/T 4956—2003,ISO 2178:1982,IDT)

GB/T 7233　铸钢件超声探伤及质量评级方法(GB/T 7233—1987,neq BS 6208:1982)

GB/T 7760　硫化橡胶或热塑性橡胶与硬质板材粘合强度的测定　90°剥离法(GB/T 7760—2003,ISO 813:1997,MOD)

GB/T 11352　一般工程用铸造碳钢件(GB/T 11352—2009,ISO 3755:1991,ISO 4990:2003,MOD)

GB/T 11379　金属覆盖层　工程用铬电镀层(GB/T 11379—2008,ISO 6158:2004,IDT)

GJB 3026　聚四氟乙烯大型板材规范

HG/T 2502　5201 硅脂

JB/T 5943　工程机械焊接件通用技术条件

TB/T 1527　铁路钢桥保护涂装

3 产品分类、型号、规格及结构形式

3.1 分类

球型支座具有承受额定竖向荷载并能各向转动的功能，一般按其水平向位移特性予以分类：

a) 双向活动支座：具有双向位移性能，不承担水平向荷载的作用，代号 SX；

b) 单向活动支座：具有单向位移性能，承受单向水平荷载的作用，代号 DX；

c) 固定支座：承受各向水平荷载的作用，各向无水平位移，代号 GD。

3.2 型号

支座型号表示方法如下：

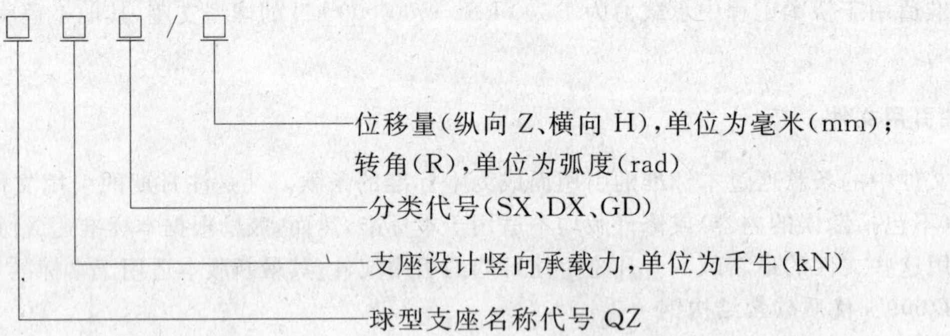

示例 1：支座设计竖向承载力为 30 000 kN 的单向活动球型支座，其纵向位移量为±150 mm，转角 0.05 rad，其型号表示为 QZ 30000DX/Z±150/R0.05。

示例 2：支座设计竖向承载力为 20 000 kN 的双向活动球型支座，其纵向位移量为±100 mm、横向位移量为±40 mm、转角 0.02 rad，其型号表示为 QZ 20000SX/Z±100/H±40/R0.02。

3.3 规格

3.3.1 支座的规格系列按承受的竖向荷载大小共分为 29 级（kN）：1 500，2 000，2 500，3 000，3 500，4 000，4 500，5 000，6 000，7 000，8 000，9 000，10 000，12 500，15 000，17 500，20 000，22 500，25 000，27 500，30 000，32 500，35 000，37 500，40 000，45 000，50 000，55 000，60 000。

3.3.2 双向活动支座与单向活动支座顺结构主位移方向的位移量分为 6 级（mm）：±50，±100，±150，±200，±250，±300。双向活动支座的横向位移量为±40 mm，单向活动支座的横向位移限值为±3 mm。位移量可根据实际需要进行调整。

3.3.3 支座的转角分为 5 级（rad）：0.02，0.03，0.04，0.05，0.06。

3.4 结构型式

球型支座一般由上支座板（含不锈钢板）、平面聚四氟乙烯板、球冠衬板、球面聚四氟乙烯板和下支座板等及防尘结构组成：

a) 双向活动支座结构示意图见图 1。

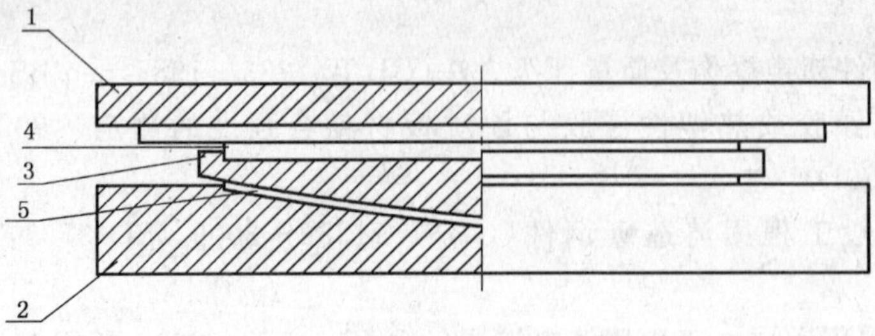

1——上支座板；
2——下支座板；
3——球冠衬板；
4——平面聚四氟乙烯板；
5——球面聚四氟乙烯板。

图 1

b） 单向活动支座结构示意图见图 2。

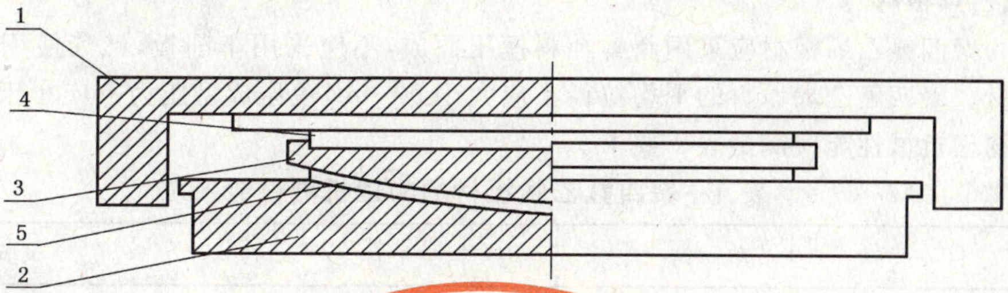

1——上支座板；

2——下支座板；

3——球冠衬板；

4——平面聚四氟乙烯板；

5——球面聚四氟乙烯板。

图 2

c） 固定支座结构示意图见图 3。

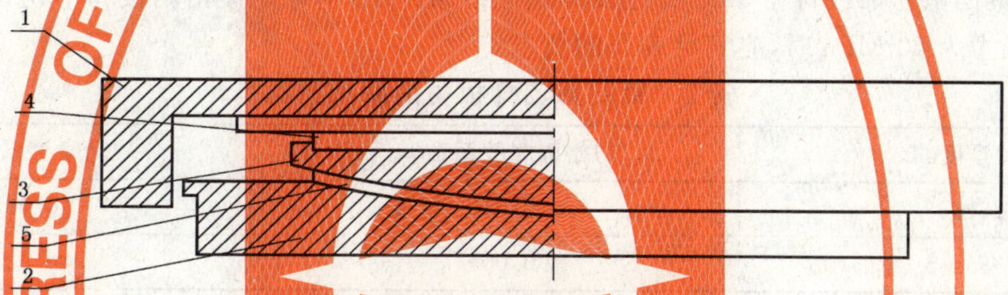

1——上支座板；

2——下支座板；

3——球冠衬板；

4——平面聚四氟乙烯板；

5——球面聚四氟乙烯板。

图 3

4 技术要求

4.1 支座性能

4.1.1 在竖向设计承载力的作用下，支座的竖向压缩变形不应大于支座总高度的 1%，盆环径向变形不应大于盆环外径的 0.5‰。

4.1.2 固定支座和单向活动支座非滑移方向的水平承载力均不应小于竖向设计承载力的 10%。

4.1.3 支座适用的温度范围－40 ℃～60 ℃。

4.1.4 在竖向设计荷载作用下，当镀铬钢板、不锈钢板与聚四氟乙烯板间在加有 5201 硅脂润滑后，温度适用范围在－25 ℃～60℃时，设计摩擦系数取 0.03；当温度适用范围在－40 ℃～－25 ℃时，设计摩擦系数取 0.05。

4.1.5 支座设计转动力矩按下列公式计算：

$$M_\theta = R_{ck} \cdot \mu_f \cdot R \qquad \cdots\cdots (1)$$

式中：

R_{ck}——支座竖向设计承载力，单位为千牛(kN)；

μ_f——球面镀铬钢衬板的镀铬层与球面聚四氟乙烯板间的设计摩擦系数；

R——球面镀铬钢衬板的球面半径，单位为毫米(mm)。

4.2 支座用材料的物理机械性能

4.2.1 聚四氟乙烯板材

支座使用的聚四氟乙烯板材应采用新鲜纯料模压而成，不应采用车削板，严禁使用再生料，回头料模压加工的板材。聚四氟乙烯原料的平均粒径不应大于 50 μm，模压成型压力不应小于 30 MPa。聚四氟乙烯板材的物理机械性能应满足表 1 要求。

表 1 聚四氟乙烯板材的物理机械性能

项 目	单 位	指 标	试验方法
密度	g/cm^3	2.14～2.2	GB/T 1033.1
拉伸强度	MPa	≥30	GB/T 1040
扯断伸长率	%	≥300	GB/T 1040
球压痕硬度 H132/60	MPa	23～33	GB/T 3398.1
注：球压痕硬度中 H132/60 表示为：荷载 132 N，持荷 60 s。			

支座采用聚四氟乙烯板材在 5201-2 优质硅脂润滑条件下，与球面镀铬钢板和不锈钢板间的摩擦系数，在平均压应力为 30 MPa 时，应满足表 2 的要求。

表 2 聚四氟乙烯板材的摩擦系数

试验温度/℃	初始静摩擦系数 μ_{f0}	动摩擦系数 μ_f
23±5	0.012	0.005
−35±5	0.035	0.025

4.2.2 硅脂润滑剂

支座使用的 5201-2 优质硅脂润滑剂，其技术性能应满足 HG/T 2502 的要求。

4.2.3 不锈钢板

支座通常可采用 0Cr17Ni12Mo2、0Cr19Ni13Mo3 或 1Cr18Ni9Ti 不锈钢板，处于严重腐蚀环境的桥梁用支座宜采用 00Cr17Ni14Mo2 或 00Cr19Ni13Mo3 不锈钢板。钢板的技术条件应符合 GB/T 3280 的规定。钢板表面应符合 No.4 级的加工要求，表面粗糙度 Ra 的值应小于 0.8 μm，表面硬度应不大于 HV150～HV220。

4.2.4 钢件

4.2.4.1 上支座板、下支座板、中间球面钢衬板等若采用钢板时，钢板应符合 GB/T 699 及 GB/T 700 的有关规定。

4.2.4.2 上支座板、下支座板、中间球面钢衬板等若采用铸钢件时，其化学成分、热处理后的机械性能应符合 GB/T 11352 中 ZG230～450 或 ZG270～500 的有关规定。

4.2.4.3 支座加工中若采用焊接件，焊接技术应满足 GB/T 985.1 和 JB/T 5943 的要求。

4.2.5 球冠衬板凸球面处理

4.2.5.1 支座球冠衬板凸球面，可采用包覆不锈钢板或电镀硬铬处理。对于处于严重腐蚀环境桥梁上的支座，宜采用球面包覆不锈钢滑板。

4.2.5.2 采用中间球面镀铬钢衬板，其表面不应有表面孔隙、收缩裂纹和疤痕，镀铬层的厚度应不小于 100 μm，且镀铬层应满足 GB/T 11379 的要求。镀铬后表面粗糙度 Ra 的值应小于 1.6 μm。

4.2.5.3 采用包覆不锈钢板，不锈钢板应满足 4.2.3 的要求，包覆后的不锈钢板表面不应有折皱，且应与基底钢衬板密贴，不应有脱空现象，并应确保球面轮廓度的公差。

4.2.6 粘结剂

粘结剂应是不可溶的和热固性的，其质量应稳定，粘结四氟板与钢材的剥离强度应不小于5 kN/m。

4.3 尺寸与偏差

4.3.1 聚四氟乙烯板材

4.3.1.1 支座采用的平面及球面聚四氟乙烯板可采用整体板或分片镶嵌板两种形式，其厚度应不小于7 mm，嵌入深度应不小于厚度的1/2，尺寸偏差及镶嵌间隙应满足表3的要求。聚四氟乙烯板的粘贴表面，应进行表面活化处理后，再与基体钢板粘贴。若采用中心圆盘与周边环带组合时，中心圆盘直径不应小于1 000 mm，环带宽度不应小于50 mm，环带最多可分为四等份。

表3 聚四氟乙烯板尺寸偏差

单位为毫米

直径 d	直径偏差	厚度偏差	外露厚度偏差	组装间隙偏差
$d \leqslant 600$	$^{+1.2}_{0}$	$^{+0.4}_{0}$	$^{+0.3}_{0}$	$^{+0.5}_{0}$
$600 < d \leqslant 1\,200$	$^{+1.8}_{0}$	$^{+0.7}_{0}$	$^{+0.5}_{0}$	$^{+0.8}_{0}$
$d > 1\,200$	$^{+2.5}_{0}$	$^{+1.0}_{0}$	$^{+0.7}_{0}$	$^{+1.1}_{0}$

4.3.1.2 聚四氟乙烯板表面储存硅脂润滑剂储脂槽应采用热压成型，热压时温度不应超过200 ℃。储脂槽排列和尺寸应符合图4的规定。

单位为毫米

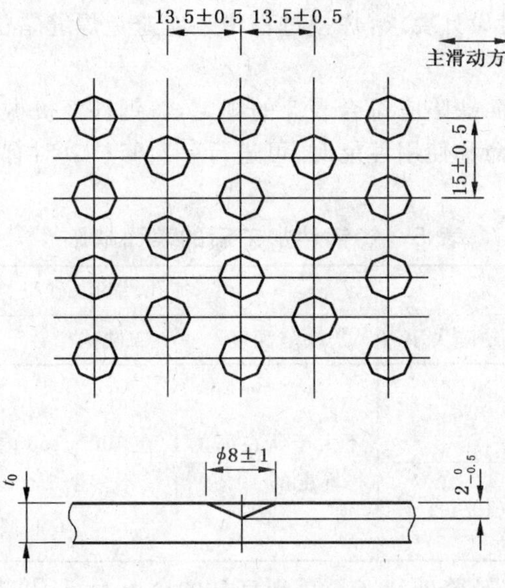

图4

4.3.1.3 聚四氟乙烯板模压表面平面度公差及曲面的面轮廓度公差，当直径 $d \leqslant 670$ mm时，公差应不大于0.2 mm，当直径 $d > 670$ mm时，公差应不大于 $0.000\,3d$ mm。

4.3.2 不锈钢板

支座使用的不锈钢板与基层钢板宜采用惰性气体保护焊连续焊接，焊接后不锈钢板与基层钢板应密贴。不锈钢板的厚度及焊接后平面的平面度及球面度最大偏差应满足表4的要求。

表4 不锈钢板尺寸偏差

单位为毫米

长度 L	厚度	平面度偏差
$L \leqslant 1\,500$	2	$\leqslant 0.000\,3d$
$L > 1\,500$	3	$\leqslant 0.000\,3d$
注：d 为聚四氟乙烯板直径。		

4.3.3 钢件

支座钢件的机加工公差配合应满足设计图纸的要求。未标注公差尺寸的部件，其公差应按GB/T 1804的M级取值。未注形状和位置的公差应按GB/T 1184的L级取值。

4.3.4 支座铸钢件

支座铸钢件，应逐个进行超声波检测，其探测方法及质量评级方法应按GB/T 7233的规定进行，铸钢件质量要求为2级，不应有裂纹及蜂窝状孔洞。

4.4 支座用材的外观质量

4.4.1 聚四氟乙烯板材

聚四氟乙烯板材应为树脂本色。板材表面应光滑，不应有裂纹、气泡、分层；不应有影响使用的机械损伤等缺陷；不应夹带任何杂质。外观质量应符合GJB 3026的有关规定。

4.4.2 硅脂润滑剂

5201-2硅脂为乳白色或浅灰色半透明脂状物，不应带有任何机械杂质。

4.4.3 不锈钢板

支座使用的不锈钢板，不应有分层、裂纹、气泡、杂质、结疤等有影响使用性能的缺陷。

4.4.4 钢件

4.4.4.1 焊接件

不锈钢焊接件应采用惰性气体保护焊，焊缝应牢固、光滑、平整、连续，不应出现裂纹、夹渣、未熔合和未填满弧坑。焊缝高度应满足设计要求，焊接过程中还应避免焊缝错位和母材烧伤等缺陷。

4.4.4.2 铸钢件

4.4.4.2.1 铸钢件加工后的表面缺陷应符合表5的规定，铸钢件经机械加工后的表面缺陷若超过表5的规定，但不影响铸钢件使用寿命和使用性能时，可进行一次修补。对有蜂窝状孔洞及有裂纹的铸钢件不应修补使用。

表5 铸钢件加工后的表面缺陷

单位为毫米

缺陷部位	气孔、缩孔、砂眼、渣孔				
	缺陷大小	缺陷深度	缺陷个数	缺陷总面积	缺陷间距
下支座板外圆柱以内的底面及上支座板、球冠衬板	$d \leqslant 2$	不大于所在部位厚度的10%	在100×100内不多于1个	不大于所在部位面积的1.5%	≥80
下支座板外圆柱以外的底面及下支座板上表面	$d \leqslant 3$				

4.4.4.2.2 铸钢件焊补前，应将缺陷处清铲至呈现良好的金属为止，并将距坡口边缘30 mm范围内及表面清理干净。焊后应修磨至符合铸件表面质量要求，且不应有未焊透、裂缝、夹渣、气孔等缺陷，焊补后的部件应进行退火或回火处理。

4.5 支座防腐与防尘

4.5.1 支座钢件表面应根据不同的环境条件按TB/T 1527采用相适应的涂装防护体系进行防护。

4.5.2 支座应设置可靠、有效的防尘设施。防尘设施应便于安装、更换及日常维修养护。

4.6 支座组装

4.6.1 凡待组装的零部件在组装前，质量检验部门应按照4.3和4.4的规定对其主要性能逐件进行检测，合格后打上合格标记，外协件应有合格证书，方可进行组装。

4.6.2 支座组装前应清洁所有零部件。在支座滑动、转动面应用丙酮或酒精将不锈钢、镀硬铬表面和与聚四氟乙烯板相接触面清洗擦净，接触面不应有碰伤、锈蚀、划痕。

4.6.3 下支座板凹槽、球型镀硬铬钢衬板上面凹槽在嵌放球型聚四氟乙烯板和平面聚四氟乙烯板之前，应将凹槽清洁后，均匀涂抹一薄层环氧树脂，在检查了聚四氟乙烯板储脂槽的排列方向后，嵌入凹槽，以确保聚四氟乙烯板粘贴牢固，并在聚四氟乙烯板储脂槽内注满 5201-2 硅脂润滑剂。注意组装时中间不应出现空气夹层。

4.6.4 支座组装后外露表面应平整，上支座板与下支座板应平行，平行度应不大于底盆内直径的 2‰。上支座板与下支座板的中心线、焊缝均匀、应重合。单向活动支座上、下导向块应保持平行，最大交叉角不应大于 5′。

4.6.5 支座组装后高度的偏差应满足表 6 的要求。

表 6 组装高度偏差

支座承载力/kN	组装高度偏差/mm
1 500～9 000	±2
10 000～25 000	±3
27 500～60 000	±4

4.6.6 支座组装后应将其固定，并在运输、储存和安装过程中不应任意拆卸。

5 试验方法

5.1 支座用材料

5.1.1 聚四氟乙烯板的物理机械性能试验应按表 1 规定的方法进行。

5.1.2 硅脂润滑剂 5201-2 的物理性能试验应按 HG/T 2502 规定的方法进行。

5.1.3 聚四氟乙烯板与基层钢板的粘结剥离强度试验应按 GB/T 7760 规定的方法进行。

5.1.4 镀硬铬层厚度应按 GB/T 4956 规定的方法进行。

5.2 整体支座

5.2.1 试验场地

整体支座的试验应在制造厂或专门的试验机构进行。

5.2.2 试样

5.2.2.1 支座的承载力试验一般应采用实体支座进行。当受试验设备能力限制时，经业主同意可选用有代表性的小型支座进行试验。

5.2.2.2 支座摩擦系数、转动性能试验，当受试验设备能力限制时，可选用有代表性的小型支座进行试验。

5.2.3 试验方法

5.2.3.1 支座竖向承载力试验应按附录 A 测定。

5.2.3.2 支座水平承载力试验应按附录 B 测定。

5.2.3.3 支座摩擦系数试验应按附录 C 测定。

5.2.3.4 支座转动性能试验应按附录 D 测定。

6 检验规则

6.1 检验分类

支座的检验区分为进厂原材料检验、出厂检验和型式检验。

6.1.1 进厂原材料检验

支座加工用的原材料及外加工件进厂时，应进行的验收检验。

6.1.2 出厂检验

支座出厂时生产厂对每批生产支座交货前进行的检验。

6.1.3 型式检验

有下列情况之一时，应进行型式检验：

a) 新产品或老产品转厂生产的试制定型鉴定；

b) 正常生产后，如结构、工艺、材料有较大改变，能影响产品性能时；

c) 正常生产时，每两年定期进行一次；

d) 国家质量监督机构或用户提出要求时。

型式检验应由有相应资质的质量监督检测机构进行。

6.2 检验项目及要求

6.2.1 支座用原材料的进厂检验应满足表7的要求，并附有每批进料材质证明。

表7 原材料的进厂检验

项 目	检验内容	检验周期	要 求
聚四氟乙烯板	物理机械性能、厚度、外观	每批原料(不大于200 kg)一次	4.2.1、4.4.1
不锈钢板	机械性能、厚度、光洁度、硬度	每批钢板	4.2.3、4.4.3
硅脂润滑刘	物理性能	每批原料(不大于150 kg)一次	4.2.2、4.4.2
钢板	机械性能及外观	每批钢板	4.2.4.1
铸钢件	机械性能	每炉	4.2.4.2
	裂纹、蜂窝状孔洞、缺陷	每件产品	4.4.4.2
粘结剂	聚四氟乙烯板材与钢板粘结剥离强度	每批	4.2.6
镀硬铬层	表面粗糙度、镀层厚度、外观	每件产品	4.2.5

6.2.2 支座出厂检验应满足表8的要求。

表8 支座出厂检验

项 目	检验内容	要 求	抽 样
平面、球面聚四氟乙烯板	尺寸、公差、储脂槽、平面度、曲面轮廓度、与基层钢件凹槽组装间隙等	4.3.1	每批产品，小于或等于30个，将组装好支座随意抽检1个
不锈钢板	尺寸、公差、平面度、与基层钢板焊接质量与密贴程度等	4.3.2	
球面镀铬钢衬板	球面度公差、缺陷等	4.2.5、4.4.4.2	
上支座板与下支座板	外观、缺陷	4.4.4	
组装后高度、上支座板与下支座板	公差、平行度	4.6.4、4.6.5	每个支座
防护处理、防尘设施	按设计图纸	4.5	

6.2.3 支座型式检验应满足表9要求。

表9 支座型式检验

项 目		检验内容	要 求
支座原材料的检验		表7	表7
整体支座检验	支座竖向承载力试验	5.2.3.1	4.1.1
	支座水平承载力试验	5.2.3.2	4.1.2
	支座摩擦系数试验	5.2.3.3	4.1.4
	支座转动性能试验	5.2.3.4	4.1.5
支座出厂检验		表8	表8

6.2.4 整体支座的试验，应在工厂检验合格的支座中，随意抽取三个支座，其中一个支座承载力应不小于8 000 kN。

6.3 **检验结果的判定**

6.3.1 进厂原材料检验项目应全部合格后方可使用，不合格的原材料不应用于支座生产。

6.3.2 出厂检验时，若有一项不合格，则应从该批产品中随机再取双倍的支座对不合格的项目进行复检，若仍有一项不合格时，则判定该批产品不合格。

6.3.3 整体支座的试验结果若有两个支座各有一项不合格，或有一个支座两项不合格时，应取双倍试样对不合格项目进行复检，若仍有一个支座一项不合格，则判定该批产品不合格。若有一个支座三项不合格则判定该批产品不合格。

7 标志、包装、运输和储存

7.1 每个出厂支座，应有明显标志，其内容应包括：产品名称、规格型号、主要技术指标(竖向承载力、位移量、转角)，产品生产执行标准及厂名、编号、日期。

7.2 每个支座均应用木箱或铁皮包装，包装应牢固可靠。包装箱外应注明产品名称、规格、体积和质量。箱内应附有产品合格证、质量检验单。箱内技术文件应用塑料袋装好并封口。

7.3 支座储存、运输中，应避免暴晒、雨淋、雪浸，并应保持清洁。严禁与酸、碱、油类、有机溶剂等影响支座质量的物质相接触，并距离热源1 m以上。

7.4 支座在运输、储存过程中严禁拆卸。

8 安装和养护

8.1 **安装准备**

8.1.1 支座安装处应设置支座垫石，并按支座底板锚栓间距与底柱规格预留螺栓孔位置。支座垫石平面尺寸应按局部承压计算确定，其垫石长度、宽度至少应比支座底板尺寸大100 mm以上。垫石内应布置钢筋，其混凝土强度等级不小于C40。

8.1.2 支座垫石表面应平整、清洁、干爽、无浮砂。支座垫石顶面的标高应注意预留支座底板下环氧砂浆垫层厚度，并应防止积水。

8.1.3 支座安装前方可开箱，并检查支座各部件及装箱清单。支座安装前不应随意拆卸固定件。

8.2 **支座安装**

8.2.1 在支座安装位置划出中心十字线，支座顺桥方向的中心线应与梁的顺桥方向中心线平行或重合。

8.2.2 采用地脚螺栓联结时，应将地脚螺栓穿入底板与顶板的地脚螺栓孔并旋入底柱内，底板与底柱之间垫以直径略大于底柱直径的橡胶垫圈。若选用其他方法联结时，应确保联结牢固可靠。

8.2.3 支座就位对中并调整水平后，用环氧砂浆或高强度砂浆灌注锚栓孔及支座底板垫层。待砂浆硬化后拆除调整支座水平用的垫块，并用砂浆填满垫块位置。

8.2.4 当支座采用焊接连接时，在支座顶、底板相应位置处预埋钢板，支座就位后用对称断续方式焊接，焊接后应在焊接部位做防锈处理。

8.2.5 支座安装过程中不应松开上顶板与下底盆的连接固定板。待支座安装完成后再拆除连接板。

8.2.6 检查支座外露钢件在运输、贮存、安装过程中油漆是否碰掉，并应对碰掉部分涂装。然后安装防尘设施。

8.2.7 其他要求，应满足有关的施工规范要求。

8.3 **支座养护**

支座使用期间内，应按有关养护规范定期进行检查及养护。

附 录 A
（规范性附录）
竖向承载力试验方法

A.1 试验条件

试验室的标准温度为 23 ℃±5 ℃。

A.2 试样停放

试验前将试样直接暴露在标准温度下，停放 24 h。

A.3 试验方法

按图 A.1 放置试样后，按下列步骤进行支座竖向承载力试验：

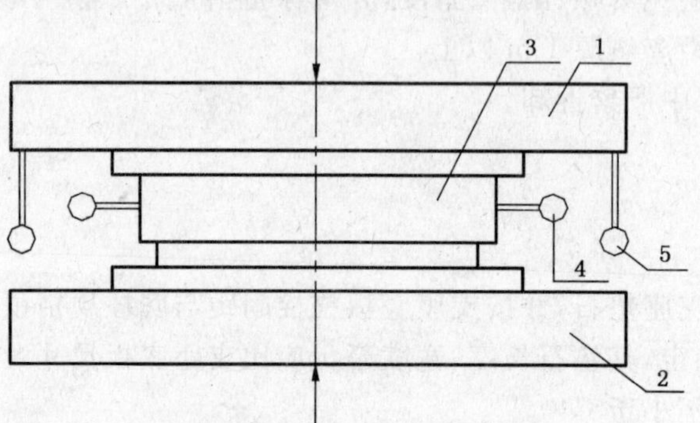

1——上承载板；
2——下承载板；
3——试样；
4——千分表；
5——位移传感器。

图 A.1

a) 将试样置于试验机的承载板上，试样中心与承载板中心位置对准，偏差小于 1% 球型支座直径。试验荷载为支座竖向承载力的 1.5 倍。加载至设计承载力的 0.5% 后，核对承载板四边的位移传感器和千分表，确认无误后进行预压。
b) 预压。将支座竖向设计承载力以连续均匀的速度加满，反复 3 次。
c) 正式加载。将试验荷载由零至试验荷载均匀分为 10 级。试验时以设计承载力的 0.5% 作为初始荷载，然后逐级加载。每级荷载稳压 2 min 后记录位移传感器和千分表数据，直至检验荷载，稳压 3 min 后卸载。加载过程连续进行 3 次。
d) 竖向压缩变形分别取 4 个位移传感器读数的算术平均值，绘制荷载-竖向压缩变形曲线。盆环径向变形分别取 4 个千分表读数的算术平均值，绘制荷载-盆环径向变形曲线。变形曲线应呈线性关系。
e) 试验竖向压缩变形、盆环径向变形应满足 4.1.1 的要求。

A.4 试验报告

试验报告应包括以下内容：

a) 试件概况描述：包括支座型号、设计竖向承载力、转角、位移，并附简图。

b) 试验机性能及配置描述。

c) 试验过程中出现异常现象描述。

d) 试验记录完整，并计算支座在试验荷载作用下，竖向压缩变形值与支座总高度的百分比；计算支座盆环径向变形与盆环外径的百分比，评定试验结果。

e) 附试验照片。

附 录 B
（规范性附录）
水平承载力试验方法

B.1 试验条件与试样停放

试验条件与试样停放见 A.1 和 A.2。

B.2 试验方法

按图 B.1 放置试样后，按下列步骤进行支座水平承载力试验：

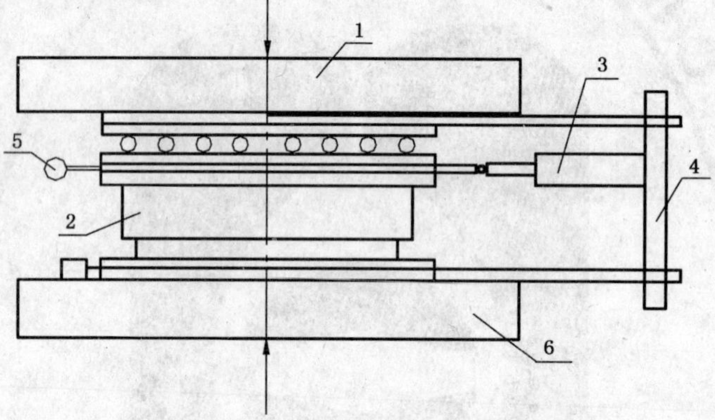

1——上承载板；
2——试样；
3——水平力试验装置；
4——自平衡反力架；
5——百分表；
6——下承载板。

图 B.1

a) 将试样置于试验机的承载板上，将自平衡反力架及水平力试验装置组合配置好。试验荷载为支座水平承载力的 1.2 倍。加载至水平承载力的 0.5%后，核对水平方向百分表及水平千斤顶数据，确认无误后，进行预推。

b) 预推。将支座竖向承载力加至设计承载力的 50%，用水平承载力的 20%进行预推，反复进行 3 次。

c) 正式加载。将试验荷载由零至试验荷载均匀分为 10 级。试验时先将竖向承载力加至 50%后，再以支座设计水平力的 0.5%作为初始推力，然后逐级加载，每级荷载稳压 2 min 后，记录百分表数据，待设计水平力达到 90%后，再将竖向承载力加至设计承载力，然后将水平承载力加至试验荷载稳压 3 min 后卸载。加载过程连续进行 3 次。

d) 水平力作用下变形分别取 2 个百分表的平均值，绘制荷载-水平变形曲线。变形曲线应呈线性关系。

e) 水平力应满足 4.1.2 的有关要求。

f) 支座水平承载力试验，在拆除装置后，检查支座变形是否恢复。变形不能恢复的产品为不合格。

B.3 试验报告

试验报告应包括以下内容：

a） 试件概况描述：包括支座型号、设计承载力、转角、位移，并附简图；

b） 试验机性能及配置描述；

c） 试验过程中出现异常现象描述；

d） 试验记录完整，评定试验结果；

e） 附试验照片。

附 录 C
（规范性附录）
摩擦系数试验方法

C.1 试验条件与试样停放

试验条件与试样停放见 A.1 和 A.2。

C.2 试验方法

按图 C.1 放置试样后，按下列步骤进行支座摩擦系数试验：

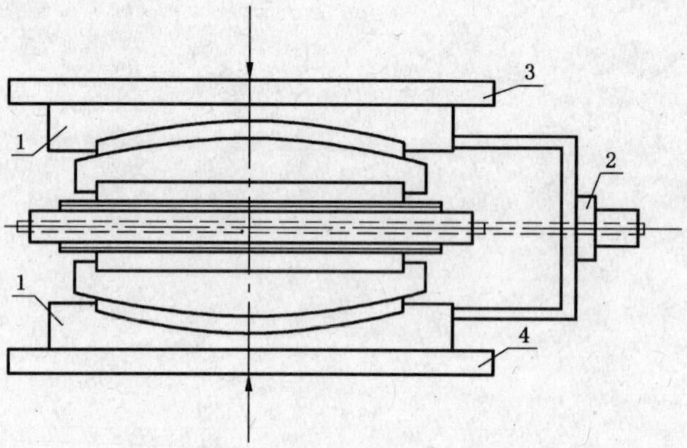

1——试样；
2——水平力加载装置；
3——上承载板；
4——下承载板。

图 C.1

a) 将试样按双剪组合置于试验机的承载板上，试样中心与承载板中心位置对准，精度小于1%球型支座直径。
b) 将支座竖向设计荷载以连续均匀的速度加满，在整个摩擦系数试验过程中保持不变。其预压时间为 1 h。
c) 正式加载。用水平力加载装置连续均匀的施加水平力，由专用的压力传感器记录水平力大小，支座一旦发生滑动即停止施加水平力，由此计算出支座的初始摩擦系数。试验过程连续进行 5 次。
d) 以实测第二次至第五次滑动摩擦系数的平均值，作为支座的实测摩擦系数。
e) 支座摩擦系数应满足 4.1.4 的要求。

C.3 试验报告

试验报告应包括以下内容：
a) 试件概况描述：包括支座型号、设计承载力、转角、位移，并附简图；
b) 试验机性能、配置及加载速度描述；
c) 试验过程中出现异常现象描述；
d) 试验记录完整，并计算摩擦系数，评定试验结果；
e) 附试验照片。

附 录 D
（规范性附录）
转动性能试验方法

D.1 试验条件与试样停放

试验条件与试样停放见 A.1 和 A.2。

D.2 试验方法

按图 D.1 放置试样后，按下列步骤进行支座转动性能试验：

1——试样；
2——加载装置；
3——上承载板；
4——下承载板。

图 D.1

a) 将试样按图 D.1 置于试验机的承载板上，试样中心与承载板中心位置对准，精度小于 1% 球型支座直径。

b) 将支座竖向设计荷载以连续均匀的速度加满，并在整个转动试验过程中保持不变。

c) 正式加载。用千斤顶以 5 kN/min 的速率施加转动力矩，直至支座发生转动后千斤顶卸载，记录支座发生转动瞬间的千斤顶最大荷载。试验过程连续进行 3 次。

d) 支座实测转动力矩为 $M_\theta = P \cdot l/2$，取其 3 次的试验平均值。

e) 支座实测转动力矩应小于 4.1.5 设计的转动力矩。

D.3 试验报告

试验报告应包括以下内容：

a) 试件概况描述：包括支座型号、设计承载力、转角、位移，并附简图；

b) 试验机性能及配置描述；

c) 试验过程中出现异常现象描述；

d) 试验记录完整，并计算转动力矩，评定试验结果；

e) 附试验照片。

ICS 65.020.01
B 16

中华人民共和国国家标准

GB/T 17980.149—2009

农药　田间药效试验准则(二)
第149部分:杀虫剂防治红火蚁

Pesticide—Guidelines for the field efficacy trials(2)—
Part 149:Insecticides against *Solenopsis invicta* Buren

2009-09-30 发布　　　　2010-01-01 实施

中华人民共和国国家质量监督检验检疫总局
中国国家标准化管理委员会　发布

前言

本部分是GB/T 17980《农药 田间药效试验准则》的第149部分。

本部分的附录A、附录B为资料性附录。

本部分由中华人民共和国农业部提出并归口。

本部分起草单位:华南农业大学、农业部农药检定所、广东省农药检定所、深圳市农业植物检疫站。

本部分主要起草人:曾玲、陆永跃、王以燕、曾鑫年、刘绍仁、刘学、梁广文、李畅方、王琳、许益镌、黄绍宁、张森泉、王文荣。

本部分由农业部农药检定所、华南农业大学负责解释。

农药　田间药效试验准则(二)
第149部分:杀虫剂防治红火蚁

1　范围

GB/T 17980的本部分规定了杀虫剂,包括作用方式为触杀、胃毒、生长调节的固体制剂、液体制剂、乳液制剂、悬浮制剂等,防治红火蚁(*Solenopsis invicta* Buren)田间(农田、非耕地、绿化地、苗木花卉圃等)药效小区试验的方法和基本要求。

本部分适用于杀虫剂防治红火蚁的田间药效小区试验。

其他剂型杀虫剂对红火蚁田间药效试验参照本部分执行。

2　规范性引用文件

下列文件中的条款通过GB/T 17980的本部分的引用而成为本部分的条款。凡是注日期的引用文件,其随后所有的修改单(不包括勘误的内容)或修订版均不适用于本部分,然而,鼓励根据本部分达成协议的各方研究是否可使用这些文件的最新版本。凡是不注日期的引用文件,其最新版本适用于本部分。

GB/T 19378—2003　农药剂型名称及代码

GB/T 20477—2006　红火蚁检疫鉴定方法

3　术语和定义

下列术语和定义适用于GB/T 17980的本部分。

3.1

蚁丘　mound

红火蚁所构筑并正在或曾经生活过的突起土堆、沙堆或其他类似物体。

3.2

蚁巢　nest

由蚁丘及其地下结构部分构成,是红火蚁的繁殖、活动场所。

3.3

蚁群　colony

由红火蚁多个社会阶层构成的具有持续存在能力的群体。

3.4

单蚁后型　monogyne colony

一个蚁巢中仅有一头具生殖能力的蚁后的蚁群。

3.5

多蚁后型　polygyne colony

一个蚁巢中有多头具生殖能力蚁后的蚁群。

3.6

活蚁巢　active nest

受到扰动后60 s内有3头以上红火蚁爬出活动的蚁巢。

3.7

诱饵 bait

对红火蚁具明显诱食作用的物质。

3.8

监测瓶 vial

用于盛装诱饵的专用或自制的容积为30 mL～50 mL塑料瓶。

3.9

诱集法 trap

使用的包含诱饵的监测瓶，捕获红火蚁，以获得红火蚁存在状况的方法。

4 试验条件

4.1 试验对象和场地、植物的选择

试验对象为红火蚁，可选择多蚁后型或单蚁后型的红火蚁种群供试。红火蚁种类根据GB/T 20477—2006确定。

试验场地选用非耕地、农作物田、绿化地、苗木花卉圃等。

一般对试验场地上的植物种类无特殊要求，但应对试验杀虫剂不敏感，且长势较均一、低矮，以大部分植物高度低于50 cm为宜，以减少试验操作的难度。

4.2 试验工具

量筒、量杯、天平、计数器、卷尺、GPS仪、监测瓶、小铲、镊子、指形管、样品袋、标签、记录笔、记录本(表格)、水桶、高筒水鞋、橡胶手套。

长80 cm～100 cm(直径0.3 cm～0.4 cm)的铁丝或竹竿、木棍等，端部分别带有红、黄、粉红、蓝色的旗帜。

75%乙醇、新鲜火腿肠。

4.3 环境条件

试验地点选择当地具代表性的红火蚁生境类型，以荒地、果园、草地等人为干扰较少的大片发生地区比较适宜。所有试验区的地形、土壤类型和结构、土壤含水量、地表植被等条件应基本一致。如果是农田，应符合当地科学的农业实践(GAP)。试验地点蚁丘隆起明显，每1 000 m^2活蚁巢数量应在5个以上，且活蚁巢和蚁群数量分布比较均匀。记录试验地基本情况。

5 试验设计和安排

5.1 杀虫剂

5.1.1 试验杀虫剂

注明杀虫剂的通用名称、剂型、有效成分及含量和生产厂家、生产日期。试验杀虫剂处理不少于三个剂量或依据协议规定或商品标签注明的用药剂量。

试验用的杀虫剂剂型类型见GB/T 19378—2003。

5.1.2 对照杀虫剂

对照杀虫剂采用已经登记注册的、并在实践中证明对红火蚁有较好防治效果的产品。对照杀虫剂的剂型和作用方式应与试验杀虫剂相近，使用商品标签注明的用药剂量，特殊情况下可依据试验目的选定。

5.2 小区安排

5.2.1 小区面积和重复

5.2.1.1 多蚁后型试验小区

根据试验地区实际情况设置长方形、方形或圆形试验小区。试验小区面积最小为300 m^2，每个小

区活蚁巢数量大于或等于10个。当活蚁巢密度较低时应适当扩大小区面积，以保证每个小区的活蚁巢数量不低于10个。

，相邻小区之间设置宽度大于3 m～5 m的缓冲区，缓冲区的中线一侧与相邻小区作同样处理，但是不进行调查。在进行杀虫剂处理前使用红色标志旗帜标记活蚁巢。

重复次数：大于或等于4次重复。

5.2.1.2 单蚁后型试验小区

试验小区面积最小为1 000 m^2，缓冲区宽度为5 m～10 m以上，每个小区活蚁巢数量大于或等于10个。其他同5.2.1.1。

5.2.2 小区排列

试验杀虫剂、对照杀虫剂和空白对照的小区处理采用随机区组排列，特殊情况应加以说明。

5.3 施药方法

5.3.1 手工施药方法

5.3.1.1 施药方式及要求

按照杀虫剂标签上注明的方法或协议要求进行。一般分为投放饵剂、浇灌药液、撒施粉剂/颗粒剂三类。用手直接投放饵剂、粉剂、颗粒剂时要戴上橡胶手套，浇灌药液或撒施粉剂/颗粒剂时应选用合适的器具称量、配制药液和浇灌、撒施，盛药的容器应标定容量。

施药时药量应准确、药剂分布应均匀。用药量如果有10%以上的偏差应予记录。记录操作条件(如容器类型、容量)的全部资料。

5.3.1.2 饵剂

当活蚁巢密度低于1个/100 m^2、蚁巢分布比较分散时，使用饵剂处理单个蚁巢。将饵剂环状投放于蚁巢外围50 cm～100 cm处。当活蚁巢密度大于或等于1个/100 m^2、蚁巢分布比较密集时，在整个小区内均匀投放饵剂。

5.3.1.3 液剂

用于处理单个蚁巢。以蚁巢为中心，近距离淋施药液，形成一个毒土圈。然后挖开蚁巢顶部迅速将药液灌入蚁巢，使药液完全浸湿蚁巢土壤并渗透到蚁巢底部。

5.3.1.4 粉剂、颗粒剂

用于处理单个蚁巢。根据商品标签说明确定施药方法。先将杀虫剂撒施于蚁巢上，再用水泼浇，将药剂成分淋入蚁巢中；或先干扰、破坏蚁巢表层，待蚂蚁涌出后再将药剂撒施于蚁巢上，让蚁群接触、粘附药剂。

5.3.2 器械施药方法

用饵剂处理较大面积小区时可使用手摇式(或机动)饵剂播撒器具。投放饵剂前应标定播撒器具的饵剂流出量调节阀大小、转轮常规转速、播撒出的饵剂覆盖范围，从而标定单位时间饵剂投放量，确定操作人员位置和行走路线。饵剂投放应均匀覆盖整个小区。

施药时药量应准确、药剂分布应均匀。用药量如果有10%以上的偏差应予记录。记录使用的器械类型和操作条件(如容器类型、容量)的全部资料。

5.3.3 施药时间和次数

按协议要求及商品标签说明进行。

投放饵剂时地表温度在20 ℃～32 ℃，且投放后的2个月后日最高气温要在20 ℃以上。施药时间随季节不同而不同，高温季节在傍晚或上午进行，低温季节在中午进行。施药时地面应比较干燥，并且红火蚁处于活动、觅食活跃期。在第一次施药后的2周～7周内经过药效调查评价后，可根据试验设计要求补充施药1次。

液剂、粉剂、颗粒剂试验应选择在红火蚁正常活动期间进行，一般只处理一次。

记录药剂用量和施药日期。

5.3.4 使用剂量和容量

按协议要求及商品标签注明的剂量使用。使用饵剂、粉剂或颗粒剂时一般按 20 cm～50 cm 直径大小蚁巢投放试验设计要求的用药量，使用液剂处理单个蚁巢时药液用量在 15 L～20 L。当蚁巢明显大于或小于 20 cm～50 cm 直径时，在保证小区药剂用量符合试验设计要求的前提下可增加或减少 1/2 药剂用量。

通常药剂中质量有效成分表示为"mg/kg(毫克/千克)"或"kg/ha(千克/公顷)"，在本部分中如果小区面积以"m^2"计算，也可以"g/100 m^2"计算。使用饵剂、粉剂或颗粒剂时记录每个小区的用量(kg/ha 或 g/100 m^2)，必要时记录每个蚁巢的用量(g/巢)；使用液剂灌巢时记录药液稀释倍数和小区药液用量(L/ha)、每个蚁巢的药液用量(L/巢)；试验药剂是油剂时，记录施药前稀释使用的混合油用量、小区用量(L/ha)、每个蚁巢用量(L/巢)。

5.3.5 试验前处理

5.3.5.1 清除杂草

如果试验小区杂草茂盛，则在试验开始 1 周前用除草剂或者其他方法清除杂草。应使用对红火蚁无显著影响的除草剂或者其他方法，实施除草时尽量不要扰动蚁巢。

5.3.5.2 清除小区周围红火蚁

在试验前采取药液灌巢和投放饵剂相结合的方法，清除试验地点外 20 m 宽范围内的红火蚁蚁群。

5.3.6 防治其他病虫害的农药资料要求

如果试验地点防治其他病虫害需要使用化学药剂，应选择对试验药剂和试验对象无影响的药剂，并且对所有小区作均一处理。记录施用这类药剂的准确数据。

6 防治效果检查方法

6.1 气象、土壤和植被资料记录

6.1.1 气象资料

在试验期间从最近的气象台站(或在试验地点)获得降水类型和日降雨量(以"mm"表示)和温度(日平均气温、最高和最低气温、地面温度，以"℃"表示)以及相对湿度(RH)的资料。

在试验期间记录影响试验结果的恶劣气候因素，如严重或长期暴雨、大风或浸水等。

6.1.2 土壤和植被资料

记录土壤类型、肥力和含水量，同时调查记录小区内地面植被主要种类、覆盖情况等资料。

6.2 调查方法、时间和次数

6.2.1 调查方法

6.2.1.1 踏查法

采用踏查法调查小区内活蚁巢数量。在施药前仔细调查、标记各小区内全部蚁丘，在活蚁巢旁插上红色旗帜，并将死蚁巢排除，在施药后发现新形成的活蚁巢用非红色旗帜标记以示区别。处理后经调查红火蚁全部死亡的蚁巢用黄色旗帜标记，仍为活蚁巢的增加 1 个红色旗帜。

6.2.1.2 诱集法

采用诱集法监测工蚁数量。用新鲜的火腿肠作为诱饵。将火腿肠切成约 1 cm 厚、2 cm 直径的薄片，放入监测瓶中，将瓶口紧贴地面后固定在地面上进行诱集。在监测瓶旁插一根上端带明显颜色旗帜的粗铁丝。

一般按诱饵间距在 5 m～10 m 或按 1 个/100 m^2 密度设置诱饵。每个小区设置 10 个以上诱饵，应尽量覆盖整个小区。如果小区过大或者过小，也可根据小区面积大小调整诱瓶数量。

在红火蚁活动比较活跃的时段放置诱饵。放置固定时间(一般 30 min～60 min)后将监测瓶盖上、密封、收回，并作好标记。将监测瓶置于肥皂水中，打开瓶盖，待红火蚁爬出、漂浮、死亡后记录各瓶中的红火蚁数量。如诱集到其他种类的蚂蚁则妥善保存、鉴定。以后各次调查时监测瓶均应放置在第一次调查时的地点。

6.2.1.3 挖巢法

采用挖巢法观察蚁群存活情况。进行药液灌巢或粉剂、颗粒剂等处理 5 d～10 d 后，在每个小区内随机选择 5 个试验前标记的活蚁巢，先扰动后查看是否有红火蚁爬出，然后挖开蚁巢观察是否有存活的蚂蚁，并记录各虫态的数量。挖巢时应挖掘到蚁巢底部，一般土壤深度为 50 cm～100 cm。

采用饵剂处理后第 5 周～第 7 周进行调查时，挖开各小区内试验前标定和试验过程中产生的全部活蚁巢，检查蚂蚁的存活情况，记录各虫态的数量。

6.2.2 调查时间和次数

按协议要求或根据实际情况确定调查次数。施药前 1 d～2 d 调查 1 次基数，包括各小区的活蚁巢数量和诱集到的工蚁数量。对于作用迅速的药剂，施药后每 7 d 调查 1 次，共调查 2 次～3 次；对于作用缓慢的药剂，施药后每 7 d 调查 1 次，共调查 7 次。

6.2.3 药效计算方法

6.2.3.1 活蚁巢防治效果

根据踏查的调查结果，计算活蚁巢防治效果[见式(1)]。

$$P_N(\%)=\left(1-\frac{N_0\times N_{Ti}}{N_{0i}\times N_{T0}}\right)\times 100 \qquad \cdots\cdots(1)$$

式中：

P_N——活蚁巢防治效果；

N_0——药前对照区活蚁巢数；

N_{Ti}——药后处理区活蚁巢数；

N_{0i}——药后对照区活蚁巢数；

N_{T0}——药前处理区活蚁巢数。

6.2.3.2 工蚁防治效果

根据诱集法的调查结果，计算工蚁防治效果[见式(2)]。

$$P_W(\%)=\left(1-\frac{W_0\times W_{Ti}}{W_{0i}\times W_{T0}}\right)\times 100 \qquad \cdots\cdots(2)$$

式中：

P_W——工蚁防治效果；

W_0——药前对照区监测瓶中平均工蚁数；

W_{Ti}——药后处理区监测瓶中平均工蚁数；

W_{0i}——药后对照区监测瓶中平均工蚁数；

W_{T0}——药前处理区监测瓶中平均工蚁数。

6.2.3.3 蚁群防治效果

根据挖巢检查结果，按蚁群分级标准(参见附录 B)对蚁巢中红火蚁蚁群存活情况进行分级，计算每个小区所有蚁巢蚁群的平均级数。由于试验区内供试蚁巢均为活蚁巢，因此确定药剂处理前所有蚁群级别均为 3 级。根据蚁群级别调查结果，计算蚁群级别降低率[见式(3)]。

$$P_C(\%)=\left(1-\frac{C_0\times C_{Ti}}{C_{0i}\times C_{T0}}\right)\times 100 \qquad \cdots\cdots(3)$$

式中：

P_C——蚁群防治效果；

C_0——药前对照区蚁群平均级别；

C_{Ti}——药后处理区蚁群平均级别；

C_{0i}——药后对照区蚁群平均级别；

C_{T0}——药前处理区蚁群平均级别。

6.2.3.4 综合防治效果

赋予活蚁巢防治效果、工蚁防治效果、蚁群防治效果指标的权重系数分别为0.3、0.2、0.5，则综合防治效果的计算见式(4)：

$$P = 0.3P_{\mathrm{N}} + 0.2P_{\mathrm{W}} + 0.5P_{\mathrm{C}} \quad \cdots\cdots(4)$$

式中：

P——综合防治效果；

P_{N}——活蚁巢防治效果；

P_{W}——工蚁防治效果；

P_{C}——蚁群防治效果。

药效试验要求计算出活蚁巢防治效果、工蚁防治效果、蚁群防治效果和综合防治效果。如果进行不同防治技术、药剂或处理、剂量、时间等的比较试验，均应对各个防治效果指标进行方差分析，以获得较准确的结果。

6.3 对植物的直接影响

如果在农田、果园或草地做试验，应检查试验药剂对作物或绿化草有无影响，记录对作物、草坪、树木的药害类型和危害程度，并与空白对照进行比较。此外，还要记录对作物、草坪、树木有益的影响(如加速成熟、增加活力等)。

用以下方式记录药害：

a) 如果药害能计数或测量，要用绝对数值表示，如株高。

b) 在其他情况下，可按下列两种方法估计药害的程度和频率：

1) 按照药害分级方法，记录每小区药害情况，以－、＋、＋＋、＋＋＋、＋＋＋＋表示。

药害分级方法：－无药害；＋轻度药害，不影响作物正常生长；＋＋明显药害，可复原，不会造成作物减产；＋＋＋高度药害，影响作物正常生长，对作物产量和质量造成一定程度的损失，一般要求补偿部分经济损失；＋＋＋＋严重药害，作物生长受阻，作物产量和质量损失严重，应补偿经济损失。

2) 将药剂处理区与空白对照区比较，评价其药害百分率。

同时，要准确描述作物的药害症状(矮化、褪绿、畸形等)。

6.4 对其他生物的影响

6.4.1 对其他病虫害的影响

记录试验药剂对试验区内其他病虫害的任何一种影响，包括有益和无益的影响。

6.4.2 对其他非靶标生物的影响

记录试验药剂对野生生物和有益昆虫的任何影响。

6.5 对农产品的质量和产量影响

一般不需要记录产品的数量，但产品质量上的任何影响都应记录。

7 结果处理

7.1 结果记录

将试验所获得的结果填入药效调查统计表(参见附录A)。

7.2 结果分析方法

用邓肯氏新复极差(DMRT)方法对试验数据进行分析，特殊情况应用相应的生物统计学方法。

7.3 试验报告

写出正式药效试验报告，包括试验药剂对红火蚁的防治效果、对植物的直接影响、对其他生物的影响、对农产品的质量和产量影响等，并对试验结果加以分析。药效试验报告应列出原始数据。药效试验的原始资料等应妥善保存，以备检查、验证。

附 录 A
（资料性附录）
红火蚁药效试验中药效调查统计表

A.1 活蚁巢防治效果调查统计表见表 A.1。

表 A.1 活蚁巢防治效果调查统计表

处理	重复	药前活蚁巢基数/个	药后 7 d 调查			药后 14 d 调查			药后 21 d 调查			药后 28 d 调查			药后 35 d 调查			药后 42 d 调查			药后 49 d 调查		
			活蚁巢数/个	防效/%	平均防效/%	活蚁巢数/个	防效/%	平均防效/%	活蚁巢数/个	防效/%	平均防效/%	活蚁巢数/个	防效/%	平均防效/%	活蚁巢数/个	防效/%	平均防效/%	活蚁巢数/个	防效/%	平均防效/%	活蚁巢数/个	防效/%	平均防效/%

A.2　工蚁防治效果调查统计表见表 A.2。

表 A.2　工蚁防治效果调查统计表

处理	重复	药前工蚁基数/头	药后 7 d 调查			药后 14 d 调查			药后 21 d 调查			药后 28 d 调查			药后 35 d 调查			药后 42 d 调查			药后 49 d 调查		
			工蚁数/头	防效/%	平均防效/%	工蚁数/头	防效/%	平均防效/%	工蚁数/头	防效/%	平均防效/%	工蚁数/头	防效/%	平均防效/%	工蚁数/头	防效/%	平均防效/%	工蚁数/头	防效/%	平均防效/%	工蚁数/头	防效/%	平均防效/%

A.3 蚁群防治效果调查统计表见表 A.3。

表 A.3 蚁群防治效果调查统计表

处理	重复	药后（ ）d 调查								药后（ ）d 调查							
		工蚁/头	蛹/头	幼虫/头	有翅生殖蚁/头	蚁后/头	蚁群级别	防效/%	平均防效/%	工蚁/头	蛹/头	幼虫/头	有翅生殖蚁/头	蚁后/头	蚁群级别	防效/%	平均防效/%

附　录　B
（资料性附录）
红火蚁蚁群分级标准

红火蚁蚁群分级标准如下：

0 级——无任何虫态存活；

1 级——仅有工蚁或蛹和幼虫存活；

2 级——有有翅生殖蚁、除蚁后外的其他虫态个体存活；

3 级——有蚁后及其他虫态个体存活。

ICS 81.060.30
Q 32

中华人民共和国国家标准

GB/T 17991—2009
代替 GB/T 17991—1999

精细陶瓷术语

Fine ceramics (advanced ceramics, advanced technical ceramics)—Vocabulary

(ISO 20507:2003,MOD)

2009-05-13 发布　　2009-12-01 实施

中华人民共和国国家质量监督检验检疫总局
中国国家标准化管理委员会　发布

前言

本标准修改采用ISO 20507:2003《精细陶瓷(先进陶瓷、先进技术陶瓷)——术语》(英文版)。

本标准在修改采用ISO 20507:2003时,做了技术性修改,修改内容参见附录A。

本标准还做了以下编辑性修改:

——删除了国际标准的前言;

——对原标准的词条排序方式进行了调整。

本标准代替GB/T 17991—1999《工业陶瓷及相关术语》。

本标准与GB/T 17991—1999相比,增加了ISO 20507:2003中的词条,删除了原标准中的部分词条。

本标准中的附录A为资料性附录。

本标准由中国建筑材料联合会提出。

本标准由全国工业陶瓷标准化技术委员会(SAC/TC 194)归口。

本标准负责起草单位:清华大学、中国建筑材料联合会、中国科学院上海硅酸盐研究所。

本标准主要起草人:龚江宏、周丽玮、蒋丹宇。

本标准所代替标准的历次版本发布情况为:

——GB/T 17991—1999。

精细陶瓷术语

1 范围

本标准描述了精细陶瓷(先进陶瓷、先进技术陶瓷)领域中使用的具有代表性的标准术语及定义。

本标准也列出了在科学技术文献中被广泛接受的一些缩写词以及与其相对应的标准术语及定义。

在包括精细陶瓷在内的众多技术领域中一些得到了普遍使用的术语没有列入本标准。

2 术语及定义

2.1 基本术语

2.1.1

陶瓷 ceramics

以天然矿物或化工产品为原料,经原料处理、成型、干燥、烧成等工序制成的无机非金属材料。

注:陶瓷这一概念既包含了以粘土为原料制成的产品,也包含了以氧化物、氮化物、碳化物、硅化物、硼化物等为原料制成的产品。

2.1.2

硅酸盐陶瓷 silicate ceramic

以矿物和/或其他硅酸盐为主要原料制成的以硅酸盐相为主要成分的陶瓷材料。

注:电瓷和滑石瓷是典型的硅酸盐陶瓷。

2.1.3

精细陶瓷 fine ceramics

以精制的高纯、超细、人工合成的无机化合物为原料,采用精密控制的制备工艺烧成,具有特定性能的陶瓷。

2.1.4

先进陶瓷 advanced ceramics

与精细陶瓷、先进技术陶瓷属同义词,定义见2.1.3。

2.1.5

先进技术陶瓷 advanced technical ceramics

与精细陶瓷、先进陶瓷属同义词,定义见2.1.3。

2.1.6

高性能陶瓷 high-performance ceramics

与精细陶瓷、先进陶瓷、先进技术陶瓷属同义词,定义见2.1.3。

2.1.7

高技术陶瓷 high technology ceramics

与精细陶瓷、先进陶瓷、先进技术陶瓷属同义词,定义见2.1.3。

2.1.8

结构陶瓷 structural ceramic

具有优良的机械性能、热稳定性及化学稳定性,适合于制作在不同温度下使用的结构部件的精细陶瓷。

注:结构陶瓷这一术语也可以指用于结构部件的粘土质产品。

2.1.9

工程陶瓷　engineering ceramic

与结构陶瓷属同义词，定义见2.1.8。

2.1.10

可加工陶瓷　machinable ceramic

又称为可切削陶瓷，一般指在经过烧结固化之后可以采用常规的硬金属切削工具和研磨工具进行机械加工至规定公差的精细陶瓷材料。

注1：氮化硼、微晶玻璃和多孔氧化铝都是有代表性的可加工陶瓷。

注2：经过机械加工和热处理的天然矿物如云母和叶蜡石等在某些场合也被认为属于可加工陶瓷。

2.1.11

氧化物陶瓷　oxide ceramic

以纯的金属氧化物、金属氧化物的混合物或固溶体为主要成分的精细陶瓷材料。

2.1.12

非氧化物陶瓷　non-oxide ceramic

以纯的金属碳化物、氮化物、硼化物、硅化物或者这些物质的混合物或固溶体为主要成分的精细陶瓷材料。

2.1.13

氮化物陶瓷　nitride ceramics

以氮化物为主要成分的精细陶瓷材料。如Si_3N_4陶瓷等。

2.1.14

碳化物陶瓷　carbide ceramics

以碳化物为主要成分的精细陶瓷材料。如SiC陶瓷等。

2.1.15

硼化物陶瓷　boride ceramics

以硼化物为主要成分的精细陶瓷材料。如TiB_2陶瓷等。

2.1.16

硅化物陶瓷　silicide ceramics

以硅化物为主要成分的精细陶瓷材料。如$MoSi_2$陶瓷等。

2.1.17

金属陶瓷　cermet

由金属或者合金与一种或者多种陶瓷所组成的复合材料，其中陶瓷相的体积分数一般都在50%以上。

注1：陶瓷相通常具有高强度、耐高温以及良好的抗磨蚀性能，而金属相则具有良好的韧性和弹塑性行为。

注2：陶瓷相体积分数小于50%的材料通常被称为“金属基复合材料”。

2.1.18

玻璃陶瓷　glass-ceramic

由结晶相和玻璃相构成的一类陶瓷复合材料，一般通过对玻璃进行适当热处理以使得玻璃体内产生足量结晶相而获得。

2.1.19

功能陶瓷　functional ceramic

一类利用其电、磁、声、光、热、弹等直接效应及其耦合效应所提供的一种或多种性质来实现某种使用功能的精细陶瓷。

2.1.20

电子陶瓷　electronic ceramic

与功能陶瓷属同义词,定义见2.1.19。

注1:在现代电子技术中应用的结构陶瓷一般不称为功能陶瓷,而称为工程陶瓷。

注2:建议使用功能陶瓷术语。

2.1.21

半导体陶瓷　semiconduction ceramic

具有半导体性能的一类功能陶瓷材料。

2.1.22

介电陶瓷　dielectric ceramic

一类具有可控介电性能的功能陶瓷材料。一般指用于电容器介质的陶瓷材料。

2.1.23

铁电陶瓷　ferroelectric ceramic

一类具有铁电性的精细陶瓷。铁电性指的是材料在一定温度范围内具有自发极化能力,而且自发极化能随外电场取向。铁电陶瓷的介电常数通常较高,且随外电场呈非线性变化。

注:极化会造成电致收缩、压电性、热释电性和/或光电性质,这些现象会在转变点或居里温度以上消失。

2.1.24

压电陶瓷　piezoelectric ceramic, piezocerami

在电场作用下,能使其电畴定向排列,从而可以实现机械能和电能相互转化的一类功能陶瓷。

2.1.25

敏感陶瓷　sensitive ceramics

具有对热、电、气、力、温度和光等敏感的陶瓷材料的总成。只要有热敏陶瓷、压敏陶瓷、气敏陶瓷、湿敏陶瓷、力敏陶瓷和光敏陶瓷等几大类。

2.1.26

快离子导体陶瓷　fast ion conductor ceramic

完全或者主要由离子迁移而导电的精细陶瓷。也称为固体电解质陶瓷。

2.1.27

超导陶瓷　superconducting ceramic

在某一确定温度以下表现出零电阻的功能陶瓷。

注:超导陶瓷通常由氧化铜、稀土、钡、锶、钙、铊和/或汞的化合物构成,多数是高温超导体。

2.1.28

微波陶瓷　microwave ceramic

用于各类微波器件中的陶瓷介质材料。通过陶瓷块体与微波的相互作用实现各种器件功能,如滤波、导波、微波反射与接收等,是移动通信、卫星通信等的关键材料。

注:微波陶瓷一般为复合氧化物,如钛酸盐、铌酸盐、钽酸盐等。一般要求材料在微波频段具有低介电损耗和特定的介电常数。

2.1.29

电瓷　electrical porcelain

电力系统中电器绝缘用的硬质瓷期间,分瓷绝缘子和电器用瓷套管两大类。又称为电工陶瓷或电力瓷。

2.1.30

绝缘陶瓷　insulator ceramics

具有高的体积电阻率和耐电强度的陶瓷材料。

2.1.31

铁氧体　ferrite

铁元素及其他金属元素与氧之间形成的具有铁磁性的各种类型化合物。

注：磁性陶瓷(magnetic ceramics)通常被用为铁氧体的同义词，但是前者还包括了以非氧化物为主要成分的材料。

2.1.32

软磁铁氧体　soft ferrite

具有弱磁各向异性、高磁渗透性和低磁损耗的铁氧体。

注：例如：在镀锌卷板以及一些换能器上使用的具有尖晶石结构的锰锌铁氧体；在微波领域应用的具有石榴石结构的钇铁石榴石。

2.1.33

硬磁铁氧体　hard ferrite

具有硬磁各向异性和高矫顽力的铁氧体。

注：例如作为扩音器中的永磁体的六方钡铁氧体以及用作电动机中的永磁体的六方锶铁氧体。

2.1.34

透明陶瓷　transparent ceramic

能透过可见光的陶瓷材料。

2.1.35

光电陶瓷　opto-electronic ceramic

通过电场作用，可以对其光性能进行控制的功能陶瓷材料。

2.1.36

多孔陶瓷　porous ceramic

具有高气孔率的陶瓷材料。

2.1.37

蜂窝陶瓷　ceramic honeycomb

具有典型蜂窝状结构的多孔陶瓷材料。

注：蜂窝陶瓷通常被用来作为陶瓷催化剂载体、过滤器和热交换器，主要成分一般为堇青石、多铝红柱石或者钛酸铝。

2.1.38

泡沫陶瓷　foam ceramic

具有三维贯通泡沫状气孔的陶瓷材料。

2.1.39

生物陶瓷　bioceramics

可以作为生物医学材料使用的一类精细陶瓷。

注1：生物陶瓷制品通常被用于替换骨、牙齿和硬组织或者用来支撑软组织和/或调整软组织的功能。

注2：植入生物体中的生物陶瓷需要具有一定的生物相容性。

2.1.40

红外辐射陶瓷　infrared radiative ceramic

在一定的红外波段具有较高辐射率和较高辐射强度的陶瓷材料。

2.1.41

远红外辐射陶瓷　far-infrared radiative ceramic

具有远红外辐射性质的精细陶瓷材料。

注：远红外辐射陶瓷通常被作为工业和家庭使用的加热器。

2.1.42

透红外陶瓷　infrared transmitting ceramic

具有透红外特性的陶瓷材料。

2.1.43

智能陶瓷　intelligent ceramic

同时具备自检查功能(传感器功能)、信息处理功能以及指令和执行功能的陶瓷材料。它具有自诊断、自调节和自修复等功能。

2.1.44

功能梯度陶瓷　functionally graded ceramic

通过控制组成和/或微观结构沿一维、二维或三维方向呈梯度变化而获得材料的性能相应于组成和/或结构的变化呈梯度变化的非均质精细陶瓷材料。

2.1.45

块体陶瓷　monolithic ceramic

显微结构呈现各相晶粒均匀分布特征的块体精细陶瓷。

注1：块体陶瓷中包括了具有低气孔率或中等气孔率的陶瓷，但是陶瓷纤维或陶瓷晶须增强的陶瓷基复合材料不属于块体陶瓷。

注2：块体陶瓷中的第二相可以是非陶瓷相。

2.1.46

陶瓷基复合材料　ceramic matrix composite

以精细陶瓷为基体，以第二相颗粒、晶须、纤维等为增强体，通过适当的复合工艺所制得的复合材料。

2.1.47

颗粒增强陶瓷基复合材料　particulate reinforced ceramic matrix composite

增强体为等轴颗粒或者板状颗粒(与晶须或短纤维相比)的陶瓷基复合材料。

2.1.48

单向强化陶瓷基复合材料　unidirectional (1D) ceramic matrix composite

增强体仅分布在一个方向上的陶瓷基复合材料。

注：增强体通常为陶瓷晶须或纤维。

2.1.49

多向强化复合陶瓷　multidirectional ceramic matrix composite

含有至少沿空间二个方向分布的连续增强体的陶瓷基复合材料。

注：增强体一般为陶瓷晶须或纤维。

2.1.50

连续纤维增强陶瓷复合材料　continuous fiber ceramic composite

以连续纤维作为增强相的陶瓷基复合材料。

2.1.51

非连续纤维增陶瓷复合材料　discontinuous fiber-reinforced ceramic composite

以短切纤维作为增强体的陶瓷基复合材料。

2.1.52

陶瓷涂层　ceramic coating

在基体上附着的氧化物陶瓷和/或非氧化物陶瓷层。

注1：陶瓷涂层通常采用浸渍、等离子喷涂、溶胶凝胶、物理气相沉积(PVD)或化学气相沉积(CVD)等工艺方法制备。

注2：陶瓷涂层一般可以细分为薄陶瓷涂层(<10 μm)和厚陶瓷涂层(≥10 μm)两大类。

2.1.53

包覆陶瓷　coated ceramic

表面涂敷有一层或多层有机或无机材料的陶瓷。

2.1.54

金属化陶瓷 metallized ceramic

表面具有一层连续且紧密结合的金属层的精细陶瓷。

注1：表面金属化处理方法包括涂敷、印刷、电泳沉积和物理气相沉积等。

注2：金属化处理通常是为了实现特定的表面改性或者制做一个与其他材料（通常是金属）之间紧密结合的过渡层。

2.2 与成型和加工过程相关的术语

2.2.1

陶瓷微粒 ceramic particle

尺寸非常小的单晶或多晶或无定形的陶瓷材料。陶瓷微粒的尺寸分布和形状由微粒的制备工艺过程决定。

注：陶瓷微粒在制备过程中可能会形成陶瓷团聚体，也可以制成陶瓷骨料或者陶粒。

2.2.2

造粒料 ceramic granulate

陶瓷细粉料经加工后形成的具有一定大小、流动性好的粒状聚集体，通常作为生坯的预备料。加工方法有喷雾干燥造粒、预压粉碎造粒等。

注：陶瓷的造粒工艺有很多种；陶粒的直径通常为 40 μm 或更大。

2.2.3

原始颗粒 primary particle

破坏分子之间作用力后仍然能按该物质结构保持为整体的最小颗粒单位。也称一次颗粒。

2.2.4

团聚颗粒 agglomerated particle

又称二次颗粒。由分子间力或其他引力作用将一个以上原始颗粒聚集在一起形成的粒状聚集体，有硬团聚和软团聚之分。

2.2.5

研磨介质 milling medium

各种磨机中具有一定形状和尺寸级配，用于与被粉磨陶瓷物料撞击或研磨而使其粉碎的介质。

2.2.6

喷雾干燥 spray drying

在热风作用下使经高速气流雾化的陶瓷浆料脱水而干燥并获得近球形团聚颗粒的工艺过程。

2.2.7

包裹粉末 coated ceramic powder

采用各种工艺在陶瓷粉末表面包覆上一层不同质或者不同结构的材料所形成的粉末。

注：通常多采用液相包覆工艺。

2.2.8

化学共沉淀法 chemical coprecipitation method

用化学方法将不同组分陶瓷材料的前驱体盐类或其化合物以溶液形式均匀混合，然后改变条件使其中各组分的离子共同沉淀，经清洗而获得成分均匀的高纯超细粉末的工艺方法。

2.2.9

陶瓷晶须 ceramic whisker

陶瓷的一种单元体形式，表现为针状的陶瓷单晶。

注1：陶瓷晶须可以是氧化物材料，也可以是非氧化物材料。

注2：长径比小于100、直径小于 3 μm 的陶瓷晶须通常可以作为陶瓷基复合材料中的增强体。

2.2.10

陶瓷纤维 ceramic fiber

陶瓷的一种单元体形式，其基本几何特征为长度很小但具有很大的长径比。

注1：陶瓷纤维可以是氧化物材料，也可以是非氧化物材料。

注2：直径小于20 μm的陶瓷纤维通常被用作陶瓷基复合材料中的增强体，其长径比通常大于100。

2.2.11

陶瓷前驱体 ceramic precursor

用于制备陶瓷粉末、薄陶瓷涂层、块体陶瓷或陶瓷基复合材料、陶瓷纤维、陶瓷晶须、陶瓷片晶等的化学制品或化学制品的混合物，其化学组成与所要制备的陶瓷产品的化学组成不同。

注1：例如制作氮化硅用的气态四氯化氮、制作金属氧化物粉末的金属醇化物等。

注2：这个术语通常指通过分解反应制造陶瓷材料的气体或液体混合物。

2.2.12

粘结相 binder phase

在复合材料中镶嵌在刚性硬质陶瓷相之间的韧性基质相。

注1：例如，粘结相：钴、镍；硬质相：碳化钨，碳化钽。

注2：韧性基质相可以降低复合材料的脆性和对裂纹的敏感程度，从而提高复合材料的强度和韧性。

2.2.13

增强体 reinforcement

为改善精细陶瓷的力学性能而加入到精细陶瓷基体中的陶瓷颗粒、陶瓷晶须、陶瓷片晶或陶瓷纤维。

注1：增强体也可能是非陶瓷质的。

注2：可以通过添加增强体而被改善的力学性能包括强度、韧性、耐磨性、硬度、抗蠕变性能等。

2.2.14

填充剂 filler

加入陶瓷坯体中的有机物（在一些特殊的情况下也可能是无机物）。

注1：有机填充剂在陶瓷坯体的烧结过程中会燃尽或分解，从而在陶瓷体中留下气孔。

注2：无机填充剂通常为颗粒状，在陶瓷坯体中起控制坯体形状或性能的作用。如在硅基聚合物前驱体中加入的碳化硅颗粒的作用就是为了在后续的固化过程中控制坯体的尺寸。

2.2.15

物理气相沉积 physical vapor deposition

采用物理方法将源物质转移到气相中，在基材上形成覆盖层的方法。

2.2.16

化学气相沉积 chemical vapor deposition

一种通过利用不同种类气体之间的反应形成固态反应物以制备精细陶瓷的工艺技术。

注：这个过程通常用于制备陶瓷块体、陶瓷粉末、包覆陶瓷、陶瓷涂层等。

2.2.17

化学气相渗透 chemical vapor infiltration

借助于多相反应在经过预热的多孔陶瓷预制体的孔洞表面制造精细陶瓷的化学气相沉积过程。

注：CVI方法通常用于制备陶瓷晶须增强的陶瓷基复合材料。

2.2.18

溶胶-凝胶工艺 sol-gel processing

一种合成陶瓷材料的化学方法，主要包括陶瓷前驱体（醇盐、酸、氢氧化物）的水解、缩聚形成溶胶，溶胶转化为凝胶以及后续处理等步骤。

注1：溶胶是直径可达数百纳米的胶状的固体颗粒分布于液体中，凝胶则是填充了气体或液体的刚性相互连接的空间网状结构。

注2：后续处理过程包括烘干、煅烧和烧结。

2.2.19

自蔓延高温合成　self-propagation high-temperature synthesis

利用物质反应热的自传导作用，使不同的物质之间发生化学反应，在极短的瞬间生成固态精细陶瓷的一种高温合成方法。

2.2.20

生坯　green body，green part

已经经过成型处理但还没有进行烧结的陶瓷坯体。

2.2.21

粘结剂　binder

由一种或几种有机化合物组成的混合物，加入到陶瓷粉体中以增强粉体间的结合力，从而使生坯具有能够满足搬运、生坯加工或其他预处理以及烧结所要求的强度。

2.2.22

干压成型　dry pressing

将含水率小陶瓷粉料在模具中受压形成一定形状和尺寸的陶瓷生坯的成型过程。

2.2.23

冷等静压　cold isostatic pressing

在室温下利用等静压力或准等静压力将陶瓷粉料压制成陶瓷生坯的过程。

2.2.24

注浆成型　slip casting

将陶瓷粉体悬浮于液体中，而后注入多孔质模具内，由模具的气孔将泥浆中的液体吸走而在模具内留下具有一定形状的坯体。

2.2.25

挤制成型　extrude

将陶瓷泥料挤过模具以制造塑性坯体的过程。

2.2.26

滚压成型　roll compaction

通过相反转动的滚筒将陶瓷泥料压成一定形状生坯的过程。

2.2.27

注射成型　injection moulding

将由陶瓷粉体和有机粘结剂混合而成的物料注射入模具中以制备具有一定形状的生坯的过程。

2.2.28

流延成型　doctor blade casting

将陶瓷粉末、粘结剂和溶剂混合成泥浆，以一定的厚度涂敷在基材薄膜上，待其干燥、固化后从基材薄膜上揭下即形成陶瓷生坯带。

注：通过调节刀口和基材薄膜之间的距离可以精确控制陶瓷生坯带的厚度。

2.2.29

煅烧　calcining，calcination

在烧成之前，在特定气氛中以加热方式改变粉体或生坯的化学组成和/或相组成。

注：这个过程通常用来从粉体或生坯中清除有机物、结晶水和/或挥发性物质。

2.2.30

烧结　sintering

通过加热使陶瓷粉体颗粒之间粘结，经过物质的迁移使粉体产生强度并导致致密化和再结晶的过程。

2.2.31

烧结助剂　sintering aids

可以促进烧结的添加剂。

2.2.32

液相烧结　liquid-phase sintering

在存在液相的条件下完成的烧结过程。

注：烧结过程中形成的液相的数量取决于生坯的化学组成和烧结过程采用的温度和压力。液相的数量和质量由生坯的成分决定。

2.2.33

无压烧结　pressureless sintering

在不施加机械压力或者气压的条件进行的烧结过程。

2.2.34

气压烧结　gas pressure sintering

在加热的同时施加气压作用的一种烧结技术。

注1：例如气压烧结氮化硅(GPSSN)。

注2：气压烧结过程中施加的气压一般不大于10 MPa。

2.2.35

真空烧结　vacuum sintering

坯体置于真空条件下的烧结方法。它有利于坯体中气体排除，可提高陶瓷件的致密度。

2.2.36

反应结合　reaction bonding

在高温下利用气相、液相或者固相之间的化学反应使得陶瓷生坯固化、生坯中的陶瓷颗粒结合而得到精细陶瓷制品的过程。

注1：例如氮化硅可以通过氮气与硅之间的反应得到，称为反应结合氮化硅(RBSN)。

注2：对于符合反应烧结定义的烧结过程，不推荐使用反应结合这一术语加以描述。

2.2.37

反应烧结　reaction sintering

在高温下通过固相之间的化学反应使得陶瓷生坯固化、生坯中的陶瓷颗粒结合而得到精细陶瓷制品的固相烧结过程。

注1：例如在钛酸铝陶瓷的制备过程中，钛酸铝可以由氧化铝和氧化钛之间的固相反应制得。

注2：对于通过液相或气相参与的化学反应结合的烧结过程，不推荐使用反应烧结这一术语加以描述。

2.2.38

热压烧结　hot pressing

一种在高温下采用单轴压力制备精细陶瓷的工艺过程。

注：热压过程通常使用石墨模具。

2.2.39

热等静压烧结　hot isostatic pressing

一种在高温下采用等静压力制备精细陶瓷的工艺过程。

注：热等静压过程中所采用的气压通常远高于10 MPa。

2.2.40

微波烧结　microwave sintering

利用高功率高频率电磁波(微波)在生坯内产生介电损耗的原理使生坯加热至足够的温度完成烧结的过程。

2.2.41

放电等离子烧结　spark plasma sintering

在陶瓷粉末颗粒之间直接通入脉冲电流对陶瓷粉末进行加热的一种烧结方式。

2.2.42

陶瓷晶粒　ceramic grain

陶瓷微观结构中存在的单个的晶体。

2.2.43

陶瓷片晶　ceramic platelet

陶瓷的一种单元体形式，表现为微小的板状单晶体。

注1：陶瓷片晶可以是氧化物材料，也可以是非氧化物材料。

注2：尺寸小于50 μm的陶瓷片晶经常作为陶瓷基复合材料中的增强体。

2.2.44

陶瓷封接　ceramic bonding

采用不同方法将陶瓷与金属或陶瓷与陶瓷连接在一起的技术。

2.3　与性能评价相关的术语

2.3.1

平均颗粒尺寸　average size of particulate

表示颗粒粗细程度的一种平均意义上的指标。

2.3.2

体密度　bulk density

陶瓷样品的质量与外观体积之比。

2.3.3

气孔　pore

陶瓷内部的孔洞。

注：在对材料进行切割、研磨或抛光处理后，气孔可能会暴露在材料表面处。材料表面上的气孔通常称为凹陷。

2.3.4

气孔率　porosity

多孔性或致密度的一种量度，以物体中气孔体积与物体总体积之比的百分数表示。

2.3.5

玻璃相　glass phase

也称液相。陶瓷显微结构中由非晶态固体构成的部分。

注1：它是存在于各晶粒间的一种易熔物质，可使陶瓷体内各晶粒粘在一起，使烧结温度降低，抑制晶粒长大。

注2：玻璃相的存在会影响陶瓷的强度，使陶瓷容易产生高温蠕变。

2.3.6

结晶相　crystal phase

陶瓷显微结构中由晶体组成的部分。

2.3.7

比表面积　specific surface area

单位质量物质的总表面积。

2.3.8

缺陷　flaw

陶瓷材料中存在的不均匀性、不连续性以及其他的结构非完整性。

注1：例如晶界、大晶粒、气孔、夹杂、裂纹等。

注2：材料在承受机械荷载作用时，缺陷成为应力集中源从而加大了材料发生机械破坏的风险。

2.3.9

外来缺陷　extraneous flaw

为进行性能测试而加工制作的陶瓷试样断裂后在试样中观察到的那些试样加工前材料中不存在的缺陷类型。

注：如试样中存在的那些由磨削加工过程引进的缺陷，这些缺陷在加工之前的材料中是不存在的。

2.3.10

预裂纹　precrack

在对试样进行断裂破坏实验之前在试样上人为引进的裂纹。

2.3.11

临界缺陷　critical flaw

作为断裂源存在于陶瓷试样或部件中的缺陷。

2.3.12

缺陷分布　flaw distribution

一批陶瓷试样或部件中缺陷类型、形状及大小的分布状态。

2.3.13

临界缺陷分布　critical flaw distribution

一批陶瓷试样或部件中临界缺陷类型、形状及大小的分布状态。

2.3.14

并存型断裂模式　competing failure modes

一种由并存型分布的临界缺陷所导致的陶瓷试样或部件的断裂模式。

2.3.15

混合型临界缺陷分布　compound critical flaw distribution

含有多种临界缺陷的陶瓷试样或部件中临界缺陷的一种分布类型。所有的试样或部件中都含有a类缺陷，但b类缺陷(或更多的其他类型缺陷)则只出现在部分试样或部件中。

2.3.16

并存型临界缺陷分布　concurrent critical flaw distribution

含有多种临界缺陷的陶瓷试样或部件中临界缺陷的一种分布类型。各种类型的临界缺陷都存在于所有的试样或部件中。

2.3.17

排它型临界缺陷分布　exclusive critical flaw distribution

含有多种临界缺陷的陶瓷试样或部件中临界缺陷的一种分布类型。一批数量较大的陶瓷试样或部件，一部分试样或部件中只含有a类临界缺陷，而另一部分试样或部件中只含有b类临界缺陷。

2.3.18

弯曲强度　flexural strength，bending strength

在规定环境中以一定的加载速率对弯曲试样施加外力作用，试样发生弯曲破坏的瞬间所承受的外加最大应力。

2.3.19

三点弯曲强度　three-point flexural strength，three-point bending strength

将试样水平放置在一定距离的两支点上，在两支点的试样上方中点处承受荷载作用发生断裂时的最大弯曲应力。

2.3.20

四点弯曲强度　four-point flexural strength，four-point bending strength

将试样水平放置在一定距离的两支点上，试样上方在两支点之间受对称的两点荷载作用发生断裂时的最大弯曲应力。

2.3.21

拉伸强度 tensile strength

试样在均匀单向拉伸荷载作用下发生断裂时的最大的平均拉压力。

2.3.22

压缩强度 compressive strength

陶瓷试样所能承受的最大的单轴压缩应力。

2.3.23

韦伯分布 Weibull distribution

通常用于经验性描述一批陶瓷试样或部件的断裂强度分布的一个统计学函数。

注：韦伯分布的最简单形式是一个两参数函数，其中的两个参数分别为韦伯模数和特征强度。

2.3.24

静态疲劳 static fatigue

在近似纯弹性状态下，陶瓷试样或部件在承受一个持续的恒定应力作用的过程中由于内部发生了亚临界裂纹扩展(或缓慢裂纹扩展)而导致的强度随承载时间延续而降低的现象。

2.3.25

动态疲劳 dynamic fatigue

随着加载速率的降低，由亚临界裂纹扩展(或裂纹缓慢扩展)而导致的陶瓷试样或部件平均强度的降低。

2.3.26

亚临界裂纹扩展 subcritical crack growth, slow crack growth

也称为裂纹缓慢扩展。在不足以导致断裂破坏的较低应力作用下，陶瓷试样或部件显微结构中存在的裂纹或缺陷发生的扩展。

注：亚临界裂纹扩展可能发生应力腐蚀、蠕变裂纹生长或其他的活性腐蚀过程中。

2.3.27

亚临界裂纹扩展参数 subcritical crack growth parameters

描述陶瓷试样或部件中裂纹扩展速率与裂纹尖端应力场强度因子之间关系的参数。

2.3.28

R 曲线行为 R-curve behavior

陶瓷试样或部件的表观韧性随裂纹的扩展而变化。

2.3.29

保证试验 proof test

将一个指定大小的外加应力作用于陶瓷试样或部件上并持续一定的时间以检测试样或部件中是否存在有影响强度的危险缺陷。

注：保证试验可能导致一部分试样发生断裂破坏。在这种情况下，试样的最终强度分布(即保证试验后由幸存试样确定的强度分布)与初始强度分布(即保证试验前由所有试样确定的强度分布)可能有所差异。保证试验后，两参数韦伯分布通常不再适用。

2.3.30

抗热震性 thermal shock resistance

陶瓷试样或部件承受由于温度的急剧变化而导致的内应力作用的能力。

注 1：抗热震性由材料性能，试样或部件的大小和形状以及热环境等因素决定。

注 2：这一术语可以以一种更明确的含义用于一些特定的测试场合，如高温试样直接置于水中急冷。

3 英文缩写词

3.1 与材料相关的英文缩写词

3.1.1

AT aluminium titanate

钛酸铝。

3.1.2

ATZ alumina toughened zirconia

氧化铝增韧的氧化锆。

注：掺杂了氧化铝的氧化锆基精细陶瓷，通常为 TZP 形式。

3.1.3

CAS calcium aluminosilicate

铝硅酸钙。

注：在涉及水泥相成分的文献中，这个缩写词中可能会加入一些数字。

3.1.4

CBN cubic boron nitride

具有类金刚石结构的立方氮化硼。

3.1.5

CMC ceramic matrix composite

陶瓷基复合材料。

3.1.6

CSZ cubic stabilized zirconia

具有立方结构的稳定氧化锆。

注：理论上 CSZ 应该只含有立方相。但是因材料的化学组成和热历史的不同，较少数量的其他晶相也可能存在。

3.1.7

GPSSN gas pressure sintered silicon nitride

气压烧结氮化硅。

3.1.8

HA hydroxylapatite

羟基磷灰石。

注：在英文文献中羟基磷灰石的缩写有时也采用“HAp”或“HAP”，但是这样的缩写不推荐使用。

3.1.9

HPSC hot-pressed silicon carbide

热压碳化硅。

3.1.10

HPSN hot-pressed silicon nitride

热压氮化硅。

3.1.11

HTS high-temperature superconductor

高温超导体。

3.1.12

LAS lithium aluminosilicate

铝硅酸锂。

3.1.13

LPSSC liquid-phase sintered silicon carbide

液相烧结碳化硅。

3.1.14

MAS magnesium aluminosilicate

铝硅酸镁。

3.1.15

MAT magnesium aluminium titanate

铝钛酸镁。

3.1.16

PCD polycrystalline diamond

多晶金刚石。

3.1.17

PLSSN pressureless sintered silicon nitride

无压烧结氮化硅。

注：烧结氮化硅陶瓷时，烧结气氛中通常含有氮气以保证氮化物在高温下不分解。

3.1.18

PLZT lead lanthanum zirconium titanate

含镧的锆钛酸铅。

3.1.19

PMN lead magnesium niobate

铌镁酸铅。

3.1.20

PMNT lead magnesium niobium titanate

铌镁钛酸铅。有时也缩写为 PMN-PT。

3.1.21

PSRBSN post-sintered reaction-bonded silicon nitride

先在氮气气氛中反应结合，然后在高温下烧结所得到的氮化硅陶瓷。

3.1.22

PSZ partially stabilized zirconia

部分稳定氧化锆。

3.1.23

PZT lead zirconium titanate

锆钛酸铅。

3.1.24

RBAO reaction-bonded aluminium oxide

反应结合氧化铝。

3.1.25

RBSC reaction-bonded silicon carbide

反应结合碳化硅。

注1：这一术语可以用于描述以颗粒状硅为原料制成的多孔材料，也可以描述通过液相硅渗透反应生成的致密材料。

注2：文献中有时也用到术语"反应烧结碳化硅(Reaction-Sintered Silicon Carbide)"和其缩写词"RSSC"。但是因为材料的制备过程中没有烧结阶段，故这样的术语及其缩写词不推荐使用。

3.1.26

RBSN reaction-bonded silicon nitride

反应结合氮化硅,这类材料通常具有开放气孔。

注:文献中有时也用到术语“反应烧结氮化硅(Reaction-Sintered Silicon Nitride)”和其缩写词“RSSN”。但是因为材料的制备过程中没有烧结阶段,故这样的术语及其缩写词不推荐使用。

3.1.27

RSC recrystallined silicon carbide

重结晶碳化硅。

3.1.28

SC silicon carbide

碳化硅。

3.1.29

SIALON silicon aluminium oxynitride

主要由硅、铝、氧、氮四种成分组成的化合物或固溶体,也称为“赛隆”。

注1:前缀“α-”、“β-”或“O-”可能与缩写词“SIALON”结合使用以表示不同的晶型。

注2:以小写名字出现的缩写词“Sialon”和以大写字母出现的缩写词“SIALON”含义相同。

3.1.30

SISC silicon-infiltrated silicon carbide

主要由液态硅渗透进入碳化硅所形成的无孔精细陶瓷。

注:渗透过程可能包括反应成型。

3.1.31

SN silicon nitride

氮化硅。

3.1.32

SNO silicon oxynitride

氧氮化硅。

3.1.33

SSC sintered silicon carbide

烧结碳化硅。

注:通常添加有少量的烧结剂,在非氧化气氛下烧结。

3.1.34

SSN sintered silicon nitride

烧结氮化硅。

注:烧结氮化硅陶瓷时,烧结气氛中通常含有氮气以保证氮化物在高温下不分解。

3.1.35

TTPSZ transformation-toughened partially stabilized zirconia

相变增韧的部分稳定氧化锆。

注:稳定剂主要是氧化镁或氧化钇,有时也使用氧化钙或其他氧化物的混合物。

3.1.36

TZP tetragonal zirconia polycrystals

四方氧化锆多晶体。

注1:稳定剂通常为氧化钇。

注2:不建议使用缩写词“TPZ”和术语“四方 PSZ”。

3.1.37

YAG yttrium aluminium garnet

钇铝石榴石。主要由钇、铝的氧化物构成的精细陶瓷。

3.1.38

YBCO yttrium barium copper oxide

主要由钇、钡、铜的氧化物构成的超导陶瓷。

3.1.39

YIG yttrium iron garnet

钇铁石榴石。主要由钇、铁的氧化物构成的精细陶瓷，通常形成具有石榴石结构的晶相。

3.1.40

YSZ yttria stabilized zirconia

氧化钇稳定的立方氧化锆。

3.1.41

ZTA zirconia toughened alumina

氧化锆增韧氧化铝。

3.1.42

ZTC zirconia toughened ceramic

氧化锆增韧陶瓷。

3.2 与加工过程相关的缩写词

3.2.1

CIP cold isostatic pressing

冷等静压成型。

注：冷等静压成型过程有时也被缩写为“CIPing”。

3.2.2

CVD chemical vapor deposition

化学气相沉积。

3.2.3

CVI chemical vapor infiltration

化学气相渗透。

3.2.4

GPS gas pressure sintering

气压烧结。

3.2.5

HIP hot isostatic pressing

热等静压加工。

注：热等静压成型过程有时也被缩写为“HIPing”。

3.2.6

HP hot pressing

热压烧结。

3.2.7

IM injection moulding

注射成型。

3.2.8

LPCVD　low-pressure chemical vapor deposition

低气压下进行的化学气相沉积。

注：气压通常低于 0.01 MPa。

3.2.9

LPS　liquid-phase sintering

液相烧结。

3.2.10

PECVD　plasma-enhanced chemical vapor deposition

利用等离子体促进的化学气相沉积。

注：气相反应可能会受到等离子体的应用的影响。

3.2.11

PLS　pressureless sintering

无压烧结。

3.2.12

PVD　physical vapor deposition

物理气相沉积。

3.2.13

RB　reaction bonding

反应结合。

3.2.14

RS　reaction sintering

反应烧结。

3.2.15

SHS　self-sustained high temperature synthesis

自蔓延高温合成。

附　录 A
（资料性附录）
本标准与 ISO 20507:2003 差异

表 A.1　增加的术语

1	2.1.6　高性能陶瓷　high-performance ceramics	
2	2.1.7　高技术陶瓷　high technology ceramics	
3	2.1.9　工程陶瓷　engineering ceramic	
4	2.1.13　氮化物陶瓷　nitride ceramic	
5	2.1.14　碳化物陶瓷　carbide ceramic	
6	2.1.15　硼化物陶瓷　boride ceramic	
7	2.1.16　硅化物陶瓷　silicide ceramic	
8	2.1.21　半导体陶瓷　semiconduction ceramic	
9	2.1.26　敏感陶瓷　sensitive ceramic	
10	2.1.27　快离子导体陶瓷　superconducting ceramic	
11	2.1.29　微波陶瓷　microwave ceramic	
12	2.1.30　电瓷　electrical porcelain	
13	2.1.31　绝缘陶瓷　insulator ceramic	
14	2.1.35　透明陶瓷　transparent ceramic	
15	2.1.37　多孔陶瓷　porous ceramic	
16	2.1.39　泡沫陶瓷　foam ceramic	
17	2.1.41　红外辐射陶瓷　infrared radiative ceramic	
18	2.1.43　透红外陶瓷　infrared transmitting ceramic	
19	2.1.44　智能陶瓷　intelligent ceramic	
20	2.2.3　原始颗粒　primary particle	
21	2.2.5　研磨介质　milling medium	
22	2.2.6　喷雾干燥　spray drying	
23	2.2.7　包裹粉末　coated ceramic powder	
24	2.2.8　化学共沉淀法　chemical coprecipitation method	
25	2.2.15　物理气相沉积　physical vapor deposition	
26	2.2.19　自蔓延高温合成　self-propagation high-temperature synthesis	
27	2.2.22　干压成型　dry pressing	
28	2.2.31　烧结助剂　sintering aids	
29	2.2.35　真空烧结　vacuum sintering	
30	2.2.44　陶瓷封接　ceramic bonding	
31	增加了中文索引	

表 A.2 删除 ISO 20507:2003 中的条款

1	1 Scope NOTE	
2	2.1.1 NOTE	
3	2.1.2 NOTE 3	
4	2.1.4 ceramic	
5	2.1.6 NOTE	
6	2.1.7 NOTE	
7	2.1.11 ceramic for electrical applications	
8	2.1.13 ceramic for nuclear applications	
9	2.1.14 ceramic for optical applications	
10	2.1.17 ceramic ionic conductor	
11	2.1.22 NOTE	
12	2.1.22 NOTE 2	
13	2.1.32 NOTE	
14	2.1.36 high-temperature superconductor	
15	2.1.42 nanocomposite ceramic	
16	2.1.45 NOTE	
17	2.1.53 thick ceramic coating	
18	2.1.54 thin ceramic coating	
19	2.2.1 as fired surface	
20	2.2.8 ceramic body	
21	2.2.15 ceramic (powder) preparation	
22	2.2.19 chemical vapour deposition coating process	
23	2.2.22 consolidation	
24	2.2.26.2 particulate ceramic	
25	2.2.29 green machining	
26	2.2.34 low-pressure chemical vapour deposition	
27	2.2.35 machined and refired	
28	2.2.36 manufacture of ceramic powders by flame pyrolysis	
29	2.2.37 manufacture of ceramic powders by gas-phase reaction	
30	2.2.38 manufacture of ceramic powders by sol-gel technique	
31	2.2.39 metal-organic chemical vapour deposition	
32	2.2.41 plasma-enhanced chemical vapour deposition	
33	2.2.44 post-sintering	
34	2.2.55 sol-gel coating process	
35	2.2.56 sol-gel consolidation technique	
36	2.3.2 chip	
37	2.3.13 NOTE 2	
38	2.3.22 NOTE	
39	3 所有 NOTE	

参 考 文 献

[1] ASTM C 1145:1998,*Standard Terminology of Advanced Ceramics*.
[2] CEN/WI 89,*Advanced technical ceramics—Terms,definitions and abbreviations*.
[3] JIS R 1600:1998,*Glossary of terms relating to fine ceramics*.
[4] ISO/TC 206 和 SAC/TC 194 相关标准。

中 文 索 引

英文索引

A

B

C

W

ICS 97.040.60
Y 68

中华人民共和国国家标准

GB 18006.1—2009
代替 GB 18006.1—1999

塑料一次性餐饮具通用技术要求

General requirement of plastic disposable tableware

2009-04-17 发布

2009-12-01 实施

中华人民共和国国家质量监督检验检疫总局
中国国家标准化管理委员会 发布

前　言

本标准的5.8条为强制性的，其余为推荐性的。

本标准代替GB 18006.1—1999《一次性可降解餐饮具通用技术条件》。

本标准与GB 18006.1—1999相比，主要变化如下：

——标准名称由《一次性可降解餐饮具通用技术条件》改为《塑料一次性餐饮具通用技术要求》；

——标准范围由一次性可降解餐饮具改为塑料一次性餐饮具，不适用于一次性纸餐具、纸杯、木筷子、竹筷子等非热塑性材料制作的一次性餐饮具；

——修改了分类办法；

——修改了对原料的技术要求；

——增加了感官指标内容，如异嗅等；

——使用性能检验上明确了适用范围和样品的检验数量；

——修改了降解性能要求适用范围、检验方法和技术指标；

——增加了对淀粉基塑料一次性餐饮具淀粉含量的要求；

——增加了对标识可微波炉使用的一次性餐饮具的微波炉使用性能及其检验方法；

——补充了淀粉基塑料一次性餐饮具和其他一次性餐饮具卫生理化指标；

——增加了附录A；

——降解性能要求和检验方法采用GB/T 20197—2006规定，不再采用GB/T 18006.2—1999；

——修改了检验规则。

本标准的附录A为规范性附录。

本标准由中国轻工业联合会提出。

本标准由全国塑料制品标准化技术委员会归口。

本标准由轻工业塑料加工应用研究所、国家塑料制品质量监督检验中心(北京)起草。

本标准主要起草人：翁云宣、陈家琪、陈倩。

本标准所代替标准的历次版本发布情况为：

——GB 18006.1—1999。

塑料一次性餐饮具通用技术要求

1 范围

本标准规定了塑料一次性餐饮具定义和术语、分类、技术要求、检验方法、检验规则及产品标志、包装、运输、贮存要求。

本标准适用于以各种热塑性材料制作的一次性餐饮具。

2 规范性引用文件

下列文件中的条款通过本标准的引用而成为本标准的条款。凡是注日期的引用文件，其随后所有的修改单(不包括勘误的内容)或修订版均不适用于本标准，然而，鼓励根据本标准达成协议的各方研究是否可使用这些文件的最新版本。凡是不注日期的引用文件，其最新版本适用于本标准。

GB/T 462　纸、纸板和纸浆　分析试样水分的测定

GB/T 2828.1　计数抽样检验程序　第1部分：按接收质量限(AQL)检索的逐批检验抽样计划(GB/T 2828.1—2003，ISO 2859-1：1999，IDT)

GB/T 4789.4　食品卫生微生物学检验　沙门氏菌检验

GB/T 4789.5　食品卫生微生物学检验　志贺氏菌检验

GB/T 4789.10　食品卫生微生物学检验　金黄色葡萄球菌检验

GB/T 4789.11　食品卫生微生物学检验　溶血性链球菌检验

GB/T 4789.15　食品卫生微生物学检验　霉菌和酵母计数

GB/T 5009.60　食品包装用聚乙烯、聚苯乙烯、聚丙烯成型品卫生标准的分析方法

GB/T 5009.67　食品包装用聚氯乙烯成型品卫生标准的分析方法

GB/T 5009.156—2003　食品用包装材料及其制品的浸泡试验方法通则

GB 9681　食品包装用聚氯乙烯成型品卫生标准

GB 9685　食品容器、包装材料用添加剂使用卫生标准

GB 9687　食品包装用聚乙烯成型品卫生标准

GB 9688　食品包装用聚丙烯成型品卫生标准

GB 9689　食品包装用聚苯乙烯成型品卫生标准

GB 13113　食品容器及包装材料用聚对苯二甲酸乙二醇酯成型品卫生标准

GB 14934　食(炊)具消毒卫生标准

GB 19305　植物纤维类食品容器卫生标准

GB/T 20197—2006　降解塑料的定义、分类、标识和降解性能要求

QB/T 2957　淀粉基塑料中淀粉含量的测定——热重法(TG)

3 术语和定义

下列术语和定义适用于本标准。

3.1

一次性餐饮具　disposable tableware

预期用餐或类似用途的器具，包括一次性使用的餐盒、盘、碟、刀、叉、勺、筷子、碗、杯、罐、壶、吸管等，也包括有外托的一次性内衬餐具，但不包括无预期用餐目的或类似用途的食品包装物如生鲜食品托盘、酸奶杯、果冻杯等。

3.2

塑料一次性餐饮具　plastic disposable tableware

树脂或其他热塑性材料通过热塑成型加工得到的一次性餐饮具。

3.3

可降解一次性餐饮具　degradable disposable tableware

在自然界如土壤和(或)沙土等条件下,和(或)特定条件如堆肥化条件下或厌氧消化条件下或水性培养液中,由自然界存在的微生物作用引起降解,并最终完全降解变成二氧化碳(CO_2)或(和)甲烷(CH_4)、水(H_2O)及其所含元素的矿化无机盐以及新生物质的一次性餐饮具。

3.4

淀粉基塑料一次性餐饮具　starch-based plastic disposable tableware

淀粉基塑料制作的一次性餐饮具,且淀粉含量不小于40%。

3.5

植物纤维模塑一次性餐饮具　plant fiber moulding disposable tableware

以秸秆等植物纤维粉末为原料,通过热塑成型或模压等办法制得的一次性餐饮具。

3.6

其他覆塑一次性餐饮具　other disposable tableware covered with plastics

接触食品的餐饮具表面覆有或复合有塑料材质如薄膜、片材等的一次性餐饮具。

4　分类

塑料一次性餐饮具按照其材质可以分为通用塑料一次性餐饮具、植物纤维模塑一次性餐饮具、淀粉基塑料一次性餐饮具、其他覆塑一次性餐饮具。

一次性餐饮具按照其使用时的耐温程度,可以分为耐温和不耐温一次性餐饮具。

一次性餐饮具按照降解性能可以分为非降解一次性餐饮具和可降解一次性餐饮具。

一次性餐饮具还可以分为可微波炉用和非微波炉用一次性餐饮具。

5　技术要求

5.1　原料

原料如树脂等应为食品级。

5.2　添加剂

添加剂和用量应符合GB 9685的规定。

5.3　感官

5.3.1　异嗅

不得有异嗅。

5.3.2　外观

外观应符合以下要求:

a)　正常色泽;

b)　不能有裂缝口及填装缺陷;

c)　表面无油污、尘土、霉变及其他异物;

d)　表面平整洁净、质地均匀,无划痕,无皱折,无剥离,无破裂,无穿孔;

e)　有颜色的餐饮具不能有明显的变色、退色、颜色深浅不匀(有装饰要求除外)、污点等;

f)　餐饮具表面如有涂装,涂装面应无流挂、起皮、裂开、起泡等;

g)　不能有明显的异物、起泡、模型缺陷、毛刺、膨胀及其他缺陷;

5.3.3 结构

结构应符合以下要求：

a) 边缘光滑、规整；

b) 对带盖的产品，其盖合应方便平整，且容器与盖应匹配；

c) 对反弹性盖的产品，其盖应可别扣；

d) 对具有容器功能的一次性餐饮具，应能放置稳定。

5.4 使用性能

5.4.1 容积偏差

一次性餐盒、碗、杯、罐、壶等具有容器盛装功能的餐饮具，其容积偏差应不大于5%。

容积偏差仅对具有容器盛装功能的一次性餐饮具有要求，对刀、叉、勺、筷、碟、盘等不作要求。

5.4.2 负重性能

一次性餐盒、碗、杯等餐饮具，其负重前后高度变化应不大于5%。

负重试验仅对在盛装食品后有可能堆码或手握的餐盒、碗、杯等一次性餐饮具，对刀、叉、勺、筷、碟、盘以及有外托的一次性内衬餐饮具不作要求。

5.4.3 跌落性能

一次性餐饮具跌落试验，三个试样均不得有任何裂损。

5.4.4 盖体对折性能

对盖和容器连体的一次性餐饮具，对折试验后不应有裂纹或损坏。三个试验样品均不得有无裂纹和损坏。

盖体对折试验仅对盖和容器连体的一次性餐饮具，对盖和餐盒分体或无盖的餐盒、碗、杯、盘、碟、刀、叉、勺、筷等一次性餐饮具不作要求。

5.4.5 耐温性能

5.4.5.1 耐热水

一次性餐饮具耐热水试验后，不应变形、起皮、起皱，对容器功能的餐饮具不应变形、阴渗及渗漏。

两个样品均不得有变形、阴渗及渗漏。

耐热水试验仅对有可能盛装热菜、热食物及热饮的盒、杯、碗等一次性餐饮具有要求，对无需耐温的盘、碟、刀、叉、筷等一次性餐饮具不作要求，对标识不耐温的一次性餐饮具也不作要求。

5.4.5.2 耐热油

一次性餐饮具耐热油试验后，不应变形、起皮、起皱，对容器功能的餐饮具不应阴渗及渗漏。

两个样品均不得有变形、阴渗及渗漏。

耐热油试验仅对有可能盛装热菜、热食物的盒、碗等一次性餐饮具有要求，对无需耐热油的盘、碟、刀、叉、筷等一次性餐饮具不作要求，对一次性水杯也不作要求，对标识不耐温的一次性餐饮具也不作要求。

5.4.6 漏水性

对盛装液体功能的盒、碗、杯等一次性餐饮具，试验后不应漏水。

对标识不盛装液体功能的盒、碗、杯等一次性餐饮具，不作要求，对其他无盛装液体功能的一次性餐饮具也不作要求。

5.4.7 耐微波炉试验

5.4.7.1 微波炉高频加热性能

应无电火花出现，无缺陷、异嗅和异常。两个试验样品均不得有缺陷、异嗅和异常。

5.4.7.2 微波炉耐温性

应无变形、缺陷、渗漏和异常。三个试验样品均不得有变形、缺陷、渗漏和异常。

5.5 含水量

对天然材料制作的一次性餐饮具如植物纤维模塑餐具等，其含水量应不大于7%。

含水量仅对使用天然材料制作的一次性餐饮具有要求，对其他材质制作的一次性餐饮具不要求。

5.6 生物分解性能

可降解一次性餐饮具的生物分解性能应符合GB/T 20197—2006中生物分解性能的要求。

生物分解性能仅对宣称或明示或标识降解的一次性餐饮具要求，对非降解的一次性餐饮具不作要求。

5.7 淀粉含量

淀粉基塑料一次性餐饮具淀粉含量应不小于40%。

淀粉含量仅对宣称或明示或标识淀粉基塑料一次性餐饮具要求，对其他一次性餐饮具不作要求。

5.8 卫生理化指标

一次性餐饮具添加剂的使用应符合GB 9685规定。

聚乙烯材质的一次性餐饮具应符合GB 9687规定。

聚丙烯材质的一次性餐饮具应符合GB 9688规定。

聚氯乙烯材质的一次性餐饮具应符合GB 9681规定。

聚苯乙烯材质的一次性餐饮具应符合GB 9689规定。

聚对苯二甲酸乙二醇酯材质的一次性餐饮具应符合GB 13113规定。

其他复合塑料的一次性餐具其塑料层应符合各自塑料材质成型品卫生标准的规定。

一次性植物纤维材质热塑成型制得的一次性餐具应符合GB 19305的规定。

其他材质一次性餐饮具应符合相应材质成型品卫生标准规定，对多层材质复合制得的一次性餐饮具应符合其接触食品层材质的成型品卫生标准规定。

淀粉基塑料一次性餐饮具应符合表1规定。对尚没有成型品卫生标准的材质制作的一次性餐饮具其卫生指标应符合相表2规定。表1和表2规定的要求，当有相应的国家卫生标准实施后，其指标应采用相应标准的规定。

表1 淀粉基塑料一次性餐饮具卫生理化指标

项目			指标
蒸发残渣/(mg/L)	水(60 ℃,2 h)	≤	30
	4%乙酸(60 ℃,2 h)	≤	60
	65%乙醇(20 ℃,2 h)	≤	30
	正己烷(20 ℃,2 h)	≤	60
重金属/(mg/L) 4%乙酸,60 ℃,2 h	以Pb计	≤	1
	以As计	≤	1
脱色试验	乙醇		阴性
	冷餐油或无色油脂		阴性
	浸泡液		阴性

表2 其他一次性餐饮具卫生理化指标

项目			指标
蒸发残渣/(mg/L)	水(60 ℃,2 h)	≤	30
	4%乙酸(60 ℃,2 h)	≤	30
	65%乙醇(20 ℃,2 h)	≤	30
	正己烷(20 ℃,2 h)	≤	30

表 2（续）

项目			指标
高锰酸钾消耗量/(mg/L) 水，60 ℃，2 h		≤	10
重金属/(mg/L) 4%乙酸，60 ℃，2 h	以 Pb 计	≤	1
	以 As 计	≤	1
脱色试验	乙醇		阴性
	冷餐油或无色油脂		阴性
	浸泡液		阴性

5.9 微生物指标

出厂合格品的大肠杆菌和致病菌指标应符合 GB 14934 要求。霉菌计数不大于 50 个/g。两个试样均应符合要求。

6 检验方法

6.1 异嗅

正常状态下实验室内进行。

6.2 外观和结构

在实验室中用 45°角射灯观察。

6.3 容积偏差

按 GB/T 5009.156 规定的方法检验。试验时，取三个样品进行检验，取三个样品检验结果的平均值作为最终检验结果。

6.4 耐温试验

取两个试样放在衬有滤纸的搪瓷盘上，注满 95 ℃±5 ℃的热水（方便面碗用 100 ℃热水）或热食用油（饮具只作 100 ℃水耐温试验），再移到 60 ℃恒温箱内静置 30 min 后观察样品有无变形，有无阴渗变色、漏的迹象。

6.5 漏水试验

取两个试样放在衬有滤纸的搪瓷盘上，注满 23 ℃±2 ℃的水，静置 30 min 后观察样盒有无变形，盒底有无阴渗、渗漏的迹象。

6.6 负重试验

试验设备：200 mm×150 mm×3 mm 的平板玻璃两块，3 kg 砝码，精确度为 1 mm 的金属直尺。

试验步骤：取试样餐饮具两只，将盛装食品的主体部分倒扣排放在平滑玻璃板上，再放上另一块平板玻璃。先用金属尺测量平板玻璃下表面至桌面的高度，然后将 3 kg 砝码置于平板玻璃中央处，负重 1 min 立即精确测量上述高度。用式(1)分别计算每只试样负重变化率，取两只试样负重变化率的算术平均值为负重变化率。

$$W=\frac{H_0-H}{H_0}\times 100 \qquad \cdots\cdots(1)$$

式中：

W——试样的负重变化率，%；

H_0——试样负重前高度，单位为毫米(mm)；

H——试样负重后高度，单位为毫米(mm)。

6.7 盖体连接对折试验

将带盖餐饮具试样连续开合15次，观察与盒体连接处有无裂纹和损坏。试验时，取三个样品进行检验。

注：仅对盖盒连体餐饮具进行检验。

6.8 跌落试验

在常温下，将试样距平整水泥地面0.8 m高处底部朝下自由跌落一次，观察试样是否完好无损。试验时，取三个样品进行检验。

6.9 耐微波炉试验

6.9.1 微波炉高频加热试验

6.9.1.1 装置

额定调频输出功率在2 kW以下的微波炉。

6.9.1.2 步骤

在微波炉内放入一个样品，选择表3中微波炉的额定输出功率对应的加热时间进行加热。

表3 输出功率与加热时间对照

额定输出功率/kW	加热时间/min
2.0	1.0
1.0	2.0
0.6	3.5
0.5	4.0

加热结束后，从微波炉中取出样品，冷却至室温，微波炉也冷却至室温。

重复以上步骤再进行另外一个样品试验。

注：仅对明示或宣称或标识可微波炉使用的餐饮具进行试验。

6.9.2 微波炉耐温试验

6.9.2.1 试剂

橄榄油，食品级。

6.9.2.2 装置

微波炉，额定调频输出功率在2 kW以下的微波炉。

温度计，由数字显示的热电偶。

6.9.2.3 步骤

向样品内倒入约50%容积的橄榄油，放入微波炉，加热。当样品标识耐微波炉温度小于200 ℃时，加热使橄榄油的温度达到标识的温度；当样品标识耐微波炉温度大于或等于200 ℃时，加热至200 ℃。

温度达到后，停止加热，取出样品，放在室温内冷却至室温，观察有无变形、缺陷、渗漏和异常。

重复以上步骤再进行另外两个样品试验。

注：仅对明示或宣称或标识可微波炉使用并盛装液体食物的餐饮具进行试验。

6.10 含水量

按GB/T 462的要求检验。

试验时，取三个样品进行检验，取三个样品检验结果的平均值作为最终检验结果。

6.11 生物分解试验

生物分解试验方法按GB/T 20197—2006中的6.1。

6.12 淀粉含量

淀粉基塑料一次性餐饮具其淀粉含量测定按QB/T 2957进行。

试验时，取两个样品进行检验，取两个样品检验结果的平均值作为最终检验结果。

6.13 卫生理化指标

采样方法、样品准备及浸泡液的制备应符合 GB/T 5009.156 要求。

材质是聚乙烯、聚丙烯、聚苯乙烯时，按 GB/T 5009.60 的要求执行。

材质是聚氯乙烯时，按 GB/T 5009.67 的要求执行。

材质是聚对苯二甲酸乙二醇酯时，按 GB 13113 的要求执行。

植物纤维材材质制得的一次性餐饮具按 GB 19305 的要求执行，其蒸发残渣试验方法按附录 A，结果取不含植物纤维蒸发残渣。

淀粉基塑料一次性餐饮具其蒸发残渣试验方法按附录 A，结果取不含淀粉蒸发残渣，其他按 GB/T 5009.60。

其他覆塑一次性餐饮具，其塑料层应按相应材质成型品卫生标准规定的分析方法进行。

对多层材质复合制得的一次性餐饮具应按其接触食品层材质的成型品卫生标准分析方法进行。

其他材质，按相应材质成型品卫生标准分析方法规定进行，如没有时按 GB/T 5009.60 执行。

6.14 微生物检验

大肠菌群按 GB 14934 进行，致病菌的测定分别按 GB/T 4789.4、GB/T 4789.5、GB/T 4789.10、GB/T 4789.11 进行，霉菌计数按 GB/T 4789.15 进行。

分别取两个样品进行试验。

7 检验规则

7.1 组批

产品以批为单位进行验收。同一牌号原料、同一规格、同一配方、同一工艺连续生产的产品，以不超过 5 t 为一批。

7.2 检验分类

7.2.1.1 出厂检验

出厂检验项目为感官、使用性能。

7.2.1.2 型式检验

型式检验项目为要求中的全部项目。

7.3 抽样方案

7.3.1 感官

采用 GB/T 2828.1 的二次正常抽样方案。检查水平(IL)为一般检查水平Ⅱ，合格质量水平(AQL)为 6.5，其样本、判定数组详见表 7。每一单位包装作为一样本单位，单位包装可以是箱、包、个或只等。试验时从每一单位包装中随机取一个产品作为样品检验。

表 4 感官抽样方案及判定

单位为单位包装

批 量	样 本	样本大小	累计样本大小	接收数 Ac	拒收数 Re
26～50	第一	5	5	0	1
	第二	5	10	1	2
51～90	第一	8	8	0	3
	第二	8	16	3	4
91～150	第一	13	13	1	3
	第二	13	26	4	5
151～280	第一	20	20	2	5
	第二	20	40	6	7

表 4（续）

单位为单位包装

批　量	样　本	样本大小	累计样本大小	接收数 Ac	拒收数 Re
281～500	第一	32	32	3	6
	第二	32	64	9	10
501～1 200	第一	50	50	5	9
	第二	50	100	12	13
1 201～3 200	第一	80	80	7	11
	第二	80	160	18	19
≥3 201	第一	125	125	11	16
	第二	125	250	26	27

7.3.2　使用性能

从抽取的样本中随机取足够数量样品进行。

7.4　判定规则

7.4.1　合格项的判定

7.4.1.1　感官

感官样本单位的判定，按 5.3 进行。

样本单位的检验结果若符合表 4 的规定，则判感官合格。

7.4.1.2　使用性能

使用性能若有不合格项目时，应在原批中抽取双倍样品分别对不合格项目进行复检，复检结果全部合格则判该项合格，否则判该项不合格。

7.4.1.3　含水量

含水量若不合格时，应在原批中抽取双倍样品进行复检，复检结果全部合格则判该项合格，否则判该项不合格。

7.4.1.4　淀粉含量

淀粉基塑料一次性餐饮具的淀粉含量项目不合格时，应在原批中抽取双倍样品进行复检，复检结果合格为则判该项合格，否则判为淀粉含量项目不合格。

7.4.1.5　降解性能

可降解一次性餐饮具的降解性能不合格时，则判降解性能不合格。

7.4.1.6　卫生理化指标

卫生理化指标有不合格项时，则判卫生理化指标不合格。

7.4.1.7　微生物指标

微生物指标有不合格项时，则判微生物指标不合格。

7.4.2　合格批的判定

所有检验项目检验结果全部合格，则判该批合格。

8　标志、包装、运输、贮存

8.1　标志

包装箱内应附有说明性标签，并注明以下内容：

a)　执行标准号；

b)　产品名称、种类、材质；

c)　生产厂名或商标、批号及生产日期；

d) 如产品声明耐高温或不耐温，应标识耐用最高温度；

e) 如产品声明可微波加热使用，应标识可以微波使用以及使用温度等；

f) 如产品声明可以降解，应标识降解；

g) 如产品声明是淀粉基塑料制作，应标识淀粉基塑料餐饮具等；

h) 对有容量要求的一次性餐饮具，应标识公称容积。

外包装箱表面应标识以下内容：

a) 执行标准号；

b) 产品名称、种类、材质；

c) 生产厂名或商标、批号及生产日期；

d) 产品数量或包装毛重、净重及体积；

e) 如产品声明耐高温或不耐温，应标识耐用最高温度；

f) 如产品声明可微波加热使用，应标识可以微波使用以及使用温度等，如不耐热油时，应标识不耐油；

g) 如产品声明可以降解，应标识降解；

h) 如产品声明是淀粉基塑料制作，应标识淀粉基塑料餐饮具等；

i) 对有容量要求的一次性餐饮具，应标识公称容积；

j) 产品贮存条件及贮存期；

k) “食品用”字样及“防污染、防雨淋、勿压、轻放”标记。

8.2 包装

产品应有内、外两层包装。包装应整洁、数量准确，并符合以下要求：

a) 内包装应密封，其材料应清洁、无毒、无异味，并具防尘、防水效能；

b) 外包装箱应具抗压、防尘、防潮性能。

8.3 运输、贮存

不应与有毒有害或有异味的物品混运、混放。

在运输中应轻装轻卸，避免剧烈振动、挤压和日晒雨淋。

产品应放在通风、阴凉、干燥的库房内贮存，避免阳光曝晒及雨淋，并远离污染源、热源，防潮、防鼠、防虫。应根据一次性餐饮具性能确定合理贮存期。

附 录 A
（规范性附录）
淀粉基塑料、植物纤维一次性餐饮具蒸发残渣测试方法

A.1 采样

按 GB/T 5009.156—2003 中第 3 章规定的方法采样。采样数量应符合 GB/T 5009.156—2003 附录 A 表 A.1 中的“塑料成型品及复合食品包装袋塑料薄膜袋”的规定。

A.2 样品的清洗

按 GB/T 5009.156—2003 第 5 章规定的方法清洗样品的接触食品面。

A.3 样品的浸泡

浸泡液、浸泡时间、检测条件按照 GB/T 5009.60 的要求执行。

向塑料购物袋内注入相应的浸泡液，一般注入量为样品容积的 2/3～4/5，浸泡相应的时间。

A.4 分析步骤

A.4.1 含植物纤维或淀粉的蒸发残渣

取相应浸泡液 200.00 mL，分别置于经(105±5)℃加热至恒重的玻璃蒸发皿或玻璃杯中，在水浴器上蒸干后置于(105±5)℃的电热恒温干燥箱中，加热 2 h。取出，在干燥器内冷却 0.5 h，称量。再于(105±5)℃加热 1 h，置于干燥器内冷却 0.5 h，称量。

A.4.2 不含植物纤维或淀粉的蒸发残渣

在干燥、称量后的残渣中(B.4.1)中加入 50 mL 三氯甲烷(GB/T 682，分析纯，经重蒸馏)，置于水浴上小心加热(用玻璃棒搅拌，取出玻璃棒时用少量三氯甲烷冲洗)10 min。用玻璃漏斗和无灰定量滤纸[经(105±5)℃加热至恒重]将溶液过滤，再用少量三氯甲烷冲洗 3 次滤纸上的残渣。将滤纸连同残渣置于经(105±5)℃加热至恒重的瓷坩埚内，于(105±5)℃的电热恒温干燥箱内加热 2 h，在干燥器内冷却 0.5 h，称量。重复加热 1 h，冷却 0.5 h，称量。

将瓷坩埚连同滤纸、残渣置于电炉上灰化至无烟，在(550±5)℃高温电炉内灼烧 2 h。取出坩埚，置于干燥器内冷却 0.5 h，称量。重复灼烧 1 h，冷却 0.5 h，称量，直至两次称量不超过 0.002 g。

注：应对无灰定量滤纸做(550±5)℃灼烧试验，从分析结果中扣除滤纸灼烧残留物。

A.5 结果计算

A.5.1 含植物纤维或淀粉蒸发残渣按式(A.1)计算：

$$X_1 = \frac{(m_1 - m_2)}{200} \times 1\,000 \qquad \cdots\cdots\cdots\cdots(\text{A.1})$$

式中：

X_1——样品浸泡液(不同浸泡液)蒸发残渣(含纤维或淀粉)，单位为毫克每升(mg/L)；

m_1——样品浸泡液蒸发残渣的质量，单位为毫克(mg)；

m_2——空白浸泡液蒸发后的质量，单位为毫克(mg)。

A.5.2 不含纤维或淀粉蒸发残渣按式(A.2)计算：

$$X_2 = X_1 - \frac{(m_3 - m_4) - (m_5 - m_6)}{200} \times 1\,000 \qquad \cdots\cdots\cdots\cdots(\text{A.2})$$

式中：

X_2——样品浸泡液(不同浸泡液)蒸发残渣(不含纤维或淀粉)，单位为毫克每升(mg/L)L；

m_3——经三氯甲烷萃取，加热后的残渣、坩埚和滤纸质量，单位为毫克(mg)；

m_4——坩埚和滤纸的质量，单位为毫克(mg)；

m_5——灼烧后的残渣和坩埚质量，单位为毫克(mg)；

m_6——坩埚质量，单位为毫克(mg)。

报告结果时，取平均值的 3 位有效数字。

A.6 允许差

同一样品的两次测定结果之差，不得超过平均值的 10%。

ICS 01.080.20
D 04

中华人民共和国国家标准

GB/T 18024.1—2009
代替 GB/T 18024.1—2000

煤矿机械技术文件用图形符号
第1部分:总则

**Graphical symbols for
the technical documentation of coal mine machinery—
Part 1:General principles**

2009-10-30 发布　　2010-04-01 实施

中华人民共和国国家质量监督检验检疫总局
中国国家标准化管理委员会　发布

前　　言

GB/T 18024《煤矿机械技术文件用图形符号》拟分为七个部分：

——第1部分：总则；

——第2部分：采煤工作面支架及支柱图形符号；

——第3部分：采掘机械图形符号；

——第4部分：井下运输机械图形符号；

——第5部分：提升和地面生产机械图形符号；

——第6部分：露天矿机械图形符号；

——第7部分：压气机、通风机及泵图形符号。

本部分为GB/T 18024的第1部分。

本部分代替GB/T 18024.1—2000《煤矿机械技术文件用图形符号　总则》。

本部分与GB/T 18024.1—2000相比主要变化如下：

——扩大了标准的适用范围(2000年版的第1章；本版的第1章)；

——修改了图形符号的设计，设计在标准模数M的点阵网格中，网格系统为0.125 M(2000年版的3.4；本版的3.4)；

——修改了图形符号的缩放比例，以便在使用时，其缩放比例更灵活(2000年版的4.1；本版的4.2)。

本部分与GB/T 18024.2～18024.7配套使用。

本部分由中国煤炭工业协会提出并归口。

本部分由西安科技大学负责起草。

本部分主要起草人：马中骥、李勇、秋兴国、马劲。

本部分所代替标准的历次版本发布情况为：

——GB/T 18024.1—2000。

煤矿机械技术文件用图形符号
第1部分:总则

1 范围

GB/T 18024的本部分规定了煤矿机械技术文件用图形符号的设计和使用规则。

本部分适用于煤矿设计、生产、科研、教学、书刊、产品说明书及管理等方面的技术文件,以绘制有关煤矿机械设备的示意图和简图(如采区巷道布置及机械配备图、提升系统示意图、井下和地面生产系统流程图及其他系统图、布置图、简图等)。也适用于其他行业同类机械的技术文件。

2 规范性引用文件

下列文件中的条款通过GB/T 18024的本部分的引用而成为本部分的条款。凡是注日期的引用文件,其随后所有的修改单(不包括勘误的内容)或修订版均不适用于本部分,然而,鼓励根据本部分达成协议的各方研究是否可使用这些文件的最新版本。凡是不注日期的引用文件,其最新版本适用于本部分。

GB/T 16900 图形符号表示规则 总则

GB/T 16901.1 技术文件用图形符号表示规则 第1部分:基本规则(GB/T 16901.1—2008,ISO 81714-1:1999,MOD)

GB/T 16901.2 图形符号表示规则 产品技术文件用图形符号 第2部分:图形符号(包括基准符号库中的图形符号)的计算机电子文件格式规范及其交换要求(GB/T 16901.2—2000,eqv IEC 81714-2:1998)

GB/T 17450 技术制图 图线(GB/T 17450—1998,idt ISO 128-20:1996)

GB/T 20001.2 标准编写规则 第2部分:符号

ISO/IEC 11714-1:1996 产品技术文件用图形符号的设计 第1部分:基本规则

3 煤矿机械技术文件用图形符号的设计原则

3.1 图形符号的设计程序及设计应遵循GB/T 16900、GB/T 16901.1、GB/T 16901.2及GB/T 20001.2的规定。

3.2 煤矿机械技术文件用图形符号应根据表达对象的外部形状、结构特征进行设计,务使清晰简捷,易于绘制,易懂,易记,易于区分。

3.3 煤矿机械技术文件用图形符号一般从表达对象的某一个方向绘制,也可按不同视图或功能要求,绘制不同的图形符号,但应赋予不同名称。

3.4 图形符号应按GB/T 16901.1及ISO/IEC 11714-1:1996的基本规则,设计在标准模数M的点阵网格中,所采用的网格系统为0.125 M。

3.5 设计煤矿机械技术文件用图形符号,应用GB/T 17450规定的线型绘制。

3.6 表示流程或运动方向的箭头,用细实线绘制,头部角度应在45°~60°间。

3.7 对没有规定图形符号的煤矿机械,可按本部分的设计原则推绎、派生设计。

4 煤矿机械技术文件用图形符号的使用规则

4.1 使用图形符号时,应用GB/T 17450规定的线型绘制。

4.2 使用图形符号时,可根据需要对图形符号在不同方向按相同比例或不同比例作适当调整,但应能完全传递原图形符号的信息。

4.3 在不改变符号涵义的情况下,图形符号的配置方向,可按需要调整,如可以旋转某一角度或成镜像配置,但文字不得倒置。

4.4 可增加或去掉表示流动或运动方向的箭头。

4.5 GB/T 18024 各部分中规定的一般符号,用在不需指明表达对象特定类型的场合。

4.6 GB/T 18024 各部分规定的图形符号,不仅用于本部分,可根据需要选择使用。

4.7 对没有规定图形符号的煤矿机械,可引用国际标准、其他国家标准规定的符号,也可使用自行设计的符号,但应注明这些符号的涵义。

参 考 文 献

[1] GB/T 15663.5—2008 煤矿科技术语 提升运输
[2] GB/T 16660—2008 选煤厂用图形符号
[3] 张荣立,何国伟,李铎.采矿工程设计手册[M].北京:煤炭工业出版社,2003.
[4] ISO 561:1992 Coal preparation plant—Graphical symbols.

ICS 11.180
Y 14

中华人民共和国国家标准

GB/T 18029.2—2009/ISO 7176-2:2001

轮椅车
第2部分:电动轮椅车动态稳定性的测定

Wheelchairs—Part 2:Determination of dynamic stability of electric wheelchairs

(ISO 7176-2:2001,IDT)

2009-09-30 发布　　2009-12-01 实施

中华人民共和国国家质量监督检验检疫总局
中国国家标准化管理委员会　发布

前　言

GB/T 18029《轮椅车》分为26个部分：

——第1部分：静态稳定性的测定

——第2部分：电动轮椅车动态稳定性的测定

——第3部分：制动器效能的测定

——第4部分：电动轮椅车和电动代步车理论能耗的测定

——第5部分：外形尺寸、质量和转向空间的测定

——第6部分：电动轮椅车最高速度、加速度和减速度的测定

——第7部分：座椅和车轮尺寸的测量

——第8部分：静态强度、冲击强度及疲劳强度的要求和试验方法

——第9部分：电动轮椅车的气候试验

——第10部分：电动轮椅车越障能力的测定

——第11部分：实验用假人

——第13部分：试验表面摩擦系数的测定

——第14部分：电动轮椅车和电动代步车电力和控制系统的要求和试验方法

——第15部分：对于发布信息、出具文件和使用标签的要求

——第16部分：座(靠)垫阻燃性的要求和测试方法

——第17部分：电动轮椅车控制部分的界面

——第19部分：可作机动车座位的轮式移动装置

——第20部分：站立式轮椅车性能的测定

——第21部分：电动轮椅车和电动代步车的电磁兼容性的要求与试验方法

——第22部分：设置程序

——第23部分：护理者操纵的爬楼梯装置

——第24部分：乘坐者操纵的爬楼梯装置

——第25部分：电动轮椅车和电动代步车的电池和充电器的要求和试验方法

——第26部分：术语

本部分为GB/T 18029的第2部分。

本部分等同采用ISO 7176-2:2001《轮椅车　第2部分：电动轮椅车动态稳定性的测定》(英文版)。

为了便于使用，本标准作了下列编辑性修改：

——“本标准”改为“本部分”。

——本部分采用了与国际标准等同的国家标准。

本部分的附录A为规范性附录，附录B为资料性附录。

本部分由中华人民共和国民政部提出。

本部分由全国残疾人康复和专用设备标准化技术委员会(SAC/TC 148)归口。

本部分起草单位：国家康复辅具研究中心。

本部分主要起草人：马凤领、刘俊玲。

轮椅车
第2部分:电动轮椅车动态稳定性的测定

1 范围

GB/T 18029 的本部分规定了测定电动轮椅车动态稳定性的试验方法。

本部分适用于最大额定速度不超过 15 km/h、用于乘载 1 人的电动轮椅车,包括电动代步车。

2 规范性引用文件

下列文件中的条款通过 GB/T 18029 的本部分的引用而成为本部分的条款。凡是注日期的引用文件,其随后所有的修改单(不包括勘误内容)或修订版均不适用于本部分,然而,鼓励根据本部分达成协议的各方研究是否可使用这些文件的最新版本。凡是不注日期的引用文件,其最新版本适用于本部分。

GB/T 14729　轮椅车　术语(GB/T 14729—2000,eqv ISO 6440:2000)

GB/T 18029.11　轮椅车　第 11 部分:实验用假人(GB/T 18029.11—2008,ISO 7176-11:1992,IDT)

GB/T 18029.13　轮椅车　第 13 部分:试验表面摩擦系数的测定(GB/T 18029.13—2008,ISO 7176-13:1989,IDT)

GB/T 18029.15　轮椅车　第 15 部分:对于发布信息、出具文件和使用标签的要求(GB/T 18029.15—2008,ISO 7176-15:1996,IDT)

GB/T 18029.22　轮椅车　第 22 部分:设置程序(GB/T 18029.22—2009,ISO 7176-22:2000,IDT)

3 术语和定义

GB/T 14729 中确立的以及下列术语和定义适用于 GB/T 18029 的本部分。

3.1

防倾装置　antitip device

限定轮椅车倾斜程度的装置。

注 1:这些装置可包括固定的或可拆卸的轮子、支架、垫木、搁脚板,可在前、后、侧向不稳定方向起作用。

注 2:在特定条件下,用于行驶的轮椅车辅助轮不包括在内。

3.2

辅助轮　auxiliary wheels

生产商装在轮椅车上使轮椅车能倾斜并行驶的轮组件。

注:如果辅助轮为可选件,轮椅车应至少在标准配置下试验。也可在另外的检验报告中,在安装可选件的配置下对轮椅车试验。

3.3

把式转向机构　direct steering

使用者控制轮椅车行进方向的装置,通过操作连杆直接对一个或多个轮子进行定位。

示例:常见于电动代步车的舵柄式控制系统。

注 1:装有这种机械装置的轮椅车通常无可自由旋转的小脚轮。

注 2:混合动力轮椅车可包括电子控件,其起动传动器,以机械方式操纵轮子。

3.4

输入控制装置　input control device

使用者控制轮椅车按需要的行进速度和(或)方向行驶的装置。

3.5

抬高轮　lifting wheel(s)

在不稳定情形下脱离试验平面的轮子。

3.6

使用者可调件　user adjustable components

使用者对其位置和量值可调的部件,可使用或不使用工具。

3.7

轮抬高　wheel lift

在不稳定情形发生时,轮子与试验表面的脱离。

注 1:不包括因表面不规则或过度的瞬间脱离。

注 2:也不包括故意脱离的情况,如过度到使用辅助轮或方向旋转轮。

4　原理

模拟正常使用情况下,对轮椅车进行一系列行车试验,观察轮椅车在设定的一系列不稳定情形发生时的运动情况。

5　试验设备

5.1　硬质、平坦、水平的试验平面,摩擦系数见 GB/T 18029.13,试验平面大小应足以进行试验。

试验平面应足够长,轮椅车可达到最高速度。

注:通常面积约 10 m ×3 m 就足够大,但是,如果测试较大的轮椅车,可能需要较大的试验平面。

5.2　硬质、平坦、倾斜的试验坡道,相对于水平面的倾斜度可调节为 3°±0.2°,6°± 0.2°,10°± 0.2°。试验坡道应经半径小于 12 mm 的过渡面从水平试验平面直接延伸。使用精度为±0.2°的经纬仪、水准仪或电子仪器等,测试比较底端高度与顶端高度,测量整个试验坡道从顶端到底端的坡度,精度为±0.2°。

试验坡道应足够长,轮椅车可达到最高速度。

注 1:或者可用三个独立的固定坡道作为所要求的三个斜面。

注 2:通常坡道面积约 10 m×3 m 就足够大,但是,如果测试较大的轮椅车,可能需要较大的坡道。

5.3　硬质垂直台阶,参数如下:

a)　紧临一个水平试验平面,之后紧跟着又是一个水平试验平面。轮椅车可从一个水平试验平面经台阶行驶到另一个水平试验平面上。

b)　台阶高度为 12 mm、25 mm、50 mm,如果生产商声明还可以更高,应为 25 mm 的倍数。

c)　台阶顶端边缘半径为 6 mm±1 mm。

d)　整个台阶高度的公差为±1 mm。

注 1:可以是 1 个高度可调的台阶,也可是 5 个独立的固定台阶。

注 2:对于更高的平面,通常面积为 1 m×5 m 就足够大。

5.4　试验用假人见 GB/T 18029.11,或者可由真人驾驶。

如果用假人,可用遥控操作轮椅车控制器。可通过遥测系统,操纵人员沿轮椅车一侧跑动或其他类似方式完成。

5.5　补充重物,加到轮椅车上,质量分布与对应的假人类似(只在使用真人时要求)。

6 试验用轮椅车初始设置

6.1 一般要求

按照 GB/T 18029.22 和本部分的 6.2～6.7 准备试验用轮椅车。

6.2 座高

如果座高使用者可调节，设定到最高高度，在该高度下轮椅车可在最高速度下行驶。

注：有些轮椅车装有座升高时自动减小最高速度的装置。

6.3 可调控制器

装有可调控制器的轮椅车，可由使用者调节的速度、加速度的部分，设定到最大值，对于其他可调参数，包括由经销商或临床人员调节的参数，设定到生产商规定的出厂值。

6.4 防倾装置

如果安装了防倾装置，且由使用者和(或)护理者调节的，设定到最低效、但在不稳定情形下通过触地仍起作用的位置。记录轮椅车是否可安装防倾装置，轮椅车是在防倾装置安装还是未安装下试验的。如果提供了防倾装置，应在安装的情况下对轮椅车试验。如果用工具或不用工具可拆卸防倾装置，也应在不安装防倾装置的情况下对轮椅车试验。

6.5 爬路缘装置

如果提供了爬路缘装置，应在安装的情况下对轮椅车试验。爬路缘装置应设定在生产商规定的爬路缘的正常位置。如果用工具或不用工具可拆卸爬路缘装置，也应在不安装爬路缘装置的情况下对轮椅车试验。

6.6 试验载荷

6.6.1 一般要求

选择试验载荷为试验用假人或真人试车驾驶员，按 6.6.2、6.6.3 规定配置。

6.6.2 试验用假人

a) 按照 GB/T 18029.22 选取、定位、固定适当的试验用假人。

b) 安装轮椅车遥控装置。

6.6.3 真人试车驾驶员

如果选真人试车驾驶员，给轮椅车或人加重物，总质量与对应的假人相等，误差为±2 kg，质量分布与假人类似。

试验对试车驾驶员和试验人员有潜在危险。应采取适当的安全防范措施，避免伤害事故发生。增加的重物应牢固地固定在轮椅车或试车驾驶员上。

头部上方的安全带用于保护轮椅车驾驶员。可用垫子制动轮椅车。也可由辅助人员扶住轮椅车驾驶员。

试验中应注意，驾驶员尽可能减少为了稳定轮椅车出现的有意或无意的身体运动。

6.7 电池

轮椅车应配有生产商规定的电池。含有液态酸性物质的电池，如果在试验中溢出，可能会有危险。可用最相近的胶体或密封电池代替，同时加补充重物，质量分布相类似。

7 试验程序

按照第 8 章、第 9 章、第 10 章规定进行试验，用附录 A 规定的评分制评定轮椅车的动态响应。

试验可按任意顺序进行。

如果在一定坡度或台阶高度，试验稳定性为 0，停止试验，则将该部分更高难度的试验记录为 0。无需继续试验，否则对试验人员有危险，且会损坏轮椅车。

为安全起见，每个试验开始时应在低速下进行，然后逐渐加速，直到分值为 0，或达到最高速度。

注：慢放、暂停方式回放轮椅车运动的录像，有助于观察和评定轮椅车动态响应。

8 后向动态稳定性试验

8.1 轮椅车准备

按照第6章和如下规定准备轮椅车:根据表1,在向后行驶方向,将轮椅车后轮位置、小脚轮与车架的连接件,车座位置、靠背位置,车座与靠背的角度,腿与车座的角度,设定在最不稳定位。

表1 后向稳定性

轮椅车的可调件	最不稳定位
后轮位置,前后	前
小脚轮与车架的连接件,前后	后
车座位置,前后	后
车座位置,垂直	高
车座与靠背位置,斜靠	后
车座位置,倾斜	后
靠背位置,前后	后
腿与车座的角度	最小

8.2 向前起动

注:本试验是测定轮椅车在水平面和上坡道上起动的稳定性。

a) 在水平试验平面定位轮椅车。

b) 从静止位置,操作输入控制装置,在前进方向给最大加速度。

c) 观察轮椅车动态响应,按照附录A评分。

d) 在3°、6°、10°坡道上,轮椅车面向上坡方向起动,重复b)~c)。

8.3 向前行驶中停车

注:本试验是测定轮椅车停在水平面向后滚动做反向运动的稳定性。本试验也测定当轮椅车停在上坡道时,如果在完全停止前轮椅车向后滚动的稳定性。

a) 在水平试验平面,前进方向以最高速度行驶轮椅车。

b) 通过松开输入控制装置减速。

c) 观察轮椅车的动态响应,按照附录A评分。

d) 通过关闭轮椅车电源减速,重复a)~c)。

e) 通过快速操作相反方向全速命令减速,保持控制装置在最大减速度,直到轮子反向转动,重复a)~c)。

f) 记录a)~e)三种方法的最低分值及产生该结果的对应方法。

g) 在3°、6°、10°坡道上,轮椅车面向上坡方向向前行驶,重复a)~f)。

8.4 向后行驶中刹车

注:本试验是测定轮椅车在水平面和下坡道行驶从最高倒挡速度突然停止的稳定性。

a) 以最高倒挡速度在水平试验平面行驶轮椅车。

b) 松开输入控制装置减速。

c) 观察轮椅车动态响应,按照附录A评分。

d) 通过关闭轮椅车电源减速,重复a)~c)。

e) 通过快速操作相反方向全速命令减速,保持控制装置在最大减速度,直到轮子反向转动,重复a)~c)。

f) 记录a)~e)三种方法的最低分值及产生该结果的对应减速方法。

g) 在3°、6°、10°坡道上，轮椅车面向下坡方向向后行驶，重复a)~f)。

8.5 从静止起动向前行驶爬上台阶

a) 在水平试验平面定位轮椅车，前轮与12 mm台阶相贴，在前进方向的拖曳位置。

b) 操作输入控制装置，在向前方向给最大加速度，直至所有轮子上到台阶。

c) 观察轮椅车动态响应，按照附录A评分。

d) 台阶高度改为25 mm、50 mm，重复a)~c)。

e) 如果生产商声明，轮椅车可适应更高的台阶，以25 mm的倍数逐步增加台阶高度，重复a)~c)，直至轮椅车不能在满足分值为2或更高稳定性的要求下爬上台阶。在每个高度，按照附录A对轮椅车的动态响应评分。

任何爬路缘的装置，应设定到驱动轮椅车爬上路缘的正常位置。

8.6 从静止起动向后行驶退下台阶

a) 在水平试验平面定位轮椅车，后轮置于12 mm台阶边缘。

b) 操作输入控制装置，以最低速度、沿台阶倒车向下行驶。

c) 观察轮椅车动态响应，按照附录A评分。

d) 台阶高度改为25 mm、50 mm，重复a)~c)。

e) 如果生产商声明，轮椅车可适应更高的台阶，以25mm的倍数逐步增加台阶高度，重复a)~c)，直至轮椅车不能在满足分值为2或更高稳定性的要求下退下台阶。在每个高度，按照附录A对轮椅车的动态响应评分。

9 前向动态稳定性试验

9.1 轮椅车准备

按照第6章和如下规定准备轮椅车：根据表2，在前进方向，将轮椅车后轮位置、小脚轮与车架的连接件，车座位置、靠背位置，车座与靠背的角度，腿与车座的角度，设定在最不稳定位。

表2 前向稳定性

轮椅车的可调件	最不稳定位
后轮位置，前后	前
小脚轮与车架的连接件，前后	后
车座位置，前后	前
车座位置，垂直	高
靠背位置，前后	前
车座与靠背位置，斜靠	直立
车座位置，倾斜	直立
腿与车座的角度	最大

9.2 向前行驶中刹车

a) 在水平试验平面，轮椅车以最高速度向前行驶。

b) 松开输入控制装置减速。

c) 观察轮椅车动态响应，按照附录A评分。

d) 通过关闭轮椅车电源减速，重复a)~c)。

e) 通过快速操作相反方向全速命令减速，保持控制装置在最大减速度，直到轮子反向转动，重复a)~c)。

f) 记录a)~e)三种方法的最低分值和产生该结果的相应减速方法。

g) 在 3°、6°、10° 坡道，轮椅车面向下坡方向向前行驶，重复 a)～f)。

9.3 向前行驶下坡至水平试验平面

a) 在 3° 试验坡道，面向下坡方向，以最高速度向前行驶到水平试验平面。

b) 观察轮椅车在过渡面的动态响应，按照附录 A 评分。

c) 在 6°、10° 坡道，重复 a)和 b)。

9.4 以最高速度向前行驶爬上台阶

注：本试验的目的是通过与台阶撞击产生倾斜。轮椅车可爬上、也可不爬上台阶。

任何爬路缘装置应设定在驱动轮椅车爬上路缘的正常位置。

a) 在水平试验平面定位轮椅车，轮椅车距离台阶足够远，以达到最高速度。

b) 沿水平试验平面以最高速度向前行驶轮椅车，成 90°±5° 角度撞击高 12 mm 的台阶。

c) 观察轮椅车通过台阶的动态响应，按照附录 A 评分。

d) 台阶高度改为 25 mm、50 mm，重复 a)和 b)。

e) 如果生产商声明，轮椅车可适应更高的台阶，以 25 mm 的倍数逐步增加台阶高度，重复 a)～c)，直至轮椅车不能在满足分值为 2 或更高稳定性的要求下爬上台阶。在每个高度，按照附录 A评分。

9.5 从静止起动向前行驶驶下台阶

注：测定轮椅车从台阶缓慢落下的稳定性。

a) 在台阶上方的水平试验平面定位轮椅车，将前轮置于台阶边缘。

b) 面向下坡方向，以实际最低速度行驶轮椅车，沿高 12 mm 的台阶，与台阶前方成 90°±5° 的方向，向前行驶。

c) 观察轮椅车在通过台阶的动态响应，按照附录 A 评分。

d) 台阶高度改为 25 mm 、50 mm，重复 a)和 b)。

e) 如果生产商声明，轮椅车可适应更高的台阶，以 25 mm 的倍数逐步增加台阶高度，重复 a)～c)，直至轮椅车不能在满足分值为 2 或更高稳定性的要求下驶下台阶。在每个高度，按照附录 A评分。

10 侧向动态稳定性

10.1 轮椅车准备

按照第 6 章和如下规定准备轮椅车：根据表 3，在侧向行驶方向，将轮椅车后轮位置、小脚轮与车架的连接件，车座位置、靠背位置，车座与靠背的角度，腿与车座的角度，设定在最不稳定位位置。

表 3 侧向稳定性

轮椅车的可调件	最不稳定位
后轮位置，外倾角	最窄轮距
小脚轮与车架连接件，前后	后
小脚轮与车架连接件，内外侧	内侧
车座位置，前后	前
车座位置，垂直	高
车座位置，倾斜	直立
车座与靠背的位置，斜靠	直立

10.2 斜坡上转向

a) 在水平试验平面定位轮椅车。

b) 从静止起动，操作最高速度命令，以最小旋转半径左转，直到轮椅车面向相反方向。如果轮椅车装有把式转向机构，以最小半径转动转向控制装置，然后以最大功率向前行驶。

c) 观察轮椅车动态响应，按照附录A评分。

d) 右转，重复a)～c)，记录较低的分值及出现这种情况的侧别。

e) 在3°、6°、10°坡道上，重复b)～d)，起动时轮椅车面向下坡方向，结束时轮椅车面向上坡方向。

10.3 以最高速度转圈

a) 在水平试验平面以最高速度向前行驶轮椅车。

b) 连续操作最高可能速度命令，转动轮椅车，逐渐减小圈的半径。每转一圈，按照附录A记分。

c) 确定一个最接近100 mm误差的最小直径的圈，此处，轮椅车将在满足分值为2或更高稳定性的要求下以最高可能速度行驶。

d) 沿轮椅车中心线划圈，测量直径。

e) 反向转圈，重复a)～d)。

f) 记录较大直径及轮椅车转圈的对应方向。

注：将粉笔绑在一根棒上，从轮椅车上伸出划圈。

10.4 以最高速度突然转向

本试验中，装有把式转向机构的大多数轮椅车不能保持平稳。在试验过程中应警惕。

a) 在水平试验平面直道上以最高速度向前行驶轮椅车。

b) 操作输入控制装置以最小旋转半径转90°。

c) 观察轮椅车动态响应，按照附录A评分。

d) 反向转，重复a)～c)。

e) 记录较低的分值及对应的轮椅车转动方向。

10.5 轮椅车一侧从台阶落下

a) 以实际最低速度，轮椅车中心线相对于12mm台阶边缘的角度为10°±2°，向前行驶轮椅车，直至轮椅车一侧的轮子离开边缘。

b) 观察轮椅车动态响应，按照附录A评分。

c) 轮椅车另一侧从台阶上落下，重复a)、b)。

d) 记录较低的分值及发生这种情况的对应的轮椅车侧别。

e) 台阶高度改为25 mm、50 mm，重复a)～d)。

f) 如果生产商声明，轮椅车可适应更高的台阶，以25 mm的倍数逐步增加台阶高度，重复a)～c)，直至轮椅车不能在满足分值为2或更高稳定性的要求下驶下台阶。在每个高度，按照附录A评分。

11 检验报告

检验报告应包含如下信息：

a) 参照标准为GB/T 18029本部分；

b) 检验机构名称和地址；

c) 轮椅车生产商名称和地址；

d) 检验报告发布日期；

e) 轮椅车类型、序列号和批号；

f) 试验用假人大小；或者，如果是真人，驾驶员和重物的质量；

g) 按GB/T 18029.22的详细设置信息，包括配置、调节，及第6章规定的轮椅车组装的其他信息；

h) 试验中组装好的轮椅车照片；

i) 轮椅车是否已经安装防倾装置和(或)爬路缘装置,轮椅车是在这些装置安装或未安装的情况下试验;

j) 轮椅车输入控制装置的详细信息,指出是否包括把式转向机构;

k) 按照8.2～10.5的试验结果,附录B给出了记录试验结果的推荐格式。

12 试验结果公布

应按照GB/T 18029.15规定的格式,在生产商规格单中公布如下结果:

"坡道后向动态稳定性:$x°$"

此处的x系指轮椅车在8.2、8.3、8.4试验中分值达到为2或更大(根据附录A)的最大坡度值(如0°、3°、6°、10°)。

"坡道前向动态稳定性:$x°$"

此处的x系指轮椅车在9.2、9.3试验中分值达到为2或更大(根据附录A)的最大坡度值(如0°、3°、6°、10°)。

"坡道侧向动态稳定性:$x°$"

此处的x系指轮椅车在10.2试验中分值达到为2或更大(根据附录A)的最大坡度值(如0°、3°、6°、10°)。

"转圈侧向动态稳定性:x mm"

此处的x系指轮椅车在10.3试验中分值达到为2或更大(根据附录A)转圈的最小直径。

"侧向陡转动态稳定性:x"

此处的x系指轮椅车在10.4试验中分值是否达到为2或更大(根据附录A)的问题的答案"是"或"否"。

"上台阶后向动态稳定性:x mm"

此处的x系指轮椅车在8.5试验中分值达到为2或更大(根据附录A)的最大的台阶高度值(如12 mm、25 mm、50 mm,或者,如果生产商有声明,为更大值)。

"下台阶后向动态稳定性:x mm"

此处的x系指轮椅车在8.6试验中分值达到为2或更大(根据附录A)的最大的台阶高度值(如12 mm、25 mm、50 mm,或者,如果生产商有声明,为更大值)。

"上台阶前向动态稳定性:x mm"

此处的x系指轮椅车在9.4试验中分值达到为2或更大(根据附录A)的最大的台阶高度值(如12 mm、25 mm、50 mm,或者,如果生产商有声明,为更大值)。

"下台阶前向动态稳定性:x mm"

此处的x系指轮椅车在9.4、9.5试验中分值达到为2或更大(根据附录A)的最大的台阶高度值(如12 mm、25 mm、50 mm,或者,如果生产商有声明,为更大值)。

"侧下台阶动态稳定性:x mm"

此处的x系指在10.5试验中轮椅车分值达到为2或更大(根据附录A)的最大台阶高度值(如12 mm、25 mm、50 mm,或者,如果生产商有声明,为更大值)。

附 录 A
（规范性附录）
稳定性评分制

观察到的轮椅车对试验操作的动态响应的评定见表A.1。

表 A.1 轮椅车对试验操作的动态响应的评定

观察到的动态响应特征		分值
无倾斜	至少一个抬高轮还在试验平面。	3
瞬间倾斜	不管防倾装置是否与试验平面接触，所有抬高轮抬离试验平面，然后落回到试验平面。	2
倚在防倾装置上[a]	所有抬高轮抬起，轮椅车防倾装置与试验平面接触，轮椅车倚在防倾装置上。	1
完全倾斜	除非为了试验的目的由限位装置或试验人员制动，轮椅车完全倾倒（与原方位成90°或更多）。	0
[a] 在没有帮助的情况下，轮椅车乘坐者坐在座位上难以将轮椅车恢复到原位，则判定轮椅车“倚”在防倾装置上。如果轮椅车未安装防倾装置，分值不能评为1。		

附　录　B
（资料性附录）
检验报告结果推荐格式

试验载荷：质量________________kg

驾驶员或假人：________________

其他观察结果：

——如果试验中刹车，根据如下方式记录引起不稳定情况的刹车类型：

R　松开输入控制装置；

P　关闭电源紧急刹车；

A　输入控制装置操作倒挡命令。

——操作中如果发生滑动，记录下来。

——如果试验不能进行，记录为“X”，并记录产生的原因。不包括在较低的坡道坡度、台阶高度或速度分值为 0 造成试验失败的情况。在这种情况下，根据第 7 章，记录分值为 0。

——台阶高度“××”，表示台阶的高度。

——每个试验的稳定性分值由附录 A 顺序量表得出。

——N/A＝不适用。

表 B.1

试验	防倾装置	减速方法	稳定性分值坡道角度/(°)				备注
			0	3	6	10	
后向动态稳定性							
8.2　向前起动	装有防倾装置						
	未装防倾装置						
8.3　向前行驶中停车	装有防倾装置	R					
		P					
		A					
	未装防倾装置	R					
		P					
		A					
8.4　向后行驶中刹车	装有防倾装置	R					
		P					
		A					
	未装防倾装置	R					
		P					
		A					
前向动态稳定性							

表 B.1（续）

试验	防倾装置	减速方法	稳定性分值坡道角度/(°)				备注
			0	3	6	10	
9.2　向前行驶中刹车	N/A	R					
		P					
		A					
9.3　向前行驶下坡至水平试验平面	N/A	N/A	N/A				
侧向动态稳定性							
10.2　斜坡上转向	N/A	N/A					
10.3　以最高速度(最小直径，m)转圈	N/A	N/A	m	N/A	N/A	N/A	
10.4　以最高速度突然转向(是/否)	N/A	N/A		N/A	N/A	N/A	

表 B.2

试验	爬路缘装置	稳定性分值					备注
		台阶高度/(mm)					
		12	25	50	××	××	
后向动态稳定性							
8.5　从静止起动向前行驶爬上台阶	装有爬路缘装置						
	未装爬路缘装置						
8.6　从静止起动向后行驶退下台阶	N/A						
前向动态稳定性							
9.4　以最高速度向前行驶爬上台阶	装有爬路缘装置						
	未装爬路缘装置						
9.5　从静止起动向前行驶驶下台阶	N/A						
侧向动态稳定性							
10.5　轮椅车一侧从台阶落下	N/A						

ICS 11.180
Y 14

中华人民共和国国家标准

GB/T 18029.4—2009/ISO 7176-4:1997

轮椅车　第4部分:电动轮椅车和电动代步车理论能耗的测定

Wheelchairs—Part 4:Energy consumption of electric wheelchairs and scooters for determination of theoretical distance range

(ISO 7176-4:1997,IDT)

2009-09-30 发布　　2009-12-01 实施

中华人民共和国国家质量监督检验检疫总局
中国国家标准化管理委员会　发布

前　言

GB/T 18029《轮椅车》分为 26 个部分：

——第 1 部分：静态稳定性的测定

——第 2 部分：电动轮椅车动态稳定性的测定

——第 3 部分：制动器效能的测定

——第 4 部分：电动轮椅车和电动代步车理论能耗的测定

——第 5 部分：外形尺寸、质量和转向空间的测定

——第 6 部分：电动轮椅车最高速度、加速度和减速度的测定

——第 7 部分：座椅和车轮尺寸的测量

——第 8 部分：静态强度、冲击强度及疲劳强度的要求和试验方法

——第 9 部分：电动轮椅车的气候试验

——第 10 部分：电动轮椅车越障能力的测定

——第 11 部分：实验用假人

——第 13 部分：试验表面摩擦系数的测定

——第 14 部分：电动轮椅车和电动代步车电力和控制系统的要求和试验方法

——第 15 部分：对于发布信息、出具文件和使用标签的要求

——第 16 部分：座(靠)垫阻燃性的要求和测试方法

——第 17 部分：电动轮椅车控制部分的界面

——第 19 部分：机动车中用作座的轮式移动装置

——第 20 部分：站立式轮椅车性能的测定

——第 21 部分：电动轮椅车和电动代步车的电磁兼容性的要求与试验方法

——第 22 部分：设置程序

——第 23 部分：护理者操纵的爬楼梯装置

——第 24 部分：乘坐者操纵的爬楼梯装置

——第 25 部分：电动轮椅车和电动代步车的电池和充电器的要求和试验方法

——第 26 部分：术语

本部分为 GB/T 18029 的第 4 部分。

本部分等同采用 ISO 7176-4:1997《轮椅车　第 4 部分：电动轮椅车和电动代步车理论能耗的测定》(英文版)。

为了便于使用，本标准做了下列编辑性修改：

——“本标准”改为“本部分”。

——本部分的规范性引用文件中采用了与国际标准等同的国家标准。

本部分由中华人民共和国民政部提出。

本部分由全国残疾人康复和专用设备标准化技术委员会(SAC/TC 148)归口。

本部分主要起草单位：国家康复辅具研究中心。

本部分主要起草人：马凤领、刘俊玲。

引　言

能耗受诸多因素影响，如环境温度、使用者体重、地形、路面、轮胎和电池。因此，根据 GB/T 18029 本部分规定作出的试验结果，不能作为导出特定轮椅车和使用者精确的实际行驶距离的依据。然而，本试验结果可用作不同的轮椅车和不同的代步车之间作比较的基础。并且，检验机构对相同型号的若干辆轮椅车的试验结果表明，试验轨道长度不同对试验结果的精度无明显影响。

轮椅车　第4部分:电动轮椅车和电动代步车理论能耗的测定

1　范围

GB/T 18029 的本部分给出了用理论行驶距离表示乘坐者质量不超过 100 kg 的电动轮椅车和电动代步车能耗的测定方法。

本部分适用于最高速度为 15 km/h、仅用于乘载 1 人的轮椅车和代步车。

2　规范性引用文件

下列文件中的条款通过 GB/T 18029 的本部分的引用而成为本部分的条款。凡是注日期的引用文件,其随后所有的修改单(不包括勘误内容)或修订版均不适用于本部分,然而,鼓励根据本部分达成协议的各方研究是否可使用这些文件的最新版本。凡是不注日期的引用文件,其最新版本适用于本部分。

GB/T 14729　轮椅车　术语(GB/T 14729—2000,eqv ISO 6440:2000)

GB/T 18029.6　轮椅车　第6部分:电动轮椅车最高速度、加速度和减速度的测定(GB/T 18029.6—2009,ISO 7176-6:2001,IDT)

GB/T 18029.7　轮椅车　第7部分:座椅和车轮尺寸的测量(GB/T 18029.7—2009,ISO 7176-7:1998,IDT)

GB/T 18029.15　轮椅车　第15部分:对于发布信息、出具文件和使用标签的要求(GB/T 18029.15—2008,ISO 7176-15:1996,IDT)

3　术语和定义

GB/T 14729 中确立的以及下列术语和定义适用于 GB/T 18029 的本部分。

3.1

使用者最大质量　maximum user mass

轮椅车生产商规定的使用者的最大质量。

3.2

规格单　specification sheets

提供轮椅车售前信息的生产商售前文件。

3.3

轮椅车　wheelchair

电动轮椅车或电动代步车。

4　原理

以最高速度沿试验轨道行驶轮椅车,顺时针方向行驶10圈、逆时针方向行驶10圈,测耗电量。

5　试验设备

5.1　试验平面,是温度可保持在(18～25)℃、不通风区域内的平坦、硬质、水平表面。在该试验平面上划一个矩形试验轨道。

试验轨道宽 2 m,中心线长 50 m～100 m。长侧边应足够长,轮椅车可达到最高速度,见图1。

注:用于生产或室内休闲运动用的普通较大建筑楼的地面,如,水泥、沥青或木质地面即可。任何平坦或水平的微小偏差,通过前10圈后的试验反向抵消,在轨道的相同位置起动、停止试验。

单位为米

注：C 表示试验轨道中心线，长度范围在 50 m～100 m。虚线是轮椅车车中心线的投影轨道。

图 1 试验轨道

5.2　能耗仪，测轮椅车耗电量，单位为安培小时，精度为±5%，能耗仪自身耗电量不到轮椅车耗电量的0.5%。

5.3　测量仪器，测量试验轨道中心线长度，精度为±100 mm。

注：卷尺是合适的测量工具。

5.4　相机和胶卷

6　试验轮椅车准备

6.1　安装由轮椅车生产商提供的适当扶手和(或)搁脚板。

6.2　如果轮椅车轮胎有充气轮胎，充气到生产商建议的压力。如果给定了压力范围，充气到这个范围的最大值。

6.3　按照生产商的建议，定位可调零部件。

6.4　对于生产商未给出建议的，可调零部件设定应尽可能多地满足下列条件，优先次序按先后列出：

注：在调整轮椅车零部件时，通常会出现的情况是，调整其中某一零部件同时也变动了其他零部件，如，调整轮子的位置同时也改变了车座的角度。所以，有必要对一些零部件多次重复调整来弥补其他零部件的相互作用。还可能会出现的另一种情况是，为做到一种设定而不可能做到另一种设定。

a)　设定小脚轮立轴在垂直位置，公差为0°～－1°。

注：小脚轮立轴角度数值为负，是指立轴顶部位于立轴底部后方。

b)　如果身体支撑部分相对车架水平和(或)垂直可调，将其设定在中间位置，或者，如果没有可设定的中间位置，分别设定在中间的后方和(或)下方的最近位置。

c)　设定可调车座，根据GB/T 18029.7方法和公差确定的车座参照面相对于水平面倾斜8°，前缘高于后缘。

d)　设定可调靠背，根据GB/T 18029.7方法和公差确定的靠背参照面与垂直面的夹角是10°，顶部位于底部后方。

e)　定位可调踏脚板，GB/T 18029.7规定的腿参照面和车座参照面之间的夹角尽可能接近但不小于90°。

f)　设定外倾角可调的轮子到中间位置，或者，如果没有可设定的中间位置，取垂直和最大负倾角之间最近的中间位置。

g)　如果驱动轮的位置水平可调，将其设定在中间位置，误差为±1 mm，或者，如果没有可设定的中间位置，取中间后方的最近位置。

h)　如果驱动轮位置垂直可调，将其设定在中间位置，误差为±1 mm，或者，如果没有可设定的中间位置，取中间下方的最近位置。

i)　如果小脚轮位置水平可调，将其设定在中间位置，误差为±1 mm，或者，如果没有可设定的中间位置，取中间后方的最近位置。

j)　如果小脚轮位置垂直可调，将其设定在中间位置，误差为±1 mm，或者，如果没有可设定的中间位置，取中间下方的最近位置。

k)　如果小脚轮之间宽度可调，设定在最大值。

l)　如果小脚轮位置在小脚轮叉体内的高度可调，设定在中间位置，误差为±1 mm，或者，如果没有可设定的中间位置，取叉体和轮子之间距离最大的中间的最近位置。

m)　设定其他物理调节件，尽可能与其中间位置接近。如果增量调节的中间位置不唯一，取部件调节到最大尺寸的中间位置。

注：电动调节件，如速度控制器，不包括在内。

n)　定位腿托、搁脚板最下部，使其尽可能接近下方的试验面，但距离试验面至少50 mm。

o)　根据生产商说明，检查所有的紧固件是否拧紧。

6.5 如果轮椅车安装有使用工具可调整的控制器,按生产商规定的出厂值设定。

6.6 如果轮椅车安装有可调设置由使用者调节的控制器,设定速度和加速度到最大值。

6.7 记录试验中轮椅车调整情况。

6.8 记录所有可调件的位置。

7 试验程序

7.1 用测量仪器(5.3)测量轨道中心线长度,精度为±100 mm。

7.2 用能耗仪(5.2)测轮椅车电池的耗电量,单位为安培小时。

7.3 维持试验轮椅车温度在 18 ℃～25 ℃不少于 8 h。

7.4 根据生产商的说明书在环境温度 18 ℃～25 ℃给电池充足电。

注:温度调节和充电可同时进行。

7.5 为轮椅车驾驶员驾驶轮椅车做准备,驾驶员质量见表 1。

7.6 给轮椅车拍照,保存照片以用于检验报告(见第 8 章)。

表 1 驾驶员质量

轮椅车生产商规定的使用者最大质量 X/kg	试验轮椅车驾驶员质量/kg
$X \leqslant 25$	25^{+4}_{-2}
$26 \leqslant X \leqslant 50$	50^{+5}_{-2}
$51 \leqslant X \leqslant 75$	75^{+5}_{-2}
$76 \leqslant X \leqslant 100$	100^{+5}_{-2}
注 1:对于质量轻的驾驶员,可在轮椅车座上加重物补重(建议用沙袋或类似物品)。 注 2:可在轮椅车上加载表 1 质量的假人,并用遥控系统代替真人驾驶员。	

7.7 沿试验轨道驾驶轮椅车行驶 10 圈预热轮椅车驱动系统。

7.8 根据 GB/T 18029.6 规定的方法,测定轮椅车最高速度。

7.9 确保试验轨道的尺寸使轮椅车在轨道各侧可达到最高速度。

7.10 以最高可能速度沿试验轨道行驶轮椅车,并保持在轨道内。顺时针方向行驶 10 圈,逆时针方向行驶 10 圈,在同一位置起动和停止轮椅车。测轮椅车耗电量,单位为安培小时,精度为±10%。

注:本试验轮椅车电池将不完全正常放电,但是应注意不应放电到生产商建议的电量以下。

7.11 用以下公式计算轮椅车行驶距离 R:

$$R = \frac{CD}{1\,000E}$$

式中:

R——理论行驶距离,单位为千米(km);

C——电池生产商声明的 5 h 放电率电池容量,单位为安培小时(A·h);

D——试验轨道中心线长度 20 倍,单位为米(m);

E——试验中耗电量,单位为安培小时(A·h)。

8 检验报告

检验报告应至少包含如下信息:

a) 试验符合 GB/T 18029 本部分要求的说明;

b) 生产商提供的产品品名;

c) 轮椅车生产商名称和地址；

d) 试验中组装好的轮椅车照片；

e) 轮椅车序列号或生产商提供的其他标识；

f) 检验机构名称和地址；

g) 电池类型和电池生产商声明的 5h 放电率电池容量；

h) 6.7、6.8 记录的轮椅车设定情况；

i) 7.11 计算的轮椅车理论行驶距离，单位为 km，保留两位有效数字；

j) 检验报告唯一参考号。

9 结果公布

生产商应按照 GB/T 18029.15 规定的方法和顺序，在规格单中公布由能耗计算的理论行驶距离，保留两位有效数字，及对应的 5 h 放电率的电池总容量。

ICS 11.180
Y 14

中华人民共和国国家标准

GB/T 18029.6—2009/ISO 7176-6:2001

轮椅车
第6部分:电动轮椅车最大速度、加速度和减速度的测定

Wheelchairs—
Part 6:Determination of maximum speed, acceleration and deceleration of electric wheelchairs

(ISO 7176-6:2001,IDT)

2009-09-30 发布　　2009-12-01 实施

中华人民共和国国家质量监督检验检疫总局
中国国家标准化管理委员会　发布

前　言

GB/T 18029《轮椅车》由以下部分组成：

——第1部分：静态稳定性的测定
——第2部分：电动轮椅车动态稳定性的测定
——第3部分：制动器的测定
——第4部分：能耗的测定
——第5部分：外形尺寸、质量和转向空间的测定
——第6部分：电动轮椅车最大速度、加速度和减速度的测定
——第7部分：座位和车轮尺寸的测量方法
——第8部分：静态强度、冲击强度及疲劳强度的要求和测试方法
——第9部分：电动轮椅车的气候试验方法
——第10部分：电动轮椅车越障能力的测定
——第11部分：测试用假人
——第13部分：测试表面摩擦系数的测定
——第14部分：电动轮椅车动力和控制系统—要求和测试方法
——第15部分：信息发布、文件出具和标识的要求
——第16部分：座(靠)垫阻燃性的要求和测试方法
——第17部分：电动轮椅车控制器的界面
——第18部分：上下楼装置
——第19部分：用于机动车的轮式移动装置
——第20部分：站立式轮椅车性能的测定
——第21部分：电磁兼容性的要求和测试方法
——第22部分：调节程序
——第23部分：护理者操作的爬楼梯装置的要求和测试方法
——第24部分：乘坐者操纵的爬楼梯装置的要求和测试方法
——第25部分：电池和充电器的要求和测试方法
——第26部分：术语

本部分为GB/T 18029的第6部分。

本部分等同采用ISO 7176-6:2001《轮椅车　第6部分：电动轮椅车最大速度、加速度和减速度的测定》(英文版)。

本部分由中华人民共和国民政部提出。

本部分由全国残疾人康复和专用设备标准化技术委员会(SAC/TC 148)归口。

本部分起草单位：国家康复辅具研究中心、国家康复辅具质量监督检验中心、上海互邦医疗器械有限公司。

本部分主要起草人：闫和平、赵次舜、谷慧茹。

引　　言

对每一个使用者而言，最大速度、最大加速度和最大减速度是选用适合自己的轮椅车的重要因素。

最大速度对轮椅车能否适合在道路、人行路上使用取决于当地的法律法规。有些使用者主要关注尽可能快的行驶，而另一些用户则对较高的速度心存疑虑。此外，在GB/T 18029系列标准的其他测试的过程中，也会要求测定最大速度。

最大加速度和最大减速度直接影响使用者的舒适程度，较大的加速度和减速度会引起使用者坐姿的稳定性问题。

这些测试规定了一致的测定速度、加速度和减速度最大值的方法，以便比较测试结果。

轮椅车
第6部分:电动轮椅车最大速度、加速度和减速度的测定

1 范围

GB/T 18029的本部分规定了乘坐一人,最大速度不超过15 km/h的电动轮椅车(包括电动代步车)的最大速度、加速度和减速度的测定方法。

2 规范性引用文件

下列文件中的条款通过GB/T 18029的本部分的引用而成为本部分的条款。凡是注日期的引用文件,其随后所有的修改单(不包括勘误内容)或修订版均不适用于本部分,然而,鼓励根据本部分达成协议的各方研究是否可使用这些文件的最新版本。凡是不注日期的引用文件,其最新版本适用于本部分。

GB/T 14729 轮椅车 术语(GB/T 14729—2000,eqv ISO 6440:2000)

GB/T 18029.11 轮椅车 第11部分:测试用假人(GB/T 18029.11—2008,ISO 7176-11:1992,IDT)

GB/T 18029.15 轮椅车 第15部分:信息发布、文件出具和标识的要求(GB/T 18029.15—2008,ISO 7176-15:1996,IDT)

GB/T 18029.22 轮椅车 第22部分:调节程序(GB/T 18029.22—2009,ISO 7176-22:2000,IDT)

3 术语和定义

GB/T 14729给出的术语和定义适用于GB/T 18029的本部分。

4 测试设施

4.1 测试设备:能安装在测试用假人上,其质量不超过测试用假人总质量的5%。

4.2 水平测试平面:有足够的尺寸进行下列测试的硬质、平整水平表面,此表面应有足够的摩擦系数,仅允许轮子在测试中滑动。

注:用作工厂车间或室内休闲活动的大型建筑的地面(如水泥、沥青或木质地面)均能满足测试要求。

4.3 速度测量装置:用来测量和记录速度,最大量程为5 m/s,精度为±0.1 m/s,最小取样频率为60 Hz,应有检测出6.1测量的最大速度的10%和90%的装置。

4.4 加减速度测量装置:用来测量和记录加速度和减速度,并满足下列要求:

a) 测量范围达到5 m/s²;

b) 精度为±0.2 m/s²;

c) 最小取样频率60 Hz;

d) 频率响应不能超过30 Hz。

注:可在从动轮上安装光学传感器作为合适的仪器。还可使用机械加速计、激光、超声波或类似的设备。如果使用加速度计,该传感器应安装在座位前-后中轴线上,并且放在离座位前后中心线尽可能近的刚性结构上。也可以用电子方式来确定加减速度。

4.5 测试斜面:由刚性、平整的材料制成的倾斜平面,此平面的倾斜度应能调节至与水平面的夹角为

3°±0.5°和6°±0.5°，此平面还应具有与4.2的水平测试平面相同的表面特性。

注1：斜面可由一个可调节角度的平面制成，也可由两个固定倾斜角度的斜面组成。

注2：通常，每个斜面的面积约10 m×3 m即可。

4.6 测试用假人：按GB/T 18029.11规定的测试用假人，或测试驾驶员。如果用测试用假人，可用一个遥控器来操作轮椅车的控制器。

注：安装到轮椅车上用于控制或检测设施的质量应不影响轮椅车总质量分配。为了补偿这些设施所增加的质量，轮椅车的总质量可能需做一些调整。

4.7 配重块：当用测试驾驶员代替测试用假人时，用来增加重量使其质量分配与相应的测试用假人相当。

5 被测轮椅车的准备

在开始一系列测试前，按下列要求准备被测轮椅车：

a) 按GB/T 18029.22的规定调节轮椅车；

b) 将使用者不用专用工具即可设定的影响最大速度、加速度和减速度的控制装置分别调至最不利数值。

注：这些控制器可能包括可编程控制器、触摸式按键、计算机接口等。

6 最大速度的测定

注意：本项测试可能对测试驾驶员和测试人员有危险，应做好适当的安全措施以避免伤及人身。所有增加的配重块都应牢固定位。

6.1 水平面上的最大速度

a) 使轮椅车的电气驱动系统达到正常工作温度。

注1：驾驶轮椅车行驶大约1.5 km即可达到这一状态。

b) 完成a)的5 min内，将轮椅车放在水平测试面上。

c) 驾驶轮椅车使其控制装置调至全速(确保达到最大速度)，在水平测试面上直线向前行驶。

d) 用4.3所规定的速度测量装置测量所达到的最大速度，并记录此值V_m，单位：m/s 。

e) 重复a)～d)的步骤两次。

f) 测定并记录这三次所测得的V_m值的算术平均值V_{mm}。

g) 轮椅车反向行驶(倒车状态)重复a)～f)的步骤。

注2：进行这一测试时，可能需固定小脚轮的方向，以维持轮椅车直线行驶。

6.2 3°的斜面上的最大速度

a) 在3°±0.5°的斜面上，驾驶轮椅车向上行驶，重复6.1的测试。

b) 在3°±0.5°的斜面上，驾驶轮椅车向下行驶，重复6.1的测试。

6.3 6°的斜面上的最大速度

a) 在6°±0.5°的斜面上，驾驶轮椅车向上行驶，重复6.1的测试。

b) 在6°±0.5°的斜面上，驾驶轮椅车向下行驶，重复6.1的测试。

7 加速度的测定

注意：本项测试可能对测试驾驶员和测试人员有危险，应做好适当的安全措施以避免伤及人身。所有增加的配重块都应牢固定位。

a) 使轮椅车的电气驱动系统达到正常工作温度。

注：驾驶轮椅车行驶大约1.5 km即可达到这一状态。

b) 完成a)的5 min内，将轮椅车放在水平测试面上。

c) 驾驶轮椅车使其控制装置调至全速(确保达到最大速度)，在水平测试面上直线向前行驶，使其

达到平均最大速度 V_{mm}(按 6.1 的规定测定,误差在 3%以内),同时用 4.3 和 4.4 规定的装置记录速度和加速度或减速度。

d) 测量轮椅车从平均最大速度 V_{mm}(m/s)的 10%±3%加速到 90%±3%所用的时间 T,单位:s。

e) 用下列公式计算轮椅车的加速度 A_o,单位:m/s^2:

$$A_o = \frac{0.8}{T} V_{mm}$$

f) 由 4.4 装置记录的数据确定加速度的峰值。

g) 测定加速度的最大值 A_m,通过对 30 ms 间隔期间集中在加速度高峰值的取样值的平均,记录在进行 c)的加速度。

h) 重复 a) ~g) 的步骤两次。

i) 分别测定并记录由 e) ~h)所测得的加速度 A_o 和 A_m 的算术平均值 A_{om} 和 A_{mm}。

8 减速度的测定

注意:本项测试可能对测试驾驶员有危险,应做好适当的安全措施以避免伤及人身。所有增加的配重块都应牢固定位。

8.1 正常操作时的减速度

a) 使轮椅车的电气驱动系统达到正常工作温度。

注:驾驶轮椅车行驶大约 1.5 km 即可达到这一状态。

b) 完成 a)的 5 min 内,将轮椅车放在水平测试面上。

c) 驾驶轮椅车使其控制装置调至全速(确保达到最大速度),在水平测试面上直线向前行驶,使其达到平均最大速度 V_{mm}(按 6.1 的规定测定,误差在 3%以内),同时用 4.3 和 4.4 规定的装置记录速度和加速度或减速度。

d) 松开控制器的操纵装置,使轮椅车停止。

e) 测量轮椅车从平均最大速度 V_{mm}(m/s)的 90%±3%减速到 10%±3%所用的时间 T,单位:s。

f) 用下列公式计算轮椅车的减速度 R_o,单位:m/s^2:

$$R_o = \frac{0.8}{T} V_{mm}$$

g) 由 4.4 装置记录的数据确定减速度的峰值。

h) 测定减速度的最大值 R_m,通过对 30 ms 间隔期间集中在减速度高峰值的取样值的平均,记录在进行 d)的减速度。

i) 重复 a) ~h) 的步骤两次。

j) 分别测定并记录由 f) ~i)所测得的减速度 R_o 和 R_m 的算术平均值 R_{om} 和 R_{mm}。

8.2 通过倒车命令发出的紧急减速度

重复 8.1 的操作过程,通过操作控制装置尽可能快地发出倒车最大速度命令使轮椅车停车。

8.3 紧急停车

重复 8.1 的操作过程,用制造商规定的紧急停车方法使轮椅车停车。如果制造商未规定紧急停车方法,则用关闭电源的方法使轮椅车停车。

9 检验报告

检验报告应包括下列内容:

a) GB/T 18029 本部分的参考值;

b) 检验机构的名称和地址;

c) 轮椅车生产商的名称和地址;

d) 检验报告发布的日期；

e) 轮椅车的型号和生产批号；

f) 测试用假人的总质量，如果用测试驾驶员代替假人，测试驾驶员的质量和配重；

注：测试用假人的质量包括安装在假人上的所有测试设施的质量。

g) 按 GB/T 18029.22 的规定调节轮椅车的详细情况；

h) 测试过程中完成配置的轮椅车的照片；

i) 按第 6 章～第 8 章的规定测试得出的结果，表 1 和表 2 提供了发布测试报告的推荐格式。

表 1 最大速度和加速度测试结果

最大速度(V_{mm})/(m/s)	向前，水平	
加速度/(m/s^2)	向前，下坡，3°斜面	
	向前，下坡，6°斜面	
	向前，上坡，3°斜面	
	向前，上坡，6°斜面	
	倒车，水平	
	加速度 A_{om}	
	最大加速度 A_{mm}	

表 2 减速度测试结果

		正常操作	倒车紧急减速	紧急停车
减速度/(m/s^2)	减速度 R_{om}			
	最大减速度 R_{mm}			

10 发布测试结果

在制造商的规格说明书中应按 GB/T 18029.15 规定的格式发布下列测试结果：

水平方向时向前的最大速度________ km/h。

注：检验报告中的单位和测试中的单位不同。

ICS 11.180
Y 14

中华人民共和国国家标准

GB/T 18029.7—2009/ISO 7176-7:1998

轮椅车
第7部分:座位和车轮尺寸的测量

Wheelchairs—Part 7:Measurement of seating and wheel dimensions

(ISO 7176-7:1998,IDT)

2009-09-30 发布　　2009-12-01 实施

中华人民共和国国家质量监督检验检疫总局
中国国家标准化管理委员会　发布

前　言

GB/T 18029《轮椅车》由以下部分组成：

——第1部分：静态稳定性的测定

——第2部分：电动轮椅车动态稳定性的测定

——第3部分：制动器的测定

——第4部分：能耗的测定

——第5部分：外形尺寸、质量和转向空间的测定

——第6部分：电动轮椅车最大速度、加速度和减速度的测定

——第7部分：座位和车轮尺寸的测量

——第8部分：静态强度、冲击强度及疲劳强度的要求和测试方法

——第9部分：电动轮椅车的气候试验方法

——第10部分：电动轮椅车越障能力的测定

——第11部分：测试用假人

——第13部分：测试表面摩擦系数的测定

——第14部分：电动轮椅车动力和控制系统—要求和测试方法

——第15部分：信息发布、文件出具和标识的要求

——第16部分：座(靠)垫阻燃性的要求和测试方法

——第17部分：电动轮椅车控制器的界面

——第18部分：上下楼装置

——第19部分：用于机动车的轮式移动装置

——第20部分：站立式轮椅车性能的测定

——第21部分：电磁兼容性的要求和测试方法

——第22部分：调节程序

——第23部分：护理者操作的爬楼梯装置的要求和测试方法

——第24部分：乘坐者操纵的爬楼梯装置的要求和测试方法

——第25部分：电池和充电器的要求和测试方法

——第26部分：术语

本部分为GB/T 18029的第7部分。

本部分等同采用ISO 7176-7:1998《轮椅车　第7部分：座位和车轮尺寸的测量方法》(英文版)。

本部分的附录A为规范性附录，附录B为资料性附录。

本部分由中华人民共和国民政部提出。

本部分由全国残疾人康复和专用设备标准化技术委员会(SAC/TC 148)归口。

本部分起草单位：国家康复辅具研究中心，国家康复辅具质量监督检验中心，上海互邦医疗器械有限公司。

本部分主要起草人：闫和平，赵次舜，谷慧茹。

引　言

GB/T 18029 的本部分通过规定一个一致的、可重复的测量方法，确保座位和轮子尺寸的信息具有可比性，同时提供处方者需要的相关资料。

轮椅车的椅座和轮子趋向于采用可变形的、有一定轮廓的或柔软的结构，这几乎没有一致的参考点来进行可靠的测量。过去，由于制造商们使用不同的测量方法，使得他们无法进行测量结果的比较。

此外，有时测量项目的选择是因为易于测量而不是根据临床用途。例如，吊索式座位的座位深度通常仅沿吊索材料测量，而不考虑座位后面与靠背之间的间隙。这一间隙有时宽达 5 cm 并很大程度上影响座位的实际深度。另外，可调部件会引起一些问题：这些可调部件互相影响，可能产生大量的、潜在的测量数据。

GB/T 18029 的本部分第一次在轮椅车座位上安放一个标准负载块。两种负载块分别规定了成人和儿童的相应尺寸。此负载块的结构可重复性地灵活改变，并提供便于测量尺寸的参考点。由于测量位置是相对于负载块的位置来描述的，所以负载块的精确定位是测量结果可重复性的基础。本部分对此也有详细规定。最后，为了便于比较不同制造商产品的数据，本部分也包含了测量结果的统一格式。

值得注意的是轮椅车生产通常是以一个型号系列出现的，其中包括一个基本型号和一系列衍生产品。关键在于选择委托测量哪个型号系列。

轮椅车
第7部分:座位和车轮尺寸的测量

1 范围

GB/T 18029 的本部分规定了轮椅车座位和车轮尺寸的测量方法。

本部分适用于使用者质量不超过 120 kg 的残障者室内和室外移动且速度不大于 15 km/h 的轮椅车和运载工具,包括按 GB/T 16432 分类的下列轮椅车和运载工具:

手动转向的电动轮椅车	12 21 24
动力转向的电动轮椅车	12 21 27
由护理者操纵的动力轮椅车	12 21 21
由护理者操纵的手动轮椅车	12 21 03
双手后轮驱动轮椅车	12 21 06
双手前轮驱动轮椅车	12 21 09
双手摆杆驱动轮椅车	12 21 12
单侧驱动无动力轮椅车(单手或单腿)	12 21 15
脚驱动轮椅车	12 21 18

本部分不适用于座宽小于 212 mm 的轮椅车。

GB/T 18029 的本部分不规定轮椅车座位和轮子的名义尺寸。

注:对于上述范围外的轮椅车,GB/T 18029 的本部分可能会给出应测量位置的规定。专为质量大大超过参考负载块的使用者而设计的轮椅车(见附录 A)和带有可压缩部件的轮椅车(弹性轮子和弹性座位),由于可压缩部件不能完全被压缩,测量可能无法得出正确的座位尺寸。

2 规范性引用文件

下列文件中的条款通过 GB/T 18029 的本部分的引用而成为本部分的条款。凡是注日期的引用文件,其随后所有的修改单(不包括勘误内容)或修订版均不适用于本部分,然而,鼓励根据本部分达成协议的各方研究是否可使用这些文件的最新版本。凡是不注日期的引用文件,其最新版本适用于本部分。

GB/T 14729 轮椅车 术语(GB/T 14729—2000,eqv ISO 6440:2000)

GB/T 16432 残疾人辅助器具 分类和术语(GB/T 16432—2004,ISO 9999:2002,IDT)

GB/T 18029.15 轮椅车 第15部分:信息发布、文件出具和标识的要求(GB/T 18029.15—2008,ISO 7176-15:1996,IDT)

3 术语、定义和缩略语

GB/T 14729 和 GB/T 18029.15 给出的以及下列术语、定义和缩略语适用于 GB/T 18029 的本部分:

3.1

负载块(RLG) reference loader gauge

用于在轮椅车座位上加载并形成一测量基准的装置。

3.2

座位参考平面 seat reference plane

负载块(RLG)座位部分的底面(见图1)。

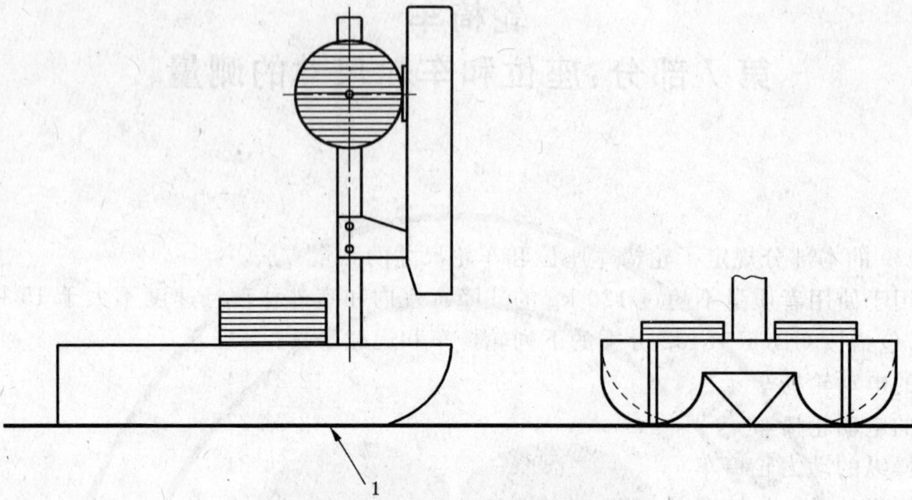

1——座位参考平面。

图 1　座位参考平面

3.3

靠背参考平面　backrest reference plane

与负载块(RLG)靠背部分外侧曲面的垂直中线相切的平面(见图 2)。

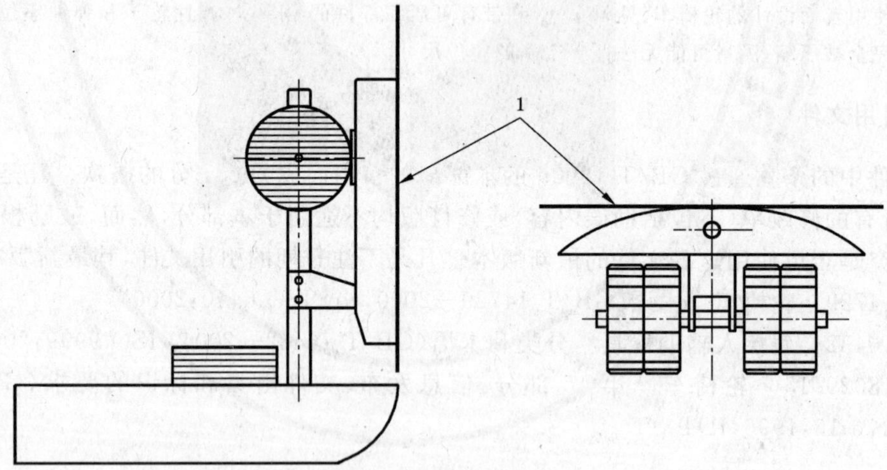

1——靠背参考平面。

图 2　靠背参考平面

3.4

腿参考平面　leg reference plane

1)　与脚托后缘或踵托带及座位最前端凸出部分相切的平面[见图 3a)]。

2)　与脚托后缘或踵托带及腿托最前端凸出部分相切的平面[见图 3b)]。

注：图 4 所示为不同形式脚托的腿参考平面的切点。

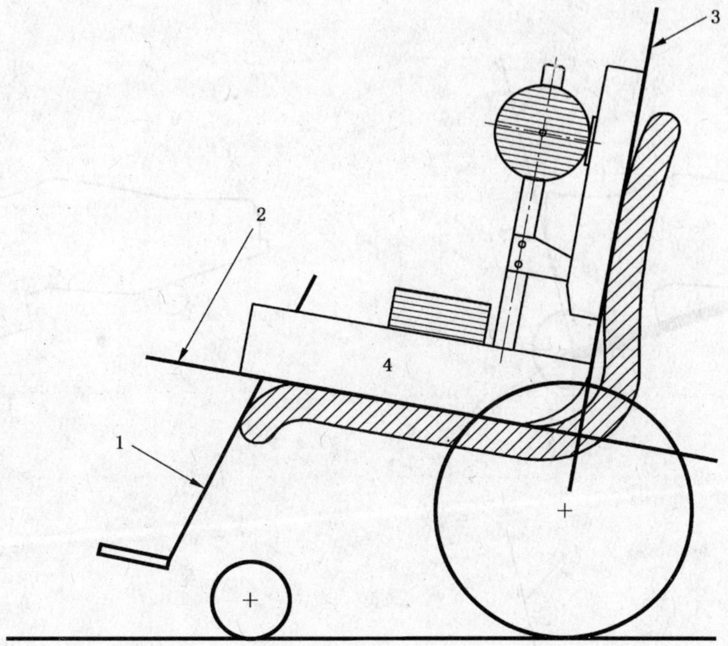

1——腿参考平面；

2——座位参考平面；

3——靠背参考平面；

4——负载块(RLG)。

a）与座位相切的腿参考板

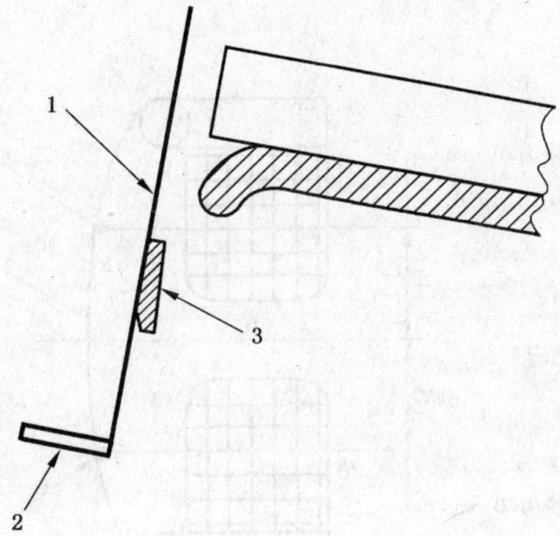

1——腿参考平面；

2——脚托；

3——腿托。

b）与腿托相切的腿参考板

图 3　腿参考平面

单位为毫米

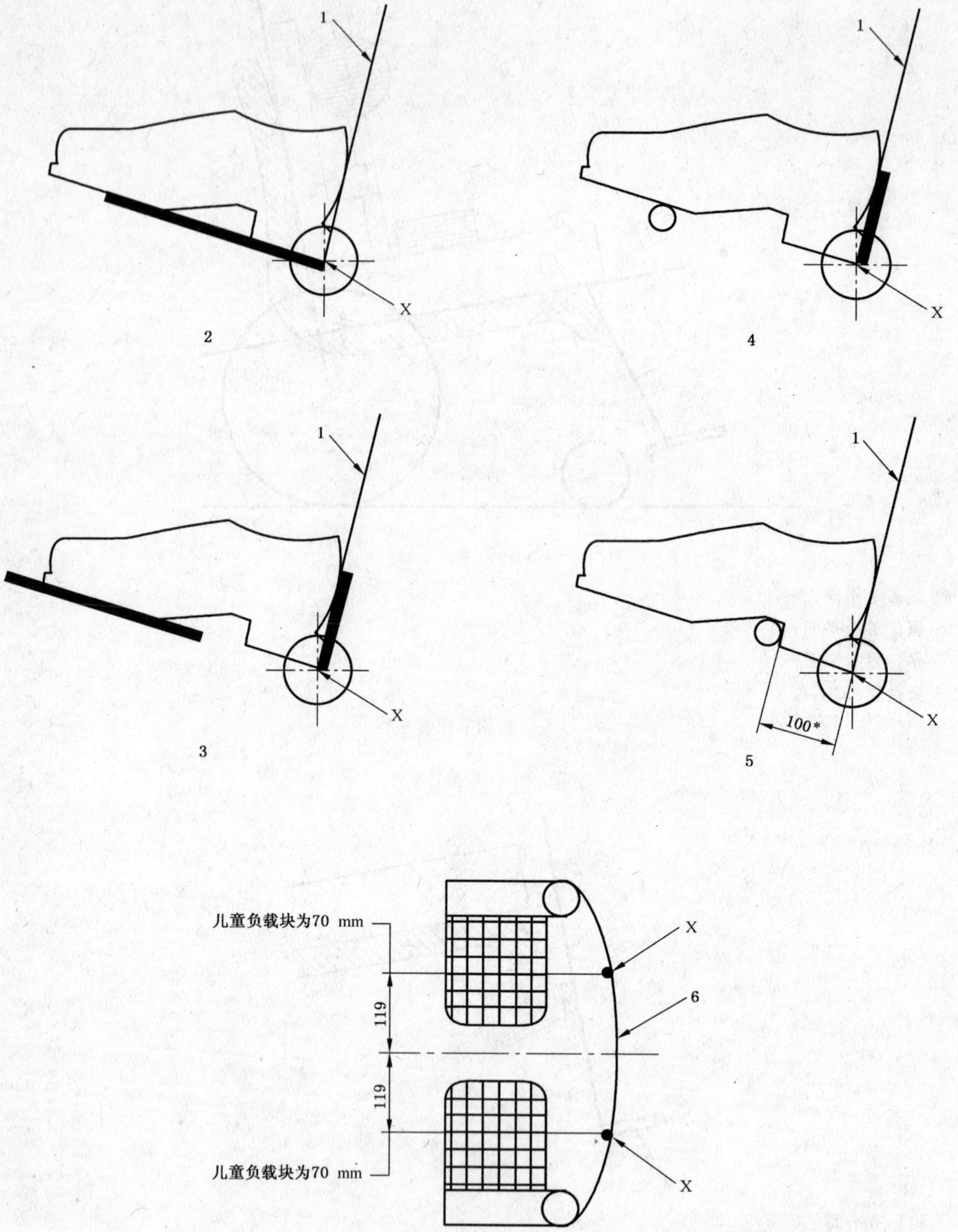

X——切点；

1——腿参考平面；

2——标准脚托；

3——带踵托带的脚托；

4——带踵托带的管状脚托；

5——不带踵托带的管状脚托；

6——踵托带；

* 儿童负载块尺寸为 60 mm。

图 4　与不同形式脚托相交的腿参考平面

3.5

参考配置　reference configuration

由可调节轮椅车按标准调节程序产生的、以确保不同轮椅车之间测量结果具有可比性的配置。

3.6

规格说明　specification sheet

制造商售前给出的有关轮椅车性能的资料。

3.7

数据表　data form

记录测量数据的表格(见附录 B)。

3.8

内倾　negative camber

轮椅车的轮子下端向外倾斜造成两轮的上端比下端距离小的状态。

4　原理

将负载块(RLG)放在轮椅车的座位内,使轮椅车及其座位结构产生可重复的变形。以负载块(RLG)的参考点和参考平面为基准测量座位和车轮的尺寸。

5　测量设施

5.1　成人负载块:按附录 A 规定。

5.2　儿童负载块:按附录 A 规定。

5.3　线性尺寸测量工具:量程为 2 m,精度为±1 mm。

5.4　平面角度测量工具:测量两平面之间的角度或某一表面与垂直或水平面之间角度的工具,精度±0.2°。

5.5　测量力的工具:量程为 25 N~500 N,精度为±5 N。

5.6　水平测试台:能放得下一辆轮椅车并实施测量的硬质平板,当轮椅车加载于其上时,平面度误差为 5 mm。

5.7　防止轮椅车移动的装置:在轮椅车定位时,用以防止其移动的装置。

注:建议将测量平板靠墙或类似的障碍物摆放即可防止轮椅车移动(见图 7 和图 8)。

6　轮椅车的准备

6.1　要求

在开始测量前,按下列要求准备轮椅车。

6.2　轮椅车的安装

按照委托测试者的规定安装合适的扶手,头垫,腿托和脚托。

取掉所有未固定在轮椅车上的部件和不是轮椅车正常使用必要的部件,如垫子,带子等。

6.3　充气胎的充气

如果轮椅车装有充气胎,将其充气至轮椅车制造商所推荐的充气压力。如果制造商给出的是一个压力范围,则充气至最高值。如果轮椅车制造商未推荐轮胎充气压力,则按轮胎制造商规定的最高压力充气。

6.4　调节

按下列要求将轮椅车调节至参考配置。

6.4.1 将制造商建议的用于驱动的部件安装定位。

6.4.2 对于制造商没有推荐用于驱动的部件，轮椅车可调部件的调节方法为：按下列顺序优先调节前面的参数并满足尽可能多的调节参数。

注1：当调节轮椅车的部件时，往往会发生这样的情况：调整一个部件会影响另一个部件（如调节轮子的位置可能改变座位的角度）。这时，有必要对一些相关的部件作数次调整以补偿对于其他部件作用。另一种情况是为了达到某一个参数而不可能达到另一个参数。

a) 将轮椅车放在测量平板（见5.6）上，使小脚轮处于向前随行的位置。

b) 调节小脚轮立轴至垂直（公差为 ${}^{0°}_{-1°}$），如果达不到这一要求，则调至尽量接近垂直角度的负方向。

注2：小脚轮立轴的负角度为立轴的上端偏后下端偏前。

c) 如果身体支撑部分与车架间的位置在水平或垂直方向可调，将其调至中间位置。若不可能调至中间位置，则应调至中间偏后或偏下的位置（公差±5 mm）。

注3：在可调部件的调节中，d)、e)、f)的调节可以通过将倾斜计置于相关平面上进行测量来充分实现。

注4：本项调节不适合座位升降式轮椅车。

d) 调节可调座位的角度，使其表面与水平面的夹角为8°±2°，前高后低。若不可能达到此角度，则调至最接近的较大的角度，若仍无法达到，则调至尽可能接近8°的角度。

e) 调节可调靠背的角度，使其表面与垂直面的夹角为10°±2°，下前上后。若不可能达到此角度，则调至最接近的较大的角度，若仍无法达到，则调至尽可能接近10°的角度。

f) 调节可调腿支撑部件与座位表面的角度，使其尽可能地接近但不小于90°。

g) 调节可调倾角轮子的外倾角至垂直位置与最大内倾角之间中间位置（公差±1°），若不可能达到此位置，则调至最接近该中间位置偏大的角度。

h) 如果轮子的外倾角范围未预先设定，则将外倾角调至2°±1°。若无法达到此外倾角，则调至最接近中间偏大的角度。

注5：内倾的定义见3.8。

i) 如果驱动轮的位置可作水平方向调节，应将其调至中间位置±3 mm。若不可能达到此位置，则调至最接近中间偏后的位置。

此项调节不应按制造商专供截肢者使用的调节方法调节（除非仅有此一种调节）。

j) 如果驱动轮的位置可作垂直方向调节，应将其调至中间位置±3 mm。若不可能达到此位置，则调至最接近中间偏下的位置。

k) 如果小脚轮的位置可作水平方向调节，应将其调至中间位置±3 mm。若不可能达到此位置，则调至最接近中间偏前的位置。

l) 如果小脚轮的位置可作垂直方向调节，应将其调至中间位置±3 mm。若不可能达到此位置，则调至最接近中间偏下的位置。

m) 如果两小脚轮之间的距离可调，应调至最大值。

n) 如果小脚轮组件的轮子的垂直位置在叉架内可调，应将其调至中间位置±1 mm。若不可能达到此位置，则调至最接近中间且叉架与轮子距离最大的位置。

o) 调节腿支撑和脚托部件，使其最低的部位尽可能地靠近测量平板，但与测量平板的距离不得小于50 mm。

p) 将其余物理量的调节尽可能调至中间位置。如果增量调节不能达到中间位置，则调至中间较大尺寸的位置。

q) 检查所有紧固件是否如制造商所规定的可靠工作。

7 测量步骤

7.1 选择负载块(RLG)尺寸

对座位内能安放成人尺寸负载块并两侧分别至少有 2 mm 空间的轮椅车,则选择成人负载块。

对座位尺寸过小,不能安放成人尺寸负载块但能放得下儿童负载块并两侧分别至少有 2 mm 空间的轮椅车,选择儿童负载块。

7.2 负载块(RLG)定位

注:建议不熟悉此项技术的操作人员练习此操作若干次并记录座位平面角度和靠背角度(见 7.3 尺寸 1 和 6),以便使测得数据的一致性在±2°以内。

出于安全考虑,尤其是稳定性较差的运动型轮椅车,在安放负载块和测量尺寸时应特别注意应稳妥的固定轮椅车。

按下列方法将负载块安放在轮椅车上:

a) 将轮椅车放在测量平板上,在轮椅车座位的中间放上尺寸合适的负载块(不加补充配重),并使其靠背部分的表面及座位部分的后缘与轮椅车的靠背接触[见图 5a)]。

b) 如果轮椅车靠背的上端与成人负载块靠背部分下端的距离小于 150 mm 或与儿童负载块靠背部分下端的距离小于 90 mm[见图 5b)],将靠背部分(靠背参考平面)的转轴点 H 固定在与水平面的夹角成 90°±1°[见图 5c)],并记录在检验报告中(见 8.1)。

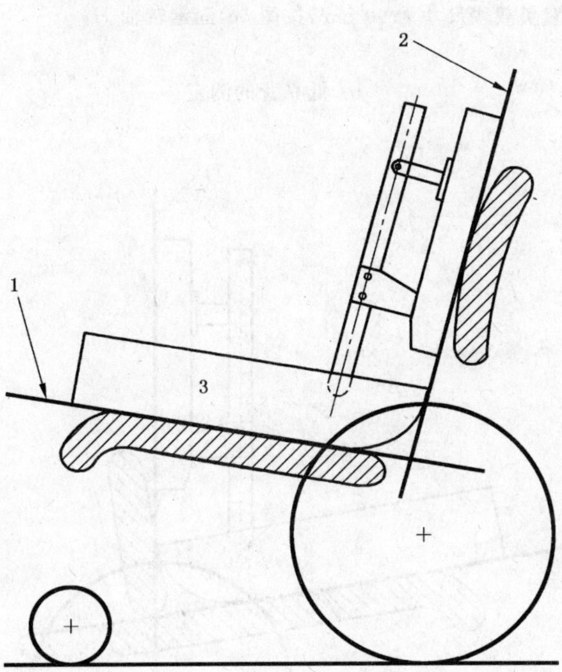

1——座位参考平面;
2——靠背参考平面;
3——负载块。

a) 负载块位置

图 5 负载块的定位

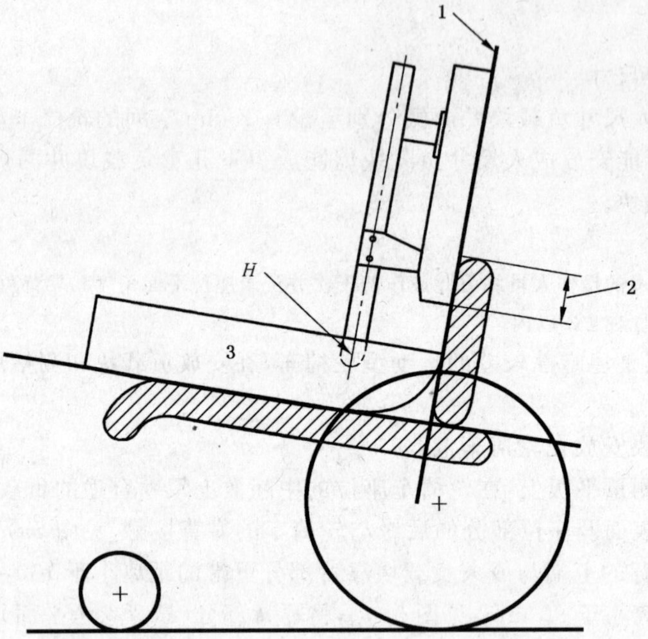

1——靠背参考平面；

2——如果小于 150 mm(儿童负载块尺寸为 90 mm)按图 5c)固定转轴 H；

3——负载块。

b) 低靠背的测定

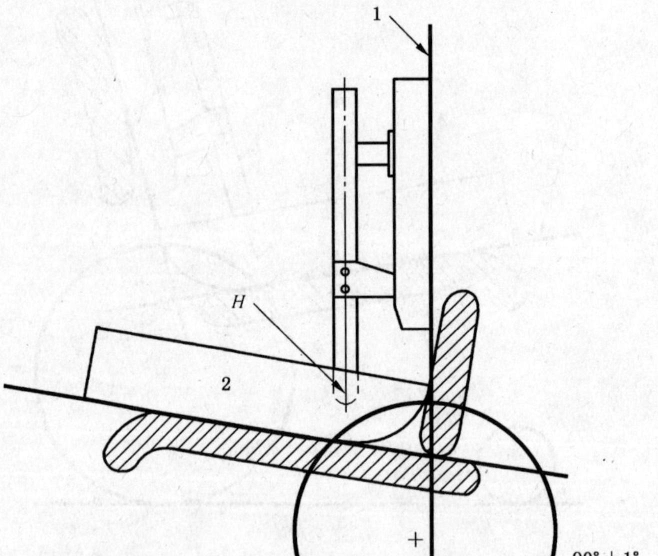

1——靠背参考平面；

2——负载块。

c) 测量低靠背轮椅车时负载块靠背部分的固定

图 5（续）

c) 如果轮椅车座位后部或靠背的间隙过大,致使负载块的座位部分能从此间隙中滑出,造成靠背部分向前折叠而小于90°[见图6a)],则应将靠背部分(靠背参考平面)的转轴点 H 固定在与水平面的夹角成105°±1°[见图6b)],并记录在测试报告中(见8.1)。

d) 除了上面b)和c)所述的情况,允许负载块的靠背部分绕座位部分上的转轴点 H 转动。

e) 在开始将负载块定位前,调节轮椅车以防滑动。

图7所示为测试平板靠墙摆放(见5.7),并将轮子制动,以防轮椅车滚动。

1——靠背间隙;
2——座位间隙;
3——负载块。

a) 靠背有间隙的测定

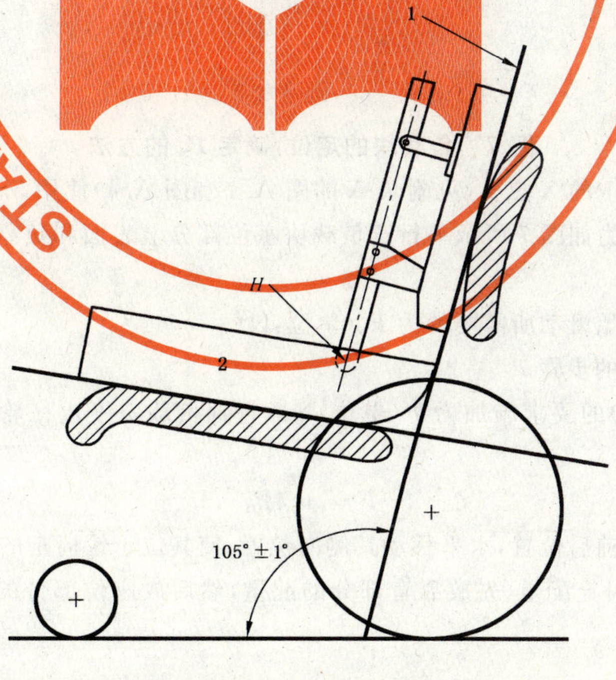

1——靠背参考平面;
2——负载块。

b) 轮椅车靠背有间隙时固定靠背部分

图6 轮椅车靠背有间隙时负载块的定位

f) 符合 d)的轮椅车,应将未加载荷的负载块重新定位:将负载块的靠背部分靠在轮椅车的靠背上,以便当施加力 F_S 时[见 g)],负载块有大约 30 mm 的后移(见图 7)。符合 b)和 c)的轮椅车,应将未加载荷的负载块摆放在轮椅车上,以便当施加力 F_S 时,负载块有大约 30 mm 的后移。

尺寸单位为毫米

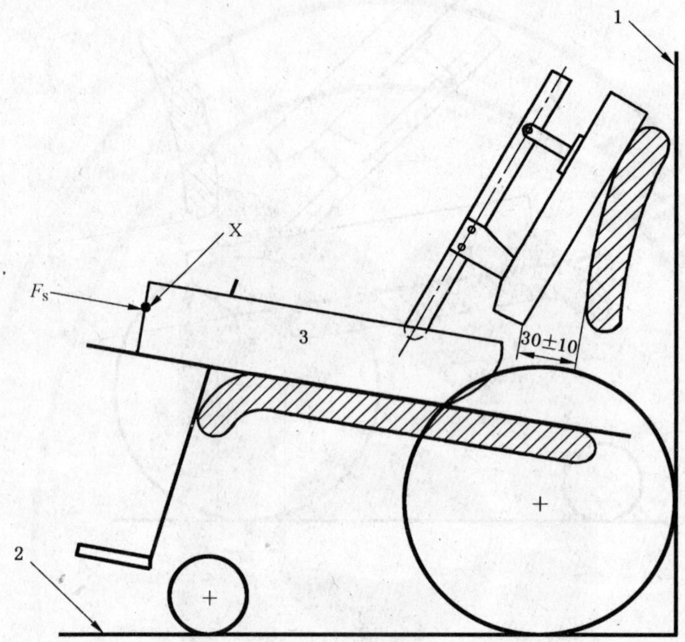

1——墙壁;

2——测试平板;

3——负载块。

图 7 负载块的定位:确定 F_S 的方法

g) 在负载块前表面上的 X 点上(见附录 A 的图 A.1 和图 A.4)使用 5.5 所规定的力转换器施加一个力。确保此力如图 7 所示平行于负载块座位部分上表面和负载块的中心线,方向指向轮椅车的靠背。

h) 测定使负载块开始滑动所需要的力 F_S(单位:N)。

i) 重复 a)至 f)所述的步骤。

j) 如图 8 所示,按 g)的要求施加力 F(单位:N),直到负载块停止在轮椅车上滑动,大小由下式导出:

$$F = 1.4F_S$$

k) 不改变负载块的前后位置,水平移动其侧向位置,使其位于轮椅车的中间。

l) 在负载块上放上补充配重(先放靠背部分的配重,然后放座位部分的配重)并确保配重的位置摆放正确。

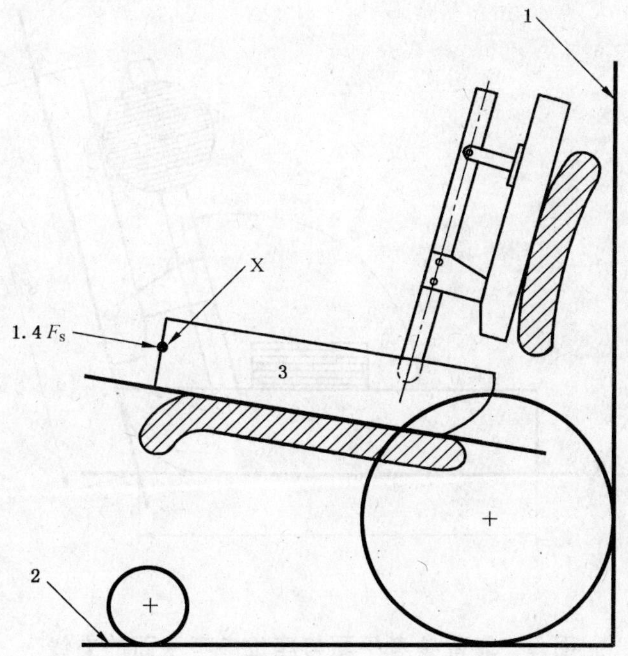

1——墙壁；

2——测试平板；

3——负载块。

图 8 负载块定位:施加力 F

7.3 测量

7.3.1 要求

使用第 5 章规定的设备,测量并记录下列尺寸(长度精确到±3 mm,角度精确到±1°):

对于所有可能影响轮椅车座位和车轮尺寸的可调节部件,仅在其受调节影响时需测量。在这种情况下,测量尺寸的最大值和最小值,如果不是无级调节,还应记录可调节增量。测量所有可调节功能的尺寸范围后,按 6.4 的规定重复每一项调节至参考配置。

注 1:负载块的尺寸(成人或儿童)会影响某些测得的尺寸。

注 2:以下建议将有助于测量的操作。下列大部分尺寸可从装有负载块的轮椅车直接测得。然而,尺寸 2、7、10、25 和 26 在某种程度上与一些难以接近的假想空间位置有关,如座位参考平面与靠背参考平面的交点。这种交点的位置,可通过滑动靠背部分后面和座位下面的条状塑料或金属薄片在座位后缘相接,来测量和确定。

解决此问题更有效方法是先测量这些尺寸可达到部分到负载块上相应的界标,然后由负载块已知的尺寸计算此尺寸的完整值。每一尺寸均有相应的计算公式,一般的测量步骤如下:

——测量并记录尺寸 2、7、10、25 和 26(见相关的尺寸),但仅测量这些尺寸测得到的部分。

——将负载块转轴锁定,固定座位部分和靠背部分之间的角度 β(见图 9)。

——将负载块放在一平面上。

——将一平板置放于靠背部分上,平板表面与靠背表面相接触,从而产生了靠背参考平面与座位参考平面(见图 9)。

——测量并记录尺寸 S_L 和 B_H。

——由给出的每一尺寸的公式计算得出尺寸 2、7、10、25 和 26 的完整值。

注 3:23～26 的测量仅作为手动轮椅车的测量项目。

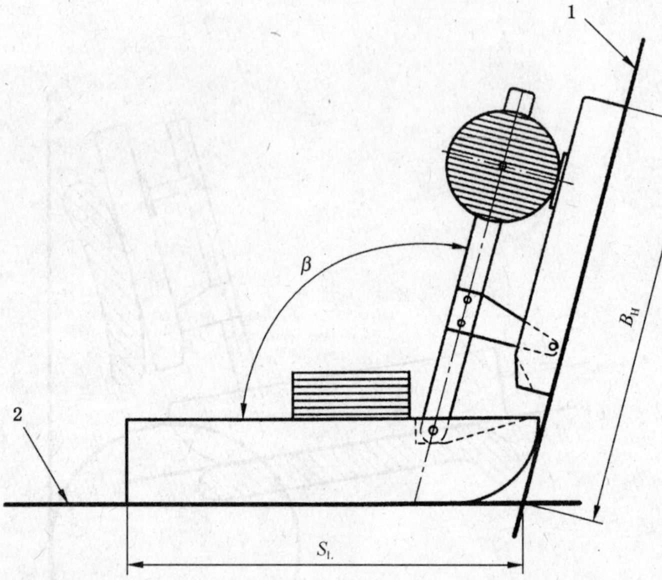

1——靠背参考平面；

2——座位参考平面。

图 9 靠背参考平面与座位参考平面的交线

7.3.2 尺寸 1:座位平面角度

座位参考平面与水平面之间的夹角(见图 10),所示角度为正角度。如果座位的角度可调,则应测量最大值和最小值。如果角度不是无级调节,还应记录可调节增量。

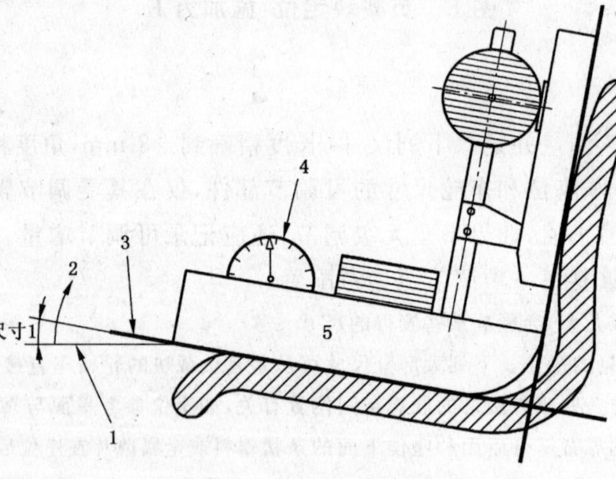

1——水平线；

2——正方向；

3——座位参考平面；

4——测量角度的设施；

5——负载块。

图 10 座位平面角度及测量

7.3.3 尺寸 2:有效座位深度

从腿参考平面(见 3.4)与座位参考平面(见 3.2)的交线到靠背参考平面(见 3.3)与座位参考平面的交线的距离[图 11a)]。如果座位的深度可调,则应测量最大深度和最小深度。如果深度不是无级调节,还应记录可调节增量。

如果尺寸 2 大于负载块座位部分,此尺寸可由 S_L+t[图 11b)]得出,式中 S_L 由 7.3 注 2 得出。

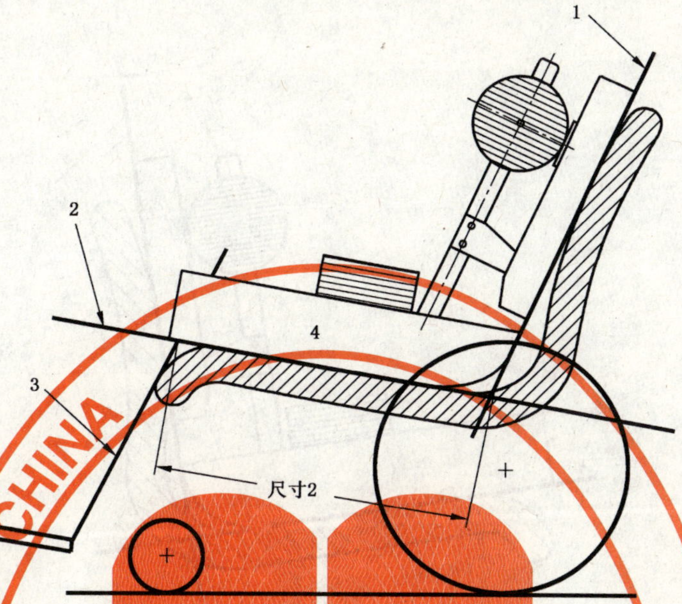

1——靠背参考平面；
2——座位参考平面；
3——腿参考平面；
4——负载块。

a）有效座位深度

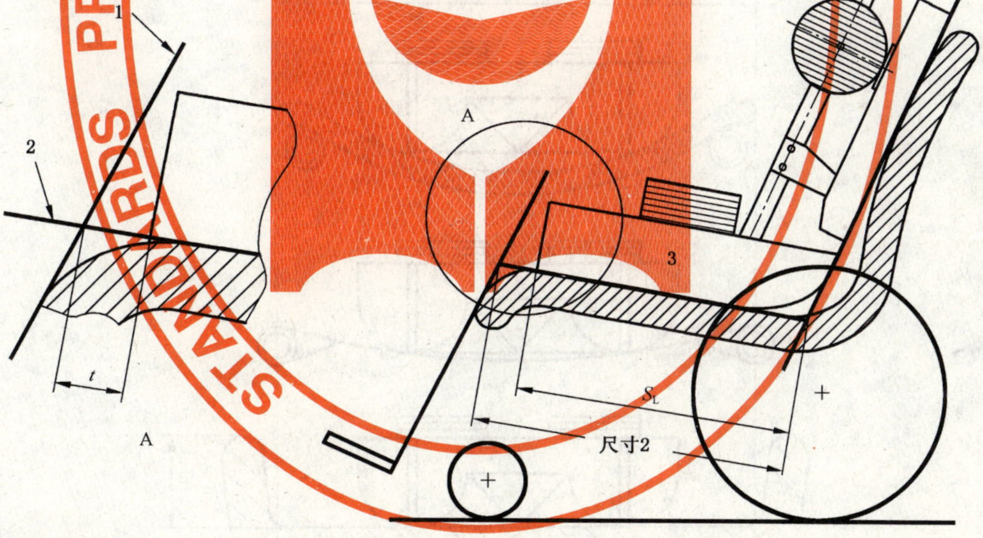

1——腿参考平面；
2——座位参考平面；
3——负载块。

b）当座位深度大于负载块座位部分时有效深度的确定

图 11　座位深度

7.3.4　尺寸 3：座位宽度

负载座位的支撑面距靠背参考平面与座位参考平面交点向前 120 mm（儿童负载块尺寸为 72 mm）的位置上的宽度［图 12a）］。如图 12b）所示，此尺寸应沿座位参考平面测量 A-A 的距离。

凹陷深度小于 50 mm 的“凹座形”座位与凹陷深度大于 50 mm 的“凹座形”座位的测量点不同［见图 12b）］。

如果座位的宽度可调，则应测量最大宽度和最小宽度。如果宽度不是无级调节，还应记录可调节增量。

尺寸单位为毫米

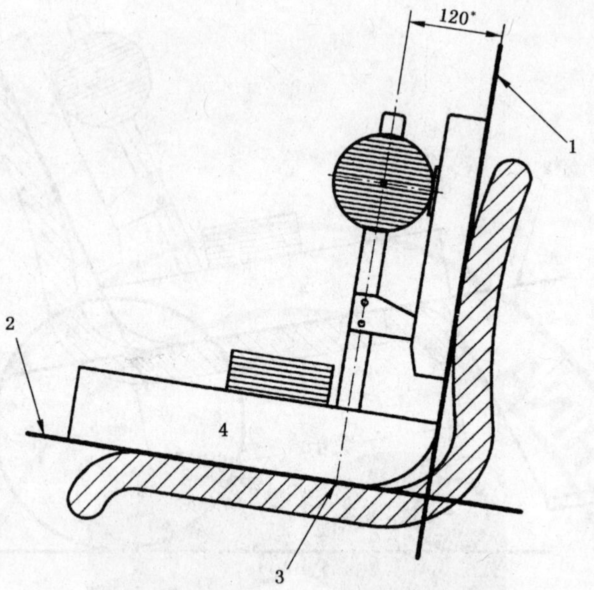

1——靠背参考平面；
2——座位参考平面；
3——测量位置 A；
4——负载块。
* 儿童负载块尺寸为 72 mm。

a) 座位宽度测量位置 A

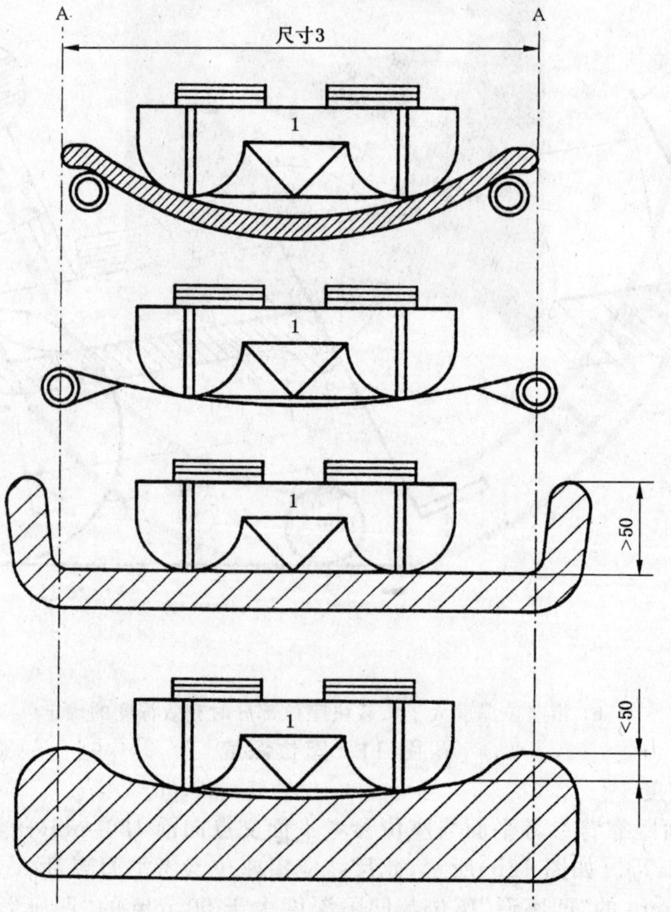

1——负载块。

b) 各种形式座位的宽度

图 12 座位宽度

7.3.5 尺寸 4:有效座位宽度

轮椅车座位结构内的最大宽度。此尺寸应在负载块座位参考平面上方 100 mm(儿童负载块尺寸为 60 mm)且平行于座位参考平面的假想平面上且距靠背参考平面前向 120 mm(儿童负载块尺寸为 72 mm)处,即在 B 处测得[见图 13a)]。此尺寸通常受扶手侧板[见图 13b)]或高侧面座位[见图 13c)]的限制。但在某些情况下座位或扶手结构不影响该尺寸,例如没有扶手侧板。如果座位的有效宽度可调,则应测量最大宽度和最小宽度。如果宽度不是无级调节,还应记录可调节增量。

尺寸单位为毫米

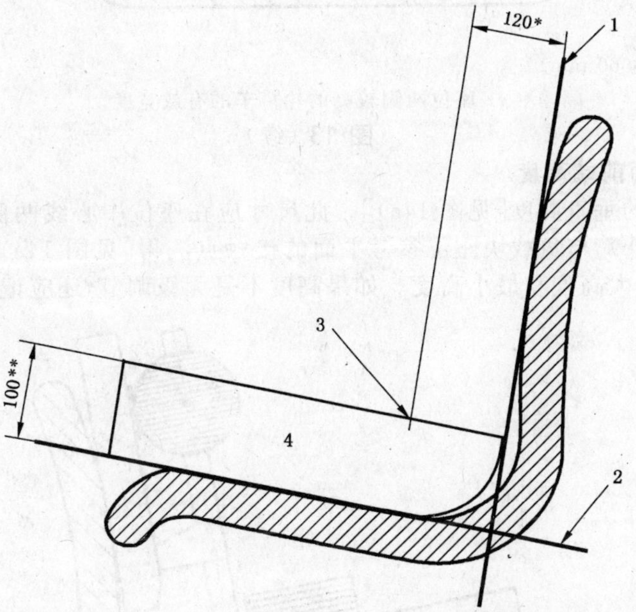

1——靠背参考平面;
2——座位参考平面;
3——测量位置 B;
4——负载块。
* 儿童负载块尺寸为 72 mm。
** 儿童负载块尺寸为 60 mm。

a) 有效座位宽度测量位置 B

尺寸单位为毫米

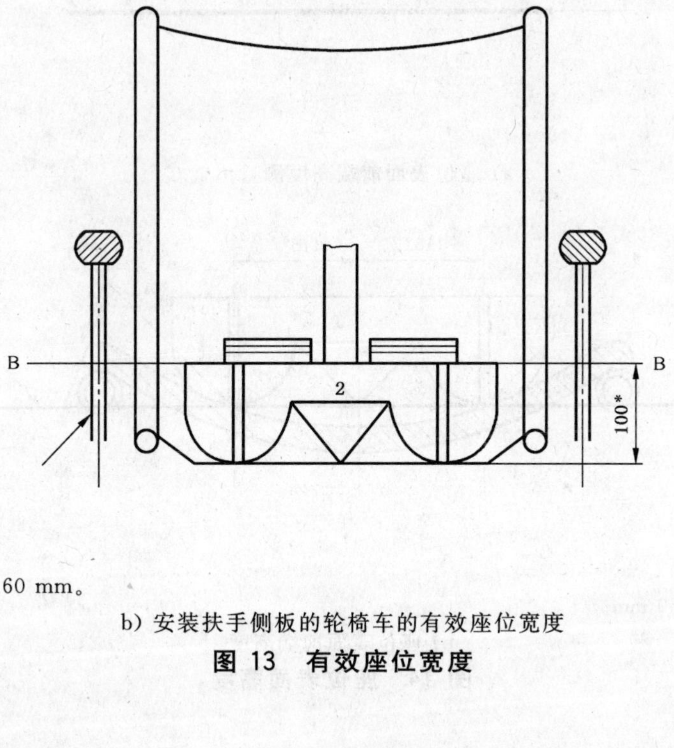

1——扶手侧板;
2——负载块。
* 儿童负载块尺寸为 60 mm。

b) 安装扶手侧板的轮椅车的有效座位宽度

图 13 有效座位宽度

尺寸单位为毫米

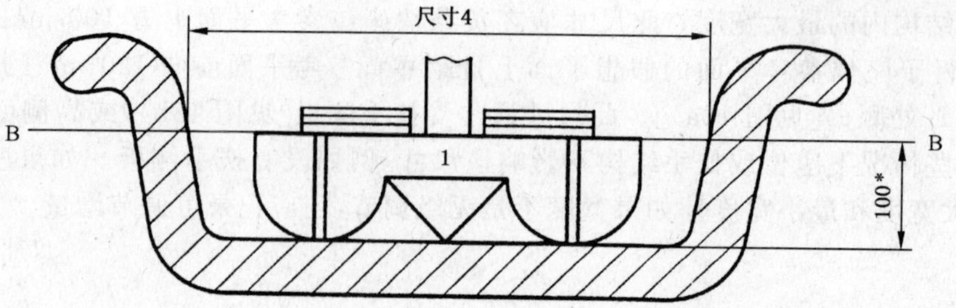

1——负载块；

2——儿童负载块尺寸为 60 mm。

c) 座位两侧较高的轮椅车的有效宽度

图 13（续）

7.3.6 尺寸 5:座位表面前端高度

座位最前端距地面的垂直高度[见图 14a)]。此尺寸应在座位中心线两侧 115 mm(儿童负载块尺寸为 69 mm)处[见图 14b)]与负载块座位参考平面的接触点测得[见图 14a)和图 14b)的 C]。若座位的高度可调,则应测量最大高度和最小高度。如果高度不是无级调节,还应记录可调节增量。

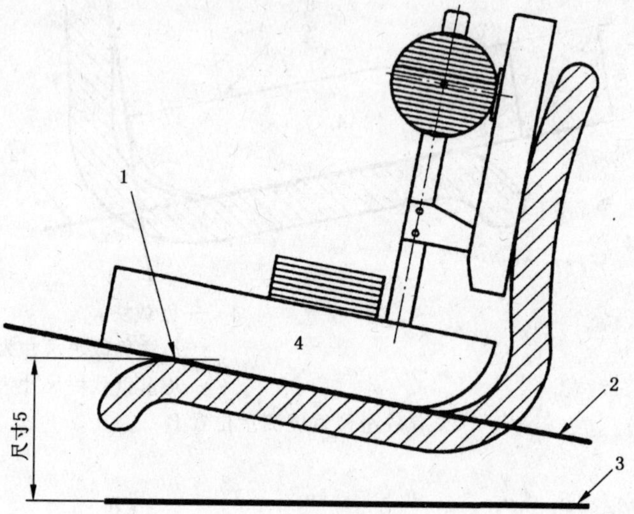

1——测量位置 C；

2——座位参考平面；

3——测试平板；

4——负载块。

a) 座位表面前端高度测量位置 C

尺寸单位为毫米

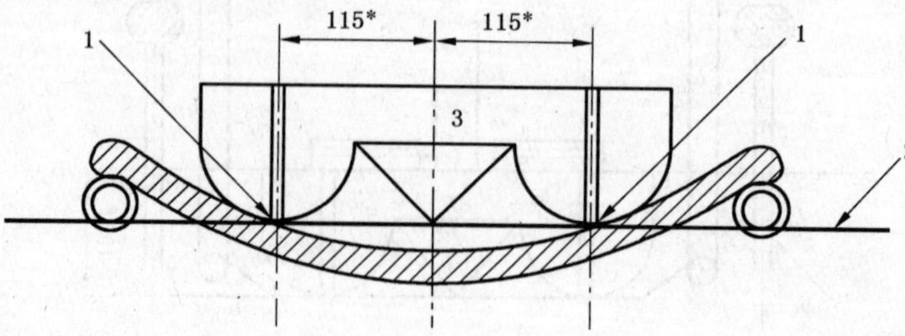

1——测量位置 C；

2——座位参考平面；

3——负载块。

* 儿童负载块尺寸为 69 mm。

b) 座位表面前端高度

图 14 座位表面高度

7.3.7 **尺寸 6:靠背角度**

负载块靠背参考平面与垂直面之间的角度。图 15 所示为正角度。本项测量对于 7.2b)规定的低靠背轮椅车和 7.2c)规定的座位与靠背间隙过大的轮椅车不实施。如果靠背角度可调,则应测量最大角度和最小角度。如果角度不是无级调节,还应记录可调节增量。

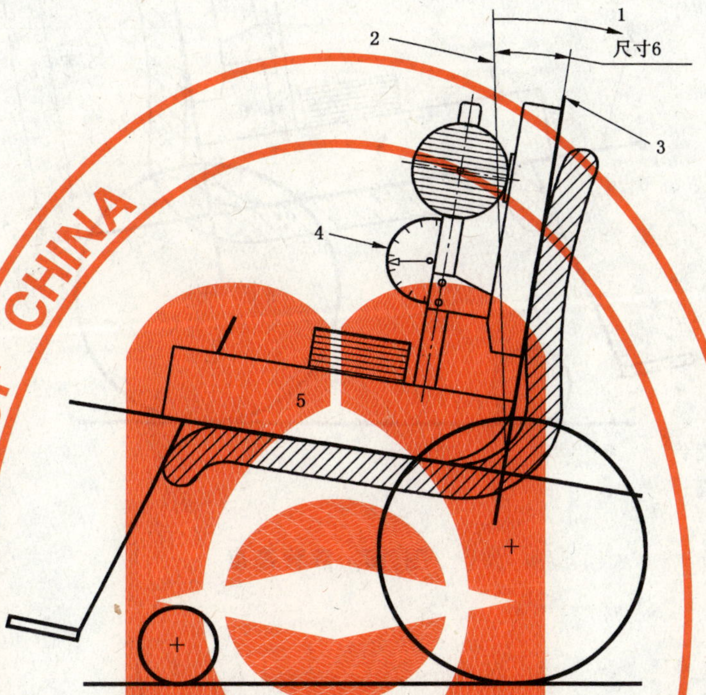

1——正方向;

2——垂直线;

3——靠背参考平面;

4——角度测量工具;

5——负载块。

图 15 靠背角度

7.3.8 **尺寸 7:靠背高度**

注:本项测量不适用于带有整体式头垫的靠背。

如图 16 所示,沿着平行于靠背参考平面的方向靠背顶部中央到座位参考平面的距离。此尺寸内不应包括可拆卸头垫。

如图 16 所示,此尺寸可先测得尺寸 B_H(B_H 的出处见 7.3.1 的注 2),然后加上或减去 e 得出。

如果靠背高度可调,则应测量最大高度和最小高度。如果高度不是无级调节,还应记录可调节增量。

7.3.9 **尺寸 8:靠背宽度**

靠背支撑面上距座位参考平面上方 200 mm～500 mm(儿童负载块尺寸为 120 mm～300 mm)处最大的宽度[图 17a)、图 17b)和图 17c)]。如果靠背宽度可调,则应测量最大宽度和最小宽度。如果宽度不是无级调节,还应记录可调节增量。

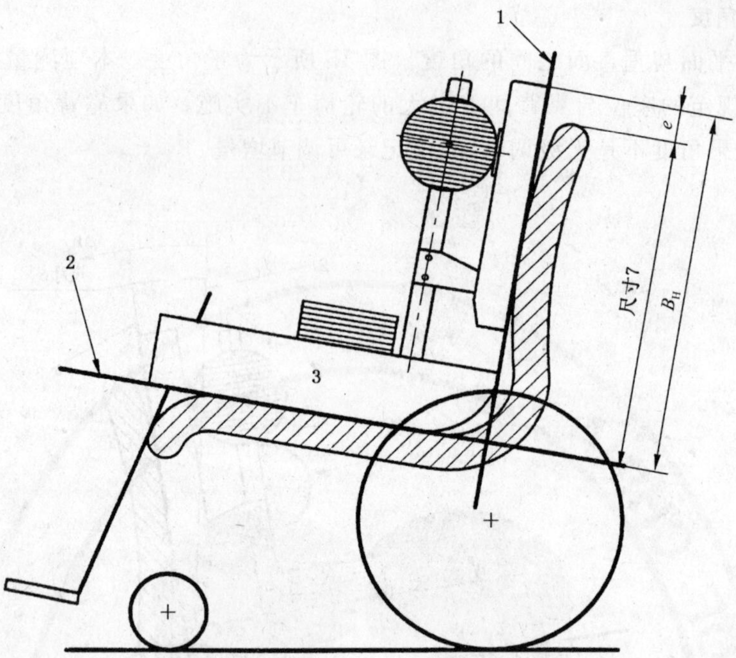

1——靠背参考平面；
2——座位参考平面；
3——负载块。

图 16　靠背高度

尺寸单位为毫米

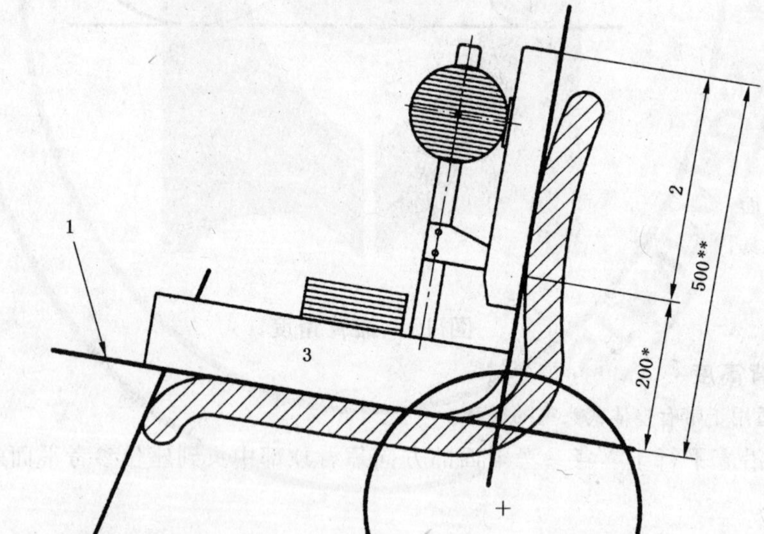

1——座位参考平面；
2——最大宽度测量位置；
3——负载块。
* 儿童负载块尺寸为 120 mm。
** 儿童负载块尺寸为 300 mm。

a) 靠背宽度测量位置

图 17　靠背宽度

尺寸单位为毫米

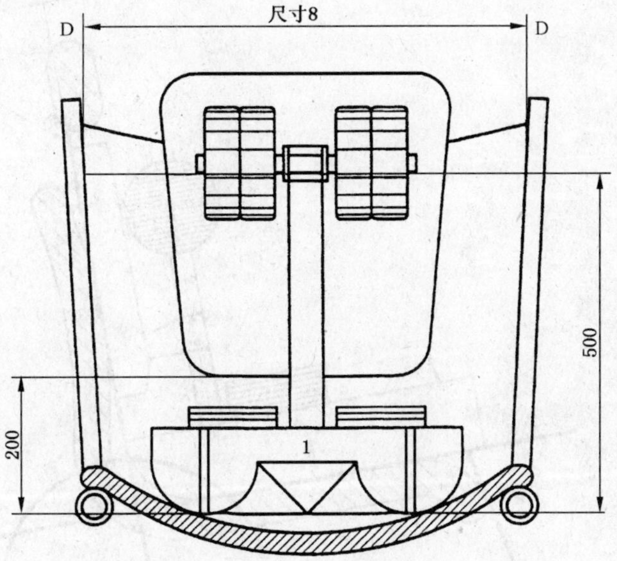

1——负载块。

b）靠背宽度-前视

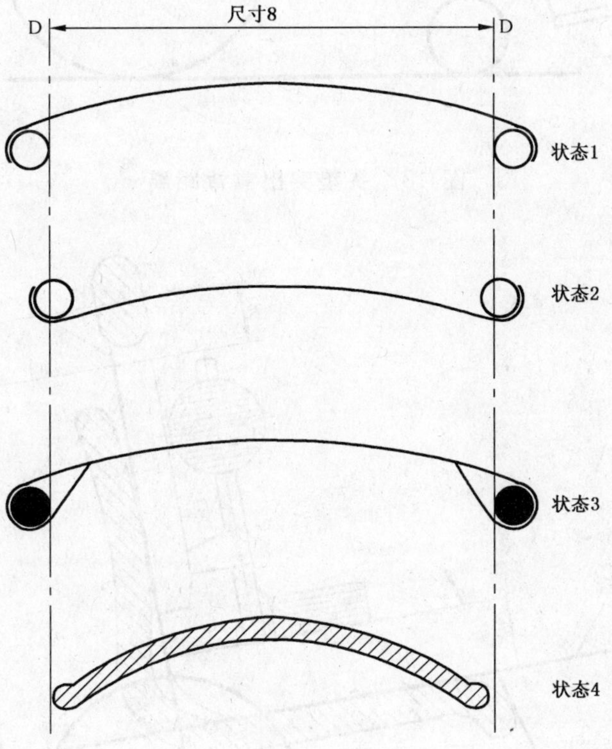

c）靠背宽度俯视

图 17（续）

7.3.10 尺寸 9:头垫向前突出靠背的距离

头垫组件垂直中心线的最前端点到靠背参考平面(见 3.3)的垂直距离。图 18 所示为正值。如果头垫位置可调,则应测量最大距离和最小距离。如果位置不是无级调节,还应记录可调节增量。

7.3.11 尺寸 10:头垫高度

头垫组件垂直中心线的最前端点到座位靠背参考平面的距离。此尺寸应沿着平行于靠背参考平面的平面测量(见图 19)。如果头垫高度可调,则应测量最大高度和最小高度。如果高度不是无级调节,还应记录可调节增量。

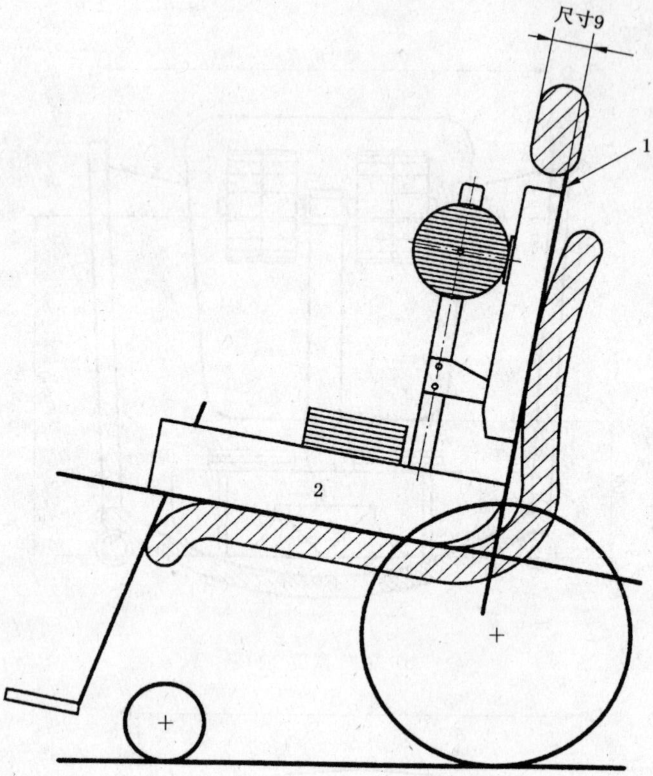

1——靠背参考平面；
2——负载块。

图 18 头垫突出靠背距离

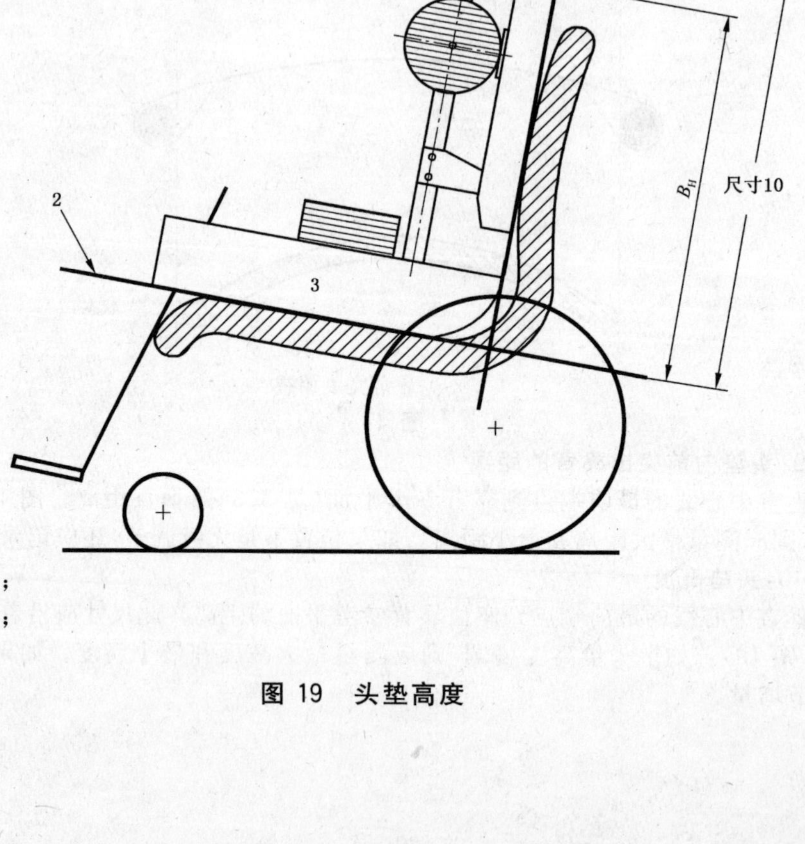

1——靠背参考平面；
2——座位参考平面；
3——负载块。

图 19 头垫高度

如图 19 所示，此尺寸可先测得尺寸 B_H（B_H 的出处见 7.3.1 的注 2），然后加上或减去 h 得出。

7.3.12 尺寸 11：脚托到座位的距离

从座位参考平面［图 20a）、图 20b）和图 20c）的 E 点］位于座位中心线两侧 115 mm（儿童负载块尺寸为 69 mm）到脚托组件后支撑点的距离。此尺寸应沿腿参考平面测得，且与负载块座位部分的狭槽位置一致。

如果脚托高度可调，则应测量最大值和最小值。如果此尺寸不是无级调节，还应记录可调节增量。

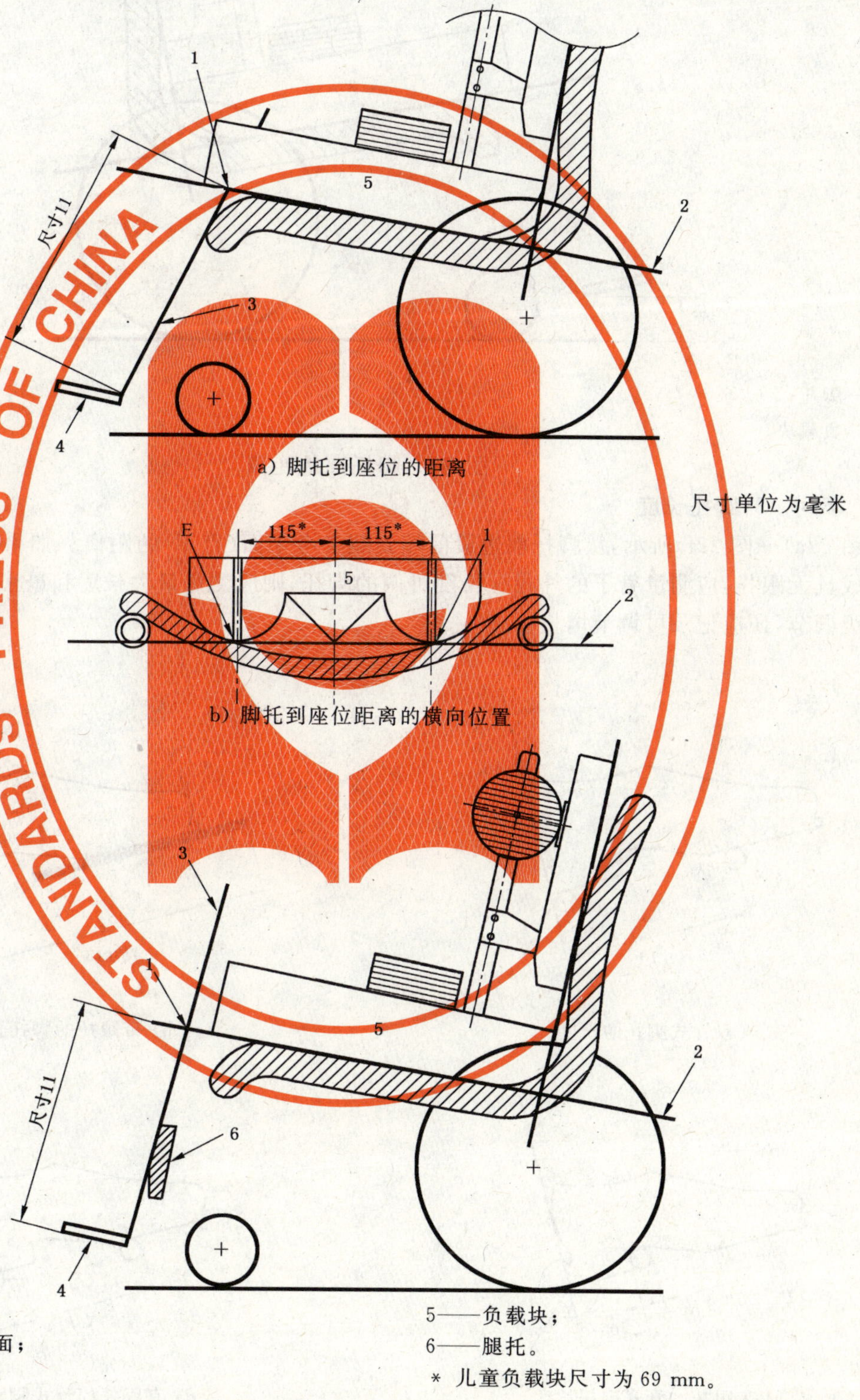

1——E 点位置；
2——座位参考平面；
3——腿参考平面；
4——脚托；
5——负载块；
6——腿托。
* 儿童负载块尺寸为 69 mm。

c）腿托突出的轮椅车的脚托到座位的距离

图 20 脚托到座位的距离

7.3.13 尺寸 12:脚托离地高度

对于不可调节脚托的轮椅车,测量脚托底面的最低点到地面的垂直距离,如图 21 所示。

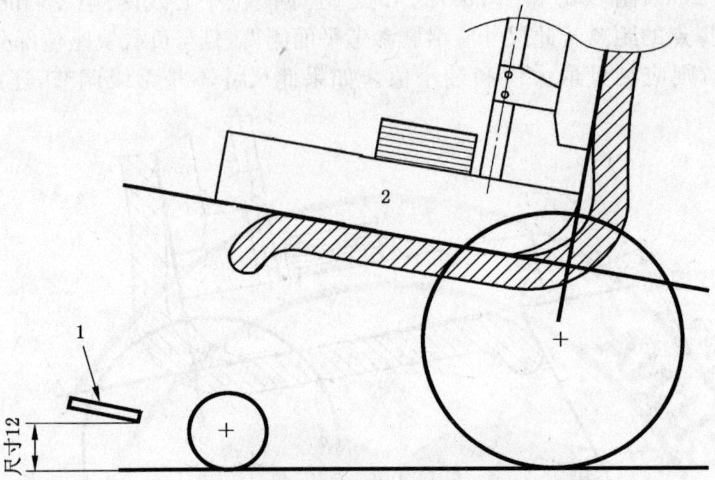

1——脚托;

2——负载块。

图 21 脚托离地距离

7.3.14 尺寸 13:脚托长度

如图 22a)～图 22f)所示,从脚托前边最前端到腿参考平面(点 F)的距离。如果脚托支撑面由一根管子制成且无跟托,应测量管子的外径。长度可调的脚托,则应测量最大长度和最小长度。如果此尺寸不是无级调节,还应记录可调节增量。

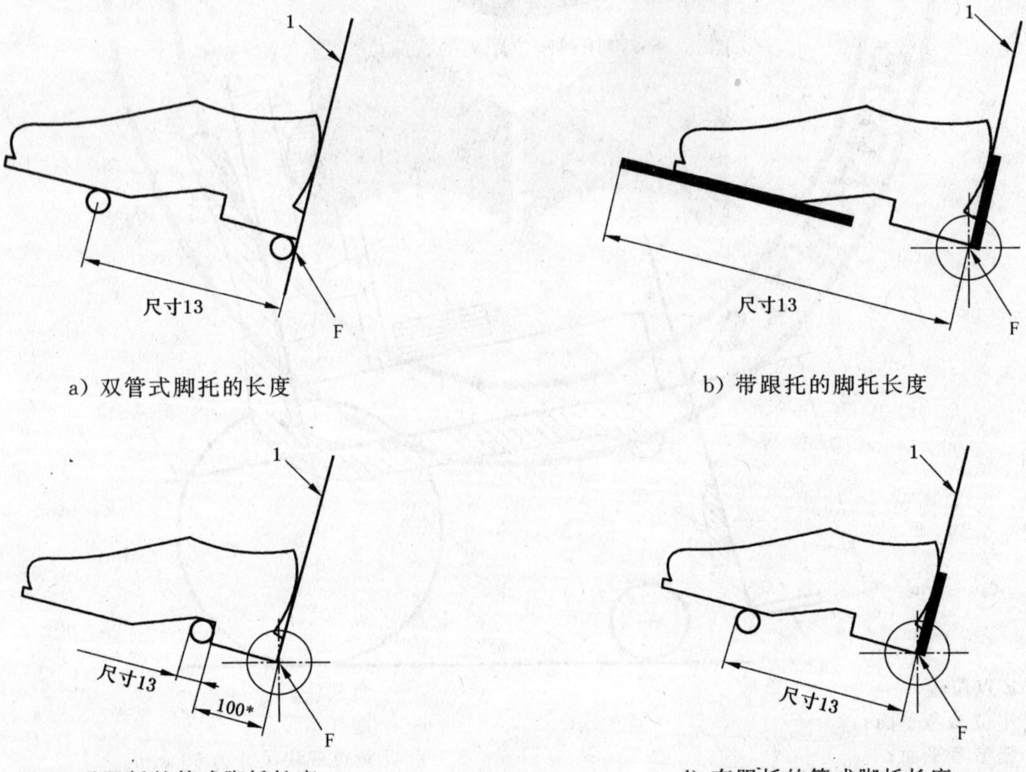

a) 双管式脚托的长度

b) 带跟托的脚托长度

c) 无跟托的管式脚托长度

d) 有跟托的管式脚托长度

图 22 脚托长度

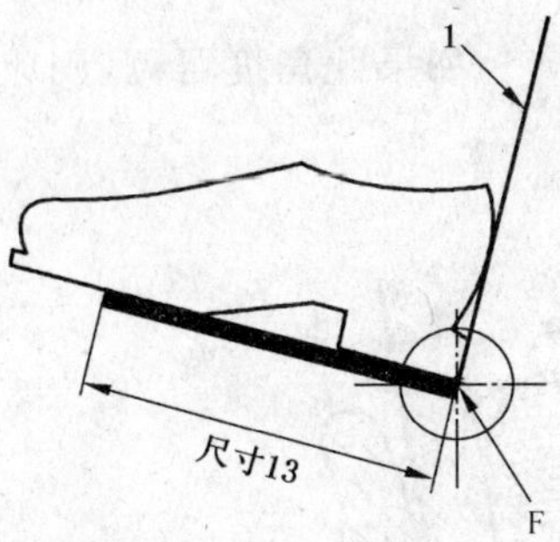

e) 标准脚托的长度

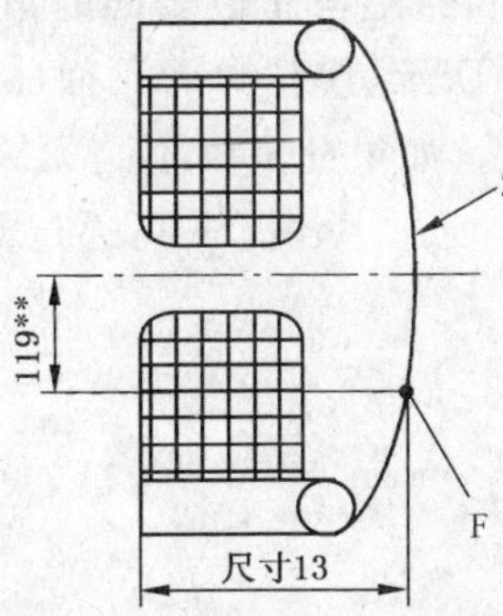

f) 整体跟托长度测量的横向位置

1——腿参考平面；

2——跟托；

F——测量位置。

* 儿童负载块尺寸为 60 mm。

** 儿童负载块尺寸为 70 mm。

图 22（续）

7.3.15 尺寸 14:脚托与腿的角度

注：本项测量不适用于支撑面由一根管子制成的脚托。

如图 23 所示,脚托与腿参考平面(3.4)间的角度。如果脚托的此角度可调,则应测量最大角度和最小角度。如果此角度不是无级调节,还应记录可调节增量。

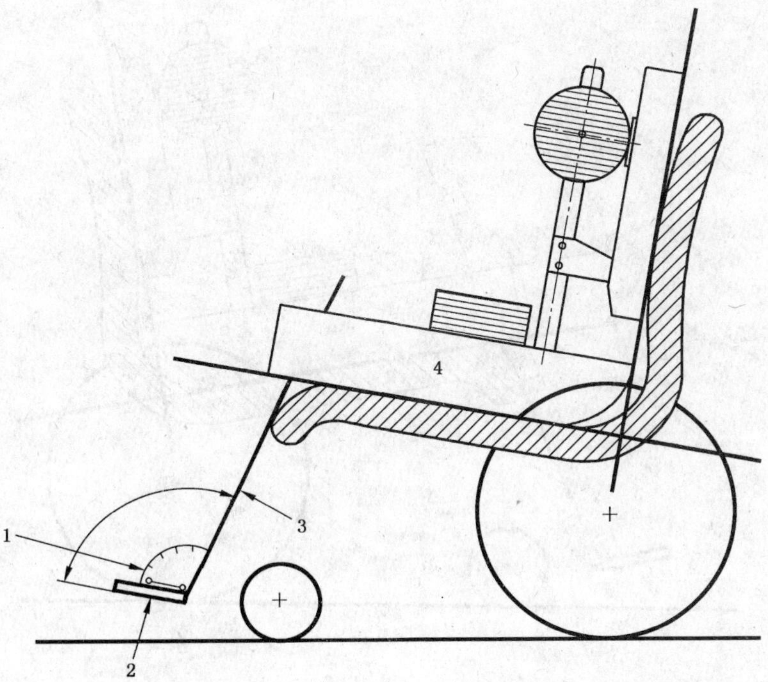

尺寸14

1——测量角度的工具；

2——脚托；

3——腿参考平面；

4——负载块。

图 23 脚托与腿的角度

7.3.16　**尺寸15:腿与座位表面的角度**

如图24a)所示,座位参考平面(3.2)与腿参考平面之间的距离。如果此角度可调,则应测量最大角度和最小角度。如果此角度不是无级调节,还应记录可调节增量。

如图24b)所示,尺寸15可通过测量相应的角度确定。

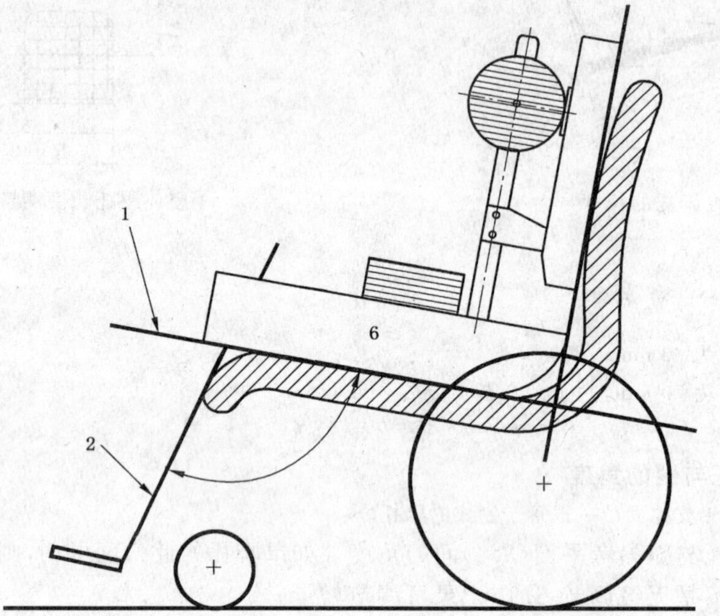

a)

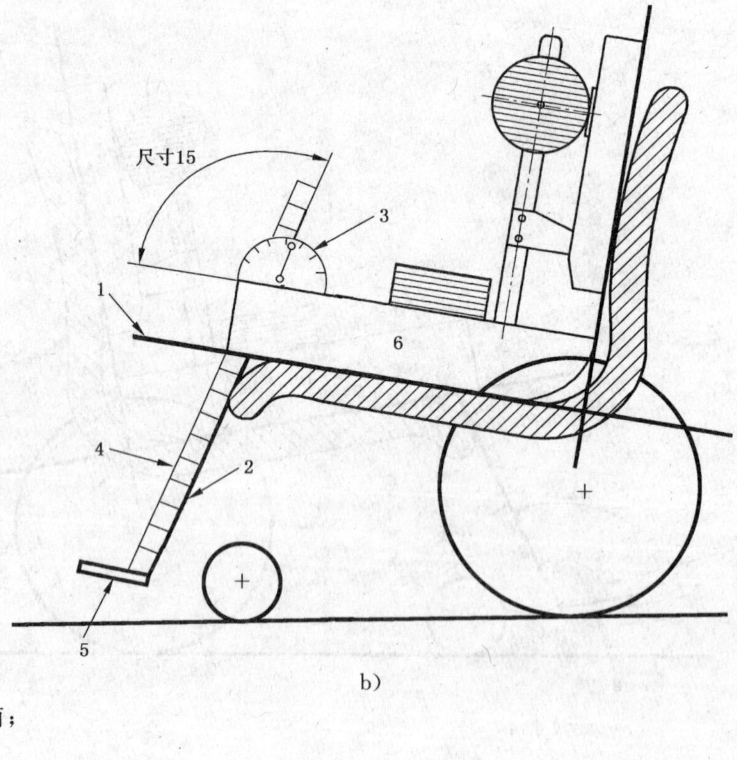

b)

1——座位参考平面;
2——腿参考平面;
3——测量角度的工具;
4——板条(如钢板);
5——脚托;
6——负载块。

图24　腿与座位表面的角度

7.3.17　尺寸 16:扶手高度

从扶手顶部到座位参考平面的垂直距离。如图 25 所示,此尺寸应在座位参考平面上距靠背参考平面 120 mm 处(儿童负载块尺寸为 72 mm)测得。如果扶手高度可调,则应测量最大高度和最小高度。如果此尺寸不是无级调节,还应记录可调节增量。

此尺寸可通过测量 g(见图 25)然后加上 100 mm(儿童负载块尺寸为 60 mm)得出(见 7.3.1 的注 2)。

尺寸单位为毫米

1——靠背参考平面;

2——座位参考平面;

3——负载块。

* 扶手高度 $=g+100$;

扶手高度 $=g+60$(儿童负载块)。

** 儿童负载块尺寸为 72 mm。

图 25　扶手高度

7.3.18　尺寸 17:扶手前端到靠背的距离

从手臂支撑表面的前端到其与靠背参考平面的交点(图 26 中的 G 点)的距离,测量应沿座位参考平面的平行方向进行。此尺寸仅适用于有手臂支撑表面的扶手。如果扶手尺寸可调,则应测量最大尺寸和最小尺寸。如果此尺寸不是无级调节,还应记录可调节增量。

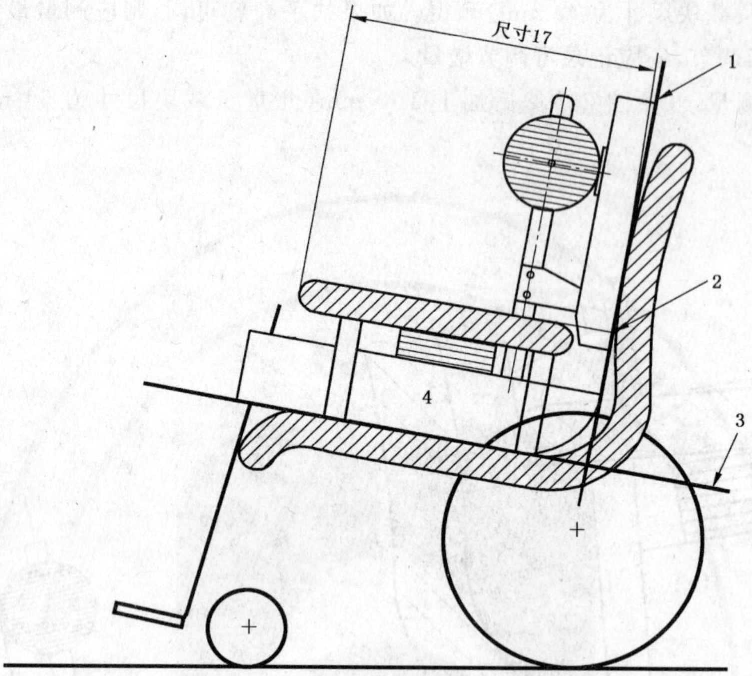

1——靠背参考平面；

2——测量点 G 的位置；

3——座位参考平面；

4——负载块。

图 26　扶手前端到靠背的距离

7.3.19　尺寸 18：扶手长度

注：此尺寸仅适用于有手臂支撑表面的扶手。

如图 27 所示，手臂支撑表面的长度。长度可调的扶手，则应测量最大长度和最小长度。如果此尺寸不是无级调节，还应记录可调节增量。

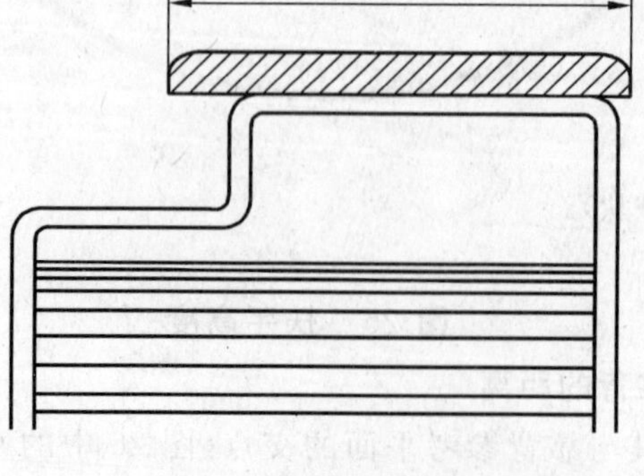

图 27　扶手长度

7.3.20 尺寸 19:扶手宽度

注:此尺寸仅适用于有手臂支撑表面的扶手。

如图 28 所示,手臂支撑表面的最大宽度。

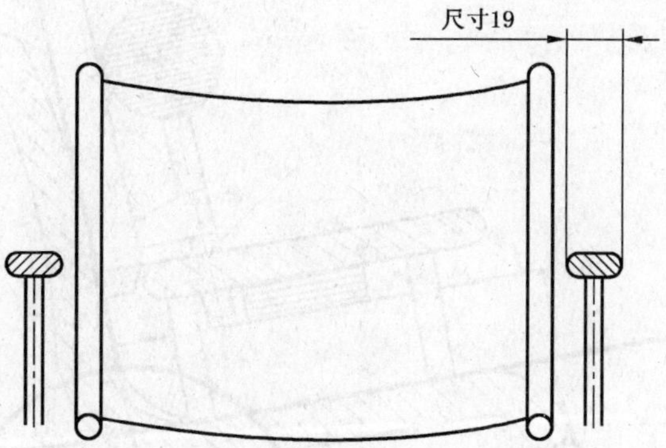

图 28 扶手宽度

7.3.21 尺寸 20:扶手角度

注:此尺寸仅适用于有手臂支撑表面的扶手。

手臂支撑表面与水平面之间的角度。如图 29 所示的角度为正角度。如果扶手角度可调,则应测量最大角度和最小角度。如果此尺寸不是无级调节,还应记录可调节增量。

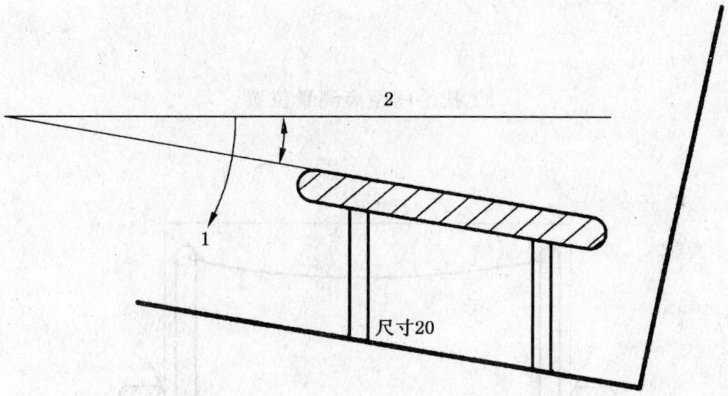

1——正角度;

2——水平面。

图 29 扶手角度

7.3.22 尺寸 21:扶手间的距离

如图 30a)和图 30b)所示,在靠背参考平面向前 120 mm(儿童负载块尺寸为 72 mm)处两扶手最内端的距离[图 30a)和图 30b)中的 H 点]。如果扶手尺寸可调的,则应测量最大距离和最小距离。如果此尺寸不是无级调节,还应记录可调节增量。

尺寸单位为毫米

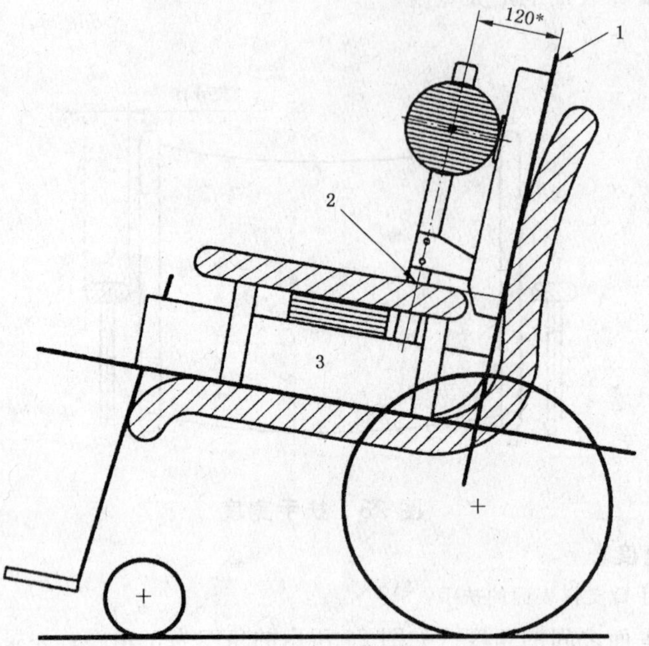

1——靠背参考平面；

2——测量点 H 的位置；

3——负载块。

* 儿童负载块尺寸为 72 mm。

a) 扶手间距离测量位置

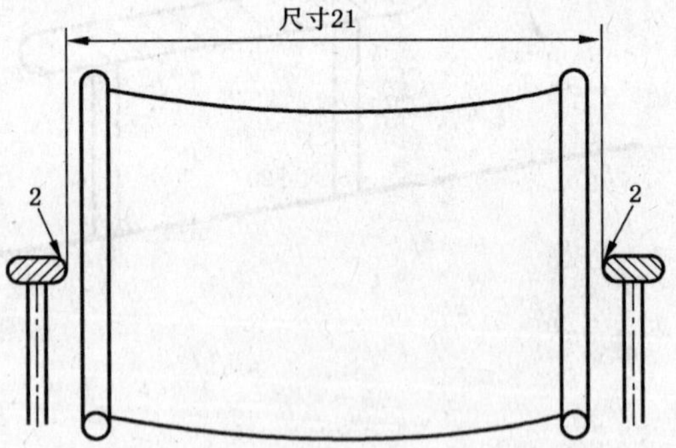

2——测量点 H 的位置。

b) 扶手间距离的测量

图 30 扶手间的距离

7.3.23 尺寸 22：扶手结构的前端位置

扶手部件最前端与靠背参考平面之间的距离，如图 31 所示，此尺寸应在距地面 680 mm 且平行于地面的假想平面上测得。

注：通常桌子的高度约 680 mm。此尺寸决定了部分或整个轮椅车/扶手是否能进入桌子的下方。

如果扶手尺寸可调，则应测量最大值和最小值。如果此尺寸不是无级调节，还应记录可调节增量。

尺寸单位为毫米

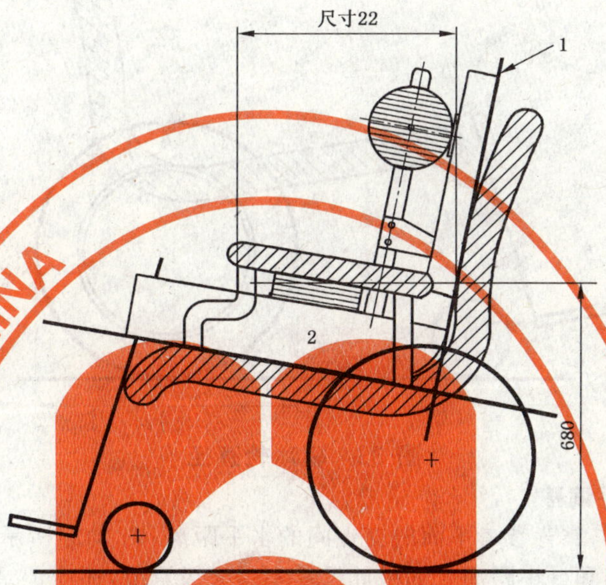

1——靠背参考平面；

2——负载块。

图 31 扶手结构前端位置

7.3.24 尺寸 23：手圈直径

手圈的外径(见图 32)。

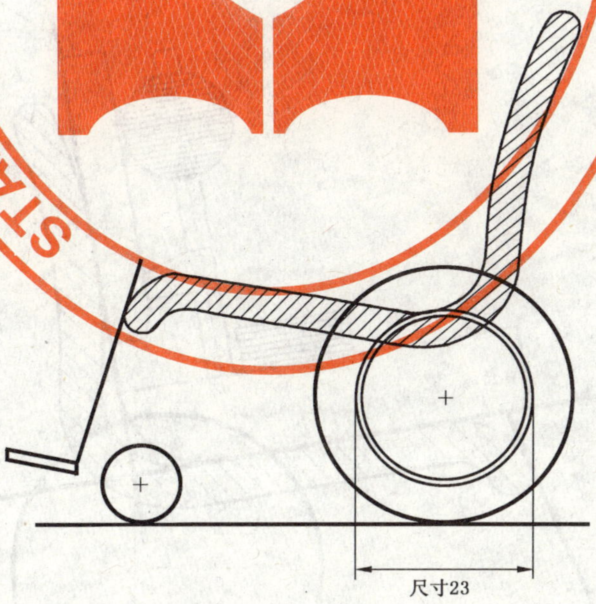

图 32 手圈直径

7.3.25 尺寸 24：驱动轮直径

驱动轮轮胎的外径(见图 33)。

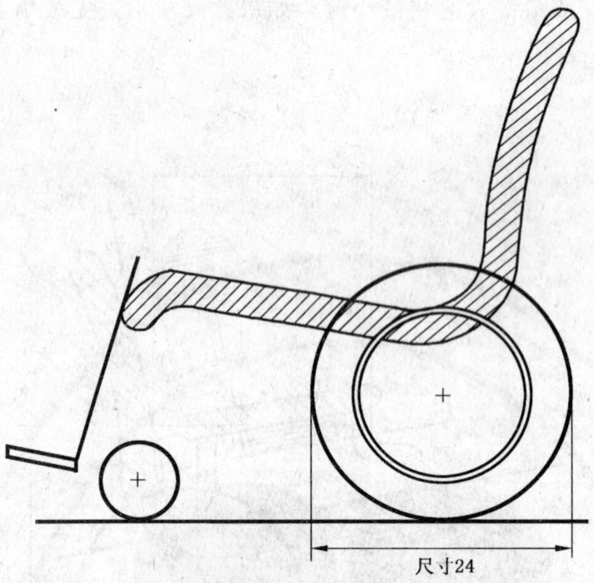

图 33 驱动轮直径

7.3.26 尺寸 25:轮轴水平偏移

轮轴到座位参考平面与靠背参考平面的交点间的水平距离,图 34a)所示为正值。如果车轮位置水平可调,则应测量最大距离和最小距离。如果此尺寸不是无级调节,还应记录可调节增量。

如图 34b)所示,可先测量负载块前端边沿到轮轴中心的水平距离 M。此尺寸 X 由下式得出:

——如果轮椅车座位角度 θ 在 0°～5°(见尺寸 1,式中 S_L 可由 7.3.1 的注 2 得出):

$X = M - S_L$

——如果轮椅车座位角度 θ 大于 5°(见尺寸 1):

$X = M - S_L \cos\theta$。

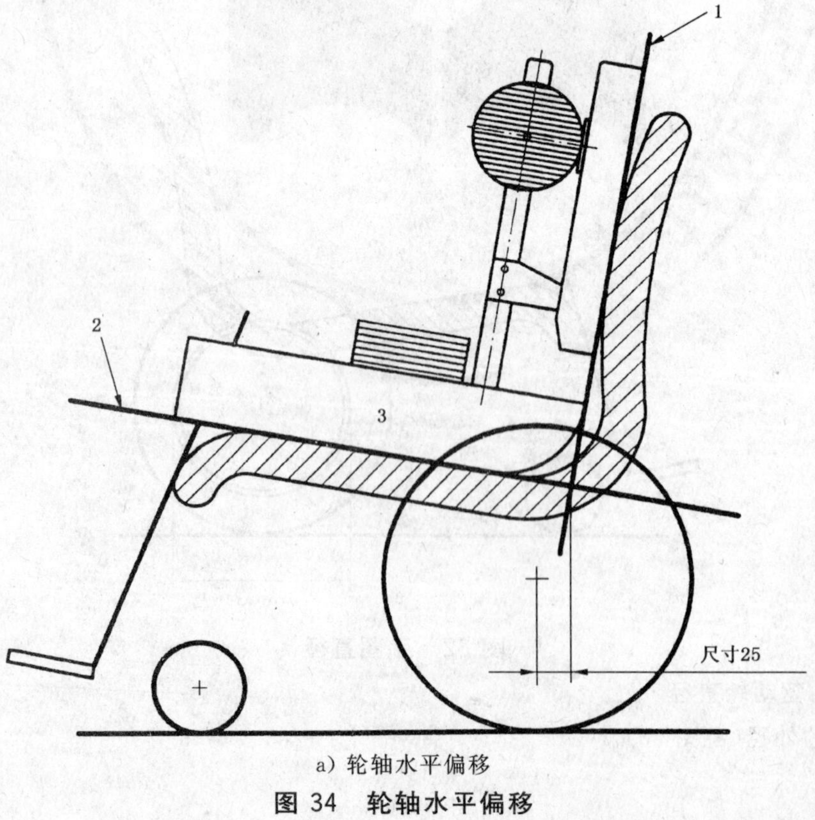

a) 轮轴水平偏移

图 34 轮轴水平偏移

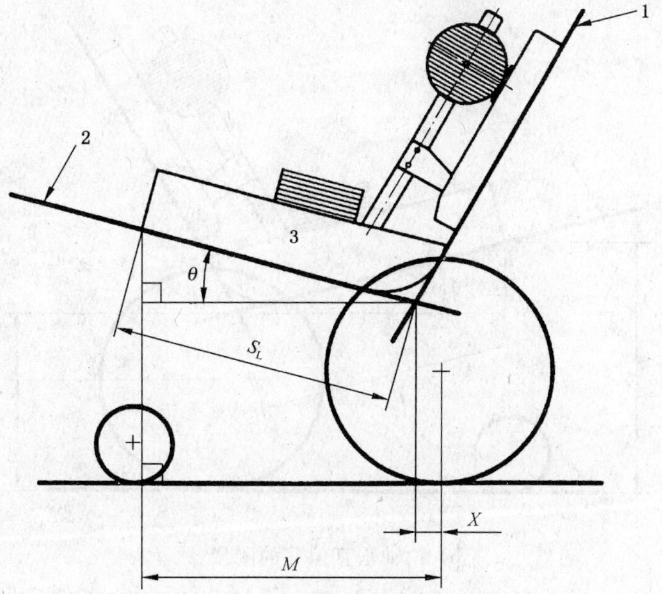

b) 尺寸 X 的测定

1——靠背参考平面；
2——座位参考平面；
3——负载块。

图 34（续）

7.3.27 尺寸 26:轮轴垂直偏移

轮轴到座位参考平面与靠背参考平面交线之间的垂直距离，图 35a)所示为正值。如果车轮位置垂直可调，则应测量最大距离和最小距离。如果此尺寸不是无级调节，还应记录可调节增量。

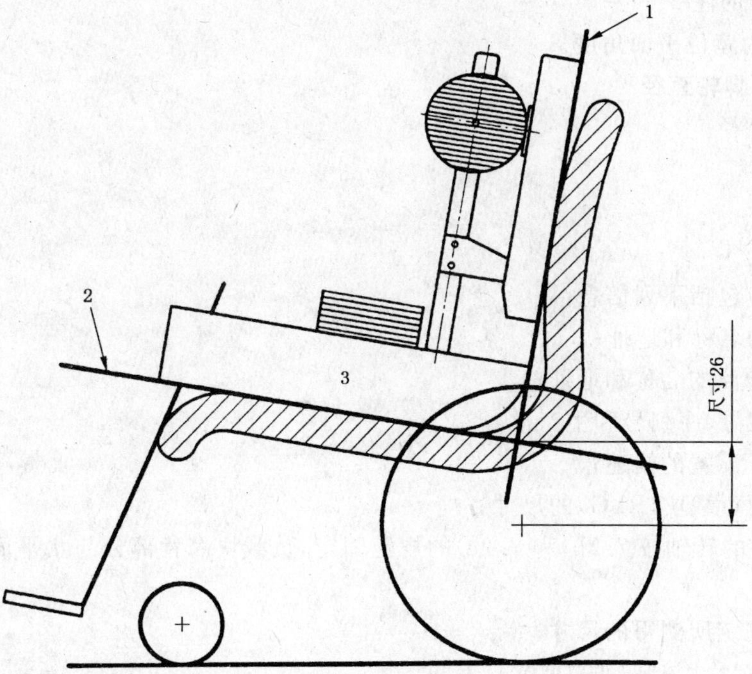

a) 轮轴垂直偏移

图 35 轮轴垂直偏移

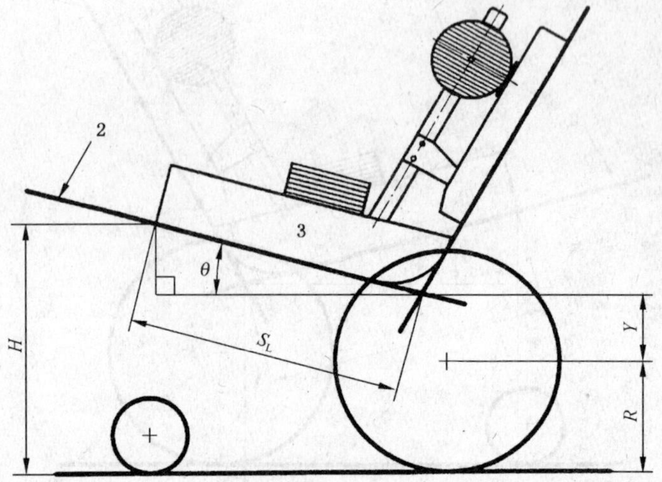

b) 轮轴垂直偏移的测量

1——靠背参考平面；

2——座位参考平面；

3——负载块。

图 35（续）

如图 35b)所示，可先测量负载块前端边沿到地面的垂直距离 H。此尺寸 Y 由下式得出：

$$Y = H - R - S_L \sin\theta$$

式中：

H——负载块前端边沿到地面的距离；

R——后轮的半径；

S_L——见 7.3.1 的注 2；

θ——尺寸 1，为座位平面角度。

7.3.28 尺寸 27：小脚轮直径

小脚轮轮胎的外径。

8 测量记录和发布

8.1 检验报告

检验报告至少应包括下列信息：

a) 检验机构的名称和地址；

b) 轮椅车制造商的名称和地址；

c) 轮椅车的型号、序列号和生产批号；

d) 关于轮椅车配置的描述；

e) 测量时所用负载块(RLG)的尺寸；

f) 如果负载块的转轴按 7.2b)和 7.2c)的规定固定，负载块靠背部分与水平面的角度；

g) 测量日期；

h) 按 7.3 的规定所测得的尺寸。

注：附录 B 推荐了记录上述信息的数据表。

8.2 向轮椅车处方者和使用者发布的信息

制造商应在规格说明中，依据 GB/T 18029.15 规定的方式和顺序，按照表 1 所规定的格式发布测量内容。

表 1 测量数据发布要求

测量项目	尺寸序列号	固定值或最小值	相关最大值
座位平面角度	(1)	____°	____°
有效座位深度	(2)	____ mm	____ mm
有效座位宽度	(4)	____ mm	____ mm
座位表面前端高度	(5)	____ mm	____ mm
靠背角度	(6)	____°	____°
靠背高度	(7)	____ mm	____ mm
脚托到座位的距离	(11)	____ mm	____ mm
腿与座位表面的角度	(15)	____°	____°
扶手高度	(16)	____ mm	____ mm
扶手前端到靠背的距离	(17)	____ mm	____ mm
手圈直径	(23)	____ mm	____ mm
轮轴水平偏移	(25)	____ mm	____ mm

附 录 A
（规范性附录）
负 载 块

A.1 概述

负载块结构模拟人体的质量分配。负载块由座位部分及装在其转轴上的靠背部分组成，且各部分按规定的质量分配。负载块分成人和儿童两种尺寸。

A.2 结构

对负载块的制作材料不作限制（例如，木材或塑料壳体均可），但是形状和质量分配应满足下文规定的形状和质量分配要求。除特别注明外，所有线性尺寸的公差均为±5 mm，所有边应有约 5 mm 的圆角。

A.3 成人负载块

A.3.1 成人座位部分

座位部分如图 A.1 规定。成人座位部分（不包括配重）的质量应不超过 10 kg。

在座位部分的前端处标注点 X（用于施加力 F_S 时定位）。

尺寸单位为毫米

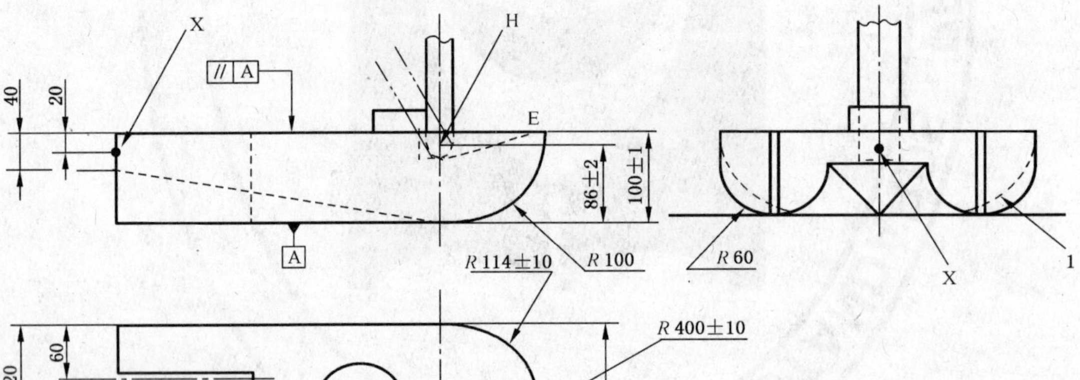

1——在 H 处 $R100$；

2——配重。

图 A.1 成人负载块座位部分

A.3.2　成人靠背部分

如图 A.2 所示，靠背部分由装在转轴 H 上的直立部分和靠背板组成，并在使用范围内能将转轴锁定。成人靠背部分(不包括配重)的质量应不超过 6 kg。

尺寸单位为毫米

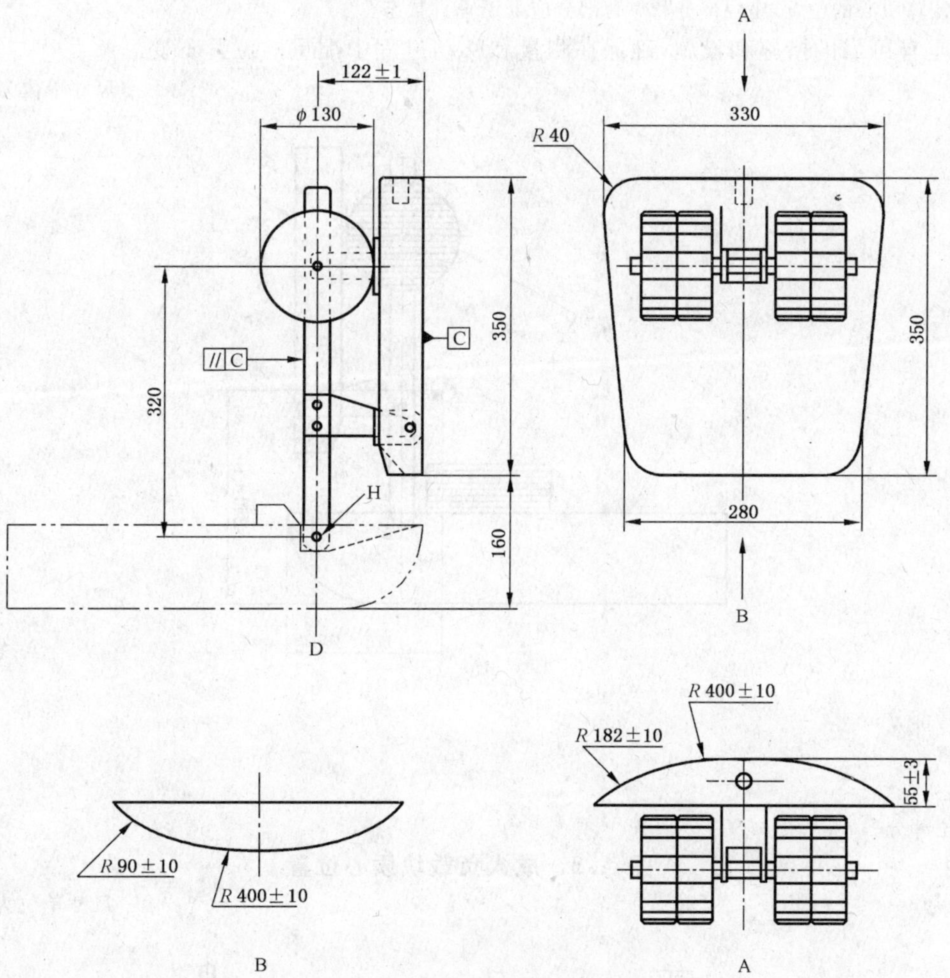

图 A.2　成人负载块靠背部分

A.3.3　成人负载块质心位置

成人负载块座位部分(包括配重)的质量为 24 kg±0.2 kg，靠背部分(包括配重)的质量为 27 kg±0.2 kg。配重的位置应使负载块装配后的质心处于图 A.3 所示的位置。

注：为了计算质心的位置，座位部分和靠背部分应处于垂直状态。

负载块应有可靠的措施和设施，确保在测量和移动过程中配重的位置不变。

A.4　儿童负载块

儿童负载块的尺寸为成人负载块的 0.6 倍。此外，座位部分向前延长至便于测量的长度。

A.4.1　儿童座位部分

座位部分如图 A.4 规定。儿童座位部分(不包括配重)的质量应不超过 2.2 kg。

如 A.3.1 标注点 X。

A.4.2　儿童靠背部分

如图 A.5 所示，靠背部分由装在转轴上的直立部分和靠背板组成，并在使用范围内能将转轴锁定。儿童靠背部分(不包括配重)的质量应不超过 1.7 kg。

A.4.3 儿童负载块质心位置

儿童负载块座位部分(包括配重)的质量为 5.2 kg±0.2 kg,靠背部分(包括配重)的质量为 5.8 kg±0.2 kg。

配重的位置应使负载块装配后的质心处于图 A.6 所示的位置。

注:为了计算质心的位置,座位部分和靠背部分应处于垂直状态。

负载块应有可靠的措施和设施,确保在测量和移动过程中配重的位置不变。

尺寸单位为毫米

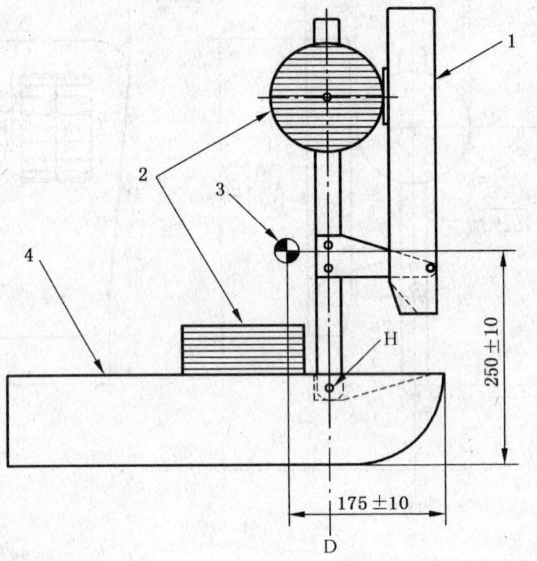

1——靠背部分;
2——配重;
3——质心;
4——座位部分。

图 A.3 成人负载块质心位置

尺寸单位为毫米

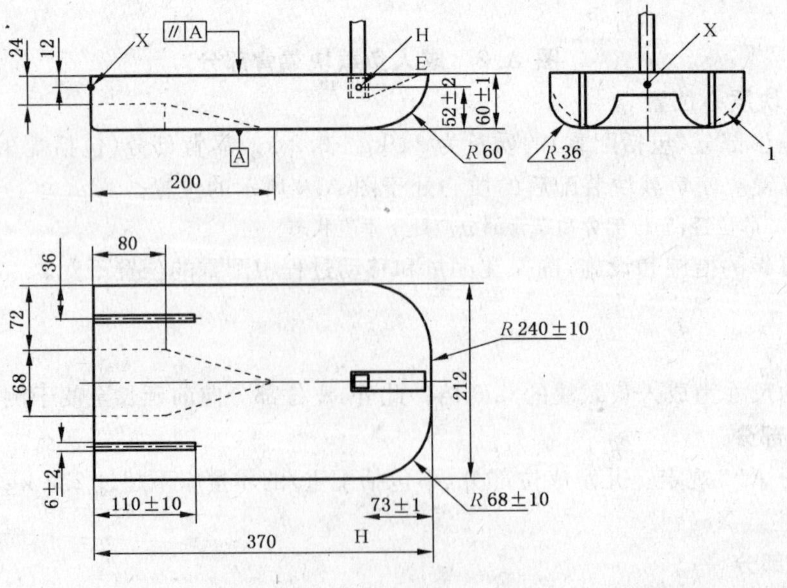

H 处 R60。

图 A.4 儿童负载块座位部分

尺寸单位为毫米

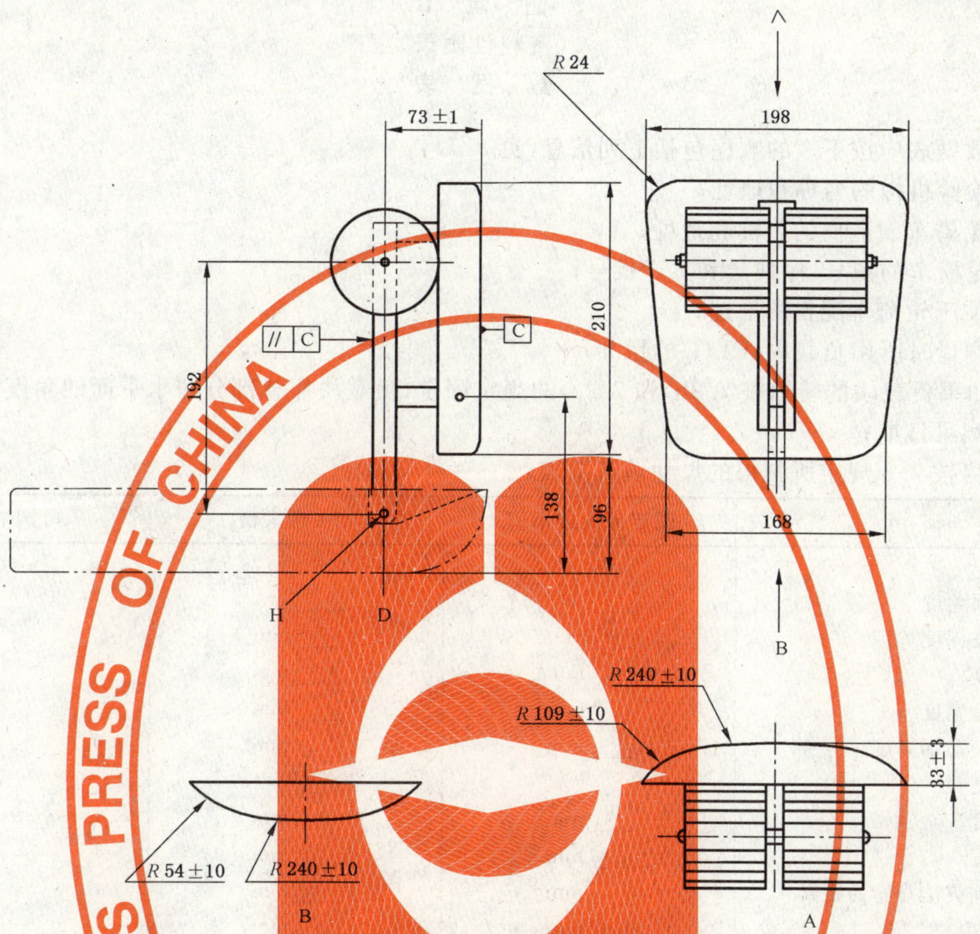

图 A.5　儿童负载块靠背部分

尺寸单位为毫米

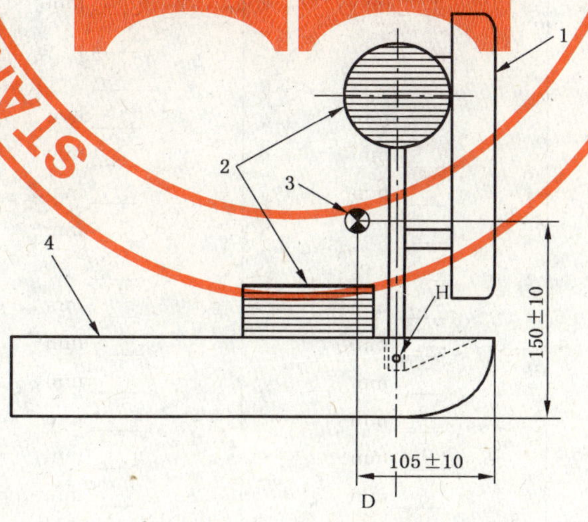

1——靠背部分；

2——配重；

3——质心；

4——座位部分。

图 A.6　儿童负载块质心位置

附 录 B
（资料性附录）
数 据 表

测量数据表应按下表的顺序包括下列信息(见 8.1)：

a) 检验机构的名称和地址；

b) 轮椅车制造商的名称和地址；

c) 轮椅车的型号、序列号和生产批号；

d) 关于轮椅车配置的描述；

e) 测量时所用负载块(RLG)的尺寸；

f) 如果负载块的转轴按 7.2b)和 7.2c)的规定固定，负载块靠背部分与水平面的角度；

g) 测量日期；

h) 将按 7.3 规定所测得的尺寸填入下表：

尺 寸	固定值或最小值	相关最大值	可调节增量
1 座位平面角度	____ °	____ °	
2 有效座位深度	____ mm	____ mm	
3 座位宽度	____ mm	____ mm	
4 有效座位宽度	____ mm	____ mm	
5 座位表面前端高度	____ mm	____ mm	
6 靠背角度	____ °	____ °	
7 靠背高度	____ mm	____ mm	
8 靠背宽度	____ mm	____ mm	
9 头垫向前突出靠背的距离	____ mm	____ mm	
10 头垫高度	____ mm	____ mm	
11 脚托到座位的距离	____ mm	____ mm	
12 脚托离地高度	____ mm	____ mm	
13 脚托长度	____ mm	____ mm	
14 脚托与腿的角度	____ °	____ °	
15 腿与座位表面的角度	____ °	____ °	
16 扶手高度	____ mm	____ mm	
17 扶手前端到靠背的距离	____ mm	____ mm	
18 扶手长度	____ mm	____ mm	
19 扶手宽度	____ mm	____ mm	
20 扶手角度	____ °	____ °	
21 扶手间的距离	____ mm	____ mm	
22 扶手结构的前部位置	____ mm	____ mm	
23 手圈直径	____ mm	____ mm	
24 驱动轮直径	____ mm	____ mm	
25 轮轴水平偏移	____ mm	____ mm	
26 轮轴垂直偏移	____ mm	____ mm	
27 小脚轮直径	____ mm	____ mm	

ICS 11.180
Y 14

中华人民共和国国家标准

GB/T 18029.10—2009/ISO 7176-10:1988

轮椅车
第10部分:电动轮椅车越障能力的测定

Wheelchairs—
Part 10:Determination of obstacle-climbing ability of electric wheelchair

(ISO 7176-10:1988,IDT)

2009-09-30 发布　　2009-12-01 实施

中华人民共和国国家质量监督检验检疫总局
中国国家标准化管理委员会　发布

前言

GB/T 18029《轮椅车》由以下部分组成：

——第1部分：静态稳定性的测定

——第2部分：电动轮椅车动态稳定性的测定

——第3部分：制动器的测定

——第4部分：能耗的测定

——第5部分：外形尺寸、质量和转向空间的测定

——第6部分：电动轮椅车最大速度、加速度和减速度的测定

——第7部分：座位和车轮尺寸的测量方法

——第8部分：静态强度、冲击强度及疲劳强度的要求和测试方法

——第9部分：电动轮椅车的气候试验方法

——第10部分：电动轮椅车越障能力的测定

——第11部分：测试用假人

——第13部分：测试表面摩擦系数的测定

——第14部分：电动轮椅车动力和控制系统的要求和测试方法

——第15部分：信息发布、文件出具和标识的要求

——第16部分：座(靠)垫阻燃性的要求和测试方法

——第17部分：电动轮椅车控制器的界面

——第18部分：上下楼装置

——第19部分：用于机动车的轮式移动装置

——第20部分：站立式轮椅车性能的测定

——第21部分：电磁兼容性的要求和测试方法

——第22部分：调节程序

——第23部分：护理者操作的爬楼梯装置的要求和测试方法

——第24部分：乘坐者操纵的爬楼梯装置的要求和测试方法

——第25部分：电池和充电器的要求和测试方法

——第26部分：术语

本部分为GB/T 18029的第10部分。

本部分等同采用ISO 7176-10:1988《轮椅车　第10部分：电动轮椅车越障能力的测定》(英文版)。

本部分由中华人民共和国民政部提出。

本部分由全国残疾人康复和专用设备标准化技术委员会(SAC/TC 148)归口。

本部分起草单位：国家康复辅具研究中心、国家康复辅具质量监督检验中心、上海互邦医疗器械有限公司。

本部分主要起草人：闫和平、赵次舜、谷慧茹。

轮椅车
第 10 部分:电动轮椅车越障能力的测定

1 应用范围

GB/T 18029 的本部分规定了电动轮椅车越障能力的测定方法。

2 规范性引用文件

下列文件中的条款通过 GB/T 18029 的本部分的引用而成为本部分的条款。凡是注日期的引用文件,其随后所有的修改单(不包括勘误的内容)或修订版均不适用于本部分,然而,鼓励根据本部分达成协议的各方研究是否可使用这些文件的最新版本。凡是不注日期的引用文件,其最新版本适用于本部分。

GB/T 14729 轮椅车 术语(GB/T 14729—2000,eqv ISO 6440:2000)

GB/T 18029.11 轮椅车 第 11 部分:测试用假人(GB/T 18029.11—2008,ISO 7176-11:1992,IDT)

GB/T 18029.13 轮椅车 第 13 部分:测试表面摩擦系数的测定(GB/T 18029.13—2008,ISO 7176-13:1989,IDT)

3 术语和定义

GB/T 14729 给出的术语和定义适用于 GB/T 18029 的本部分。

4 原理

通过多次试验测定电动轮椅车攀越人行道路缘石和台阶等障碍物的能力。

5 测试设施

5.1 测试平板

测试应在硬质的平板上进行,此平板的表面摩擦系数应符合 GB/T 18029.13 的规定。

5.2 障碍物

障碍物的形状应为矩形(见图 1),其高度 h 以 20 mm 为一台阶,可从 20 mm~200 mm 内逐级进行调节。

障碍物应有足够大的尺寸,使轮椅车在攀爬上障碍物后,其所有轮子能同时停在障碍物上。其尺寸应满足下列条件:

$$b \geqslant l$$

$$l_1 \geqslant 2l$$

式中:

b——障碍物的宽度;

l_1——障碍物的长度;

l——被测轮椅车的长度。

障碍物的前上方边缘应表面光滑且有半径 r 为 3 mm 的圆弧倒角。

障碍物与轮椅车接触表面的摩擦系数应满足 GB/T 18029.13 的规定。障碍物应固定在测试平板上,避免其在测试过程中移动。

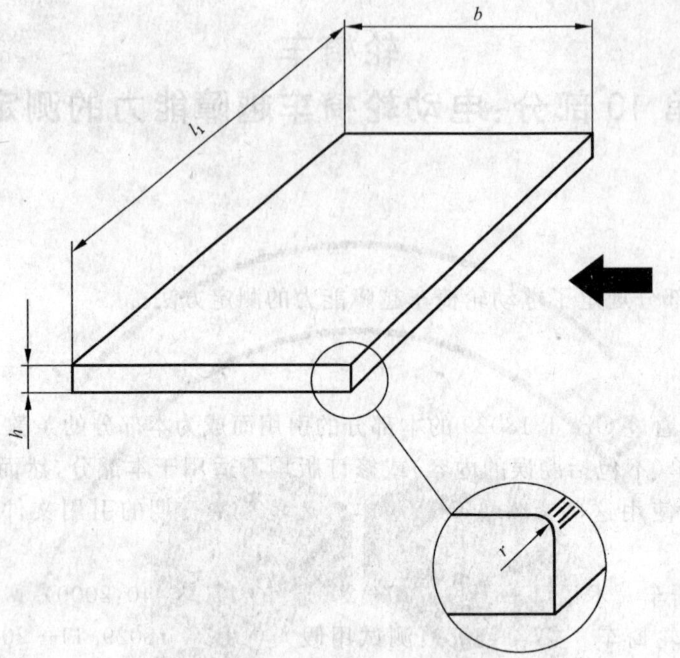

图 1 测试障碍物

6 被测轮椅车

除非另有规定,轮椅车在测试时应保持下列状态。

6.1 轮椅车应按正常使用安装所有部件,包括扶手,腿托和脚托,但应拆去座位垫。

6.2 如果轮椅车装有充气胎,应按制造商的规定充气。如果制造商规定了充气胎压力范围,应按轮胎的最低压力充气。

6.3 在测试过程中,轮椅车应安装相应质量的测试用假人(其结构和位置应符合 GB/T 18029.11 的规定),或用相同质量的测试人员操作。测试用假人应牢固定位,避免在测试过程中移位。如果用测试人员操作,其相对于测试用假人规定位置的身体移动应减小到最低。

6.4 如果身体支撑系统是可调节的,则应调节为正常坐姿,座位高度调节至正常高度。如果脚托部件是可调节的,则应调节至不会撞击障碍物的高度。座位与水平面的角度应尽可能接近 4°,靠背与垂直线的角度应尽可能接近 10°,座位与腿托的角度应尽可能接近 90°,所有其他身体支撑系统的部件均应调节至中间位置。

在所有测试开始前,其小脚轮应处于跟随轮椅车行进方向的从动位置。

如果轮椅车装有防翻机构,则应将其调节至不影响测试的位置。

6.5 在开始测试前,电池(蓄电池)至少应有其正常容量 75%的电量。

6.6 如果轮椅车有速度可调设置,则应用速度的最高值进行测试。

6.7 如果制造商给出的越障角度不是 90°,则按制造商给出的角度进行测试。

7 测试步骤

开始测试前,所有小脚轮应转至跟随轮椅车行进方向的位置。起动距离为 0.5 m,此距离应为面向障碍物的轮子与地面接触点到障碍物之间的距离。

7.1 驱动轮椅车向前,无起动距离,以垂直方向驶上障碍物(见 5.2)。测量轮椅车能攀越障碍物的最大高度(完成测试时,轮椅车的所有轮子应在障碍物的顶部)。

7.2 以轮椅车后退的方向重复 7.1 规定的测试步骤。

7.3 以 0.5 m 的起动距离重复 7.1 规定的测试步骤。

7.4 以 0.5 m 的起动距离重复 7.2 规定的测试步骤。

8 检验报告

检验报告应包括下列内容：

a) GB/T 18029 本部分的参考值；

b) 产品型号；

c) 制造商的名称和地址；

d) 测试过程中完成配置的轮椅车的照片；

e) 检验机构的名称和地址；

f) 按 7.1～7.4 测试的结果；

g) 在测试中所用负载的详细情况；

h) 从地面到脚托的最小高度；

i) 如果轮椅车驶向障碍物的角度不是 90°，记录实际的角度。

ICS 11.180
Y 14

中华人民共和国国家标准

GB/T 18029.22—2009/ISO 7176-22:2000

轮椅车　第22部分:调节程序

Wheelchairs—Part 22:Set-up procedures

(ISO 7176-22:2000,IDT)

2009-09-30 发布　　2009-12-01 实施

中华人民共和国国家质量监督检验检疫总局
中国国家标准化管理委员会　发布

前　言

GB/T 18029《轮椅车》由以下部分组成：

——第1部分：静态稳定性的测定

——第2部分：电动轮椅车动态稳定性的测定

——第3部分：制动器的测定

——第4部分：能耗的测定

——第5部分：外形尺寸、质量和转向空间的测定

——第6部分：电动轮椅车最大速度、加速度和减速度的测定

——第7部分：座位和车轮尺寸的测量方法

——第8部分：静态强度、冲击强度及疲劳强度的要求和测试方法

——第9部分：电动轮椅车的气候试验方法

——第10部分：电动轮椅车越障能力的测定

——第11部分：测试用假人

——第13部分：测试表面摩擦系数的测定

——第14部分：电动轮椅车动力和控制系统—要求和测试方法

——第15部分：信息发布、文件出具和标识的要求

——第16部分：座(靠)垫阻燃性的要求和测试方法

——第17部分：电动轮椅车控制器的界面

——第18部分：上下楼装置

——第19部分：用于机动车的轮式移动装置

——第20部分：站立式轮椅车性能的测定

——第21部分：电磁兼容性的要求和测试方法

——第22部分：调节程序

——第23部分：护理者操作的爬楼梯装置的要求和测试方法

——第24部分：乘坐者操纵的爬楼梯装置的要求和测试方法

——第25部分：电池和充电器的要求和测试方法

——第26部分：术语

本部分为GB/T 18029的第22部分。

本部分等同采用ISO 7176-22:2000《轮椅车　第22部分：调节程序》(英文版)。

本部分的附录A为规范性附录，附录B为资料性附录。

本部分由中华人民共和国民政部提出。

本部分由全国残疾人康复和专用设备标准化技术委员会(SAC/TC 148)归口。

本部分起草单位：国家康复辅具研究中心，国家康复辅具质量监督检验中心，上海互邦医疗器械有限公司。

本部分主要起草人：闫和平，赵次舜，谷慧茹。

引　言

许多轮椅车具有可调节或可选择配置的功能。在按 GB/T 18029 的其他部分规定的方法进行测试时，不同的调节和选择配置可能明显影响测试的结果。

在与 GB/T 18029 其他部分相结合使用时，使用本部分规定的步骤将会使不同轮椅车的测试结果便于进行比较，同时可使不同检验机构的测试具有可重复性。

轮椅车　第22部分:调节程序

1　范围

GB/T 18029 的本部分规定了可调节轮椅车按 GB/T 18029 系列标准的要求进行测试前的调节步骤。此步骤也给出了制造商未作出轮椅车调节规定时所使用的调节方法。

本部分适用于在室内或室外使用的手动轮椅车和电动轮椅车(包括电动代步车)。

GB/T 18029 的其他部分可能对轮椅车的调节有特殊规定。若有这种情况,这些部分的特殊规定应优先于本部分。

2　规范性引用文件

下列文件中的条款通过 GB/T 18029 的本部分的引用而成为本部分的条款。凡是注日期的引用文件,其随后所有的修改单(不包括勘误内容)或修订版均不适用于本部分,然而,鼓励根据本部分达成协议的各方研究是否可使用这些文件的最新版本。凡是不注日期的引用文件,其最新版本适用于本部分。

GB/T 14729　轮椅车　术语(GB/T 14729—2000,eqv ISO 6440:2000)

GB/T 18029.7　轮椅车　第 7 部分:座位和车轮尺寸的测量方法(GB/T 18029.7—2009,ISO 7176-7:1998,IDT)

GB/T 18029.8　轮椅车　第 8 部分:静态强度、冲击强度及疲劳强度的要求和测试方法(GB/T 18029.8—2008,ISO 7176-8:1998,IDT)

GB/T 18029.11　轮椅车　第 11 部分:测试用假人(GB/T 18029.11—2008,ISO 7176-11:1992,IDT)

GB/T 18029.15　轮椅车　第 15 部分:信息发布,文件出具和标识的要求(GB/T 18029.15—2008,ISO 7176-15:1996,IDT)

3　术语和定义

GB/T 14729,GB/T 18029.7,GB/T 18029.8,GB/T 18029.11 和 GB/T 18029.15 给出的以及下列术语和定义适用于 GB/T 18029 的本部分:

3.1

内倾　negative camber

轮椅车的轮子向里倾斜造成两轮的上端比下端距离小的现象(见图 1)。

3.2

小脚轮立轴角度　castor stem angle

小脚轮立轴与垂直线之间的角度。

注:小脚轮立轴正角度如图 2 所示。

3.3

小脚轮支撑架　castor support

用于安装小脚轮轮子支撑的零件(见图 2)。

3.4

小脚轮立轴安装架　castor stem housing

安装小脚轮支撑架并使其可在其中转动的零部件(见图 2)。

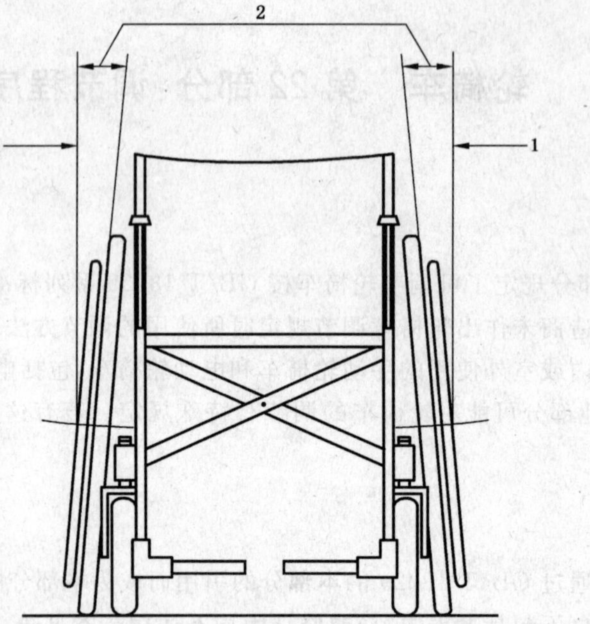

1——垂直面；

2——内倾角。

图 1 内倾角

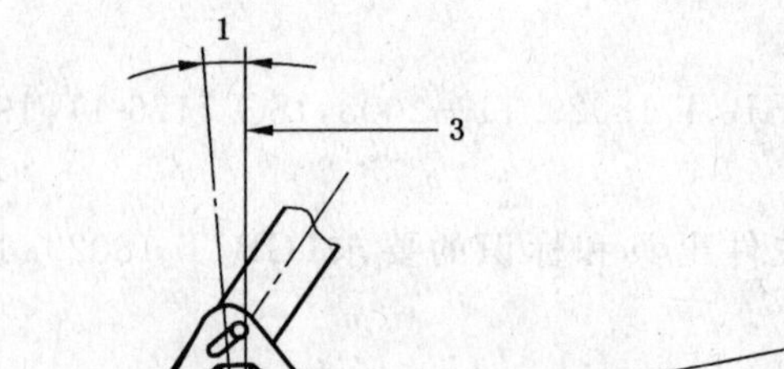

a) 小脚轮立轴组件前-后角度测量面

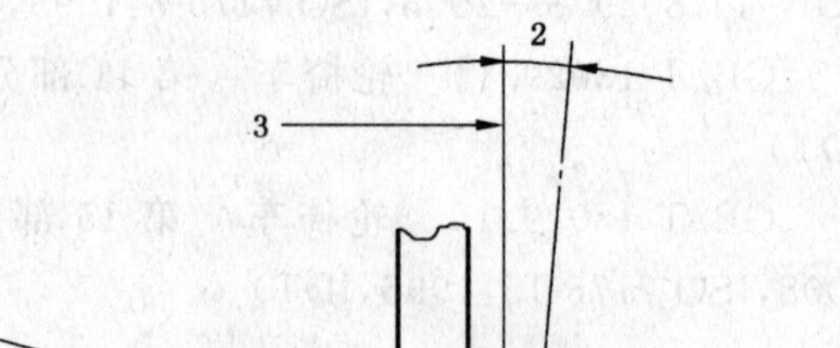

b) 小脚轮立轴组件横向角度测量面

1——小脚轮立轴正角度(前-后)；

2——小脚轮立轴正角度(侧向)；

3——垂直面；

4——小脚轮立轴；

5——小脚轮立轴安装架；

6——小脚轮支撑架；

7——小脚轮轮轴；

8——向前方向。

图 2 小脚轮组件

3.5

向前从动位置 forward trailing position

当轮椅车向前行驶时小脚轮的方向位置。

3.6

控制装置 control device

使用者按自己需要来操纵电动轮椅车行驶速度和方向的装置。

3.7

悬浮 suspension

当轮椅车在水平、平整的表面上行驶时，让使用者有一个合适的座位角度的减振装置。

4 设施

4.1 负载块：应符合 GB/T 18029.7 的规定。

4.2 测试用假人：应符合 GB/T 18029.11 的规定。

4.3 脚部件：按 GB/T 18029.8 的规定，用来替代测试用假人小腿部分的装置。

4.4 测量线性尺寸的工具：测量范围为 0 mm～2 000 mm，精度为±1 mm。

4.5 测量角度的工具：用来测量平面与垂直线或与水平面之间的角度，精度为±0.2°。

4.6 测量力的工具：测量范围为 25 N～250 N，精度为±5%。

4.7 测量扭矩的工具：测量范围为 2 N·m～100 N·m，精度为±10%。

4.8 充气设施：可将轮椅车的充气轮胎充气，最高压力为 $10P$，精度为 $\pm 0.2P$。

4.9 硬质水平测试平板：应有足够的尺寸安放被测试的轮椅车，此平板的平面度误差为 5 mm。

4.10 防止轮椅车移动的装置：在按 GB/T 18029.7 的规定安放负载块和测试用假人时防止轮椅车移动。

5 配备轮椅车

5.1 按测试项目的规定安装合适的扶手、头垫、腿托和脚托，取掉不固定在轮椅车上或与轮椅车非整体性且在正常使用时不是必要的部件如垫子、带子等。

5.2 如果被测轮椅车是电动轮椅车，按制造商规定的容量和型号安装电池。

警示：如果轮椅车配备的是电解液型的电池，在某些测试时可能有伤及人身及电解液溢出的危险。这时，可用最相近的胶体电池或密封式电池代替电解液式电池，同时应加上配重，保证相同的质量分布。

6 轮椅车的调节

6.1 一般要求

如果 GB/T 18029 的某些部分对轮椅车的调节有特殊规定，应按这些部分特殊规定的方法调节轮椅车。其他所有部分按下列要求设置、调节。

6.1.1 充气轮胎充气

如果被测轮椅车装有充气轮胎，则根据轮椅车制造商建议的压力将其充气。如果给出充气压力范围，充气至最高值。如果轮椅车制造商未给出建议的压力，则充气至轮胎制造商建议的最高值。

6.1.2 轮椅车的摆放

将轮椅车放在测试平板上，并使小脚轮的位置处于向前行驶的从动位置。

6.1.3 停车制动器

如果 GB/T 18029 的某些部分对轮椅车的调节有特殊规定，应按这些部分特殊规定的方法调节轮椅车。其他所有部分按下列要求设置、调节。

某些调节可能会影响制动器的功能，例如，当调节大轮时，制动片会接触不到大轮。如果制动器是可调节的而又没有制造商的调节说明，在制动器松开时测量制动片与轮接触面的距离，并记录此距离。

注：当在最终的调节中调定制动器时使用此距离。

6.2 调节定位

所有可调节部件按制造商的规定调节定位。

6.3 调节

6.3.1 一般要求

对所有制造商未给出调节定位说明的可调节部件，应按下列顺序调节设置。制造商未作出调节定位规定的可调节部件，应按下列规定调节设置，但不改变6.2所作的调节。所有调节不应影响制造商所描述的轮椅车的正常使用。

注1：当调节轮椅车的部件时，往往会发生调节一个部件会影响另一个部件，例如，改变轮子的位置可能会改变座位的角度。这就需要对某些相关的部件作多次调节。

注2：本部分的调节步骤使用GB/T 18029.11中51 kg的负载块(RLG)，儿童轮椅车的负载块为11 kg。有些轮椅车具有悬浮式部件或可压缩部件，例如轮子和座位。这样的轮椅车如坐上较重的使用者时，调节将会受到影响。若发生这种情况，需要按第9章c)中的4)重新调节。

6.3.2 驱动轮

6.3.2.1 驱动轮轴水平位置

如果驱动轮轴的位置能在水平方向调节，应调至中间位置±3 mm，若无精确的中间位置，将其调至最靠近中间且轮间距离较大的位置。

6.3.2.2 驱动轮轴垂直位置

如果驱动轮轴的位置能在垂直方向调节，应调至中间位置±3 mm，若无精确的中间位置，将其调至最靠近中间偏下的位置。

6.3.2.3 驱动轮倾角

如果驱动轮的倾角可调节，应将倾角调节至垂直与最大内倾角之间的中间位置，若无精确的中间位置，将其调至最靠近中间偏大的倾角。如果轮子无预定的倾角范围，则将其调节至$2^\circ \pm 1^\circ$的内倾角。若无法作这样的调节，将其调节至最接近的较大角度(见图1)。

6.3.2.4 驱动轮宽度

如果两驱动轮之间的宽度距离可调节，应调至中间位置。若无精确的中间位置，将其调至最靠近中间距离偏大的位置。如果调节的结果会使轮子碰到轮椅车的其他部件(例如扶手)，则应增加两轮子间的宽度距离，使其能自由转动。

6.3.3 小脚轮

6.3.3.1 小脚轮立轴安装架水平位置

如果小脚轮立轴安装架的位置能在水平方向调节，应调至中间位置±3 mm，若无精确的中间位置，将其调至最靠近中间且轮间距离较大的位置。

6.3.3.2 小脚轮立轴安装架垂直位置

如果小脚立轴安装架的位置能在垂直方向调节，应调至中间位置±3 mm，若无精确的中间位置，将其调至最靠近中间偏下的位置。

6.3.3.3 小脚轮轮轴垂直位置

如果小脚轮轮子的高度位置在其支撑架装置内可作垂直调节，应调至中间位置±3 mm，若无精确的中间位置，将其调至最靠近中间但离小脚轮立轴安装座距离较远的位置。如果该位置仅用于安装其他直径的轮子，则此位置不作为小脚轮垂直位置调节的选择。

6.3.3.4 小脚轮宽度

如果两小脚轮间的宽度距离可调节，在小脚轮处于向前行驶从动位置时，将其调至中间位置。若无精确的中间位置，将其调至最靠近中间距离偏大的位置。

6.3.3.5 小脚轮立轴角度：前后平面

如果小脚轮立轴角度在前后平面内可调节，应调至垂直，公差为$^{+1^\circ}_{0^\circ}$。如果无法达到这一角度，则调至最靠近垂直角度的正角度(见图 2)。

6.3.3.6 小脚轮立轴角度：横向平面

如果小脚轮立轴角度在横向平面内可调节，应调至垂直，公差为$^{+1^\circ}_{0^\circ}$。如果无法达到这一角度，则调至最靠近垂直角度的正角度(见图 2)。

6.3.4 座位和靠背

6.3.4.1 负载块(RLG)位置

按 GB/T 18029.7 的规定安放负载块。

6.3.4.2 座位深度

如果按 GB/T 18029.7 定义的有效座位深度(GB/T 18029.7 尺寸 2)是可调节的，将座位深度调至中间位置。若无精确的中间位置，将其调至最靠近中间且较大的位置。

6.3.4.3 靠背高度

如果按 GB/T 18029.7 定义的靠背高度(GB/T 18029.7 尺寸 7)是可调节的，将靠背高度调至中间位置。若无精确的中间位置，将其调至最靠近中间且较高的位置。

6.3.4.4 座位高度

如果座位相对于车架的高度是可调节的，按制造商的说明将其调至正常行驶的最高位置。

6.3.5 座位平面角度

6.3.5.1 如果座位平面相对于车架的角度是可调节的，按 GB/T 18029.7 的测量方法将其调至＋8°，公差为$^{+3^\circ}_{0^\circ}$(GB/T 18029.7 尺寸 1)。若仍无法达到这一角度，则调至最接近＋8°的角度。这一调节应优先于 6.3.2。

6.3.5.2 如果座位平面相对于轮椅车车架的角度是固定的，或按 6.3.5.1 的方法操作，座位平面角度无法达到$+8^{\circ}{}^{+3^\circ}_{0^\circ}$，则应调节驱动轮，使座位平面角度达到$+8^{\circ}{}^{+3^\circ}_{0^\circ}$。若无法达到这一角度，则将其调至最接近且较大的角度，若无法达到这一角度，则调至最接近＋8°的角度。这一调节应优先于 6.3.2。

6.3.5.3 如果按 6.3.5.1 和 6.3.5.2 的方法操作，座位平面角度仍无法达到$+8^{\circ}{}^{+3^\circ}_{0^\circ}$，则应调节小脚轮的轮子，使座位平面角度达到＋8°，公差为$^{+3^\circ}_{0^\circ}$。若无法达到这一角度，则将其调至最接近且较大的角度，若仍无法达到这一角度，则调至最接近＋8°的角度。这一调节应优先于 6.3.3.2 和 6.3.3.3，但这项调节不使用小脚轮支撑架上安装其他直径轮子的位置来调节。

6.3.6 靠背角度

如果靠背角度是可调节的，按 GB/T 18029.7 的测量方法将其调至$+10^{\circ}{}^{+3^\circ}_{0^\circ}$(GB/T 18029.7 尺寸 6)。若无法达到这一角度，则将其调至最接近且较大的角度，若仍无法达到这一角度，则调至最接近＋10°的角度。

6.3.7 搁腿与座位平面的角度

如果搁腿与座位平面的角度是可调节的，将其尽可能调至 90°但不小于 90°(按 GB/T 18029.7 尺寸 15 测量)。

6.3.8 脚托

6.3.8.1 脚托角度

如果脚托与搁腿间的角度是可调节的，将其尽可能调至 90°但不小于 90°(按 GB/T 18029.7 尺寸 14 测量)。

6.3.8.2 脚托离地高度

如果脚托离地面的高度是可调节的，将其尽可能调至在测试平板上方 50 mm 但不小于 50 mm 处（按 GB/T 18029.7 尺寸 12 测量）。如果按此调节，脚托影响了小脚轮的摆动，则应重新调节搁腿与座位平面的角度（6.3.7），至少应确保小脚轮自由摆动。

6.3.9 控制装置

6.3.9.1 安装

有些电动轮椅车的控制装置可安装在不同的位置，应将其安装在中间位置，若无法达到这一位置，则将其调至相对远离扶手的位置。

6.3.9.2 电器设置

按制造商的说明要求设置控制装置，若制造商未给出说明，则将速度调至最大。

6.3.9.3 其他电器控制装置

将其他所有不需要工具或不改变 6.3.4～6.3.8 调节设置的电器控制装置调至制造商规定的位置。如果制造商对这些装置的位置未作出说明，则将其调至中间位置。

6.3.10 其他部件

将其他所有可调节的机械部件调至中间位置。若无精确的中间位置，则将其调至最长、最高和最宽的尺寸。

注：这类部件中较典型的部件是头垫和扶手。

7 最终调节

按第 6 章的要求将轮椅车调节设置结束后，按顺序进行下列的最终调节，但此调节不应和制造商的要求相冲突。

a) 若有必要，调节靠背的角度，使其尽可能达到 $+10^\circ$，但不改变驱动轮的位置和座位的角度。如果无法达到这一角度，则将其调至最接近且较大的角度，若仍无法达到这一角度，则调至最接近 $+10^\circ$ 的角度。

b) 如果座位的角度是可调节的，调节此角度，使其尽可能达到 $+8^\circ$，但不改变小脚轮和驱动轮的位置。如果无法达到这一角度，则将其调至最接近且较大的角度，若仍无法达到这一角度，则调至最接近 $+8^\circ$ 的角度。

c) 若有必要，调节小脚轮立轴的角度，使其在前后平面内垂直于水平面，公差为 ${}^{+1^\circ}_{0^\circ}$，如果无法达到这一角度，则将其调至最接近垂直的正角度。在此调节过程中不应发生小脚轮立轴侧向角度偏离。

d) 如果驻车制动器是可调节的，按制造商的规定调节。如果驻车制动器是可调节的而制造商未给出调节的规定和说明，则应按 6.1.3 的规定调节。

8 最终检查

按第 5 章、第 6 章和第 7 章的要求完成所有调节步骤后，确保所有与调节相关的紧固件仍按制造商的要求固定如初。如果制造商未作出有关要求，则按附录 B 的要求。

9 测试用假人的设置步骤

如果测试过程需要使用 GB/T 18029.11 所规定的测试用假人，应按下列规定选择和定位：

a) 计算靠背第 7 章 a）和座位平面第 7 章 b）之间的角度。

b) 选择与使用者质量相同的测试用假人（GB/T 18029.11），如果没有同质量的测试用假人，则按表 1 选取比最大使用者质量大的相应规格的假人。

表 1

最大使用者质量/kg	测试用假人质量/kg
≤25	25
25～50	50
50～75	75
75～100	100

c) 将选定的测试用假人按下列规定放在轮椅车上：

1) 将测试用假人沿座位中心线放在轮椅车上，两侧的空档对称，误差为±10 mm。

2) 确保测试用假人身体部分和座位部分之间的铰链能自由转动。

3) 调整测试用假人的前后位置，按第 9 章 a)调整座位与靠背之间的角度，公差为±3°。

4) 按第 7 章 b)的要求，检查座位平面角度。如果未达到要求，按第 6 章～第 8 章的要求重新调节轮椅车上适当的部件。

注：如果在测试过程中，假人必须取下或移动，然后重新安放，可在轮椅车的车架上与测试用假人铰链垂直处做一个参考标记，以便快速定位。

10 记录

按附录 A 中所给的格式表记录调节设置的尺寸。

附 录 A
（规范性附录）
按 GB/T 18029.22 的调节程序测量和设置的记录表

轮椅车识别特征（型号，系列号等）：

制造商：

地址：

可调节参数	配备的型号（尺寸，货号）	值/位置/尺寸
驱动轮充气轮胎空气压力（6.1.1）		
小脚轮充气轮胎空气压力（6.1.1）		
制动板与接触表面的距离（6.1.3）		
驱动轮轴水平位置（6.3.2.1）		
驱动轮轴垂直位置（6.3.2.2）		
驱动轮倾角（6.3.2.3）		
驱动轮宽度距离（6.3.2.4）		
小脚轮立轴安装架水平位置（6.3.3.1）		
小脚轮立轴安装架垂直位置（6.3.3.2）		
小脚轮轮轴垂直位置（6.3.3.3）		
小脚轮轮子宽度距离（6.3.3.4）		
小脚轮立轴角度：前后平面（6.3.3.5）		
小脚轮立轴角度：横向平面（6.3.3.6）		
座位宽度（6.3.4.2）		
靠背高度（6.3.4.3）		
座位高度（6.3.4.4）		
座位平面角度（6.3.5）		
靠背角度（6.3.6）		
搁腿与座位表面角度（6.3.7）		
脚托角度（6.3.8.1）		
脚托离地高（6.3.8.2）		
控制装置，安装（6.3.9.1）		
控制装置，电器设置（6.3.9.2）		
其他电器控制装置（6.3.9.3）		
其他部件（6.3.10）		

最终调节

可调节参数	配备的型号(尺寸,货号)	值/位置/尺寸
靠背角度【第 7 章 a)】		
座位平面角度【第 7 章 b)】		
小脚轮立轴角度【第 7 章 c)】		
制动板与接触表面的距离【第 7 章 d)】		

测试用假人的设置

可调节参数	配备的型号(尺寸,货号)	值/位置/尺寸
座位与靠背的角度【第 9 章 a)】		
测试用假人规格【第 9 章 b)】		
测试用假人座位与靠背角度【第 9 章 c)3)】		

非可调节部件应在表中标明“不可调节”。

附 录 B
（资料性附录）
轮椅车紧固件

调节部件通常由旋钮、旋轮、扳杆或螺栓定位和固定。

如果制造商未规定扭矩的数值，表 B.1 给出了调节设置时扭矩的参考值。

表 B.1 最大扭矩

紧固件	尺寸/mm	最大扭矩/(N·m)
旋钮、旋轮		
——直径	＜30	2.0
——直径	30～50	3.5
——直径	＞50	7.0
扳杆		
——长度	＜30	5
——长度	＞50	8
螺栓和螺母		
——六角对边宽度	10	10
——六角对边宽度	17	17
——六角对边宽度	19	25
——六角对边宽度	24	55
内六角螺钉		
——内六角扳手	5	7
——内六角扳手	6	12

ICS 35.040
A 24

GB

中华人民共和国国家标准

GB/T 18127—2009
代替 GB/T 18127—2000

商品条码 物流单元编码与条码表示

Bar code for commodity—Numbering and symbol marking of logistics units

2009-05-06 发布　　　　2009-11-01 实施

中华人民共和国国家质量监督检验检疫总局
中国国家标准化管理委员会　发布

前言

本标准是参照国际物品编码协会(GS1)制定的《GS1 通用规范》(8.0 版)第 2 章第 2 节“物流单元的编码与符号标记”、第 3 章第 4 节“物流单元的 GS1 应用标识符”、第 6 章第 7 节“GS1 物流标签设计”,并结合我国的实际情况起草的。本标准在技术内容上符合《GS1 通用规范》(8.0 版)的技术要求。

本标准按 GB/T 1.1—2000《标准化工作导则　第 1 部分:标准的结构和编写规则》的格式重新编写和修订了有关内容,并对部分技术内容作了改动。

本标准代替 GB/T 18127—2000《物流单元的编码与符号标记》。本标准与 GB 18127—2000 相比主要变化如下:

——删除了原标准的“EAN/UCC 前言”,相关内容调整到标准正文进行描述;

——将原标准第 2 章“引用标准”改为“规范性引用文件”,并对引用标准的名称进行了更新;

——修改了原标准第 3 章中“物流单元”的术语及其定义,删去了“链接”、“数据标题”、“承运商”、“客户”、“供应商”、“正文”、“人工转换”的术语及其定义,增加了“标签文本”的术语及其定义;

——用“*X* 尺寸”替代原标准的“放大系数”;

——将原标准第 4 章“特征描述”改为“物流单元的编码”,增加了第 4.1 条“代码结构”、第 4.2 条“编制规则”。其中:

- 将原标准附录 A“系列货运包装箱代码 SSCC-18”的内容进行了调整,并移到第 4.1.1 条“物流单元标识代码的结构”;
- 将原标准第 7 章“物流单元标签条码应用标识”内容进行了修改,并调整到第 4.1.2 条“附加信息代码的结构”;

——增加了第 5 章“条码表示”;

——将原标准第 5 章“标签格式”改为第 6 章“物流单元标签”,并对原内容进行了修改;

——将原标准第 6 章“技术要求”改为第 7 章,并对原内容进行了修改和调整;

——增加了第 8 章“物流单元标签的位置”;

——增加了附录 A“货物托运单元与装运单元代码的编制”;

——保留原标准附录 B 的内容,并将标题由“物流单元标签实例”改为“标签实例”。

本标准的附录 A 是规范性附录,附录 B 是资料性附录。

本标准由全国物流信息管理标准化技术委员会提出并归口。

本标准起草单位:中国物品编码中心、北京交通大学。

本标准主要起草人:黄燕滨、韩树文、李素彩、杜景荣、文向阳、郭卫华、赵辰、王耀球。

本标准所代替标准的历次版本发布情况为:

——GB/T 18127—2000。

商品条码
物流单元编码与条码表示

1 范围

本标准规定了物流单元的编码、条码表示，物流单元标签的技术要求和位置。

本标准适用于开放的贸易环境中物流单元的标识与数据自动采集。

2 规范性引用文件

下列文件中的条款通过本标准的引用而成为本标准的条款。凡是注日期的引用文件，其随后所有的修改单(不包括勘误的内容)或修订版均不适用于本标准，然而，鼓励根据本标准达成协议的各方研究是否可使用这些文件的最新版本。凡是不注日期的引用文件，其最新版本适用于本标准。

GB/T 1988—1998 信息技术 信息交换用七位编码字符集(eqv ISO/IEC 646:1991)

GB/T 2659 世界各国和地区名称代码(GB/T 2659—2000,eqv ISO 3166-1:1997)

GB 12904 商品条码 零售商品编码与条码表示(GB 12904—2008,ISO/IEC 15420:2000,NEQ)

GB/T 12905 条码术语

GB/T 14257 商品条码 条码符号放置指南

GB/T 15425 EAN·UCC 系统 128 条码

GB/T 16986—2009 商品条码 应用标识符(ISO/IEC 15418:1999,NEQ)

GB/T 18348 商品条码 条码符号印制质量的检验

3 术语和定义

GB/T 12905 中确立的以及下列术语和定义适用于本标准。

3.1

物流单元 logistics units

在供应链过程中为运输、仓储、配送等建立的包装单元。

3.2

标签文本 text

物流单元标签中用文字表示的信息。

4 物流单元的编码

4.1 代码结构

4.1.1 物流单元标识代码的结构

物流单元标识代码是标识物流单元身份的惟一代码，具有全球惟一性。物流单元标识代码采用 SSCC(serial shipping container code，系列货运包装箱代码)表示，由扩展位、厂商识别代码、系列号和校验码四个部分组成，是 18 位的数字代码，分为四种结构，见表 1。其中，扩展位由 1 位数字组成，取值 0～9；厂商识别代码由 7～10 位数字组成；系列号由 9～6 位数字组成；校验码为 1 位数字。

表 1　SSCC 结构

结构种类	扩展位	厂商识别代码	系列号	校验码
结构一	N_1	N_2 N_3 N_4 N_5 N_6 N_7 N_8	N_9 N_{10} N_{11} N_{12} N_{13} N_{14} N_{15} N_{16} N_{17}	N_{18}
结构二	N_1	N_2 N_3 N_4 N_5 N_6 N_7 N_8 N_9	N_{10} N_{11} N_{12} N_{13} N_{14} N_{15} N_{16} N_{17}	N_{18}
结构三	N_1	N_2 N_3 N_4 N_5 N_6 N_7 N_8 N_9 N_{10}	N_{11} N_{12} N_{13} N_{14} N_{15} N_{16} N_{17}	N_{18}
结构四	N_1	N_2 N_3 N_4 N_5 N_6 N_7 N_8 N_9 N_{10} N_{11}	N_{12} N_{13} N_{14} N_{15} N_{16} N_{17}	N_{18}

4.1.2　附加信息代码的结构

4.1.2.1　附加信息代码的构成

附加信息代码是标识物流单元相关信息[如物流单元内贸易项目的 GTIN(global trade item number,全球贸易项目代码)、贸易与物流量度、物流单元内贸易项目的数量等信息]的代码,由应用标识符 AI(application identifier,应用标识符)和编码数据组成。如果使用物流单元附加信息代码,则需与 SSCC一并处理。常用的附加信息代码见表 2,数据格式见 GB/T 16986—2009。

表 2　常用的附加信息代码结构

AI	编码数据名称	编码数据含义	格式
02	CONTENT	物流单元内贸易项目的 GTIN	n2+n14
33nn,34nn,35nn,36nn	GROSS WEIGHT,LENGTH 等[a]	物流量度	n4+n6
37	COUNT	物流单元内贸易项目的数量	n2+n ... 8
401	CONSIGNMENT	货物托运代码	n3+an ... 30
402	SHIPMENT NO.	装运标识代码	n3+n17
403	ROUTE	路径代码	n3+an ... 30
410	SHIP TO LOC	交货地全球位置码	n3+n13
413	SHIP FOR LOC	货物最终目的地全球位置码的标识符	n3+n13
420	SHIP TO POST	同一邮政区域内交货地的邮政编码	n3+an ... 20
421	SHIP TO POST	具有 3 位 ISO 国家(地区)代码的交货地邮政编码	n3+ n3+an ... 9

[a] 见表 5 和表 6。

4.1.2.2　物流单元内贸易项目的应用标识符 AI(02)

应用标识符“02”对应的编码数据的含义为物流单元内贸易项目的 GTIN,此时应用标识符“02”应与同一物流单元上的应用标识符“37”及其编码数据一起使用。

当 N_1 为 0,1,2,…,8 时,物流单元内的贸易项目为定量贸易项目;当 $N_1=9$ 时,物流单元内的贸易项目为变量贸易项目。当物流单元内的贸易项目为变量贸易项目时,应对有效的贸易计量标识。

编码数据格式见表 3。

表 3　AI(02)及其编码数据格式

应用标识符	物流单元内贸易项目的 GTIN	校验码
02	N_1 N_2 N_3 N_4 N_5 N_6 N_7 N_8 N_9 N_{10} N_{11} N_{12} N_{13}	N_{14}

物流单元内贸易项目的 GTIN:表示在物流单元内包含贸易项目的最高级别的标识代码。

校验码:校验码的计算见 GB/T 16986—2009 附录 B。

数据格式见 GB/T 16986—2009。

4.1.2.3 物流量度应用标识符 AI(33nn),AI(34nn),AI(35nn),AI(36nn)

应用标识符“33nn,34nn,35nn,36nn”对应的编码数据的含义为物流单元的量度和计量单位。物流单元的计量可以采用国际计量单位,也可以采用其他单位计量。通常一个给定物流单元的计量单位只应采用一个量度单位。然而,相同属性的多个计量单位的应用不妨碍数据传输的正确处理。

编码数据格式见表 4。

表 4 AI(33nn),AI(34nn),AI(35nn),AI(36nn)及其编码数据格式

应用标识符	量度值
A_1 A_2 A_3 A_4	N_1 N_2 N_3 N_4 N_5 N_6

应用标识符 A_1～A_4,其中,A_1～A_3 表示一个物流单元的计量单位,见表 5、表 6。

应用标识符 A_4 表示小数点的位置,例如,A_4 为 0 表示没有小数点,A_4 为 1 表示小数点在 N_5 和 N_6 之间。

量度值:对应的编码数据为物流单元的量度值。

物流量度应与同一单元上的标识代码 SSCC 或变量贸易项目的 GTIN 一起使用。

表 5 物流单元的计量单位应用标识符(公制物流计量单位)

AI	编码数据含义(格式 n6)	单位名称	单位符号	编码数据名称
330n	毛重	千克(公斤)	kg	GROSS WEIGHT
331n	长度或第一尺寸	米	m	LENGTH
332n	宽度、直径或第二尺寸	米	m	WIDTH
333n	深度、厚度、高度或第三尺寸	米	m	HEIGHT
334n	面积	平方米	m^2	AREA
335n	毛体积、毛容积	升	L	NET VOLUME
336n	毛体积、毛容积	立方米	m^3	NET VOLUME

表 6 物流单元的计量单位应用标识符(非公制物流计量单位)

AI	编码数据含义(格式 n6)	单位名称	单位符号	编码数据名称
340n	毛重	磅	lb	GROSS WEIGHT
341n	长度或第一尺寸	英寸	in	LENGTH
342n	长度或第一尺寸	英尺	ft	LENGTH
343n	长度或第一尺寸	码	yd	LENGTH
344n	宽度、直径或第二尺寸	英寸	in	WIDTH
345n	宽度、直径或第二尺寸	英尺	ft	WIDTH
346n	宽度、直径或第二尺寸	码	yd	WIDTH
347n	深度、厚度、高度或第三尺寸	英寸	in	HEIGHT
348n	深度、厚度、高度或第三尺寸	英尺	ft	HEIGHT
349n	深度、厚度、高度或第三尺寸	码	yd	HEIGHT
353n	面积	平方英寸	in^2	AREA
354n	面积	平方英尺	ft^2	AREA
355n	面积	平方码	yd^2	AREA
362n	毛体积、毛容积	夸脱	qt	VOLUME
363n	毛体积、毛容积	加仑	gal (US)	VOLUME
367n	毛体积、毛容积	立方英寸	in^3	VOLUME
368n	毛体积、毛容积	立方英尺	ft^3	VOLUME
369n	毛体积、毛容积	立方码	yd^3	VOLUME

4.1.2.4　物流单元内贸易项目数量应用标识符 AI(37)

应用标识符"37"对应的编码数据的含义为物流单元内贸易项目的数量，应与 AI(02)一起使用。编码数据见表 7。

表 7　AI(37)及其编码数据格式

AI	贸易项目的数量
37	$N_1 \cdots N_j$ ($j \leqslant 8$)

贸易项目数量：物流单元中贸易项目的数量。

4.1.2.5　货物托运代码应用标识符 AI(401)

应用标识符"401"对应的编码数据的含义为货物托运代码，用来标识一个需整体运输的货物的逻辑组合(内含一个或多个物理实体，见附录 A)。货物托运代码由货运代理人、承运人或事先与货运代理人订立协议的发货人分配。货物托运代码由货物运输方的厂商识别代码和实际委托信息组成。

编码数据见表 8。

表 8　AI(401)及其编码数据格式

AI	货物托运代码
401	厂商识别代码 → 委托信息 → $N_1 \cdots N_i$ $X_{i+1} \cdots X_j$ ($j \leqslant 30$)

厂商识别代码：见 GB 12904。

货物托运代码为字母数字字符，包含 GB/T 1988—1998 表 2 中的所有字符，见 GB/T 16986—2009 附录 D。委托信息的结构由该标识符的使用者确定。

货物托运代码在适当的时候可以作为单独的信息处理，或与出现在相同单元上的其他标识数据一起处理。

数据名称为 CONSIGNMENT。

注：如果生成一个新的货物托运代码，在此之前的货物托运代码应从物理单元中去掉。

4.1.2.6　装运标识代码应用标识符 AI(402)

应用标识符"402"对应的编码数据的含义为装运标识代码，用来标识一个需整体装运的货物的逻辑组合(内含一个或多个物理实体，见附录 A)。装运标识代码(提货单)由发货人分配。装运标识代码由发货方的厂商识别代码和发货方参考代码组成。

如果一个装运单元包含多个物流单元，应采用 AI(402)表示一个整体运输的货物的逻辑组合(内含一个或多个物理实体)。它为一票运输货载提供了全球惟一的代码。它可以作为一个交流的参考代码为运输环节中的各方使用，例如 EDI 报文中能够用于一票运输货载的代码和/或发货人的装货清单。

编码数据见表 9。

表 9　AI(402)及其编码数据格式

应用标识符	装运标识代码		
402	厂商识别代码 →	← 发货方参考代码	校验码
	N_1 N_2 N_3 N_4 N_5 N_6 N_7	N_8 N_9 N_{10} N_{11} N_{12} N_{13} N_{14} N_{15} N_{16}	N_{17}

厂商识别代码为发货方的厂商识别代码，见 GB 12904。

发货方参考代码由发货方分配。

校验码：校验码的计算见 GB/T 16986—2009 附录 B。

装运标识代码在适当的时候可以作为单独的信息处理,或与出现在相同单元上的其他标识数据一起处理。

数据名称为 SHIPMENT NO.。

注:建议按顺序分配代码。

4.1.2.7 **路径代码应用标识符 AI(403)**

应用标识符"403"对应的编码数据的含义为路径代码。路径代码由承运人分配,目的是提供一个已经定义的国际多式联运方案的移动路径。路径代码为字母数字字符,其内容与结构由分配代码的运输商确定。

编码数据见表 10。

表 10 AI(403)及其编码数据格式

AI	路径代码
403	$X_1 \cdots X_j (j \leqslant 30)$

路径代码由承运人分配,提供一个已经定义的国际多式联运方案的移动路径。

路径代码为字母数字字符,包含 GB/T 1988—1998 表 2 中的所有字符,见 GB/T 16986—2009 附录 D。其内容与结构由分配代码的运输商确定。如果运输商希望与其他运输商达成合作协议,则需要一个多方认可的指示符指示路径代码的结构。

路径代码应与相同单元的 SSCC 一起使用。

数据名称为 ROUTE。

4.1.2.8 **交货地全球位置码应用标识符 AI(410)**

应用标识符"410"对应的编码数据的含义为交货地位置码。该单元数据串用于通过位置码 GLN 实现对物流单元的自动分类。交货地位置码由收件人的公司分配,由厂商识别代码、位置参考代码和校验码构成。

编码数据见表 11。

表 11 AI(410)及其编码数据格式

AI	厂商识别代码 → ← 位置参考代码	校验码
410	$N_1\ N_2\ N_3\ N_4\ N_5\ N_6\ N_7\ N_8\ N_9\ N_{10}\ N_{11}\ N_{12}$	N_{13}

厂商识别代码:见 GB 12904。

位置参考代码由收件人的公司分配。

校验码:校验码的计算见 GB/T 16986—2009 附录 B。

交货地全球位置码可以单独使用,或与相关的标识数据一起使用。

数据名称 SHIP TO LOC。

4.1.2.9 **货物最终目的地全球位置码 AI(413)**

应用标识符"413"对应的编码数据的含义为货物最终目的地全球位置码。用于标识物理位置或法律实体。由厂商识别代码、位置参考代码和校验码构成。

编码数据见表 12。

表 12 AI(413)及其编码数据格式

AI	厂商识别代码 → ← 位置参考代码	校验码
413	$N_1\ N_2\ N_3\ N_4\ N_5\ N_6\ N_7\ N_8\ N_9\ N_{10}\ N_{11}\ N_{12}$	N_{13}

厂商识别代码:见 GB 12904。

位置参考代码由最终收受人的公司确定。

校验码见 GB/T 16986—2009 附录 B。

货物最终目的地全球位置码可以单独使用,或与相关的标识数据一起使用。

数据名称 SHIP FOR LOC。

注:货物最终目的地全球位置码是收货方内部使用,承运商不使用。

4.1.2.10 同一邮政区域内交货地的邮政编码应用标识符 AI(420)

应用标识符"420"对应的编码数据的含义为交货地地址的邮政编码(国内格式)。该单元数据串是为了在同一邮政区域内使用邮政编码对物流单元进行自动分类。

编码数据见表 13。

表 13 AI(420)及其编码数据格式

AI	邮政编码
420	$X_1 \cdots X_j$ ($j \leqslant 20$)

邮政编码:由邮政部门定义的收件人的邮政编码。

同一邮政区域内交货地的邮政编码通常单独使用。

数据名称为 SHIP TO POST。

4.1.2.11 具有三位 ISO 国家(或地区)代码的交货地邮政编码应用标识符 AI(421)

应用标识符"421"对应的编码数据的含义为交货地地址的邮政编码(国际格式)。该单元数据串用于利用邮政编码对物流单元自动分类。由于邮政编码是以 ISO 国家代码为前缀码,故在国际范围内通用。

编码数据见表 14。

表 14 AI(421)及其编码数据格式

AI	ISO 国家(或地区)代码	邮政编码
421	N_1 N_2 N_3	$X_4 \cdots X_j$ ($j \leqslant 12$)

ISO 国家(或地区)代码 N_1 N_2 N_3 为 GB/T 2659 中的国家和地区名称代码。

邮政编码:由邮政部门定义的收件人的邮政编码。

具有 3 位 ISO 国家(或地区)代码的交货地邮政编码通常单独使用。

数据名称为 SHIP TO POST。

4.2 编制规则

4.2.1 物流单元标识代码的编制规则

4.2.1.1 基本原则

4.2.1.1.1 惟一性原则

每个物流单元都应分配一个独立的 SSCC,并在供应链过程中及整个生命周期内保持惟一不变。

4.2.1.1.2 稳定性原则

一个 SSCC 分配以后,从货物起运日期起的一年内,不应重新分配给新的物流单元。有行业惯例或其他规定的可延长期限。

4.2.1.2 扩展位

SSCC 的扩展位用于增加编码容量,由厂商自行编制。

4.2.1.3 厂商识别代码

厂商识别代码的编制规则见 GB 12904。由中国物品编码中心统一分配。

4.2.1.4 系列号

系列号由获得厂商识别代码的厂商自行编制。

4.2.1.5 校验码

校验码根据 SSCC 的前 17 位数字计算得出，计算方法见 GB/T 16986—2009 附录 B 的校验码计算方法。

4.2.2 附加信息代码的编制规则

附加信息代码由用户根据实际需求按照 4.1.2 的规定编制。

5 条码表示

SSCC 与应用标识符 AI(00)一起使用，采用 UCC/EAN-128 条码符号表示；附加信息代码与相应的应用标识符 AI 一起使用，采用 UCC/EAN-128 条码符号表示。UCC/EAN-128 条码符号见 GB/T 15425。应用标识符见 GB/T 16986—2009。

6 物流单元标签

6.1 标签格式

6.1.1 标签构成

一个完整的物流单元标签包括三个标签区段，且从上到下的顺序通常为：承运商区段、客户区段和供应商区段。每个区段均采用两种基本形式表示一类信息的组合。标签文本内容位于标签区段的上方，条码符号位于标签区段的下方。其中，SSCC 条码符号应位于标签的最下端。标签实例参见附录 B。

SSCC 是所有物流单元标签的必备项，其他信息如果需要应配合应用标识符 AI 使用并符合 4.1.2 的规定。

6.1.2 承运商区段

承运商区段通常包含在装货时就已确定的信息，如到货地邮政编码、托运代码、承运商特定路线和装卸信息。标签实例参见附录 B。

6.1.3 客户区段

客户区段通常包含供应商在订货和订单处理时就已确定的信息。主要包括到货地点、购货订单代码、客户特定路线和货物的装卸信息。

6.1.4 供应商区段

供应商区段通常包含包装时供应商已确定的信息。SSCC 是物流单元应有的惟一的标识代码。标签实例参见附录 B。

客户和承运商所需要的产品属性信息，如产品变体、生产日期、包装日期和有效期、批号(组号)、系列号等也可以在此区段表示。标签实例参见附录 B。

6.2 标签尺寸

用户可以根据需要选择 105 mm×148 mm(A6 规格)或 148 mm×210 mm(A5 规格)两种尺寸。

当只有 SSCC 或者 SSCC 和其他少量数据时，可选择 105 mm×148 mm。

7 技术要求

7.1 条码符号

物流单元标签上的条码符号应符合下列要求和 GB/T 15425 的规定。

7.1.1 尺寸要求

——X 尺寸最小为 0.495 mm，最大为 1.016 mm。在指定范围内选择的 X 尺寸越大，扫描可靠性越高。

——条码符号的高度应大于或等于 32 mm。

7.1.2 条码符号在标签上的位置

条码符号的条与空应垂直于物流单元的底面。在任何情况下，SSCC 条码符号都应位于标签的最下端。

供人识读字符可以放在条码符号的上部或下部，包括应用标识符、数据内容、校验位，但不包括特殊符号字符或符号校验字符的表示。应用标识符应通过圆括号与数据内容区分开来。供人识读字符的高度不小于 3 mm，并且清晰易读，位于条码符号的下端。

7.1.3 检测和质量评价

条码的符号等级不得低于 1.5/10/670，条码符号的检测和质量评价见 GB/T 18348。

7.2 标签的文本

7.2.1 文字与标记

标签的文字与标记包括发货人、收货人名字和地址，公司的标志等。标签文本要清晰易读，并且字符高度不小于 3 mm。

7.2.2 人工识读的数据

人工识读的数据由数据名称和数据内容组成，内容与条码表示的单元数据串一致，数据内容字符高度应不小于 7 mm。

8 物流单元标签的位置

物流单元标签的放置位置见 GB/T 14257。

附 录 A
（规范性附录）
货物托运单元与装运单元代码的编制

A.1 发货人、货运代理人或承运人可能会将多个物流单元一起作为一个整体进行托运/装运，这样，托运货物/装运货物可能包含一个或多个物理实体，不需要在物理上将其附在一起，而是采用货物托运代码 AI(401)和装运标识代码 AI(402)来标识一个需整体运输的货物逻辑组合。当一个物理实体上标识的货物托运代码 AI(401)或装运标识代码 AI(402)被识读之后，即表明此物理实体应和其他标有相同货物托运代码 AI(401)或装运标识代码 AI(402)的物理实体联系起来综合处理。

A.2 作为一个整体进行运输的货物逻辑组合内的任何单个物理实体应分配一个独立的 SSCC，并符合 4.1 的规定。

A.3 货物托运代码由货运代理人、承运人或事先与货运代理人订立协议的发货人编制。AI(401)及其对应的编码数据格式见 GB/T 16986—2009。其条码符号应放置在承运商区段。

A.4 装运标识代码（提货单）AI(402)由发货人编制。AI(402)及其对应的编码数据格式见 GB/T 16986—2009。其条码符号应放置在承运商区段。

附 录 B
（资料性附录）
标 签 实 例

B.1 基本物流单元标签（见图 B.1）

图 B.1 基本物流单元标签：一个 SSCC

B.2 包含供应商与承运商区段的物流单元标签（见图 B.2）

图 B.2 包含供应商和承运商区段的物流单元标签

B.3 包含链接数据的供应商区段的标签(见图 B.3)

图 B.3 包含链接数据的供应商区段的标签

B.4　包含供应商、客户与承运商区段的标签（见图 B.4）

图 B.4　包含供应商、客户与承运商区段的标签

ICS 13.300
A 80

中华人民共和国国家标准

GB 18218—2009
代替 GB 18218—2000

危险化学品重大危险源辨识

Identification of major hazard installations for dangerous chemicals

2009-03-31 发布　　2009-12-01 实施

中华人民共和国国家质量监督检验检疫总局
中国国家标准化管理委员会　发布

前言

本标准的全部技术内容为强制性的。

本标准代替 GB 18218—2000《重大危险源辨识》。

本标准与 GB 18218—2000 相比主要变化如下：

——将标准名称改为《危险化学品重大危险源辨识》；

——将采矿业中涉及危险化学品的加工工艺和储存活动纳入了适用范围；

——不适用范围增加了海上石油天然气开采活动；

——对部分术语和定义进行了修订；

——对危险化学品的范围进行了修订；

——对危险化学品的临界量进行了修订；

——取消了生产场所与储存区之间临界量的区别。

本标准由国家安全生产监督管理总局提出。

本标准由全国安全生产标准化技术委员会化学品安全标准化分技术委员会(TC 288/SC 3)归口。

本标准负责起草单位:中国安全生产科学研究院。

本单位参加起草单位:中石化青岛安全工程研究院。

本标准主要起草人:吴宗之、魏利军、刘骥、多英全、师立晨、高进东、孙猛、于立见、张海峰、杨春笋、彭湘潍。

本标准于 2000 年首次发布,本次修订为第一次修订。

危险化学品重大危险源辨识

1 范围

本标准规定了辨识危险化学品重大危险源的依据和方法。

本标准适用于危险化学品的生产、使用、储存和经营等各企业或组织。

本标准不适用于：

a) 核设施和加工放射性物质的工厂，但这些设施和工厂中处理非放射性物质的部门除外；

b) 军事设施；

c) 采矿业，但涉及危险化学品的加工工艺及储存活动除外；

d) 危险化学品的运输；

e) 海上石油天然气开采活动。

2 规范性引用文件

下列文件中的条款通过本标准的引用而成为本标准的条款。凡是注日期的引用文件，其随后所有的修改单(不包括勘误的内容)或修订版均不适用于本标准，然而，鼓励根据本标准达成协议的各方研究是否可使用这些文件的最新版本。凡是不注日期的引用文件，其最新版本适用于本标准。

GB 12268 危险货物品名表

GB 20592 化学品分类、警示标签和警示性说明安全规范 急性毒性

3 术语和定义

下列术语和定义适用于本标准。

3.1

危险化学品 dangerous chemicals

具有易燃、易爆、有毒、有害等特性，会对人员、设施、环境造成伤害或损害的化学品。

3.2

单元 unit

一个(套)生产装置、设施或场所，或同属一个生产经营单位的且边缘距离小于500 m的几个(套)生产装置、设施或场所。

3.3

临界量 threshold quantity

对于某种或某类危险化学品规定的数量，若单元中的危险化学品数量等于或超过该数量，则该单元定为重大危险源。

3.4

危险化学品重大危险源 major hazard installations for dangerous chemicals

长期地或临时地生产、加工、使用或储存危险化学品，且危险化学品的数量等于或超过临界量的单元。

4 危险化学品重大危险源辨识

4.1 辨识依据

4.1.1 危险化学品重大危险源的辨识依据是危险化学品的危险特性及其数量，具体见表1和表2。

4.1.2 危险化学品临界量的确定方法如下：

a) 在表1范围内的危险化学品，其临界量按表1确定；

b) 未在表1范围内的危险化学品，依据其危险性，按表2确定临界量；若一种危险化学品具有多种危险性，按其中最低的临界量确定。

表1 危险化学品名称及其临界量

序号	类别	危险化学品名称和说明	临界量(*T*)
1	爆炸品	叠氮化钡	0.5
2		叠氮化铅	0.5
3		雷酸汞	0.5
4		三硝基苯甲醚	5
5		三硝基甲苯	5
6		硝化甘油	1
7		硝化纤维素	10
8		硝酸铵(含可燃物＞0.2%)	5
9	易燃气体	丁二烯	5
10		二甲醚	50
11		甲烷，天然气	50
12		氯乙烯	50
13		氢	5
14		液化石油气(含丙烷、丁烷及其混合物)	50
15		一甲胺	5
16		乙炔	1
17		乙烯	50
18	毒性气体	氨	10
19		二氟化氧	1
20		二氧化氮	1
21		二氧化硫	20
22		氟	1
23		光气	0.3
24		环氧乙烷	10
25		甲醛(含量＞90%)	5
26		磷化氢	1
27		硫化氢	5
28		氯化氢	20
29		氯	5
30		煤气(CO，CO和H_2、CH_4的混合物等)	20
31		砷化三氢(胂)	1

表 1(续)

序号	类别	危险化学品名称和说明	临界量(T)
32	毒性气体	锑化氢	1
33		硒化氢	1
34		溴甲烷	10
35	易燃液体	苯	50
36		苯乙烯	500
37		丙酮	500
38		丙烯腈	50
39		二硫化碳	50
40		环己烷	500
41		环氧丙烷	10
42		甲苯	500
43		甲醇	500
44		汽油	200
45		乙醇	500
46		乙醚	10
47		乙酸乙酯	500
48		正己烷	500
49	易于自燃的物质	黄磷	50
50		烷基铝	1
51		戊硼烷	1
52	遇水放出易燃气体的物质	电石	100
53		钾	1
54		钠	10
55	氧化性物质	发烟硫酸	100
56		过氧化钾	20
57		过氧化钠	20
58		氯酸钾	100
59		氯酸钠	100
60		硝酸(发红烟的)	20
61		硝酸(发红烟的除外,含硝酸>70%)	100
62		硝酸铵(含可燃物≤0.2%)	300
63		硝酸铵基化肥	1 000
64	有机过氧化物	过氧乙酸(含量≥60%)	10
65		过氧化甲乙酮(含量≥60%)	10

表 1（续）

序号	类别	危险化学品名称和说明	临界量(*T*)
66	毒性物质	丙酮合氰化氢	20
67		丙烯醛	20
68		氟化氢	1
69		环氧氯丙烷(3-氯-1,2-环氧丙烷)	20
70		环氧溴丙烷(表溴醇)	20
71		甲苯二异氰酸酯	100
72		氯化硫	1
73		氰化氢	1
74		三氧化硫	75
75		烯丙胺	20
76		溴	20
77		乙撑亚胺	20
78		异氰酸甲酯	0.75

表 2　未在表 1 中列举的危险化学品类别及其临界量

类别	危险性分类及说明	临界量(*T*)
爆炸品	1.1A 项爆炸品	1
	除 1.1A 项外的其他 1.1 项爆炸品	10
	除 1.1 项外的其他爆炸品	50
气体	易燃气体：危险性属于 2.1 项的气体	10
	氧化性气体：危险性属于 2.2 项非易燃无毒气体且次要危险性为5类的气体	200
	剧毒气体：危险性属于 2.3 项且急性毒性为类别 1 的毒性气体	5
	有毒气体：危险性属于 2.3 项的其他毒性气体	50
易燃液体	极易燃液体：沸点≤35 ℃且闪点＜0 ℃的液体；或保存温度一直在其沸点以上的易燃液体	10
	高度易燃液体：闪点＜23 ℃的液体(不包括极易燃液体)；液态退敏爆炸品	1 000
	易燃液体：23 ℃≤闪点＜61 ℃的液体	5 000
易燃固体	危险性属于 4.1 项且包装为Ⅰ类的物质	200
易于自燃的物质	危险性属于 4.2 项且包装为Ⅰ或Ⅱ类的物质	200
遇水放出易燃气体的物质	危险性属于 4.3 项且包装为Ⅰ或Ⅱ的物质	200
氧化性物质	危险性属于 5.1 项且包装为Ⅰ类的物质	50
	危险性属于 5.1 项且包装为Ⅱ或Ⅲ类的物质	200

表 2（续）

类别	危险性分类及说明	临界量 (T)
有机过氧化物	危险性属于 5.2 项的物质	50
毒性物质	危险性属于 6.1 项且急性毒性为类别 1 的物质	50
	危险性属于 6.1 项且急性毒性为类别 2 的物质	500
注：以上危险化学品危险性类别及包装类别依据 GB 12268 确定，急性毒性类别依据 GB 20592 确定。		

4.2　重大危险源的辨识指标

单元内存在危险化学品的数量等于或超过表 1、表 2 规定的临界量，即被定为重大危险源。单元内存在的危险化学品的数量根据处理危险化学品种类的多少区分为以下两种情况：

4.2.1　单元内存在的危险化学品为单一品种，则该危险化学品的数量即为单元内危险化学品的总量，若等于或超过相应的临界量，则定为重大危险源。

4.2.2　单元内存在的危险化学品为多品种时，则按式(1)计算，若满足式(1)，则定为重大危险源：

$$q_1/Q_1 + q_2/Q_2 + \cdots + q_n/Q_n \geqslant 1 \qquad (1)$$

式中：

$q_1, q_2, \cdots, q_n$——每种危险化学品实际存在量，单位为吨(t)；

$Q_1, Q_2, \cdots, Q_n$——与各危险化学品相对应的临界量，单位为吨(t)。

ICS 79.060.01
B 70

中华人民共和国国家标准

GB/T 18259—2009
代替 GB/T 18259—2000

人造板及其表面装饰术语

Terms of wood-based panel and its surface decoration

2009-10-30 发布　　2010-04-01 实施

中华人民共和国国家质量监督检验检疫总局
中国国家标准化管理委员会　发布

前　言

本标准参照 ISO 17064:2004《纤维板、刨花板和定向刨花板　词汇》(英文版)、ISO 2074:2007《胶合板　词汇》(英文版)、ISO 18775:2008《单板　术语、定义及物理特性和偏差的测定方法》(英文版)、ASTM D 1038-83《单板和胶合板相关标准术语》(英文版)和 ASTM D 1554-01《木质纤维板、刨花板术语》(英文版)等。

本标准代替 GB/T 18259—2000《人造板及其表面装饰术语》。

本标准与 GB/T 18259—2000 相比主要变化如下:

——根据本领域内的技术工艺进步和新产品新用途的开发,增加了一部分术语;

——对原标准中的一部分术语表达进行了修改,使之接近国际相关标准的表达,更为确切。

本标准由国家林业局提出。

本标准由全国人造板标准化技术委员会归口。

本标准起草单位:南京林业大学人造板研究所。

本标准主要起草人:梅长彤、金菊婉、张洋、张立芳、徐咏兰、华毓坤、潘明珠。

本标准所代替标准的历次版本发布情况为:

——GB/T 18259—2000。

人造板及其表面装饰术语

1 范围

本标准规定了人造板及其表面装饰的主要术语及其定义。

本标准适用于以木材或非木材植物纤维为主要原料的各类人造板。

2 术语

2.1 通用术语

2.1.1

人造板 wood-based panel

以木材或非木材植物纤维材料为主要原料，加工成各种材料单元，施加(或不施加)胶粘剂和其他添加剂，组坯胶合而成的板材或成型制品。主要包括胶合板、刨花板、纤维板及其表面装饰板等产品。

2.1.2

功能人造板 functional wood-based panel

具有某种特殊功能(如阻燃、防腐、抗菌、防虫、耐候、抗静电、隔热保温、吸声等)的人造板。

2.1.3

阻燃人造板 fire retardant wood-based panel

具有阻燃性能的人造板。

2.1.4

防虫人造板 insect resistant wood-based panel

具有防虫性能的人造板。

2.1.5

抗菌人造板 fungi resistant wood-based panel

具有抵抗真菌侵蚀能力的人造板。

2.1.6

结构型人造板 structural wood-based panel

具有较高的强度和耐久性，可用于建筑工程结构、具有规定承载能力的人造板。

2.1.7

增强人造板 reinforced wood-based panel

添加玻璃纤维、碳纤维、金属网或其他增强材料的人造板。

2.1.8

成型人造板 formed wood-based panel

具有一定曲面形状的人造板。

2.1.9

有孔人造板 perforated wood-based panel

具有吸音及装饰等效果的表面有孔人造板。

2.1.10

浮雕人造板 embossed wood-based panel

通过模压或镂铣加工，使其表面具有浮雕图案的人造板。

2.1.11

木材胶粘剂　wood adhesive

在一定条件下能使不同形态木材(相互或与其他材料)通过表面粘附作用紧密地胶合在一起的物质。

2.1.12

合成树脂　synthetic resin

以低分子化合物为原料,在一定条件下,通过化学反应而制得的具有一定特性的高分子聚合物。

2.1.13

合成树脂胶粘剂　resin adhesive

以合成树脂为主要原料制成的胶粘剂。

2.1.14

热固性树脂　thermosetting resin

通过加热能固化成不熔不溶性物质的树脂。

2.1.15

热塑性树脂　thermoplastic resin

常温下是固体,加热后具有流动性或可塑性的树脂。

2.1.16

氨基树脂　amino resin;amino plastic resin

氨基或酰胺基化合物(如尿素、硫脲和三聚氰胺等)与醛类化合物(如甲醛)缩合反应生成的树脂。

2.1.17

酚醛树脂　phenol-formaldehyde resin

由酚类与醛类经缩合反应制得的树脂。常用的是苯酚甲醛树脂。

2.1.18

脲醛树脂　urea-formaldehyde resin

由尿素和甲醛经缩聚反应制得的一种树脂。

2.1.19

三聚氰胺甲醛树脂　melamine formaldehyde resin

由三聚氰胺与甲醛经缩聚反应制得的一种树脂。

2.1.20

尿素-三聚氰胺-甲醛树脂　urea melamine formaldehyde resin

由尿素和三聚氰胺与甲醛经缩聚反应制得的树脂。

2.1.21

环氧树脂　epoxy resin

分子结构中含有具交联性能环氧基团的树脂。

2.1.22

聚乙酸乙烯酯胶粘剂　polyvinyl acetate adhesive

以乙酸乙烯酯聚合物为主要成分的胶粘剂。

2.1.23

多异氰酸酯胶粘剂　polyisocyanate adhesive

含有多异氰酸酯小分子的胶粘剂。

2.1.24

聚氨酯胶粘剂　polyurethane adhesive

以聚氨基甲酸酯为主体材料的胶粘剂。

2.1.25

苯酚-间苯二酚-甲醛树脂胶粘剂　phenol resorcinol formaldehyde resin

由苯酚、间苯二酚和甲醛经加成聚合反应制得的甲阶预聚体。常作为指接材和集成材的胶粘剂。

2.1.26

固化　curing;setting

通过化学反应(聚合、交联等)使胶粘剂由液态转变成固态的不可逆过程。

2.1.27

硬化　hardening

通过干燥、结晶或降温使胶粘剂实现由液态向固态转变,而本身无化学变化的过程。

2.1.28

固化时间　cure time

在一定温度、压力条件下,胶粘剂固化所需的时间。

2.1.29

湿固化胶粘剂　moisture curing adhesive

与来自环境或被粘物中的水分反应而固化的胶粘剂。

2.1.30

室温固化胶粘剂　room-temperature-setting adhesive

冷固性胶粘剂

能够在室温条件下固化的胶粘剂。

2.1.31

热固性胶粘剂　thermal-setting adhesive

需要加热才能固化的胶粘剂。

2.1.32

固化剂　curing agent;catalyst;hardener

促进或控制树脂等固化反应的物质。分为催化作用和交联作用两类。

2.1.33

填料　filler

为改善胶粘剂的性能或降低成本等而加入的一种固体物质。

2.1.34

游离甲醛含量　free formaldehyde content

甲醛类树脂中未参加反应的甲醛质量占树脂溶液总质量的百分数。

2.1.35

游离酚含量　free phenol content

酚醛树脂中未参与反应的苯酚质量占树脂总质量的百分数。

2.1.36

甲醛捕捉剂　formaldehyde scavenger

加入胶粘剂中能降低游离甲醛含量或胶合制品甲醛释放量的物质。

2.1.37

固体含量　solid content

在规定测试条件下,树脂中非挥发性物质的质量占液体树脂总质量的百分数。

2.1.38

适用期　pot life; working life

活性期

配制好的胶粘剂，在规定条件下维持其可使用性能的最长时间。

2.1.39

贮存期　storage life; shelf life

树脂在给定条件下存放时，仍能保持其性能在规定指标内的时间。

2.1.40

施胶量　glue application level

刨花或纤维施胶时，胶粘剂的绝干质量与绝干原料质量的百分比。

2.1.41

乳化剂　emulsifying agent

能促使两种或多种互不相溶的液体(如油和水)形成稳定悬浊液的物质。

2.1.42

防水剂　water repellent

耐水剂

具有一定疏水性，能使人造板不易被水渗透或润湿而降低其性能的物质，如石蜡、干性油等。

2.1.43

调胶　glue regulating

胶粘剂的调制

在树脂中按一定比例加入固化剂和(或)其他添加剂并混合均匀的过程。

2.1.44

预压　prepressing

在常温条件下，对组坯或铺装后的板坯进行加压，使其达到一定的密实度、厚度及初强度的加工工序。

2.1.45

垫板　caul

支撑和运送板坯进入压机，并对压板起保护作用的衬板。

2.1.46

板坯预热　mat preheating

板坯进入热压机前，对板坯进行预先加热的过程。

2.1.47

胶合　bonding

施加或不施加胶粘剂的板坯，在一定温度和压力下成板的过程。

2.1.48

脱模剂　release agent

在人造板生产及表面装饰过程中，为了使热压后的板材与垫板或模板能够分离，而加入到树脂中或涂布在垫板、模板上的材料。

2.1.49

冷压　cold pressing

在室温条件下，对板坯加压，经过一定时间使其成板的过程。

2.1.50

热压　hot pressing

对板坯加压、加热，经过一定时间使其成板的过程。

2.1.51

蒸汽喷射法　steam injection method

在热压过程中，向板坯内喷射蒸汽促使其中心温度快速升高的方法。

2.1.52

喷蒸-真空热压法　injection-vacuum hot pressing method

在热压过程中，将蒸汽从垂直板面或侧面方向喷入板坯内部，然后利用真空装置抽吸出板坯内多余水分的一种热压方法。

2.1.53

高频加热法　high-frequency heating method

采用高频介质加热，提高板坯温度的方法。

2.1.54

连续平压法　continuous platen-pressing method

板坯从进口端进入连续式平压机，在加热、加压的同时，以一定的速度不断向前移动，最后从出口端输出连续成型板带的一种热压方法。

2.1.55

连续辊压法　Mende process

"门德"法

铺装后的板坯由钢带输送入连续辊式压机，并按一定速度绕主压辊圆弧形前进，在运行过程中，主压辊和若干个辅助压辊对板坯进行加压和加热，最后从出板端输出连续成型板带的一种热压方法。该方法主要用于生产薄板。

2.1.56

连续挤压法　extrusion method

施胶刨花被定量地送入平板式挤出机，在冲头挤压和热板加热的作用下，连续挤出成型板带的方法。该方法常用于生产空芯刨花板。

2.1.57

压板间距　daylight；opening

周期式热压机相邻两块压板相对面之间的最大垂直距离。

2.1.58

无垫板热压　hot pressing with caulless system

不使用垫板的热压方式。

2.1.59

闭合时间　closing time

板坯装进压机后，从压板闭合动作开始到压机中全部板坯的上表面接触到热压板下表面的这段时间。

2.1.60

同时闭合　simultaneous closing

多层压机的各层热压板实现同步开启、同步闭合的过程。

2.1.61

升压时间　pressure increasing time

从压机完全闭合后，板坯开始受压至单位面积压力达到规定值的这段时间。

2.1.62

热压时间　pressing time

板坯在热压机中从单位面积压力达到规定值开始至压力完全解除的这段时间。

2.1.63

热压曲线　hot pressing curve

板坯在热压过程中,压力、温度随时间的变化曲线。

2.1.64

预固化层　precure layer

板坯热压时在单位压力未达到规定值之前,胶粘剂提前固化而在人造板表面形成的疏松层。

2.1.65

裁边　trimming

将毛边人造板锯制成一定幅面尺寸的加工过程。

2.1.66

砂光　sanding

采用磨削方法使人造板达到规定的厚度及厚度公差,并使其表面光洁的加工过程。

2.1.67

板的后处理　finishing

在热压后,对板进行的冷却、裁边、砂光、调质等处理的加工过程。

2.1.68

质量检验　quality testing

根据相关标准对人造板产品的外观质量、规格尺寸、理化性能进行检测并分等的过程。

2.1.69

非破坏性检验　nondestructive testing

无损检测

在不破坏产品的前提下,检验人造板物理力学性能的一种方法。

2.1.70

加载速率　loading speed

在检测试件力学性能时,载荷的增加量或试件的变形量随时间变化的快慢程度。

2.1.71

人造板缺陷　wood-based panel defects

影响人造板质量和等级的外观及加工缺陷的总称。

2.1.72

分层　delamination

人造板因缺胶或胶合不良而造成的胶接面分离的现象。

2.1.73

鼓泡　blow;blister

由于胶合失效造成板内出现空穴并在表面局部凸起的缺陷。

2.1.74

边角缺损　edges and corner breakage

因机械或人为操作不当所造成的人造板四角或边缘部分缺失或损伤的现象。

2.1.75

含水率　moisture content

材料所含水分的质量与材料绝干质量的百分比。

2.1.76

表面粗糙度　surface roughness

微观不平度

材料表面凹凸不平的程度。

2.1.77

尺寸稳定性　dimensional stability

材料在所处环境条件发生变化时，保持其原有尺寸和形状的能力。

2.1.78

耐久性　durability

长期抵抗生物(真菌、昆虫等)或外界环境因素(高温、光照、潮湿等)破坏的能力。

2.1.79

干燥状态　dry conditions

室内环境或者有保护措施的室外环境。通常指温度 20 ℃、相对湿度不高于 65%或在一年中仅有几个星期相对湿度超过 65%的环境状态。

2.1.80

潮湿状态　humid conditions

室内环境或者有保护措施的室外环境。通常指温度 20 ℃、相对湿度高于 65%但不超过 85%，或在一年中仅有几个星期相对湿度超过 85%的环境状态。

2.1.81

高湿状态　high-humidity conditions

室内环境或者有保护措施的室外环境。通常指温度高于 20 ℃、相对湿度大于 85%，或者偶有可能与水接触(浸水或浇水除外)的环境状态。

2.1.82

室外状态　exterior conditions

室外自然气候有日晒、雨淋、冰冻和大气污染的环境状态。

2.1.83

室外用人造板　exterior wood-based panels

用于室外状态的人造板材。

2.1.84

室外暴露试验　exterior exposure test

将人造板暴露在室外自然气候条件下，定期观察、测定其物理力学性能变化的试验。

2.1.85

耐候性试验　weathering test

利用模拟室外各种气候条件的设备，使人造板经受一定的温湿度变化及定时光照等条件处理，加速其老化后，检测其物理力学性能变化的试验。

2.1.86

断面密度分布　vertical density profile

剖面密度分布

人造板厚度方向上的密度分布，以断面密度曲线表示。

2.1.87

吸水厚度膨胀率　thickness swelling

试件在一定温度的水中浸泡规定时间后，其厚度增加量与原厚度的百分比。

2.1.88

吸水率 water absorption

试件在一定温度的水中浸泡规定时间后,其质量增加量与原质量的百分比。

2.1.89

握螺钉力 screw holding capability

采用规定型号的木螺钉,拧进板内一定深度,将其拔出所需的最大拉力。分为板面握螺钉力和板边握螺钉力。

2.1.90

静曲强度 modulus of rupture

材料在最大静载荷作用时的弯矩与抗弯截面模量之比,反映材料抵抗弯曲破坏的能力。

2.1.91

强重比 strength weight ratio

材料的强度和密度的比值。

2.1.92

弹性模量 modulus of elasticity

在弹性极限范围内,材料因载荷而产生的应力与应变之比。反映材料抵抗外力使其变形的能力。

2.1.93

内结合强度 internal bond strength

在垂直板面的拉伸载荷作用下,试件破坏时的最大载荷与受载面积之比。

2.1.94

表面结合强度 surface bond strength

在垂直板面的拉伸载荷作用下,规定深度的试件面层破坏时的最大载荷与试件受载面积之比。

2.1.95

抗拉强度 tensile strength

试件最大拉伸载荷与试件受载面积之比。反映材料抵抗拉伸破坏的能力。

2.1.96

剪切强度 shear strength

试件最大剪切载荷与试件受剪面积之比。反映材料抵抗剪切破坏的能力。按照载荷形式分为:拉伸剪切、加压剪切和水平剪切。

2.1.97

抗压强度 compression strength

试件最大压缩载荷与试件受载面积之比。反映材料抵抗压缩破坏的能力。

2.1.98

冲击韧性 impact bending

试件在冲击载荷作用下,产生弯曲折断时所消耗的能量与试件受载面积之比。反映材料抵抗冲击的能力。

2.1.99

硬度 hardness

材料抵抗它物压入的能力。

2.1.100

耐沸水性能 boiling water resistance

衡量材料抵抗湿热作用的能力。常以试件在沸水中煮一定时间后,其质量和厚度的增量以及强度的损失或有无鼓泡和分层来衡量。

2.1.101

落球冲击试验　falling-ball impact test

一定直径和质量的钢球从规定高度自由落于材料表面，根据材料表面是否产生裂纹或产生的压痕直径大小来衡量材料表面抗冲击性能的一种测试方法。

2.1.102

浸渍剥离试验　dip peel test

将试件放入一定温度的水中浸渍、干燥后，测定胶层剥离程度的试验。是测定人造板胶合强度和胶层耐水性的一种方法。

2.1.103

蠕变　creep

在一定环境状态下，材料经受恒定外力作用时，其变形随时间增加而逐渐增大的现象。

2.1.104

甲醛释放　formaldehyde release; formaldehyde emission

用脲醛树脂等甲醛系胶粘剂压制成的人造板，在制造、堆放和使用过程中向外界不断散发甲醛气体的现象。测定人造板甲醛释放量的方法有：大室法、小室法、1 m^3 气候箱法、气体分析法、干燥器法和穿孔萃取法等。

2.2　专业术语

2.2.1　胶合板

2.2.1.1

胶合板　plywood

由单板构成的多层材料，通常按相邻层单板的纹理方向大致垂直组坯胶合而成的板材。

2.2.1.2

复合胶合板　composite plywood

芯层（或某些特定层）由单板或实木以外的材料构成，但芯层每侧至少有两层相互交错的单板组坯胶合而成的人造板。

2.2.1.3

对称结构胶合板　symmetrical structure plywood

中心层两侧对应层的单板在树种、厚度、纹理方向以及物理力学性能等方面均对应相同的胶合板。

2.2.1.4

普通胶合板　plywood for general use

普通用途的胶合板。

2.2.1.5

特种胶合板　plywood for specific use

具有某种特殊性能，适用于特殊用途的胶合板。如船舶胶合板、难燃胶合板、航空胶合板等。

2.2.1.6

航空用胶合板　aviation plywood

由桦木或其他材质相近树种的单板和酚醛胶膜纸组合压制而成的特种胶合板，主要用于飞机部件制造。

2.2.1.7

船舶用胶合板　marine plywood

用浸渍酚醛树脂胶的表板和涂布酚醛树脂胶的芯板热压胶合而成的一种高耐水性特种胶合板，主要应用于船舶部件的制造。

2.2.1.8

难燃胶合板　fire retardant plywood

在单板或胶粘剂中加入阻燃剂，或者产品经阻燃剂处理，具有一定阻燃性能的特种胶合板。

2.2.1.9

防虫胶合板　insect resistant plywood

在单板或胶粘剂中加入防虫剂，或者产品经防虫剂处理，具有防止昆虫侵害功能的特种胶合板。

2.2.1.10

防腐胶合板　preservative-treated plywood

在单板或胶粘剂中加入防腐剂，或者产品经防腐剂处理，具有防止真菌变色和腐朽功能的特种胶合板。

2.2.1.11

竹材胶合板　plybamboo

竹胶合板

以竹材为原料，按胶合板构成原则制成的胶合板，包括竹片胶合板、竹篾胶合板、复合竹材胶合板等。

2.2.1.12

竹片胶合板　strip plybamboo

以竹片为构成单元，经组坯胶压而成的竹材胶合板。

2.2.1.13

竹篾胶合板　sliver plybamboo

以竹篾为构成单元，经组坯胶压而成的竹材胶合板，包括竹编胶合板和竹帘胶合板。

2.2.1.14

竹编胶合板　woven mat plybamboo

竹席胶合板

将竹篾相互交错编织成竹席，再经组坯胶压而成的竹材胶合板。

2.2.1.15

竹帘胶合板　curtain plybamboo

将竹篾编织成竹帘，再经组坯胶压而成的竹材的胶合板。

2.2.1.16

复合竹材胶合板　composite plybamboo

将竹片、竹篾、竹单板等不同构成单元按一定规则组坯胶压而成的竹材胶合板。

2.2.1.17

竹木复合胶合板　wood-bamboo composite plywood

木竹复合胶合板

将竹材、木材加工成的各种片状材料，组坯胶压制成的胶合板。

2.2.1.18

Ⅰ类胶合板　class Ⅰ plywood

能够通过煮沸试验，供室外条件下使用的耐气候胶合板。

2.2.1.19

Ⅱ类胶合板　class Ⅱ plywood

能够通过 63 ℃±3 ℃热水浸渍试验，供潮湿条件下使用的耐水胶合板。

2.2.1.20

Ⅲ类胶合板　class Ⅲ plywood

能通过干状试验，供干燥条件下使用的不耐潮胶合板。

2.2.1.21

室内用胶合板　interior type plywood

用脲醛树脂胶或具同等性能的胶粘剂制成的胶合板,不能长期经受水浸或过高湿度,限于室内使用。

2.2.1.22

室外用胶合板　exterior type plywood

用酚醛树脂胶或同等性能的树脂作为胶粘剂制成的胶合板,具有耐气候、耐水和耐高湿的性能,适于室外使用。

2.2.1.23

结构用胶合板　structural plywood

可用作建筑物承载结构的胶合板。

2.2.1.24

混凝土模板用胶合板　plywood for concrete-form

可用作混凝土成型模具的胶合板。

2.2.1.25

顺纹胶合板　long-grain plywood

表板木纹方向平行或近似平行于板长方向的胶合板。

2.2.1.26

横纹胶合板　cross-grain plywood

表板木纹方向平行或近似平行于板宽方向的胶合板。

2.2.1.27

多层胶合板　multi-plywood

由五层或五层以上单板组坯压制成的胶合板。

2.2.1.28

成型胶合板　molded plywood

用涂胶单板依一定要求组成板坯,并在特定形状的模具内热压而成的非平面状胶合板。

2.2.1.29

斜接胶合板　scarf joint plywood

将胶合板顺纹方向端部加工成斜面,经涂胶搭接接长的胶合板。

2.2.1.30

指接胶合板　finger joint plywood

将胶合板顺纹方向端部加工成指形榫,经涂胶指接接长的胶合板。

2.2.1.31

木段　block;bolt

从原木上截取的适于旋切一定规格单板的短原木。

2.2.1.32

木方　flitch

将原木按一定的下锯法制得的用于加工刨切单板的方材。

2.2.1.33

单板　veneer

由旋切、刨切或锯切方法生产的厚度均匀的木质薄型材料。

2.2.1.34

旋切单板　peeled veneer;rotary-cut veneer

利用旋切机从木段上连续切削制成的单板。

2.2.1.35

刨切单板　sliced veneer

刨切薄木

利用刨切机从木方上刨切制成的单板。

2.2.1.36

锯切单板　sawn veneer

锯制薄木

利用单板锯锯切制成的单板。

2.2.1.37

表板　surface veneer

用作胶合板最外层的单板,分为面板和背板。

2.2.1.38

面板　face veneer

用作胶合板正面的单板。

2.2.1.39

背板　back veneer

用作胶合板背面的单板。

2.2.1.40

芯板　crossband veneer

胶合板中纹理方向与表板纹理垂直的内层单板。

2.2.1.41

长中板　long-center veneer

胶合板中纹理方向与表板纹理平行的内层单板。

2.2.1.42

板芯　inner plies

胶合板中除了表板以外的内层材料统称为板芯。可以是单板、边部胶拼或不胶拼的木块或木条、蜂窝结构材料、其他人造板以及其他片状材料。

2.2.1.43

中心层　central ply;center layer

胶合板厚度方向对称中心平面层。

2.2.1.44

层　ply;layer

胶合板中相邻两胶层之间的单板层,若相邻两层单板纤维方向基本一致时,应视为一层。

2.2.1.45

剥皮　debarking

剥去木段树皮的加工过程。根据剥皮方法可分为机械剥皮、水力剥皮和人工剥皮等。

2.2.1.46

木段水热处理　peeler block preconditioning

用一定温度的热水或蒸汽对木段进行软化处理的过程。

2.2.1.47

木段定中心　block centering,centering

旋切前确定木段回转中心线的过程。

2.2.1.48

旋切　peeling;rotary cutting

木段作定轴回转,旋刀刀刃平行于卡轴中心线从木段外周向木段中心作直线进给运动,将木段切削成连续单板带的过程。

2.2.1.49

半圆旋切　semi rotary-cutting

将木段或木方偏心装夹于旋切机的卡头之间,进行间断切削制造单板的加工方法。

2.2.1.50

旋刀　peeling knife;lathe knife

对木段进行旋切加工所用的刀具。

2.2.1.51

旋刀后面　knife back side

旋切时与木段相对的旋刀表面。

2.2.1.52

旋刀前面　knife face side

旋切时与单板相对的旋刀表面。

2.2.1.53

研磨角　bevel angle

楔角

旋刀的前面与后面之间的夹角。

2.2.1.54

微楔角　micro-bevel angle

在旋刀前面或后面或这两个面上用油石研磨出一个附加的小斜面,这时刀刃的最外两个面之间的夹角即是微楔角。

2.2.1.55

后角　clearance angle

旋刀后面与通过切削刃的木段表面的切面之间的夹角。

2.2.1.56

切削角　cutting angle

旋刀前面与通过切削刃的木段表面的切面之间的夹角,即旋刀的研磨角和后角之和。

2.2.1.57

旋刀安装高度　knife height

装刀高度

旋刀刀刃至通过卡轴中心的水平面的垂直距离。刀刃在卡轴中心水平面以上时此值为正,反之则为负值。

2.2.1.58

勒刀　trim knives

割刀

安装在旋切机刀架上用于确定单板宽度的一对立刀。两立刀之间的距离即为单板宽度。

2.2.1.59

压尺　pressure bar

在旋切或刨切单板时,为避免木材提前劈裂和减少单板背面裂隙,在刀刃刃口处对木材施压的装置。常用的有压棱压尺(nose bar)和辊子压尺(roller bar)两类。

2.2.1.60

刀门　distance between knife tip and pressure bar

旋刀刀刃与压尺压棱间的距离。

2.2.1.61

压尺垂直高度　vertical gap

压尺压棱到通过旋刀刀刃水平面之间的垂直距离，即刀门的垂直分量。

2.2.1.62

压尺水平间距　horizontal gap

分别通过压尺棱和旋刀刀刃的两铅垂面间的水平距离，即刀门的水平分量。

2.2.1.63

压辊　back-up roller

旋切机上防止木段旋至小直径或小径级木段旋切时发生弯曲的一种加压装置。

2.2.1.64

旋圆　round-up

从旋切开始至木段被旋成近似圆柱体的过程。

2.2.1.65

碎单板　roundings

由于木段形状不规则或定中心偏差，在旋切开始阶段所产生的形状不规则、宽度不足木段圆周长而长度又小于木段长度的零片单板。

2.2.1.66

窄长单板　narrow length veneer; narrow pieces of veneer

旋切木段时由于木段形状不规则或定中心偏差而得到宽度小于木段的圆周长、但长度与木段长度相同的单板。

2.2.1.67

单板带　veneer ribbon

木段旋圆后继续旋切得到的连续带状单板。

2.2.1.68

整幅单板　full sheet

单板或单板带经剪裁后得到的宽度与长度均达到规定要求的整张单板。

2.2.1.69

随机宽度单板　random width veneer; random sheets

剪裁后宽度小于规定要求的单板。

2.2.1.70

木芯　core

旋切结束后剩余的木段部分。

2.2.1.71

紧面　tight side

旋切或刨切时与压尺接触的单板表面，也称单板的正面。通常单板正面较光滑。

2.2.1.72

松面　loose side

旋切或刨切时与刀具接触的单板表面，也称单板的背面。单板背面常有裂隙，较粗糙。

2.2.1.73

单板背面裂隙　veneer check; lathe-check

旋切过程中在单板背面上产生的细小裂缝。

2.2.1.74

超前裂缝　peeling torn;torn

旋切时旋刀对木段施加的劈力使单板在被切削之前已被撕开,且不沿切削轨迹进行,这种不规则的裂纹称为超前裂缝。它造成了单板表面的凹凸不平。

2.2.1.75

单板出板率　yield of green veneer

旋切得到的有用单板的材积与木段材积的百分比。

2.2.1.76

单板压榨率　green veneer compression ratio

单板压榨程度

旋切过程中单板通过旋切机刀门时受到压尺压榨的程度,以单板厚度方向上被压缩的百分率表示。

2.2.1.77

单板柔化　veneer tenderizing

采用刻痕或碾压等机械加工方法,使单板正面(紧面)产生一些非连续的细小裂缝,从而使单板变得平整的一种方法。

2.2.1.78

湿单板封边　green veneer edge tape reinforcement

为使单板在干燥、运输和加工时不易开裂或破碎,旋切时在单板带两边贴上胶纸带等封边材料的过程。

2.2.1.79

湿粘性胶纸带　remoistenable tape

用水润湿后能产生粘接作用的胶纸带。

2.2.1.80

单板封边用胶纸带　side sealing tape for veneer

用于防止单板端部开裂的胶纸带。

2.2.1.81

单板用内贴式胶纸带　tape applied to inner veneers

用于内层单板拼接和修补的有孔胶纸带。

2.2.1.82

单板剪切　veneer clipping

根据对单板外观质量和尺寸的要求将单板带或毛边单板剪切成一定幅面单板的过程。

2.2.1.83

单板干燥　veneer drying

借助各种介质作用去除单板中多余的水分,使其达到终含水率要求的过程。常见的干燥方法有对流式干燥和接触式干燥。

2.2.1.84

对流式干燥　convection drying

利用循环流动的热空气将热量传递给单板,并不断地从单板表面带走水分的一种干燥方法。热空气流动方向与单板表面平行的对流式干燥根据热空气流动方向又分为纵向循环方式和横向循环方式两种;热空气流动方向与单板表面垂直的对流式干燥又称为喷气式干燥,是目前较常用的单板干燥方法。

2.2.1.85

接触式干燥　contact drying

用加热的平板或辊筒以一定的压力与单板接触,借以将热量传递给单板使其多余水分蒸发的一种干燥方法。此方法在干燥的同时可以一定程度上提高干燥后单板的平整度，常用于易发生干燥变形的厚单板。

2.2.1.86

单板表面钝化　veneer surface inactivation

单板因过分干燥或长期存放，导致其表面湿润、胶合、油漆等性能下降或过程迟滞的现象。

2.2.1.87

单板分等　veneer sorting; veneer grading

按标准规定将单板分成若干等级的过程。

2.2.1.88

外观缺陷　appearance defects

单板或胶合板成品表面上可见的材质缺陷和加工缺陷。

2.2.1.89

单板修理　veneer repairing

对不符合标准要求的单板通过修补的方法使其符合标准要求的过程。

2.2.1.90

挖补　patching

将单板上不符合标准的缺陷部分(虫眼、孔洞、节子等)用工具挖去，然后再补上一块与挖去部分周围单板的树种、纹理、色泽、厚度等相同、没有外观缺陷的单板片的加工过程。

2.2.1.91

补片　patch; plug

用于单板挖补的一定形状的单板片。补片的形状通常为圆形、椭圆形或菱形。

2.2.1.92

补条　shim

用于单板修理的细而长的单板条。

2.2.1.93

填补　filling

用腻子等对单板和胶合板上的裂缝、孔洞等缺陷进行填补的一道工序。

2.2.1.94

单板胶拼　veneer edge jointing

把两片或两片以上单板在宽度上拼接在一起的加工过程。包括横向胶拼和纵向胶拼。

2.2.1.95

单板横向胶拼　cross grain jointing

胶拼时单板进给方向与单板纹理方向垂直。

2.2.1.96

单板纵向胶拼　parallel grain jointing

胶拼时单板进给方向与单板纹理方向平行。

2.2.1.97

有带胶拼　tape jointing

用胶纸带将单板拼宽的方法。

2.2.1.98

无带胶拼　tapeless jointing

单板胶拼时不使用胶纸带，而是通过胶粘剂将两片单板的侧面胶合在一起。

2.2.1.99

胶丝拼接　glue thread jointing

用胶丝(热熔胶线)将单板拼宽的方法。

2.2.1.100

单板接长　veneer end jointing

把两张或两张以上单板在长度方向上拼接在一起的加工过程。包括对接、斜接、指接和搭接等。

2.2.1.101

单板对接　veneer butt jointing

将两张单板沿纹理方向端部相互紧密接触的接长方式。

2.2.1.102

单板斜接　veneer scarf jointing

用铣削或磨削的方法将单板端部加工成斜面,使两单板端头斜面胶合接长的方式。

2.2.1.103

单板指接　veneer finger jointing

将两张单板端部经指榫加工、胶合接长的方式。

2.2.1.104

单板搭接　veneer lap jointing

将两张单板端部重叠胶合接长的方式。

2.2.1.105

干单板贮存　dry veneer storage

单板干燥后在中间单板仓库中存放一段时间的过程。单板贮存的目的主要是均衡单板含水率以及满足各类单板的合理调度和生产安排的需要。

2.2.1.106

单板施胶　veneer glue coating

将规定量的胶粘剂施加到单板表面上的过程。常用的施胶方法有浸胶、涂胶、淋胶和挤胶等方法。

2.2.1.107

涂胶量　glue spread amount

单板单位面积上所施加的液态胶的质量,通常以 g/m^2 来表示。可用单面计量或双面计量。

2.2.1.108

开式陈化　open assembly

开口陈化

单板涂胶后放置一段时间再进行组坯,然后进行加压胶合。

2.2.1.109

闭式陈化　closed assembly

闭口陈化

单板涂胶后立即进行组坯,然后放置一段时间再进行加压胶合。

2.2.1.110

组坯　lay-up

将涂胶和未涂胶的单板按胶合板结构要求配置在一起的过程。

2.2.1.111

合板修理　plywood repairing

热压后,对胶合板表面存在的裂缝等缺陷或边角开裂处进行修补处理以提高其等级的过程。

2.2.1.112

透胶 glue penetration

热压时胶粘剂通过表板渗透到胶合板表面造成板面污染的缺陷。

2.2.1.113

芯板离缝 core gap

离芯

胶合板中同一层内芯板或相邻两拼接芯板间产生分离的现象。

2.2.1.114

叠芯 over lap

胶合板同一层内相邻两芯单板(或一张开裂单板的两部分)互相重叠的现象。

2.2.1.115

压痕 imprint

由于外部因素造成的胶合板表面上的局部凹痕。

2.2.1.116

毛刺沟痕 torn grain

旋切过程中因纤维撕裂或刃口微小不平造成的单板表面粗糙不平。

2.2.1.117

砂透 sanding through

胶合板砂光时,其表板局部砂穿而露出胶层或下一层单板的加工缺陷。

2.2.1.118

刮光 scraping

采用刮削的方法去除胶合板表面胶纸带并使其表面光洁的一种表面加工方法。

2.2.1.119

胶合强度 bonding strength

胶合板中各层单板之间胶合的牢固程度。一般用拉伸剪切强度来表示。

2.2.1.120

木破率 wood failure percentage

木材破坏率

在测试胶合强度时,通过目测方法估计试件剪切破坏面上木材纤维被胶粘连或撕裂下来的部分占试件受剪面积的百分数。

2.2.1.121

刀撬试验 knife testing

将刀子切入相邻层单板的胶合面,然后撬开上面的一层单板,以破坏面上木破率评定胶合质量的一种方法。

2.2.2 纤维板

2.2.2.1

纤维板 fiberboard

将木材或其他植物纤维原料分离成纤维,利用纤维之间的交织及其自身固有的粘结物质,或者施加胶粘剂,在加热和(或)加压条件下,制成的厚度 1.5 mm 或以上的板材。根据生产工艺不同,一般分为湿法纤维板和干法纤维板两大类。

2.2.2.2

湿法纤维板 wet-process fiberboard

以水为成型介质,含水率超过 20%的成型板坯经干燥或热压制成的纤维板。湿法制板工艺一般不施加胶粘剂,是依靠纤维之间的交织及其自身固有的粘结物质使其结合成板。根据产品密度一般分为硬质纤维板、湿法中密度纤维板和软质纤维板。

2.2.2.3

硬质纤维板 hardboards

密度大于等于 900 kg/m³ 的湿法纤维板,包括普通硬质纤维板和结构用硬质纤维板。

2.2.2.4

普通硬质纤维板 general purpose hardboard

可应用于家具制造或其他没有特别承载性能要求的一般场合的硬质纤维板。

2.2.2.5

结构用硬质纤维板 load bearing hardboard

可应用于建筑构件或其他有承载性能要求场合的硬质纤维板。

2.2.2.6

湿法中密度纤维板 medium boards

密度在 400 kg/m³～900 kg/m³ 之间的湿法纤维板。

2.2.2.7

软质纤维板 softboards

密度小于 400 kg/m³ 的湿法纤维板。包括普通软质纤维板和结构用软质纤维板。

2.2.2.8

普通软质纤维板 general purpose softboard

可应用于隔板、吸音板、广告牌、刚性衬垫材料或其他没有特别承载性能要求的一般场合的软质纤维板。

2.2.2.9

结构用软质纤维板 load bearing softboard

可应用于架设棚架或一般建筑场合的软质纤维板。

2.2.2.10

干法纤维板 dry-process fiberboard

以空气为成型介质,纤维经施胶、干燥、成型制得含水率不超过 20%的板坯,经热压制成的纤维板。干法制板工艺需施加合成树脂胶粘剂使纤维粘合成板。根据产品密度分为高密度纤维板、中密度纤维板、低密度纤维板和超低密度纤维板。

2.2.2.11

高密度纤维板 high-density fiberboard;HDF

密度大于 850 kg/m³ 的干法纤维板。

2.2.2.12

中密度纤维板 medium density fiberboard;MDF

密度在 650 kg/m³～850 kg/m³ 之间的干法纤维板。

2.2.2.13

低密度纤维板 low-density fiberboard

密度在 550 kg/m³～650 kg/m³ 之间的干法纤维板。

2.2.2.14

超低密度纤维板 ultra low-density fiberboard

密度小于 550 kg/m³ 的干法纤维板。

2.2.2.15

室内型中密度纤维板 interior medium density fiberboard

不能经受冷水浸渍或者高湿度空气作用的中密度纤维板。

2.2.2.16

防潮型中密度纤维板　humid resistant medium density fiberboard

具有短期经受冷水浸渍或者高湿度空气作用的中密度纤维板。

2.2.2.17

室外型中密度纤维板　exterior medium density fiberboard

具有长期经受室外环境、冷水浸泡或者高湿度空气作用的中密度纤维板。

2.2.2.18

定向纤维板　oriented fiberboard;OFB

采用机械或静电场使纤维定向排列成型后制成的一种干法纤维板。

2.2.2.19

模压纤维板　molded fiberboard

纤维模压制品

施胶纤维通过模具压制成的具有一定立体形状的纤维板,如瓦楞纤维板等。

2.2.2.20

浮雕纤维板　embossed fiberboard

通过模压或机械加工使其表面具有立体装饰图案的纤维板。

2.2.2.21

复合纤维板　composite fiberboard

由木质素纤维、无机物质及合成纤维等混合压制而成的纤维板。如石膏纤维板、水泥纤维板等。

2.2.2.22

石膏纤维板　gypsum fiberboard

以石膏为基体和胶凝材料,以植物纤维为增强材料制成的一种复合纤维板。

2.2.2.23

水泥纤维板　cement fiberboard

以水泥为基体和胶凝材料,以植物纤维为增强材料制成的一种复合纤维板。

2.2.2.24

浸油纤维板　oiled fiberboard

经桐油等干性油浸渍处理的纤维板。

2.2.2.25

阻燃纤维板　fire retardant fiberboard

在生产过程中添加阻燃剂,或者制成产品后用阻燃剂浸渍处理,达到一定阻燃效果的纤维板。

2.2.2.26

木片　wood chip

木材经削片机加工得到的具有一定规格的木质单元。木片规格一般为长 15 mm～30 mm,宽 15 mm～25 mm,厚 3 mm～5 mm。

2.2.2.27

木片清洗　chip cleaning

去除木片中金属、泥沙等杂质的过程。分为水洗和风洗。

2.2.2.28

木片软化　chip softening

采用热水浸渍、蒸煮或添加化学药品的方法提高木片塑性,降低纤维间结合力,以利于纤维分离的过程。

2.2.2.29

纤维　fibers

构成纤维板的基本单元。由木材或其他植物纤维原料通过机械、化学、机械与化学等方法制成的单元。纤维板工业中多指纤维束。

2.2.2.30

纤维形态　fiber morphology

纤维细胞的长度、宽度、长宽比、壁厚、壁腔比等特征参数。

2.2.2.31

纤维分离　defiberating

解纤

将木材或其他植物纤维原料分离成纤维的工艺过程。

2.2.2.32

热磨法　asplund defibration

将木材或其他植物纤维原料加热蒸煮后用热磨机进行纤维分离的方法。

2.2.2.33

精磨　refining

热磨机分离所得的纤维加水稀释制成粗浆，再利用精磨机进一步解离的过程。

2.2.2.34

高速磨浆法　double-revolving-disc milling method

利用具有两个动磨盘，且能反向高速旋转的磨浆设备分离纤维的方法。

2.2.2.35

爆破法　explosion process；masonite process

将木片放入高压容器中，通过高压蒸汽进行一段时间的蒸煮软化，然后提高蒸汽压力，短时间停留后突然解除压力，物料和蒸汽瞬间膨胀而产生爆破，从而使木片分离成纤维的方法。

2.2.2.36

纤维得率　fiber yield

植物纤维原料经备料、纤维分离后所得的绝干纤维质量占绝干原料质量的百分比。

2.2.2.37

纤维分离度　fiber separative efficiency

纤维分离的程度。通常用纤维浆料滤水度和筛分值来表示。

2.2.2.38

滤水度　freeness

用纤维浆料滤水性来表征纤维分离质量的一个指标。

2.2.2.39

筛分值　fibers screening distribution

留在不同规格金属网上的绝干纤维质量占纤维总绝干质量的百分比。采用纤维筛分仪进行测定。

2.2.2.40

浆料浓度　pulp consistency

浆料中绝干纤维质量占浆料总质量的百分比。

2.2.2.41

增强剂　reinforcing agent

湿法纤维板生产时加入浆料中提高纤维板强度的添加剂，如合成树脂等。

2.2.2.42

沉淀剂 precipitating agent

絮凝剂

一种加速或帮助悬浮物沉淀或附着的助剂。如湿法纤维板中促进防水剂吸附到纤维上而施加的硫酸铝、硫酸亚铁等化学药剂。

2.2.2.43

纤维干燥 fiber drying

通过热介质加热，使湿纤维水分蒸发并达到规定含水率的过程。

2.2.2.44

送料浓度 fiber concentration

纤维在干燥介质中的浓度。通常用输送1 kg绝干纤维所需标准状态下的空气量来表示。

2.2.2.45

悬浮速度 suspended velocity

输送纤维时，保持纤维不下沉的最小气流速度。

2.2.2.46

纤维堆积密度 fiber bulk density

纤维松散系数

纤维在未经压实的松散状态下的密度。

2.2.2.47

纤维施胶 fiber blending

对纤维施加胶粘剂及其他添加剂的过程。

2.2.2.48

纤维分级 fiber classification

利用分选设备将纤维按粗细或长短分开的过程。

2.2.2.49

铺装成型 mat forming

干法纤维板生产中，施过胶的干纤维均匀铺撒在成型带上，经预压、裁边(横截)形成板坯的过程。

2.2.2.50

长网成型 fourdrinier wire forming

湿法纤维板成型时，浆料由网前箱经堰板流到移动的长网上，靠自重和真空抽吸作用而脱去浆料中的水分形成湿板坯的过程。

2.2.2.51

圆网成型 drum wire forming

湿法纤维板成型时，浆料由网前箱经堰板流到转动的圆网转鼓上，靠圆网内外的水位差脱去浆料中的水分形成湿板坯的过程。

2.2.2.52

板坯脱水 dewatering

湿法纤维板生产时，板坯成型过程中借助水的自重、真空负压和机械加压等作用去除板坯水分降低板坯含水率的过程。

2.2.2.53

封闭式水循环 close-recycle system

湿法纤维板生产中，板坯成型、脱水、热压等工段产生的废水经处理后全部循环使用不向外排放的废水处理工艺。

2.2.2.54

纤维板热处理　fiberboard heat treatment

湿法纤维板生产中,将热压后的纤维板在一定温度下处理一段时间,使板中未完成的某些物理化学变化继续完成的过程。

2.2.2.55

纤维板增湿处理　fiberboard steam treatment

经热压和热处理后的纤维板采用人工加速增湿,使纤维板尽快达到与大气湿度相平衡的处理过程。

2.2.2.56

纤维板浸油处理　fiberboard oil treatment

用干性油或半干性油处理纤维板,提高其强度和尺寸稳定性的方法。

2.2.2.57

水渍　water vestige

由于热压工艺掌握不当造成的纤维板表面出现的水迹状缺陷。

2.2.2.58

污点　stain

油脂或油类物质及胶粘剂等添加物在纤维板板面上形成的与板面色泽有差异的斑点。

2.2.2.59

斑纹　streak

虎皮

板面出现的颜色深浅相间的条纹。

2.2.2.60

粘痕　sticking defect

纤维板与衬板粘接造成板面脱皮或起毛的缺陷。

2.2.2.61

水湿　water wetting spot

在生产过程中,由于汽、水等的侵蚀造成板面局部鼓起、结构松软的缺陷。

2.2.2.62

炭化　charcoalization

热压或热处理过程中,由于温度过高,纤维炭化,使板面局部呈棕黑色的一种缺陷。

2.2.2.63

边角松软　soft edge and corner

板边角部分结构粗糙松软。

2.2.3　刨花板

2.2.3.1

刨花板　particleboard

将木材或非木材植物纤维原料加工成刨花(或碎料),施加胶粘剂(和其他添加剂),组坯成型并经热压而成的一类人造板材。

2.2.3.2

非木材刨花板　non-wood particleboard

以非木材植物(如竹材、各种农作物秸秆)或农业加工剩余物(如甘蔗渣、花生壳、稻壳等)为原料制造的刨花板。

2.2.3.3

秸秆刨花板　straw particleboard

以麦秸或稻草等农作物秸秆为原料制成的刨花板。

2.2.3.4

低密度刨花板　low-density particleboard

密度小于 640 kg/m³ 的刨花板。

2.2.3.5

中密度刨花板　medium-density particleboard

密度在 640 kg/m³～800 kg/m³ 之间的刨花板。

2.2.3.6

高密度刨花板　high-density particleboard

密度大于 800 kg/m³ 的刨花板。

2.2.3.7

平压刨花板　platen-pressed particleboard

利用连续平压法或周期式平压法制造的刨花板。

2.2.3.8

辊压刨花板　mende process particleboard

利用连续辊压法制造的刨花板。

2.2.3.9

挤压刨花板　extruded particleboard

利用连续挤压法制造的刨花板。

2.2.3.10

模压刨花板　molded particleboard

模压刨花制品

使用模具一次压制成所需形状的刨花制品。

2.2.3.11

单层结构刨花板　single-lay particleboard

在板厚度方向上粗细刨花基本呈均匀分布的刨花板。

2.2.3.12

三层结构刨花板　three-lay particleboard

在板厚度方向上呈现出三个由粗细刨花形成的层次，由两个细刨花表层和一个粗刨花芯层构成的刨花板。

2.2.3.13

多层结构刨花板　multi-layer particleboard

在板厚度方向上呈现出五个或五个以上由粗细刨花形成的层次，芯层刨花最粗，依次向外各层刨花由粗变细的刨花板。

2.2.3.14

渐变结构刨花板　graduated particleboard

在板厚度方向上没有明显的层次界限，刨花尺寸从中心层向外由粗到细呈逐渐变化的刨花板。

2.2.3.15

均质刨花板　homogeneous particleboard

采用规格较小且比较均匀(厚度范围 0.3 mm～0.4 mm)的刨花压制成的单层结构刨花板。

2.2.3.16

结构用刨花板　structural particleboard

可用于工程结构、具有规定承载能力的刨花板。

2.2.3.17

功能刨花板　functional particleboard

具有阻燃、防腐、防虫、耐候、抗静电、隔热保温、吸声等特殊功能的刨花板。

2.2.3.18

华夫板　waferboard

大片刨花板

用一定规格的宽平刨花(wafer),施加胶粘剂和添加剂,铺装热压制成的刨花板。

2.2.3.19

定向刨花板　oriented strand board;OSB

窄长薄平刨花(strand)施加胶粘剂后,在同一层内按同一方向排列铺装成型,再经热压而成的刨花板。其外层排列方向与板长或板宽平行。

2.2.3.20

水泥刨花板　cement particleboard

按一定配比将刨花、水泥和其他添加剂加水混合搅拌后,经过铺装、加压、干燥和养护等工序制成的板材。

2.2.3.21

水泥木丝板　cement excelsior board

按一定配比将细长木丝、水泥和其他添加剂加水混合搅拌后,经过铺装、加压、干燥和养护等工序制成的板材。

2.2.3.22

矿渣刨花板　slag particleboard

按一定配比将刨花、矿渣粉末和其他添加剂加水混合搅拌后,铺装、热压或冷压、养护等工序制成的板材。

2.2.3.23

石膏刨花板　gypsum particleboard

按一定配比将刨花、石膏和其他添加剂加水混合搅拌后,铺装、冷压和干燥等工序制成的板材。

2.2.3.24

阻燃刨花板　fire-retardant particleboard

具有一定的阻燃性能的刨花板。

2.2.3.25

防腐刨花板　preservative-treated particleboard

具有一定抗腐性能的刨花板。

2.2.3.26

刨花　particle

木材或非木材植物纤维原料经机械加工而成的具有一定形态和尺寸的片状、棒状和颗粒状碎料的统称。

2.2.3.27

薄平刨花　flake

利用刨片机制造的薄而均匀的片状刨花,一般长度为10 mm～25 mm,宽度为4 mm～10 mm,厚度为0.2 mm～0.5 mm。

2.2.3.28

宽平刨花　wafer

长度在30 mm以上,且长度和宽度尺寸基本一致的薄平刨花。

2.2.3.29

窄长薄平刨花　strand

平均长度大于 50 mm，平均厚度小于 2 mm，且长宽比在 2：1 以上的刨花。

2.2.3.30

杆状刨花　stick particle

木片经锤式粉碎机再碎而成的刨花。厚度和宽度相近，约 3 mm～6 mm，长度为厚度的 4 倍～5 倍。

2.2.3.31

工厂刨花　shaving

由木工平刨、压刨或铣床切削产生的厚度不均的刨花。

2.2.2.32

锯屑　sawdust

木材在锯切加工过程中产生的颗粒状加工剩余物。

2.2.3.33

微型刨花　fines

薄平刨花经打磨机再碎而成的尺寸较小的刨花板。一般长度为 2 mm～8 mm，宽度和厚度约 0.2 mm，常用于刨花板表层。

2.2.3.34

纤维状刨花　fiberlike particle

类似于纤维的细长刨花。常用于刨花板表层。

2.2.3.35

木粉　wood flour

粉末状木材碎料，尺寸大小一般在 40 目以下。

2.2.3.36

刨花形态　particle geometry

刨花的形状和尺寸。常用形状系数(slender ratio)描述。

2.2.3.37

刨花制备　particle preparation

将木材或非木材植物纤维原料用机械方法加工成刨花的过程。

2.2.3.38

刨花分选　particle screening

将刨花依其尺寸、形状或单位面积质量进行分类的过程。分选方法有机械分选和气流分选两种。

2.2.3.39

刨花含水率　particle moisture content

刨花中水分质量与绝干刨花质量的百分比。

2.2.3.40

刨花干燥　particle drying

通过介质加热使刨花中水分蒸发，达到工艺所要求的终含水率的过程。

2.2.3.41

刨花拌胶　particle blending

通过各种方法将一定质量的胶粘剂和添加剂均匀施加于刨花表面的过程。

2.2.3.42

刨花铺装 particle mat forming

利用各种装置将施胶后刨花铺成一定结构刨花板坯的过程。铺装方法有气流铺装、机械铺装和定向铺装等。

2.2.3.43

定向铺装 oriented forming

利用机械(或静电)作用,使窄长薄平刨花沿一定方向排列,形成板坯的一种铺装方式。按照定向原理不同,分机械定向和静电定向。

2.2.3.44

机械铺装 mechanical forming

利用机械作用将刨花抛撒在垫板、网带或钢带上从而形成板坯的一种铺装方式。常用的有单辊式铺装头、双辊式铺装头、三辊式铺装头和梳辊式铺装头,其中单辊式铺装头对粗细刨花有分选作用。

2.2.3.45

气流铺装 air forming

利用气流作用将刨花抛撒在垫板、网带或钢带上从而形成板坯的一种铺装方式。气流式铺装头对刨花有很强的分选作用,常用于刨花板表层或渐变结构刨花板的铺装。

2.2.4 **表面装饰**

2.2.4.1

人造板表面装饰 surface decoration of wood-based panel

为了提高人造板表面装饰性能,对人造板表面进行的各种装饰加工。

2.2.4.2

单饰面人造板 single-face decorated wood-based panels

仅对一个表面进行装饰加工的人造板。

2.2.4.3

双饰面人造板 double-face decorated wood-based panels

两个表面均进行装饰加工的人造板。

2.2.4.4

基材 undecorated wood-based panels

素板

未经任何装饰的人造板。

2.2.4.5

平衡层 balancing sheet

在人造板单面贴面装饰时,在其背面覆贴的起平衡作用的一层材料。

2.2.4.6

缓冲材料 cushion

贴面板热压加工时在热压板上铺设的一层富有弹性的衬垫材料。

2.2.4.7

隐蔽剂 covering agent

遮蔽剂

在贴面装饰时,遮盖人造板表面存在的节疤、腐朽、变色等缺陷引起的材色差异,而在基材表面涂布的一层不透明遮盖材料。

2.2.4.8

薄木　decorative veneer

装饰单板

用刨切、旋切和锯切方法加工而成的用于表面装饰的单板。

2.2.4.9

微薄木　micro veneer

一般指厚度小于 0.3 mm 的薄木。

2.2.4.10

漂白单板　bleached veneer

经过漂白处理的单板。

2.2.4.11

调色单板　colored veneer

调色薄木

用漂白和染色等加工方法制成的着色单板。

2.2.4.12

染色单板　dyed veneer

经过染色处理的单板,分表面染色和整体染色。

2.2.4.13

薄木匹配　veneer matching

在薄木贴面过程中,将各种花纹的薄木按一定规律组合在一起形成特定的重复花纹图案的过程。

2.2.4.14

重组装饰薄木　reconstituted decorative veneer;RDV

重组装饰单板

以旋切或刨切单板为主要原料,采用单板调色、层积、胶合成型制成木方,再经刨切、旋切或锯切制成的单板。

2.2.4.15

径切花纹重组装饰单板　quarter-sawn grain RDV

花纹呈近似平行线状排列,类似于木材径切花纹的重组装饰单板。

2.2.4.16

弦切花纹重组装饰单板　flat-sawn grain RDV

花纹呈"V"字形或"山水状"图案,类似于木材弦切花纹的重组装饰单板。

2.2.4.17

特殊花纹重组装饰单板　special grain RDV

除径切和弦切花纹重组装饰单板以外,类似于木材表面其他各种花纹的重组装饰单板。

2.2.4.18

艺术图案重组装饰单板　artistic design grain RDV

具有艺术图案花纹的重组装饰单板。

2.2.4.19

色差　color difference

重组装饰单板的颜色与预先设计或样板的颜色有差异,或整体颜色不均匀。

2.2.4.20

花纹偏差　grain difference

重组装饰单板的花纹与样板花纹不一致。

2.2.4.21

集成薄木 edge-jointed veneer

将板材或小方材等按设计的图案拼接胶合成木方后，刨切制成的单板。

2.2.4.22

无纺布复合装饰薄木 nonwoven cloth reinforced veneer

无纺布复合装饰单板

背面用无纺布增强的可卷绕的装饰单板。

2.2.4.23

玻璃纤维复合装饰薄木 fiberglass reinforced veneer

玻璃纤维复合装饰单板

背面用玻璃纤维布增强的可卷绕的装饰单板。

2.2.4.24

树脂饰面装饰单板 resin coated decorative veneer

表面经过涂料涂饰的单板。

2.2.4.25

薄木贴面 veneer overlaying

人造板基材表面用薄木进行贴面加工的过程。

2.2.4.26

薄木湿贴 wet veneer overlaying

刨切后的薄木不经干燥直接进行贴面的方法。一般用于微薄木贴面。

2.2.4.27

薄木拼花 patterned veneer

按设计图案，将若干张薄木拼接在一起。

2.2.4.28

直接印刷装饰 direct printing decoration

在人造板表面上直接印刷木纹或其他图案，并在已印刷的表面上用硝基漆、聚氨酯漆、光固化不饱和聚酯树脂等涂饰的装饰方法。

2.2.4.29

转移印刷 transfer printing

将带有木纹图案的转印薄膜覆在人造板基材上，经加热加压，将其上的木纹转印到人造板表面上的过程。

2.2.4.30

浸渍胶膜纸 impregnated paper

树脂浸渍纸

由专用纸浸渍氨基树脂或酚醛树脂，并干燥到一定程度，经热压可相互粘合或覆贴在人造板表面的浸胶纸。

2.2.4.31

残留挥发分 volatile content

树脂浸渍纸中残留的易挥发成分的含量，包括其中的水分、后期树脂固化时产生的缩合水以及其他可挥发性的物质。其值的大小间接反映了浸渍纸经干燥后树脂缩聚的程度。

2.2.4.32

预油漆纸 finish foil

将印刷有木纹或其他装饰图案的原纸，经树脂浸渍、干燥和表层油漆涂饰等工序加工制成的一种纸质表面装饰材料。

2.2.4.33

装饰纸湿法贴面 **wet process paper-overlay**

先在基材表面涂布脲醛树脂等热固性树脂胶粘剂，再将装饰纸与之热压贴合的工艺。

2.2.4.34

装饰纸干法贴面 **dry process paper-overlay**

直接将基材与背面涂有热熔性树脂胶粘剂的装饰纸辊压贴合的工艺。

2.2.4.35

热空气干燥 **hot air drying**

以热空气为介质，通过对流方式将热量传递给涂层，使其干燥、固化的方法。

2.2.4.36

红外线干燥 **infrared drying**

利用红外线辐射使涂层干燥、固化的方法。

2.2.4.37

紫外线固化 **ultraviolet curing**

光固化

利用紫外线照射光敏涂层，使其快速固化的一种方法。

2.2.4.38

浮雕加工 **embossing**

将人造板表面加工出立体图案的一种表面装饰方法。

2.2.4.39

静电植绒 **flocks coating**

通过高压静电场将短绒按要求胶粘在人造板表面的装饰方法。

2.2.4.40

薄膜贴面人造板 **film overlaid wood-based panel**

用聚氯乙烯和聚乙烯等薄膜贴面的人造板。

2.2.4.41

装饰纸贴面人造板 **decorative paper overlaid wood-based panel**

用素色或印刷有木纹及其他图案的装饰纸贴面的人造板。

2.2.4.42

涂饰人造板 **coated wood-based panel**

用透明或不透明涂料涂饰的人造板。

2.2.4.43

沟槽人造板 **grooved wood-based panel**

表面加工有纵向"V"形等型式沟槽的人造板。

2.2.4.44

浸渍胶膜纸饰面人造板 **resin-impregnated paper overlaid wood-based panels**

以刨花板、纤维板等人造板为基材，以浸渍胶膜纸为饰面材料的装饰板材。

2.2.4.45

装饰胶合板 **decorative plywood**

表面用装饰单板、PVC 薄膜、金属箔、装饰纸、合成树脂浸渍纸等材料贴面，具有装饰效果的胶合板。

2.2.4.46

装饰单板贴面胶合板 **veneered plywood**

表面覆贴装饰单板的胶合板。

2.2.4.47

胶膜纸覆面胶合板　film overlaid plywood

表面覆贴合成树脂浸渍胶膜纸的胶合板。

2.2.4.48

金属覆面胶合板　metal overlaid plywood

表面覆贴铝箔或其他金属箔,具有金属表面的胶合板。

2.2.4.49

玻璃纤维覆面胶合板　glass fiber overlaid plywood

表面覆贴聚酯树脂或酚醛树脂胶浸渍的玻璃纤维布的胶合板。

2.2.4.50

有孔纤维板　perforated fiberboard

在纤维板表面加工出一定排列规律的小孔,使其具有吸音和装饰功能的纤维板。

2.2.4.51

热固性树脂浸渍纸高压装饰层积板　high-pressure laminates

防火板

塑料贴面板

高压装饰板

用氨基树脂(主要是三聚氰胺树脂)浸渍的表层纸、装饰纸和用酚醛树脂浸渍的底层纸,层积后在高压下热压而成的一种装饰材料。

2.2.4.52

冷-热-冷工艺　cold-hot-cold process

用于高压装饰板制造的一种热压工艺。指板坯送入压机时,压板温度不高于 50 ℃,当板坯进入压机后升温至规定的温度,直至各层胶膜纸中树脂完全固化,然后冷却至 50 ℃左右后再降压出板的工艺过程。

2.2.4.53

热-热贴面工艺　hot-hot overlaying process

用浸渍胶膜纸等进行人造板贴面时,压机压板始终保持高温的一种贴面工艺。

2.2.4.54

低压短周期工艺　low-pressure and short cycle process

用改性(或低压型)三聚氰胺树脂浸渍后的胶膜纸,对人造板表面进行装饰时,采用较低的压力,热压完成贴面的一种快速贴面工艺。

2.2.4.55

抛光垫板　polished stainless steel caul

表面经抛光处理、光泽度较高的不锈钢垫板。

2.2.4.56

后成型　post forming

通过局部加热等方法,将后成型用三聚氰胺高压装饰板软化、弯曲、冷却成型的一种方法。

2.2.4.57

封边　edge banding

用木条、单板条、胶带、塑料薄膜等材料对人造板边部进行封闭处理的工艺过程。

2.2.4.58

真空覆膜　vacuum film mulching

对于各种不同规格的异形部件,利用一侧抽真空,另一侧用压缩空气加压的方式完成聚氯乙烯(PVC)等柔性饰面材料的覆贴。

2.2.4.59

干花　frosting mark

白花

高压装饰板、树脂浸渍纸贴面人造板表面存在的不透明白色花斑。

2.2.4.60

湿花　water mark

水迹

高压装饰板、树脂浸渍纸贴面人造板表面存在的雾状痕迹。

2.2.4.61

龟裂　crack

高压装饰板、树脂浸渍纸贴面人造板由于固化过度或表面层与基材膨胀收缩不一致而造成的产品表面不规则的细微裂纹。

2.2.4.62

表面孔隙　porosity of surface

经表面装饰后的人造板表面呈现的针孔状缺陷。

2.2.4.63

污斑　spots,dirt and similar surface defects

原纸中的尘埃、印刷时出现的油墨迹,以及加工过程中杂物等造成的板面斑痕。

2.2.4.64

颜色不匹配　color unmatching

某一图案的颜色与给定标样图案的颜色不一致。

2.2.4.65

光泽不均　gloss unevenness

产品表面反光程度的差异。

2.2.4.66

划痕　scratches

成品在加工及搬运过程中,表面划擦所造成的伤痕。

2.2.4.67

局部缺纸　bare substrate spots due to defective surface covering

由于胶膜纸破损造成基材显露的缺陷。

2.2.4.68

透底　substrate revealment

由于装饰胶膜纸覆盖能力不够造成基材的颜色或缺陷在板面上显现的现象。

2.2.4.69

崩边　dents

产品在齐边加工过程中产生的装饰板面层的锯齿状缺损。

2.2.4.70

鼓包　bulge

产品内含固体实物引起的局部异常凸起。

2.2.4.71

分层　delamination

基材自身、胶膜纸自身或胶膜纸与基材之间的分离现象。

2.2.4.72

耐光色牢度　light fastness

产品表面在日光或人造光源照射下保持其原有颜色不变的能力。

2.2.4.73

表面耐污染性　resistance to surface staining

产品表面对酸碱化学试剂及常用的饮料、调料等作用的承受能力。

2.2.4.74

表面耐磨性　resistance to surface wearing

产品表面在一定摩擦力作用下保持原有图案及色彩的能力。

2.2.4.75

表面耐划痕性　resistance to surface scratching

产品表面抗坚硬尖锐物体刮擦的能力。

2.2.4.76

表面耐龟裂性　resistance to cracking

产品表面受湿、热等作用而保持其表面不发生细微裂纹的能力。

2.2.4.77

表面耐冷热循环性　surface resistance to high-low temperature cycle

产品经冷热循环试验后，保持其原有表面性能稳定的能力。

2.2.4.78

表面耐香烟灼烧性　resistance to cigarette burns

产品表面承受香烟灼烧作用的能力。

2.2.4.79

表面耐干热性　resistance to dry heat

产品表面承受干热作用的能力。

2.2.4.80

滞燃性　fire resistance

材料点燃后，其阻滞火焰蔓延的性能。

2.2.5　其他木质复合材料

2.2.5.1

单板层积材　laminated veneer lumber; LVL

多层整幅(或经拼接的)单板按顺纹为主组坯胶合而成的板方材。

2.2.5.2

结构用单板层积材　structural laminated veneer lumber; SLVL

木质工程结构用单板层积材

具有良好耐水性、耐候性和力学性能，能作承载构件使用的单板层积材。

2.2.5.3

非结构用单板层积材　non-structural laminated veneer lumber

非承载用途的单板层积材。

2.2.5.4

厚单板　thick veneer

厚度为 2.0 mm～6.0 mm 的旋切单板，一般多用来制造单板层积材。

2.2.5.5

顺纹组坯　parallel grain lay-up (construction)

所有单板按纹理方向平行组合排列的组坯方式。

2.2.5.6

塑化胶合板 plasticized plywood

包括表层单板在内的所有单板均涂施酚醛树脂，干燥后按胶合板的构成原则组坯，在高温高压下塑化制成的一种强度高、耐水性好的胶合板。

2.2.5.7

木材层积塑料 laminated wood plastic

用浸渍合成树脂（主要是醇溶性酚醛树脂）的薄单板（0.35 mm～0.6 mm），在高温（140 ℃～150 ℃）、高压（15 MPa～20 MPa）下压制而成的一种木质层压材料。

2.2.5.8

增强层积塑料 reinforced laminated wood plastic

浸胶后的单板在组坯时，每隔一层或几层夹入一层浸胶棉布、玻璃纤维布或金属网，压制而成的层积塑料板。

2.2.5.9

顺纹木材层积塑料 parallel grain wood laminated plastic

浸胶单板经顺纹组坯后压制的木材层积塑料。

2.2.5.10

单板浸胶 veneer impregnating

将干单板浸渍在胶液中，胶液渗入在单板内部的过程。分常压浸渍和真空-加压浸渍。

2.2.5.11

浸胶单板干燥 impregnated veneer drying

借助热空气等加热介质，将浸胶后单板干燥至工艺要求的含水率的过程。

2.2.5.12

单板条层积材 parallel strand lumber;PSL

旋切单板经干燥后剪切成单板条，再经浸胶、干燥、组坯、热压而成的一种木质板方材。

2.2.5.13

单板条顺纹组坯 parallel strand assembly

将干燥后的浸胶单板条按顺纹方向组合成板坯的过程。

2.2.5.14

定向刨花层积材 oriented strand lumber;laminated strand lumber;OSL;LSL

窄长薄平刨花（strand）经施胶后，用定向装置将其沿刨花长度方向排列铺装成一定厚度的板坯，再经热压制成的一种木质板、方材。一般 LSL 的刨花长度在 200 mm 以上，排列方向均与板长方向平行。

2.2.5.15

细木工板 blockboard

由木条或木块组成板芯，两面与单板或胶合板组坯胶合而成的一种人造板。

2.2.5.16

实木夹芯板 battenboard

具有实木板芯的胶合板，其中实木芯条的宽度范围为 30 mm～76 mm。

2.2.5.17

板芯 board core

由木条组成的拼板或木格结构的芯板。

2.2.5.18

实体板芯 solid board core

木条在长度和宽度方向上拼接或不拼接而成的板状材料。

2.2.5.19

方格板芯　checkered board core

用木条组成的方格状板芯。

2.2.5.20

芯条　core strip

用做实木板芯或方格板芯的木条。

2.2.5.21

实心细木工板　solid core blockboard

以实体板芯制作的细木工板。

2.2.5.22

空心细木工板　hollow core blockboard

以方格板芯制作的细木工板。

2.2.5.23

蜂窝纸芯细木工板　honeycomb core blockboard

用蜂窝纸做板芯的细木工板

2.2.5.24

板芯胶拼细木工板　bond joint core blockboard

用胶拼的实体板芯制成的细木工板。

2.2.5.25

板芯不胶拼细木工板　non-bond joint core blockboard

用不胶拼的实体板芯制成的细木工板。

2.2.5.26

芯条侧面缝隙　core-side gap

实体板芯在宽度方向上相邻二芯条间的缝隙。

2.2.5.27

芯条端面缝隙　core-end gap

实体板芯在长度方向上相邻二芯条间的缝隙。

2.2.5.28

波纹　waviness

细木工板板面上出现的有规律的凹凸不平缺陷。

2.2.5.29

指接材　finger-jointed lumber

以锯材为原料经指榫加工、胶合接长制成的板方才。

2.2.5.30

结构用指接材　structural finger-jointed lumber

具有良好耐水性、耐候性和力学性能,能作承载构件使用的指接材。

2.2.5.31

非结构用指接材　non-structural finger-jointed lumber

非承载用途的指接材。

2.2.5.32

Ⅰ类指接材　type Ⅰ finger-jointed lumber

能通过Ⅰ类浸渍剥离试验,可在室外条件下使用的耐气候指接材。

2.2.5.33

Ⅱ类指接材　type Ⅱ finger-jointed lumber

能通过Ⅱ类浸渍剥离试验,可在潮湿条件下使用的耐潮指接材。

2.2.5.34

Ⅲ类指接材　type Ⅲ finger-jointed lumber

能通过Ⅲ类浸渍剥离试验,只能在干燥条件下使用的不耐潮指接材。

2.2.5.35

水平型(H型)指接材　horizontal finger-jointed lumber

从侧面可见指榫的指接材。

2.2.5.36

垂直型(V型)指接材　vertical finger-jointed lumber

从表面可见指榫的指接材。

2.2.5.37

指榫　finger tenon

利用切削加工的方法,在木材端部形成的指形(锯齿形)榫接头。

2.2.5.38

齿长　length of the finger tenon

榫底部至指榫顶部的距离。

2.2.5.39

齿距　distance between finger tenons

两相邻指榫中心线之间的距离。

2.2.5.40

齿顶宽　width of the finger tenon top

榫顶部的宽度。

2.2.5.41

齿底宽　width of the finger tenon bottom

相邻指榫的指底之间的底平面宽度。

2.2.5.42

嵌合度　fitness ratio

榫的齿顶宽与齿底宽之差。

2.2.5.43

指顶隙　gap of jointing finger tenon top and bottom

两指榫对接后,指顶与对应指底平面之间的间隙。

2.2.5.44

指斜角　slope angle

指榫的斜面与垂直于指榫底面的平面间的夹角。

2.2.5.45

集成材　glued-laminated timber;glulam

将纤维方向基本平行的板材、小方材等在长度、宽度和厚度方向上集成胶合而成的材料。

2.2.5.46

非结构用集成材　non-structural glued-laminated timber

非承载用途的集成材。

2.2.5.47

结构用集成材　structural glued-laminated timber

具有良好耐水性、耐候性和力学性能，能作承载构件使用的集成材。

2.2.5.48

同等级构成集成材　same-grade lamination glued-laminated timber

用相同等级的层板构成的集成材。

2.2.5.49

异等级构成集成材　different-grade lamination glued-laminated timber

用不同等级的层板构成的集成材。

2.2.5.50

对称结构集成材　balanced structure glued-laminated timber

平衡组合结构集成材

厚度方向上中心层两侧相对应的各层板的等级、树种等均相同的集成材。

2.2.5.51

非对称结构集成材　unbalanced structure glued-laminated timber

非平衡组合结构集成材

厚度方向上中心层两侧相对应的各层板的等级均不相同或部分不同的集成材。

2.2.5.52

拼宽　edge jointing

将加工后的窄料在宽度上胶拼的过程。

2.2.5.53

指榫接长　end finger jointing

将加工后的短料通过端部指接的方法接长的过程。

2.2.5.54

层板　lamination

经接长、拼宽后具有一定长度和宽度的板材。组坯时作为集成材的一层。

2.2.5.55

集成组坯　assembly

将涂胶后的层板按照工艺要求层叠组合在一起的过程。

2.2.5.56

夹持冷压胶合　clamping bonding

用夹紧装置将组坯后集成材板坯夹持固定并保持压力，使胶粘剂在室温下固化成型的方法。

2.2.5.57

机械应力分等　mechanical stress rating

采用无损检测设备根据弹性模量大小对材料进行分等的过程。

2.2.5.58

木塑复合材　wood plastic composites；WPC

用木材或其他植物纤维为原料加工的纤维单元与热塑性树脂及添加剂充分混合后，经挤压、模压或热压等加工而成的一类复合材料。

2.2.5.59

木塑比　wood plastic ratio

木塑复合材料中植物纤维（或木粉）与塑料的质量百分比。

2.2.5.60

纤维处理　fiber treatment

为提高纤维单元(木粉)与塑料之间的结合力而进行的改善纤维表面物理或化学性质的措施。

2.2.5.61

添加剂　additives

加入聚合物中改进或改变一种或几种性能的任何物质,如脱膜剂、润滑剂、增塑剂、活性剂、引发剂、抗氧化剂、着色剂、防霉剂、发泡剂等。

2.2.5.62

偶联剂　coupling agent

一类具有两个不同性质官能团的物质,能在增强材料与树脂基体之间形成界面层,提高界面结合力,或促进、建立较强结合力的物质。

2.2.5.63

造粒　granulating

纤维或木粉和塑料经混合后,由挤出机塑化、挤出、切粒的过程。

2.2.5.64

挤出　extrusion

使加热或未经加热的塑料和纤维混合体,通过成型模具变成连续成型制品的过程。

2.2.5.65

注射成型　injection moulding

在加压下,将物料由加热料筒经过主流道、分流道、浇口,注入闭合模具型腔的木塑成型方法。

2.2.5.66

型材　profile

除薄膜、片材、棒材和管材之外,具有恒定轴向截面的挤出木塑制品。

2.2.5.67

空隙率　void content

木塑复合材中空隙体积占材料总体积的百分比。

2.2.5.68

热降解　thermal degradation

在高温作用下,纤维和塑料发生的化学键断裂和分子量减少,性能下降的现象。

2.2.5.69

老化　aging

随时间推移,木塑复合材中发生的各种不可逆的化学和物理变化过程的总称。

2.2.5.70

发白　blanching

木塑复合材在受力过程中,主要由于纤维与塑料界面局部损伤引起的材料表面发白现象。

2.2.5.71

露丝　fiber show

木塑复合材制品表面未被塑料覆盖的纤维。

2.2.5.72

气泡　blister

木塑复合制品表面呈现出的形状和大小各异的空心凸起。

2.2.5.73

洇色　colour bleeding

着色剂或着色组分渗出或渗移到木塑制品表面的现象。

2.2.5.74

橘皮纹　orange peel

木塑复合材料外观呈现出的类似于橘皮面的不规则的麻点表面现象。

参 考 文 献

[1] GB/T 3961—1993 纤维增强塑料术语
[2] GB/T 4897.1～4897.7—2003 刨花板
[3] GB/T 5849—2006 细木工板
[4] GB/T 7911—1999 热固性树脂浸渍纸高压装饰层积板(HPL)
[5] GB/T 9846.1～9846.8—2004 胶合板
[6] GB/T 11718—1999 中密度纤维板
[7] GB/T 12626—1990 硬质纤维板
[8] GB/T 14074—2006 木材胶粘剂及其树脂检验方法
[9] GB/T 14732—2006 木材工业胶粘剂用脲醛、酚醛、三聚氰胺甲醛树脂及其树脂检验方法
[10] GB/T 15102—2006 浸渍胶膜纸饰面人造板
[11] GB/T 15104—2006 装饰单板贴面人造板
[12] GB/T 17657—1999 人造板及饰面人造板理化性能试验方法
[13] GB/T 20241—2006 单板层积材
[14] GB/T 21140—2007 指接材 非结构用
[15] LY/T 1143—2006 饰面用浸渍胶膜纸
[16] LY/T 1204—1997 浮雕纤维板
[17] LY/T 1580—2000 定向刨花板
[18] LY/T 1654—2006 重组装饰材单板
[19] LY/T 1655—2006 重组装饰材
[20] LY/T 1660—2006 竹材人造板术语
[21] LY/T 1718—2007 轻质纤维板
[22] ISO 18775:2008 单板 术语、定义及物理特性和偏差的测定方法
[23] ISO 2074:2007 胶合板 词汇
[24] ISO 17064:2004 纤维板、刨花板和定向刨花板 词汇
[25] ASTM D 1038-83 单板和胶合板相关标准术语
[26] ASTM D 1554-01 木质纤维板、刨花板术语
[27] CAN/CSA-O122-06 结构用集成材
[28] 马大浦.中国林业辞典.上海:上海科技出版社,1994.
[29] 汪秉全.木材科技词典.北京:科学出版社,1985.
[30] 中国农业百科全书总编辑委员会森林工业卷编辑委员会.中国农业百科全书.森林工业卷.北京:农业出版社,1993.
[31] 华毓坤.人造板工艺学.北京:中国林业出版社,2002.
[32] 陆仁书.胶合板制造学.2版.北京:中国林业出版社,1992.
[33] 陆仁书.纤维板制造学.北京:中国林业出版社,1992.
[34] 陆仁书.刨花板制造学.2版.北京:中国林业出版社,1994.
[35] 徐咏兰.中密度纤维板制造学.北京:中国林业出版社,1995.
[36] 华毓坤,张勤丽,周定国.定向刨花板研究.世界林业研究,1993.
[37] 王恺.木材工业实用大全:胶粘剂卷.北京:中国林业出版社,1996.
[38] 王恺.木材工业实用大全:刨花板卷.北京:中国林业出版社,1998.
[39] 王恺.木材工业实用大全:纤维板卷.北京:中国林业出版社,2002.

［40］ 谭守侠，周定国. 木材工业手册Ⅰ. 北京：中国林业出版社，2007.

［41］ 谭守侠，周定国. 木材工业手册Ⅱ. 北京：中国林业出版社，2007.

［42］ 王传耀. 木质材料表面装饰. 北京：中国林业出版社，2006.

［43］ 庄启程. 科技木——重组装饰材. 北京：中国林业出版社，2004.

［44］ 王清文，王伟宏. 木塑复合材料与制品. 北京：化学工业出版社，2007.

［45］ Chao Chison, Hikaru Sasaki, Hua Yukun. Properties and Utilization of Fast-rowing Trees. China Forestry Publishing House, 1994.

［46］ Anatole A. Klyosov. Wood-Plastic Composites. Published by John Wiley & Sons, Inc., Hoboken, New Jersey. 2007.

［47］ Toward the New Generation of Bio-based Composites Products. Proceedings of the 3rd Pacific Rim Bio-based Composites Symposium, Compiled by Kajita, H., Tsunoda, K., Published by Wood Research Institute, Kyoto Japan. 1996.

中 文 索 引

K

L

M

N

O

P

Q

R

S

英 文 索 引

A

B

C

D

E

H

I

K

L

M

N

O

P

ICS 11.080.01
C 47

中华人民共和国国家标准

GB 18282.3—2009/ISO 11140-3:2007

医疗保健产品灭菌　化学指示物
第3部分:用于BD类蒸汽渗透测试的二类指示物系统

Sterilization of health care products—Chemical indicators—Part 3:Class 2 indicator systems for use in the Bowie and Dick-type steam penetration test

(ISO 11140-3:2007,IDT)

2009-11-15 发布　　　　2010-12-01 实施

中华人民共和国国家质量监督检验检疫总局
中国国家标准化管理委员会　发布

前　言

本部分的全部技术内容为强制性。

GB 18282《医疗保健产品灭菌　化学指示物》标准由以下几部分组成：

——第1部分：通则；

——第3部分：用于BD类蒸汽渗透测试的二类指示物系统；

——第4部分：用于替代性BD类蒸汽渗透测试的二类指示物；

——第5部分：用于BD类空气排除测试的二类指示物。

本部分为GB 18282的第3部分。

本部分等同采用ISO 11140-3:2007《医疗保健产品灭菌　化学指示物　第3部分：用于BD类蒸汽渗透测试的二类指示物系统》。

本部分与ISO 11140-3:2007相比，主要差异如下：

——按照GB/T 1.1的要求进行了一些编辑上的修改；

——删除国际标准的前言；

——对于本部分中引用的其他国际标准，若已转化为我国标准，本部分将引用的国际标准号替换为相应的国家标准号，并注明采用关系。

本部分的附录A～附录K为规范性附录。

本部分由国家食品药品监督管理局提出。

本部分由全国消毒技术与设备标准化技术委员会(SAC/TC 200)归口。

本部分起草单位：国家食品药品监督管理局广州医疗器械质量监督检验中心、北京麦迪锦诚医疗器械有限责任公司、山东新华医疗器械股份有限公司。

本部分主要起草人：卢文娟、卢忠、袁秦、胡相华、吕连生、王久儒。

引　言

BD测试是对用于已包装的和多孔的负载灭菌的灭菌器进行的性能测试。同时，该测试用于声明符合EN 285的压力蒸汽灭菌器的证实过程中，并被作为ISO 17665-1中的一个常规性能测试。测试方法参见EN 285。

BD测试的失败是影响负载均匀一致灭菌的各种可能原因的综合体现。测试失败并不能证明灭菌器只存在空气滞留、空气泄漏或含有非冷凝气体问题。不排除其他引起失败的原因。

BD测试是对多孔负载医疗保健产品灭菌的高真空灭菌器是否能成功排除空气的测试[1]。成功的BD测试说明蒸汽能快速而均匀地渗透测试包。由于排除空气阶段的效率不足，在排除空气阶段有空气泄漏，或蒸汽供应中有非冷凝气体，使测试包中存在空气会导致测试失败。测试结果有可能会受到其他限制蒸汽渗透因素的影响。BD测试并不一定能证明曾达到灭菌要求的温度，或在灭菌所需时间内保持该温度。

BD测试的测试包由以下两部分组成：

a)　小型标准测试负载；

b)　检测蒸汽存在的化学指示物。

BD测试[1]最初用粗布巾作为测试负载。EN 285所述测试则使用了棉布单。

由于在不同国家的许多不同测试都一直被称作BD测试，所以GB 18282的本部分使用"BD类测试"这个术语。

医疗保健产品灭菌　化学指示物
第3部分:用于BD类蒸汽渗透测试的
二类指示物系统

1　范围

GB 18282 的本部分规定了用于已包装的(例如器械)和多孔的负载灭菌用蒸汽灭菌器蒸汽渗透测试中所使用的化学指示物的要求。作此用途的指示物即为 ISO 11140-1 中所述的二类指示物。

符合 GB 18282 的本部分要求的指示物应结合符合 EN 285 要求的标准测试包一并使用。GB 18282 的本部分对标准测试包的性能不作考虑,仅对指示物系统的性能作要求。

2　规范性引用文件

下列文件中的条款通过 GB 18282 的本部分的引用而成为本部分的条款。凡是注日期的引用文件,其随后所有的修改单(不包括勘误的内容)或修订版均不适用于本部分,然而,鼓励根据本部分达成协议的各方研究是否可使用这些文件的最新版本。凡是不注日期的引用文件,其最新版本适用于本部分。

GB/T 11501　摄影　密度测量　第 3 部分:光谱条件(GB/T 11501—2008,ISO 5-3:1995,IDT)

GB/T 12823.1　摄影　密度测量　第 1 部分:术语、符号和表示法(GB/T 12823.1—2008,ISO 5-1:1984,IDT)

GB/T 12823.4—2008　摄影　密度测量　第 4 部分:反射密度的几何条件(ISO 5-4:1995,IDT)

ISO 187:1990　纸、纸板和纸浆　处理和试验的标准大气条件、环境监测和试样处理程序

ISO 2248　包装　运输包装件　跌落试验

ISO 5457　技术制图　图纸幅面和格式

ISO 5636-3　纸和纸板　透气度的测定(中等范围)　第 3 部分:本特生法

ISO 11140-1:2005　医疗保健产品灭菌　化学指示物　第 1 部分:通则

ISO/CIE 10526:1999　比色法用 CIE 标准施照体

EN 285:2006　灭菌　蒸汽灭菌器　大型灭菌器

3　术语和定义

ISO 11140-1 确立的术语和定义适用于 GB 18282 的本部分。

4　通用要求

4.1　ISO 11140-1 的要求适用。

4.2　测试前测试样品必须符合 ISO 187 的要求。

5　指示物系统的构成

指示物系统的构成应符合下列要求:

a)　指示剂应均匀分布于衬底上,并覆盖不小于 30%的衬底表面。相邻指示剂区域相距应不超过 20 mm。指示剂的分布方式应方便比较边缘空白部分及中部指示剂区域的颜色变化;

b)　在 1.47 kPa 气压下,按照 ISO 5636-3 进行测试时,指示物系统的空气孔隙应不小于 1.7 μm/(Pa·s);

c) 应有足够强度以耐受蒸汽灭菌；
按照附录A的要求进行测试；
d) 目力观察，衬底颜色应均匀一致；
e) 制造商规定的有变化或无变化的指示物与衬底应有不少于0.3的相对反射密度差异；
按照附录B的要求进行测试；
f) 应可用持久性墨水清楚标明处理和未处理的材料。处理前所做的标记在处理后应仍保持清晰；
g) 应符合ISO 5457中A4幅面的尺寸要求。

6 性能要求

6.1 指示物应符合下列要求：

a) 暴露于$134^{+1.5}_{0}$℃饱和蒸汽中3.5 min±5 s后，或暴露于$121^{+1.5}_{0}$℃饱和蒸汽中15 min±5 s后，或暴露于上述两种条件中，指示物颜色变化应均匀一致，并符合5e)的要求；
按照附录C的要求进行测试；
b) 当指示物置于标准测试包中心，标准测试包中心的温度比蒸汽暴露装置(见附录H)腔体排气口通道内的温度低2 ℃时，应显示出不均匀的颜色变化；
按照附录I的要求进行测试；
c) 暴露在140 ℃±2 ℃干热环境中不少于30 min后，指示物系统应没有可辨别的颜色差异；
按照附录D的要求进行测试；
有些指示物会发生轻微的颜色变化。如果变化轻微，或变化程度与暴露于符合6.1a)要求的蒸汽中时的变化程度有明显不同，但在制造商规定的限度内，则也可接受；
d) 在测试过程中，与测试负载紧密接触的指示剂应不向测试负载发生可见转移。
按照附录F的要求进行测试。

6.2 在制造商规定的有效期内，指示物应符合GB 18282的本部分的要求。

老化实验时指示物发生任何变化，其变化应与暴露于饱和蒸汽[见6.1a)]中的变化不同，并应使其失活以致不发生进一步的变化，或不影响其性能，并符合6.1a)和6.1b)的要求。

按照附录G要求进行测试，或按附录E的要求加速老化后进行测试。

7 包装和标签

7.1 每个已有指示剂的衬底都应标示设计使用的操作温度。

7.2 每个指示物应标有可追溯生产历史的独立编码。

7.3 每个指示物应在下列标题后为使用者预留记录实际周期信息的空间：

——部门；
——设备编号；
——周期号；
——操作员；
——日期；
——结果；
——监控员。

相邻标题之间应有不小于5 mm×20 mm的空白，以便使用者在使用时可填入所需信息。见图1。

7.4 产品包装应能方便分开单元产品，并保证产品在一般运输中不受潮湿、尘埃、阳光、损坏的影响，且当按制造商说明的方法贮存时，在规定的有效期内保证产品性能。

制造商应保留是否符合要求的书面凭证。

7.5　每个包装箱外应标有产品被合理使用的操作温度。

7.6　制造商提供的信息(见 ISO 11140-1:2005 的 5.7 和 5.8)应包括足够的指示物使用说明,以保证能正确理解测试结果。

部门	
设备编号	
周期号	
操作员	
日期	
结果	
监控员	

注:可采用其他格式。

图 1　符合要求的格式举例

8　质量保证

8.1　质量体系应保证满足本部分第 6 章的性能要求。

8.2　记录应妥为保存,以保证出现问题时,能召回有问题批次的产品。

8.3　生产和销售记录应保存 5 a 或 2 倍于产品所声明的有效期。记录保留要求的例子见 GB/T 19001[4]。

附 录 A
（规范性附录）
蒸汽灭菌后的强度评价

A.1 仪器

A.1.1 蒸汽暴露装置，见附录 H。

A.1.2 标准测试包，见附录 K。

A.1.3 蒸汽供应，符合 EN 285 的要求。

A.2 步骤

A.2.1 将含有指示物系统的标准测试包在其指示物系统规定的工作温度下，暴露 3 个连续周期。

A.2.2 将标准测试包从蒸汽暴露装置中取出，按照 ISO 2248 要求进行跌落试验，即从 1 m 高跌落至坚硬水平表面。

注：水泥或水磨石表面均可。

A.2.3 把指示物从标准测试包中取出，检查可见损坏。

A.2.4 分别对 3 个不同批次指示物系统产品重复本测试。

附　录　B
（规范性附录）
通过测定相对反射密度评估衬底与有变化（或无变化）的指示物系统之间的颜色可见差异

B.1　原理

有/无变化的指示物和衬底的相对反射密度 D_{Rf}（见 GB/T 12823.1 定义）由以下方法确定，这些方法基于 GB/T 11501 和 GB/T 12823.4，需设参比。

$$D_{Rf} = -\lg R_f$$

$$R_f = \Phi_c / \Phi_{ce}$$

式中：

Φ_c——指示物的反射通量；

Φ_{ce}——衬底的反射通量。

为全面定义一种光谱密度，则必须规定测量系统的光源、光学系统和光谱响应。

B.2　仪器

B.2.1　蒸汽暴露装置，见附录 H。

B.2.2　光电反射光度计，见 B.3.2。

B.3　测量

B.3.1　照明

据 ISO/CIE 10526:1999，入射通量的相对光谱功率分布应符合 CIE 标准施照体 D65 的要求。

注：相当于北方多云天气的日照。

B.3.2　测量设备

B.3.2.1　通用要求

测量仪器应为光电仪，示值与测试表面光反射强度误差应不大于 0.3%。

B.3.2.2　光几何条件

测量仪器的光几何条件应符合 GB/T 12823.4 要求。包括样品照明角度在 40°～50°之间，沿采样孔中心法线(0°)的观察角度为 10°。

应使衬底或指示剂充满仪器测量孔。

如果被测表面高度反光，如有塑料面，为减小测量误差，光学系统应装有偏光滤光器。

B.3.2.3　光谱响应

对于视觉反射密度，探测器和测量仪器出射元件的光谱特性合成的光谱响应灵敏度应与明视觉光谱光效率 V_λ 相匹配。V_λ 和反射密度计光照度 E_A 逐个波长的乘积确定了整个测量仪器具有标准视觉密度的光谱乘积。测量仪器的光谱乘积值应在表 B.1 给出值的±20%内。

注：以上情况的前提是仪器光学部件或样品不含荧光物质。

B.3.2.4　校准

反射密度是由完全反射体或完全漫反射体作参比标准而定义的。由于这样的材料是不存在的，因此可通过和另一合适参比标准比对进行校准，例如，可用于校准密度计的浓缩硫酸钡板或搪瓷金属板。

测量仪器应用经计量的样品进行校准。

仪器显示值应在参比样品计量值±3%内。

B.3.2.5 背衬

在测量衬底和指示物的反射密度数值时，样品应置于一背衬材料上，该背衬应由无光谱选择性漫反射材料制造，且应具有1.50以上的标准反射密度值（见GB/T 12823.4—2008附录A）。

B.4 测试方法

B.4.1 样品预处理

测试时应预先使样品在温度23 ℃±2 ℃，相对湿度50%±5%的环境中进行平衡。

推荐使用标准条件，因为有些材料当温度和相对湿度不同时，密度也会不一样。

B.4.2 测试步骤

如果要评价有变化指示物的反射密度，则在指定的操作温度下，把指示物暴露于蒸汽暴露装置的一个周期中，使指示物颜色变化一致。

注：由附录C所述测试得到的样品可作为有变化的指示物使用。

以衬底作参比，测量衬底上的指示剂的相对反射密度。

分别对3批指示物系统重复进行5次测试。

B.5 测试报告

测试报告应至少包含下列内容：

a） 指示物制造商的名称和地址；

b） 测试用指示物的批号；

c） 测试仪器的制造号、型号和序列号；

d） 国家授权机构的可追溯性校准资料；

e） 暴露指示物的蒸汽温度记录图表；

f） 相对反射密度的平均值和范围；

g） 测试日期；

h） 测试员操作证。

表B.1 给定波长和光照度下的反射光度计所要求的光谱乘积值

波长 nm	反射密度计光照度 E_A	视觉密度的光谱乘积 Π_V
340	4	
350	5	
360	6	
370	8	
380	10	
390	12	
400	15	<1 000
410	18	1 322
420	21	1 914
430	25	2 447
440	29	2 811
450	33	3 090
460	38	3 346
470	43	3 582

表 B.1（续）

波长 nm	反射密度计光照度 E_A	视觉密度的光谱乘积 Π_V
480	48	3 818
490	54	4 041
500	60	4 276
510	66	4 513
520	72	4 702
530	79	4 825
540	86	4 905
550	93	4 957
560	100	4 989
570	107	5 000
580	114	4 989
590	122	4 956
600	129	4 902
610	136	4 827
620	144	4 731
630	151	4 593
640	158	4 433
650	165	4 238
660	172	4 013
670	179	3 749
680	185	3 490
690	192	3 188
700	198	2 901
710	204	2 622
720	210	2 334
730	216	2 041
740	222	1 732
750	227	1 431
760	232	1 146
770	237	<1 000

附 录 C
（规范性附录）
暴露于饱和蒸汽中的指示物的颜色变化评价

C.1 仪器

C.1.1 蒸汽暴露装置，见附录 H。

C.1.2 蒸汽供应，符合 EN 285 的要求。

C.1.3 温度记录设备，符合 EN 285 中对测试仪器的要求。

C.1.4 标准测试包，见附录 K。

C.2 测试步骤

C.2.1 将用于测试指示物系统的热电偶按 EN 285 要求置于标准测试包内，在指示物系统规定操作温度下与指示物系统一起暴露于蒸汽暴露装置的一个操作周期，测试并记录温度。在灭菌时间开始时，蒸汽暴露装置排气口管道内的温度与测试包中心的温度差应不大于 0.5 ℃，并应在整个灭菌时间保持，否则测试无效。

C.2.2 自动周期完成后，从测试包中取出化学指示物系统，并检查其是否符合 6.1a)的要求。

C.2.3 分别对 3 个不同生产批次的指示物系统重复进行 5 次测试。

附　录　D
（规范性附录）
暴露于干热环境的指示物颜色变化评价

D.1　仪器

D.1.1　两个钢盘，约 200 mm×100 mm，厚 2 mm，表面覆盖标准测试包材料。

D.1.2　干热炉，能把温度保持在 140 ℃±2 ℃。

在测试过程中，炉内相对湿度应小于 5%。

D.2　测试步骤

D.2.1　预热干热炉至操作温度。

D.2.2　从指示物系统上裁两片 200 mm×100 mm 测试片，每个测试盘中心放 1 片，并用耐高温粘贴带固定四角，使其不能移动。

D.2.3　将测试片水平放入炉内，并使其暴露于 140 ℃±2 ℃的干热环境中 30 min。移出测试片并检查其颜色变化。

D.2.4　分别对 3 个不同产品批次的指示物系统重复测试 5 次。

附　录　E
（规范性附录）
测试样品的加速老化

E.1　将指示物系统在规定条件下放置24 h(见4.2)。把指示物放在有孔托盘上，水平置于干燥器内，其下方为饱和溶液，例如氯化钾溶液，65 ℃下其提供约80%相对湿度环境。

E.2　将干燥器密封并放置在内部温度均一的热炉内，以65 ℃±2 ℃加热7 d。

推荐使用有连续温度记录装置的多叶离心式混合器和推进器来进行空气循环的机械对流炉。

附 录 F
（规范性附录）
测试过程中指示物向标准测试包转移评价

F.1 仪器

F.1.1 钢盘，约 200 mm×100 mm，厚 2 mm，表面覆盖标准测试包材料。

F.1.2 蒸汽暴露装置，见附录 H。

F.1.3 蒸汽供应，符合 EN 285 要求。

F.1.4 温度记录设备，符合 EN 285 中对测试仪器的要求。

F.2 测试步骤

F.2.1 将指示物系统置于表面覆盖标准测试包材料的钢盘中心，有指示剂的一面朝上。在指示物系统上覆盖另一层标准测试包材料，固定各边缘以保证其能与指示物系统紧密接触。

F.2.2 水平放入蒸汽暴露装置内，钢盘为最底层，在 $121^{+1.5}_{0}$ ℃饱和蒸汽中暴露 30 min。

F.2.3 移除上下两层材料，观察材料上是否有指示物残留。

F.2.4 分别对 3 个不同产品批次的指示物系统重复测试 5 次。

附 录 G
（规范性附录）
产品有效期的确定

G.1　产品有效期的确定应按照测试前订立的书面方案进行测试。

G.2　把常规包装的样品贮存于推荐的最大温湿度或以上的环境中，并监控环境条件。

G.3　在贮存期间和贮存结束后，产品必须符合所有的性能要求。

G.4　所有贮存测试结果应在测试结束后保留至少 5 a。此后，在产品销售期间应保留结论性报告。

附 录 H
(规范性附录)
蒸汽暴露装置

H.1 概述

H.1.1 蒸汽暴露装置应包括用于已包装的和多孔的负载灭菌的压力蒸汽灭菌器(符合 EN 285 要求),腔内可用空间为 250 L～750 L,且符合本附录规定的周期控制的附加要求。

H.1.2 控制系统应允许多孔负载灭菌周期在不同厂商的机器上进行模拟操作,同样的周期应有良好重复性。

H.2 仪器

仪器应符合 EN 285:2006 中 6.2.1.3、6.2.2.1 和 6.2.2.2 的要求。

H.3 指示器、控制器和记录传感器

H.3.1 应有以下装置:

——周期控制装置;

——蒸汽控制装置(见 H.3.2);

——空气检测装置,若有(见 H.3.3)。

H.3.2 应有措施保证腔内蒸汽保持在所选操作压力的±1 kPa 内。

H.3.3 独立于周期控制的空气检测装置,其周期程序应可设置。

H.4 操作周期——要求的阶段和控制选择

H.4.1 周期阶段

自动控制器应能便于选择和调整下列各个周期阶段:

a) 排除空气,通过交替抽真空和注入蒸汽,压力范围和这种交替次数应可调整;

b) 蒸汽注入直到灭菌阶段开始;

c) 维持期;

d) 真空干燥;

e) 连通大气。

H.4.2 控制选择要求

H.4.2.1 压力控制点应能在 2 kPa～385 kPa 范围内达到至少±1 kPa 的设置精度。

H.4.2.2 持续时间控制点应能在 2 s～60 min 范围内达到至少±1 s 的设置精度。

H.4.2.3 温度控制点应能在 50 ℃～145 ℃范围内达到至少±0.2 ℃的设置精度。

在排除空气、蒸汽注入或灭菌维持阶段中,当达到程序预先设定的任何温度(在排水道内或空气检测装置)、腔内压力或持续时间点时,应提供方法来产生操作信号自动启动辅助设备(如空气注入器),在任一操作周期内至少有两个此类信号点。

附 录 I
（规范性附录）
指示物对空气存在的检测灵敏度评价

I.1 仪器

I.1.1 蒸汽暴露装置，见附录 H，并配有空气注入系统。空气注入系统的要求见附录 J。

I.1.2 温度记录设备，符合 EN 285 中对测试仪器的要求。

I.1.3 蒸汽供应，符合 EN 285 的要求。

I.1.4 标准测试包，见附录 K。

I.2 测试步骤

I.2.1 按照 EN 285 的要求，放入被检指示物系统，置入热电偶，制作标准测试包。

I.2.2 把空气注入系统的喷嘴垂直置于测试包表面几何中心上方 25 mm±5 mm 处。

I.2.3 将测试包暴露于蒸汽暴露装置的一个周期。暴露装置所设以摄氏度为单位的操作温度应为灭菌温度±1 ℃。记录测试包中心及蒸汽暴露装置腔体内排气口通道内的温度。

在测试周期的整个排除空气阶段中，打开空气注入器的终端阀门，向气缸充入空气至所需水平。排除空气阶段最后一个脉冲压力升高过程中，在腔内气压与大气压大致持平时，操作空气注入器，向蒸汽暴露装置注入空气。然后关闭空气注入器的终端阀门。

注：因蒸汽暴露装置不同，及注入空气时腔内压力的不同，使温度降低 2 ℃所需的准确空气体积会有所不同。

I.2.4 确定使标准测试包中心温度降低 2 ℃所需注入腔内空气的体积。

使指示物系统失败的条件如下：

a) 灭菌时间开始时测试包中心的温度应比排气口通道内的温度低 2 ℃以上；

b) 规定的平衡时间（见 EN 285）后，测试包中心的温度应比腔体内排气口通道内测得的温度低 2 ℃～3 ℃。

I.2.5 暴露于上述条件后，目测指示物系统是否符合 6.1b）的要求。

I.2.6 分别对 3 个不同产品批次的指示物系统重复测试 5 次。

附　录　J
（规范性附录）
空气注入系统

空气注入系统(见图J.1)应由下列部件组成：

a)　复动式气缸，设计工作压力达1 000 kPa；

b)　充气通路，活塞的一面能对空气施加100 kPa～1 000 kPa范围内的某一预定压力，误差为±10 kPa；

c)　可调限制器，在充气时，通过限制活塞在预定的位置的活动来控制充气量。调节精度为±2 mm。可通过改变活塞冲程，或压力，或两者来控制进入的空气量。可通过在大气压下，向下排水收集排出气体，测量所排出的水量来调校设备；

d)　驱动通路，能从活塞非充气端加压，从而把空气以要求的速度注入蒸汽暴露装置腔内；

e)　连接蒸汽暴露装置的通路，包括微调空气注入速度的气流调节装置，以及用于隔开注入器和蒸汽暴露装置的终端阀门。

空气注入系统应能防止蒸汽暴露装置中的蒸汽返流。

应确保终端阀门打开之前充气回路与空气气缸存在有效隔离。否则无法控制进入蒸汽暴露装置腔内的空气。

1——蒸汽暴露装置的空气注入端；

2——700 kPa(7 bar)的空气供应；

C1——无油气缸，通过改变汽缸活塞冲程和(或)压力来控制注入空气量；

NRV——单向阀；

R1,R2——压力调节器；

V1,V2,V3——电控阀；

F1——流量控制阀。

注1：采用下列阀门设置：

充气：V2开；V1、V3关；

注入：V1、V3开，V2关。

注2：150 mm冲程×50 mm内径的汽缸适用。

图J.1　空气注入器设计示意图

附 录 K
（规范性附录）
标准测试包

K.1 本附录基于 EN 285 的内容。

K.2 测试包应由漂白纯棉布单组成，尺寸大约为 900 mm×1 200 mm。经纱应为 30 线/cm±6 线/cm，纬纱应为 27 线/cm±5 线/cm。单位面积重量应为 185 g/m^2±5 g/m^2，无折边。

K.3 无论新的或脏的棉布单都应进行清洗，并应避免加任何织物清洗剂。织物清洗剂会影响织物的性质，并可能含有会导致产生非冷凝气体的挥发物。

K.4 布单应干燥，并在温度为 20 ℃～30 ℃、相对湿度为 40%～60%的环境中进行稳定后才能使用。

K.5 稳定后，布单应叠成大约 220 mm×300 mm，用手压好之后，摞成高度大约 250 mm。测试包应采用相似的包布进行包裹，并用宽度不超过 25 mm 的扎带进行紧固。测试包的总重量应为 7.0 kg±0.14 kg(大约需要 30 张布单)。测试包应该在蒸汽暴露装置中连续暴露 4 个测试周期。测试包在测试周期结束后，应从灭菌器中取出，置于温度 20 ℃～30 ℃，相对湿度 40%～60%的环境中。然后测试包才可使用。在每次使用间隔期间，测试包应置于温度 20 ℃～30 ℃，相对湿度 40%～60%的环境中进行稳定。若测试包在测试结束后 1 h 内不使用，可将其存放在能提供并保持上述条件的工作室内。

使用过后，布单将会收缩。如果 250 mm 厚的布单重量超过 7.14 kg，布单就不能再使用。

K.6 使用之前，应用合适的校准过的温湿度探头测量测试包的温度和湿度。测试包用作测试前其内部温度应为 20 ℃～30 ℃，相对湿度应为 40%～60%，否则不能用于检测。测试包的温湿度可以使用纸张湿度计测量。

参 考 文 献

[1] BOWIE,J. H. ,KELSEY,J. C. and THOMPSON,G. R. ,Lancet,i,(1963),p. 586

[2] ISO 17665-1 保健产品的灭菌 辐射 第1部分:医疗器件消毒过程的制定、确认和常规控制的要求

[3] ISO 15882 医疗保健产品灭菌 化学指示物 选择、使用和结果解释的指南

[4] GB/T 19001—2000 质量管理体系 要求(ISO 9001:2000,IDT)

[5] EN 867-3 灭菌器用非生物系统 第3部分:用于BD测试的B类指示物规范